AF595140

TRAITÉ PRATIQUE

DES VINS

CIDRES, SPIRITUEUX & VINAIGRES

comprenant :

LES MALADIES DU RAISIN ; LA VINIFICATION ; LE TRAITEMENT DES VINS ;
LA FABRICATION DES VINS DE MARCS ET DES VINS DE RAISINS SECS ;
DES CIDRES ET POIRÉS ; DES EAUX-DE-VIE, DES RHUMS, DES KIRSCHS, DES LIQUEURS ;
DES VINAIGRES ;
LES ALTÉRATIONS DES DIVERS LIQUIDES ET LES MOYENS D'Y REMÉDIER ;
L'ENTRETIEN ET L'ASSAINISSEMENT DES FUTAILLES ;
LA PRÉPARATION DES TARTRES ET DES VERDETS ; L'ANALYSE DES VINS, CIDRES,
SPIRITUEUX ET VINAIGRES ; LA LÉGISLATION DES BOISSONS, ETC.

Publié sous la direction de

M. PAUL LE SOURD

Avec la Collaboration de MM.

J. DESCLOZEAUX, A.-M. DESMOULINS,

Rédacteurs au *Moniteur Vinicole*

De M. Ed. DELLE, Chimiste-expert près les Tribunaux,

De M. H. FERRAND, Avocat à la Cour d'appel

ET DE NOMBREUX ŒNOLOGUES ET VITICULTEURS

OUVRAGE ILLUSTRÉ DE 48 FIGURES

PARIS

LIBRAIRIE DE G. MASSON

120, BOULEVARD SAINT-GERMAIN

MONTPELLIER	BORDEAUX
CAMILLE COULET, Libraire-éditeur	FÉRET ET FILS, Libraires-éditeurs
5, GRANDE RUE, 5	15, COURS DE L'INTENDANCE, 15

Et aux Bureaux du MONITEUR VINICOLE, 6, rue de Beaune, à Paris

TRAITE PRATIQUE

DES VINS

CIDRES, SPIRITUEUX ET VINAIGRES

TRAITÉ PRATIQUE

DES VINS

CIDRES, SPIRITUEUX & VINAIGRES

comprenant :

LES MALADIES DU RAISIN ; LA VINIFICATION ; LE TRAITEMENT DES VINS ;
LA FABRICATION DES VINS DE MARCS ET DES VINS DE RAISINS SECS ;
DES CIDRES ET POIRÉS ; DES EAUX-DE-VIE, DES RHUMS, DES KIRSCHS, DES LIQUEURS ;
DES VINAIGRES ;
LES ALTÉRATIONS DES DIVERS LIQUIDES ET LES MOYENS D'Y REMÉDIER ;
L'ENTRETIEN ET L'ASSAINISSEMENT DES FUTAILLES ;
LA PRÉPARATION DES TARTRES ET DES VERDETS ; L'ANALYSE DES VINS, CIDRES,
SPIRITUEUX ET VINAIGRES ; LA LÉGISLATION DES BOISSONS, ETC.

Publié sous la direction de

M. PAUL LE SOURD

Avec la Collaboration de MM.

J. DESCLOZEAUX, A.-M. DESMOULINS,

Rédacteurs au *Moniteur Vinicole*

De M. Ed. DELLE, Chimiste-expert près les Tribunaux,

De M. H. FERRAND, Avocat à la Cour d'appel

ET DE NOMBREUX ŒNOLOGUES ET VITICULTEURS

OUVRAGE ILLUSTRÉ DE 48 FIGURES

PARIS

LIBRAIRIE DE G. MASSON

120, BOULEVARD SAINT-GERMAIN

MONTPELLIER
CAMILLE COULET, Libraire-éditeur
5, GRANDE RUE, 5

BORDEAUX
FÉRET ET FILS, Libraires-éditeurs
15, COURS DE L'INTENDANCE, 15

Et aux Bureaux du MONITEUR VINICOLE, 6, rue de Beaune, à Paris

TRAITÉ PRATIQUE

DES VINS

CIDRES, SPIRITUEUX ET VINAIGRES

LES BOISSONS

EN FRANCE ET A L'ÉTRANGER

Vins. — Quand on jette aujourd'hui un coup d'œil d'ensemble sur la production vinicole du monde, on constate avec plaisir qu'en dépit des maladies de la vigne, qui nous ont assaillis avant les autres pays, en dépit de la concurrence étrangère, la France tient toujours le premier rang.

Le phylloxéra a eu beau étendre ses ravages, notre vignoble est encore le plus grand, puisqu'il comprend environ un million huit cent quarante mille hectares. Dans peu d'années, la reconstitution se poursuivant avec la même activité, il atteindra deux millions et demi d'hectares, c'est-à-dire la superficie la plus considérable qu'il ait jamais eue. Grâce aux insecticides, à la submersion, à la plantation dans les sables, au greffage sur cépages américains, nous pouvons donc lutter victorieusement contre le terrible puceron.

Quant aux affections cryptogamiques, elles sont sinon vaincues, du moins à peu près enrayées. Le soufre a eu raison de l'oïdium. Les composés cupriques préviennent le mildew. La chaux et le sulfate de fer arrêtent l'anthracnose, et déjà on a obtenu de beaux résultats contre les rots au moyen de la bouillie bordelaise à haute dose.

Passons à la concurrence étrangère.

Pour nos grands vins, absolument inimitables, nous n'avons à craindre aucun rapprochement. Il est évident, par contre, que les pays étrangers, de plus en plus nombreux, qui se sont mis à cultiver la vigne, ont accompli de grands progrès pour les vins ordinaires. Par suite, si notre attention ne se portait pas vers cette concurrence nouvelle, afin de lui faire échec, il serait à craindre que notre exportation ne diminuât de ce côté.

Le remède est tout entier dans l'amélioration continue de notre production vinicole. Certes, nous pouvons le dire bien haut, dans aucun des produits les mieux réussis des pays étrangers, nous ne retrouvons les excellentes qualités de nos grands vins. Pas plus en Italie qu'en Espagne, en Russie, en Amérique, qu'en Australie, où cependant quelques grands propriétaires se livrent à la culture des bons cépages français, il n'est possible de rencontrer, sous les meilleures imitations, le fruité, la fraîcheur, l'onctuosité, le velouté, l'ampleur de nos Bordeaux ou de nos Bourgogne, la saveur fine et délicate de nos Champagne. Mais ces beaux produits ne peuvent donner lieu à une large consommation, et les vins courants s'expédient le plus. Il importe donc, pour pouvoir les imposer, d'en soigner scrupuleusement la préparation, d'appliquer les meilleures méthodes de culture et de vinification, de mettre enfin en pratique les progrès que nous enseigne la science œnologique. C'est là l'idée maîtresse qui a guidé les auteurs de ce livre.

Mais, avant d'arriver au côté pratique de la question, il nous paraît intéressant de dresser un bilan sommaire des ressources vinicoles des principaux pays producteurs.

France. — Le vignoble français qui a fourni jusqu'à 80 millions d'hectolitres de vin, par suite des maux qui ont assailli la vigne, ne produit plus pour le moment qu'une moyenne de 30 millions ; il a même donné moins en certaines mauvaises années ; mais il tient toujours la tête des pays vinicoles, non seulement au point de vue de la quantité, mais aussi et surtout au point de vue de la qualité et de la diversité des vins. Nous allons jeter un rapide coup d'œil sur notre vignoble, en commençant par le Bordelais, la Bourgogne et la Champagne, qui ont fait la réputation des vins de France, puis nous suivrons par l'Est, le Centre, le Sud-Est, le Midi, le Sud-Ouest et l'Ouest.

Vins du Bordelais. — Cette région, qui est constituée par le département de la Gironde, offre aux consommateurs une grande variété de produits, mais surtout elle est renommée pour ses grands vins auquel aucun produit étranger ne saurait être comparé ; ils sont riches en sève, en bouquet et d'une finesse extrême. Occupons-nous d'abord des vins rouges. Les premières crus : châteaux Latour, Haut-Brion, Margaux, Lafite, possèdent une étoffe soyeuse et ample qui donne à la bouche une sensation exquise. Les seconds crus ont moins de plénitude peut-être, moins de cette large enveloppe qui caractérise les premiers crus, mais ils en approchent de très près peut-être même quelques-uns les atteignent-ils dans certaines années. Nommons les Léoville Barton, les Durfort, les Branne Cantenac, les Lascombes, les Rauzan Ségla, les Cos d'Estournel, les Gruaud-Larose-Faure, les Ducru Beaucaillou, les Pichon-Longueville Lalande, les Léoville Poyferré, les Léoville Las-Cases, les Pichon-Longueville, les Raujan-Gassier, les Mouton Rothschild, les Gruaud-Larose-Sarget et les Montrose.

Dans les troisièmes crus, citons les château Langon, les Malescot-St-Exupéry, les château Lagrange, etc. Dans les quatrièmes, nommons les Duhart-Milon, les Beychevelle, les Brunaires, etc. Dans les cinquièmes, notons les Lynch-Boyes, les Pontet-Canet, les Mouton d'Armailhacq, les Cos-Labory, etc. Parmi ces vins, il y en a encore qui approchent beaucoup des crus placés avant eux et parfois même les dépassent.

Viennent, après cette classification, tous les vins du Médoc non classés; ce sont, pour la plupart, des « Bons Bourgeois », produits par les communes de Margaux, Pauillac, Pessac, Cantenac, St-Estèphe, St-Julien, St-Lambert, Laborde, St-Laurent, Ludon, Macau, St-Sauveur, Soussans, Cussac, etc. Le Médoc jouit d'une réputation bien méritée, possédant des terres très favorablement situées pour a culture de la vigne, il produit les meilleurs vins de la Gironde. Ils ont une belle couleur, de la plénitude et du moelleux ; leur bouquet et leur sève sont bien développés. Certes, ils ne se valent pas tous, aussi les distingue-t-on par les appellations de « Bons-Bourgeois » ou « Bourgeois supérieurs », « Bourgeois ordinaires » « Artisans » et « Paysans », mais ils ont tous un caractère propre qui attire l'attention. Le Médoc a été, au point de vue du commerce vinicole, divisé en deux parties : le Haut et le Bas-Médoc. Dans la première, qui s'étend de Blanquefort jusqu'à St-Seurin-de-Cadourne, se trouvent situés les meilleurs crus ; dans la seconde, qui va jusqu'à Soulac, on ne rencontre que des produits moins complets.

Les vins rouges des Graves suivent ; ces vins ont assez de corps, une belle couleur, de la finesse et de la sève ; mais ils sont inférieurs aux Médoc par leur bouquet, qui n'est pas aussi prononcé. Dans cette partie, on rencontre plus de produits médiocres que dans la précédente. Cependant, les vins de Pessac, de Gradignan, de Barsac, de Portets ne manquent pas de distinction ; ils ont assez de moelleux et une bonne fermeté.

Nous voyons ensuite les vins de Saint-Emilion, de Pomerol, de Fronsac, puis les vins du Bourgeais et du Blayais ; certains de ces vins, assez colorés et corsés, se rapprochent des Saint-Emilion. Ils ont de la souplesse et sont plus vite faits ; ils sont moins de garde. Les vins de Côtes et de Palus viennent après. Les coteaux qui bordent la Garonne donnent encore de bons vins ordinaires, d'une jolie couleur et suffisamment fermes. Dans les Palus, les cépages plantés actuellement ne donnent plus les vins solides d'autrefois; les produits d'aujourd'hui sont plus mous. En terminant la série des vins rouges, signalons quelques Entre-deux-Mers proprement dits, qui n'ont qu'une valeur toute relative.

Pour les vins blancs, dans le Bordelais, c'est le pays de Sauternes qui produit les meilleurs. Cette région compte les communes de Sauternes, Bommes, Barsac, Preignac, St-Pierre-de-Mons, Fargues. Tous les vins de cette partie du Bordelais sont formés par le sémillon et le sauvignon. C'est là que se trouve le château Yquem, ce nectar sans rival dans le monde : doré, fin, délicat, liquoreux, savoureux et très parfumé, il résume en lui toutes les qualités qu'on peut désirer. Les vins de toute cette partie de vignobles ont du moelleux, de l'élégance, un parfum et une sève véritablement remarquables ; le bouquet est merveilleux, nous ne connaissons pas de pays qui soit en situation de donner des vins aussi exquis.

Les vins de la région de Barsac sont aussi fort bons; les Hauts-Barsac sont d'une grande finesse ; ils ont de la sève, du bouquet et beaucoup de parfum ; cependant ils sont un peu durs à côté des Sauternes ; ils ont une force spiritueuse plus grande.

Le territoire de Preignac offre aussi de délicieux vins ; quelques-uns même approchent encore plus souvent, si c'est possible, des Sauternes; ils ont une bonne sève, une excellente douceur et beaucoup de fruit, de l'arôme, de l'onctuosité, et se distinguent par leur finesse de goût et leur charpente.

A côté de ces superbes vins, le vignoble blanc bordelais en produit de moindre qualité : Petits, Graves et Côtes, assez agréables, mais manquant un peu de sève; puis enfin il fournit les Entre-deux-Mers qui servent beaucoup au commerce pour faire des coupages.

Vins de Bourgogne. — Sous cette dénomination générale on comprend les vins de la Haute-Bourgogne (département de la Côte-d'Or), qui produit les grands vins dont la réputation égale celle des crus classés bordelais, de la Basse-Bourgogne (Yonne et Aube), et du Mâconnais-Beaujolais (Saône-et-Loire et Rhône.)

Les principaux vins rouges de la première région : Romanée-Conti, Chambertin, La Tache, Clos Vougeot, Saint-Georges, Vosne, Richebourg, Nuits, Chambolle, Premeau, Morey, de la Côte de Nuits, comprenant l'arrondissement de Dijon, avec Corton, Pommard, Volnay, Beaune, Chassagne, Savigny, de la Côte de Beaune, ont pour caractères une extrême finesse et un parfum que les uns comparent à celui de la framboise et les autres à celui de la violette.

Ils réunissent toutes les qualités constituant le vin parfait ; on y trouve en même temps du corps, du moelleux, de la vigueur et de la légèreté, de la sève, du bouquet, de la force alcoolique ; enfin une couleur rubis qui ravit les yeux.

Indépendamment de ces grands vins, le beau vignoble de la Côte-d'Or compte quantité d'excellents produits de Vosnes, de Nuits, des Premeaux, de Chambolle, de Volnay, de Pommard, de Morey, de Savigny, de Meursault, qui constituent une série de deuxièmes crus. Les mêmes territoires fournissent, après les vins fins, des « grands ordinaires » et des « bons ordinaires ».

Les vins de troisième et quatrième classe qui composent les produits « ordinaires » ont une échelle assez variée. Les passe-tout-grain corsés et bien constitués, composés de raisins différents : pineau et gamay, ne manquent pas de fermeté, mais ils n'ont pas la distinction que produit le pineau seul. Cependant ces vins ont du plein et rendent encore de bons services à la consommation française.

Beaucoup de vins de Bourgogne sont opérés, c'est-à-dire additionnés de sucre à la vendange, en vue d'augmenter le degré alcoolique et de hâter le vieillissement. On revient un peu de cette habitude, on s'aperçoit que souvent l'amertume constatée dans ces vins provient justement de ce procédé.

Les vins blancs jouissent aussi d'une juste renommée. Le Pulligny Montrachet ou Montrachet tout court, est, de tous, le plus estimé ; il a du corps, de la finesse et une bonne force alcoolique ; il a de plus une sève et un bouquet distingués. C'est évidemment un vin blanc tout à fait remarquable pour la Côte-d'Or. Nous disons pour la Côte-d'Or, car au point de vue des vins blancs, nous ne rencontrons pas dans ce vignoble des produits égaux à ceux du Bordelais. Certes, ils n'ont pas les mêmes caractères, mais la part, faite de ces différences, nous ne voyons pas un ensemble qui puisse rivaliser avec celui de la Gironde.

Depuis quelques années on prépare dans la Côte-d'Or des vins mousseux qui ne manquent pas de charme. De bons Clos Vougeot, des Romanée, des Nuits, des Volnay, des Pommard, en ce genre, sont intéressants par leur finesse et leur bon goût. Toutefois la mousse de ces vins n'a pas l'apparence agréable de celle des vins de Champagne.

Les vins de Basse-Bourgogne sont fournis, pour la plupart, par le département de l'Yonne; les rouges n'ont pas les grandes qualités de ceux de la Haute-Bourgogne, mais ils ont aussi leur cachet et leur mérite. Les meilleurs crus sont ceux de l'Auxerrois et du Tonnerrois; ils sont corsés, d'une belle couleur, frais, délicats; ils ont de la sève et un excellent bouquet; on leur reproche d'être un peu fumeux, mais, en vieillissant, cet inconvénient disparaît en partie, et encore certains de ces vins possédant une bonne étoffe n'ont pas le défaut dont nous venons de parler.

Les vins de Dannemoine possèdent un parfum très agréable et une excellente fermeté. Les vins du territoire de Tonnerre proprement dit sont moins fins que ceux de Dannemoine, ils ont moins de délicatesse et de fondu; ils se tiennent bien. Dans l'Auxerrois, on trouve également de jolis spécimens, ils ont moins de bouquet. Le vignoble d'Epineuil, à quelques kilomètres de Tonnerre, avait autrefois une certaine réputation; les petits vins qu'il offrait avaient du charme, mais le phylloxéra a détruit beaucoup de ses vignes et il est maintenant difficile de trouver les qualités d'antan.

Bien des propriétaires ont eu le tort de sacrifier à la quantité et de planter des cépages donnant beaucoup; certains vins rouges de l'Yonne sont, à l'heure présente, plus maigres que jadis.

Les vins blancs de l'Yonne sont assez nombreux; comme beaucoup de ses vins rouges, mais à un degré plus élevé, ils ont un goût caractéristique de pierre à fusil. Les meilleurs sont les Chablis qui jouissent d'une réputation très méritée; en général, ces vins sont d'une limpidité parfaite, ils ont une finesse et un parfum qui permettent de les recommander aux plus fins gourmets.

Une partie du département de Saône-et-Loire est encore comprise dans la Bourgogne, c'est l'arrondissement de Châlon-sur-Saône. Les vins rouges de Mercurey, de Givry, de Saint-Martin, de Rully, sont les principaux, puis viennent les Buxy, les Jambles, etc. Les premiers se distinguent par l'agrément de leur goût, leur légèreté, leur vivacité et leur parfum. Comme tous les vins de Bourgogne, ils ont une couleur rubis qui les caractérise. Les vins de la côte Châlonnaise sont plus secs que ceux de la Haute-Bourgogne, ils manquent de moelleux et ne fondent pas aussi bien dans la bouche. Ce vignoble a été malmené par le phylloxéra et les jeunes produits n'ont plus la distinction d'autrefois; d'ailleurs les quantités sont fort réduites. Parmi les vins blancs il faut citer quelques crus de Buxy légers et pétillants; ceux de Givry sont moins délicats.

Dans le reste du département de Saône-et-Loire, comprenant le Mâconnais, ainsi que dans le Beaujolais, formé par une partie du département du Rhône, le vignoble a été fort entamé par le phylloxéra et ce n'est guère que de la reconstitution qu'on s'occupe. Heureusement celle-ci fait de rapides progrès et les vins frais et si agréables de ces contrées seront bientôt produits en abondance.

Vins de Champagne. — La plus grande partie des vins récoltés dans le département de la Marne est transformée en vins mousseux dits de Champagne. Ce sont les arrondissements de Reims, d'Epernay et de Châlons qui fournissent les meilleurs.

C'est à une culture très soignée d'une part, d'autre part à la situation climatérique de la Champagne, à la nature spéciale du sol, que sont dues les qualités essentielles qui distinguent son vin.

La Montagne de Reims, et ses principaux crus : Bouzy, Ambonnay, Verzy, Verzenay, Sillery, Mailly et Rilly, ont comme qualités distinctives la vinosité et la fraîcheur. A la côte d'Avize, spéciale par ses vins blancs, et où sont Cramant, Avize, le Mesnil-Oger, Grauves et Cuis, au sud d'Epernay, on reconnaît une grande finesse et une exquise délicatesse ; enfin, la vallée de la Marne, avec Ay, Mareuil, Champillon, Hautvillers, Dizy, Epernay, Pierry et Cumières, a des crus de raisins noirs au bouquet délicieux.

Plus le vin est doux, moins il est facile de reconnaître les défauts du liquide primitif, aussi les vrais amateurs accordent-ils plus de faveur au vin sec. L' « extra dry » est surtout demandé par les peuples du Nord : Anglais, Allemands, Américains des Etats-Unis. En France où le vin de Champagne se boit après le repas, au dessert, nous aimons au contraire qu'il soit légèrement sucré.

Les imitations, à côté de ces beaux vins, font le plus souvent mauvaise figure. Elles sont maigres, sans ce montant distingué qui caractérise les vins de Champagne dignes de ce nom. Leur mousse est de mauvaise apparence, elle monte rapidement en petites bulles pressées à la surface du vin au moment où on verse celui-ci dans le verre, et tout dégagement d'acide carbonique cesse bientôt, tandis que dans le véritable Champagne, les bulles sont fortes, elles montent lentement et se produisent depuis le fond du verre aussi longtemps qu'il contient encore un peu de l'excellent breuvage.

Vins de l'Est. — Les vignobles de l'Est ne produisent, en général, que des vins rouges légers ; la plupart ne se conservent pas et ne se vendent guère au dehors ; ils sont consommés dans les pays mêmes. Les vins blancs sont aussi assez maigres, il y en a pourtant qui ne manquent pas de finesse ; ils ne sont pas de garde. La majorité des vignobles de Franche-Comté, de Lorraine, de l'Ile-de-France, embrassant les départements du Jura, du Doubs, de la Haute-Saône, des Vosges, de la Haute-Marne, de la Meurthe-et-Moselle, de la Meuse, une partie de l'Aube et de la Marne, voire même, plus au nord, les Ardennes, l'Aisne et l'Oise, la Seine-et-Oise, la Seine, la Seine-et-Marne, sont dans ce cas et n'offrent que des vins ordinaires de qualités diverses.

Le Jura a pourtant ses vins d'Arbois et des environs qui ont du corps, de la finesse et un bouquet agréable. La couleur des produits de Salins est légère, mais ils sont suffisamment délicats au palais.

Le Doubs, dans l'arrondissement de Besançon, donne des vins ayant une couleur assez belle.

La Haute-Saône a ses produits de Ray, de Gray et de Gy qui ont un peu de solidité.

La Meurthe-et-Moselle a différents vins de Toul qui sont les mieux notés, mais ils n'ont qu'une petite couleur et le goût est parfois âpre.

L'Aube à ses vins rouges des Riceys; ils sont vifs, agréables de goût; ils ont du bouquet et de la sève. Citons encore de cette région des vins de Troyes, de Landreville, etc.; ces produits se ressentent des maladies qui éprouvent nos vignobles, ils sont maigres.

L'Aisne a ses meilleurs vins dans l'arrondissement de Laon, ils ont une certaine délicatesse; du côté de Château-Thierry, on trouve des produits rouges de faible qualité, mais parfois de goût assez agréable; les blancs sont maigres; on essaie d'en champaniser, mais le succès n'est pas grand.

Le vignoble de l'Ile-de-France, de l'Oise, de Seine-et-Oise, de la Seine, de Seine-et-Marne, ne compte aussi que de petits vins acerbes qui autrefois étaient achetés par le commerce parisien, mais qu'on vend maintenant fort cher dans les localités mêmes où on les récolte; ils sont bus dans la banlieue de la capitale par les promeneurs.

Vins du Centre. — Les vins du Centre jouent un rôle important dans le commerce des boissons, soit comme vins rouges, soit comme vins blancs; les uns et les autres servent dans les coupages pour donner aux cuvées plus de vigueur, plus de fraîcheur et parfois, mais rarement maintenant, plus de couleur. Quelques-uns de ces produits ont de la finesse, de l'élégance et vont directement à la consommation.

Comme partout, le phylloxéra a causé de nombreux ravages dans ces régions et on ne retrouve plus les vins qui faisaient la fortune de ces pays.

Dans l'Indre, on s'occupe un peu de la reconstitution. Les vignes jeunes ne sont pas encore arrivées à donner des vins suffisamment robustes. Le Noah y fournit cependant un vin blanc qui n'est pas sans valeur. Les arrondissements de Châteauroux et de Le Blanc ont encore des vins rouges passables.

Les vins rouges du Cher sont parfois assez jolis, quelques-uns ont une belle couleur, surtout ceux du Sancerrois, ils ont un bon goût et du spiritueux ; d'autres, plus délicats, d'une nuance plus légère, se rapprochent des vins de l'Yonne par leur fraîcheur. Les vins blancs de cette région fournissent des sortes qui ne manquent pas d'agrément, mais il ne faudrait pas les comparer à des vins de cru ; pour quelques-uns, comme ceux de Sancerre qui ont du cachet, il en est beaucoup d'autres maigres qui ne peuvent que servir comme vins communs ou aller à l'alambic. Tous ces vins doivent être employés jeunes, quand ils ont encore leur pointe de moustille agréable.

L'Allier n'a guère que ses vins de Saint-Pourçain ; ils ont du corps et un bon goût ; les autres sont froids et plats ; les vins blancs sont plus employables.

La Nièvre compte encore des vins semblables à ceux du Sancerrois ; Pouilly fait des vins qui ont du caractère ; les blancs surtout valent bien, par leur tenue et leur parfum, les blancs de Sancerre, s'ils ne les dépassent pas.

Le Loiret a de petits vins rouges, gris, et blancs assez droits. Les vignes de ce département ont été malmenées depuis quelques années et les produits qu'on en obtient s'en ressentent. Il y a néanmoins près d'Orléans, de Beaugency, des vignobles qui donnent des vins frais, vifs avec encore assez de couleur et dont l'acidité est heureusement mise à contribution par le commerce pour ses coupages.

En Eure-et-Loir on ne trouve que des petits vins froids et peu savoureux.

Le Loir-et-Cher est connu pour ses « gros noirs », mais ils sont rares maintenant, ils constituent une bonne matière première pour les coupages ; on y trouve aussi des vins rouges très ordinaires et faibles, ils ont cependant de la fraîcheur.

La Touraine, qui forme le département d'Indre-et-Loire, donne malheureusement en trop petite quantité, des produits vifs et agréables. Mais ce sont plus spécialement les vins blancs qui sont appréciés. Les Vouvray vieux se présentent presque comme vins fins ; quelques-uns ont du moelleux et de la distinction ; Rochecorbon est aussi bien noté.

Le Maine-et-Loire, comprenant tout l'Anjou, a des vins rouges, des vins blancs nature et des vins mousseux. Les principaux vins rouges et blancs proviennent des coteaux du Layon, de ceux de la Loire et de ceux de Saumur; les vins blancs mousseux proviennent spécialement des coteaux de Saumur. Il y en a quelques-uns qui ne manquent pas de délicatesse. Ils sont suffisamment corsés, ils ont du bouquet. Quelques-uns ont parfois des goûts de terroir.

La Sarthe, qui fournit des vins se rapprochant unpeu de ceux du Maine-et-Loire dans certaines parties, le Château du Loir par exemple, a, par contre, des vins rouges et blancs souvent maigres.

La Mayenne possède quelques vins rouges et blancs de Ballée et de Saint-Denis; ceux de ce dernier vignoble sont meilleurs, mais ils sont faibles.

Beaucoup de vins blancs de ces départements sont employés par la vinaigrerie d'Orléans.

Nous comprendrons encore dans cette catégorie, comme appartenant à une région centre-sud, les départements de la Loire, du Puy-de-Dôme, de la Corrèze, du Cantal, de la Haute-Loire, et de la Lozère. Beaucoup des vins qu'on y récolte sont faibles et ne sortent pas de leur pays d'origine. Il convient cependant de noter à part le Puy-de-Dôme et le Cantal, qui ont des vins frais, vifs et de couleur satisfaisante, mais peu alcooliques. Dans ces vignobles, il est nécessaire de travailler ardemment, à la reconstitution et d'étudier avec beaucoup d'attention les méthodes scientifiques qui président aujourd'hui à la vinification. En Auvergne, bien des vins finissent mal parce que les vignerons ne surveillent pas suffisamment leurs cuves et aussi parce qu'ils ne soignent pas assez les soutirages.

Vins du Sud-Est. — Nous commencerons par la Savoie qui se trouve occuper la partie la plus au nord de cette région ; elle compte des vins rouges et blancs. Montmélian, le vignoble le plus connu, présente des vins ayant encore du corps, de la couleur et un goût agréable, ils se rapprochent parfois de ceux des côtes du Rhône. Les vins blancs sont généralement maigres. Dans l'Isère, on fait encore quelques vins qui sont assez agréables, mais ils n'ont qu'une faible constitution.

La région des Côtes-du-Rhône a été, une des premières, dévastée par le phylloxéra; reconstituée en partie, une première fois avec des cépages français, elle a été détruite à nouveau et maintenant nous revoyons de nouvelles vignes, celles-là américaines, greffées, redonner peu à peu au sol l'apparence qu'il avait jadis.

Le territoire de Tain sur lequel se trouve le célèbre cru de l'Hermitage, dans la Drôme, produit maintenant des vins, qui, sans avoir la solidité de leurs aînés ni leur grand cachet, possèdent cependant de bonnes qualités; il y a lieu d'espérer, en présence des résultats acquis, qu'on atteindra définitivement le but cherché. Valence, Tournon, Romans sont dans le même cas.

L'Ardèche, qui s'est trouvée dans une situation pareille à celle de la Drôme, commence à fournir de nouveau des Cornas, des Mauve, des St-Peray, etc. Ces vins n'ont pas toutes les qualités d'autrefois, ils sont plus faibles, mais ils ne manquent pas de mérite.

Les Châteauneuf du Vaucluse n'ont pas non plus le même bouquet qu'avant l'invasion phylloxérique.

Attendons que les vignes replantées aient un peu vieilli.

Nous en dirons autant pour la Provence, et les régions environnantes, c'est-à-dire pour les départements des Hautes-Alpes, des Basses-Alpes, des Alpes-Maritimes, du Var et des Bouches-du-Rhône. Dans ces derniers, on est en pleine reconstitution et les vignes américaines commencent à produire des Jacquez assez nets et de forte couleur. Les autres vins servent en général à la consommation locale. Le Var avait autrefois ses Bandols et des vins de liqueur. Les Bouches-du-Rhône produisaient à Cassis un vin blanc liquoreux très renommé. Tout cela a été détruit. Mais on replante beaucoup dans toute la Provence et il est certain qu'on y reverra de beaux jours pour la vigne.

Nous rattacherons ici le vignoble de la Corse qui envoie la plupart de ses produits à Marseille, à Nice et autres petits ports de la côte du Sud-Ouest. Cette île possède quelques vins intéressants ; ceux d'Ajaccio, de Sartène ont une bonne tenue, quelques-uns sont destinés à la table, d'autres aux coupages. Ces derniers ont plus de chance de réussite sur le marché français, ils sont forts en couleur et ont une bonne teneur en tanin ; ils sont chauds à la bouche. Le phylloxéra a causé de grands ravages dans l'île.

Vins du Midi. — Les départements qui forment le vignoble méridional, proprement dit : le Gard, l'Hérault, l'Aude, ne possèdent plus guère d'anciennes plantations ; aussi les vins qu'on y rencontre n'ont-ils pas grande analogie avec ceux qu'on produisait avant l'invasion phylloxérique. On retrouve encore cependant dans l'Hérault, des Montagne et dans l'Aude, de jolis Narbonne, quelques Grenache, des Piquepoul, etc. Les vins des plantations nouvelles, proviennent de cépages américains, Jacquez en majorité, de cépages greffés, et de cépages français dont beaucoup d'Aramon, de Bouschet, etc. Le Jacquez, donne des vins assez fermes, mais d'une couleur douteuse. On obtient, avec le greffage des plants du pays sur Riparia, Solonis et Jacquez des résultats heureux. En ce moment, on expérimente l'hybridation qui doit donner naissance à des cépages résistant par leurs racines et fournissant des raisins français. Le mélange de raisins de Jacquez et de raisins de plants français est aussi assez satisfaisant. L'Aramon constitue avec le cépage américain un vin qui peut rendre des services. Cependant, tout cela est encore bien peu connu et ces combinaisons ont besoin d'être examinées de très près. Le greffage, particulièrement, ne réussit pas dans toutes les circonstances. Les procédés de vinification sont l'objet de toutes les préoccupations, nos vignerons du Midi se livrent à des essais multiples à cet égard. Le plâtrage, le phosphatage, le tartrage sont ceux en ce moment mis en expérience.

Dans le Gard, les nouveaux cépages plantés paraissent donner des vins plus légers que ceux de l'Hérault et de l'Aude ; évidemment la différence de sol est la cause de cette différence de qualité. Quelques Jacquez sont assez fermes, mais d'une couleur peu solide. Les Herbemont sont généralement maigres ; on en voit qui ressemblent à des Petits-Bouschet tant ils sont faibles en alcool et en corps, cependant parfois on en offre comme vin de table ayant assez de finesse

L'œuvre de la reconstitution a marché à grands pas dans le Midi. Parmi les plants américains producteurs directs, il n'y a guère que le Jacquez qui puisse offrir quelque intérêt pour la viticulture méridionale, mais il faudrait arriver à le vinifier de meilleure façon afin de consolider sa couleur. L'Herbemont et l'Othello, dont on a parlé aussi, au point de vue de la production directe, ne paraissent pas réussir ; on retrouve, surtout dans le dernier, un goût foxé désagréable, enfin la couleur n'a pas non plus une grande stabilité. Le commerce, par suite, ne peut tirer grand parti de ces vins et jusqu'ici ce n'est qu'avec crainte qu'il les a abordés. Il y a lieu de ne pas trop compter sur les producteurs directs, à l'exception peut-être de quelques-uns provenant de semis. Nous ne cesserons de répéter aux vignerons : « Faites surtout des vins de bonne qualité. » L'avenir est certainement aux plants greffés. Les anciens cépages du pays et les hybrides Bouschet greffés sur plant américain donnent des vins se rapprochant de ce qu'on obtenait autrefois ; jusqu'ici on n'a pas encore retrouvé les vins corsés et alcooliques qui étaient si recherchés pour les opérations, mais il est permis de supposer qu'on atteindra le but et cela d'ici peu ; déjà on revoit de bons Montagne. Le Petit-Bouschet constitue un vin frais et fruité d'un heureux effet dans les coupages. L'Alicante-Bouschet a une jolie couleur. L'Aramon dans les plaines ne fournit qu'un petit vin bien maigre, de couleur faible et de tenue médiocre, mais il donne beaucoup. Les vins de vignes françaises plantées dans les sables, et par conséquent résistantes au phylloxéra, sont généralement faibles en alcool et en couleur, parfois ils sont fruités, ont une bonne fraîcheur, quelques-uns même possèdent de la finesse et du bouquet ; cela tient évidemment à la silice du sol.

Le département des Pyrénées-Orientales, qui formait autrefois un vignoble bien à part, celui du Roussillon, par la similitude de ses produits peut être classé avec l'Aude, l'Hérault. Les moyens de reconstitution sont les mêmes et donnent des vins à peu près semblables. On ne voit plus beaucoup de ces Banyuls, de ces Collioure, de ces Rancio, de ces Cosperon, de ces Espira de l'Agli, de ces Rivesaltes, de ces Grenache, de ces Muscats de jadis. Les vins des plantations nouvelles n'ont pas les qualités de ceux que nous venons de nommer, ils sont plus maigres et n'ont pas leur riche couleur ; ils sont cependant nets de goût et bien frais.

Vins du Sud-Ouest. — La région du Sud-Ouest a subi de nombreuses pertes du fait du phylloxéra et, les plantations nouvelles n'ayant pas encore un grand développement, la production est relativement réduite.

L'Ariège, les Hautes-Pyrénées, les Basses-Pyrénées ne produisent que peu de vins, encore sont-ils souvent de médiocre qualité; dans cette région, on ne notait autrefois que les Madiran et les Jurançon, qui avaient une belle couleur et qui constituaient une sorte de vin de dessert ou d'entremets. Aujourd'hui, on tente la reconstitution dans ces vignobles dévastés, elle est encore peu avancée.

Dans la Haute-Garonne, qui est aussi un peu en arrière à ce point de vue, signalons cependant les produits des vignobles de Fronton et de Villaudric ; ils ont du corps, de la délicatesse et un goût franc agréable. Depuis quelques années, on songe sérieusement à la reconstitution dans ce département.

Le Tarn a encore, dans l'arrondissement de Gaillac, des vins blancs et des vins rouges intéressants. Quelques-uns de ces derniers sont assez corsés et d'une couleur suffisante.

De l'Aveyron, on ne signale plus maintenant que de bien faibles récoltes, elles n'ont aucun intérêt pour le commerce du dehors, car la qualité en est médiocre avec un goût de terroir prononcé.

Dans le Tarn-et-Garonne, nous notons des vins qui offrent quelques mérites ; ils ont une jolie couleur, un goût bien net et possédant une force alcoolique régulière ; citons particulièrement les Lavilledieu et les Moissac et environs.

Le Lot, qui avait jadis des vignes produisant des vins très colorés, a beaucoup souffert du phylloxéra ; les Cahors, les Prayssac, les Souillac d'aujourd'hui n'ont pas la forte couleur ni la bonne tenue de leurs aînés, mais ils peuvent trouver encore des acheteurs; la récolte, malheureusement, en est très restreinte.

Pour le Lot-et-Garonne, il faut placer en première ligne les vins de Layrac, ordinaires de goût, mais qui se tiennent encore fermement.

La plupart des vins du Gers sont envoyés à l'alambic pour la fabrication des eaux-de-vie d'Armagnac. Ce sont principalement des produits blancs ayant du bouquet, mais peu d'agrément en tant que boisson. Peu de vins rouges, assez maigres.

Nous en dirons autant pour beaucoup de vins des Landes qui sont, en grande partie, envoyés à la chaudière. Pourtant, il y a des vins rouges se rapprochant de quelques-uns des Bordelais; ils ont un certain bouquet et une jolie couleur.

Ayant placé les vins de la Gironde en tête de cet aperçu général, nous n'y reviendrons pas et nous passerons pour atteindre tout de suite la Dordogne. Nous y avions autrefois, sur le territoire de Bergerac, des vins vifs, légers, spiritueux et parfumés. Aujourd'hui, il reste bien peu de ces vins ; le phylloxéra a causé de grands ravages et la reconstitution marche lentement. Cependant, on rencontre aujourd'hui des vins de vignes américaines greffées, qui réunissent certaines qualités. Les vins blancs et les vins blancs de liqueur ont aussi en partie disparu. Toute cette région envoie dans les grands centres et particulièrement à Paris, au début des vendanges, des vins bourrus dits « Macadam » qu'on vend au comptoir sous le titre de « vin doux de Bergerac ou de Montbazillac ».

Vins de l'Ouest. — La majorité des vignobles de l'Ouest sont cultivés en vue de la production des eaux-de-vie. Dans les vins destinés à l'alambic, c'est moins le corps qu'il faut considérer que le degré alcoolique et le bouquet même du vin. On en rencontre dans lesquels on perçoit déjà d'une façon légère ce parfum qui, concentré par la distillation, fournira cette exquise senteur des véritables eaux-de-vie.

Les vins rouges des départements de la Charente et de la Charente-Inférieure, n'ont qu'une faible importance au point de vue du commerce; les blancs, au contraire, offrent un vaste champ aux affaires. A vrai dire, ces vins, si nous ne considérons que leur valeur intrinsèque, manquent des qualités qui nous font aimer un vin pour ce qu'il est : ils sont médiocres ; quelques-uns sont droits, mais beaucoup ont un goût de terroir particulier qui contribue, dans certains cas, à leur donner un arome, un bouquet qui les distinguent. Cette région dévastée par le phylloxéra commence à revoir de nouvelles plantations ; on y emploie des cépages américains sur lesquels on greffe les bois du pays. Il est vrai de dire que certains cépages américains n'ont pas donné ce qu'on espérait dans les sols maigres et blancs des Charentes, et qu'on attend encore le plant qui s'adaptera à ce genre de terrain. Comme producteur américain direct, on a eu recours au Noah ; nous ne pensons pas que le vin obtenu puisse faire de l'eau-de-vie assez fine.

Dans les Iles qui se trouvent en face de la Charente-Inférieure : îles de Ré et d'Oléron, on récolte aussi des vins qui servent à la fabrication d'eaux-de-vie ; mais, si celles-ci ont quelques mérites, elles sont loin d'atteindre celles du rayon cognaçais.

Quelques-uns des départements limitrophes des Charentes : Vienne, Deux-Sèvres, Vendée, récoltent des raisins avec lesquels on prépare des vins blancs assez maigres qu'on envoie à l'alambic ; ceux-ci ne peuvent concourir à la production d'eaux-de-vie semblables à celles du pays charentais, car ces vins manquent de bouquet. Les vins rouges ne servent qu'à la consommation locale ; ils sont faibles de couleur et peu spiritueux ; ceux de la Vienne sont les meilleurs. La Vendée fait des vins gris.

La Loire-Inférieure a ses muscadets et ses gros plants dont une partie va parfois à l'alambic, le reste est bu dans la région. Le Morbihan et l'Ille-et-Vilaine ont encore quelques vignes produisant un peu de vin blanc, d'ordinaire sans valeur.

Colonies (Algérie, Tunisie). — La culture de la vigne a pris en Algérie un rapide développement depuis dix ans. L'étendue des vignobles est de près de 100.000 hectares et la production s'élève à environ trois millions d'hectolitres. La province d'Oran est celle qui contient le plus grand nombre d'hectares en rapport ; vient ensuite celle d'Alger, puis enfin celle de Constantine.

Les vins de la province d'Alger sont généralement bien cotés. Les bons centres de Milianah, de Médéah, jouissent d'une juste renommée. Ces lieux élevés sont excessivement propices à une bonne vinification. Les environs d'Alger, Cherchel, Novi, Gouraya, etc., ont également de jolis vins, droits de goût, d'une belle couleur, assez nerveux et d'une force alcoolique normale. Les vins de la plaine sont maigres, mais quelques-uns ont encore de la vivacité et sont suffisamment rouges. On rencontre encore des goûts de terroir, d'herbage ; nos colons doivent surveiller leur vinification avec soin, à cet égard. Les vins blancs sont remarquables.

Les vignobles Oranais sont importants. St-Cloud, Arcole, Tlemcen, etc., sont des lieux de production déjà connus.

La province d'Oran donne en général de gros vins très bons pour les coupages. Les vins blancs ne présentent pas les qualités de ceux de la province d'Alger, mais néanmoinsils ne sont pas sans mérite.

Les vignes de la province de Constantine, beaucoup plus jeunes que celles des départements d'Oran et d'Alger, ne donnent pas encore des vins aussi complets. Ils sont plus légers d'alcool, de couleur et d'extrait. Bône, Soukahras, Guelma, Constantine, Philippeville, sont déjà des centres connus et appréciés, Les vins blancs sont, là aussi, supérieurs aux vins rouges.

La Tunisie n'a encore qu'un petit vignoble; elle compte actuellement de 3 à 4.000 hectares de vignes fournissant 15 à 20.000 hectolitres de vins rouges; ils ont une assez belle robe et un goût bien net et bien droit. Il serait encore assez difficile de comparer ces vins à ceux de France, chaque propriétaire ayant fait dans ce pays un peu à sa guise et expérimenté des cépages divers, mais il est certain qu'ils peuvent entrer dans la composition de bonnes cuvées et se marieront bien avec certains des vins français, ceux de la Gironde particulièrement. Les vins blancs en général sont réussis; cependant il n'a pas été fait, pour leur fabrication, de plantations de cépages pouvant donner des vins remarquables.

Etranger. — Nous avons dit, au début de ce chapitre, que la France tenait toujours la tête des pays vinicoles. Cependant, il faut convenir que l'étranger a fait, ces dernières années, de grands progrès dans la culture de la vigne et dans l'art de la vinification. A mesure que notre production diminuait, que nous reconstituions, nous avons vu l'Espagne, l'Italie, la Grèce, la Turquie, etc., augmenter leurs plantations en dépit des atteintes du phylloxéra et améliorer leurs produits; aussi aujourd'hui, nous trouvons-nous en présence de vignobles exotiques avec lesquels il nous faut compter, car ils cherchent à nous concurrencer sur les marchés extérieurs en ce qui concerne les vins ordinaires.

Espagne. — L'Espagne est, chez nous, renommée pour ses vins de liqueur, ses vins de dessert : le Malaga si chaud, avec son bouquet si pénétrant; le Pedro Ximénès absolument exquis par le moelleux, le velouté, le fondu, la finesse, la suavité, la pureté et l'intensité du bouquet; les Xérès liquoreux et parfumés ou secs, à bouquet très suave; les Moscatels divers, très savoureux et d'une franchise de goût remarquable; les Malvoisie; les vins de Rota, rouges et liquoreux; l'Alicante, etc.

Mais, à côté de ces vins liquoreux, l'Espagne nous présente maintenant des vins de consommation courante, bien faits et de gros vins colorés et alcooliques, servant de matière première pour les coupages. La production de ces vins ordinaires se modifie tous les jours, et dans le meilleur sens.

Il y a des vins de la province d'Alicante, de celles d'Alava, de Logroño et de Valence, très beaux.

Parmi les vins de consommation courante c'est celui de Valdepenas que, d'un commun accord, nos voisins d'au-delà des Pyrénées placent au premier rang. Par sa fraîcheur et son fruité, il mérite cet honneur. Au point de vue français nous considérons comme les meilleurs les vins rouges de la Catalogne (Barcelone, Tarragone, Lérida, Gérone etc.), des provinces d'Alicante et de Valence, de celle de Zamora, des Riojas et de la Manche.

Quelques-uns ont des goûts de terroir, mais ils sont solides et d'un bon emploi dans le commerce; ils ont une force alcoolique atteignant naturellement parfois 14 et 15 degrés et une dose d'extrait sec en rapport (28, 30 et 32 grammes).

Les contrées où l'on trouve le plus de vins blancs de coupage sont la Catalogne, les deux Castilles, l'Estramadure et l'Andalousie.

L'Espagne produit aujourd'hui en moyenne vingt-cinq à vingt-huit millions d'hectolitres.

Portugal. — Le vins du Portugal offrent aussi un vif intérêt pour le commerce. Ce pays est, à cette heure, obligé de lutter vigoureusement pour conserver sa production éprouvée par le phylloxéra.

Au milieu des nombreux vins rouges ou blancs de ce pays, de qualité courante, se trouve un des crus les plus illustres du monde : le Porto. Il a un parfum pénétrant et une saveur des plus délicates avec de la vivacité, de la fermeté et du corps dans la jeunesse ; d'une nuance ambrée très vive, il exhale un arome spiritueux dans sa vieillesse.

A côté des vins de Porto il faut placer ceux de l'île de Madère ; le Verdelho, blanc, doré ou ambré, d'une saveur riche et savoureuse ; le Tinta d'un goût excellent; le Malvoisie, blanc foncé, très savoureux et liquoreux, d'un bouquet tout particulier ; le Bual, doux délicat et moelleux ; le Sercial, sec, corsé et des plus distingués.

Les vins rouges et blancs de qualité courante produits par le Portugal et destinés soit, le plus souvent, à entrer dans les coupages, soit, quelquefois, à aller directement sur la table du consommateur, intéressent plus encore que les Porto et les Madère, le commerce français.

L'Estramadure récolte aujourd'hui la plus grande quantité des meilleurs vins d'exportation. Cette fertile province a d'excellents produits ordinaires et quelques vins tout à fait distingués ; on y rencontre les vins liquoreux, rouges et blancs, fort agréables, spiritueux et parfumés de Carcavelhos.

Les vins d'Estramadure sont moins corsés en général que ceux du sud, mais ont une neutralité qui les rend excellents pour les coupages, ensuite une couleur rouge très vive, enfin souvent de la finesse.

Les vins rouges de l'Alemtejo ont une couleur foncée, tirant un peu sur le noir et un léger goût de terroir. Des Algarves (province la plus méridionale du Portugal), on peut signaler de bons vins rouges et aussi quelques jolis vins blancs. Les vins du Minho sont appréciés pour leur fraîcheur exceptionnelle. Quelques-uns sont cependant un peu trop durs.

Les vins des Beïras rappellent un peu les Valdepenas, mais beaucoup sont maigres.

La production du Portugal varie de quatre à cinq millions d'hectolitres.

Italie. — l'Italie tient une très large place parmi les pays vinicoles, le deuxième ou troisième rang. Comme vins de luxe, citons le Lacryma Cristi d'une finesse exquise, le Marsala dont la saveur et l'arome se rapprochent de ceux du Xérès, le délicieux Zucco, le muscat de Lipari, les jolis vins de Syracuse, le Malvoisie, etc.

La série des vins ordinaires est très variée ; du Piémont on note de bons vins qui donnent des résultats heureux pour les coupages, et le vin d'Asti, de Gênes, de Montferrat; on a le Grignolino, vin noir, le Barolo qui se rapproche de nos vins des Côtes-du-Rhône, le Nebbiolo, etc.; de la Lombardie, on se rappelle les vins rouges de table de Bergame et de Mantoue, les vins blancs de Crémone ; de la Toscane, on cite le Montepulciano qui est assez agréable, après lui on note le Chianti, qui ressemble un peu à nos Beaujolais dont il n'a cependant pas la finesse, le corps ni la force ; aux environs de Florence on trouve encore quelques vins de table, assez grossiers, il est vrai, mais ayant une belle couleur et beaucoup de fraîcheur ; de la campagne de Rome, on remarque les Falerne, vins rouges de table qui ont de la qualité. De l'Italie méridionale on cite les beaux vins riches et corsés de Bari, de Barletta, etc. ; et ceux de Sicile qui sont aussi forts en couleur et servent dans les coupages.

Au nombre des vins blancs signalons les Capri qui ont quelque rapport avec les Huelva de l'Espagne et les picquepoul de France. Les vins mousseux d'Asti sont maigres.

L'Italie arrive à donner maintenant plus de vingt-cinq millions d'hectolitres.

Suisse. — En dépit de l'invasion phylloxérique, la Suisse possède encore un vignoble assez important. Nos voisins en tirent bon parti grâce à une culture soignée et à la sélection des boutures.

Des vins du canton de Vaud ont une saveur droite, un agréable parfum, de la légèreté. Ils n'ont toutefois, ni grand corps, ni charpente, ni ampleur.

Les vins rouges de la région de Schaffouse sont bons, droits et parfois assez fins. Même note pour ceux de Bâle, de Soleure, de Berne, d'Argovie. La Valteline donne des vins rouges foncés ayant du mérite, quoique manquant de distinction et de charme.

Les vins rouges de Neufchâtel ont de la couleur, de l'éclat, une saveur agréable, un peu de bouquet, parfois de la finesse. Les blancs sont moins bons que les rouges.

La Suisse donne en moyenne un million d'hectolitres.

Allemagne. — Dans le vignoble allemand, ce ne sont guère que les vins du Rhin qui ont une juste renommée, avec le Johannisberg, le Rudesheimer. Ces vins sont blancs, ils ont un bouquet prononcé, de la sève et une saveur doucereuse, qui plaît à certaines bouches.

Les vignes dans ces régions s'étendent dans la Prusse rhénane, le duché de Nassau, la Bavière, la Hesse, le duché de Bade et le Wurtemberg.

La plupart des vins rouges de ces pays sont aigrelets et faibles de couleur ; cependant, du côté de Coblentz, on rencontre des produits assez agréables ; de même, dans la vallée du Necker, on en trouve quelques-uns d'une jolie couleur, A la suite des douloureux événements de 1870, les départements du Haut et du Bas-Rhin, avec celui de la Moselle et une partie de celui de la Meurthe, ont été englobés dans l'empire allemand. La Moselle produit des vins rouges ordinaires et des vins blancs estimés, légers et agréables.

On récolte en Allemagne environ deux à trois millions d'hectolitres.

Autriche-Hongrie. — Le plus célèbre de tous les vins austro-hongrois est le Tokay ; ce vin très liquoreux, bien net, fin, exhale un bouquet original vraiment délicieux. Malheureusement la présence du phylloxéra a été constatée officiellement en plusieurs endroits des côtes de Tokay.

La Dalmatie occupe le premier rang parmi les pays vinicoles de l'Autriche, les vins dalmates ont été utilisés par notre commerce qui les emploie avec succès dans certains coupages ; ceux qui se prêtent le mieux à l'exportation sont de l'arrondissement de Spalato ; ils sont très foncés et titrent de 12 à 13°. Les vins de Brazza, de Solta, de Lesina, de Cuzzola, de Sebenico et de Zara sont moins noirs et n'ont que 9 à 11° ; aussi leur exportation est plus limitée.

Certains vins d'Istrie, provenant de cépages qui ont une extrême ressemblance avec notre Pineau bourguignon, sont assez remarquables. Ils ont du feu et de l'agrément. Les vins de la Basse-Autriche se divisent en rouges ordinaires d'assez bonne conserve et blancs assez moelleux et délicats. Nous ne parlerons pas des vins du Danube qui se conservent trop difficilement. Il y a quelques bons vins rouges en Moravie.

Les vins rouges et blancs verdâtres de Styrie rappellent d'une façon frappante les vins italiens. Les vins du Tyrol sont ordinaires, si on en excepte certains Vernatscher rouges que les négociants français ont quelquefois recherchés. Le phylloxéra fait de grands ravages dans tout le vignoble Austro-Hongrois.

La production est d'environ huit à neuf millions d'hectolitres.

Roumanie. — La Roumanie commence à produire des vins; les meilleurs se récoltent, en assez grande quantité, sur les pentes des Karpathes, les rives du Danube, à Cotnari, dans le district de Iassy et à Dragasani, dans celui de Nalias. Il y a parmi eux quelques produits nets et droits de goût, vinifiés avec soin. La région de Cotnar est le centre de la production de crus blancs roumains renommés.

La Roumanie donne à peu près quinze cent mille hectolitres.

Serbie. — La Serbie donne, mais en petite quantité, des vins assez nets de goût. Elle s'efforce d'en accroître l'exportation. Les principaux sont ceux de Negotin et de Semendria qui ont beaucoup de rapport avec les petits vins espagnols.

Les vins de Negotin sont vinifiés d'une façon très primitive. Toutefois nos négociants français, ceux du Sud-Ouest en particulier, ont reçu depuis quelques années les lots de ces vins, précieux pour les coupages, grâce à leur nuance rouge très foncée, leur teneur en alcool, tanin, à leur tenue solide.

Les petits vins de Semendria, assez frais et agréables, doivent être utilisés dans leur jeunesse pour les coupages.

Certains de ces vins ont des goûts d'herbage ou, n'ayant pas été suffisamment bien soignés, sont altérés.

Les vins de Nisch sont peu alcooliques, mais d'une riche nuance rouge, assez tanifères et possédant souvent un parfum agréable.

La Serbie fournit de trois à quatre millions d'hectolitres.

Russie. — Les vins russes ont des qualités incontestables et sont encore peu connus. Les provinces méridionales de l'empire possèdent des vignobles d'une belle étendue. Déjà, on signale l'avènement des vins du Caucase, d'Odessa et de Crimée sur plusieurs marchés d'Europe.

Des vins rouges et blancs ordinaires de Crimée, malgré un goût de terroir qui les entache quelquefois, sont bons comme saveur et parfum, ayant du corps, de l'alcool, beaucoup de fermeté. Le vin de

Kakhétie est fort en couleur, ferme, très corsé. Les vins rouges de Bessarabie ont un goût plein, assez frais, bien savoureux; on peut leur reprocher du terroir. Quant aux vins du Caucase, ils ont assez souvent un léger goût de *cuir de Russie* ou de terroir, mais, à côté de cela, beaucoup d'alcool, de fermeté, un bouquet distingué, un arome très ferme. Signalons enfin quelques bons vins blancs doux.

Beaucoup de ces vins sont trop durs et chauds.

La production suisse est de près de trois millions d'hectolitres.

Grèce. — La Grèce a des vins de liqueur et des vins ordinaires. Parmi les premiers, citons ceux de l'île de Santorin, agréables et d'une sève originale; les muscats doux de Samos et de Céphalonie.

Mais ce sont les vins rouges courants sur lesquels se porte particulièrement l'attention de nos négociants. Plusieurs rendent des services pour les coupages. Il serait nécessaire que tous fussent vinifiés avec plus de soin. Signalons cependant les vins rouges courants de Patras, de Kalavryta, du Parnasse, de Pamès, des rives du Céphise et des îles Ioniennes; puis les vins blancs et rouges de l'Attique, très alcooliques et très corsés.

En général, les vins de Grèce, sauf ceux destinés à être bus au début ou à la fin du repas, resteront plutôt des éléments de coupage. Ils ont rarement de la fraîcheur.

La Grèce produit de quinze cent mille à deux millions d'hectolitres.

Turquie. — La Turquie a un vignoble qui s'étend chaque jour. Les vins qu'on y rencontre sont hauts en couleur et fournissent une bonne matière première pour les coupages. Ils sont nets de goût. Les moyens de transport rudimentaires entravent l'exportation. La Syrie fait aussi des vins; les rouges ressemblent beaucoup à ceux d'Algérie. Ils en ont les qualités et les défauts. En général ils sont de conservation très difficile et vieillissent avec rapidité.

La Turquie, avec Chypre, produit de deux à trois millions d'hectolitres.

États-Unis. — Les États-Unis possèdent des vignobles importants. Les régions où ils se trouvent sont dans les États de New-York, de New-Jersey, de la Virginie, de la Caroline du nord, et surtout de la Californie. Ils produisent environ quinze cent mille hectolitres. Beaucoup de ces vins ont des goûts particuliers de fraises, de framboises, mais on doit reconnaître dans les produits de la Californie une certaine valeur. Ils ont parfois les qualités désirables pour aller à la consommation. Les vins provenant directement de cépages indigènes ont des goûts de musc ou de foxé assez désagréables.

Malgré des installations superbes, la viticulture ne semble pas très rémunératrice aux États-Unis et particulièrement en Californie.

Les imitations de nos marques les plus estimées : Bordeaux, Bourgogne, Champagne, se font en grand aux États-Unis.

Mexique. — Les vins rouges du Mexique sont, en général, peu colorés et ressemblent assez à nos anciens vins de Tavel ; ils ont un peu de liqueur et soutiennent la vidange. Les vins blancs de l'Etat de Durango ont une robe jaune brillante et une amertume prononcée.

Mais la boisson nationale est le pulque, liqueur provenant d'un genre particulier d'aloès.

Brésil. — La vigne se cultive assez bien dans un certain nombre de contrées de ce pays, et on espère généralement qu'elle se développera dans l'avenir. Dans la province de Goyaz, elle donne, assure-t-on, deux récoltes par an, si elle est taillée au mois de février après la première récolte ; les vins sont assez nets de goût ; dans la province de Rio grande du Sud, on en récolte qui sont consommés dans diverses villes du Brésil ; dans la province de Santa-Catharina, la vigne est signalée dans divers endroits; dans les provinces de Rio de Janeiro et de San Paulo, on signale des vignobles donnant de bons résultats.

Les cépages employés sont français, américains greffés ou producteurs directs ; l'Isabelle paraît être le plus répandu ; il donne un vin maigre et d'une couleur assez claire, il a un goût foxé.

La grande spécialité du Brésil consiste dans la préparation des vins de fruits du pays, particulièrement le Caju, et le vin de canne.

Urugay. — La culture de la vigne prend un grand développement depuis quelques années. La république de l'Uruguay n'est pas éloignée de produire une quantité de vin suffisante pour sa consommation. Elle a maintenant de vastes vignobles. Jusqu'ici, les vins obtenus sont maigres, les vignes étant fort jeunes, mais ils ont un goût bien droit ; quelquefois la couleur est défectueuse ; ils n'ont pas de fraîcheur suffisante, et surtout pas de fruité. Le cépage Isabelle, si répandu dans toute l'Amérique, ici encore a des amateurs ; son produit, comme ailleurs, est sans qualité.

République Argentine. — Les surfaces cultivées en vigne s'étendent considérablement dans la République Argentine. Les provinces de San-Juan et de Mendoza, cultivées principalement par des Italiens, sont celles où la viticulture a réalisé les plus grands progrès ; on y récolte une notable quantité de vin (quinze cent mille hectolitres) dont la qualité, au fur et à mesure de la multiplication des bons cépages européens, va en s'améliorant.

La zone favorable à la culture de la vigne s'étend sur une superficie deux fois au moins plus grande que celle de la France entière.

Le vin obtenu n'a pas, en général, le goût de terroir prononcé que l'on reproche à ceux de certaines parties de l'Amérique du Nord.

Les vins argentins préparés avec des raisins d'Europe sont, en général, bien vinifiés, mais ils ne sont pas toujours conservés dans de bonnes caves.

On remarque des vins rouges vieux d'Entre-Rios (Concordia) produits par des terrains à sous-sols calcaires, très solides, possédant une forte couleur tuilée, ainsi que des vins de table ordinaires assez réussis de la même provenance.

Les vins blancs sont, en général, meilleurs que les rouges, comme dans beaucoup de pays chauds. Il y a des vins blancs muscats en abondance, de qualité inégale; quelques-uns sont trop maigres, manquent de corps ou, malgré une préparation soignée, ont des bouquets bizarres.

Le vignoble argentin n'est pas exempt du phylloxéra, du mildew, du black-rot. Mais les traitements sont appliqués et le mal n'est pas en progrès.

Chili. — De beaux vignobles commencent à s'étendre sur cette longue bande de terre qui se déroule entre les Andes et l'Océan Pacifique et forme le territoire Chilien. Le terrain y est riche, bien arrosé, le climat très doux.

Les vins de la province de Santiago sont bien vinifiés, ils ont un bouquet agréable, un bon goût ordinaire, très droit, de la fraîcheur. Quillota a des vins rouges très communs, assez grossiers même, mais neutres, bien droits et d'une couleur magnifique. Les vins rouges du Sud sont assez neutres, mais un peu rudes et quelquefois entachés d'un léger goût de terroir. On fait aussi au Chili des vins blancs qui ne manquent pas de qualité et des vins de dessert d'une nuance jaune rose, de saveur nette et très chaude.

En résumé, les vins chiliens sont bien faits, doués de bonnes qualités ordinaires et surtout exempts de saveurs exotiques, foxées, de terroir, etc., ce qui est un mérite rare et très important. Quelques-uns sont un peu maigres ou communs.

Les cépages français ont été importés au Chili, mais ils ne s'y comportent pas aussi bien que chez nous et ne produisent que rarement des vins pouvant se rapprocher des nôtres, ils manquent de finesse.

Le Chili fait un million d'hectolitres.

Australie. — Ce vignoble peut produire actuellement près de cent mille hectolitres de vins, ce qui n'est pas grand'chose étant données les hautes prétentions des Australiens de dépasser les vignobles européens. La partie de l'Australie qui semble la plus importante au point de vue de la plantation de la vigne est certainement celle de Victoria.

Les vins produits dans cette région peuvent se diviser en deux classes distinctes : ceux imitant les vins d'Espagne, ou vins de liqueur, et nos gros vins alcooliques du Roussillon; ceux qui se rapprochent de nos Bordeaux, de nos Bourgogne et des vins blancs d'Allemagne et de Hongrie.

En ce qui concerne les vins ordinaires, épais et forts en alcool, Victoria pourra peut-être en exporter plus tard.

On a essayé de faire des vins blancs mousseux, mais les résultats n'ont pas été satisfaisants.

Dans la région de Victoria, on distingue depuis quelque temps déjà les vins d'Yering, ceux des districts d'Yvanhoe, de Castlemaine, qui sont agréables : les vins blancs n'y font point, non plus, défaut. L'Australie du Sud et Queensland ont aussi des produits dignes d'attention. La Nouvelle-Galles du Sud a des façons Madère. Mais la plupart de ces vins manquent de fraîcheur.

Le Cap. — Les fameux vins de la colonie britannique du Cap (cent mille hectolitres) sont produits en général par la petite Syrrah importée de France.

Le vin préparé avec la petite Syrrah possède le cachet caractéristique de l'Hermitage. Il est très net de goût, et montre une belle couleur. Les vins de Constance ont, avec des nuances diverses selon les cépages, les crus, une agréable douceur, un bouquet suave et bien spiritueux, une finesse et une distinction exquises. Les blancs sont moins liquoreux et moins pleins que les rouges.

Cidres et poirés. — Le cidre, à mesure que les vignobles ont périclité, a tendu à se répandre un peu partout, mais il se transporte difficilement et son prix ne supporte pas de grands frais. C'est là ce qui retient le développement de sa consommation.

France. — L'industrie du cidre a pour quelques-uns de nos départements un intérêt très important. Le total de la production s'élève à une moyenne annuelle de 14 à 15 millions d'hectolitres.

La fabrication est supérieure à un million d'hectolitres dans l'Ille-et-Vilaine, le Calvados, la Manche, l'Orne, et la Seine-Inférieure ; elle dépasse cinq cent mille hectolitres sans atteindre un million, dans l'Aisne, les Côtes-du-Nord, le Morbihan, l'Eure et la Mayenne; l'Oise, la Sarthe, la Loire-Inférieure, la Somme, le Finistère, la Seine-et-Oise et l'Eure-et-Loir produisent de cent à cinq cent mille hectolitres.

Il y a plus de quarante départements récoltant des pommes à cidre, mais dans des proportions beaucoup plus faibles.

Malgré les qualités du cidre, malgré les efforts tentés, l'industrie cidrière est loin d'avoir fait les mêmes progrès que la vinification. Pour que le cidre puisse vivre à côté du vin, maintenant que nos vignobles se reconstituent avec tant d'activité, il faut absolument que les producteurs de Normandie, de Bretagne et du Centre apportent à la préparation du jus fermenté de la pomme plus de soin, plus de science et surtout qu'ils n'élèvent pas leurs exigences au point de vue du prix.

De tous les cidres, évidemment ceux qui proviennent du Calvados, de la Seine-Inférieure, de la Manche, de l'Eure sont les meilleurs, les plus onctueux et les plus forts.

Les cidres de Bretagne sont plus maigres, mais cependant ils ont encore d'intéressantes qualités, ils restent droits de goût et ont une bonne tenue. L'Ille-et-Vilaine a de jolis cidres bien faits et fort agréables. Les Côtes-du-Nord, le Finistère, la Loire-Inférieure, la Sarthe et la Mayenne ont aussi de bons produits.

En dehors de ces régions où les pommiers trouvent un climat et des terrains propices à leur végétation, il ne paraît pas que les essais tentés soient en général bien heureux. A part quelques exceptions, les cidres de l'Aube, de l'Aisne, du Nord, de l'Indre n'offrent pas les qualités qu'on recherche dans cette boisson; souvent ils sont durs.

Avec les beaux cidres, on fabrique des cidres mousseux qui sont agréables.

On sait que le coupage du cidre avec un peu de poiré ou que le mélange des poires aux pommes pour la fabrication du cidre est souvent recommandé. On arrive à obtenir ainsi un cidre plus moelleux. Les poirés du Calvados et de l'Orne paraissent être les meilleurs.

Etranger. — A l'étranger il y a peu de pays produisant du cidre. Cependant en Angleterre sur les bords de la Manche, il y a quelques pommages à cidre. Jersey en prépare d'assez bon. En Espagne, dans les pays basques, on recueille aussi des pommes pour en faire du cidre; en Autriche, en Allemagne et en Suisse, on note enfin quelques espèces qu'on fait fermenter, mais beaucoup de ces pommes sont importées dans nos départements cidricoles.

De tous, ce sont les Etats-Unis qui en préparent les plus grosses quantités; les propriétaires de ces régions, pour écouler les pommes, ont songé à les sécher et à les envoyer sous cette forme dans les pays à cidre pour être mises en cuve avec de l'eau en vue de la fermentation. Nous recevons depuis quelques années certaines quantités de ces fruits séchés; ils viennent faire concurrence à nos produits.

Spiritueux. — Les produits de la distillation jouent de plus en plus un grand rôle dans la consommation. Il y a peu de pays qui ne produisent des alcools sous une forme quelconque, soit alcools de vins, de fruits ou alcools d'industrie transformés en eaux-de-vie portant des noms divers.

France. — Nous jouissons en France d'une situation particulière avec notre vignoble qui nous permet d'obtenir les meilleures eaux-de-vie qu'il soit possible de faire. Les Charentes, l'Armagnac n'ont de rivales dans aucun pays.

Dans les vieux produits charentais quel superbe bouquet! quel velouté, quel charme dans ces magnifiques eaux-de-vie absolument pures, sans sirop, qui développent une odeur si délicieuse!

Les eaux-de-vie jeunes permettent de constater que nous possédons toujours, quoi que des étrangers intéressés disent, les moyens de fournir de véritables fines champagnes.

Bien que relativement aux Cognacs, les Armagnac aient de la sécheresse et ne possèdent pas le fondu, le parfum et la distinction des produits charentais, ils ont une réelle valeur et tiennent encore une excellente place avec leur finesse et leur bouquet.

Beaucoup d'autres départements font des eaux-de-vie de vins et aussi des eaux-de-vie de marcs. En premier lieu nous citerons la Côte-d'Or qui a des eaux-de-vie d'un parfum délicat et des marcs délicieux. Du reste on connaît la renommée de la Bourgogne pour ses eaux-de-vie de marc; elles ont une saveur particulièrement agréable qui provient des excellents raisins récoltés dans le grand vignoble bourguignon.

L'Yonne en a d'assez fines. Les départements méridionnaux, l'Aube, la Marne, la Meurthe-et-Moselle, le Cher, le Loiret, la Haute-Loire, etc., font aussi des eaux-de-vie de vin; la plupart de ces produits ne sortent pas de l'ordinaire, ils sont plus ou moins bien distillés, mais les vins qui les ont donnés ne présentent pas les qualités spéciales qui distinguent telles ou telles eaux-de-vie. Le Midi fabrique encore des 3/6 de marcs de bonne qualité, mais la production en est bien restreinte aujourd'hui.

L'Algérie se livre maintenant à la distillation d'une partie de ses vins, elle arrive à de bons résultats.

A côté des vins et des marcs de raisins mis en œuvre pour l'obtention des liquides spiritueux, il faut placer les cerises dont le jus fermenté et distillé donne, sous le nom de kirsch, une eau-de-vie fort agréable et le quetch ou eaux-de-vie de prunes. Les meilleurs en France appartiennent sans conteste à la Haute-Saône, au Doubs. Dans la Meurthe-et-Moselle, l'Aube et la Côte-d'Or, nous notons aussi des kirschs droits et nets, ayant peut-être moins d'ampleur, mais jouissant aussi d'un parfum très estimable. Notons qu'on distille aussi des cerises dans beaucoup d'autres centres, non sans succès.

Dans les pays à cidre, on distille cette boisson, car les marcs, les eaux-de-vie de cidre ont ce goût particulier de la pomme qui ne plaît pas à tout le monde, mais que les amateurs trouvent exquis. Quand elles sont bien distillées, sans goûts d'empyreume trop prononcés, elles sont fort bonnes, il y a de ces vieilles eaux-de-vie ayant de la finesse, de la distinction. Beaucoup, en vieillissant, deviennent plus onctueuses.

En même temps que les eaux-de-vie, notre pays, grâce à son industrie développée, produit des alcools excellents d'une neutralité parfaite. Le Nord, l'Est, l'Ouest, le Midi, ont des usines où on travaille les racines et les grains ; la fabrication y défie celle de l'étranger.

Tous ces alcools, ces trois-six et certaines eaux-de-vie servent à la préparation de nos liqueurs françaises si appréciées par leur finesse dans le monde entier.

Nos colonies des Antilles : Martinique, Réunion, etc., distillent la canne à sucre et font des rhums qui constituent une boisson spiritueuse fort recherchée. En Algérie, en Tunisie, on cite les liqueurs de mandarine, d'orange. En Cochinchine, au Tonkin, on a des eaux-de-vie de riz ; au Congo, au Gabon, des eaux-de-vie de mangue.

Etranger. — Les pays étrangers produisent des alcools de différents genres. L'Espagne a des eaux-de-vie de vin anisées, le Portugal également ; l'Italie essaie vainement d'imiter nos cognacs ; en Allemagne, en Suisse, en Autriche, en Roumanie, en Russie, on distille les prunes ; en Amérique, on fabrique quelques eaux-de-vie de canne et de fruits spéciaux. Mais ce sont particulièrement les alcools d'industrie que fabriquent les pays du Nord ; ils en préparent des eaux-de-vie et des liqueurs : l'Angleterre à son wisky, son gin ; la Belgique, la Hollande, ont leur genièvre, la Suède et la Norwège, leurs eaux-de-vie de pommes de terre, de lichen, leur punch ; les Etats-Unis du wisky et du gin comme en Angleterre, l'Amérique du Sud met en œuvre le sorgho, le maïs et d'autres grains. Avec ces alcools bien rectifiés, tous ces pays préparent des liqueurs qui, sans atteindre la valeur des nôtres, ne manquent pas de mérite ; la Hollande tient la tête.

Vinaigres. — Autrefois le vinaigre était du vin aigre, aujourd'hui on en fabrique avec tous les liquides contenant de l'alcool ou pouvant en produire.

Le vinaigre de vin, si prisé par les gourmets, a une saveur particulière de fraîcheur qui le distingue de tous les autres. On sent dans ce liquide comme une odeur de raisin ; elle persiste malgré les transformations successives que celui-ci a subies. D'ailleurs le bon vin donne de bon vinaigre, ce qui démontre bien que les éthers œnanthiques résistent à l'acétification et peuvent se conserver.

France. — Ce qui a fait la supériorité de la fabrication orléanaise, c'est que, dans l'application de sa méthode, elle ne fait usage que de vins sains ou tout au moins simplement piqués, rejetant ceux qui ont subi des altérations telles que la tourne, l'amer ou l'une de ces autres fermentations secondaires qui détruisent la charpente du vin.

A côté des vinaigres de vin, l'industrie en fournit des quantités considérables d'autres sortes.

Notons encore les vinaigres de vins de raisins secs, puis les vinaigres d'alcool. Ces derniers, vinaigres purs, sans addition de couleur, sont généralement plus clairs que ceux de vins.

Étranger. — L'Espagne, le Portugal, l'Italie, ont des vinaigres peu clairs et pas toujours heureusement acétifiés. L'Angleterre fait de bons vinaigres de malt pur. L'Allemagne, la Belgique, la Hollande, etc., ont le plus souvent des vinaigres d'alcool ou de bière.

On voit, par ce rapide exposé, l'importance qu'a dans le monde l'industrie des boissons, le grand intérêt qu'elle présente pour notre pays, et on comprendra dès lors tout le désir que nous avons eu, en écrivant ce livre, de le mettre au courant, d'une façon pratique, des meilleures méthodes. Nous nous estimerons heureux si nous avons pu y parvenir.

LES MALADIES DU RAISIN

La qualité du vin commence à se déterminer à la vigne même, dans le raisin, bien avant l'époque où débutent les travaux de vinification. Les accidents, les intempéries, les maladies, qui attaquent la plante, modifient la maturation et même les éléments constitutifs du raisin, de façon à changer profondément la nature du vin. Il est donc logique que nous commencions par traiter brièvement des maladies du fruit de la vigne.

Intempéries. — Les accidents causés par les intempéries, qui peuvent gravement compromettre la qualité des raisins, sont : les gelées d'automne, la grêle, l'échaudage, la pourriture.

Gelées d'automne. — Lorsque la vendange est encore sur pied, elle peut souffrir sérieusement des gelées d'automne. L'action du froid mortifie les raisins et, quelle que soit la promptitude avec laquelle on récolte après la gelée, il y a une perte importante. Dans les régions particulièrement sujettes à cet accident, on peut en atténuer les effets, dans une certaine mesure, en cultivant des cépages à aoûtement et à maturité précoces.

Grêle. — Les grains de raisin atteints par la grêle sont déformés et n'arrivent pas à leur développement normal, et, quand le pédoncule de la grappe est frappé, toute la portion qui se trouve au delà se dessèche. Il n'y a aucun remède proprement dit. On se bornera, dans ce cas, à relever le mieux possible la végétation en multipliant les labours et les soufrages.

Les dégâts occasionnés par la grêle ne sont pas identiques à la pourriture. Vergnette-Lamotte a reconnu que les moisissures, occasionnées par le choc des grêlons, se produisent intérieurement et ont un aspect tout particulier. Le grêlon a pour effet de fendre le grain, en produisant une véritable plaie. Si l'air est sec, le raisin ne tarde pas à perdre par évaporation ses liquides; il se racornit et tombe desséché sur le sol. Si l'air est humide, le grain reste au cep, mais il est envahi par une végétation particulière, qui a un goût amer très caractérisé. Cette moisissure vit dans l'intérieur du grain et ne passe point de l'un à l'autre : elle donne au moût ce qu'on appelle *le goût de grêle*. En outre, le vin qui en résulte est pauvre en matière colorante.

Échaudage. — L'échaudage est un flétrissement, un arrêt de développement des grains, presque toujours causé par les chocs qu'ils ont subis pendant les façons d'été.

Les raisins échaudés, quand ils sont nombreux, peuvent altérer le bouquet du vin.

Pourriture. — La pourriture atteint surtout les variétés aqueuses et à peau fine, plantées en terrain bas et humide. Les Aramons de plaine y sont assez sujets. On prévient la pourriture par des drainages, par la formation d'un tronc élevé, par l'effeuillage.

Lorsque la pourriture attaque la peau du grain, elle brise les vaisseaux qui amènent la matière colorante; le raisin perd donc sa couleur propre, et en même temps, la matière sucrée disparaît.

La pourriture résulte d'une végétation parasitaire aérienne.

C'est l'humidité du sol et de l'atmosphère qui favorise le développement de cette végétation; au contraire, un vent sec, un temps chaud l'arrêtent parfois subitement.

Le mal n'est pas très considérable d'abord; le suc du raisin est attaqué et devient moins riche; le moût sera donc plus aqueux. Mais, peu à peu, le parasite absorbe les liquides contenus dans le grain; le raisin alors se décompose. La pourriture se répand de proche en proche; les grains altérés s'agglutinent et se couvrent de matières visqueuses, qui ne sont autre chose que des sucs décomposés.

Les grains gâtés ont un effet fâcheux sur la fermentation et communiquent au vin une saveur particulière. Si on veut pressurer des raisins attaqués par la pourriture, il faut avoir soin de bien remplir les fûts dans lesquels le liquide doit fermenter. De cette manière, le moût expulsera tous les ferments nuisibles et les impuretés qui pourraient altérer son goût.

Lorsqu'on n'a pas eu cette précaution, le vin s'éclaircit difficilement et la lie contient un grand nombre de mycodermes dont il faut redouter l'action.

Maladies. — La plupart des maladies de la vigne, en affaiblissant la plante, ont une action funeste sur l'élaboration des sucs du raisin. On a remarqué, par exemple, que les vins de vignes phylloxérées devenaient moins alcooliques et moins corsés. Mais ce sont surtout les maladies cryptogamiques qui diminuent la qualité. Aussi étudierons-nous spécialement les moyens de combattre les plus dangereuses d'entre elles : l'oïdium, le mildew, les rots (black-rot, white-rot ou coniothyrium, brown-rot ou mildew des grains) et l'anthracnose.

Oïdium. — Les raisins attaqués par l'oïdium sont absolument nauséabonds et fournissent un vin sans valeur.

L'oïdium est un champignon microscopique, formé d'un entrelacement de tubes, qui recouvrent les feuilles, les fruits et les rameaux de la vigne comme une toile d'araignée. Ces filaments portent de petits suçoirs qui pénètrent dans le tissu, pour y puiser les sucs. Tous les autres organes du parasite restent extérieurs. Sur ces filaments de l'oïdium naissent de petits bourgeons dont le bout se renfle en boule, se détache, tombe sur d'autres parties de la vigne, pousse de nouveaux filaments, et reproduit ainsi la maladie.

Heureusement, tous les organes du parasite, extrêmement délicats et faciles à atteindre, puisqu'ils restent à l'extérieur, peuvent être détruits par le soufre.

Tout grain de soufre, qui touche un filament d'oïdium, amène la destruction de ce filament. De plus, le soufre, divisé en fine poussière, s'oxyde à l'air et les vapeurs produites (acide sulfureux), détruisent rapidement les filaments d'oïdium. L'action est d'autant plus rapide que le soufrage a eu lieu par un temps plus chaud. Aussi le soufre, qui tombe sur la terre échauffée entre 40° et 50°, n'est pas perdu au point de vue de la destruction du parasite.

Il faut répandre le soufre en poussière aussi fine que possible. En effet, plus le grain sera gros, moins son action destructive sera active par contact; l'oxydation sera aussi plus lente et, par conséquent, les vapeurs acides moins abondamment produites.

Le soufre sublimé est plus fin que le soufre trituré et doit lui être préféré.

Au microscope, le soufre sublimé (fleur de soufre) apparaît composé de petites boules transparentes, plus ou moins accolées les unes aux autres. Chacune d'elles est une petite vésicule qui concentre la lumière et la chaleur solaires.

L'activité du soufre sublimé se trouve donc accrue par cette disposition; aussi, quand on craint de griller les raisins, il devient nécessaire de modérer cette activité, en mélangeant le soufre avec du plâtre.

Le soufre sublimé est un peu plus cher que les autres soufres, mais, il en faut une moindre quantité pour obtenir les mêmes résultats; il revient, en définitive, à meilleur compte. Il convient de le choisir de bonne qualité. Il doit être *doux et onctueux au toucher*; il doit *glisser facilement sous le doigt et craquer sous la pression*. Ce craquement est produit par le décollement des petits globules de soufre légèrement soudés entre eux. Si la fleur de soufre a été mal préparée, les petits globules sont fortement soudés en boules visibles à l'œil nu. Dans cet état, le soufre a perdu sa principale qualité: une extrême division.

Le soufre peut cependant revêtir la forme d'une poudre plus fine encore que la fleur de soufre; on peut l'obtenir à l'état de *soufre précipité*, tout à fait impalpable.

L'épuration du gaz d'éclairage fournit le soufre précipité.

Tandis que le soufre trituré présente au microscope des morceaux informes de diverses grosseurs; que le soufre sublimé apparaît en cristaux réguliers dont le diamètre varie entre 10 et 30 millièmes de millimètre, le soufre précipité est composé de cristaux réguliers et translucides, mesurant au maximum 1/2 millième de millimètre de diamètre.

Le soufre précipité s'emploie de la même manière que le soufre ordinaire. Toutefois on recommande de proscrire l'usage de tous instruments, qui dépensent beaucoup de soufre et ne le répartissent pas également.

Quel que soit le soufre employé, c'est dans la première quinzaine de mai qu'il faut opérer, dans la région méridionale du moins, un premier soufrage contre l'oïdium. Au moment même de la floraison, un second soufrage aura les meilleurs effets. On emploiera par hectare, au premier soufrage, 15 kilog. de soufre sublimé, 30 au second et 40 au troisième, tout de suite avant la véraison. Si on use de soufre trituré, les doses seront forcées : 15, 50 et 65 kilog. par hectare.

Avec le soufre précipité, le premier soufrage doit se faire après la floraison et ne doit dépenser que 10 à 12 kilog. à l'hectare; le second, en juin, à la dose de 25 kilog. et le troisième en juillet à la dose de 30 à 35 kilog. On peut répéter les soufrages au soufre précipité aussi souvent qu'on le désire, mais il ne faut jamais dépasser 30 à 35 kilog. à l'hectare et soufrer de préférence après le coucher du soleil, surtout pendant les fortes chaleurs, car, au milieu du jour, la volatilisation du soufre précipité est si rapide et son action si énergique, que les feuilles risqueraient d'en être légèrement brûlées. On consomme pour les trois soufrages 72 kilog. de soufre précipité.

On a calculé, comme suit, le prix de revient de tous les traitements exécutés dans le courant d'une année contre l'oïdium, sur 40 hectares :

150 kilog. de soufre par hectare et par an : 6.000 kilog. de soufre, à 18 fr. les 100 kilog.		1.080 fr. »
8 appareils pour 40 hectares (durée des appareils, 3 ans):		
8 soufflets simples, à 3 fr. l'un.	24 fr. »	
Par an.		8 fr. »
A reporter. . .		1.088 fr. »

Report. . .	1,088 fr.	»
120 journées pour trois traitements (prix de la journée de femme, 2 fr.).	240 fr.	»
La dépense totale, pour tous les traitements, s'élève :		
Pour 40 hectares, à	1.328 fr.	»
Pour un hectare, à	33 fr.	20

Mildew. — De toutes les affections cryptogamiques le mildew est certainement la plus redoutable. Non seulement elle porte à la plante le plus grand préjudice, mais encore elle fait sentir, d'une façon déplorable, son influence jusque dans le vin. On sait, en effet, que le vin mildewsé est sujet à une tourne spéciale.

Voici d'abord le signalement du mildew que les viticulteurs confondent parfois avec d'autres affections, notamment l'erineum.

L'erineum est caractérisé par des taches d'un blanc brillant (qui deviennent ensuite roses, rousses ou brunes), sur la page inférieure de la feuille, auxquelles correspond sur la page supérieure une boursouflure souvent très accusée.

Dans le mildew, au contraire, les taches d'un blanc laiteux, qui apparaissent sur la page inférieure, restent toujours blanches, en vieillissant, et ne correspondent jamais à des boursouflures de la page supérieure. Elles sont opposées à de simples taches brunes ou jaunes.

Enfin, tandis que les plaques de l'erineum sont adhérentes et difficiles à détacher par le grattage, les taches blanches du mildew se séparent, au contraire, de la feuille sous un léger frottement du doigt.

Les taches de black-rot sont jaunes, aussi bien d'un côté que de l'autre de la feuille et hérissées de petites pustules noires.

Les solutions cupriques sont les meilleurs agents préventifs et curatifs du mildew. Mais on doit surtout les employer *préventivement*, car il est plus facile d'empêcher le mal de se produire que de le guérir. Il faut, en conséquence, opérer un premier traitement avant la floraison.

Au milieu de mai on préparera les solutions : bouillie bordelaise, eau céleste, etc., de manière que les liquides concentrés soient prêts un jour avant l'opération. Sur le lieu du traitement, on les étendra d'eau.

Nous conseillons, de préférence, la bouillie bordelaise, quoique son emploi dans certains pulvérisateurs soit moins facile que celui de l'eau céleste. On peut d'ailleurs obvier à cette difficulté en additionnant la bouillie, une fois faite, d'une quantité d'eau égale à la quantité de bouillie, et en employant deux fois plus de la solution.

Nous donnons, ci-dessous, quelques formules détaillées de bouillie, d'après M. Millardet, l'éminent professeur à la Faculté de Bordeaux, qui a attaché son nom à la lutte contre le terrible parasite. On emploiera des dosages plus ou moins élevés, selon l'intensité du mal. Pour le traitement préventif, on adoptera le dernier dosage.

Bouillie a 3 kilog. de sulfate de cuivre : Eau, 100 litres. Sulfate de cuivre, 3 kilog. Chaux *vive*, 1 kilog., ou chaux *délitée*, 2 kilog., ou chaux *éteinte en pâte épaisse*, 4 kilog. 500, ou chaux *éteinte en pâte molle*, 5 kilog.

Bouillie a 2 kilog. de sulfate de cuivre : Eau, 100 litres. Sulfate de cuivre, 2 kilog. Chaux *vive*, 670 grammes, ou chaux *délitée*, 1.300 grammes, ou chaux *éteinte en pâte épaisse*, 2 kilog. 500, ou chaux *éteinte en pâte molle*, 3 kilog. 300.

Bouillie a 1 kilog. 500 de sulfate de cuivre : Eau, 100 litres. Sulfate de cuivre, 1 kilog. 500. Chaux *vive*, 500 grammes, ou chaux *délitée*, 1 kilog. ou chaux *éteinte en pâte épaisse*, 2 kilog., ou chaux *éteinte en pâte molle*, 2 kilog. 500.

Bouillie a 1 kilog. de sulfate de cuivre : Eau, 100 litres. Sulfate de cuivre, 1 kilog. Chaux *vive*, 350 grammes, ou chaux *délitée*, 700 grammes, ou chaux *éteinte en pâte épaisse*, 1 kilog. 400, ou chaux *éteinte en pâte molle*, 1 kilog. 700.

Pour préparer la bouillie bordelaise, on verse dans un vase en bois, une vieille futaille par exemple, 100 litres d'eau. On met les cristaux de sulfate de cuivre, après les avoir concassés, dans un panier ou un petit sac d'étoffe que l'on tient immergé dans les couches supérieures du liquide. Après une douzaine d'heures, la dissolution du sulfate de cuivre est complète.

On fait séparément la solution de sulfate et le lait de chaux. On ne les mélangera qu'après complet refroidissement de ce dernier. Le tout sera fortement brassé.

On emploie, par hectare, environ 200 litres de bouillie pour le premier traitement et 300 à 400 pour les autres.

Pour préparer l'eau céleste, on dissout 1 kilog. de sulfate de cuivre dans 3 litres d'eau chaude, on verse dans cette solution refroidie 1 litre 1/2 d'ammoniaque. Cette liqueur doit être étendue de 200 litres d'eau au moment du traitement. Il faut environ 200 à 300 litres d'eau céleste par hectare et par traitement.

Les traitements doivent être faits : le premier, immédiatement avant la floraison ; le second, quatre ou six semaines après le premier traitement ; le troisième, fin août et commencement de septembre.

Un sulfate de cuivre de bonne qualité ne doit pas contenir plus de 1 à 2 0/0 d'impureté.

Les acheteurs exigeront une garantie de leur vendeur.

Sous le nom de *Vitriol bleu*, *Couperose bleue*, *Sel de Chypre*, *Vitriol mixte de Chypre*, etc., on vend pour du sulfate de cuivre des produits différents comme composition, savoir : du sulfate de cuivre pur ou presque pur; du sulfate double de cuivre et de fer, de composition très variable et qui a d'autant moins de valeur qu'il renferme moins de sulfate de cuivre; du sulfate double de cuivre et de zinc d'une teinte bleue un peu plus claire que celle du sulfate de cuivre pur.

Le sulfate de cuivre pur se trouve dans le commerce sous forme de gros cristaux d'un beau bleu. Laissés à l'air, ces cristaux s'effleurissent et se couvrent d'une croûte de poussière d'un bleu très pâle.

Les sulfates de cuivre qui contiennent du fer se revêtent, en s'effleurissant, d'une croûte plus ou moins jaunâtre, selon qu'ils contiennent plus ou moins de fer. Ceux qui renferment du zinc ne se ternissent presque pas.

Le meilleur moyen de reconnaître la qualité du produit est de faire dissoudre quelques cristaux dans un verre d'eau bien propre. On verse ensuite un peu de lait de chaux. Il se forme alors un précipité : d'un beau *bleu de ciel*, si le sulfate de cuivre est pur; d'un *bleu rouillé*, si le sulfate contient du fer; d'un *blanc sale*, si le sulfate contient du zinc.

Les solutions de sulfate de cuivre doivent toujours se faire dans des vases en cuivre, bois, pierre ou grès, jamais dans du fer, ni du zinc.

La chaux que l'on doit employer est exclusivement la *chaux grasse*.

Si l'on a de la chaux vive en pierres, sortant du four, pure, bien cuite, de bonne qualité, il suffit d'en prendre un poids égal au tiers du poids de sulfate de cuivre qu'on fait dissoudre. On verse de l'eau dessus, par petites quantités, de cinq en cinq minutes, jusqu'à ce qu'elle tombe en poussière. Cela dure une à deux heures. On la crible, on jette ce qui reste sur le crible et, si la quantité de ce résidu est notable, on ajoute à la poudre une quantité de chaux égale à celle du résidu. On éteint alors rapidement la poudre avec de l'eau, en la broyant et la délayant dans un récipient, jusqu'à ce qu'il en résulte un lait épais, qu'on verse petit à petit, en agitant le mélange avec un bâton, dans la solution de sulfate.

Il importe de ne pas verser la solution de sulfate dans le lait de chaux.

Quand la chaux est impure ou mal cuite, il faut la déliter d'abord, en la mouillant très lentement avec de petites quantités d'eau. Lorsqu'elle est bien émiettée, on la réduit en poudre et on la passe au crible (mailles d'un millimètre). On prend deux fois autant de la poudre qui a traversé le crible qu'on aurait pris de chaux vive et on prépare avec, un lait de chaux comme il a été dit plus haut. On mélange de même ce lait de chaux à la solution de sulfate.

Si la chaux a été mise en réserve depuis longtemps, plus ou moins délitée, on la délite complètement; on crible, on en met deux fois autant en poids qu'on aurait pris de chaux vive, et on opère comme ci-dessus.

On pourrait encore, au début de la campagne, préparer une provision de chaux fusée, en pâte, comme celle dont se servent les maçons pour faire le mortier. On devrait alors, au moment de préparer la bouillie, prendre de cette pâte un poids quatre à cinq fois au plus aussi grand que celui de chaux vive qu'on aurait dû employer pour la quantité de sulfate qu'on a fait dissoudre.

Si on emploie une chaux pour la première fois, il sera prudent, la veille, de s'assurer, lorsque la bouillie aura laissé tomber son dépôt, que le liquide qui surnage, puisé dans un verre, *n'a pas de coloration bleue notable*. Si l'on constatait cette coloration, c'est qu'il resterait du sulfate non décomposé dans le liquide. Le mieux alors serait d'ajouter encore moitié autant de chaux qu'on en aurait déjà mis, de laisser reposer et de voir de nouveau.

Nous résumons d'après les calculs de MM. Pierre Viala et Paul Ferrouillat, les distingués professeurs à l'École d'Agriculture de Montpellier, le prix de revient d'un traitement contre le mildew, d'après la surface moyenne des exploitations viticoles, soit 40 hectares. Chacun pourra facilement modifier ces chiffres selon l'étendue du vignoble, le salaire des ouvriers dans la localité et les variations du cours des matières premières :

Prix d'un traitement à la bouillie bordelaise (formule à 2 kilog. de sulfate de cuivre) :

Matières premières pour 120 hectol. de bouillie, à raison de 3 hectol. par hectare :

	fr.	c.
Sulfate de cuivre, 240 kilog. à 0 fr. 60.	144 fr.	»
Chaux grasse, 120 kilog. à 0 fr. 03	3	60
	147 fr.	60

Appareils (un appareil pour 8 hectares ; durée des appareils, 3 ans) :

	fr.	c.
Cinq appareils, à 40 fr. l'un.	200 fr.	»
Faux frais et réparations.	10	»
	210 fr.	»
Par an.	70	»
Par traitement (trois traitements normaux par an).	23	30

Main-d'œuvre (prix de la journée d'homme, 3 fr.) :

	fr.	c.
25 journées d'opérateurs	75	»
10 journées de remplisseurs.	30	»
	105 fr.	»

Transport du liquide (prix de la journée d'attelage, 9 fr.) :

5 journées d'attelage	45 fr. »

La somme de ces éléments du prix de revient donne, pour la dépense totale d'un traitement à la bouillie bordelaise :

Pour 40 hectares	320 fr. 90
Pour un hectare	8 fr. »
Pour trois traitements normaux et par hectare	24 »

Le prix des matières premières nécessaires pour fabriquer 300 litres d'eau céleste n'étant que 2 fr. 25 (le litre d'ammoniaque valant 0 fr. 60), le traitement ressort, dans ce cas, au prix de 6 fr. 60 l'hectare, et la dépense pour trois traitements normaux est, par hectare, de 19 fr. 80.

Quant à l'ammoniure au sulfate de cuivre (eau céleste concentrée), dosant 18 1/2 pour cent de sulfate, et 30 pour cent d'ammoniaque liquide à 22° elle vaut environ 40 francs les 100 kilog. emballage en sus. On en emploie 5 kilog. par hectare à délayer dans 40 fois leur volume d'eau, ce qui en fait ressortir le prix à 2 francs par hectare, plus les manipulations, transport et épandage, à calculer comme pour la bouillie bordelaise et l'eau céleste. L'ammoniure à la tournure de cuivre vaut 75 francs les 100 kilog. emballage en sus.

Pulvérisateurs. — Pour répandre sur les vignes la bouillie bordelaise et les autres solutions usitées contre les maladies cryptogamiques, on s'est servi à l'origine de balais de bruyère longs de 30 à 40 centimètres. Avec ces aspersoires primitifs, la manœuvre était longue, on gaspillait beaucoup de liquide et on le répartissait mal. Aussi a-t-on bientôt imaginé une série d'appareils pulvérisateurs destinés à projeter les solutions d'une façon régulière et en poussière fine. On atteint ainsi tous les organes de la vigne sans user de grandes quantités.

Un des premiers appareils de ce genre, qui aient été construits, est l'arroseur-pulvérisateur à traction Bosc monté sur roues, qui peut traiter à la fois 16 mètres de largeur de vignes. Son fonctionnement est régulier et sa pulvérisation fine, mais il ne peut rendre de services que dans les grandes exploitations, où les vignes sont plantées à un écartement d'au moins 1 m. 30 et quand la végétation n'est pas trop développée.

Les pulvérisateurs à hotte ou à réservoir portatif sont usités d'une façon générale. On peut, en effet, les employer quel que soit le mode de conduite de la vigne et l'état de la végétation.

Les principaux appareils à dos d'homme sont ceux de MM. Baudot et Jeanneau, Beaume, Broquet, Gaillot, Japy, Noël, Vermorel, Vigouroux, etc., etc.

Nous décrirons sommairement quelques modèles divers.

Pulvérisateur Beaume. — Le « Triomphe » construit par la maison Beaume agit par pression d'air avec pompe extérieure en cuivre, à démontage instantané, sans outils (fig. 1).

FIG. 1.

Cette pompe est fixée sur un dossier en bois, qui lui sert de support ainsi qu'au récipient, et s'applique commodément au dos de l'opérateur.

Le récipient à air, en cuivre rouge, préparé à froid, est d'une très grande solidité.

Ce récipient, qui est maintenu au dossier en bois, peut être séparé de celui-ci et de la pompe, et remplacé instantanément par un autre sur le dos de l'opérateur, ce qui évite le déchargement de l'appareil à chaque remplissage ou l'emplissage sur le dos. La lance de l'appareil Beaume est remarquablement simple; elle ne s'engorge jamais.

Pulvérisateur Broquet. — Cet appareil, à pression d'air, se compose d'un récipient de 12 litres sur la gauche duquel se trouve une pompe à air, d'un démontage facile (fig. 2). Cette pompe est actionnée par un levier en dessous. La lance est pourvue d'un jet Riley à dégorgeoir. A la hotte sont fixés trois pieds pour que l'appareil tienne debout pendant le remplissage. Pour que la pulvérisation soit régulière, il est bon de tamiser le liquide, au moment du remplissage, à travers une grille, dont les mailles aient un diamètre inférieur à celui de l'orifice du jet.

FIG. 2

Pulvérisateur Gaillot. — Ce pulvérisateur à pression hydraulique avec jet multiple instantané exerce sa projection sur une surface d'environ cinq mètres de large et quatre de longueur (fig. 3).

FIG. 3.

Le piston, très simple, est garni de chanvre ; en cas d'usure, il faut l'entourer avec quelques brins de filasse graissée.

Le récipient est en cuivre rouge.

Après quelques coups de piston, la pression est acquise ; on ouvre le robinet du jet; le débit est continu; toutes les minutes on donne deux ou trois coups de piston pour agiter le liquide et entretenir la pression. La projection s'échappe en éventail vertical.

Dans les vignes traînantes ou dans les vignes en chaintres, on devra tenir le jet horizontalement.

Avec le jet du pulvérisateur Gaillot, on obtient à volonté : le brouillard ; la pluie très fine ; la pluie moyenne ; la grosse pluie ; le filet jet, lancé à 7 mètres de hauteur et gradué à 3 finesses ; le gros jet dégorgeur.

Pulvérisateur Japy. — Le réservoir-hotte, en cuivre jaune, rouge

FIG. 4.

ou jaune plombé, contenant 15 litres, est muni d'un large orifice de remplissage avec grille. Dans le corps de pompe se meut un piston garni de caoutchouc. Une lame de cuivre percée de trous sert d'agitateur. Elle est reliée à la tige du piston de la pompe et suit tous ses mouvements. L'ouvrier doit agir sur le levier de la pompe à intervalles réguliers, sans précipitation. Le débit et l'amplitude du jet sont continus (fig. 4).

On peut traiter par jour deux hectares avec cet appareil. Les jets employés par M. Japy sont : le jet Riley ou le jet Raveneau, à aiguille ou le jet Japy, à robinet dégorgeoir.

Pulvérisateur Vermorel. — Dans ce pulvérisateur, nommé l' « Eclair », le réservoir est traversé par le récipient d'air de la pompe qui fait partie intégrante de ce réservoir. L'appareil de pulvérisation est un jet à dégorgeoir, du système Riley, perfectionné et très ingénieux (fig. 5).

FIG. 5.

L'agitation de la solution cuprique est obtenue par le jeu des soupapes dans l'aspiration et le refoulement et par un jet liquide puissant, que produit l'excès de pression de la pompe. La manœuvre du pulvérisateur Vermorel ressemble à celle de tous les appareils munis d'une pompe à liquide.

La commande du soufflet est douce, la pression énergique et le liquide est répandu en nuage de fines poussières.

On peut avec cet appareil traiter, par jour, environ deux hectares.

Black-Rot (rot noir). — Le black-rot, pendant la période végétative de la vigne, apparaît d'abord sur les feuilles et sur les parties herbacées du sarment, sous forme de taches jaunes semées d'imperceptibles points noirs. Le nombre des taches sur une même feuille est parfois considérable ; elles peuvent dans certains cas, en devenant confluentes, recouvrir entièrement le limbe. On distingue aisément le black-rot des autres parasites cryptogamiques par les petits points noirs proéminents que le mal produit sur les surfaces atteintes. La maladie se propage des premiers points touchés jusque sur le fruit. Dès que le grain est envahi, il se décolore, se ride, se dessèche et bientôt apparaissent les pustules caractéristiques.

Il existe entre le mildew et le black-rot, en ce qui concerne leur faculté d'extension, des différences considérables : tandis que les germes ou spores du premier envahissent un vignoble en quelques heures, les spores d'été du second se cantonnent toute une saison sur les mêmes pieds. Cependant, au printemps, l'invasion du black-rot est aussi rapide que celle du mildew.

Les grains desséchés, et même des grappes entières se détachent du sarment et tombent sur le sol, qui finit par les recouvrir. C'est là que les germes du champignon passent tout l'hiver. Les grands froids, les pluies torrentielles, restent sans action sur eux. Il ne faut donc pas espérer que, par l'effet d'un hiver très rigoureux, le black-rot puisse être atténué l'année suivante.

Il est absolument nécessaire que les feuilles soient déjà protégées par des traitements lorsque la dispersion des germes du black-rot se produit, car *on prévient le black-rot, on ne le guérit pas.*

De tous les remèdes essayés contre le parasite, un seul a donné des résultats satisfaisants, c'est la bouillie bordelaise à la dose d'au moins 6 kilog. de sulfate de cuivre et 3 kilog. de chaux, pour 100 litres d'eau.

Ce remède doit être appliqué *préventivement*, car la présence de l'oxyde de cuivre sur les feuilles ne gêne guère l'évolution de la maladie, une fois que celle-ci s'est déclarée.

Les années à température normale, c'est dans les premiers jours de mai que la première application de bouillie doit être faite.

Pour combattre le black-rot avec chance de succès, il faut placer la vigne dans de parfaites conditions d'hygiène. Par conséquent, l'emplacement du vignoble, la disposition de la plantation, l'écartement des ceps, leur orientation, les drainages, les soins culturaux devront faire l'objet d'études sérieuses.

Dans les régions à la fois chaudes et humides, il est nécessaire de disposer le vignoble de façon à arriver, au printemps, à une dessiccation de la terre. Il serait même bon d'étaler les pampres sur des fils de fer au fur et à mesure qu'ils se développent, de manière à rendre aussi prompte que possible l'évaporation de la pluie et de la rosée, et à faciliter l'application parfaite de la bouillie.

Si, à ces précautions, on ajoute une culture assez soignée pour n'avoir jamais d'herbes dans le vignoble, on aura réalisé d'excellentes conditions pour combattre non seulement le black-rot, mais encore le mildew, l'anthracnose, l'oïdium, etc.

Rot blanc. — Le White Rot ou rot blanc est dû au *Coniothyrium diplodiella*, champignon originaire d'Amérique. Le rot blanc vit en parasite sur les fruits et les rameaux qu'il détruit, mais se développe aussi sur les grains altérés par d'autres causes et partiellement pourris, par l'humidité lorsqu'ils sont en contact avec le sol, dans les terrains mouillés. Le pédoncule, les pédicelles ou la rafle commencent généralement par être atteints en un point quelconque et les parties attaquées ont une teinte brune. Les grains de la grappe entière ou de la portion de la grappe située au-dessous du point attaqué se dessèchent assez brusquement et ressemblent à des grains grillés par le soleil. Le plus souvent, les grains sont attaqués directement; leur contenu devient juteux; puis ils se rident et il se produit à la surface un grand nombre de petites pustules de couleur grise ou d'un brun grisâtre. La baie se dessèche; elle a alors une couleur blanc grisâtre; de ses tissus il ne reste que la peau et les pépins qui sont, dans quelques cas, garnis de pustules.

Le seul traitement à appliquer est le même que pour le rot noir : la bouillie bordelaise à haute dose.

Rot brun (mildew des grains). — Le brown-rot ou rot brun n'est autre chose que le mildew des grappes. En effet, le parasite ne se contente pas toujours d'attaquer les feuilles; il envahit quelquefois les raisins et cause alors une pourriture rapide des grains. Certaines variétés sont particulièrement sujettes aux attaques de mildew sous cette forme.

Les grains attaqués présentent, en général, d'abord des taches ou dépressions arrondies, de couleur grise ou violacée, sous lesquelles la pulpe se durcit. Puis le grain se ride et prend une couleur brune plus ou moins foncée; il se dessèche ou tombe. L'attaque commence souvent au pourtour du pédicelle.

Quelquefois on trouve les fructifications blanches du mildew dans l'intérieur du grain, entre les pépins et la pulpe. Si elles n'existent pas encore, on peut provoquer leur développement assez rapide en conservant les grains sous cloche, dans une atmosphère humide. L'apparition des fructifications, bien facilement reconnaissable, montrera si on a réellement affaire au mildew des grappes.

Au point de vue pratique, cette distinction n'a qu'un intérêt secondaire, puisque tous les rots doivent être combattus, comme le mildew, par les bouillies de cuivre et de chaux.

Anthracnose. — Cette maladie se manifeste par des taches ou pustules, les unes entièrement noires et aréolées, les autres irrégulières et bordées de noir, les autres petites, qui se creusent et s'étendent peu à peu. Ces taches apparaissent sur les jeunes rameaux, les nervures des feuilles, les raisins verts.

Dès le début ou le milieu de février, il faut procéder au premier badigeonnage préventif contre l'anthracnose. Quelques jours avant le départ de la végétation, on opère le second. Voici comment il faut agir :

Appliquer chacune des deux fois, au pinceau, sur toute la partie aérienne du cep jusqu'au sol, une solution de sulfate de fer *pur* à 50 0/0, additionnée de 1 litre d'acide sulfurique à 53°.

La solution se prépare ainsi : sur 50 kilog. de sulfate de fer, verser 1 litre d'acide sulfurique à 53°; ajouter ensuite 100 litres d'eau chaude, avec précaution et très doucement.

Il est bon de maintenir la solution à une température de 15 à 30 degrés pour empêcher le dépôt par cristallisation du sulfate de fer.

Un décorticage sera utile auparavant pour débarrasser la plante des œufs et des larves des insectes qui se cachent sous les écorces. Celles-ci devront être brûlées.

La solution doit être employée dans la journée où elle a été préparée, afin d'éviter la cristallisation du sulfate de fer; si cette cristallisation se produisait, on ajouterait de l'eau bouillante renfermant 350 grammes de sulfate de fer par litre.

Le badigeonnage est beaucoup plus vite fait avant l'attachage des astes.

L'expérience a prouvé d'une façon indiscutable la grande efficacité de la solution à 50 0/0 de sulfate de fer. Mais nous savons aussi qu'on a obtenu de bons résultats en additionnant cette solution de sulfate de cuivre et de chaux, et même en employant de la bouillie bordelaise. Dans la Gironde, on a combattu avec succès l'anthracnose au moyen de ce dernier agent.

En badigeonnant avant que les bourgeons soient épanouis, on ne risque pas de les endommager, surtout si on a soin d'opérer par un temps brumeux et doux, ou après une rosée ou une pluie légère. Du moment que le temps n'est ni sec ni venteux, l'évaporation est en effet moins active, et le liquide se concentre moins vite. Dès lors, son action n'est pas nuisible pour les bourgeons.

Il est vrai que le traitement en question retarde souvent le bourgeonnement et que la première poussée des bourgeons paraît ensuite languissante; mais, plus tard, la végétation reprend sa vigueur; on signale même bien des cas où les pousses ont été ensuite plus vertes, plus vivaces et plus robustes que celle des ceps non traités. Rappelons aussi que le débourrement tardif n'est pas un désavantage dans les sols frais et humides (où l'anthracnose se développe plus volontiers) et sujets aux gelées blanches.

En tout cas l'affaiblissement, d'ailleurs momentané, de la végétation par le traitement indiqué, ne saurait avoir des effets aussi fâcheux que ceux de la maladie.

Une fois le débourrement accompli, on ne peut plus employer le traitement préventif dont nous venons de parler ; on devra soit user d'aspersions de bouillie bordelaise (dosant 7 kilog de sulfate de cuivre et 15 de chaux grasse pour 105 litres d'eau), soit appliquer, sur les plaies des vignes anthracnosées, de la chaux vive broyée en poudre impalpable.

Pour l'anthracnose, voici le prix de revient d'un seul traitement préventif calculé pour un vignoble de 40 hectares : 50 litres de solution de sulfate de fer acide par hectare.

1,000 kilog. de sulfate de fer, à 8 fr. les 100 kilog.	80 fr.
40 journées d'opérateurs (prix de la journée d'homme, 3 fr.).	120 fr.
La dépense d'un traitement préventif ressort :	
Pour les 40 hectares, à.	200 fr.
Pour un hectare, à	5 fr.

Cépages résistant aux maladies. — Il faut tenir grand compte, dans la constitution des nouveaux vignobles, du degré de résistance des cépages aux maladies cryptogamiques.

Le Castets, le Grappu (de la Dordogne), le Portugais bleu, l'Etraire de l'Adui, le Verdesse, le Cabernet, la Folle-Blanche, le Petit-Bouschet, le Riparia, le Solonis, le Vialla, l'Elvira, etc., résistent bien au mildew.

Les cépages à gros grain juteux sont les plus atteints par le black-rot.

Le Cots, le Melon, le Calitor, le Riparia, le Rupestris et la plupart des vignes américaines sont peu attaqués par l'oïdium.

Les variétés les plus résistantes à l'anthracnose sont : le Pinot, le Petit-Bouschet, l'Espar, le Mourvèdre, la Syrah, le Sauvignon, l'Herbemont, etc.

VINIFICATION

Maturation des raisins. — La préparation des vendanges et de la vinification commence à la vigne même avec la maturation du raisin.

Dans la nutrition du fruit, on distingue deux époques : celle où le grain est encore vert ; celle où le grain, ayant changé de nuance, perd peu à peu sa matière verte et la remplace par de la matière colorante. Dans la première période, le grain, ne produisant pas assez pour sa nutrition, emprunte aux feuilles le supplément de nourriture nécessaire. Dans la seconde, le grain ne produit plus rien et ne fait que consommer.

Les matériaux de supplément utiles à la nutrition du grain sont créés dans les feuilles, pour la majeure partie sous forme d'amidon, qui se transforme en glucose avant d'arriver au raisin. Jusqu'à la véraison, presque tout ce sucre semble être utilisé en route, et les grains ne reçoivent que des produits acides ou astringents. Après la véraison, le sucre provenant des feuilles, n'étant plus utilisé pour l'accroissement du bois, arrive en abondance dans le grain.

On voit, par la façon dont le raisin s'enrichit des éléments propres à produire du vin, le rôle des feuilles et l'importance de l'effeuillage.

Effeuillage. — Quand la vigne perd ses feuilles avant que la maturation ait atteint sa dernière période (sous l'influence du mildew par exemple), le raisin cesse de mûrir ; il cesse surtout de s'enrichir en éléments sucrés. Aussi, les vins mildewsés manquent de corps, et surtout d'alcool.

L'effeuillage doit, par conséquent, s'effectuer tard, seulement pour permettre à la maturation de se parachever sous l'influence d'une lumière et d'une chaleur plus vives.

L'effeuillage, qui constitue une opération habituelle et régulière dans quelques vignobles, est plutôt une pratique accidentelle et exceptionnelle dans d'autres.

En Bourgogne, l'effeuillage s'accomplit au mois d'août, en une seule fois et avec précautions.

Dans le Bordelais, le Languedoc, le Midi, on n'effeuille guère que les années humides et dans les terres basses. Afin d'éviter le grillage que pourrait causer l'insolation directe, on dépouille la souche au-dessous des raisins. De cette façon, on ne laisse arriver au fruit que les rayons réfléchis par le sol ; on facilite la circulation de l'air et on diminue aussi l'humidité par l'évaporation qui se produit.

L'effeuillage au-dessous des raisins a de plus un autre avantage : il permet au grain de devenir plus sucré. En effet, les feuilles de rameaux fructifères placées au-dessus des grappes et dont la sève élaborée redescend dans les grains sont notablement plus riches en sucre que celles placées en dessous. On a trouvé dans un kilog. de feuilles prises à la pointe de rameaux fructifères, 14.21 de glucose et 7.41 de crême de tartre, et, dans les feuilles de la base des rameaux fructifères, seulement 10.81 de glucose et 5.12 de crême de tartre par kilog. de feuilles. Quant aux feuilles des rameaux stériles, elles n'ont donné en moyenne que 11.65 à 11.93 de glucose et 4.91 à 6.9 de crême de tartre. Donc, en principe, il faut supprimer : 1° les feuilles de la base des rameaux fructifères, 2° les feuilles des rameaux stériles, avant de toucher aux feuilles se trouvant au-dessus des raisins sur les rameaux fructifères.

Époque de maturité des raisins. — C'est sur la maturation que doit être basée l'époque de la vendange. Le moment de la maturité est réglé principalement par la condition que la plante doit avoir reçu, depuis le commencement de la période végétative, une certaine somme de chaleur déterminée selon chaque espèce de vigne.

La température de l'année, l'âge du plant, le degré d'humidité du sol, le mode de culture, les traitements, les maladies, peuvent faire avancer ou retarder la maturation d'une façon très sensible.

Prévision de la quantité et de la qualité des vendanges. — On peut résumer ainsi les conditions météorologiques qui produisent une maturation bonne ou mauvaise :

Années de bon vin : la température moyenne des quatre mois chauds (juin, juillet, août, septembre) dépasse notablement la normale, et la quantité de pluie lui est légèrement inférieure ou lui est égale tout au plus.

Années de mauvais vin : la température moyenne des quatre mois chauds est inférieure à la normale et la pluie généralement supérieure.

Années de vendanges abondantes : la température est assez élevée au commencement de la période végétative et au moment de la floraison, avec une quantité de pluie égale ou légèrement supérieure à la normale. Toutefois, l'abondance de la vendange tient aussi essentiellement à l'absence de gelée, de coulure, de grêle, de maladies.

Il y a là une série d'indices qui permettent de prévoir avec assez de certitude, dès juillet ou août (saufs accidents extraordinaires), si la vendange doit donner quantité ou qualité et à peu près dans quelle mesure.

Préparation d'échantillons en primeur. — Si on veut hâter la maturation de quelques raisins, afin de les recueillir avant les vendanges et d'en faire des échantillons de vin, il est facile d'obtenir ce résultat par le *cisellement*. Au moyen d'un ciseau à lames étroites et à bouts arrondis, on enlève les grains mal développés, ou trop serrés, lorsqu'ils ont à peu près atteint le tiers de leur grosseur. De plus, on supprime deux ou trois centimètres de l'extrémité inférieure des grappes, lorsque celles-ci sont très longues, comme cela a lieu fréquemment dans les vignes jeunes et vigoureuses. Enfin, on retranche les grappes les moins bien développées, lorsque la branche se trouve fort chargée de fruits.

En effectuant cette opération sur quelques souches bien exposées et en pratiquant l'effeuillage, on peut avoir, quinze jours au moins avant l'époque normale des vendanges, assez de grappes bien mûres pour faire des échantillons de vin.

Vendange. — La date des vendanges varie d'une année à l'autre entre des limites fort étendues. Les époques moyennes de vendanges, pour un même pays, éprouvent, avec le temps, de lentes variations, attribuées à des changements dans la nature des espèces cultivées, dans le mode de culture, dans les habitudes locales.

Le docteur Guyot veut qu'on attende, pour vendanger, la maturité complète et même la période qui suit. Il affirme, en principe, que la vendange doit être *aussi tardive que possible*, sauf, peut-être, sur quelques points du Midi. Cependant, même dans les vignobles méridionaux, on vendange souvent tard aujourd'hui, à cause des nombreuses plantations effectuées dans des sables et des terrains de submersion où le raisin a peu de sucre et beaucoup d'acidité. Rappelons, en passant, que le Jacquez donne un vin de couleur plus rouge et plus solide lorsqu'il est vendangé de bonne heure.

D'une façon générale, on doit :

Vendanger *à maturité aussi complète que possible* dans les climats moins que tempérés et dans les années froides ;

Vendanger *à maturité atteinte*, mais non dépassée, dans les climats tempérés ;

Vendanger *un peu avant maturité* dans les climats chauds et les années très chaudes.

Cueillette. — Les raisins étant prêts à être vendangés, autant que possible par un beau temps, on procédera à la cueillette. Elle s'opère soit en rompant avec l'ongle le pédoncule de la grappe, soit en faisant usage d'une serpette ou de sécateurs spéciaux ayant la forme de ciseaux ordinaires. Ce dernier système est meilleur en ce sens qu'il ne meurtrit pas les souches.

La vendange ainsi coupée est transportée dans des paniers, puis versée dans des hottes ou dans des comportes et transportée jusqu'aux charrettes ou aux wagonnets pour être dirigée vers le cellier. Là, les raisins, suivant les vins à préparer, sont triés, égrappés, écrasés, ou subissent l'une de ces opérations, ou sont simplement jetés, tels quels, dans les récipients de fermentation.

Triage des raisins. — Pour les vins de consommation courante, on ne trie pas les raisins verts ou trop mûrs.

Les grains encore verts qu'on trouvera çà et là, inévitablement, ne sont pas à rejeter. Ils donneront au vin du corps, de la solidité.

Pour certains vins fins, on prend des précautions particulières : on trie soigneusement les raisins en Bourgogne et dans le Bordelais ; dans les crus rouges, on ne ramasse ni les grains pourris, ni les grains verts ; dans les blancs, on ramasse les plus mûrs et les pourris.

Cette pratique est aussi usitée pour les vins de Montbazillac, des Charentes et du Rhin. Les raisins trop mûrs donnent, en effet, d'excellent vin blanc.

Nettoyage des raisins. — Le nettoyage des raisins a son importance, surtout quand on a traité les vignes par le sulfate de cuivre, la chaux, le soufre.

On devra secouer et laver avec soin les grappes couvertes de soufre. Cette substance, quand elle demeure sur le raisin durant la fermentation, laisse au vin un goût d'œuf pourri souvent difficile à enlever.

On doit éviter aussi de laisser, sur les raisins jetés à la cuve, la chaux vive en poudre qu'on emploie contre l'anthracnose. Le vin produit ne serait ni beau ni hygiénique, si la chaux vive était tant soit peu abondante.

Il ne faut pas mêler à la vendange les raisins salis de terre et de boue. La terre contient un ferment (le ferment butyrique) susceptible de décomposer le sucre en acide butyrique, en acide carbonique et en hydrogène.

Egrappage. — Avant de se prononcer sur l'opportunité d'éliminer ou de conserver la grappe de la vendange, il est nécessaire de se rendre un compte exact de sa composition, de la maturation et de l'état du raisin. Si ce dernier donne généralement naissance à un vin trop doux, il sera bon de laisser tout ou partie des rafles, l'acide tannique qu'elles contiennent pouvant être d'un excellent effet à la cuve. Ainsi, dans le Midi, où les raisins sont peu acides, et particulièrement pour ceux provenant de cépages américains, il serait imprudent de recommander l'égrappage, tandis que, dans certains vignobles, cette pratique est tout indiquée et indispensable, si on veut éviter d'avoir des vins trop âpres et trop acerbes.

On reproche quelquefois à l'égrappage d'atténuer la couleur du vin. Il semblerait que la disparition de la grappe diminue l'acidité du vin et empêche, par suite, la matière colorante du raisin de se fixer au rouge.

L'égrappage se faisait primitivement à la main, ou au grillage. Aujourd'hui, des instruments peu compliqués permettent d'égrapper plus régulièrement et surtout plus rapidement. Les égrappoirs modernes sont composés d'ordinaire d'une trémie au-dessous de laquelle est installé un cylindre à claire-voie, dont l'intérieur renferme des palettes fixées à un axe qu'on fait tourner à l'aide d'une manivelle. Les raisins jetés dans la trémie sont précipités dans le cylindre ; là, ils sont secoués par le mouvement de rotation imprimé aux palettes par un ouvrier placé à la manivelle ; ils se détachent et passent à travers les trous. Les rafles restent dans l'intérieur, on les retire de temps en temps. On a construit aussi des égrappoirs qui se débarrassent eux-mêmes des rafles. Le travail se fait alors d'une façon continue; un homme peut égrapper ainsi sans effort et avec rapidité.

Un dernier perfectionnement très important consiste à réunir en un seul appareil le fouloir et l'égrappoir. Des constructeurs ont, en effet, placé immédiatement au-dessus du cylindre perforé, tout le bâti d'un fouloir, avec sa trémie. Au moyen d'une chaîne de Vaucanson, le mouvement de rotation des rouleaux broyeurs est communiqué par un pignon à l'arbre de couche de l'égrappoir proprement dit. On a, de la sorte, sous un petit volume, la valeur de deux appareils, qui tiendraient beaucoup de place dans une cuverie, s'ils étaient séparés et qu'on voulût égrapper et fouler son raisin. Avec un bon fouloir-égrappoir on peut facilement obtenir d'un homme 30 hectos de vendange à l'heure.

La suppression des rafles permet d'encuver à peu près un tiers de moût en plus, la grappe représentant généralement ce volume. Mais on doit, nous ne saurions trop le répéter, tenir compte de la richesse de la vendange en acide tannique, avant de la priver de ce qui pourrait lui en donner davantage.

Epépinage. — Certains œnologues conseillent l'épépinage comme une pratique indispensable à une saine vinification. Ce conseil a été très peu suivi : l'épépinage demeure à l'état d'exception, parce que l'opération est difficilement praticable. Ce n'est pas seulement pour cela que l'épépinage est négligé. C'est aussi et surtout parce que cette opération n'est utile que dans des cas très rares et pour les vins les plus fins.

La pratique a démontré que le pépin ne communique presque jamais de goût désagréable aux vins rouges ordinaires, à la condition que la plupart des pépins ne soient pas écrasés, condition qui est remplie d'habitude, soit dans le foulage à pieds d'homme, soit lorsqu'on fait usage des fouloirs mécaniques. Les huiles essentielles des pépins ne peuvent, par conséquent, se répandre dans la masse du vin.

Foulage. — On n'est pas bien d'accord sur la nécessité du foulage ; il est évident que, si le fruit de la vigne a la peau suffisamment tendre, il n'y a pas lieu de fouler, il crève de lui-même; mais s'il s'agit de raisins plus durs, on aura avantage à broyer le grain ; on hâtera ainsi le développement de la fermentation et son unification dans la cuve. Le foulage se fait à pieds d'hommes ou avec des battoirs, ou mieux avec des fouloirs. Ces derniers instruments sont essentiellement composés de deux cylindres rapprochés et tournant chacun dans un sens opposé, au moyen d'une manivelle. Telle était, du moins, l'organisation des premiers broyeurs à vendange qui furent imaginés ; mais bientôt on s'aperçut que ce système, fort simple, présentait de nombreux défauts ; l'engrènement se faisait d'une manière défectueuse ; les cylindres, lisses, écartés pour permettre au moût de passer, laissaient échapper des grains intacts et l'opération devenait à peu près illusoire ; si on rapprochait trop les deux rouleaux, ceux-ci ne fonctionnaient plus. C'est pour éviter ces contre-temps qu'on songea à canneler les cylindres ; on augmente de la sorte la force d'écrasement par l'action des arêtes multiples des cannelures, et on maintient ainsi des interstices qui livrent un passage étroit, mais assuré, à la grume déchirée. Le tout est commandé par une manivelle en communication avec les cylindres par deux engrenages placés dans leur axe ; des coussinets fixes, supportent les extrémités.

On a établi aujourd'hui des fouloirs en fer donnant de très bons résultats. Nous avons déjà vu qu'il en existe aussi pouvant égrapper en même temps.

Vaisseaux de fermentation. — La vendange préparée, on la dispose dans les récipients où elle doit fermenter : cuves ou foudres. Il est difficile de s'entendre sur les plus convenables à la vinification ; de nombreux essais ont été faits, mais n'ont pas toujours paru concluants, et, dans chaque pays, à part quelques exceptions, on a conservé les méthodes d'autrefois.

Cependant il est certain que n'importe quel vaisseau n'est pas propre à une saine fermentation, et on veillera toujours, si rudimentaire que soit la cuve, à ce qu'elle soit installée de manière que le chapeau formé par la vendange ne soit pas trop exposé à l'air et ne s'acétifie pas. Cette nécessité de soustraire le chapeau à toute altération a provoqué des recherches d'où sont sortis des vaisseaux de divers genres.

La matière et la forme de ces récipients sont le plus souvent indifférentes. Ils sont en bois ou en maçonnerie ; cylindriques, parallélipipédiques, tronc-coniques ; quelques-uns affectent l'apparence d'un tronc de pyramide.

Cuves. — Les cuves tronc-coniques en bois, parallélipipédiques ou cylindriques en maçonnerie, sont les plus en usage et, malgré les avantages que celles-ci peuvent présenter lorsqu'elles sont fermées, dans beaucoup de vignobles, on s'en tient encore au système ouvert. Nombre de propriétaires, se fondant sur la grande densité de l'acide carbonique qui s'élève au-dessus de la vendange en fermentation, estiment que ce gaz forme entre l'air et le chapeau une couche imperméable et préservatrice et, qu'en conséquence, il est inutile de couvrir les cuves.

Les cuves fermées, pourtant, présentent certains avantages : indépendamment de ce qu'elles préservent le chapeau de toute acidité, lorsqu'elles sont hermétiquement closes, le gaz acide carbonique seul s'échappant par une soupape, elles économisent, assurent leurs partisans, une petite déperdition de l'alcool, et permettent de donner au vin plus de couleur.

On a eu recours encore à d'autres procédés pour soustraire le chapeau à l'action malfaisante de l'air. On a songé à le tenir immergé dans la vendange et à ne jamais le laisser monter à la surface du liquide. Une claie, introduite dans la cuve, une fois les raisins en fermentation, et fixée par des tasseaux au-dessous du niveau de la masse, produit l'effet cherché. Il est évident que le chapeau, constamment mouillé par le vin, ne peut s'altérer.

Afin de mieux répartir la vendange, on a aussi proposé de diviser les raisins en plusieurs couches espacées à différentes hauteurs dans l'intérieur des cuves, au moyen de diaphragmes ou cloisons multiples. On verse une partie de la vendange dans ces vaisseaux cloisonnés, puis on fixe au-dessus la première claie ; on continue de même suivant le nombre de divisions du vase employé. On obtient ainsi une répartition assez uniforme de la vendange et une égalité plus certaine du vin. Ces différentes cloisons sont à claire-voie et permettent par conséquent à la fermentation de s'établir facilement, à peu près en même temps dans tout le récipient.

En résumé, on a constaté que tous les systèmes qui permettent de submerger le chapeau présentent de réels avantages.

Foudres. — Dans quelques vignobles, la fermentation, au lieu d'être faite dans des cuves, est opérée dans les foudres, ceux-là même qui sont destinés à loger le vin plus tard. On économise ainsi un important matériel de cuverie. Lorsqu'on se sert d'un foudre, on verse les raisins, foulés ou non, par l'ouverture supérieure jusqu'à ce que le récipient soit rempli au cinquième. Quand l'ébullition commence, on repousse le chapeau qui se forme au-dessus de la partie liquide et on ferme. Trois genres de fermeture sont généralement adoptés. Tantôt on ne place qu'un linge sur l'orifice ; tantôt on met la trappe ne laissant que le trou de bonde libre pour permettre la sortie de l'acide carbonique ; parfois enfin on adapte une sorte de bonde hydraulique dans laquelle ce même gaz vient bouillonner, on intercepte ainsi toute introduction d'air extérieur. Les premiers systèmes correspondent à celui d'une cuve ouverte, le dernier à celui d'une cuve hermétiquement close. Les avantages et les inconvénients de ces systèmes sont les mêmes pour les foudres que pour les cuves.

Soins de propreté. — Ces soins, qu'on ne doit négliger sous aucun prétexte, sont de la plus grande importance pour la saine préparation du vin et pour sa conservation future à l'abri des mauvais goûts et des maladies. De même que les menus objets servant à la cueillette des grappes : paniers, bacs, bacholles, comportes, etc., doivent être lavés à l'eau chaude et assainis, les cuves, les foudres et tous autres récipients dans lesquels la vendange devra se transformer en vin seront mis en parfait état.

Les cuves maçonnées peuvent présenter des fissures, les ciments des jointures se désagrégeant quelquefois. Pour s'assurer de l'étanchéité de ces vaisseaux, on les remplit d'eau, qui sert au nettoyage ; on la laisse séjourner, en ayant soin de marquer le niveau, jusqu'au lendemain. Si on constate une déperdition du liquide, c'est qu'il y a une crevasse ; il faut la chercher et la boucher.

La réfection du cimentage est parfois nécessaire ; il ne faut pas hésiter à l'effectuer. Enfin, il convient de nettoyer toute la cuve, de manière à l'affranchir de ses mauvais goûts et de toutes moisissures, si elle en a. Les procédés de brossage, de rinçage à la vapeur, à l'eau chaude ou froide, usités pour les récipients en bois, réussissent sur la pierre, le ciment ou la poterie. Cependant, nous préconisons, comme dernier moyen infaillible, le badigeonnage des parois avec un lait de chaux qu'on laisse sécher quarante-huit heures. On brosse vigoureusement ensuite pour enlever la chaux et on rince à grande eau. Le badigeonnage au lait de chaux ne doit pas être laissé : les sels calcaires formés par cette application se détachent dans le vin, lui communiquent un goût désagréable, une couleur défectueuse et le rendent parfois nuisible.

Le matériel en bois est susceptible de toutes les maladies, plus encore que celui en maçonnerie ; il doit être surveillé de très près.

A la suite d'un examen minutieux et d'un nettoyage des parois extérieures, le meilleur moyen de purger la vaisselle vinaire des corps étrangers que le temps a déposés sur le bois, est le jet de vapeur d'eau. Ceux qui ont à leur disposition un générateur leur permettant d'user de ce système s'en trouveront fort bien. Malheureusement, beaucoup ne possèdent pas un appareil de ce genre ; ils devront donc avoir recours à d'autres procédés de nettoyage et de désinfection.

D'abord on lavera plusieurs fois la cuve à grande eau. On peut se servir avec avantage pour cette opération d'une pompe à vin, dont on dirigera la lance perpendiculairement aux parois ; ce premier travail terminé, on brossera les cuves sur toutes leurs parties avec une brosse dure, afin de détacher les moisissures. On devra particulièrement s'arrêter sur les jointures ; les petites cryptogames, qui composent ces taches verdâtres et mousseuses qu'on rencontre sur le bois, pénètrent dans les moindres interstices et deviennent difficiles à faire disparaître. Un grattage est souvent nécessaire. Parfois même, on sera obligé de raboter quelques-unes des douves, trop sérieusement atteintes, jusqu'à ce que toute trace de pourriture soit complètement effacée.

Un dernier lavage énergique, puis un rinçage à la pompe termineront l'opération.

Pour boucher les fissures produites dans les cuves en bois, un excellent mastic est un composé de chaux vive et de sang frais. Il bouche solidement les crevasses, les nodosités, les jointures trop écartées.

Essai des moûts. — Une fois la vendange prête à être versée dans les cuves et le matériel en état de le recevoir, il convient de se rendre compte de la nature du produit qu'elle fournira. De là la nécessité d'étudier les moûts, c'est-à-dire le jus sucré qui s'échappe des raisins broyés et déchirés. Plus ils sont riches en sucre, et plus ils donnent d'alcool ; plus ils contiennent de principes acides normaux, et plus régulièrement la vinification s'opère tant au point de vue du degré que de la couleur.

Dosage du sucre. — La recherche de la quantité de sucre contenue dans les moûts est, à tous égards, la plus importante. Deux sortes de moyens ont été présentés dans ce but. Les uns appartiennent à la chimie, les autres à la physique. Les premiers, qui sont d'une grande exactitude, nécessitent de nombreux instruments de laboratoire et des liqueurs titrées de Fehling, ou d'eau de chaux et de la teinture de tournesol. Les seconds exigent moins de soins méticuleux et restent plus facilement applicables soit par le propriétaire, soit par l'acheteur, au moment d'une cuvée en préparation; ils sont, en conséquence, d'une pratique plus courante au vignoble, et c'est d'eux seuls, par suite, que nous nous occupons ici.

Tous sont basés sur l'emploi des aréomètres. On sait que ces appareils sont fondés sur ce principe que « si, dans une solution sucrée, on plonge un instrument capable de flotter, il s'enfoncera d'autant moins que le liquide sera plus dense, c'est-à-dire plus sucré ». Le type qui a servi à les établir tous est l'aréomètre Baumé, se composant : 1° d'un tube, fermé à la partie supérieure, sur lequel on a fixé une échelle de graduation; 2° d'une partie plus large cylindrique; 3° d'un appendice de forme sphérique relié par étranglement à la partie cylindrique et dans lequel on a mis, comme lest, du mercure ou de la grenaille de plomb. Les renseignements fournis par cet instrument ne sont pas exacts, sa graduation étant assez arbitraire, et, pour arriver à peu près juste avec lui, il faut ou consulter des tables, ou se livrer à de nombreux calculs, au milieu desquels on se perd facilement. L'échelle porte des chiffres de 0 à 25; le 0 est placé en haut et les autres nombres suivent; ces chiffres n'expriment rien par eux-mêmes, ils n'ont de valeur que grâce aux tableaux dressés des densités et des proportions approchées des principes sucrés contenus pour chaque degré dans le moût examiné.

Le gleuco-œnomètre de Cadet de Vaux, dont on fait un grand usage, ne diffère pas sensiblement de l'aréomètre que nous venons de décrire; il est plus lesté et plonge dans l'eau pure jusqu'au milieu de sa tige; en face du 0 il porte le mot « décuvage ». Les indications fournies par ce pèse-moût sont encore insuffisantes, puisqu'il ne désigne que l'instant où on peut cesser la cuvaison. On l'a cependant complété en lui adjoignant une échelle supplémentaire donnant, d'après le pèse-esprit Cartier, les quantités d'alcool correspondantes aux degrés lus sur l'instrument.

Les pèse-moûts d'Œchsle et de Babo présentent l'avantage sur les précédents, de porter sur la bande de papier renfermée dans la tige de verre, le premier, les indications de la densité réelle, nécessitant aussi une table, mais une table plus simple que celle réclamée par le densimètre de Baumé, et le second, le nombre de kilogrammes de sucre que le moût renferme, nombre calculé par l'auteur, avec une réduction de 3 0/0 pour tous les corps étrangers contenus, en même temps que le sucre, dans le moût.

Le gleucomètre du Dr Guyot marque une amélioration et un progrès sensible dans la détermination de la richesse saccharine des moûts; mais il est compliqué avec ses trois échelles : la première, celle de Baumé; la seconde, représentant le nombre de grammes de sucre contenus dans un litre de moût; la troisième, faisant connaître la richesse alcoolique du vin produit. Pour donner davantage de renseignements, cet appareil n'est guère plus précis que les autres, la valeur de ses degrés variant avec l'espèce du raisin, sa maturité et la proportion de sels minéraux que le moût contient en dissolution.

Le mustimètre Salleron, que nous représentons ici (fig. 6), n'offre pas ces inconvénients.

Dans cet appareil, au lieu d'avoir recours aux divisions arbitraires de Baumé, on a employé l'échelle densimétrique centésimale de Gay-Lussac. La division placée au milieu de l'échelle et marquée 1,000 représente le poids de l'eau distillée (1,000 grammes par litre); les divisions au-dessus mesurent les densités inférieures, et celles au-dessous les densités supérieures, c'est-à-dire le poids en grammes d'un litre du liquide expérimenté.

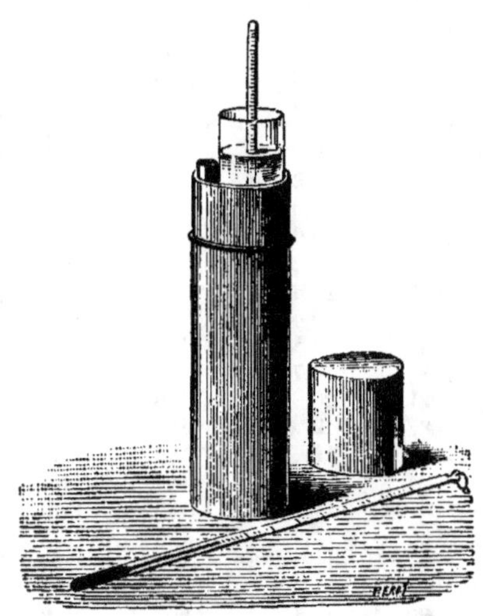

FIG. 6.

Pour essayer à l'aide de cet instrument un moût, on écrase quelques grappes de raisin au-dessus d'une capsule, on filtre le jus au travers d'un linge, on le reçoit dans une éprouvette, on y plonge le mustimètre. Après avoir noté le chiffre au trait d'affleurement, on trouve, au moyen du tableau suivant des « richesses saccharines et alcooliques du moût », quel est le poids du sucre contenu dans un litre de ce moût et quel sera le degré alcoolique qu'aura le vin après la fermentation.

Richesses saccharine et alcoolique du moût de raisin.

Densités ou degrés du Mustimètre.	Degrés de l'aréomètre de Baumé.	Grammes de sucre par litre de moût.	Richesse alcoolique du vin fait	Densités ou degrés du Mustimètre.	Degrés de l'aréomètre de Baumé.	Grammes de sucre par litre de moût.	Richesse alcoolique du vin fait.
		kil.				kil.	
1050	6,9	0,103	6,0	1101	13,2	0,239	14,1
1051	7,0	0,106	6,2	1102	13.3	0.242	14,3
1052	7,1	0,108	6,3	1103	13,5	0,244	14,4
1053	7.2	0,111	6,5	1104	13,6	0,247	14,5
1054	7,4	0,114	6,7	1105	13,7	0,250	14,7
1055	7,5	0 116	6,8	1106	13,8	0,252	14,9
1056	7,6	0,119	7,0	1107	13,9	0,255	15,0
1057	7,8	0,122	7,2	1108	14,0	0,258	15,2
1058	7,9	0,124	7.3	1109	14,2	0,260	15,4
1059	8,0	0.127	7.5	1110	14,3	0,263	15,6
1060	8,1	0,130	7,6	1111	14,4	0,266	15,7
1061	8,3	0,132	7,8	1112	14,5	0,268	15,8
1062	8,4	0.135	7,9	1113	14,6	0,271	16,0
1063	8,5	0,138	8,1	1114	14,7	0,274	16,1
1064	8,6	0,140	8,2	1115	14,8	0,276	16,3
1065	8,8	0,143	8,4	1116	15,0	0,279	16,4
1066	8,9	0,146	8,6	1117	15,1	0,282	16,6
1067	9,0	0,148	8.7	1118	15.2	0,284	16,7
1068	9,2	0.151	8,9	1119	15,3	0.287	16,9
1069	9,3	0,154	9,0	1120	15,4	0,290	17,1
1070	9,4	0,156	9.2	1121	15,5	0,292	17.2
1071	9,5	0,159	9.3	1122	15,6	0,295	17,4
1072	9,7	0,162	9,5	1123	15.7	0,298	17,6
1073	9,8	0.164	9,6	1124	15,9	0,300	17,7
1074	9,9	0,167	9,8	1125	16,0	0,303	17,8
1075	10,0	0,170	10,0	1126	16,1	0,306	18,0
1076	10,2	0,172	10,1	1127	16,2	0,308	18.1
1077	10,3	0,175	10,3	1128	16,3	0,311	18,3
1078	10,4	0,178	10.5	1129	16,5	0,314	18,5
1079	10,5	0,180	10,6	1130	16,6	0,316	18,6
1080	10,7	0,183	10 8	1131	16,7	0,319	18,8
1081	10,8	0,186	10,9	1132	16,8	0,322	19,0
1082	10,9	0,188	11,0	1133	16,9	0,324	19,1
1083	11,0	0,191	11,2	1134	17,0	0,327	19,3
1084	11,1	0,194	11,4	1135	17,2	0,330	19,5
1085	11,3	0,196	11.5	1136	17,3	0,332	19,6
1086	11,4	0,199	11,7	1137	17,4	0,335	19,7
1087	11,5	0,202	11,9	1138	17,5	0,338	19,9
1088	11,6	0,204	12,0	1139	17,6	0,340	20,0
1089	11,7	0,207	12,2	1140	17,7	0,343	20,2
1090	11,9	0,210	12,3	1141	17,8	0,346	20,3
1091	12,0	0.212	12,5	1142	17,9	0,348	20,5
1092	12,1	0,215	12,6	1143	18,0	0,351	20,7
1093	12,3	0,218	12,8	1144	18,1	0,354	20,8
1094	12,4	0,220	12,9	1145	18,2	0,356	21,0
1095	12,5	0,223	13 1	1146	18,4	0,359	21,2
1096	12,6	0,226	13,3	1147	18,5	0,362	21.3
1097	12,7	0,228	13,4	1148	18,6	0,364	21,5
1098	12,9	0.231	13,6	1149	18,7	0,367	21 6
1099	13,0	0,234	13.8	1150	18,8	0,370	21,8
1100	13,1	0,236	13,9				

Dosage de l'acidité. — Indépendamment du sucre, les moûts contiennent un certain nombre d'acides (tartrique, citrique, tannique, malique, pectique, etc.), dont le rôle est important dans le vin. « Enlevez l'acide au moût, a dit Pollacci, et la fermentation alcoolique, ou n'aura pas lieu, ou dégénérera avec une rapidité vraiment extraordinaire; ôtez l'acide au vin et vous aurez une boisson détestable, qui ne se conservera ni ne se développera, et qui, si elle vient à vieillir, ne produira aucun de ces bouquets qui caractérisent le vin. » On conçoit dès lors que la connaissance de l'acidité totale soit utile au vigneron, qui peut corriger soit par l'égrappage, soit par toute autre pratique les défauts de sa vendange.

MM. Portes et Ruyssen, les savants auteurs du « Traité de la vigne et de ses produits » posent en principe, à ce sujet, que les meilleurs vins sont ceux qui présentent le moins d'acidité; que cependant les vins de bonne qualité doivent renfermer une proportion d'acide variant entre 4 et 6 grammes par litre, que l'acidité provenant d'un excès d'acide libre doit et peut se corriger dans le moût, tandis que l'acidité due à la crême de tartre n'a aucun inconvénient, l'excès de celle-ci étant toujours éliminé pendant la fermentation alcoolique.

Le dosage de l'acidité totale des moûts s'effectue de différentes manières : beaucoup sont assez compliquées et ne peuvent guère se faire que dans un laboratoire où on dispose de tous les réactifs nécessaires. Voici un procédé rapide qui donne de bons résultats; il est à la portée de tous, car il ne demande pas de connaissances chimiques. On prépare d'abord deux liqueurs, dont l'une est composée d'eau distillée et de 10 grammes d'acide sulfurique monohydraté pur par litre; l'autre, de soude et de potasse caustique titrée de telle sorte que 10 centimètres cubes de ce liquide alcalin saturent 10 centimètres cubes de la liqueur acide.

Comme il est souvent difficile de se procurer de l'acide sulfurique monohydraté à cause de la rapidité avec laquelle il absorbe l'eau, on peut prendre 12 gr. 857 d'acide oxalique pur que l'on trouve facilement dans le commerce.

Pour faire un dosage, on filtre un échantillon du moût à essayer, puis on en prélève 10 centimètres cubes, mesurés au moyen d'une pipette jaugée; on les verse dans un vase de saturation; on y ajoute de l'eau distillée jusqu'au trait qui mesure 60 centimètres cubes et deux gouttes d'une teinture de phtaleïne du phénol, matière colorante qui constitue un indicateur alcalimétrique extrêmement sensible. Ce réactif reste incolore en présence des acides, tandis que la moindre trace d'alcali le fait virer en rose d'abord, puis en rouge vif.

On remplit la burette divisée par dixièmes de centimètre cube jusqu'à la division 0 (fig. 7) avec du liquide alcalin, et on verse celui-ci goutte à goutte dans le vin, en agitant jusqu'au changement de la couleur du vin et jusqu'à l'apparition d'une légère teinte rosée persistante. Généralement la teinte naturelle du moût vire au brun verdâtre, mais une ou deux gouttes de liqueur alcaline suffisent pour amener la teinte rose de la phtaleïne qui indique la fin de l'opération. On lit sur la burette le nombre de centimètres cubes de liqueur alcaline qui ont été employés, et on en retranche 0 cc., 1 qui représente le volume nécessaire pour modifier la couleur du réactif. Si on suppose que, pour obtenir la teinte rose, il eût fallu verser avec la burette 4 cc., 9 de liqueur alcaline, on en déduira que 10 centimètres cubes de moût sont saturés par 4 cc., 9 moins 0 cc., 1 ou 4 cc., 8 de liqueur alcaline; ce qui revient à dire qu'un litre du moût essayé contient une quantité d'acide équivalente à 4 gr. 8 décigr. d'acide sulfurique. Chaque centimètre cube de liqueur alcaline employé représente ici 1 gr. d'acide par litre de vin (1).

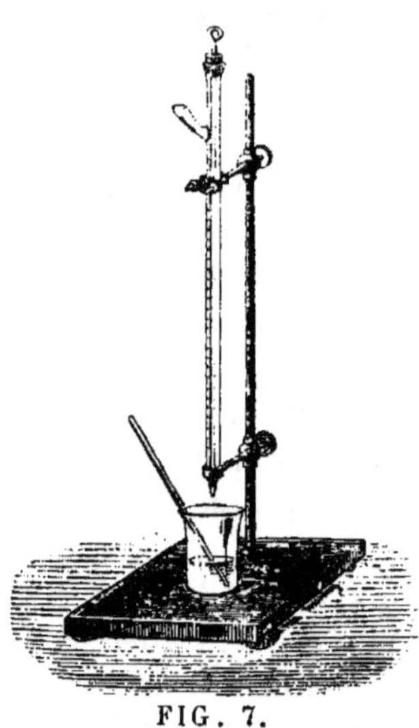

FIG. 7.

Il y a lieu de prendre quelques précautions en ce qui concerne la liqueur acide et la liqueur alcaline : il faut qu'elles se neutralisent à volumes égaux; c'est lors de la préparation de celles-ci qu'il y a lieu de s'arranger en conséquence; il est également utile de vérifier le titre de la liqueur alcaline qui peut s'affaiblir à la longue.

On peut la ramener au titre en y ajoutant un peu de solution plus concentrée d'alcali et au besoin, ensuite, par addition d'eau distillée jusqu'à ce qu'elle corresponde exactement de nouveau à un même volume de l'acide sulfurique titré. Cette dernière liqueur acide se conserve indéfiniment.

Il est facile de trouver dans le commerce toutes ces liqueurs prêtes à être employées; en se les procurant faites à l'avance, on ne perd pas de temps, et de plus l'opérateur a l'assurance de travailler avec des produits régulièrement dosés, ne permettant pas d'erreur.

Il faut avoir soin de conserver les liqueurs titrées dans des flacons bouchés à l'émeri et d'agiter avant de s'en servir.

(1) J. Salleron. *Dosage de l'acidité totale du moût.*

Fermentation. — Le vigneron ayant préparé ses vaisseaux de vinification, y jette les raisins soit en une seule, soit en plusieurs fois et attend que la fermentation commence.

Peu de temps après la mise en cuve, dans la masse liquide se produit un dégagement gazeux, une espèce d'ébullition, ce que l'on nomme une *effervescence*, qui dure un certain nombre de jours. Pendant ce temps, le jus, d'abord sucré, perd peu à peu de son liquoreux et devient de plus en plus alcoolique. Si on l'analyse, on trouve que la matière sucrée du raisin a disparu, il s'est dégagé du gaz acide carbonique, et de l'alcool s'est produit. Ceci est la réaction prépondérante; accessoirement d'autres composés se forment en proportion minime, mais la production en est constante; les plus importants, comme quantité, sont : la glycérine et l'acide succinique.

Pasteur a prouvé que l'agent de cette transformation est un organisme microscopique, le *saccharomyces ellipsoïdeus* champignon composé d'un petit sac unique, fermé, d'environ 6 millièmes de millimètres de longueur sur 4 à 5 de largeur. Il se trouve naturellement à la surface des grains de raisins, soit à l'état d'individu, soit à l'état de germe (spore); transporté à la cuve de vendange, il y subit son évolution naturelle qui est la cause déterminante de la fermentation du vin. C'est à cet organisme que l'on doit appliquer le nom de ferment.

Voici les faits certains établis par Pasteur :

1° Le moût ne fermente pas en l'absence du micro-organisme ; si l'on introduit celui-ci et que les conditions soient normales, la fermentation se produit ;

2° Pendant la fermentation, le saccharomyces s'accroît et se reproduit par bourgeonnement ;

3° Les progrès de la fermentation suivent ceux de la végétation ;

4° Les opérations (chauffage au-dessus de 60°) ou les substances (antiseptiques) qui détruisent la vitalité du ferment, arrêtent la fermentation ;

5° La fin de la fermentation coïncide avec la fin du bourgeonnement du ferment ; l'évolution de celui-ci change de nature lorsqu'il ne trouve plus de matière sucrée à faire fermenter, et tend à prendre alors la forme à vitalité latente qu'affectent ces organismes inférieurs lorsque le milieu où ils se trouvent n'est plus favorable à leur nutrition.

Ces relations étroites et parallèles qui lient la marche de la fermentation à la vie du ferment doivent nécessairement faire considérer celle-ci comme cause, la première étant effet médiat ou immédiat.

Il résulte de ce qui précède qu'on favorise la fermentation, en favorisant la vie du saccharomyces; on l'enraie en diminuant la vitalité de ce ferment; on l'arrête en tuant celui-ci ou le plaçant dans des conditions où la vie ne lui soit pas permise.

Des recherches faites sur cette importante question de la fermentation on a déduit :

Que les moûts de raisin ne sauraient avoir plus de 250 à 260 gr. de sucre par litre pour que la transformation en alcool s'opère régulièrement et qu'ils doivent cependant en contenir suffisamment pour produire un vin normal;

Qu'outre le sucre, la masse fermentante doit posséder des substances nécessaires à la végétation, à la vie du ferment. Ces matières se trouvent naturellement dans le moût du raisin qui est pour le saccharomyces un aliment complet;

Que le ferment du vin ne donne une fermentation active que dans un milieu présentant une acidité équivalant à 4 ou 10 grammes par litre d'acide sulfurique. Au-dessus de cette limite la vie du ferment est enrayée et peu même être tout à fait paralysée; au-dessous, les autres ferments que favorisent la neutralité de la liqueur, risquent de se développer parallèlement et même de préférence au saccharomyces : le vin est altéré;

Que la température est le plus favorable quand elle varie entre 20 et 30° C. La vitalité du ferment cesse presque entièrement de se manifester au-dessous de 8° environ et absolument au-dessus d'une température supérieure à 60°. Pourtant même au-dessous de 8° jusqu'à 0° il y a une *faible* fermentation;

Que la privation absolue d'oxygène (celui de l'air), au commencement de la fermentation, empêche celle-ci de se produire; mais lorsque l'aération initiale du ferment a été suffisante, l'opération se continue à l'abri de tout accès nouveau d'air.

On comprend que, de ces observations, il découle une série de pratiques ayant pour but d'augmenter la quantité de sucre des moûts, leur acidité, en un mot de régulariser la fermentation en vue d'obtenir un vin aussi parfait que possible.

Sucrage. — Dans certains pays étrangers, très chauds, où les raisins sont trop sucrés, les œnologues reconnaissent qu'il faut abaisser, par une addition d'eau, le degré gleucométrique, afin que la fermentation puisse se faire. Mais dans nos vignobles, nous ne rencontrons pas de moûts d'une richesse saccharine si élevée, contenant plus de 260 gr. de sucre, par suite nous n'avons pas à envisager pareille éventualité. Au contraire il arrive souvent, par ces temps de maladies cryptogamiques, que les raisins sont pauvres en matières saccharines. On obvie à cet inconvénient en ajoutant du sucre à la cuve. En vue de cette opération on se souviendra que, pour chaque degré supplémentaire d'alcool qu'on veut obtenir, il faut employer 1 kilog. 700 gr. de sucre par hectolitre. On ne doit pas chercher à produire, par ce moyen, des vins d'un degré plus élevé que ceux qu'on a l'habitude de récolter dans la région où on opère.

En France, le Parlement, en vue de favoriser cette amélioration des vins, a accordé une diminution du droit sur les sucres destinés à la vendange. Ceux-ci n'acquittent qu'une taxe de 24 francs les 100 kilog. Ils sont demandés à des dépôts spéciaux de Régie, à l'aide de formules particulières, et doivent être dénaturés sous la surveillance des employés des Contributions indirectes. Cette dénaturation se fait au moyen de vendange qu'on mélange au sucre devant les agents. Le décret du 22 juillet 1885, qui réglemente le sucrage, a limité à 20 kilog. par trois hectolitres de vendange la quantité maxima qui peut être ainsi mise en œuvre.

Le sucre dénaturé est versé dans la cuvée et réparti dans la masse du moût par brassage.

Augmentation de l'acidité. — Dans certaines circonstances il arrive que l'acidité des moûts n'est pas suffisante ; comme conséquence le sucre éprouve des difficultés à s'intervertir et à se transformer en alcool, enfin et surtout la couleur ne se fixe pas. C'est ce qui survient particulièrement pour les raisins très chargés en œnocyanine. Quelques vins américains, et notamment le Jacquez, sont dans ce cas. Dans le but de remédier à cet inconvénient on a proposé d'augmenter l'acidité au moyen d'une addition d'acide tartrique.

De nombreuses expériences ont été faites à l'Ecole d'agriculture de Montpellier par un éminent spécialiste, M. le professeur Bouffard, et il est ressorti, des essais faits, que la dose à employer peut varier entre 300 et 700 gr. d'acide tartrique par 1.000 kilog. de vendange. On ajoute cet acide au moment de l'encuvaison en en saupoudrant les raisins. Le vin de Jacquez ainsi traité est moins plat ; il a de la fraîcheur, sa couleur ordinairement violacée se modifie et fait place à une teinte plus rouge et plus vive, elle est aussi plus stable.

Un résultat analogue peut être obtenu par le mélange à la cuve de raisins acides avec ceux qui donnent d'habitude un vin mou. Dans le Midi on a réussi en mêlant ainsi un peu de Jacquez avec une forte proportion d'Aramons, de Petits-Bouschet, etc.

Plâtrage. — A côté de ces procédés ayant pour but de corriger la nature du moût il en existe d'autres destinés à hâter l'élaboration complète du vin, à lui donner meilleure tenue et plus belle apparence. Le plus ancien est le plâtrage.

Jusqu'en ces dernières années, le plâtre (sulfate de chaux) a été considéré, dans les régions méridionales, comme nécessaire à la préparation d'un vin solide et vif. On saupoudrait la vendange, sans trop compter et, généralement, on obtenait des vins contenant environ 4 à 5 gr. de sulfate de potasse. (La vinification transforme le sulfate de chaux en sulfate de potasse.)

La pratique du plâtrage a été vivement combattue par les hygiénistes qui lui ont attribué certains désordres de l'économie chez les buveurs de produits plâtrés. L'Académie de médecine a été consultée après le Conseil supérieur d'hygiène et elle a demandé, comme lui, qu'à l'avenir, les vins ne continssent pas plus de 2 gr. de sulfate de potasse par litre. Pour ne pas dépasser ce chiffre, le vigneron ne devra pas ajouter plus de 150 à 200 gr. de plâtre par hectolitre de vendange. Il est impossible de fixer une dose exacte, car le résultat du plâtrage dépend chimiquement, non seulement de la dose de plâtre ajoutée, mais aussi de la proportion de crème de tartre totale que la vendange peut offrir à la réaction et de la durée de la cuvaison.

Pour bien répartir ce plâtre, on le jette à la main dans la cuve sur chaque lit de raisin. Il doit être aussi pur que possible, anhydre, c'est-à-dire sans eau et bien pulvérisé.

Le plâtrage débarrasse le vin des matières mucilagineuses, des principes huileux qui le troublent ; il avive sa couleur et le rend plus rapidement marchand.

Phosphatage, tartrage, tanisage, etc. — En présence des réclamations soulevées par le plâtrage, on a cherché à le remplacer par des procédés analogues. Un pharmacien de l'Hérault, M. Hugounenq, a proposé dans ce but le phosphatage.

C'est au moyen de phosphate de chaux que se fait l'opération ; la dose à employer peut varier entre 150 et 300 gr. par hecto. M. Armand Gautier affirme que le phosphate de chaux agit sur les moûts à la façon du plâtre ; qu'il active la fermentation vineuse des sucres aux dépens des fermentations secondaires et bactériennes, et tend ainsi à relever le titre alcoolique du vin formé. Il entraîne, à l'état de sels calcaires insolubles, les matières albuminoïdes et les substances pectiques fermentescibles et rend les vins limpides en avivant leur couleur.

Malgré ces avantages il ne paraît pas que les essais faits en grand aient bien réussi. L'examen de vins ainsi préparés n'a pas été toujours heureux, et des négociants du Midi, consultés, n'ont pas apprécié très favorablement les produits phosphatés.

Le tartrage a été préconisé par M. A. Calmette, de Narbonne. Ce procédé consiste à ajouter au raisin, au moment de sa mise en cuve, comme on le ferait du plâtre, par couches, 200 à 300 gr. d'acide tartrique et 120 à 180 gr. de craie concassée par hectol. de vin à produire.

A mesure que l'acide tartrique se dissout dans le moût, il agit sur le carbonate de chaux et forme avec lui du tartrate de chaux très divisé, que le dégagement du gaz carbonique entraîne et brasse au sein de la liqueur. Il y rencontre des matières altérables, fermentescibles, albuminoïdes, pectiques, auxquelles la chaux, peut-être même un peu des sels calciques, se combine en mettant de l'acide tartrique en liberté. Après que la fermentation a pris fin, le tartrate de chaux insoluble, artificiellement formé dans la liqueur, se précipite au fond des tonneaux. Il ne reste plus dans le vin qu'un très léger excès d'acide tartrique libre.

D'essais plus récents poursuivis par M. Bouffard, à Montpellier, il y aurait avantage à remplacer en partie le plâtre par une légère dose d'acide tartrique, qui viendrait ainsi parfaire l'acidité due au plâtre seul. M. Bouffard propose 1 kilog. de plâtre, et 70 gr. d'acide tartrique pour 1.000 kilog. de vendange.

D'autres substances sont encore employées à la cuve pour donner de la vigueur au vin ou pour lui rendre certains éléments constitutifs qui lui font défaut dans les mauvaises années, et régulariser la fermentation : L'acide tartrique seul, le tanin seul ou les deux matières combinées. La science a préparé aussi, selon des proportions normales, des produits ayant pour bases les principaux éléments du raisin et qui donnent d'excellents résultats. Parmi eux nous citerons, comme le plus ancien et le plus répandu, le Conservateur de Martin-Pagis. Ce produit rend la fermentation régulière et active, neutralise la mauvaise influence des raisins pourris, rend le vin plus rapidement limpide et le met à l'abri des dégénérescences ; on l'emploie de la même façon que le plâtre à la dose de 30 à 40 gr. par hectol. de vendange.

Chauffage ou refroidissement de la vendange. — Dans le cas où la cueillette se ferait par un temps trop froid et où le raisin, mis en cuve, tarderait trop à entrer en fermentation, il faudrait chauffer la vendange, de manière à porter la température de la masse à 20 degrés C. environ.

Ce chauffage s'opère ordinairement sur une partie de la cuvée traitée à part dans des bassines. Le moût est versé ensuite bouillant dans la cuve; il remonte ainsi la température de la masse.

On peut aussi chauffer toute la vendange lorsqu'on fait fermenter dans des cuves. On a recours alors à des sortes de poêles cylindriques et coniques qu'on dispose verticalement dans les vaisseaux. Ces poêles sont chargés de charbon de bois qu'on introduit par un tube concentrique qui émerge. Tel est d'ailleurs l'œnotherme Gaillot, modèle imaginé par un constructeur de la Bourgogne, où souvent la vendange a besoin d'être ainsi traitée; le chauffage commence par le bas des cuves. On retire l'appareil lorsque la température nécessaire est atteinte : 20 à 25° C.

Par contre, dans les pays chauds, on est obligé de refroidir les raisins et les cuves pour que la fermentation, très tumultueuse d'abord, ne s'arrête pas tout d'un coup. En Algérie, en Tunisie et, en général, sous tous les climats où le soleil darde trop ses rayons au moment de la vinification, on prend parfois la précaution de n'encuver que les raisins coupés la veille et exposés à la fraîcheur d'une nuit, ou coupés seulement dans la matinée. On a songé aussi à rafraîchir les cuves ; on en a construit profondément maçonnées dans la terre, on en a installé à doubles parois entre lesquelles circule de l'eau, ou est disposée de la glace; enfin on a imaginé différents systèmes d'aération, de ventilation au fond ou autour des cuves. Ces méthodes finissent par s'implanter peu à peu et nous voyons maintenant nos colons d'Afrique préparer des vins bien fermentés et partant ayant une excellente tenue (1).

Aération du moût, foulage. — Les raisins, déchirés et broyés ou à peau suffisamment tendre pour se rompre d'eux-mêmes, se mettent à fermenter; mais l'ébullition languirait parfois, si on ne foulait pas à l'intérieur de la cuve ou du foudre et si on n'aérait pas pour permettre au saccharomyces ellipsoïdeus d'absorber l'oxygène de l'air utile à sa nourriture et à son développement. « Hors du contact de l'air, toute vie est absente », a écrit Pasteur. Plus on triture les grains avant de les précipiter dans les récipients où ils doivent subir la fermentation, plus ils restent en contact avec l'atmosphère, et plus ils y puisent le gaz favorable à leur transformation.

Le foulage, que l'on opère après quelques heures de fermentation, joue, à cet égard, un rôle fort important, puisqu'il donne plus d'activité

(1) B. Gaillardon. *Manuel du Vigneron en Algérie, Tunisie et sous les climats similaires.*

à la vinification en procurant au ferment les éléments de vie et de reproduction dont il a besoin.

Ce foulage se fait soit à pieds d'homme, soit, plus proprement, à l'aide de bâtons. Dans les foudres il n'y a que ce dernier moyen de possible. L'opération a, de plus, l'avantage de repousser le chapeau qui se forme au-dessus de la cuve dans l'intérieur du liquide et d'empêcher ainsi son acétification; il favorise enfin l'extraction des matières colorantes du raisin contenues dans les marcs composant le chapeau.

Cuvaison. — De tumultueuse qu'elle était, peu après l'entonnement des raisins, la fermentation se ralentit au fur et à mesure que le sucre se transforme en alcool. Elle diminue ainsi d'intensité et cesse bientôt presque complètement. Pendant ce temps, afin d'égaliser la cuvaison et de bien mélanger les couches de liquide, on fait couler, par le bas de la cuve, le vin fait,qui se trouve toujours au fond et on le rejette à l'aide d'une pompe à soutirage dans le vaisseau par le haut. Ce procédé, fort répandu aujourd'hui, aère encore la masse du vin et du moût, souvent ranime un peu la fermentation et, comme conséquence, réduit d'autant la petite quantité de sucre qui reste indécomposé.

La durée de la cuvaison varie avec la nature des cépages, avec la maturité des grains, enfin avec les procédés employés; aussi est-il difficile de fixer exactement le moment du décuvage. C'est donc beaucoup l'usage du pays dans lequel on se trouve qui doit faire loi. Les vignerons, qui ont étudié avec soin les transformations successives de la grappe, depuis le moment où elle s'est formée jusqu'à la cueillette, en comparant la saveur du grain à celle des années antérieures, pourront se faire une idée de ce que donnera la vendange et du temps qu'elle devra rester dans la cuve de fermentation pour produire ce qu'on attend d'elle.

Du reste, selon la nature du vin que l'on veut obtenir, ici on ne fait cuver que quelques jours, ailleurs une semaine, autre part quinze jours, un mois et même plus. Toutefois, en général, lorsque le mustimètre ou pèse-moût, plongé dans la cuve, indique que le liquide ne contient plus de sucre, on décuve.

Décuvage. — Le meilleur moyen de décuver consiste à tirer le vin à la partie inférieure du récipient de fermentation, par un robinet, ou avec un siphon; on évitera surtout que des grains ou des rafles ne soient entraînés par le liquide.

Si cette opération ne réclame, ordinairement, que le nombre de fûts supposés nécessaires pour vider complètement la cuve ou le foudre dans lequel s'est effectuée la vinification, il vaudrait mieux avoir à sa disposition un grand récipient dans lequel on tirerait entièrement et directement le vin fait; puis, ce premier décuvage terminé, on entonnerait dans les barriques préparées. Ce système s'explique par ce fait que, parfois, dans la cuve, l'état du liquide aux différentes hauteurs ne se trouve pas être le même; en décuvant de suite dans les tonneaux on s'exposera, sur une vingtaine, par exemple, composant une même récolte, à n'avoir point une qualité égale dans tous, ce qui présente une certaine difficulté pour la vente. Le mélange, à l'aide de la pompe à vin, que nous avons préconisé à la fin de la cuvaison, prévient cet inconvénient.

Pressurage. — Tout le vin ainsi écoulé, il ne reste plus, dans la cuve, que le marc; celui-ci est retiré et porté sous le pressoir pour en extraire le liquide qu'il retient encore. Généralement le rendement du pressurage est égal au tiers de ce qui a été recueilli directement; tandis que ce dernier constitue le « vin de goutte », celui provenant du pressoir est appelé « vin de presse ».

Avant de se servir d'un pressoir, il est nécessaire de l'examiner dans toutes ses parties, afin d'éviter des accidents ou des pertes, et de le mettre en parfait état de propreté.

Lorsqu'on apporte le marc pour être pressé et qu'on le dispose sur la maie, il faut prendre la précaution de le répartir autour de la vis; autrement, s'il se trouve plus tassé à un endroit quelconque, on peut fausser l'écrou pendant l'opération. On serre à plusieurs reprises, deux ou trois fois, en replaçant convenablement le marc après chaque pressée.

Le vin qui sort du pressoir est recueilli dans des tonneaux. Il ne présente pas la même composition que le vin de goutte; il est plus acerbe, plus vert et d'une couleur moins foncée. Faut-il mélanger ces deux différents produits, ou convient-il mieux de les conserver à part?

Ce point devra être étudié, avec soin, par le propriétaire; lui seul pourra résoudre la question. Il peut se faire que le vin provenant directement de la cuve paraisse trop mou, trop doux et ne présente pas toutes les garanties de conservation désirables; l'adjonction du vin pressé aura, sans aucun doute, un effet salutaire; il communiquera, au premier, cette verdeur caractéristique des vins nouveaux, qui est en même temps leur santé. Au contraire, lorsque le raisin n'aura pas été égrappé, que le vin possédera tous les principes utiles à sa bonne constitution, il pourrait être imprudent de lui ajouter le jus extrait du pressoir. Il y a là encore, comme dans toute la conduite de la vinification, des nuances à saisir et des atténuations à apporter aux effets de la nature.

Régulièrement, dans les vignobles fins, les deux vins sont recueillis séparément.

Souvent, lorsqu'on désire préparer des vins de sucre, on ne presse pas les marcs; ils restent en cuve tels qu'ils sont, et le vin qu'ils contiennent contribue à augmenter la qualité du vin de sucre. Cette préparation fait l'objet d'un chapitre spécial.

Entonnement. — Le vin produit est enfin mis en tonneaux au broc, ou au siphon ou à la pompe; ce dernier mode est préférable. Pendant un certain temps, qui varie avec les circonstances dans lesquelles sont faites la vendange et la vinification, la fermentation continue dans ces récipients; il faut donc attendre que cette période soit complètement passée avant de fermer les fûts. Au moment de les bonder, on y introduira la quantité de vin nécessaire pour les remplir complètement.

Dans les vignobles à vins ordinaires, ce sont des foudres qui, le plus souvent, servent de logement. On y fait arriver le vin de la cuve au moyen d'une pompe. Ces grands vaisseaux devront être en parfait état et assainis par les procédés que nous avons indiqués.

Vins blancs. — La suite des opérations que nous venons de suivre sous le titre général de « Vinification » s'applique particulièrement aux vins rouges. Pour les vins blancs, les procédés diffèrent quelque peu.

Les vins blancs se préparent, soit avec des raisins blancs, soit avec des raisins noirs à jus non coloré, en prenant la précaution de séparer le moût de la pellicule dans laquelle, ainsi qu'on le sait, résident les matières colorantes. Les grands vins blancs de la Bourgogne, du Bordelais, sont faits exclusivement avec des raisins blancs. Ces raisins sont cueillis tardivement, le plus tard possible même, lorsque les ceps sont dégarnis de feuilles ; les grains sont ainsi bien mûrs et excellents pour ce genre de vinification.

Le procédé de triage des raisins mentionné au début de notre étude sur la vinification est très souvent mis en pratique.

Les raisins blancs ne sont pas versés dans des cuves pour y fermenter. Aussitôt apportés de la vigne, ils sont passés au broyeur, puis disposés sur le pressoir, ou vont directement à ce dernier. On presse plusieurs fois et aussi longtemps que le jus qui s'écoule a de la douceur ; on cesse lorsque ce moût prend de la dureté. Quand les raisins sont noirs ou sont mélangés de noirs, on est obligé d'aller avec plus de précaution au pressurage, de façon à ne pas trop comprimer les pellicules qui laisseraient échapper de la couleur. On arrêterait même le travail, si ce fait se produisait.

Dans certains vignobles fins, on se contente de piétiner le raisin ; le moût recueilli ainsi, par cette simple pression, est appelé moût « vierge », il donne le meilleur vin, le reste va au pressoir et fournit une qualité inférieure.

Le moût est alors versé dans des tonneaux à bonde ouverte, protégé par un simple linge ou une feuille de vigne. Il parcourt toutes les périodes de la fermentation ; puis, au moment où cette fermentation est devenue presque insensible, c'est-à-dire, lorsque les écumes formées à la surface du liquide ont été à peu près complètement rejetées au dehors, on soutire le vin dans des barriques ordinaires, afin de le séparer de la grosse lie. Selon les vignobles, cette dernière opération se fait plus tard et est remise aux soutirages de mars.

Avec les mêmes raisins bien mûrs, on peut faire, à son choix, des vins blancs secs ou des vins blancs liquoreux, qui ne deviendront secs qu'au bout de quelques années. Si on met immédiatement le moût dans des tonneaux, pour y subir la fermentation, le vin qu'on en obtient est presque toujours sec. Mais, si on prend la précaution de faire la fermentation dans un tonneau bien ouvert, et d'écumer rapidement, aussi souvent que la fermentation l'a produite, la couche de mousse qui s'est accumulée à la surface du tonneau, comme ces écumes sont du ferment presque pur, le moût n'en a plus la quantité nécessaire pour fermenter rapidement et, par suite le vin soutiré et mis en fûts reste souvent liquoreux pendant un an ou deux.

Moûts et vins mutés ; leur revivification. — Fréquemment aujourd'hui, on expédie du vignoble des raisins, des moûts ou des vins incomplètement fermentés. Ces produits sont destinés à subir ou à terminer leur fermentation chez leur acheteur. Pour qu'ils puissent voyager sans accident, on est obligé de les muter.

Muter un moût de raisin, c'est le rendre muet, c'est-à-dire l'empêcher de se transformer en vin. Muter un vin, c'est arrêter sa fermentation et lui conserver une partie du sucre contenu naturellement dans le raisin.

Pour certaines boissons vineuses, c'est l'alcool qu'on emploie pour cette opération. On sait que l'alcool restreint le développement des ferments, qu'il l'arrête même lorsqu'il est ajouté en quantité suffisante. Vers 16 ou 17 degrés, un liquide sucré ne peut plus fermenter.

Ce système a l'inconvénient d'empêcher la revivification du ferment en vue de la conclusion de la vinification.

Le procédé basé sur l'emploi de l'acide sulfureux, produit par le soufre brûlé, est celui qu'il faut employer. Voici comment on s'y prend :

On commence par mécher fortement le tonneau à remplir, puis on y introduit 30 litres de liquide ; on bonde et on agite dans tous les sens ; on introduit une nouvelle quantité de moût ou de vin, et on continue l'opération jusqu'à ce que le récipient soit complètement rempli. Ce mode de procéder permet à l'acide sulfureux de mieux se dissoudre dans la masse à muter et, par conséquent, de donner plus entière satisfaction.

Pendant le travail, de l'acide carbonique se dégage; aussi, afin que la mèche soufrée, dont on se sert, puisse brûler, il est bon, après chaque introduction de moût ou de vin, de souffler à la surface du liquide, afin de chasser cet acide carbonique hors de la barrique. Il y a lieu également de surveiller la bonde ; si elle était mal assujettie, elle pourrait être projetée par la force d'expansion de ce même acide carbonique.

Il est établi, par de nombreuses expériences, que la quantité d'acide sulfureux nécessaire pour arrêter la fermentation est d'environ 0 gr. 03 0/0 ; pour atteindre cette proportion il faut brûler une bonne dose de soufre, car un seul soufrage n'introduit guère plus de 0 gr. 10 à 0 gr. 15 d'acide sulfureux par litre. Une mèche de 3 grammes de soufre peut donner 6 gr. d'acide sulfureux ou 2 litres. Autant que possible on devra faire les empotages à l'abri du grand air, celui-ci pouvant apporter avec lui de nouveaux ferments, qui rendraient l'opération à peu près illusoire.

Les moûts ou les vins ainsi traités deviennent inertes, ils peuvent être transportés sans crainte de fermentation. Le seul inconvénient que présente cette méthode, réside dans le goût de soufre communiqué. Pour les vins rouges, on a reproché à l'acide sulfureux, qui est un décolorant, d'amoindrir l'intensité de la couleur ; mais il est reconnu qu'il suffit d'exposer le vin à l'air pour qu'il reprenne sa teinte primitive.

Pour revivifier ces moûts ou ces vins, il faut les aérer de façon à faire évaporer, le plus possible, l'acide sulfureux qu'ils contiennent en dissolution. On agitera, on transvasera à l'air dans d'autres récipients largement ouverts ; enfin, on chauffera légèrement, et, si c'est nécessaire, on pourra pousser jusqu'à 30 ou 40 degrés pour maintenir ensuite la température à 20 ou 25. Ces vins, mis en cuve ou en fût, devront alors fermenter, surtout si on remonte leur titre acide en ajoutant 200 grammes de crème de tartre par hectolitre.

Pourtant dans le cas où, malgré ces diverses manipulations, aucun mouvement ne se produirait, il faudrait recourir à un levain quelconque. Le mieux serait de prendre du moût en fermentation d'une cuve en pleine activité, et d'en verser à peu près 3 0/0 dans les vins mutés. A son défaut, on en préparerait un de la manière suivante avec de la lie de vin : Pour 1 kilog. de lie de vin on ajoute 2 litres de jus de raisins frais ou secs, 2 litres de piquette de lavage de marc, contenant en dissolution 500 gr. de sucre et 30 gr. de tartre. Ce mélange sera porté à une température de 35 degrés et bien aéré par des transvasages successifs. Sous l'influence de cette chaleur et de l'oxygénation par l'air, le ferment, contenu dans les lies, reprendra son énergie et passera à l'état de levain actif.

Au moyen de ce levain bien préparé, on déterminera certainement, dans le vin muté qui aurait résisté à l'aération et au chauffage, la fermentation désirée. Deux litres de levain suffiront pour un hectolitre.

Pour le vin blanc, on ne fera usage que de lie blanche. On pourrait aussi n'employer que des raisins secs pour préparer le levain nécessaire. Quelques kilog. de beau Samos, par exemple, seront mis en fermentation, avec de l'eau chaude, de manière à donner à ce mélange 30 degrés de chaleur ; au bout de trois ou quatre jours, ce levain sera en état d'être versé dans le vin à faire fermenter.

Enfin, à la rigueur, on pourrait aussi demander à la levure de bière ou à celle des distilleries de grains les ferments nécessaires ; mais ces levures doivent être, avant usage, soumises à des lavages assez longs et assez délicats afin d'en séparer les impuretés.

Le goût de soufre dont on s'est préoccupé disparaît, presque toujours entièrement, pendant ces opérations.

Certains auteurs ont proposé, pour ces mutages et en vue de n'avoir qu'une faible odeur sulfureuse, l'emploi de sulfites alcalins ; jusqu'ici, les résultats ont été douteux ; de plus, ces produits sont parfois dangereux en ce sens qu'ils ne sont pas toujours bien purs.

Vinifications spéciales. — Il nous reste maintenant à nous occuper des vinifications spéciales ; celles qui concernent la préparation des vins noirs, des vins mousseux, des vins rosés, des vins de liqueur, etc., lesquels ont aussi leur importance.

Vins noirs. — Indépendamment des soins que prennent les vignerons à choisir des cépages produisant les vins colorés, on a cherché, le plus souvent possible, à augmenter la couleur, en extrayant, de la pellicule du raisin, toute la matière colorante qu'elle contient, ou, au moins, la plus grande quantité possible.

A Gaillac, où on s'est appliqué, depuis fort longtemps, à produire des vins noirs, pouvant servir dans les coupages, la plupart des celliers possèdent des chaudières où l'on fait bouillir le dixième ou le huitième des moûts avec les grains égrappés ; ces moûts sont jetés chauds dans les cuves en fermentation.

Dans le Lot, et particulièrement dans tout le Quercy, on prépare également des vins noirs. Comme à Gaillac, ils s'obtiennent en faisant bouillir les pellicules du raisin préalablement foulées et séparées des moûts dans la comporte. Quelquefois aussi, on les chauffe au four,et on les rejette ensuite dans le moût,en leur faisant subir, avec lui, une cuvaison d'un mois environ.

Ces opérations ne demandent généralement pas de récipients spéciaux ; des chaudières ordinaires, des bassines peuvent parfaitement servir. Nous recommanderons seulement d'éviter l'emploi des chaudières en fer ou en fonte. Au contact du moût du raisin, le fer s'oxyde facilement et communique à la masse un goût de rouille, qu'il n'est pas aisé de faire disparaître. A tous égards des vases de cuivre bien nettoyés sont de beaucoup préférables.

Le docteur Prunaire, dans son traité sur l' « Art de colorer les vins avec la couleur naturelle du raisin »,après avoir reconnu que la chaleur ordinaire de la fermentation est incapable de dissoudre, entièrement, toute l'œnocyanine contenue dans le raisin, indique qu'il faut recourir à l'ébullition qui,seule,peut désorganiser complètement la pellicule et mettre en liberté la matière colorante. Il décrit,en conséquence, le procédé suivant pour faire du vin très coloré avec l'aide de la chaleur :

Supposons un propriétaire opérant sur une cuvée de 60 hectolitres. Le jour de la vendange, il prépare une ou deux chaudières portatives, chacune d'un ou deux hectolitres de capacité.

Arrive à la cuverie une voiture de raisins ; on les égrappe ; avec les grains on remplit les chaudières et on chauffe jusqu'à ébullition. A ce point, on vide dans la cuve le contenu des chaudières.

A l'arrivée d'une autre voiture de raisin, on répète cette manœuvre, et ainsi de suite six à huit fois dans la journée, toujours dans la même cuve.

De la sorte, on aura chauffé le tiers ou le quart du raisins de la cuve ; elle fermente rapidement et on obtient un vin-teinturier très chargé, propre à colorer les vins plus faibles.

Ce procédé diffère peu de ceux indiqués plus haut et pratiqués dans le Tarn et dans le Lot.

Le chauffage se fait le plus souvent à feu nu, l'emploi de la vapeur n'est pas nécessaire pour ces préparations, il suffit de ne pas laisser brûler le moût. Tous les combustibles sont également bons.

Vins mousseux. — Les vins mousseux, tels que les vins de Champagne, par exemple, se font, pour le début, de la même manière que les vins blancs dont nous avons parlé. A la cueillette, les grappes sont détachées une à une, sans froissement, choisies d'après leur maturité, même débarrassées des grains imparfaits, dans beaucoup de localités, et chaque jour écrasées sans délai sous le pressoir.

Le produit du pressurage, opération renouvelée à trois reprises différentes, constitue le vin de cuvée ; c'est ce vin qui présente les qualités requises pour être employé en vins mousseux. Les vins que l'on obtient par les pressurages subséquents forment ce qu'on appelle les vins de suite ; mais leur qualité, de beaucoup inférieure, ne permet pas de leur donner la même destination.

A peine le vin s'est-il écoulé du pressoir, qu'il est mis dans des futailles ; quelques jours après, la fermentation s'établit et transforme le moût obtenu par le pressurage en vin. Un soutirage sépare alors la lie, qui s'est formée au fond des pièces, du vin qui devient parfaitement limpide dès l'apparition des premiers froids.

Pendant les mois de janvier et de février, le négociant mélange entre eux, dans des foudres d'une certaine capacité, les différents crus de la Champagne achetés aux vendanges. On se guide, pour ces recoupages, d'après les qualités de la récolte qui vient d'avoir lieu et les caractères particuliers des crus.

Quand on a composé un tout homogène, que les bouquets ont été combinés, se sont améliorés et complétés les uns par les autres, la cuvée est formée.

Dès que le printemps met la sève en mouvement, on procède à la mise en bouteilles. Les bouteilles sont rincées avec un soin méticuleux, remplies, bouchées hermétiquement au moyen d'un outillage spécial. On les emmagasine ensuite dans de vastes caves dans la position horizontale. Ce vin contient encore, naturellement ou artificiellement, du sucre, qui se transforme par fermentation, peu à peu, en acide carbonique, lequel donne la mousse dans les bouteilles. En cet état, le vin est « brut », il serait presque imbuvable ; l'âge seul, en faisant disparaître une partie de son acidité, lui rendrait ses qualités premières ; il importe de remplacer le sucre disparu. Voici comment on procède :

La fermentation, qui a développé la mousse, a produit, en même temps, un dépôt qu'il faut extraire. A cet effet, dès que le séjour en cave aura été suffisant pour que le vin soit presque arrivé à maturité, on opère de la manière suivante : Les bouteilles sont mises sur pointe, c'est-à-dire placées la tête en bas sur des tables-pupitres percées de trous et inclinées à 60 degrés ; chaque jour, pendant six semaines ou deux mois, elles sont remuées légèrement en leur imprimant un déplacement circulaire par un mouvement sec et précipité. Peu à peu le dépôt descend sur le bouchon.

Un ouvrier prend alors la bouteille, fait sauter l'agrafe qui retient le bouchon. Celui-ci s'échappe poussé par la mousse, qui entraîne avec elle le dépôt au moment précis où l'ouvrier relève légèrement la bouteille.

Pour ramener le vin au goût des consommateurs, qui varie suivant les pays, on remplit le vide produit par ce dégorgement par une quantité plus ou moins grande de liqueur faite de sucre candi de pure canne dissous dans du vin de Champagne des premiers crus ou dans de l'eau-de-vie fine.

La bouteille est ensuite bouchée, ficelée, étiquetée, enveloppée et est enfin prête à aller à la consommation.

Vins rosés. — Il est une certaine catégorie de vins qui tient à la fois du vin rouge et du vin blanc : ce sont les vins rosés, appelés vins gris, œil de perdrix, pelure d'oignon, paillets, etc.

Les vins rosés prennent naissance dans la cuve après vingt-quatre ou quarante-huit heures de fermentation, sans qu'il soit nécessaire de modifier autrement les principes qui ont présidé à la vinification.

Qu'on suppose, par exemple, que le raisin vendangé soit mis en cuve après avoir été foulé et plus ou moins égrappé ; la fermentation se développera, le chapeau se formera et toute la masse sera bientôt en activité ; tout cela est la continuation ordinaire et régulière des phénomènes de la vinification.

Au moment où toute la cuve est franchement en ébullition, c'est-à-dire participe entièrement de l'action fermentative, si on procède au décuvage, le produit ainsi obtenu sera un vin rosé.

L'instant du décuvage, indépendamment de l'indice que nous venons de signaler, peut être mieux déterminé au moyen de la dégustation.

Vingt-quatre heures de fermentation ne suffisent quelquefois pas pour enlever la douceur au vin en préparation ; quarante-huit heures souvent sont de trop, car alors le liquide est devenu dur. C'est déjà le vin rouge.

Le vrai moment du tirage indiqué par la dégustation est celui où le vin donne les mêmes sensations que donnerait un punch léger ou fort, c'est-à-dire une proportion de principes sucrés et de principes spiritueux dont l'ensemble plaît au palais.

C'est à l'approche de cet équilibre entre les différents éléments de la masse à la cuve qu'il est nécessaire de multiplier les dégustations jusqu'à ce qu'on note une amélioration très nette du vin; dès qu'il y a doute sur la possibilité d'une amélioration, on doit soutirer.

Généralement on reconnaît que cet instant est celui où la quantité de sucre est marquée au densimètre par un chiffre moitié moindre que si on avait pesé le moût au début.

Le vin tiré, le marc est soumis à la pression comme d'habitude pour les préparations ordinaires; enfin on mélange le vin de goutte au vin de presse.

Vins de liqueur. — Pour obtenir un vin de liqueur, il suffit généralement de faire évaporer du raisin mis en œuvre une certaine quantité de la partie aqueuse de son jus, de telle sorte que celui-ci marquant, au minimum, 20 degrés gleucométriques (densité 1160), puisse arriver par une fermentation lente à contenir environ 15 à 18 degrés d'alcool et le surplus en sucre. Trois systèmes sont à notre disposition pour atteindre ce but.

Le premier ne peut guère être pratiqué que dans les pays chauds; il consiste à laisser évaporer directement l'eau par la dessiccation partielle des raisins à la vigne, soit en les laissant simplement attachés aux ceps, soit en les tordant à la queue, soit en les coupant et en les laissant sécher sur le sol. Quelques jours d'exposition au soleil et à l'air suffisent. Si le raisin est naturellement très sucré, on le réduit aux deux tiers et tout au plus à la moitié de son volume. On ramasse alors toutes les grappes, on les emporte rapidement et on sépare les grains les plus flétris de ceux qui le sont le moins, afin de les fouler à part les uns et les autres; on mélange l'espèce de bouillie, qui résulte du foulage des deux sortes de grains, et l'on soumet le tout au pressoir. Le moût ainsi produit est entonné dans de petits barils, que l'on bonde légèrement jusqu'à ce qu'on aperçoive quelques bulles d'acide carbonique; alors on enlève les écumes, qui ont soulevé la bonde; on soutire le liquide et on le filtre soigneusement. Cette opération, plusieurs fois répétée, donne invariablement un liquide peu fermentescible, qui est la base des vins de liqueur.

Le second système consiste à récolter les raisins lorsqu'ils sont complètement mûrs et à leur faire subir l'évaporation soit à l'air libre sur des claies, soit à couvert, soit dans des étuves. Aussitôt la dessiccation désirée obtenue, on égrappe, on écrase les raisins et on continue l'opération comme dans le premier cas. A la condition de n'employer que de bons raisins, on arrive à produire des vins de liqueur parfaits. La préparation des vins de paille tient un peu de cette méthode : les raisins sont laissés sur le cep le plus longtemps possible, afin d'y recevoir l'impression des premières gelées blanches, qui contribuent à accélérer leur dessiccation partielle ; cueillis par un temps chaud et sec, déposés sur des lits de paille, sans se toucher ou mieux, suspendus à des perches, au moyen d'un fil qui saisit la grappe par chaque bout, et la queue en bas, pour séparer les grappilles les unes des autres. Aussitôt qu'ils sont arrivés à la dessiccation désirée, ils sont égrappés avec soin, débarrassés de tous les grains pourris, foulés en petites quantités dans des baquets, et réunis dans un seul tonneau, pendant vingt-quatre heures, pour y subir un commencement de fermentation qui dispose le moût à couler plus facilement sous le pressoir, où il est ensuite porté. Voilà pour le vin de paille fait avec des raisins blancs ; si on veut en faire avec des raisins noirs, on procédera de la même façon, jusqu'au foulage des grains ; alors on versera les grains foulés dans un baril que l'on remplira jusqu'aux deux tiers au moins, aux trois quarts au plus. Quand la fermentation sensible sera terminée, quand le liquide aura pris une belle couleur, on le retirera et on le logera dans un autre baril, en y joignant le jus exprimé du marc, pour lui donner de la couleur et de la force. Dès lors, le vin achèvera de fermenter dans un tonneau, d'où il ne sortira que par un dernier soutirage.

Le troisième système a pour but de permettre l'emploi de raisins qui acquièrent difficilement une maturité suffisante ou ne peuvent se conserver et sécher convenablement. Il consiste à obtenir artificiellement la concentration du moût sortant du pressoir au moyen de l'ébullition prolongée dans une chaudière, jusqu'à ce qu'il ait acquis une forte densité, et en enlevant l'écume qui se produit. On pousse la concentration jusqu'à 30° gleucométriques, et on mélange ce moût avec une quantité de jus non réduit, qui descend le degré de la masse à 20°. Lorsque le moût est prêt, on le filtre ; on le clarifie parfois avec des blancs d'œufs bien battus dans un moût froid, et, lorsqu'il est devenu très limpide, on le verse dans un tonneau, où, dès lors, il est traité comme les moûts naturels ; c'est, en résumé, un vin cuit.

Dans toutes ces opérations, on aura soin de pratiquer un trou à fausset aux tonneaux qui serviront de logement à ces vins, de façon à laisser libre passage à l'acide carbonique. Les récipients seront méchés au soufre, afin que la fermentation ne se continue pas.

La plupart des vins de liqueur, les vins de Marsala, les vins Muscat, les vins de Grenache, etc., sont préparés par l'un de ces procédés. Cependant quelques vins liquoreux sont obtenus par simple mutage à l'alcool ou au soufre.

Dans le procédé à l'alcool, on opère comme suit : on verse dans un tonneau le jus exprimé de raisins sucrés, blancs ou rouges, séparés avec le plus grand soin de tout grain encore vert ou gâté. Aussitôt qu'on aperçoit le premier mouvement de fermentation, on ajoute de l'alcool dilué ou mieux de bonne eau-de-vie de vin jusqu'au quart du fût; la fermentation est ainsi arrêtée, on bouche le trou de bonde, et on soutire un mois après en ayant soin d'ajouter encore de l'eau-de-vie, si besoin est. Ce vin, une fois clarifié, est d'une douceur agréable.

Le procédé au soufre est semblable à celui que nous avons indiqué pour le transport des moûts. On commencera par brûler une mèche dans le tonneau devant servir de logement jusqu'à ce que celle-ci s'éteigne; on versera ensuite le jus du raisin convenablement passé au tamis, on mèchera ensuite et on fermera la bonde. Trente à quarante heures après on soutirera le moût qui s'écoulera limpide dans d'autres barriques bien soufrées où il fermentera lentement en conservant néanmoins une partie de son sucre.

Emploi des levures pour le changement du goût des vins. — Les expériences qui ont été faites sur la fermentation ont fait supposer qu'on pourrait changer le goût des vins en ajoutant à la cuve, au moment de la fermentation, des ferments de vins de meilleure qualité. Ainsi, un moût de raisin d'Algérie, par exemple, participerait des bouquets, des parfums du vin de la Bourgogne ou du Bordelais, si on y semait du levain provenant des sortes de raisins récoltés dans ces régions.

C'est encore Pasteur qui, le premier, a montré que dans une fermentation alcoolique l'espèce de levure employée exerce une influence sur les propriétés gustatives du liquide résultant de la fermentation. On a constaté que le *saccharomyces ellipsoïdeus,* levure du vin, non seulement se subdivise en un grand nombre de races, mais aussi que chacune de ces races peut donner, au liquide sucré qu'elle a fait fermenter, certaines propriétés spéciales, notamment un bouquet particulier; cela est surtout vrai quand le liquide sucré employé est du moût de raisin. De là on peut conclure que, si nos différents crus possèdent des bouquets différents, ils le doivent, en partie du moins, aux levures correspondantes qui ne sont pas identiques entre elles.

Des savants tels que Duclaux, Marx, Rommier, Martinand et Rietsch ont obtenu dans leurs essais quelques résultats qu'il est important de noter dès maintenant, bien qu'il y ait encore beaucoup à faire à ce sujet au point de vue pratique.

MM. Martinand et Rietsch écrivent à ce propos :

Toutes ces expériences sont du plus haut intérêt pour le viticulteur, surtout dans les régions où le vin n'acquiert pas, par la fermentation naturelle, un bouquet prononcé et apprécié. Si l'on réussissait, en effet, à donner à ces vins un bouquet de bordeaux, bourgogne, champagne, beaujolais, etc., à volonté et en choisissant le bouquet le plus approprié aux autres qualités du vin (que l'on ne modifie point), il en résulterait évidemment un avantage considérable pour le producteur aussi bien que pour le consommateur.

Pour que les viticulteurs se décident à entrer dans cette voie et à faire des essais sur une partie de leur récolte, il fallait pouvoir préconiser le procédé comme n'entraînant pas une mo[illegible]ification notable, ou même aucune modification, dans leur manière d[illegible]aire habituelle, et comme n'engageant qu'à une dépense insignifia[illegible] fallait aussi que cette simplicité que nous recherchions dans le mode opératoire ne pût nuire en rien à sa sûreté absolue. Par de nombreux essais, nous avons reconnu qu'il n'était nullement nécessaire de se débarrasser des ferments existant naturellement à la surface des raisins; qu'il suffisait d'ajouter à la vendange une quantité déterminée de levure *vigoureuse*, pour que celle-ci prédomine et communique au vin ses propriétés spécifiques. Une série d'expériences méthodiques nous a renseignés sur cette quantité, sur cette dose de levure à ajouter par 100 kilog. de raisins, dose dont il ne faut trop s'écarter ni en plus, — de peur de perdre trop de vin par des lies abondantes et impossibles à clarifier — ni en moins, — de peur de voir la levure naturelle étouffer la levure ajoutée.

Les résultats acquis par ces expériences de laboratoire ont été appliqués ensuite à 1.600 kilog. de raisins d'Algérie (province de Constantine) que nous avons partagés en quatre lots.

Les raisins de chaque lot, sans avoir été soumis à aucun lavage ni à aucune autre manipulation, ont été jetés, en sortant des paniers, dans un broyeur, puis mis directement dans une cuve; là, on les a arrosés avec la levure du vin dont nous voulions avoir le bouquet; cette levure était ajoutée en plusieurs fois par petites portions, et nous en avons employé la quantité indiquée par nos expériences. Le broyeur, la cuve et tous les autres ustensiles n'avaient pas été stérilisés, n'avaient été lavés avec aucun antiseptique; ils étaient simplement propres.

Nous avons ensemencé ainsi trois lots avec des levures de bourgogne, de beaujolais et de champagne; le quatrième a servi de témoin et a fermenté spontanément avec la levure existant naturellement à la surface des raisins.

Quoique les vins soient encore nouveaux, ils diffèrent cependant déjà d'une façon notable par leur goût qui rappelle nettement pour chacun le cru correspondant. La différence était déjà perceptible pour les vins doux.

Nous pouvons donc affirmer dès maintenant que ce procédé est, comme prix et comme manipulation, à la portée de tout viticulteur, et qu'on ne court aucun risque en l'essayant, car il ne peut diminuer en rien les autres qualités du vin.

L'addition de levure cultivée a encore un autre avantage : elle active beaucoup la fermentation et elle diminue les chances d'acétification du vin.

Nous le répétons, ces procédés de changement du goût des vins par la levure ne sont pas encore entrés d'une façon absolue dans la pratique, mais il y a là le commencement d'une modification dans les méthodes vinicoles qui offre un sujet très sérieux d'études et de recherches.

Conservation de la levure. — Il est assez facile de garder les levures dont on pourrait avoir besoin plus tard. A l'état semi-pâteux, quand la levure est baignée dans une partie de son vin de manière qu'elle en soit recouverte d'une couche de trente centimètres de hauteur, sa conservation dans de bons fûts, maintenus à basse température, est assurée jusqu'à l'époque des vendanges suivantes. Pour plus de sûreté, il faut viner la levure et le vin qui la baigne et la couvre, à douze degrés d'alcool. Ce vinage ne doit pas être négligé. A ce degré, l'alcool ne tue pas le ferment et le préserve de l'action des mycodermes qui l'entourent. Par ce moyen, les globules lévuriens, quoique un peu flétris, ratatinés par leur long séjour dans leur bain sans aliment, ne perdent pas leur faculté fermentative, et ils reprennent ensuite toute leur activité, si l'on prend soin de les revivifier par une copieuse aération, en les plaçant à la température de 30 degrés centigrades, dans un milieu sucré contenant les substances propres à leur nutrition, dans du moût de raisin, par exemple.

TRAITEMENT DES VINS

Caves. — Le vin, une fois entonné, est logé dans des celliers ou des caves. Le local, où il continue sa vie, peut exercer sur lui une grande influence soit en bien, soit en mal. On dit souvent, avec vérité : *C'est la cave qui fait le vin.* Il importe donc que la cave réunisse les conditions les plus favorables.

L'exposition d'une cave, remarque Chaptal, doit être au nord : sa température est alors moins variable que lorsque les ouvertures sont tournées vers le midi. Elle doit être assez profonde pour que la température y soit constamment la même; l'humidité doit y être constante sans y être trop forte; l'excès détermine la moisissure des papiers, bouchons, tonneaux. La sécheresse dessèche les futailles, les tourmente et fait transsuder le vin ; la lumière doit y être modérée ; une lumière vive dessèche ; une obscurité presque absolue pourrit. La cave doit être à l'abri des secousses. Les brusques agitations, ou ces légers trémoussements déterminés par le passage rapide d'une voiture, remuent la lie, la mêlent avec le vin, l'y retiennent en suspension et provoquent l'acétification. Le tonnerre et tous les mouvements produits par des secousses déterminent le même effet. Il faut éloigner d'une cave, les bois verts, les vinaigres et toutes les matières qui sont susceptibles de fermentations. Il faut encore éviter la réverbération du soleil qui, variant nécessairement la température d'une cave, doit en altérer les propriétés ; d'après cela une cave doit être creusée à quelques toises sous terre ; ses ouvertures doivent être dirigées vers le nord ; elle sera éloignée des rues, chemins, ateliers, égouts, courants, latrines, bucher, etc... Elle sera recouverte par une voûte.

Les meilleures caves, dit Vergnette-Lamotte, sont celles construites dans le rocher. Une bonne cave ne doit être ni trop sèche, ni trop humide ; la voûte doit en être élevée. Les caves obscures n'ayant d'ouvertures que du côté du nord, sont préférables aux autres. La température doit s'y maintenir entre les limites de 3 à 16 degrés centigrades.

Le vin *vit et respire* dans l'atmosphère de la cave, aussi nous tenons à ce que cette atmosphère soit saine. On n'y conservera ni fruits, ni légumes; les fûts seront souvent nettoyés. On évitera que les mousses qui s'y développent puissent les envahir, comme on l'observe souvent, parce qu'elles donnent à l'air une odeur de moisi.

Si dans le travail des caves on répandait du vin sur le sol, on aurait soin d'enlever les portions de terrain qui auraient été imbibées du liquide spiritueux; autrement il deviendrait le foyer de mauvaises fermentations et infecterait l'atmosphère de la cave.

Les caves des grandes villes sont souvent mauvaises à cause de la trépidation incessante du sol, des émanations du terrain, du gaz, etc.

Assainissement des caves. — Les moisissures qui envahissent les caves et les celliers se déposent à la surface des murs, des vaisseaux vinaires, pullulent avec rapidité, s'abattent sur tout l'outillage de cave, pénètrent dans les pompes, dans les tuyaux, recouvrent les entonnoirs et les bondes, infestant ainsi toutes les parties du matériel qui se trouve en contact avec le vin.

Ces moisissures sont des plantes extrêmement petites, des cryptogames, champignons microscopiques d'espèces diverses, exhalant des odeurs désagréables et nuisibles à la qualité des vins. C'est aux moisissures qu'on doit attribuer les goûts de *moisi*, de *boisé*, de *frais*, de *punais*, que les vins contractent.

Les moisissures constituant un danger pour la conservation du vin, il est de la plus haute importance de purger les caves de ces parasites.

Par un badigeonnage à la chaux, on en débarrasse les murs. A l'aide d'un lavage à l'eau bouillante contenant cinquante grammes de chlorure de chaux par hectolitre, on parvient à étouffer toutes les moisissures qui se sont implantées sur les vaisseaux vinaires. On fait circuler de l'eau fraîche, aiguisée de chlorure de chaux, dans le corps de pompe et dans les tuyaux destinés à la circulation des vins. Pour enlever l'odeur de chlore, on rince à plusieurs reprises la pompe et la tuyauterie avec de l'eau fraîche. On traite de même les entonnoirs et tout ce qui a été souillé par les moisissures.

L'assainissement d'une cave, entretenue dans un état de trop grande humidité par le sous-sol, peut être obtenu : 1° par un drainage pratiqué à l'intérieur et tout autour de la cave; 2° par une ventilation, qui enlèverait l'humidité du local et des murs.

Le drainage est une opération facile et peu dispendieuse; pratiqué à une profondeur suffisante, il donne un écoulement permanent aux eaux souterraines, cause de l'humidité constante du sous-sol.

En créant une ventilation rapide, au moyen de deux ouvertures opposées, on parvient à assécher le sol et les murs.

Si la futaille se couvre de moisissures, si elle est attaquée par des vers, cela tient à l'humidité. Il importe donc d'y veiller.

Nous recommandons, à l'époque de l'année où les chaleurs commencent, d'assainir les caves, les celliers et tous autres magasins à vins ; d'enlever de ces lieux tout ce qui pourrait entrer en putréfaction sous l'influence d'une température plus élevée. Les matières en fermentation ou susceptibles de fermenter, toutes celles qui dégagent de mauvaises odeurs doivent être éloignées des chais. Les germoirs où l'on prépare le malt, les vinaigreries, les laiteries, les dépôts de bières, les fumiers, les fosses d'aisances sont de dangereux voisins qu'il faut éviter pour la conservation du vin.

Enfin on ne saurait tolérer la présence de marcs de raisins, de légumes, de fruits, de bois vert, dans les locaux où on garde le produit de la vigne.

Cependant il arrive souvent qu'un tonneau, destiné à la préparation continue du vinaigre, est placé près du magasin à vin et, plus souvent encore, le vinaigre et le vin sont, pour ainsi dire, côte à côte. Ce sont là des dispositions fâcheuses.

Le voisinage d'une vinaigrerie, même réduite, est extrêmement dangereux pour la bonne tenue des vins. Malgré les soins de la plus grande propreté et les précautions les plus minutieuses dans la manutention des vinaigres, il est impossible d'empêcher qu'il ne s'en répande en dehors des récipients, et cela suffit pour permettre au ferment acétique de se propager. Le mycoderma aceti, que l'air transporte si facilement, se dépose sur les murs, sur les chantiers, sur les futailles, sur tous les ustensiles, s'infiltre dans les vins et ne tarde pas à les mettre à mal. La simple piqûre commence, puis l'acétification se complète peu à peu,et la perte qui en résulte est parfois considérable.

Un magasin infesté par le ferment du vinaigre, malgré tout ce qu'on peut faire pour l'en affranchir, conserve très longtemps la propriété de faire aigrir les vins qu'on y place. Il sera donc prudent de tenir les vins seuls dans les caves, et les vinaigres dans d'autres endroits bien séparés et le plus éloignés possible.

Dans le cas où on voudrait loger du vin dans un local ayant renfermé du vinaigre, il faudrait assainir préalablement ce local. On retirera du lieu à désinfecter tous les matériaux qui s'y peuvent trouver, on aérera, puis on recrépira les murs s'ils présentent des aspérités et des dégradations ; enfin on fera un blanchiment à la chaux. Les futailles seront purifiées par les procédés habituels : le soufrage par exemple. On pourra aussi brûler du soufre dans le magasin lui-même.

Ces précautions ne sont pas exagérées ; le ferment acétique, une fois établi, se propage rapidement et désorganise tout. Non seulement le vin, mais le bois des tonneaux, la pierre elle-même ne résistent pas.

La silicatisation des murs, leur crépissage au moyen des fluosilicates solubles de magnésium ou de zinc sont efficaces pour leur épargner, dans les vinaigreries, des dégradations trop profondes. On peut aussi avoir recours à un crépissage de plâtre gâché avec une dissolution de gélatine,puis à un badigeonnage avec de la peinture à l'huile une fois le crépi sec.

Le docteur J. Schroeter, de Breslau, a démontré que les microbes pullulaient spécialement dans les caves, parce qu'il y règne une chaleur presque constante qui ne diffère que fort peu de la température annuelle moyenne; que l'humidité et l'obscurité y sont égales et perpétuelles ; enfin et surtout que les ferments viniques, acétiques et autres qui s'échappent des tonneaux y abondent.

Lorsqu'on entre dans certaines caves de Breslau, dit le savant docteur, on remarque d'abord que leurs murailles sont revêtues, par places, d'une mucosité formant une couche visqueuse d'une couleur brune claire et sale, d'une épaisseur de un à deux centimètres, qui s'enlève facilement au doigt; parfois cette végétation prend une teinte rouge chair et produit des sortes de stalactites de deux à trois centimètres de longueur, enfin ailleurs on rencontre des masses blanches irisées, ayant l'apparence tremblotante de la gélatine et qu'on peut couper avec un couteau.

Lorsqu'on sèche quelque peu ces mucosités, elles prennent une consistance plus solide, deviennent translucides et grenues.

Si on examine alors ces sujets au microscope on, constate qu'ils sont composés d'une quantité innombrable de microbes ou bactéries entre lesquels s'étendent, dans tous les sens, des filaments assez épais.

C'est pour éviter les maladies que peuvent engendrer dans le vin, dans le cidre, etc., ces microbes, que nous ne cessons de recommander la propreté la plus minutieuse dans les caves.

Tranquillité des caves. — Les mouvements répétés imprimés au sol sont nuisibles à la bonne tenue des vins. La stabilité et la tranquillité sont nécessaires pour tous lieux où des vins doivent être conservés. Le repos est d'une utilité absolue pour le produit du jus fermenté du raisin, qui, au début, a besoin de se dépouiller et plus tard doit rester limpide.

Le docteur Guyot a fait remarquer, avec raison, que le vin ne dure pas longtemps et se conduit mal dans les caves placées près des routes fréquentées et surtout pavées; il est tué rapidement dans les caves des villes; les ébranlements vibratoires du sol ont l'inconvénient de faire vieillir trop vite les vins jeunes et d'user complètement les vins vieux.

Certains spécialistes ont encore poussé plus loin les recommandations en ce qui concerne les précautions à prendre pour l'organisation des caves à vins. Ils ont signalé qu'il fallait éviter de s'en servir lorsqu'elles sont placées près d'industries bruyantes : atelier de forgerons, de chaudronniers, de batteurs de métaux; cela, afin d'éviter des secousses, des trépidations.

Nous avons constaté que l'effet immédiat sur des vins nouveaux situés dans une cave proche d'un chemin de fer est l'impossibilité d'obtenir une parfaite clarification ; les matières solides en suspension dans le liquide, très fines et très ténues, sont remuées constamment et ne parviennent pas à se fixer dans le fond des tonneaux. Sur les vins complètement élaborés et déjà vieux on ne tarde pas à constater que la couleur se ternit, passe au violacé et bientôt ces vins sont « cassés ». Non seulement la couleur est atteinte, mais il peut se produire aussi une décomposition lente, et on a un vin « passé ».

Le vin veut vivre en repos.

Ouillage.— Au décuvage, les vins, suivant leur nature, ont été logés dans des foudres ou des fûts. C'est dans ces récipients, les seconds destinés plus particulièrement aux produits fins, les premiers aux produits ordinaires, que la fermentation insensible continue. La surveillance à exercer sur les vins à ce moment est des plus importantes. Afin qu'aucune maladie ne se déclare, on prendra soin de tenir les récipients toujours pleins et, pour cela, de pratiquer l'ouillage. On sait que le vin nouveau diminue de volume; conséquemment les tonneaux qui le contiennent deviennent trop grands pour la quantité de liquide qu'on y a versée au début, et de l'air entre occuper la place laissée libre à la partie supérieure. Cet air, pouvant être préjudiciable au vin par oxydation, doit être expulsé, et ce n'est qu'en faisant le plein, à mesure que le vide se forme, qu'on arrive au résultat désiré. L'ouillage prévient aussi les invasions mycodermiques dont les germes flottent toujours dans l'air des celliers ou des caves.

D'après des expériences faites dans le Midi, un foudre de 300 hectol. perd, un mois après la vendange, 40 litres de son volume et 5 litres pendant chacun des mois d'hiver ; au printemps et en été la déperdition peut s'élever à 10 et 15 litres par mois, malgré l'augmentation de volume du liquide provoquée par la dilatation.

Ces chiffres paraissent un peu élevés; ils représentent environ 20 0/0 pour la première année. Nous croyons qu'en moyenne, ils doivent varier entre 10 et 15 0/0. Dans le Bordelais on ne compte que 7 0/0 de perte pour la première année.

La diminution du vin varie, d'ailleurs, beaucoup aussi avec la nature du bois, sa densité, l'épaisseur des douves, la façon dont elles ont été faites : fendues ou sciées, circonstances qui facilitent plus ou moins l'imbibition du bois par le vin et l'arrivée de celui-ci par les pores des récipients, au contact de l'air extérieur. Le chêne à grands vaisseaux, dont les cellules sont lâches, favorise plus l'évaporation que celui à grain fin et tissu serré. Sous ce rapport, le chataignier est inférieur au chêne à cause des grandes dimensions de ses cellules. Le chêne de plaine vaut moins que le chêne dense des montagnes; mais en tout état de cause, quel que soit le bois, il faut refuser les douves ayant des nœuds, car c'est par le pourtour de ces nœuds et par leurs crevasses, que s'exerce la plus abondante déperdition.

Toute proportion gardée, l'évaporation est plus grande dans une barrique que dans un foudre, et cela pour deux motifs : la différence d'épaisseur du bois, et la plus grande surface proportionnelle en contact avec l'air dans le petit récipient.

L'ouillage doit se faire peu de temps après la décuvaison; une huitaine de jours par exemple, et, plus sûrement, aussitôt qu'on constate un vide dans les vaisseaux vinaires. Dans certains vignobles on ouille tous les jours pendant le premier mois, tous les quatre jours pendant le deuxième et tous les huit jours ensuite jusqu'au soutirage; dans d'autres on n'ouille d'une façon générale que tous les huit jours. Nous recommandons plus particulièrement l'ouillage régulier au début tous les deux ou trois jours et ensuite tous les quinze jours.

On fait le plein avec du vin de même nature que celui sur lequel on opère, au moyen de brocs ou de pompes. Le système au broc est le plus commode pour les fûts et celui à la pompe le seul pratique pour les foudres. On a inventé des appareils ouillant automatiquement sans qu'on ait à surveiller leur marche ; mais on peut se contenter de faire le plein comme nous venons de l'indiquer.

On a proposé de remplacer l'ouillage par des pierres ou du sable qu'on jette dans les récipients et qui font ainsi remonter le liquide jusqu'à ce qu'il occupe le vide qui s'est produit ; les silex, granits quartz, grès, sont les meilleurs à employer, mais cette méthode (ainsi que d'autres telles que le méchage, l'emploi de l'acide carbonique, etc., qui ont pour but de purifier l'air qui se trouve à la surface du vin) ne peut pas, en principe, remplacer l'ouillage avec du vin.

Le foudre une fois rempli, il suffit de couvrir l'orifice supérieur par une toile assez forte qui empêchera l'accès des corpuscules étrangers.

C'est à ce moment que vont se dégager les précieux éléments vineux et éthérés qui donneront au vin sa valeur et assureront sa bonne conservation.

Toutes les matières qui se séparent du vin nouveau pendant la seconde fermentation, ou sont précipitées au fond du foudre ou sont attirées à la surface en produisant une écume qui se transforme bientôt en une pellicule couvrant le liquide.

Sous l'influence des ferments encore actifs de la vendange s'organise ce léger tissu imperméable auquel on attribue, pour un certain temps, des vertus précieuses, c'est *la fleur du vin*. Cette fleur formant une couche blanche est, dans l'état normal que nous venons d'indiquer, toujours composée de mycoderma vini très pur; par conséquent, elle ne saurait être nuisible au produit qu'elle couvre et on aurait tort de croire qu'elle annonce la dégénérescence acide du vin. Le mycoderma aceti, celui à redouter, ne se développe que plus tard et dans des circonstances particulières qu'il est assez facile d'éviter.

Du reste, le vin rouge nouveau ne donne que très rarement naissance au mycoderma aceti, il produit au contraire assez facilement le mycoderma vini, de telle sorte qu'au début, on est presque toujours sûr de la présence de celui-ci; son développement est rapide, alors que celle de son congénère est très lente.

Le mycoderma vini, n'étant pas défavorable au vin, puisqu'il en évite l'oxydation, faut-il le conserver au lieu de procéder à l'emplissage des barriques?

Suivant les vignobles, la qualité de la vendange, les produits demandent à être soignés de manières diverses : Dans certaines régions, on n'ouille jamais, bien plus, on évite de remplir complètement les tonneaux. Dans d'autres contrées inversement, l'ouillage est en grande faveur dès le début. Enfin, ailleurs, on laisse passer quelques semaines avant de faire le plein dans les fûts. Ces différents systèmes, qui varient suivant les climats, les cépages, la maturation des raisins, ont tous évidemment pour but de prévenir l'acétification. Néanmoins, en principe, nous préférons l'ouillage.

Soutirages. — Le soutirage a pour effet de chasser, du vin nouvellement fait, le gaz acide carbonique qu'il contient et de permettre l'action lente et bienfaisante de l'oxygène de l'air. En dehors de cette oxygénation, « rien de plus rationnel, dit Pasteur, que cette vieille coutume léguée par la sage expérience de nos pères qui conseille de soutirer le vin en temps convenable pour en éloigner les dépôts ». Les mauvais ferments, qui abondent dans ces dépôts, sont tout prêts en effet à remonter dans le vin, et à se multiplier dès que la température s'élève dans les celliers.

Voilà à quoi sont exposés les vins qu'on ne prend pas la précaution de soutirer. Les maladies de l'amer, de la tourne, etc., se produisent de cette façon. Supposer qu'on conserve les principes même du vin, ses sels et sa couleur en lui laissant ses lies, est une erreur. Des vins rouges laissés pendant huit mois sur lie ont donné à l'analyse les différences suivantes :

	Vin soutiré	Vin sur lie
Acides libres	0 g. 48	0 g. 56
Acides volatils	0 » 087	0 » 45
Acides fixes	0 » 343	0 » 11
Glycérine	0 » 77	0 » 74
Acide tartrique	0 » 24	

Ces chiffres montrent bien l'action funeste de la lie; son contact prolongé avec le vin a fait perdre à celui-ci tout son acide tartrique, une partie des acides fixes, tandis que les acides volatils, ceux qui peuvent communiquer au jus du raisin des goûts désagréables, ont augmenté dans d'assez fortes proportions. Pour la conservation de la couleur les soutirages n'ont pas moins d'utilité.

On a constaté qu'un beau vin rouge versé sur des lies de vin blanc, et laissé 24 heures dans ces conditions, a abandonné de 30 à 50 0/0 de sa teinte primitive; le mélange intime de ces lies et du vin rouge, obtenu par fouettage violent et continu, a porté la déperdition de la couleur à plus de 68 0/0.

Sans doute, dans les cas ordinaires, les vins rouges ne sont pas versés sur des lies blanches; ils restent simplement en présence de leurs propres résidus, mais ceux-ci agissent d'une manière à peu près semblable par leur cellulose, ils *décolorent* d'une façon toujours regrettable le produit qu'on ne soutire pas en temps opportun.

D'autres dangers attendent encore le jus fermenté du raisin, lorsque le dépôt formé au fond du récipient où il s'est élaboré subit une altération quelconque. Si minime soit-elle, cette altération des lies suffit pour déterminer une maladie du vin. Elle détruit l'équilibre de ses éléments constitutifs et comme, conséquence, modifie sa couleur. C'est ainsi que la teinte noirâtre, que le vin nouveau prend quelquefois est due le plus généralement à des lies en état de décomposition à la partie inférieure du liquide. Le chimiste allemand Nessler assure qu'il ne faut pas chercher ailleurs l'explication de l'altération de la couleur des vins. Du reste, versons sur des lies défectueuses un vin limpide, nous ne tarderons pas à nous apercevoir que ce vin, alors que nous l'aurons collé et laissé reposer, reste trouble, que sa couleur a moins de profondeur et, suivant les circonstances atmosphériques, nous ne devrons pas être surpris de constater des fermentations secondaires qui le détérioreront complètement.

En résumé, les soutirages sont nécessaires; ils s'imposent même pour les vins qui ne jouissent pas d'une constitution robuste, et les menus frais qu'ils occasionnent sont amplement récupérés par le prix qu'ils font accorder au produit qui a été l'objet de cette pratique absolument logique.

On sait que le froid exerce une influence favorable sur la clarification spontanée des vins nouveaux. En effet, le vin nouveau contient de nombreuses matières azotées, albumineuses, gommeuses, pectiques, astringentes, taniques, colorantes, des sels à base de potasse, de chaux, de magnésie, des ferments, etc. Le froid contracte ces matières, les rend plus denses et, par ce fait, obéissant aux lois de la pesanteur, elles se précipitent sous forme de lie, laissant toute sa limpidité au vin dont elles se séparent.

Profitant de cette défécation naturelle amenée par le froid, le détenteur de vins se livrera à l'opération du soutirage avant l'époque du changement et de l'élévation de la température.

Il choisira de préférence le moment qui précède l'équinoxe de printemps, c'est-à-dire les mois de février et de mars. Autant que possible, le soutirage doit s'effectuer par un temps sec, serein, frais, avec vent du nord, parce que, dans ces conditions, la pression atmosphérique étant plus élevée, la lie est plus comprimée au fond des tonneaux, moins disposée à se soulever et à se mêler au liquide dont on la sépare. Le vent du nord, moins chargé d'ozone et d'électricité que le vent du midi, excite moins l'activité des ferments, dont l'état d'inertie est une condition favorable à leur expulsion.

Le soutirage s'effectue de diverses manières :

1° Au moyen d'un robinet placé à la partie inférieure du tonneau, déversant le liquide dans des cuvettes où il est repris avec des brocs pour être versé dans un autre fût au moyen d'un entonnoir. Ce mode est défectueux, le vin étant en contact direct avec l'air atmosphérique qui y introduit des ferments et des moisissures dont il est chargé,et ensuite par son oxygène,qui revivifie les ferments engourdis et peut provoquer des altérations du vin.

2° Plus généralement on soutire le vin à l'aide de siphons, de trompes, dont une branche plonge dans le fût à soutirer, à quelques centimètres au-dessus du niveau de la lie, tandis que la branche la plus longue déverse le liquide dans le vaisseau à emplir. Le vin est ainsi soustrait au contact de l'air.

3° L'usage des pompes aspirantes et foulantes, répandu dans le commerce vinicole, permet de transverser le vin d'un foudre dans un autre au moyen de tuyaux de cuir, ou de caoutchouc sans exposer le liquide à l'action de l'air ambiant.

Quel que soit le mode de soutirage employé, il est de toute rigueur d'observer les soins de la propreté la plus rigoureuse pour le lavage de tous les vaisseaux et des ustensiles dont on doit se servir. Les siphons, les pompes, les tuyaux, les cuvettes doivent être brossés et passés à l'eau bouillante pour détruire les impuretés qui peuvent y adhérer. Les fûts à emplir, propres, bien rincés, doivent, autant que possible, être fraîchement vides de vin de même nature.

Le soutirage doit s'arrêter aussitôt que la limpidité du vin accuse le plus léger nuage, afin de n'introduire aucune parcelle de lie dans le liquide.

C'est en vue d'éviter les accidents qui peuvent survenir par suite de soutirages mal conduits, que nous recommandons de procéder à cette opération à la pompe, au moyen de tuyaux, et, dans le cas où on se servirait du broc et de la cannelle, de faire le travail rapidement, afin de ne pas trop prolonger le séjour à l'air.

Pour rendre le travail plus facile, un viticulteur d'Algérie, M. Fallet, a imaginé un système ingénieux qui peut s'appliquer facilement aux foudres.

Il consiste dans l'adjonction d'un tonneau de capacité beaucoup moindre que le foudre sur lequel on devra effectuer le soutirage ; ce petit tonneau est placé sur un chantier plus bas que le foudre, avec lequel on le met en communication au moment de l'emplissage par un tuyau ; celui-ci débouche dans le foudre en son point le plus bas, de façon qu'au fur et à mesure de sa formation, la lie, plus lourde que le vin, s'écoule lentement sur les parois du foudre pour gagner inévitablement l'orifice destiné à son évacuation. De là, la lie s'écoule dans le petit tonneau où elle remplace une égale quantité de vin qui remonte dans le foudre par le même chemin ; cela a lieu tant qu'on maintient ouverte la communication entre les deux récipients.

Lorsque l'époque du soutirage est arrivée, on ferme la communication entre les deux vaisseaux qui, étant alors séparés, contiennent, l'un du vin clair et débarrassé de la lie, l'autre toute la lie avec une faible partie du vin qui la surmonte, et qu'on décante facilement et rapidement avec un tuyau en caoutchouc servant de siphon.

On effectue alors l'extraction de la lie du petit tonneau en la versant par la bonde, puis on lave soigneusement ce petit tonneau, récipient à lie. Cela fait, pour préparer le soutirage suivant, on n'a qu'à rétablir la communication entre le foudre et le fût.

Pour bien comprendre ce procédé, il suffit de se figurer un chantier un peu haut, sur lequel repose le foudre, lequel est ainsi surélevé de façon que son point le plus bas soit au-dessus du petit tonneau. Le foudre et le petit tonneau sont munis chacun d'un robinet, et tous deux reliés par un tuyau muni de raccords, lequel établit la communication entre les deux vaisseaux. Sur le petit tonneau est un indicateur de niveau,qui permet d'apprécier l'aspect du liquide et la quantité de lie formée. Au-dessus, le petit tonneau porte une bonde-robinet qui en facilite le remplissage ou la vidange.

Pour préparer un soutirage au moyen de cette organisation, on ouvre les robinets et on remplit de vin ; on laisse reposer jusqu'à l'époque du soutirage. Ce moment venu, on ferme les robinets pour isoler le petit tonneau, que l'on peut alors enlever pour le vider. Puis, on place le petit tonneau et on rétablit la communication pour procéder de la même manière au soutirage suivant.

Un des avantages de cette installation, c'est de pouvoir à tout moment et instantanément isoler la lie du vin clair, en fermant les robinets, ce qui est important, lorsque, par suite d'une variation atmosphérique, lie et vin se mettent en mouvement et arrivent ainsi à se mélanger, au grand détriment de la bonne tenue du vin.

Pompes à vin. — Il existe de nombreux systèmes de pompes pour soutirer le vin. Jadis on n'avait à sa disposition que de petites pompes foulantes, des pompes à air, le soufflet, etc. Ces instruments, qui ne permettaient guère que de travailler sur de faibles quantités à la fois, avaient l'inconvénient de remuer assez violemment le vin sur ses lies et de rendre le soutirage difficile, parfois même illusoire. Maintenant, on possède des pompes aspirantes et foulantes à double effet, des pompes rotatives et autres, fort bien établies, qui fonctionnent avec une régularité parfaite, tout en fournissant un grand débit.

Les pompes à double effet se composent d'un corps de pompe (cylindre dans lequel se meut un piston) muni de quatre ouvertures : deux à l'une des extrémités du cylindre, deux à l'autre. Les deux ouvertures disposées sur la même génératrice du cylindre, c'est-à-dire une d'un bout du cylindre et la seconde de l'autre bout, sont en communication avec le tuyau d'aspiration ; les deux autres ouvertures de la génératrice opposée sont reliées avec le tuyau de refoulement. Chacune de ces ouvertures a une soupape s'ouvrant de la droite à la gauche, d'où il suit que les soupapes des ouvertures placées sur le même côté fonctionnent comme soupapes d'aspiration et les autres comme soupapes de refoulement; quel que soit, par conséquent, le sens du mouvement du piston, il y a à la fois aspiration et refoulement du liquide.

Le piston est armé d'un levier ou d'une roue à volant et à manivelle, qui transforme le mouvement de va-et-vient du premier en mouvement circulaire.

Les pompes à double effet produisent une aspiration et un refoulement continus. Le même résultat est obtenu par les pompes rotatives d'invention plus récente.

Le corps de pompe se compose d'un tambour cylindrique qui contient, entre ses deux fonds, une seconde boîte d'un moindre diamètre et sans couvercle, laquelle peut recevoir un mouvement de rotation autour de son axe, à l'aide d'une manivelle; autour de cet axe est fixé, à demeure, sur l'un des fonds du tambour, une sorte d'excentrique. La seconde boite intérieure de l'appareil présente, dans son épaisseur, quatre entailles à travers lesquelles glissent des languettes, lesquelles sont constamment guidées par le mouvement de leur extrémité sur le profil de l'excentrique. Les extrémités opposées s'appuient sur la face intérieure du tambour et sur une large lame de métal, qui forme une sorte de cloison dans l'intervalle des deux tambours. Deux ouvertures pratiquées dons cette lame font communiquer le corps de pompe, d'une part, avec le tuyau d'aspiration, de l'autre, avec le tuyau de refoulement.

Il résulte de cette disposition que, si on imprime à l'appareil un mouvement de rotation dans le sens vertical, le vide se faisant derrière les languettés, le liquide sera appelé de ce côté et refoulé de l'autre. Le profil de l'excentrique est calculé pour que la distance qui le sépare de la cloison soit égale à la largeur du corps de pompe, et les languettes fonctionnent sans qu'il y ait interruption dans le double effet de l'appareil.

On a imaginé, dans ces derniers temps, des pompes sans piston et sans palettes, constituées simplement d'un fort tube en caoutchouc et en cuir, disposé en demi-cercle sur un chevalet, et sur lequel viennent presser tour à tour, au moyen d'une roue, des galets qui entraînent le liquide d'un côté pendant que le vide se faisant de l'autre, en aspire une nouvelle quantité et établit ainsi une opération continue. A une des extrémités de ce tube est installé le tuyau d'aspiration; à l'autre, celui de refoulement.

Toutes ces pompes, à quelque système qu'elles appartiennent, sont, pour la commodité du travail, établies sur un bâti léger,mais solide, et montées sur roues afin de faciliter leur déplacement. Elles sont en métal, fonte et bronze; ce dernier est souvent rendu inoxydable pour toutes les parties qui sont en contact avec le vin.

Les fabricants de ces instruments sont très nombreux; leur construction est soignée et le lecteur n'a que l'embarras du choix.

Nous signalons ici les pompes Beaume, Broquet, Gaillot, Hirt, Noël, Palau, Prudon et Dubost, Ritter, Vigouroux, etc., etc.

Rendement des pompes. — Souvent il arrive qu'en faisant l'acquisition d'une pompe on désire vérifier son rendement. Il y a généralement deux méthodes pour arriver à établir le débit des pompes. L'une appartient à la théorie, l'autre à la pratique.

Le meilleur procédé pratique, celui employé par la Compagnie des eaux à Paris pour vérifier ses appareils, consiste à remplir, en un temps voulu, un bac dont on connaît les dimensions. Ce système s'applique aux pompes de toutes sortes, qu'il s'agisse d'une rotative ou d'un autre modèle. On prendra, comme unité de temps, la minute, si l'on veut, et on enregistrera le nombre de minutes qu'il a fallu pour remplir entièrement le récipient servant à l'expérience. Ce résultat acquis, une simple règle de proportion permettra d'établir le rendement par heure.

Si on avait affaire à une pompe à piston à double effet, voici, théoriquement, par quels calculs successifs on arriverait à obtenir le même rendement. On multiplierait le diamètre du piston par lui-même, on multiplierait ensuite par 7,854 (chiffre immuable représentant le coefficient de rendement), ce produit serait à son tour multiplié par la course du piston, et, comme la pompe ici examinée est à double effet, on ferait une nouvelle multiplication par 2. Ce dernier produit, encore une fois multiplié par 40, chiffre représentant le nombre de coups de piston par minute, puis par 60, donnerait le résultat final par heure.

Exemple : Soit une pompe ayant un piston de 0m.140 de diamètre, un piston dont la course est de 0m.140, nous avons :

140 × 140 (diamètre) = 19.600.
19.600 × 7,854 (coefficient de rendement) = 15.393,84.
15.393.84 × 14 (course du piston) = 215.513,76.
215.513.76 × 2 (double effet) = 431.027,52.
431.027,52 × 40 (coups de piston à la minute) = 172.411.
172.411 × 60 = 10.344 lit. 66 à l'heure.

En somme, le calcul revient à déterminer la quantité d'eau qui entre chaque fois dans le piston (elle est conforme à la capacité du piston) et à multiplier cette quantité par le nombre de coups de piston à la minute.

Pour les pompes rotatives il n'y a que la première partie du calcul qui diffère, le corps de pompe étant une boîte cylindrique.

Toutefois ces calculs, tout théoriques, ne sauraient donner une idée aussi exacte. Le système à la jauge, que nous avons décrit au début, plus matériel, nous paraît plus précis. Il est un peu long et nécessite quelquefois plusieurs opérations dont on prend la moyenne, mais il n'y en a pas de plus facile.

Les tuyaux employés, en caoutchouc, devront être de bonne qualité, garnis intérieurement ou extérieurement de tissu, et vulcanisés afin qu'il ne se fendillent pas trop rapidement.

Collage. — Lorsque les vins ont été soutirés, il s'en faut souvent qu'il soient clarifiés suffisamment pour pouvoir être livrés à la consommation. Du reste, les différentes manipulations qu'ils ont pu subir dans les fûts, jusqu'au moment où ils sont descendus dans la cave de l'acheteur, rendent nécessaires un repos de quelques jours et un collage qui précipitera définitivement les matières solides qui peuvent être restées en suspension dans le liquide.

Pour que le collage produise tout son effet utile, une condition essentielle à remplir est de bien mélanger, d'incorporer, aussi parfaitement que possible, la solution de colle dans le vin.

Pour le collage des vins en pièces de petite capacité, en barriques de 225 litres par exemple, on se contente de verser la colle convenablement diluée dans le fût et d'agiter la surface du vin avec une baguette, un bâton fendu, avec le fouet bordelais dans beaucoup de localités. On « fouette » la masse du liquide. En raison de sa densité, la colle tend à descendre au fond du fût et, dans sa précipitation, elle enveloppe, comme dans un réseau, les matières que le collage a pour but d'éliminer. La couche liquide n'ayant qu'une faible épaisseur (égale au diamètre du tonneau), la colle ne met pas un temps très long à la traverser et, ordinairement au bout de 10 à 15 jours, la colle et les matières qu'elle entraine sont tombées sous forme de lie au fond du vaisseau, la clarification du vin est accomplie.

Pour le collage des vins en foudre, il ne suffit pas d'agiter, de fouetter la surface du liquide ; la colle ayant une couche plus profonde à traverser, demeurerait trop longtemps à se précipiter et la clarification se ferait trop attendre. Le commerce a besoin d'opérer plus rapidement, c'est pour ce motif qu'il réalise le mélange de la colle avec le secours de la pompe.

On retire du foudre 10 ou 20 hectolitres de vin; cette quantité représente environ le cinquième de la contenance du foudre. Après avoir rejeté dans ce foudre le vin qui en a été extrait pour y délayer la colle, on adapte le tuyau d'aspiration de la pompe au robinet placé au fond du vaisseau et on dirige le tuyau de refoulement vers la bonde pour ramener en tête du foudre le vin puisé à sa partie inférieure.

Le mouvement de la pompe dure plus ou moins longtemps, suivant son débit. Afin d'avoir la certitude que la colle a pénétré dans toutes les parties du liquide et s'y est bien incorporée, on laisse fonctionner la pompe en temps suffisant pour transporter du fond au sommet du foudre une quantité de vin égale à la moitié du liquide à coller.

L'agitation tumultueuse, occasionnée par le jet de la pompe, répartit bien la colle, et la clarification du vin est beaucoup plus rapide que si l'on s'était contenté de fouetter superficiellement comme cela se pratique dans les barriques.

Dans toutes ces manœuvres, on doit veiller avec le plus grand soin à la propreté absolue des instruments mis en jeux, de la pompe et de ses tuyaux. Le transvasement se fait ainsi à l'abri de l'air, ce qui est très important, afin d'éviter le contact du vin avec les ferments contenus dans l'atmosphère.

Deux principes absolument différents président à la réussite du collage : l'un est chimique, l'autre mécanique.

La transformation première, qui s'opère dans la substance collante au moment de son emploi, marque le début de l'opération : c'est l'action chimique ; l'entraînement des substances étrangères, qui se manifeste ensuite, est régi par les lois de la pesanteur : c'est l'action mécanique.

Mais avant tout, il faut remarquer que les différentes matières collantes qui peuvent être employées pour la clarification des vins n'agissent pas de la même façon, et qu'elles ne se présentent pas toujours sous la même forme.

Les unes, *albumineuses*, dont la partie essentielle, l'albumine, se rencontre dans le blanc d'œuf, le sang, le lait, se coagulent à froid sous l'influence de l'alcool et du tanin contenus dans le vin. Les autres, *gélatineuses*, renferment comme principe agissant la gélatine qui, par le refroidissement, devient solide, mais est soluble dans l'eau, et est précipitée par le tanin, qu'elle entraîne elle-même.

D'après leur pouvoir coagulant, un chimiste distingué, M. Ed. Grimaux, divise ces matières en trois catégories :

1° Les colles solubles donnant des gelées liquéfiables par la chaleur ou un corps étranger ; la gélatine est de ce nombre ;

2° Les colles solubles se pectisant sous de faibles influences, se coagulant pour former des gelées insolubles : telle l'albumine ;

3° Les colles insolubles, se gonflant dans l'eau sans s'y dissoudre : telles l'albumine coagulée, la caséine précipitée, la fibrine, etc.

Ces diverses matières, en présence d'un sel, d'un alcool ou d'un acide, se coagulent peu à peu.

Alors, la matière clarifiante a accompli son premier travail ; elle forme, au sein du liquide dans lequel elle doit opérer, un réseau à l'aspect membraneux finement tressé. A ce léger tissu revient le rôle mécanique dont nous parlions tout à l'heure : un peu plus lourd que le milieu au sein duquel il se meut, il descend lentement, entraînant avec lui toutes les matières solides étrangères et agit ainsi à la façon de l'osmomètre de Dubrunfaut, destiné à extraire le sucre des mélasses.

Collage au blanc d'œuf. — L'albumine pure, telle qu'on la trouve dans le blanc d'œuf frais, est un clarifiant dont l'usage, très répandu depuis longtemps, témoigne de l'excellence. Il n'est pas exempt d'inconvénients si l'œuf n'est pas d'une grande fraîcheur. Dans ce cas, il se produit un goût d'œuf pourri qui rend le vin détestable. Un œuf contient ordinairement quatre grammes d'albumine sèche ; deux œufs suffisent presque toujours pour un hectolitre de vin.

Pour une pièce, le blanc de cinq ou six œufs est donc très suffisant.

L'emploi des œufs entiers est une faute. Le jaune de l'œuf contient bien de l'albumine, principe actif de la clarification ; mais il contient, en outre, des substances nuisibles au vin. Ces substances sont de nature grasse, une huile animale particulière, des acides, des sels dont la décomposition engendre des gaz infects, tels que l'hydrogène sulfuré et phosphoré. Sous aucun prétexte, il ne faut employer le jaune d'œuf au collage des vins et des boissons.

La coquille de l'œuf, composée de carbonate, de phosphate de chaux, d'une petite quantité de carbonate de magnésie, peut bien saturer une partie des acides du vin, mais sans contribuer aucunement à sa clarification.

La présence de la coquille d'œuf dans le vin n'est pas justifiée au point de vue du collage. Il faut donc n'employer que le blanc de l'œuf seul après l'avoir bien battu. On y ajoute quelquefois un peu de gros sel pour hâter l'action de l'albumine, qu'il alourdit.

Le blanc d'œuf, disions-nous, doit être absolument frais. Comme il est impossible de le garder, et qu'à certaines époques, il est difficile de s'en procurer, on a songé à le conserver en le séchant. On l'emploie, dans ce cas, sous forme de poudre qu'on trouve dans le commerce.

Collage à la gélatine. — L'efficacité de la gélatine est connue de tous temps pour le collage des vins. La gélatine est une gelée animale, obtenue en faisant bouillir des débris de peaux, de tendons, d'os, etc. Il faut l'employer aussi pure que possible, afin de ne pas risquer de donner de mauvais goûts au vin.

Afin de dissoudre rapidement la gélatine, on doit la faire tremper, pendant 12 ou 24 heures, dans de l'eau froide, que l'on renouvelle deux ou trois fois. La gélatine se gonfle beaucoup et, après ce gonflement, il suffit d'y ajouter de l'eau assez chaude, mais non bouillante. Sous l'influence de l'eau chaude, la colle se dissout instantanément et sa solution peut être employée de suite.

On peut se dispenser de gonfler la gélatine, en la plaçant dans de l'eau chaude, avec la précaution de la maintenir à la même température sur des cendres chaudes et d'agiter avec une spatule en bois. La dissolution est accomplie en moins d'une demi-heure.

Les proportions à employer sont : gélatine sèche 1 kilog., eau bouillante 10 litres. Un litre de cette solution gélatineuse suffit pour 8 à 10 hectol. de vin à clarifier. On l'emploie à la manière ordinaire, et on fouette vivement pendant quelques minutes le vin auquel elle a été ajoutée.

Une des gélatines les mieux épurées et dont l'usage est le plus répandu est la gélatine Lainé. Il existe aussi des colles en poudre à bases de gélatine, et contenant les éléments propres à hâter la clarification du vin; nous citerons, entre autres, la colle Nif, qui est très énergique.

Collage à la colle de poisson. — L' « ichtyocolle » sert à clarifier les vins, surtout les vins blancs; on en fait aussi beaucoup usage pour les spiritueux. Cette substance n'est autre chose que la membrane interne de la vessie natatoire de certaines espèces d'esturgeons. Elle se présente dans le commerce sous diverses formes ; mais le plus souvent elle est en cordons ou en feuilles ; elle est à peu près blanche, sèche et demi-transparente. Le vin, l'eau acidulée ou l'eau bouillante la dissolvent à peu près entièrement. C'est de la gélatine presque pure ; la plus blanche est la meilleure.

Pour en faire usage comme clarifiant, on la fait dissoudre dans une petite quantité de vin blanc, environ 10 gr. de colle concassée pour un litre. On ne verse le vin que par petites quantités en fouettant de temps à autre et en ajoutant chaque fois un peu de vin jusqu'à ce que la dissolution soit complète et forme une sorte de liquide épais comme un sirop.

Il faut 8 à 10 gr. de colle de poisson pour clarifier un hectol. de vin. On reproche seulement à cette colle de faire des lies légère, qui remontent facilement dans le vin.

La conservation de la colle à l'état liquide n'est pas toujours possible ; cependant en la mettant en bouteilles hermétiquement bouchées, on peut la garder quelque temps ; nous pensons cependant qu'il vaut mieux la préparer chaque fois qu'on veut en faire usage.

Collage au lait. — Le lait de vache contient en moyenne (pour 100 parties) :

Eau	87 60
Caséine et albumine	4 20
Lactose	4 30
Beurre	3 20
Sels	0 70

Seules la caséine et l'albumine, coagulables par l'alcool, sont les agents de clarification ; on introduit donc dans le vin, en même temps que ces deux produits, d'autres éléments inutiles au collage. Parmi ceux-ci, on en rencontre qui ont le plus fâcheux effet : la lactose, ou sucre de lait, est du nombre. Ce sucre, en présence de ferments spéciaux, toujours en suspension dans les liquides vineux, se transforme parfois en acide lactique et, une température convenable aidant, la fermentation lactique peut alors communiquer au vin un goût désagréable de lait sûr (petit-lait) et même le troubler à nouveau.

Le lait constitue donc un clarifiant dangereux dont on ne doit se servir qu'avec prudence. Si on l'a recommandé en quelques circonstances, c'est qu'il a une action énergique ; il entraîne tout d'abord et rapidement, avec ses principes coagulables, les matières qui altèrent la limpidité du vin ; mais il faudrait immédiatement, le résultat désirable obtenu, pouvoir soustraire ce même vin aux influences néfastes de la lactose. Pratiquement cela est à peu près impossible, De plus, à cause même de sa puissance, le lait précipite en grande partie l'œnocyanine, il décolore donc les vins rouges.

Pour les vins blancs, par contre, il peut avoir son emploi ; encore est-il sage de n'en user qu'avec modération, à cause des inconvénients que nous avons signalés. Seuls les vins riches en alcool, généreux et corsés, peuvent être ainsi clarifiés, les produits légers ne sauraient résister suffisamment.

La dose de lait à employer est de 1 litre par barrique ; on le verse dans le fût sans préparation préalable, en ayant soin de le choisir le plus frais possible.

En raison de son pouvoir décolorant, on a songé aussi au lait pour dérougir ou déjaunir les vins blancs. On l'introduit alors dans les tonneaux comme pour un simple collage.

A l'état frais, tel que nous recommandons de s'en servir dans les rares occasions où on peut le faire sans danger, le lait, étant alcalin, a été aussi préconisé pour diminuer l'acidité des vins piqués. On croit qu'une partie de la caséine s'unit à l'acide acétique et l'entraîne avec elle.

Rappelons enfin qu'il ne faut jamais se servir que de lait absolument pur. S'il contient de l'eau, la coagulation se produit trop rapidement, la clarification ne se fait pas et le vin peut être compromis.

Quelques œnologues ont recommandé de verser le lait ou bouillant ou froid après ébullition, afin d'éviter la fermentation lactique. Cette précaution est surtout utile, lorsque le lait est de provenance suspecte.

Collage au sang. — Le sang, comme le lait, contient des matières inutiles au dépouillement du vin, et nuisibles à sa saveur et à sa bonne tenue. Le seul élément du sang ayant un pouvoir clarifiant est le sérum qui contient, suivant les animaux dont le sang est extrait, de 55 à 85 0/0 d'albumine. Cette quantité est considérable, il est vrai, mais les autres principes se détériorent facilement et peuvent compromettre le vin traité. Sans trop se préoccuper de ces inconvénients, on a pensé que, justement à cause de sa composition, le sang devait être d'une grande puissance clarifiante, et beaucoup de spécialistes l'ont recommandé. Ils ont, tour à tour, préconisé celui du bœuf, celui du mouton, celui du porc. Quelle que soit sa provenance, le sang est également à redouter. Son action énergique sur le vin diminue la couleur, et bien souvent, on a constaté qu'il engendrait un goût fade et une odeur désagréable qui avaient peine à disparaître.

Aussi en a-t-on conclu qu'il ne fallait en faire usage que pour les vins nouveaux, durs, qu'on ne craint pas de décolorer un peu. Mais, même dans ce cas, et en ne se servant du sang qu'avec beaucoup de réserve, on peut avoir de sérieux mécomptes.

Les beaux travaux de M. Galtier ont aussi attiré l'attention sur la possibilité de la transmission de la tuberculose au buveur d'un vin clarifié avec du sang d'animal tuberculeux.

M. Galtier a démontré que le virus tuberculeux peut conserver son activité dans des vins à divers degrés.

L'emploi du sang, pour la clarification des vins, présente donc, à tous égards, de réels dangers. Le mieux, étant donné le dernier et grave inconvénient qui vient s'ajouter à tant d'autres, touchant la couleur, le goût et l'odeur du vin collé au sang, serait donc de renoncer complètement à ce clarifiant.

En tout cas, on doit du moins s'assurer toujours de la provenance du sang, ne l'employer que bien frais et sain et à la dose de 200 grammes par hectol., au maximum.

Collage avec des clarifiants de nature minérale. — Quelques matières minérales : le sable, le kaolin, la craie, le marbre, le plâtre, la terre d'Espagne, jouissent de la propriété d'éliminer du vin les particules qui en troublent la transparence. Leur emploi est très limité en France.

Le sable, la craie, le marbre, le plâtre agissent particulièrement d'une manière mécanique, mais ils ne sont pas sans action sur le titre acide du vin que leur principe calcaire, alcalin, affaiblit en le saturant en partie.

Le kaolin opère avec trop de lenteur. Ce collage n'est effectué qu'après un et quelquefois plusieurs mois à la suite de son emploi. C'est par son alumine que le kaolin agit, surtout sur la matière colorante du vin qu'il entraîne sous forme de laque insoluble.

La terre d'Espagne, connue dans le pays sous le nom de *Yeso gris*, sépare du vin les matières qui deviennent brunes ou insolubles. Un kilog. de ce *Yeso* abandonne, dans un hectol. de vin, environ vingt grammes d'alumine avec un peu de magnésie. Sa réaction est alcaline.

Surcollage. — On remarque parfois que des vins filtrés, se troublent d'eux-mêmes après quelques jours; coupés avec des vins rouges limpides, donnent un produit immédiatement louche, s'éclaircissant par le repos avec production d'une lie abondante.

Ce sont des vins surcollés, c'est-à-dire ayant reçu une addition de colle, et spécialement de gélatine supérieure à la quantité que peut en insolubiliser et précipiter le tanin qu'ils contiennent.

La gélatine, en présence du tanin du vin, forme des flocons volumineux, emprisonnant dans leur masse les matières solides suspendues qui troublent la limpidité du vin. Ces flocons tombent petit à petit au fond, où ils constituent la lie du collage, et le vin soutiré est limpide.

Telle est la marche normale de l'opération quand le vin contient assez de tanin pour insolubiliser toute la gélatine ajoutée. Si, au contraire, la quantité de tanin est trop faible, il en résulte qu'une portion seule de la gélatine est précipitée et qu'une autre portion reste en dissolution. Celle-ci, en s'oxydant peu à peu, s'insolubilise en partie : d'où le trouble spontané qui se présente dans les vins surcollés.

Si on coupe ces vins avec d'autres contenant encore du tanin, ce qui est le cas de tous les vins rouges, la gélatine se précipite et le coupage se trouble.

Le grand danger du surcollage est l'altérabilité qu'il communique aux vins.

La gélatine, matière organique azotée, est éminemment propre à favoriser, dans les liquides qui la contiennent, la fermentation putride ; un vin surcollé présentera cette altération avec la plus grande facilité et pourra se perdre totalement en quelques jours.

La connaissance de la cause du mal conduit tout naturellement au remède : emploi de tanin, de substance tanifère, ou coupage avec un vin astringent, suivi d'une filtration ou d'un soutirage après formation de la lie.

On doit se garder évidemment d'un nouveau collage, qui ne ferait qu'aggraver le mal.

Lorsqu'un vin sera soupçonné de surcollage, on devra opérer la recherche de la gélatine.

Voici les caractères observés par Tony-Garcin sur les vins ainsi surcollés :

Ils ne se troublent pas par l'ébullition.

L'addition de 4 ou 5 volumes d'alcool à 90° produit un précipité floconneux abondant, que l'on ne peut confondre avec le précipité cristallin de crème de tartre, qui se produit concurremment par l'addition d'alcool.

Additionnés de quelques gouttes d'une solution de tanin récemment faite, il se produit un précipité floconneux abondant, qui se dépose complètement en 12 heures dans le tube à essai où l'on fait l'expérience.

Le dépôt produit par l'alcool ou par le tanin, recueilli sur un petit filtre, puis séché, présente, si on le brûle (avec son filtre) dans la flamme d'une lampe à alcool, une odeur désagréable et caractéristique de corne brûlée.

On peut donc découvrir et corriger le mal quand il existe ; mieux est encore de le prévenir, ce qui est facile.

Avant de coller un vin, surtout un vin blanc ou un vin de raisins secs, on doit y doser le tanin pour s'assurer de la quantité de gélatine qu'on peut y introduire sans danger.

Au cas où le dosage du tanin indiquerait une quantité trop faible, le chiffre trouvé fixe, d'une façon précise, la quantité de tanin à ajouter avant collage pour réussir l'opération. Au point de vue pratique, on peut adopter pour les calculs la donnée suivante, qui résulte des travaux de F. Jean et de J. Salleron : 1 kilog. de colle de poisson exige pour être insolubilisé et précipité dans le vin 800 grammes de tanin pur et sec ; on prendra le même chiffre pour de la gélatine blanche.

Il peut même se faire que certains vins pauvres en tanin contiennent, accidentellement, de la gélatine sans avoir été collés ; en voici la cause : Les fûts de bois destinés au transport des alcools sont en général garnis, à leur intérieur, d'une couche de substance glutineuse qui bouche les pores du ligneux et s'oppose ainsi aux pertes dues à l'évaporation. Le plus souvent le corps employé est à base de gélatine, cette substance très soluble dans l'eau est coagulée et rendue absolument insoluble par l'alcool; son usage est des plus rationnels. Mais, s'il arrive que des demi-muids ainsi gélatinisés reçoivent, après le spiritueux, du vin en chargement, ce dernier liquide, relativement pauvre en alcool, dissout, s'il est également faible en tanin, l'enduit gélatineux. Tel est le cas des vins blancs; ils se trouvent ainsi altérés par la futaille.

Le remède préventif, facile, est, nous le répétons, un tanisage préalable du vin.

Les vins, chargés d'acidité, sont plus susceptibles d'opérer cette dissolution de la gélatine; or, il n'est pas rare de trouver des vins blancs ayant jusqu'à neuf grammes d'acidité par litre.

Le tanisage devra être d'autant plus énergique, pour être efficace, que l'acidité du vin sera plus élevée.

On devra donc, dans ce cas, compter un petit excédent de tanin dans la pratique, au-dessus de la proportion indiquée plus haut.

Filtrage. — Depuis l'invasion du phylloxéra et des maladies cryptogamiques, la pénurie de la récolte fait que le commerce demande les vins, peu de temps après leur préparation, sans attendre toujours leur clarification spontanée par le repos. Pour répondre à ce besoin, on a de plus en plus recours aux moyens de clarification rapide et spécialement aux filtrages.

Lorsque cette opération n'est pas conduite selon les règles voulues, voici ce qui arrive souvent :

Le vin sort du filtre dans un état de limpidité satisfaisante; le vin rouge prend, peu de temps après, une teinte nébuleuse, il devient louche et, comme on dit, il se « casse ». Le vin blanc, après son passage à travers le filtre, éprouve les modifications suivantes : A la surface du liquide, il se forme une petite couche jaune qui se fonce d'heure en heure, s'étend dans toute la masse, l'envahit complètement et la fait entièrement passer au jaune foncé. En ce état, le vin, très différent de ce qu'il était auparavant, n'a plus le même aspect, le même goût, ni la même valeur.

L'action des filtres ordinaires est purement mécanique; ils agissent à la manière d'un tamis qui retient les parties solides, grossières, et laisse passer les liquides.

Or, les vins troubles, louches, doivent leur manque de limpidité, non seulement aux parties solides qu'ils tiennent en suspension, mais encore à certaines substances organiques, solubles, qui altèrent la transparence du liquide. Quand ces matières traversent les mailles du filtre, les accidents dont nous venons de parler se manifestent.

Les effets du filtre sont, en outre, différents suivant qu'il fonctionne à l'air libre ou en vase clos, avec ou sans pression, d'une manière automatique, s'alimentant lui-même, ou que le liquide lui est fourni par une pompe.

Il est de la plus haute importance de bien choisir le mode de filtration applicable à chaque espèce de liquide.

A cette question : la filtration des vins est-elle utile? on peut répondre très affirmativement, lorsqu'il s'agit de séparer du liquide les matières grossières, insolubles, qu'il tient en suspension. Ces matières se composent généralement de débris des cellules du raisin, des parties extractives de la grappe, des pellicules, de la pulpe du fruit, des ferments insolubles, des sels à l'état de petits cristaux en voie de formation ou déjà formés. Le vin, dépouillé par la filtration des matières grossières, est un peu moins coloré, mais il est plus beau, plus vif, d'un goût plus fin, plus moelleux, plus délicat.

Autrefois, pour filtrer à la chausse ou à la manche, on faisait usage de papier Joseph gris ou blanc qu'on pilait dans un mortier, en ajoutant de l'eau peu à peu. Quand le papier formait pâte, on délayait celle-ci dans du vin, en brassant fortement, puis on versait le tout dans la chausse; le papier rendait l'étoffe moins perméable et arrêtait les impuretés du vin. On a généralement renoncé à ce moyen ; on fait usage maintenant, toutes les fois que cela est nécessaire, de charbon ou noir condensateur. Le but de celui-ci est aussi d'obstruer partiellement les mailles du tissu que le vin doit traverser, de modérer son écoulement et de lui permettre de mieux se dépouiller de ses impuretés. Ce charbon en poudre est employé dans la proportion convenable pour atteindre ce résultat. Comme pour le papier Joseph on le jette dans un peu de vin à filtrer, on agite, puis on verse le tout dans la chausse.

Le noir condensateur dont on fait usage n'est pas du noir animal décolorant qu'il faut se garder d'employer. C'est du noir végétal, lequel n'a pas les inconvénients du précédent. Autant que possible il doit être léger et poreux. Les tiges de certains arbustes, celles qui donnent le fusain, par exemple, sont excellentes. La carbonisation complète de ces bois est utile pour que le charbon qu'on en retire soit de bonne qualité. S'il en était autrement, les quelques petites parties ligneuses non calcinées pourraient communiquer un mauvais goût au vin et une odeur de fumée. Les tiges de chanvre et d'autres plantes herbacées sont faciles à carboniser, et le charbon qu'elles donnent est très bon. On trouve aisément d'ailleurs à se procurer ces sortes sous formes de poudres qui doivent être conservées dans des vases à l'abri de l'humidité.

Grâce à ce noir condensateur, disposé comme nous l'avons rapporté, le filtrage s'opère convenablement : le premier vin qui passe abandonne un peu de sa teinte primitive, mais celui qui vient ensuite emporte le peu de couleur qui a été perdu.

En filtrant le vin de cette manière, on supprime les germes fermentescibles qui se trouvent en suspension dans la masse du liquide. Ils sont arrêtés par le tissu des manches, et le noir neutralise même, dans une certaine mesure, les mauvais effets qui résulte de cette dégénérescence.

Le noir condensateur est souvent remplacé par de la colle et particulièrement de la gélatine. On combine ainsi, du même coup, le collage et le filtrage. On arrive, de la sorte, à garnir le tissu d'un réseau de matières colloïdes, à travers lesquelles le vin passe moins vite, et partant se dépouille mieux de ses impuretés. On compte que, pour cette opération, il suffit d'employer 100 gr. de colle par hectol. de vin que peut contenir, au premier chargement, le filtre dont on fait usage ; le reste d'un foudre de 150 hectol. et plus peut alors être filtré sur les mêmes chausses, sans qu'on soit obligé de renouveler la dose de colle. Le vin, qui a traversé un filtre pareillement installé, est brillant, limpide, et ne se trouble pas à l'air.

Nous devons faire remarquer toutefois que, dans certaines circonstances, tout dépend des tissus dont les manches sont constituées : les uns fonctionnent mieux avec du noir, les autres avec de la colle, d'autres enfin peuvent donner de bons résultats. La nature des vins, leur état trouble, louche, doit aussi guider l'opérateur et lui faire choisir le mode qui convient le mieux.

Dans la plupart des cas, il faut avoir soin, en procédant au filtrage, de tenir le vin à l'abri de l'air ; autrement il s'évente, perd sa sève, son bouquet et son onctuosité. S'il s'agit de vin en fermentation, la précaution à prendre, à cet égard, est encore plus importante, car il faut éviter de donner aux ferments les éléments de respiration nécessaires à leur vie et à leur développement.

Filtres. — Depuis longtemps on construit des filtres ; mais ce n'est que dans ces dernières années qu'on a apporté, à ces appareils si utiles de l'outillage vinicole, les perfectionnements que la pratique et la science réclamaient.

Au début, le filtre à vin s'est simplement composé d'une sorte de grand entonnoir en métal, dans lequel, au lieu de disposer du papier, on a placé des sacs coniques en laine, en feutre, en coton écru, en finette, en fil écru peluché, etc., etc. On a bientôt fait disparaître l'entonnoir, qui devenait inutile; on a modifié la forme des sacs, qui sont devenus des tubes fermés à la partie inférieure, pendant que la partie supérieure, restant ouverte, était adaptée et ligaturée au robinet par lequel le vin à filtrer arrivait. Sous ce tube d'étoffe appelé « manche », ou « chausse », par suite de sa nouvelle disposition, on plaçait un récipient dans lequel le vin s'écoulait.

Afin d'augmenter le travail, on a établi, sur le principe de la chausse, des supports en métal, percés de trous plus ou moins nombreux, correspondant à des arrivées de vin, et à chacun desquels on attachait des manches, qui, toutes, fonctionnaient en même temps. Enfin, on a organisé, au-dessus de ces appareils, des réservoirs qui contenaient le vin à filtrer, et le répartissaient dans les manches avec une certaine pression qui activait l'opération.

Dans le Midi, on voit nombre de filtres fonctionner ainsi. Ils se composent essentiellement : d'un réservoir en cuivre étamé, dont le fond est percé de 6 à 12 trous, auxquels sont vissés extérieurement autant de courts tubes en métal, qui reçoivent les manches (celles-ci, afin de n'être point déchirées, sont enfermées dans des filets à mailles assez serrées), puis d'un récipient également en cuivre étamé, d'une capacité cinq ou six fois plus grande que celle du réservoir et muni d'un robinet d'écoulement. Le vin versé dans le récipient du haut s'écoule dans les chausses, s'y filtre et tombe dans le bac inférieur, d'où il est repris et entonné. Il arrive parfois que le premier liquide qui sort n'est pas très clair; on le reverse alors dans le filtre, jusqu'à ce que le vin soit absolument limpide, ce qui ne tarde pas. Il suffit, en effet, que les manches soient imprégnées des matières solides du vin, pour que le tissu en devienne moins perméable et, en conséquence, plus apte à une bonne clarification. Le noir condensateur, ou la colle dont nous avons signalé l'emploi, jouent le même rôle que les impuretés du vin, mais d'une façon plus heureuse.

L'industrie a mis à la disposition des propriétaires et des négociants des filtres moins rudimentaires et mieux organisés; quelques-uns sont à manches, d'autres à raquettes garnies d'étoffe, présentant une surface filtrante plus considérable.

La grande préoccupation des inventeurs des nouveaux systèmes a été de mettre, autant que possible, le vin à l'abri de l'air pendant le travail, afin d'éviter l'oxygénation des ferments qu'il peut contenir encore et, par suite, leur revivification, ce qui troublerait le liquide et pourrait altérer ses qualités. Par ordre d'ancienneté, nous citerons parmi ces différents genres d'appareils, les filtres Mésot ou Rétif, Mirepoix, Rouhette, Bordelais (système Gasquet), Simoneton, dont l'usage s'est rapidement répandu dans le monde vinicole.

Filtre Mésot-Rétif. — Ce filtre, le premier en date, a été perfectionné dans ces derniers temps, il est actuellement à manches, et le vin est à l'abri de l'air. Il se compose d'un récipient fermé, tôle ou cuivre étamé, des tubes de tissu métallique (laiton étamé) et des manches. Chaque manche a une coulisse qui sert à la retenir par un lacet au collet d'un tube dans lequel elle plonge. Une rondelle en caoutchouc maintient l'étoffe au collet. Quand on a ainsi placé toutes les manches dans leur tube respectif, on met ces tubes dans l'appareil, en regard des trous. On pose alors sur les manches une planche percée de trous, puis des traverses de bois qui entrent de force sous les équerres placées aux flancs du filtre.

La forme du filtre Mésot était celle d'un tronc de pyramide renversé, aujourd'hui il a celle d'un parallélipipède rectangle. Ce filtre bascule en tournant au moyen de deux tourillons latéraux ; cette disposition a pour but de faciliter l'entretien de l'appareil et le placement des tubes garnis de leur manche. Le vin, arrivé à la partie supérieure, est distribué dans les manches et s'écoule dans le fond, où il trouve deux orifices par lesquels il s'échappe à l'aide des robinets mis en relation par des tuyaux avec les fûts.

Filtre Rouhette. — Celui-ci est à raquettes, ainsi qu'on peut le voir

FIG. 8.

par la figure que nous représentons ci-dessus (fig. 8).

Il est en métal soigneusement étamé intérieurement et vernissé à l'extérieur.

Il se compose essentiellement d'un bac rectangulaire divisé, dans son sens horizontal, en deux parties. La première, celle du haut, forme réservoir et reçoit directement du foudre ou par la pompe le vin à filtrer. Son fond est garni d'un certain nombre de trous qui font communiquer ce bac avec la seconde partie de l'appareil, beaucoup plus haute que la première et formant armoire. C'est là que s'écoulera le liquide filtré.

Le matériel filtrant est composé de châssis en bois, qui portent le tissu et dont le nombre varie avec l'importance du filtre. Chacun de ces châssis renferme un groupe de cinq raquettes enveloppées dans un seul et même morceau d'étoffe plié comme un portefeuille et fermé sur trois de ses côtés ; sur le quatrième côté est un collet, qui permet de fixer un petit robinet, dont l'autre extrémité vient se visser dans les trous du bac supérieur. A chaque trou correspond ainsi un châssis semblable.

Le vin contenu dans le réservoir passe par les petits robinets dans les enveloppes filtrantes, qu'il parcourt entièrement, et est recueilli dans le fond du filtre, d'où il s'écoule par un robinet.

Ces filtres sont montés sur roues ou à demeure, à volonté.

Filtre Bordelais (système Gasquet). — Ce filtre est représenté en élévation et en coupe dans les deux figures 9 et 10.

Il consiste en un solide coffre de bois blindé (1) doublé à l'intérieur de

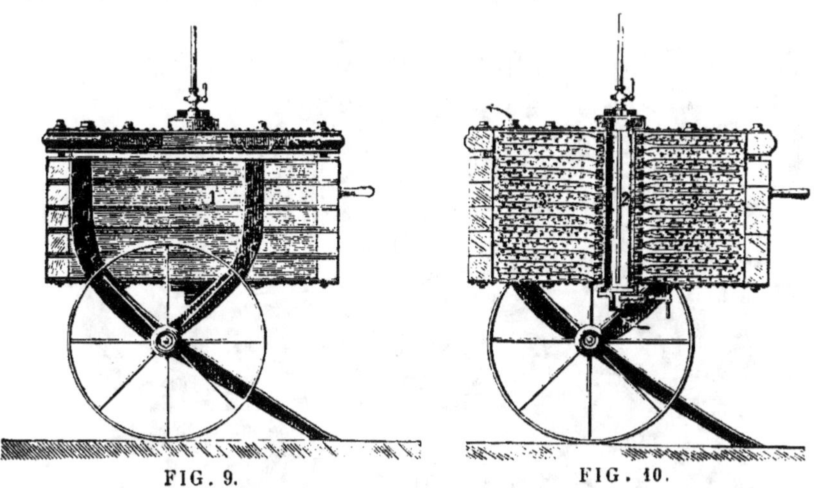

FIG. 9. FIG. 10.

cuivre rouge étamé, se démontant en deux parties ; le tout est monté sur un bâti en fer muni de grandes roues.

Dans l'intérieur de ce coffre sont disposées méthodiquement un certain nombre de poches, en tissu spécial à filtrer. Ces poches reçoivent le vin louche, au centre, par une large ouverture circulaire (2). Les tissus superposés sont isolés les uns des autres par des claies de rotin tissé (3). Chacune des poches est maintenue dans le filtre par une rondelle passée à la colonne centrale,dont la disposition particulière assure une alimentation rationnelle. La fermeture du coffre lui-même donne simultanément la fermeture de toutes les poches qui n'ont besoin d'aucune attache.

Le liquide louche arrive par le bas de l'appareil dans la colonne, pénètre dans les poches, dépose sa lie contre les parois et sort par des orifices à raccord placés à la partie supérieure.

Le filtrage se fait ainsi à vase clos et à l'abri absolu de l'air; et l'appareil marche, plein de liquide, évitant toute déperdition des éléments volatils et l'oxydation du produit.

Ce système à pression fonctionne avec des charges insignifiantes ou très élevées. Un régulateur fort simple permet l'application d'un principe physique faisant augmenter automatiquement la force de passage du liquide à travers le tissu, au fur et à mesure que l'encrassement, par la lie, oppose une résistance au liquide, donnant pour résultat l'augmentation du débit et réduisant le volume du déchet. Le filtre, de dimensions restreintes, monté sur roues, se place aisément sous les foudres ou les cuves, et le vin, après l'avoir traversé, coulant limpide, s'entonne automatiquement sans le secours de la pompe. L'opération dans ce cas devient un simple soutirage sans manipulation supplémentaire. Ces filtres ont une surface filtrante très développée, qui permet d'atteindre des rendements pratiques considérables.

Filtre Simoneton. — Le système Simoneton, ainsi qu'on le voit par

FIG. 11.

le dessin que nous reproduisons (fig. 11), présente une disposition toute particulière : celle du filtre-presse employé dans la sucrerie. Il fonctionne dans le sens horizontal. L'étoffe filtrante est montée sur des raquettes en chêne, et les cadres, ayant la forme rectangulaire, sont garnis de planchettes cannelées dans le sens de la hauteur ; c'est sur ce système de claies, à la partie inférieure desquelles est un petit robinet d'écoulement, que viennent s'appliquer les serviettes formées des deux parties de tissu réunies par un collier.

Tous les cadres semblables ainsi munis de leur tissu filtrant sont disposés verticalement, les uns à côté des autres et maintenus entre les extrémités de l'appareil, qui est en fonte ou en bois, par deux plateaux en fonte doublés d'un plateau de chêne, commandés par deux écrous à volants se mouvant sur deux fortes-vis, horonzitalement fixés.

Le vin à filtrer, venant soit d'une pompe, soit d'un réservoir ou d'un foudre placé au-dessus de l'appareil, arrive par un gros robinet, passe dans chaque manche par une œillère centrale, qui y est pratiquée, et s'épuise en laissant la lie sous forme de plaquette sur l'étoffe.

Le liquide coule entre les tissus dans les cannelures des planchettes intérieures des cadres et sort par les petits robinets signalés au début.

Au-dessous de ceux-ci est placée une auge qui règne dans toute la longueur du filtre; elle reçoit le liquide du filtre, qui est conduit au moyen de tuyaux là où on désire le loger.

Ce système permet d'arrêter le travail d'un cadre s'il ne fonctionne plus bien, en fermant le petit robinet qui y correspond ; or, comme on voit couler le vin par chacun de ces robinets, on peut facilement se rendre compte de la façon dont chaque serviette opère.

Par la disposition de l'appareil on peut, selon les circonstances, augmenter ou diminuer la surface filtrante, puisqu'il suffit d'ajouter des cadres, d'en supprimer ou de fermer un certain nombre de robinets.

Avec cet appareil, il est possible de filtrer deux espèces de vins, en le divisant en deux parties par un plateau formé sans œillère centrale et en installant un deuxième gros robinet d'alimentation sur le plateau du coté du volant, ainsi qu'une deuxième auge opposée à la première.

Dans ce filtre le vin n'est pas au contact des métaux et est à peu près à l'abri de l'air; il ne s'y trouve exposé qu'au sortir des cadres, lorsqu'il coule dans l'auge ; encore celle-ci peut-elle être couverte par une plaque vitrée, laissant voir comment se présente le liquide.

D'ailleurs, une nouvelle disposition de cet appareil permet de filtrer maintenant à l'abri absolu de l'air.

Depuis les études des Pasteur, des Koch, des Chantemesse, des Vidal, etc., sur les microbes, on cherche à purifier les liquides qui les contiennent, en vue de les rendre plus propres à la consommation, s'ils lui sont destinés. Pour les eaux particulièrement, le Dr Chamberland a imaginé d'employer la filtration par la porcelaine dégourdie, dont la porosité est très grande, et on sait qu'avec les

« bougies » qu'il a fait préparer, il obtient, à cet égard, d'excellents résultats.

On a songé à appliquer ce même système aux vins, afin de leur enlever les germes de maladies, surtout en Algérie, où, par suite de la chaleur, les vins sont plus accessibles aux parasites.

M. Catta a publié à ce sujet une intéressante étude, dont voici le résumé :

Nous savons que la « bougie » Chamberland consiste en un petit étui de porcelaine poreuse. Si nous plongeons cet étui dans un liquide, comme il est fermé en bas et ouvert en haut, le liquide tendra à passer dans la cavité intérieure, en traversant les pores de la porcelaine ; mais, comme ces pores sont très étroits, la pénétration sera extrêmement lente ; pour la rendre plus rapide, il suffit de presser sur la surface libre du liquide, afin de le forcer à passer plus vite, ou d'aspirer l'air dans l'intérieur de la bougie, ce qui donnerait le même résultat ; on y parvient à l'aide d'un siphon. Supposons que l'on fixe au bout de la courte branche d'un siphon une bougie Chamberland et qu'on plonge cette bougie, devenue ainsi partie intégrante du siphon lui-même, dans un vase dont on veut vider le liquide, qu'on amorce ce siphon spécial en aspirant, par exemple avec la bouche, par la longue branche, comme cela se fait pour un siphon ordinaire, on verra le liquide passer à travers ce siphon d'un nouveau genre. Le mouvement d'écoulement sera seulement plus lent que si la bougie Chamberland n'existait pas. On peut réunir plusieurs bougies pour un seul siphon et former ce qu'on appelle une batterie. C'est dans ces appareils, qui peuvent être multipliés, que les vins à purifier, dont il y aura lieu de stériliser les ferments, devront passer. Ils sont d'abord versés dans des vaisseaux placés, le plus haut possible, de façon à obtenir une première pression ; par la seule action de la pesanteur, ils s'écoulent dans un filtre ordinaire constitué par des claies revêtues d'étoffe filtrante à travers laquelle ils abandonnent les lies qui seraient de nature à encrasser trop rapidement les bougies Chamberland et à ralentir leur fonctionnement. C'est le filtre « dégrossisseur ». De là, les vins vont dans un bac, dont le rôle est de maintenir le niveau constant dans les récipients de filtration, puis enfin dans ces derniers où se trouvent les bougies. Le vin, dans toutes ces opérations, est constamment à l'abri de l'air. Des dispositions particulières permettent de fonctionner en présence de l'acide carbonique et aussi d'arrêter, de faire marcher et de nettoyer les conduits, appareils, robinets, etc.

Cette installation est considérable et bien compliquée ; elle nécessite une organisation spéciale.

Une analyse des vins soumis à cette méthode de purification serait des plus utiles, car les deux filtrations successives qu'on leur fait subir, dans le filtre ordinaire ou « dégrossisseur « et dans les bougies, peuvent modifier l'intensité de la couleur, le degré de l'alcool, la quantité d'extrait sec, etc. Ce sont là, au point de vue du commerce, des facteurs importants qu'on ne saurait négliger.

Méchage. — Le méchage est une opération qui a pour but d'introduire, dans le vin fait, une petite quantité d'acide sulfureux en vue d'éviter les altérations qui résultent des fermentations secondaires. Il empêche ainsi le liquide de s'acidifier, de tourner à l'amer, à la graisse, de fleurir, etc., et permet, en conséquence, de le conserver pendant quelque temps en vidange. L'acide sulfureux est produit, nous l'avons vu, au mutage des moûts et des vins (vinification), par la combustion du soufre; comme c'est à l'aide de mèches soufrées que se fait le travail, celui-ci a été appelé « méchage ».

Nous avons dit que, pour le mutage, on était obligé d'introduire, dans les récipients, servant de logement au moût ou au vin, une assez grande quantité de gaz sulfureux ; pour le méchage ordinaire, il faut n'en faire usage que très modérément. L'acide sulfureux étant un décolorant, les vins rouges ne seront soumis que prudemment à ce genre de traitement. Dans la plupart des cas, la combustion d'un carré de mèche suffit.

On opère le méchage de diverses manières : soit en soufrant le tonneau vide avant de le remplir ; soit, celui-ci étant plein, en brûlant un morceau de mèche au-dessus du trou de bonde ouvert et en faisant couler un peu de vin par la cannelle. Il se produit alors par la bonde un courant d'air, qui entraîne dans le fût les vapeurs sulfureuses ; on reverse le vin ainsi tiré dans le tonneau pour refaire le plein. Ces systèmes s'appliquent également aux foudres. Pour les barriques qu'on se propose d'expédier, il est inutile d'y installer une cannelle; il suffit d'un simple trou de fausset fait sur l'un des fonds, pour que le liquide puisse couler, et partant que l'acide sulfureux pénètre par la bonde. On ferme hermétiquement les foudres ou tonneaux après le méchage.

On prendra la précaution de ne pas laisser tomber de morceaux de mèche carbonisés dans le vin : ils lui communiqueraient une odeur d'œufs pourris.

Il vaut mieux généralement employer les mèches dont la couche de soufre est épaisse, que celle où elle n'est que superficielle, parce que la combustion de la toile pourrait leur donner un goût désagréable.

Mèches à soufrer. — Les mèches sont des bandes de toile, que l'on a trempées à plusieurs reprises dans du soufre fondu, selon l'épaisseur que l'on désire donner à la couche dont on les enduit.

Parfois, après avoir fait fondre sur un feu modéré un kilogramme de soufre en canon, on y mêle les aromates suivants : 10 grammes iris de Florence, 15 grammes coriandre, 10 grammes anis, 7 grammes quatre-épices. Aussitôt le mélange opéré, on plonge dans le liquide les bandes de toile.

On trouve dans le commerce des mèches toutes préparées.

Vieillissement des vins. — Le degré de qualité que peut acquérir un vin est déterminé par les proportions des substances qui le composent. Certains vins, très pauvres en principes conservateurs (alcool, tanin, etc.), entrent en voie de dégénérescence bientôt après la fin de la fermentation. Ces vins, auxquels le temps n'ajoute aucune valeur, doivent être consommés quand leur fermentation insensible est terminée. Il est inutile de les faire vieillir. D'autres, très étoffés, demandent à être conservés plusieurs années.

En général, le bouquet et la sève des vins ne se développent parfaitement que lorsque la défécation est complète, c'est-à-dire quand, après un repos de plusieurs mois, les vins, conservés dans des conditions convenables, ne déposent plus de matières insolubles, et qu'ils ne précipitent plus de sels minéraux ou végétaux, de ferments ni de matières colorantes.

Le vin vieux diffère du vin nouveau de même nature par la couleur, l'arome et la saveur. D'après M. Boireau, maître de chai à Bordeaux, qui s'est occupé particulièrement des vins fins, ces différences tiennent à plusieurs causes.

La couleur est moins foncée dans les vins vieux, par suite de la précipitation d'une partie de la matière colorante, qui, rendue insoluble par la formation de diverses combinaisons, a été entraînée dans les lies.

L'arome des vins vieux est plus suave, parce qu'il s'est formé des éthers par la combinaison de l'alcool avec les acides que renferment les vins, et que les principes aromatiques ne sont plus masqués par l'acide carbonique qui se dégageait à la sortie de la cuve.

La différence de saveur est due à plusieurs causes, entre autres au dégagement d'une grande partie des sels minéraux ou végétaux qui ont été entraînés dans les lies et rendus insolubles par combinaison avec les acides tartrique, acétique et malique, et à la précipitation d'une partie de la couleur.

Il résulte de l'ensemble de ces phénomènes que le vin, lorsqu'il est vieux et qu'il est bien soigné, renferme moins de matières colorantes, de sels végétaux et minéraux, d'acides libres et combinés, de tanin, de ferments, de mucilages, d'alcool, etc., qu'en sortant de la cuve ; il se trouve, comme on dit, *dépouillé*. Cet effet s'obtient avec le temps, à l'aide de soins opportuns. Plusieurs causes accélèrent le dépouillement des vins : les collages réitérés, l'agitation continue, l'insolation, le chauffage.

Les clarifiants, employés à plusieurs reprises, sont des agents de vieillissement. En effet, les colles qui agissent avec le plus d'énergie, telles que les gélatines, étant principalement coagulées et précipitées par le tanin, entraînent avec ce dernier, dans les lies, une partie de la matière colorante qui lui est intimement unie. Il résulte de cette défécation forcée que le vin s'appauvrit en couleur et en tanin, ce qui lui enlève en partie ses principaux éléments de conservation ; on précipite aussi, par la même opération, une certaine quantité de mucilages qui produisent le goût de fruit et l'onctuosité. On a ainsi vieilli les vins; mais ils n'ont pas, comme ceux qui vieillissent naturellement, conservé leur moelleux.

On ne doit employer les collages à haute dose que sur les vins âpres à l'excès et très chargés en couleur.

Le tangage et le roulis des navires font éprouver aux vins expédiés par mer un mouvement continuel d'autant plus sensible que les vases qui les contiennent sont moins exactement remplis. Dans les longs voyages, ce fouettage prolongé modifie profondément, en bien ou en mal, la constitution des vins ; l'agitation rend insoluble une partie de la matière colorante, précipite ou tient en suspension une partie des sels végétaux et minéraux, transforme une partie du tanin en acide gallique; des produits éthérés se forment, et les vins deviennent plus ou moins troubles. Si ce sont des vins riches en couleur, en tanin et en alcool, ils auront gagné en qualité, ils auront vieilli beaucoup plus vite que les vins restés en chai ; au contraire, s'ils sont pauvres en tanin et en alcool, ils arriveront très troubles, tournés et prêts à passer à la fermentation putride.

La dilatation et la contraction causées par les variations de température, qui se produisent dans la cale d'un navire voyageant entre les latitudes extrêmes, augmentent aussi le vieillissement.

On a parfois conseillé le vieillissement des vins par oxydation. Cette méthode consiste à faire passer en sens contraire, dans deux vases séparés, mais communiquant entre eux par leur partie supérieure, le liquide à vieillir et l'agent oxydant. Celui-ci est l'air. Il arrive par la partie inférieure de l'un des vases, traverse une couche de liquide, presque toujours alcoolique, qui doit servir à le saturer de principes bonifiants, sort par la partie supérieure au moyen d'un tube, et pénètre dans le second vase également par sa partie inférieure, pour agir, par son contact multiplié avec le liquide, qui doit être traité, sur les éléments mêmes de ce liquide. Celui-ci suit une marche inverse de l'air. Il tombe d'abord sur deux ou trois planchettes bechevettées, où il se divise en pluie, reçoit le contact de l'agent oxydant et s'échappe ensuite par la partie inférieure du récipient. On l'enferme dans des fûts où l'action commencée s'achève bientôt.

Le vieillissement au moyen de l'air est, selon nous, un mauvais moyen.

Si nous examinons chimiquement et comparativement le produit entré en réaction et celui qui s'échappe, nous remarquerons, en effet, des différences sensibles qui, par la suite, peuvent avoir les influences les plus graves.

Une partie de l'alcool, minime il est vrai, a disparu après le traitement. Qu'est-elle devenue? de l'acide acétique.

Cette petite quantité d'acide acétique peut provoquer la piqûre.

L'alcool n'est pas la seule substance oxydée; il en est une seconde : la matière colorante.

Le vin, en contact intime avec l'oxygène de l'air, perd une partie de sa couleur.

L'insolation ne convient que dans quelques cas aux vins de liqueur et aux vins blancs ayant un fort degré alcoolique; elle a de graves inconvénients pour la couleur des vins rouges et leur bonne tenue, lorsqu'ils ne dépassent pas 15°; aussi nous lui préférons le chauffage, dont il sera traité plus loin.

Rajeunissement des vins. — Le procédé qui consiste à passer un vin nouveau sur des marcs frais a généralement pour résultat de le rajeunir, d'en foncer la couleur et de l'enrichir de divers principes bienfaisants.

Ce procédé est conseillé pour des vins vieux usés, ou subissant un commencement de dégénérescence par l'amertume, jamais pour des vins piqués. On obtient un résultat satisfaisant, si on opère soigneusement et avec des marcs bien frais.

Il est essentiel que le marc ne soit pas pressuré et qu'il ait donné un vin sans reproche, c'est-à-dire qu'au moment de la vendange il n'ait pas fourni de moisi, de terreux, de grillé ou de séché; que ce marc n'ait pas déjà servi à une première opération.

Quand on veut passer un vin sur du marc, on n'enlève le chapeau qu'au moment de l'opération, qui doit se faire 8 à 10 heures au plus tard après le décuvage, quand on ne peut opérer de suite, ce qui est préférable. Dans ce dernier cas on enlève une couche de marc de la partie chaude, qui devra avoir une odeur franchement vineuse, sans le moindre symptôme d'acidité.

Les vins vieux, qui sont mis froids sur le marc, sont très avides des substances retenues par celui-ci ; on devra les laisser de 24 à 30 heures, puis les soutirer à l'abri de l'air, dont ils sont aussi très avides, en sortant des marcs, et les mettre dans de bons foudres, très propres, non soufrés.

Le vin vieux qu'on veut rajeunir peut encore être ajouté :

1° Au moût avant toute fermentation ;

2° Au moût pendant la fermentation ;

3° Au vin nouveau une fois fait.

Prenons de suite la troisième hypothèse ; il s'agit simplement alors d'un coupage de deux vins ; le dégustateur est juge et du résultat et des proportions. C'est une opération courante.

Tout autre est le cas des deux premiers procédés. Comme, en résumé, dans tous les deux, la fermentation a lieu dans les liquides mélangés, *le résultat, au point de vue du bouquet, doit être le même dans l'un et l'autre mode d'opérer ;* mais, pour la bonne marche de la fermentation, nous préférons le second mode.

Voici quels en sont les motifs : Si on additionne d'un vin fait un moût avant que la fermentation se soit déclarée, on charge d'avance ce liquide d'une certaine proportion d'alcool ; cette circonstance peut gêner le commencement de la fermentation, surtout dans des climats froids où la *mise en train* est toujours plus longue et plus pénible que dans les régions tempérées. Si, au contraire, on n'ajoute le vin que lorsque la fermentation est en pleine marche, le saccharomyces a pris de la vigueur, s'est déjà multiplié et on court moins de risque de ralentir son évolution.

On doit toutefois éviter, en opérant le mélange, tout refroidissement, et nous croyons d'une saine pratique de ne verser le vin que réchauffé à 25 ou 30° centigrades et aussi par partie, afin de ne pas trop ralentir la fermentation jetant tout le vin à rajeunir au sein de la cuve.

Il reste à déterminer quel peut être l'effet d'une pareille opération et à montrer combien elle diffère d'un simple coupage.

Dans la fermentation du mélange, le vin vieux ajouté subit, de l'évolution *réductrice* qui s'opère, une modification profonde ; ses principes constituants sont rajeunis, et il est *rafraîchi* beaucoup plus que si on l'avait simplement coupé avec un vin jeune dans les mêmes proportions.

D'autre part, sans qu'on puisse expliquer le fait, tout en affirmant sa réalité pour l'avoir constaté, le goût particulier de terroir qu'il peut posséder disparaît pendant l'opération.

Enfin, en présence de la pulpe et des râpes, le vin vieux se charge du bouquet du vin nouveau et ses principes se marient d'une façon intime, de telle sorte que le vin mixte ainsi préparé est parfaitement *fondu*.

Une autre cause vient encore compliquer le résultat : la fermentation du moût mixte n'est plus identique à celle du moût primitif, parce que les proportions des constituants ont été modifiées.

L'expérience est seule juge du bon ou mauvais résultat.

En résumé : ajouter du vin vieux à du vin nouveau fait n'est que pratiquer un simple coupage où les deux liquides mélangent leurs propriétés sans réagir. Faire fermenter du vin vieux avec un moût, c'est faire un vin mixte *parfaitement fondu* et dans lequel la fermentation en commun a produit des réactions mutuelles, qui différencient complètement le produit d'un simple coupage.

L'expérience seule, nous le répétons, peut se prononcer dans les divers cas pour connaître de l'avantage ou du désavantage du procédé.

Lorsque l'on effectue cette opération, la théorie indique et la pratique sanctionne, qu'il vaut mieux faire l'addition du vin vieux au moût en pleine fermentation, enfin qu'il faut que cette addition ne refroidisse pas la cuve.

Chauffage. — On appelle *pasteurisation* l'art de conserver les vins au moyen du chauffage, inventé par M. Pasteur.

La doctrine de l'illustre savant repose sur les principes suivants :

1° Les altérations spontanées, ou maladies des vins, sont provoquées par des ferments organisés, ou végétaux microscopiques, dont l'action se développe sous l'influence de circonstances de température, de variations atmosphériques, d'exposition à l'air, favorables à leur évolution.

2° Tous les vins, indistinctement, renferment les germes de ces ferments.

3° Toutes les altérations des vins sont corrélatives de la présence et de la multiplication des végétaux microscopiques.

4° Le résultat des fonctions physiologiques des mycodermes est un changement de nature du vin qui constitue son état maladif.

5° La vitalité des mycodermes contenus dans le vin est enrayée, suspendue ou éteinte, par l'application du calorique à l'abri du contact de l'air.

La connaissance précise de la cause perturbatrice qui change la nature des vins, la loi selon laquelle cette cause agit, constituent une précieuse découverte que complète l'indication du moyen prophylactique.

De nombreuses tentatives ont été faites pour mettre à profit les leçons de M. Pasteur. Le chauffage, quoique facile, ne peut cependant donner de bons résultats qu'autant que la température utile sera maintenue constante, sans variation, pendant un temps suffisant, dans l'exacte limite nécessaire. A un degré trop élevé, la chaleur donne au liquide un goût de vin cuit, de vinasse, répugnant; à trop bas degré, l'opération ne réussit pas et les ferments dangereux conservent toute leur énergie destructive.

Pour atteindre le résultat désiré, on a construit un certain nombre d'appareils de chauffage fort ingénieux. Parmi ceux qui réalisent, de la manière la plus satisfaisante, la solution du problème de la pasteurisation : citons celui de M. Houdart. Il se compose essentiellement de deux colonnes, juxtaposées, reposant sur le même socle. La première colonne contient le chauffe-vin et l'autre le réfrigérant; elles sont pourvues l'une et l'autre d'un faisceau tubulaire destiné, dans le premier cas, à élever la température du vin et à le refroidir ensuite dans la seconde colonne (fig. 12).

Ces deux colonnes sont reliées par des tuyaux qui établissent une circulation continue du liquide avec échange de température suivant les besoins de l'opération.

Le chauffage se fait au gaz au moyen de tubes Bunsen et d'un appareil thermo-siphon, à température fixe. L'action du calorique n'agit jamais sur le vin; elle se porte directement sur l'eau, dont la température ne peut jamais excéder le degré déterminé et réglé d'avance; on évite ainsi tous les coups de feu, sans jamais courir le risque d'altérer le vin par un excès de chaleur.

Un réservoir, placé à 50 centimètres de hauteur au-dessus de l'appareil, déverse le vin dans une cuvette alimentaire qui surmonte la colonne de réfrigération, pourvue d'un robinet flotteur chargé de maintenir le niveau constant du liquide et la pression invariable.

Le chauffage au gaz ou à la vapeur est accéléré ou modéré à volonté, et simultanément l'arrivée et la sortie du vin subissent les mouvements du calorique. Un régulateur d'une extrême précision, d'une grande sensibilité, coordonne l'action combinée de la chaleur et de la circulation du vin, de manière à maintenir le tout dans les conditions nécessaires au succès de l'opération. Le régulateur peut être considéré comme l'âme de l'appareil, qui en assure le fonctionnement automatique.

Le vin, entrant dans l'appareil à la température de 15 à 20 degrés, s'échauffe graduellement à 59-60 degrés et en sort à sa température initiale de 15 à 20 degrés; des thermomètres, placés à divers endroits du parcours du liquide, indiquent les moindres variations de la chaleur que le régulateur ramène rapidement au point normal.

Cet appareil, occupant un petit espace, surveillé par un seul ouvrier, rend à l'heure, 10 hectol. de vin chauffé à l'abri du contact de l'air à 60 degrés centigrades. Le vin sortant de l'appareil a la

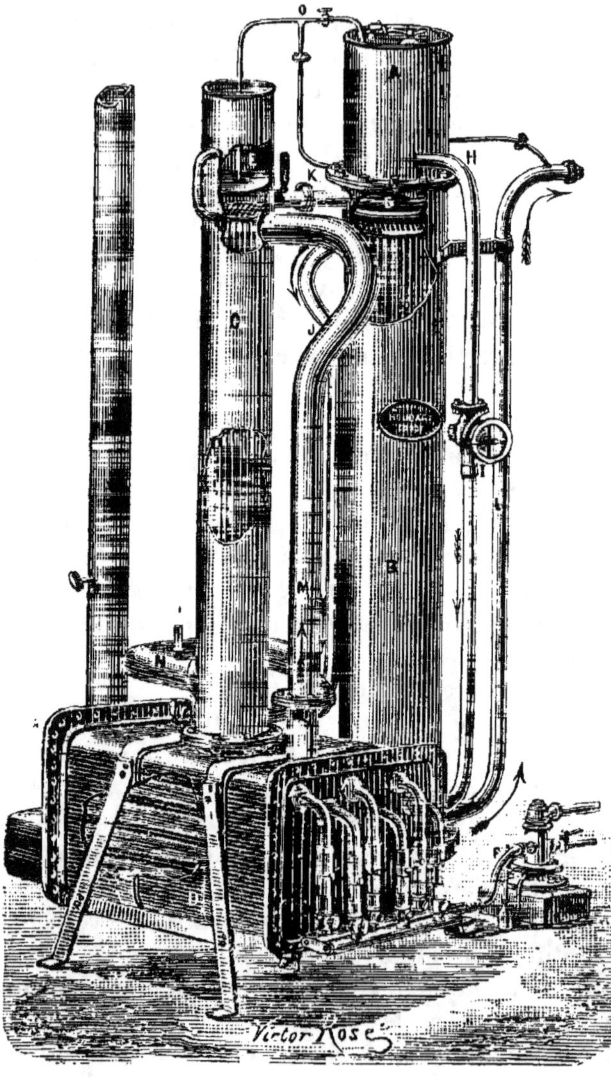

A. Réservoir d'arrivée du vin, à niveau constant.

B. Réfrigérant.

C. Chauffe-vin.

D. Chaudière thermo-siphon.

E. Réservoir d'eau du thermo-siphon.

F. Régulateur automatique de température.

G. Serpentin sensibilisateur du régulateur automatique.

H. Tuyau conduisant le vin au réfrigérant.

I. Robinet à volant divisé et à index, réglant le débit du vin.

J. Tuyau conduisant le vin du réfrigérant au chauffe-vin.

K. Tuyau conduisant le vin du chauffe-vin au réfrigérant.

L. Tuyau de sortie du vin de l'appareil.

M. Tuyau conduisant l'eau de la chaudière au chauffe-vin.

N. Tuyau du retour d'eau du chauffe-vin à la chaudière.

O. Tuyau recevant les gaz et aromes qui se dégagent pendant le chauffage du vin.

P. Thermomètres.

FIG. 12.

même limpidité, le même goût, le même arome que le vin non chauffé. Sa couleur est d'ordinaire légèrement plus foncée.

Le prix de revient de l'hectol. de vin chauffé est, dans le cas du chauffage par le gaz, d'un tiers de mètre cube par hectol. de vin chauffé à 60°, l'appareil étant mis en train et bien réglé. Lorsque la chaudière et le chauffe-vin sont enveloppés pour éviter la perte par rayonnement, la dépense n'atteint même pas un quart de mètre cube de gaz. Dans le cas du chauffage par la vapeur, il est moindre encore, surtout si on a, en même temps, l'emploi de la vapeur pour d'autres usages.

Avec le chauffage raisonné, comme nous le préconisons, les négociants éviteront les fermentations secondaires de leurs vins de consommation courante; aux viticulteurs le chauffage bien fait et en temps opportun conservera leurs vins faibles en alcool à l'abri de toute altération.

Les résultats du chauffage seraient négatifs ou défectueux, si l'application était faite dans de mauvaises conditions; le vin alors perdrait de sa fraîcheur, de sa vivacité, de sa couleur et contracterait le goût de cuit.

La raison de l'insuccès est bien facile à déterminer : c'est que le chauffage du vin a été effectué d'une manière irrégulière. Il est impossible de réaliser la pasteurisation méthodique et satisfaisante du vin avec des appareils soumis à des variations de la source de chaleur.

Traitement par l'électricité. — Il y a longtemps qu'on recherche l'influence que l'électricité peut avoir sur les vins. On a fait de nombreuses expériences en employant soit des piles, soit des machines dynamo-électriques. Jusqu'ici, les résultats n'ont pas été très concluants, bien que certains inventeurs aient assuré avoir réussi. Du reste, on s'accorde peu sur les modifications apportées dans les liquides fermentés par ce traitement. Les uns y voient un moyen de vieillir, les autres de conserver ou d'améliorer, et certains d'atteindre en même temps ce triple but.

Les premiers essais, faits par M. Scoutetten, n'ont pas réussi.

En 1885, de nouvelles expériences ont été tentées à l'Institut de physique de l'Université de Rome; mais, là encore, ils n'ont pas donné entière satisfaction. Ils étaient faits au moyen de piles de Bunsen grand modèle accouplées. A l'analyse, les vins soumis à l'expérience n'ont pas montré d'amélioration, au contraire. On pouvait déduire, du rapport dressé par le professeur chargé du travail, des conclusions peu encourageantes. Qu'on en juge :

Au début le vin type contenait encore, au moment du prélèvement, quelques *saccharomyces ellipsoïdeus* en état d'activité, mais la majorité était inerte ; à l'aspect, il avait une jolie couleur ; sa saveur était celle d'un vin très jeune subissant les effets de la fermentation lente. Sa force alcoolique s'élevait à 10°3, il pesait 25.30 d'extrait sec et avait 6°9 d'acidité.

Ce même vin, électrisé pendant trente heures, avec une intensité correspondant à 3.99 ampère (1) s'est modifié. Une sorte de matière pulvérulente contenant des *S. ellipsoïdeus* s'est formée à la surface, et dans la masse on pouvait rencontrer des *mycoderma aceti* en grande quantité ; à l'œil nu toutefois le liquide paraissait limpide ; à la langue il conservait son bon goût et ne présentait aucun symptôme d'acescence ; mais son degré alcoolique avait été réduit à 6°7, il ne marquait plus que 16 gr. 3 d'extrait sec, et son acidité totale s'élevait à 13.17.

Un autre échantillon du même vin, ayant subi une semblable expérience pendant quarante-deux heures, avec une force de 5.58 ampère, a encore perdu plus de degrés ; il est descendu à 5.45, n'a donné que 16 gr. 1 d'extrait sec et, en revanche, a fourni 19.9 d'acidité totale ; la couleur du vin ainsi traité avait diminué ; il était devenu un peu acide.

Un échantillon électrisé pendant soixante heures a présenté à sa surface une substance grasse, gélatineuse, composée en moyenne partie de *S. ellipsoïdeus* et de *bacterium aceti*. Il ne pesait plus que 4°40, son extrait sec était tombé à 14.7 et son acidité totale atteignait 22.50.

En continuant ainsi, pendant 66, 73, 85, 98, 118, et 124 heures, avec des intensités de courant allant jusqu'à 16.49 ampère, l'opérateur a vu son vin qui, au début titrait 10°9, ne plus marquer que 3° ; la quantité d'extrait sec s'était un peu relevée à 16 gr. 5 et l'acidité, si considérable lorsque l'opération n'avait duré que 60 heures (22.50), était devenue plus normale à 6.85.

L'électricité peut donc produire des désordres graves dans les vins ; et nous ne croyons pas que, pour de très minimes avantages de vieillissement prématuré, on accepte volontiers d'anéantir à peu près la couleur, d'amoindrir le degré alcoolique et l'extrait sec, cette charpente indispensable du vin.

Si les expériences précédentes sur des vins en bouteilles faites à Rome n'avaient pas donné satisfaction, celles sur de petites barriques par M. Mengarini, dans la même ville, ont été plus heureuses. M. Mengarini s'est servi de piles de Bunsen accouplées ; les quantités de vins électrisés ont varié entre 30 et 50 litres logés dans des futailles ordinaires. Par le trou de bonde de chacune d'elles furent introduites deux lames de platine, d'égale dimension, longues d'environ 20 centimètres, larges de 2 cent. 5 et distantes l'une de l'autre de près de 4 centimètres. Douze éléments Bunsen, grand modèle, furent mis en communication avec les lames de platine, et l'électrisation commença.

Pour un premier échantillon, 50 litres d'un vin blanc âpre, l'opération dura 87 heures ; pour un second, 30 litres d'un vin blanc légèrement trouble, elle fut de 27 heures ; enfin, pour un troisième,

(1) Un ampère équivalant à l'intensité d'un courant qui pourrait parcourir en une seconde un cercle de 0 gr. 020 de cuivre.

30 litres d'un vin rouge rubis intense, un peu dur et louche, elle se continua pendant 40 heures.

Les analyses chimiques faites avant et après l'électrisation ont donné les chiffres suivants :

Vin n° 1	*avant*	*après*
Alcool.	8.9	9.
Acidité	7.66	7.64
Extrait sec.	21.49	21.48
Vin n° 2	*avant*	*après*
Alcool.	12.	12.
Acidité.	6.97	6.93
Extrait sec.	29.52	27.03
Vin n° 3	*avant*	*après*
Alcool.	13.1	12.7
Acidité	6.46	6.34
Extrait sec.	34.99	33.45

Si on rapproche ces résultats de ceux obtenus sur de petits échantillons, il semble qu'il y ait progrès, car on ne constate pas de déperdition de degrés aussi importante. Dans le cas présent, on ne voit guère que le vin rouge qui soit descendu de 13°1 à 12°7, soit une perte de 4 dixièmes seulement. Par contre, l'extrait sec est réduit, quel que soit le vin.

A la dégustation, M. Mengarini assure que les vins soumis à ses essais ont montré des qualités supérieures à celles qu'ils avaient primitivement. Ainsi le bouquet, à son dire, s'est développé, et, l'acidité diminuant, a fait disparaître le trop de verdeur des liquides. Le vin rouge, toujours suivant l'expérimentateur, n'a perdu qu'une quantité négligeable de couleur.

Malgré ces essais, la question ne nous paraît pas encore assez mûre pour que nos négociants se lancent déjà de ce côté. Il y a lieu d'être fort prudent. M. Mengarini reconnaît que tous les vins ne résistent pas également à l'opération, que les vins blancs âpres sont ceux qui s'amendent le mieux, surtout quand ils sont un peu acides et pas trop alcooliques. Toutefois il croit que, définitivement, l'électrisation a une valeur indiscutable au point de vue antiseptique et mettra les vins ainsi traités dans les meilleures conditions pour résister aux fatigues des voyages.

En France les chercheurs n'ont pas abandonné la partie. De nouvelles expériences ont été effectuées à Dijon par le système du Dr Fraser et à Bordeaux avec le système de M. de Méritens. Cette fois il ne s'agit plus de piles, mais de machines dynamo-électriques qui donnent une électricité particulière. Les résultats ne sont pas encore connus.

Congélation. — La congélation, appliquée d'une façon méthodique, peut améliorer les vins. En retirant les glaçons du liquide, on élimine l'eau dont ces glaçons sont composés, en conséquence tous les autres éléments du vin : alcool, extrait sec, couleur se trouvant répartis dans une masse moins considérable, ont plus de puissance constitutive. En revanche, il ne saurait être bon de faire des expéditions par un froid trop rigoureux, susceptible de solidifier une portion du vin en cours du transport. Il peut se dégeler pendant le trajet; alors sa couleur est troublée, sa saveur est altérée, et il a perdu sa valeur primitive.

Qui n'a remarqué que l'eau la plus pure transformée en glace, quand elle reprend son état primitif, est d'une limpidité moins parfaite ? Qui ne s'est aperçu que cette même eau a un goût particulier de fadeur bizarre tout à fait étrangère à l'eau non gelée ? Dans un vin qu'on ne congèle pas intentionnellement en donnant à l'opération la suite qu'elle comporte, de pareils phénomènes se produisent, et, partant, le liquide ne sort pas sain et sauf de l'épreuve.

Au commencement de ce siècle, Parmentier recommandait de séparer les glaçons du vin gelé; il exprimait l'avis que les petits vins de peu de garde, dépouillés ainsi d'une partie de leur eau, devenaient plus spiritueux et pouvaient se transporter sans s'altérer.

Plus tard, Vergnette-Lamotte étudia la question de près, et préconisa ce mode de rétablissement de certains vins. Pour lui, le vin séparé de la glace formée par le refroidissement offre une couleur plus veloutée, une grande vivacité de goût, plus de nerf, un peu moins de bouquet et un petit goût de raisin cuit « qui n'est point sans mérite » ; il se conserve plus longtemps, les ferments se trouvant éliminés.

Afin d'obtenir aisément la congélation, Vergnette-Lamotte prescrivait de choisir un terrain sans abri, ouvert au nord, fermé au midi par un mur d'une faible hauteur, d'établir les chantiers le long de ce mur dont l'ombre pût protéger les tonneaux pendant le jour contre les rayons du soleil; d'attendre une nuit où le ciel fût clair, la terre couverte de neige et le thermomètre au moins à 6 degrés au-dessous de 0, puis de sortir les vins des caves, de ranger les fûts en ligne à une certaine distance les uns des autres. Il fallait laisser un vide, dans les tonneaux, au-dessus du vin et la bonde ne devait pas être forcée.

De nos jours, au moyen de machines ou de mélanges réfrigérants on peut arriver plus rapidement à la congélation.

Quel que soit le système employé, une fois la congélation atteinte, on doit soutirer, sans donner la moindre secousse au tonneau, pour ne pas entraîner les lamelles de glace, qui sont très minces. On conserve le vin dans des celliers assez froids, où il ne tarde pas à s'éclaircir, en laissant déposer une matière noire, épaisse. Un mois ou six semaines plus tard, on soutire de nouveau et on met définitivement en cave.

Il ne faut pas s'exagérer l'amélioration que peut donner aux vins ce mode de traitement. Des adversaires ont observé, non sans raison, que la saveur du liquide est parfois modifiée; le petit goût de raisin cuit « qui n'est point sans mérite » pour Vergnette-Lamotte, ne plaît pas toujours.

Mais ce n'est pas tout : à côté de cette altération, il y a lieu de considérer, pour des vins ordinaires, qui ne peuvent pas supporter de grands frais, la perte causée. Les glaçons retirés du vin ne sont pas constitués d'eau pure; ils contiennent de l'alcool en quantité relativement assez notable ; on en a vu qui en renfermaient jusqu'à 2°; ils entraînent de l'extrait sec; une partie de la coloration, pour les vins rouges, est enlevée, les glaçons ont une teinte rosée; enfin on doit tenir compte de la réduction de la quantité. Plus on retire de glace, plus on réduit le volume primitif. En conséquence, celui qui, pour donner plus de force à son vin voudra recourir à la congélation, devra, au préalable, se demander si, au point de vue du rendement, et bien que la congélation ne coûte pas plus de 1 fr. 50 à 2 fr. de manipulation par pièce, il y a avantage pécuniaire réel. On devra calculer, indépendamment des frais du travail, la perte qui résulte sur la quantité, et faire la balance avec la valeur nouvelle acquise par le vin traité.

Quelques œnologues ont cru que la congélation vieillissait les vins; c'est là une erreur. Elle concentre les éléments constitutifs du liquide et lui donne par conséquent plus de vigueur. En Bourgogne, où cette pratique est maintenant très répandu, on a remarqué que les vins congelés vieillissaient moins rapidement que les autres. Des analyses faites il semblerait résulter même qu'indépendamment des doses d'alcool, d'extrait un peu modifiées, une partie des éthers disparaîtrait. Comme ce n'est qu'à la longue que ceux-ci pourraient se développer à nouveau, il s'ensuit que la congélation n'est pas un moyen de hâter la maturité du vin.

Remontage des vins. — Pour être capable de subir les effets du transport et de résister aux maladies, le vin a besoin d'être complet. Il faut que, suivant sa nature, il réunisse tous les éléments constitutifs dans les proportions d'un parfait équilibre. S'il pèche par insuffisance d'une ou de plusieurs matières essentielles, il n'aura ni qualité, ni durée.

Vinage. — Pour fortifier les vins légers, faibles, trop aqueux, on a d'ordinaire recours à une addition d'esprit de vin ou d'alcool bien rectifié et l'usage qu'on en fait constitue le vinage. Cette opération ne doit jamais être effectuée à trop haute dose, c'est-à-dire qu'on ne doit pas ajouter au vin plus d'alcool qu'il n'en faut pour lui donner, au total, la teneur alcoolique normale des bonnes années dans le même vignoble. En général, il n'est, en conséquence, pas nécessaire de viner à plus de deux degrés. On pourrait aller, à la rigueur, jusqu'à trois.

Viner le vin, c'est assurément lui donner de la force, lui fournir le moyen de stériliser, dans une certaine mesure, les ferments nuisibles et, par suite, d'échapper aux maladies, mais ce n'est pas le pourvoir et l'enrichir de tous les principes vineux. Si l'alcool est l'élément le plus important du vin, il ne peut pas suppléer à l'absence des matières qui constituent l'extrait sec, qui est, en quelque sorte, la chair, le corps du vin.

Calculs afférents au vinage. — On a besoin souvent de se rendre compte de la quantité d'alcool nécessaire pour remonter un vin. Il existe des barêmes spéciaux où on trouve ces renseignements; cependant il est facile de calculer soi-même, et très rapidement, la dose d'alcool utile pour arriver au résultat désiré.

Soit le problème suivant à résoudre :

Quelle quantité d'alcool à 95° faut-il ajouter à un hectolitre de vin à 13° pour le remonter à 15°?

Voici la solution d'après la méthode des règles de mélange :

$$\begin{array}{ccc} 95 & & 2 \\ & 15 & \\ 13 & & 80 \end{array}$$

D'où, toutes les fois qu'on prendra 80 litres du vin à 13°, il faudra lui ajouter 2 litres d'alcool à 95°.

Preuve :

80 litres à 13°	=	1040°
2 litres à 95°	=	190°
82 litres de vin alcoolisé	=	1230°

$$1 \text{ litre} = \frac{1230}{82} = 15^\circ$$

Sachant maintenant que, pour 80 litres de vin on est obligé de mettre 2 litres d'alcool, pour 100 litres on sera forcé de verser :

$$\frac{2 \times 100}{80} = 2 \text{ litres } 50$$

On déduit de cette suite de calculs que, pour connaître la quantité d'alcool à ajouter à un vin en vue de remonter sa force alcoolique d'un nombre de degrés voulu, il suffit : de déduire du degré du vin à obtenir le degré du vin qu'on a ; de multiplier la différence par le chiffre représentant la quantité de vin sur laquelle on opère et de diviser ce produit par la différence entre le degré qu'a l'alcool qu'on doit employer et le degré auquel on veut remonter le vin.

Addition de tanin, d'acide tartrique, etc. — Malgré son incontestable utilité dans un grand nombre de cas, le vinage n'est qu'une mesure incomplète pour améliorer le vin. Au vinage doit s'adjoindre parallèlement une opération qui, indépendamment de la richesse alcoolique, apporte au produit les autres corps complémentaires de la vinosité, tels que les matières astringentes et acides.

Dans ce but, on ajoute au vin fait soit du tanin, soit de l'acide tartrique, soit ces deux substances réunies dans des proportions variables selon le vin à traiter et le but à atteindre. L'acide tartrique agit d'une manière remarquable sur la couleur, qu'il clarifie et fait virer au rouge vif (1). Il prévient en même temps certaines maladies.

On use de même de produits contenant les principaux éléments constitutifs d'un bon vin dosés d'une manière scientifique, par exemple du Conservateur de Martin Pagis, destiné à assurer la tenue des vins faibles ou incomplets et à empêcher généralement la dégénérescence des coupages.

Afin de rehausser l'éclat de la nuance du vin et accentuer sa couleur, on a proposé l'addition d'acides sulfurique, nitrique, chlorhydrique et phosphorique. Mais ces agents peuvent être nuisibles au point de vue de l'hygiène et, par conséquent, on ne saurait les employer.

Nous ne pouvons approuver davantage le salage qui donne au vin un goût désagréable ; de plus le chlorure de sodium (sel marin) est un décolorant, car il se décompose dans le vin et y produit du chlore, agent blanchissant par excellence.

Sucrage sur lie. — Lorsque le sucre nécessaire à la production de l'alcool ne s'est pas trouvé en quantité suffisante dans les raisins, la fermentation n'a pas tardé à s'arrêter, et le liquide élaboré n'a plus, entre ses éléments constitutifs, cette harmonie nécessaire à une bonne conservation. De là, un état trouble, mucilagineux, bientôt suivi de la « casse » et de la « pousse ».

Si les vignerons n'ont pas remédié à ce défaut de sucre dans le

(1) M. E. Robinet, d'Épernay, bien connu pour ses études sur le vin, recommande aussi l'acide citrique à la dose de 10 à 20 grammes par hectol. pour éclaircir et aviver la couleur.

raisin en en ajoutant au moût, c'est au sucre blanc cristallisé, pendant que les vins faibles sont encore sur lie, qu'il convient d'avoir recours pour les sauver.

La lie fraîche du fond des tonneaux contient de nombreux ferments. Du sucre et une température initiale de 25 degrés environ, leur rendraient la vie et permettraient au vin incomplet de se refaire.

Voici comment il convient d'opérer :

Tirer du fût le tiers environ du liquide qu'il contient et faire chauffer cette portion de liquide jusque vers 50 degrés dans une bassine, en y dissolvant la quantité de sucre voulue;

Réintroduire dans le fût la portion de liquide ainsi chauffée et sucrée;

Agiter le contenu du fût en le fouettant fortement pour bien y mêler la portion de lie déjà déposée;

Envelopper le fût ou les fûts opérés réunis ensemble, de toutes parts, sauf du côté du mur ou des murs sur lesquels ils seraient appuyés, d'une couche de paille régulière, épaisse de quinze à vingt centimètres, convenablement maintenue et recouverte, s'il se peut, de vieille toile, sacs vides ou bernes, de façon à empêcher l'air de circuler dans la paille. Toutes ces enveloppes devront être enlevées, bien entendu, aussitôt la fermentation terminée.

Relativement à la quantité de sucre à employer, on sait qu'elle varie avec le nombre de degrés qu'on veut donner au vin. Il suffit de rappeler que, pour élever d'un degré d'alcool un hectol. de vin, il faut environ 1 kil. 700 gr. de sucre blanc cristallisé.

Coloration des vins. — Nos vignerons ont imaginé divers procédés en vue d'extraire de la pellicule du raisin tout le principe colorant qu'elle contient (œnocyanine). La prolongation de la fermentation, l'immersion du chapeau dans les cuves, la macération ont été recommandées à cet effet.

Mais il ne suffit pas d'avoir réussi à augmenter l'incarnat du vin au moment de sa préparation, il faut encore que cette couleur lui soit conservée intacte.

Cela n'est pas toujours facile. A côté des maladies qui peuvent troubler le vin, les tirages tardifs, le contact trop prolongé avec les lies, les soutirages et les collages trop fréquents, l'exposition à l'air, sont autant de causes qui peuvent faire tomber les belles teintes écarlates des produits les mieux constitués.

Les filtrages mal exécutés sont encore, à cet égard, des plus pernicieux. Rappelons qu'un vin rouge, versé lentement sur une assiette non vernissée et laissé exposé à l'air, s'y dépouille de la presque totalité de sa couleur; qu'un autre vin, passant sur un papier buvard, abandonne près de 60 0/0 de sa coloration.

Enfin, la nature des vaisseaux dans lesquels on conserve les vins a ici une certaine importance. Plus le bois est tendre, poreux, plus il est dangereux pour la couleur du vin; cet inconvénient disparaît toutefois en partie lorsque le fût a déjà servi et que ses parois sont imprégnées de tartre. Les tonneaux en mauvais état, dont le bois est piqué, vermoulu, indépendamment des mauvais goûts qu'ils peuvent donner au liquide, ont une influence fâcheuse sur l'intensité de la couleur. Pour se rendre compte de ce fait, qu'on prenne des raclures de bois pourri, qu'on verse sur celles-ci un peu de vin rouge, on s'apercevra, au bout de peu de temps, qu'il a abandonné une partie de sa couleur.

Les larges foudres, toute bonification et toute finesse du liquide mise à part, devront être préférés pour la garde de produits dont la valeur réside surtout dans la richesse de la coloration.

La couleur du vin ne dépend donc pas entièrement du cépage, du sol et du climat; elle est intimement liée aux procédés de conservation qui peuvent se résumer ainsi : tirages à l'abri de l'air, faits en temps opportun, de manière à soustraire le plus tôt possible le vin à l'action décolorante des marcs et des lies; abandon des collages et des soutirages intempestifs; logement dans des récipients sains, à bois dur, de grandes dimensions, et ayant déjà contenu du vin.

Mais on ne se contente pas toujours de conserver la couleur du vin fait.

La recherche des vins rouges fortement colorés et la difficulté d'en rencontrer ont, depuis longtemps, porté les œnologues à chercher les moyens d'accroître la couleur du produit fermenté du raisin.

L'extraction de la matière colorante de la grappe, des résidus de la vinification : marcs, grosses lies, etc., a appelé l'attention de nombreux savants, qui pensent que ce colorant naturel, provenant exclusivement du raisin, peut être employé légitimement pour l'amélioration des vins faibles.

Méthode italienne. — En Italie, aucune loi n'autorise à considérer qu'il y a tromperie sur la nature de la marchandise vendue, lorsqu'un vin est remonté en couleur au moyen d'un élément du raisin lui-même.

Chez nos voisins, MM. Carpene et Comboni ont effectué à ce sujet des expériences intéressantes.

Suivant la formule du docteur Ravizza, on a encore recueilli la couleur perdue du raisin, sans augmenter la quantité du vin, de la manière qui suit :

On sépare les pellicules des grappes. Ces pellicules sont pressées dans un mortier en pierre, en les humectant avec de l'eau acidulée d'acide tartrique. Ainsi traitées, elles sont placées dans un fût avec de l'alcool, de l'eau et de l'acide, dans la proportion que voici :

Pellicules.	20 kil.
Eau.	5 »
Alcool.	15 »
Acide tartrique.	0 » 250 gr.

Après trois jours, on presse ce mélange et l'on obtient un beau colorant. Il est possible de renouveler l'opération en prenant pour chaque 20 kilog. de pellicules 20 litres d'alcool et un peu moins d'eau. On produit de la sorte un colorant pouvant augmenter de 4 à 5 0/0 la couleur primitive du vin.

Ces méthodes ne sont pas nouvelles. Si les doses d'acide, d'eau et d'alcool sont mieux déterminées, on savait depuis longtemps que l'œnocyanine, soluble dans l'alcool, pouvait être extraite, au moyen de cet agent, des marcs de vendange. Toutefois on éprouvait une certaine difficulté à fixer la couleur rouge, et souvent on n'arrivait à recueillir qu'une liqueur peu franche et d'une teinte assez faible. L'acide tartrique ajouté remédie à cet inconvénient.

La chimie peut-elle déceler cette coloration supplémentaire, ou les éléments qui composent celle-ci sont-ils tellement identiques avec le vin lui-même que toute recherche à cet égard soit infructueuse ? Il résulte d'analyses effectuées à Narbonne par un chimiste distingué, qui s'est fait une spécialité dans ces sortes d'opérations, M. l'abbé Prax, qu'on peut découvrir l'addition d'un semblable produit au vin.

Méthode du docteur Prunaire. — L'auteur énumère, dans un intéressant ouvrage aujourd'hui épuisé, plusieurs procédés naturels « pour donner, tous les ans, au vin, une couleur foncée »; il s'élève ensuite avec force contre la coloration artificielle par des éléments étrangers au raisin et étudie la recherche de ces falsifications.

Le docteur Prunaire pose en principe que la couleur extraite du marc de raisin est plus durable que les couleurs artificielles.

On peut, d'après lui, user de cette couleur de plusieurs façons. Nous résumerons les procédés les plus pratiques.

Pour préparer à froid de la couleur avec tanin :

Émietter et tasser le marc dans un tonneau défoncé, jusqu'à ce que celui-ci soit plein. Replacer le fond. Remplir complètement avec de l'alcool de vin à 85 ou 86 degrés. Fermer hermétiquement et laisser macérer sept mois.

On retirera au bout de ce temps un liquide riche en couleur et en tanin, qui conviendra à merveille pour remonter les vins mous et pauvres comme coloration.

Pour préparer à chaud de la couleur avec tanin :

Remplir de marc une chaudière; tasser ; verser du vin autant que le récipient en peut contenir ; faire bouillir plusieurs heures. On retirera un liquide très coloré, très tanifère, qu'on soutirera après repos et qui, au contact d'un vin acide, produira un rouge foncé magnifique.

Pour concentrer ce colorant, on le fera bouillir quelques heures, et, pour le conserver, on l'additionnera d'alcool.

Si l'on désire préparer un liquide colorant, mais non tanifère, on criblera le marc à l'avance pour séparer les pépins des rafles, et l'on rejettera les pépins.

Enfin l'auteur donne un procédé « pour préparer à volonté pendant toute l'année du vin coloré avec des marcs conservés ». Voici en quoi il consiste essentiellement :

Le marc, même après fermentation et pressurage, contient encore une forte proportion d'œnocyanine. Il faut l'émietter, le cribler pour supprimer la plus grande partie des pépins, le tasser dans un tonneau défoncé, qu'on remplit de vin rouge et qu'on referme hermétiquement. Ce marc se conservera plusieurs mois. On soutirera le vin, très riche en couleur, après un séjour prolongé au contact du marc, et l'on pourra s'en servir. Quant au marc, on le fera bouillir avec du vin rouge et l'on obtiendra ainsi un vin teinturier très riche qu'on emploiera soit seul, soit mêlé au vin déjà tiré du tonneau.

Tels sont les principaux procédés que le docteur Prunaire indique pour améliorer la couleur des vins. Il effectue ces études dans un esprit de loyauté incontestable, en repoussant toute coloration artificielle par des matières, même inoffensives, autres que celles fournies par le fruit de la vigne.

L'ouvrage du docteur Prunaire a été approuvé par le ministère de l'agriculture, qui l'a honoré d'une souscription.

Inconvénients de la coloration. — On ne saurait, sous peine de tromperie punissable, vendre comme rouges naturels des vins blancs colorés même par les seuls pigments de la grappe; d'ailleurs cette opération ne réussirait pas.

La matière colorante du raisin est formée de trois pigments : bleu, rouge et jaune. Tous les trois sont solubles dans le vin ainsi que dans l'eau alcoolisée. Mais, dans les circonstances ordinaires, le pigment bleu s'insolubilise lentement et passe dans les lies. Dans cet état, cependant, il reste soluble dans l'alcool ou dans l'eau fortement alcoolisée et rougit franchement sous l'influence des acides.

Aussi, lorsqu'on traite les lies fraîches par l'alcool acidulé par l'acide tartrique, on obtient une teinte rubis de plus bel effet. Il résulte des récents travaux du docteur P. Carles que, si on abandonne à lui-même quelques mois, ou même seulement quelques semaines, selon les espèces, le vin remonté par cette teinture, le mélange se dissocie, le colorant redevient lentement insoluble, le liquide se trouble et bientôt se décolore.

Si, pour faire disparaître le louche du début, on pratique un collage, même léger, de ce vin rouge factice on refait un vin blanc.

La couleur était bien originaire du raisin, mais elle se trouve dénaturée au point de ne plus pouvoir rester en dissolution dans le vin.

Coloration des vins au point de vue légal. — Le législateur condamne toute coloration artificielle, quelle que soit sa nature. Les lois de mars 1851 et de mai 1855 permettent aux tribunaux d'atteindre non seulement ceux qui colorent artificiellement leurs vins, mais encore les détenteurs et les vendeurs de colorants. D'autre part, la circulaire Dufaure, du 18 octobre 1876, rend plus absolue encore la prohibition des colorants, en déclarant contraire à la loi même l'emploi de matières tinctoriales non nuisibles, quoique, bien entendu, dans ce dernier cas, la pénalité soit moins grave que lorsqu'il s'agit de colorants dangereux pour la santé.

Il ne peut donc y avoir aucun doute sur les intentions de la loi : toute addition de couleur autre que celle fournie par la grappe constitue une falsification punissable. La répression varie seulement d'énergie selon la nature du délit. L'accord entre l'acheteur et le vendeur ne saurait en aucune façon faire obstacle à l'application de la loi.

Ceci posé et la situation étant nettement établie par le législateur et ses interprètes autorisés, doit-on assimiler la coloration du vin au moyen de substances uniquement tirées des résidus de la vinification, avec la coloration artificielle telle que la définit et la condamne notre législation ?

Une pareille assimilation nous paraît contraire à l'esprit de la loi. Nous trouvons, en effet, dans la circulaire Dufaure plusieurs passages qui démontrent qu'une telle opération est licite.

Il est incontestable, pour tout lecteur attentif, que cette circulaire, synthèse très claire et très nette des lois et arrêts sur la matière, est dirigée uniquement contre l'emploi des matières colorantes étrangères au raisin. M. Dufaure appelle l'attention des parquets sur la coloration pratiquée au moyen d'agents *autres que ceux fournis par la grappe*. On peut en conclure *a contrario* qu'il autorise l'emploi des substances colorantes fournies par la grappe elle-même. Le garde des sceaux montre bien que toute coloration n'est pas illégale pour lui, quand il ajoute : « Il est évident que, si la manipulation subie par le vin a pu avoir pour effet *non seulement d'en relever la couleur*, mais de l'améliorer, de le conserver, de lui faire subir enfin une transformation utile, aucune poursuite ne doit être exercée. »

La coloration par des matières extraites de la grappe nous semble, de plus, pouvoir être assimilée à certains coupages pratiqués au moyen de vins qui n'ont d'autre valeur qu'un excès de matière colorante. Or ces coupages sont absolument licites.

Ajoutons enfin, comme dernier argument, que l'exposé des motifs de la loi du 5 mai 1855 autorise à travailler les vins d'après des procédés fort divers, les uns anciens, les autres *indiqués par la science moderne*.

Or, depuis longtemps, la science moderne conseille de remonter la teinte des vins par les pigments extraits des pellicules.

Si nous passons du point de vue purement légal au point de vue commercial, nous nous trouvons en présence de textes qui obligent le vendeur de vin coloré au moyen de matières extraites de la grappe à déclarer l'opération.

D'abord, la circulaire Dufaure explique que, pour les manipulations même licites, l'action publique pourra être mise en mouvement, lorsque l'acheteur aura complètement ignoré la manipulation et que le vendeur se sera ainsi rendu coupable de tromperie. On condamnera alors, non pour falsification, mais pour tromperie sur la nature de la marchandise vendue.

D'autre part, divers arrêts de cassation, et, entre autres, un arrêt du 22 novembre 1860, décident que la coloration inoffensive a les véritables caractères d'une falsification, lorsqu'elle est pratiquée frauduleusement, de manière à donner au vin, d'une façon mensongère, l'apparence des qualités qui lui manquent.

Afin d'éviter toute difficulté à cet égard, nous pensons que la seule coloration que la loi ne réprouve pas, celle que nous venons d'étudier, ne saurait être tenue secrète, sous peine de manque à la probité commerciale et même, dans certains cas, sous peine d'une sanction légale.

En résumé, nous croyons :

Que la coloration des vins, pratiquée exclusivement avec la matière colorante extraite de la grappe, n'est pas défendue par la loi ;

Mais qu'au point de vue commercial cette coloration doit toujours être déclarée par le vendeur.

Décoloration des vins. — Pour des raisons diverses, que ce soit à la suite d'accidents, qu'on veuille se servir de vins absolument blancs, qu'on ait en vue des manipulations spéciales, il est parfois nécessaire de procéder à la décoloration. Tantôt c'est un vin blanc qui a jauni, noirci ou verdi, tantôt c'est un vin rose auquel on veut retirer sa teinte légère; tantôt c'est un vin rouge qu'on désire transformer.

Il y a différents procédés; mais ils ne donnent pas entièrement la blancheur désirée ou ils risquent de détériorer le vin.

Décoloration des vins blancs. — Les vins blancs sont susceptibles de jaunir en vieillissant, de noircir ou de verdir, s'ils ont été en contact avec des matières oxydantes, de prendre une nuance rosée s'ils ont été logés dans des vaisseaux ayant contenu des vins rouges.

Le plus généralement ce sont les méchages réitérés qui réussissent le mieux. On sait que l'acide sulfureux est un décolorant assez énergique; en brûlant une mèche soufrée au-dessus du liquide à traiter on obtient à peu près le résultat voulu. Ces méchages ont besoin d'être répétés. Pour que l'acide sulfureux entre bien dans la masse du vin à décolorer, on établit un courant d'air dans les fûts en tirant au robinet pendant que la mèche brûle au trou de la bonde. On reversera dans le tonneau le vin qui aura ainsi coulé. L'inconvénient de ce système de décoloration est qu'il communique un goût de soufre au vin; mais il est relativement facile de le faire disparaître par l'aération. On ouvre les barriques, et, au besoin, on soutire le vin à l'air à l'aide du broc. Toutefois on ne doit procéder à cette opération que quelque temps après le méchage, de manière à ce que l'acide sulfureux ait eu le temps d'agir efficacement sur la couleur.

Ce genre de décoloration n'est parfois pas suffisamment énergique; mais il ne détériore pas le vin, ce qui n'est pas le cas avec le collage au lait et l'emploi du charbon végétal ou du noir animal.

Le collage, à raison d'un litre de lait par pièce, introduit dans le vin des principes qui peuvent lui donner dans l'avenir le goût de sûr dû à la fermentation lactique. Si on avait néanmoins recours à ce mode, il serait bon de soutirer le plus tôt possible, de manière à soustraire le vin au dépôt qui a pu se former dans le fond des tonneaux.

M. Robinet a tenté l'opération par le tanin et un collage à la gélatine. Il a eu plein succès au point de vue de la couleur; cependant le vin est tellement énervé par ce traitement énergique qu'il perd tout son cachet, toute sa finesse et l'auteur du procédé l'a abandonné.

Les collages répétés avec addition d'alumine en gelée, qui ont été aussi préconisés, détruisent les éléments du vin ; de plus, ce moyen peut devenir dangereux pour la santé.

Le charbon végétal, réduit en poudre et convenablement préparé avec de la braise de bois blanc bien brûlée, est efficace, mais il affaiblit un peu le vin. On verse la poudre dans le vin, en agitant de temps à autre, pendant plusieurs jours ; puis on laisse reposer et on soutire.

En même temps que la couleur, le parfum, le bouquet, le corps même du vin diminuent sensiblement, lorsqu'on emploie le noir animal.

Pour certaines recherches analytiques, on est obligé de décolorer le vin par ce dernier procédé ; on se sert alors de noir animal, lavé à l'acide chlorhydrique ; il détruit absolument la couleur naturelle du vin, mais ce n'est guère que pour des opérations de laboratoire qu'on agit ainsi ; le liquide n'a plus de saveur, ce n'est plus du vin.

Ajoutons enfin que, pour un vin blanc n'ayant qu'une faible teinte ambrée, on pourrait le décolorer par la seule exposition dans des bouteilles au soleil ; mais ce système est long et de plus risque d'abîmer le vin.

Décoloration des vins rouges. — Pour les vins rouges, les difficultés sont encore plus grandes.

Les cas où on est forcé d'enlever la couleur du vin rouge se réduisent à peu près à deux : 1° Dans certaines analyses chimiques ; 2° Dans la préparation du vinaigre.

1° Pour une analyse, lorsqu'il s'agit d'enlever l'œnocyanine, on traite au noir animal ; comme nous l'avons indiqué, il suffit de verser le noir lavé à l'acide chlorhydrique dans le vin, de remuer avec une baguette de verre. La décoloration ne tarde pas à se produire.

2° Quand la décoloration est effectuée en vue de la préparation du vinaigre de vin, il faut prendre des précautions, comme on le verra au chapitre consacré à la vinaigrerie.

Mise en bouteilles. — Il est reconnu qu'on ne doit mettre en bouteilles, pour les laisser vieillir, que les vins provenant des bonnes années, ayant du fruité, de la vigueur et enfin présentant toutes les qualités d'un produit bien constitué. Ce n'est qu'à cette condition qu'ils peuvent acquérir et développer, en vieillissant, de la sève et du bouquet. Les vins médiocres, communs, maigres, ne pourraient, en aucune façon, se compléter, s'améliorer dans les bouteilles ; aussi est-il inutile de perdre son temps et son argent à les embouteiller pour les conserver, si ce n'est pour les vendre à la consommation au jour le jour et les débiter litre par litre.

D'une manière générale, les bons vins destinés à être mis en bouteilles doivent être parfaitement limpides et avoir terminé complètement leur fermentation insensible. S'ils étaient mis en bouteilles trop jeunes ou louches, le dépôt des lies continuerait à s'effectuer dans les bouteilles, les vins contracteraient une amertume désagréable, les bouteilles pourraient même casser, si une fermentation se produisait.

On ne saurait préciser l'âge auquel il convient de mettre les vins en bouteilles ; cela dépend des années plus ou moins favorables à la maturité du raisin, du genre des vins, des crus, des variétés de cépages, des procédés de vinification employés, des soins donnés aux vins, etc. Les vins tendres, délicats, faibles en alcool ou en couleur, ou provenant de petites années, sont les plus précoces ; ils vieillissent vite en barrique et font courte durée. Au contraire, les vins corsés, fermes, riches en couleur, de bonnes récoltes, sont plus longs à se dépouiller en tonneau, mais aussi se conservent-ils beaucoup plus longtemps en bouteilles.

Les vins précoces du Bordelais et de Bourgogne sont dépouillés vers la seconde année; les vins plus corsés demandent une année supplémentaire, et les vins les plus solides de corps et de couleur exigent quatre, cinq et même six ans de fût. La règle à suivre en pareille circonstance est la limite à laquelle le vin peut perdre de son moelleux. On doit surveiller attentivement ce moment. Si on tire trop tôt, on peut introduire dans la bouteille des ferments qui altèreront le vin, et, si on tire trop tard, on s'expose à le laisser sécher.

Un vin est dans de bonnes conditions pour sa mise en bouteilles, lorsqu'il est bien dépouillé, qu'il n'offre presque plus de dépôt lors des soutirages, que sa couleur est vive et qu'il a perdu l'âpreté de la jeunesse. On n'attendra pas pour les vins fins qu'ils développent leur bouquet en barrique.

Les vins destinés à être mis en bouteilles seront soutirés et collés légèrement, afin de précipiter toutes les matières insolubles qu'ils peuvent tenir encore en suspension. On les soutirera enfin dans le mois qui suivra le collage, pour les laisser reposer de nouveau au moins trois semaines avant de les mettre en bouteilles. Ce dernier soutirage est important, car on ne doit pas tirer en bouteilles des vins sur colle; les lies qu'ils contiennent, par suite des secousses imprimées à la barrique, remonteraient et troubleraient le liquide. Les gros vins, les vins trop jeunes et les vins de coupages pourraient être filtrés, puis collés.

L'époque favorable à la mise en bouteilles s'étend de septembre à mars; pendant cette période la température fraiche, puis froide, aide à la clarification ; dans les caves où la température est constamment uniforme, on peut en toute saison mettre des vins en bouteilles, à la condition d'éviter le contact de l'air.

Pour la mise en bouteilles, autant que possible, il faut choisir un beau jour, clair et serein. Par un temps pluvieux, couvert, le vin n'est jamais aussi beau, aussi brillant dans le verre.

Le vin étant parfaitement limpide, exempt de tout symptôme de maladie, le fût solidement assis sur un chantier, on place au bas du tonneau un robinet ou cannelle en métal, préalablement bien lavé à l'eau bouillante. Auprès de la bonde on perce un trou de vrille qu'on laisse ouvert aussi longtemps qu'on fait le tirage, de manière à ce que l'air pénètre dans le tonneau au fur et à mesure que le travail de la mise en bouteilles continue. Ce point est capital, car si aucune prise d'air n'était ménagée, le vin ne s'écoulerait plus au bout de quelques instants, la pression atmosphérique n'agissant plus sur la surface du liquide; il se produirait même, à l'intérieur du fût, des bouillonnements qui troubleraient le vin. Lorsque l'opération doit durer plusieurs jours, chaque fois qu'on cesse, on ferme le trou à l'aide d'une petite cheville ou fausset : cette précaution a pour but d'empêcher l'acétification. Afin d'éviter ces petites manipulations, on a imaginé des faussets spéciaux qui, tout en laissant l'air pénétrer dans les tonneaux, l'épurent à son passage, de tous les ferments ou germes qu'il peut contenir; tel est le fausset à coton Houdart (fig. 13) composé d'un simple petit cornet recourbé en métal, dans l'intérieur duquel est placée de la fine ouate grillée. Souvent, on ne fait aucun trou de fausset, on se contente d'enlever la bonde : ce système a le défaut, d'abord de remuer le vin, car il est difficile de débonder sans secouer le tonneau par les coups de batte, puis, d'offrir aux impuretés de l'atmosphère un orifice relativement considérable.

FIG. 13.

Les cannelles de petites dimensions sont toujours préférables pour la mise en bouteilles : leur bec d'écoulement doit être en rapport avec l'orifice du goulot de la bouteille, afin que l'air qui s'y trouve et que le liquide chasse, puisse sortir sans effort, et ne fasse pas épancher le vin hors de la bouteille. Le jet de la cannelle doit être dirigé contre les parois du verre de façon à amortir le choc du vin contre lui-même, car il en résulte une agitation qui a pour effet de provoquer une fermentation plus ou moins sensible ; les maladies que les vins font en bouteilles alors même que toutes les autres conditions ont été observées, n'ont souvent pas d'autres causes. On évite ainsi la mousse et le vin se fatigue moins. S'il s'agit d'un vin de grande qualité et qu'on veut conserver longtemps, il faut redoubler de précautions, ouvrir très peu la cannelle, incliner plus encore la bouteille pour rendre le choc aussi doux que possible. Il est une pratique défectueuse, c'est celle qui consiste à tirer le vin, le robinet pleinement ouvert et fermé à chaque bouteille pleine. La fermeture brusque du robinet provoque un mouvement qui soulève les lies et détermine ensuite du dépôt dans la bouteille.

Souvent, lorsqu'on a de grandes quantités de vin à tirer, on se sert de machines spéciales permettant de remplir plusieurs flacons à la fois. Ces appareils se composent, pour la plupart, d'un bassin en forme d'auge ou de bac, en tôle émaillée, sur une des faces latérales duquel sont disposées un certain nombre de tiges-siphons formant robinets d'écoulement et qu'on amorce à l'aide de petits tubes en caoutchouc. A chacune d'elles doit correspondre une bouteille (fig. 14).

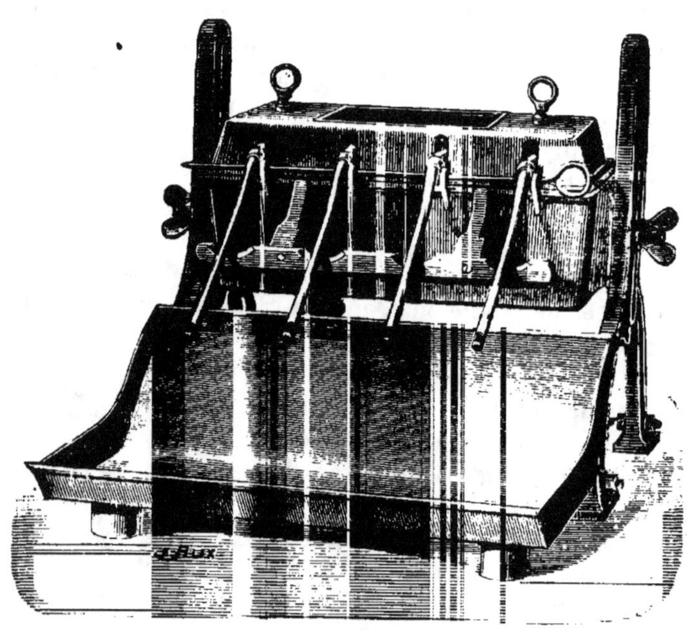

FIG. 14.

Pour mettre l'appareil en train, on fait arriver le vin du tonneau dans le bac, soit directement par la cannelle si celui-ci est à proximité, soit par un tuyau en caoutchouc si la barrique est éloignée ou gerbée, c'est-à-dire rangée sur d'autres; on amorce les siphons, et le tirage s'effectue régulièrement par les tiges qu'on introduit dans les bouteilles. Dans la machine dont nous donnons ci-dessus le dessin, le remplissage se fait automatiquement jusqu'à la hauteur voulue sans crainte de perte, un flotteur intérieur fermant l'orifice d'arrivée du liquide aussitôt le niveau atteint dans le bac; il le rouvre lorsque le remplissage a écoulé le liquide en trop. Ainsi, il n'y a pas de surveillance particulière à exercer, il suffit de remplacer les bouteilles pleines par des bouteilles vides jusqu'à épuisement du tonneau ou du foudre et toutes sont également remplies (1).

Au début du travail, avant de remplir la première bouteille, on fera couler quelques gouttes de vin afin de nettoyer le robinet et d'entraîner les esquilles de bois du tonneau rompues pendant l'introduction de la cannelle ou du caoutchouc. Vers la fin de l'opération, quand on s'apercevra que le jet diminue, on surveillera le liquide, on penchera peu à peu le tonneau en avant sans le remuer (il y a des leviers spéciaux pour cet objet) et enfin on arrêtera tout tirage au moment où le vin commencera à être trouble.

Choix des bouteilles. — Les bouteilles à vin jouent un grand rôle dans la conservation et le perfectionnement du liquide, il est intéressant de se procurer des bouteilles d'excellente qualité, d'une résistance convenable et exemptes de cassures et de bavures. Il faut que le verre soit cuit d'une façon complète, afin qu'il n'abandonne pas une partie de son alcali dans le vin.

Parfois, une vitrification irrégulière laisse subsister des sulfures alcalins qui sont attaqués par les acides du vin, et produisent de l'acide sulfhydrique donnant un goût d'œuf pourri au vin. Les bouteilles fabriquées à la houille présentent parfois des taches grasses formées de carbone et de goudron; il faut : ou rejeter ces bouteilles à l'examen, ou les faire tremper dans de l'eau sodée. On refusera aussi les bouteilles offrant à l'œil des irisations, celles-ci indiquent une altération du verre et, dans tous les cas, une disposition à se rompre. Ce défaut se décèle facilement par un simple mouillage du verre et l'inspection au jour. Afin de s'assurer qu'une bouteille est de bonne qualité, on la remplit d'eau, on ajoute cent grammes d'acide tartrique et on agite pour faire dissoudre; au bout de cinq à six jours, s'il ne s'est rien produit, le verre est de bonne qualité; si, au contraire, la solution est devenue gélatineuse, et s'il s'est formé des cristaux de bitartrate de potasse qui sont déposés au fond de la bouteille, le verre doit être considéré comme de mauvaise qualité, il contient trop d'alcali.

(1) Machine à tirer perfectionnée, système Nicloz.

Toutes les bouteilles neuves doivent être nettoyées et rincées très consciencieusement afin d'éviter toute altération ou tout mauvais goût au vin qu'elles sont destinées à recevoir.

La consommation toujours croissante du vin, des liqueurs et des eaux minérales a jeté sur le marché une quantité considérable de bouteilles d'occasion, qui font une concurrence redoutable à la verrerie neuve.

L'emploi de ces récipients déjà usagés présente quelques inconvénients au point de vue de la qualité des vins qu'on se propose d'y loger et au point de vue aussi de la perte du liquide amenée par la casse. Ainsi on ne saurait loger du vin de Champagne dans des bouteilles champenoises ayant déjà servi. Cependant on pourrait y mettre du cidre mousseux, celui-ci exerçant une pression moins forte que le vin de Champagne en raison de son bouchage moins exact.

Les bouteilles genre St-Galmier sont le plus souvent d'un verre sec et brisant. Ce sont elles qui fournissent le plus de coulage. Toutefois, relativement au nettoyage, elles n'offrent pas de grandes difficultés, à moins qu'elles n'aient servi déjà pour du vin. Un bon rinçage à l'eau ordinaire suffit, elles ne contiennent pas de dépôt, et le fond étant plat, on est à peu près certain qu'il n'y subsiste pas de saleté; enfin comme elles sont claires, on aperçoit aisément les taches qui pourraient y rester et on les fait disparaître avec la brosse-goupillon. Observons aussi que certaines eaux minérales déposent des sels que les rinçages ne suffisent pas toujours à enlever complètement et qui peuvent ensuite altérer le vin.

Les vraies bouteilles à vin, bordelaises ou bourguignonnes, sont d'un verre plus solide que les précédentes, mais, lorsqu'elles ont contenu du vin, elles ne sont pas commodes à nettoyer. Il faut cependant enlever de toute nécessité les dépôts qui ont pu s'y former, et particulièrement porter son attention sur la partie inférieure dont la forme rentrée gêne pour enlever complètement les impuretés qui se sont glissées dans le repli du verre.

Il est bon, lorsque les bouteilles sont ainsi nettoyées, d'inspecter l'intérieur en se plaçant au jour ou à la lumière pour voir si elles sont bien propres, puis de les sentir, afin de ne pas en remplir une qui ait conservé mauvaise odeur.

D'après les renseignements qui nous ont été fournis par la maison Edart, l'usage des bouteilles de verre foncé, format Bordeaux ou Bourgogne, se répand de plus en plus, et avec raison, car elles conservent parfaitement le vin à l'abri de la lumière et, de plus, n'en font pas paraître la couleur violacée comme les bouteilles vert clair. Bien entendu, les bouteilles de Bordeaux ne doivent jamais servir à loger du vin de Bourgogne et vice versa.

Bien qu'il y ait moyen de mettre en état des bouteilles ayant conservé de l'huile, des liquides graisseux ou autres, soit avec de la soude, de la potasse, soit avec de la sciure de bois et de l'eau chaude, soit enfin avec un lait de chaux lorsqu'il s'agit de pétrole, nous ne saurions engager à s'en servir. Si elles sont propres en apparence, elles conservent le plus souvent des goûts particuliers qui ont un fâcheux effet sur le vin.

Rinçage des bouteilles. — La mise en parfait état de propreté des bouteilles est de la plus grande importance. Les lavages ordinaires sont insuffisants pour certaines bouteilles. Quand on les emploie, elles ne sont pas toujours neuves, et, alors même qu'elles sortiraient de la verrerie, il est nécessaire de les nettoyer d'une façon très énergique. En effet, des défauts de cuisson laissent souvent, disions-nous, subsister à l'intérieur des taches noires et grasses formées de carbone très divisé et imprégné de goudron de houille. Ces taches communiquent au vin un mauvais goût. Le seul moyen d'obvier à cet inconvénient consiste à faire tremper les bouteilles un ou deux jours dans de l'eau contenant 200 grammes de potasse ou de soude pour 100 litres d'eau : après, on rince vigoureusement, plutôt deux fois qu'une, à l'eau claire.

Du reste, en règle générale, pour les verres neufs, alors même qu'il ne présenteraient rien d'anormal, il est bon de les tenir quelque temps dans des baquets pleins d'eau avant de les rincer avec les goupillons à main ou mécaniques.

Si de pareilles précautions sont nécessitées par les bouteilles neuves, à plus forte raison, celles qui ont déjà contenu du vin ou d'autres boissons, doivent être soumises à des nettoyages minutieux. Non seulement elles peuvent encore contenir des portions de tartre, de lie, des moisissures, des morceaux de bouchon, mais encore elles peuvent avoir contracté de mauvais goûts qu'il faut faire disparaître absolument. Une bouteille qui, malgré les rinçages les plus énergiques aurait encore une odeur, devra être rejetée sans hésitation.

Pour opérer les rinçages, on emploie généralement la chaînette, le goupillon, les plombs et, comme nous l'avons vu dans quelques cas, de la soude ou de la potasse, la sciure de bois, le lait de chaux. Mais, si la chaînette et le goupillon, voire même les agents chimiques, quand on prend la précaution de bien rincer ensuite, n'offrent aucun danger, il n'en est pas de même du plomb de chasse dont l'usage est cependant fort répandu.

Lorsqu'on introduit du petit plomb dans l'intérieur d'une bouteille, il arrive fréquemment que, par le mouvement assez violent de va-et-vient qu'on lui imprime en la rinçant, un ou plusieurs grains glissent entre la paroi et le repli du fond, s'y maintiennent au moment où on retourne la bouteille pour vider l'eau de lavage. Quand le verre est foncé, on ne s'aperçoit pas de cet accident qui est plus grave qu'on ne pense. En présence des acides du vin, le plomb donne naissance à des sels plombiques dangereux.

Pour éviter cet inconvénient, on a imaginé de galvaniser les grains de plomb. Ce serait excellent si la galvanisation persistait, mais il est loin d'en être ainsi; au bout de peu de temps, ces grains sont dépouillés, ou à peu près, de leur surface protectrice et s'oxydent ensuite comme les autres.

Un médecin a proposé, à l'Académie des sciences, de remplacer les plombs par des bouts de fil de fer ayant de 4 à 5 millimètres de longueur. Le nettoyage avec cette grenaille de fer serait plus rapide et plus parfait qu'avec le plomb, et le fer qui peut, par hasard, rester dans la bouteille, n'est pas nuisible à la santé; cependant il noircit le vin par la production de tannate de fer.

Enfin, on a songé aussi à employer des grains de verre, mais ce système ne s'est pas encore répandu, quoiqu'il soit très bon.

De fait, ce sont aujourd'hui les petits plombs galvanisés qui prévalent; on les trouve partout; aussi ne saurait-on trop recommander de bien vérifier les bouteilles après le nettoyage, d'expulser à l'aide d'une tringlette les grains qui pourraient s'y être fixés.

Les lavages à l'eau se font ordinairement avec le goupillon, petite tige de fer munie de crins qu'on introduit dans les bouteilles et à laquelle on imprime un mouvement de rotation et de va-et-vient, afin qu'elle nettoie convenablement les parois du verre. Cependant, en vue de hâter le travail, on a imaginé de nombreuses machines à rincer : les unes permettent de laver plusieurs bouteilles à la fois; les autres, tout en n'en lavant qu'une à la fois, vont assez vite, pour qu'en une journée, des milliers de bouteilles soient mises en bon état de propreté. La figure ci-dessous représente une de ces machines, qui, en dix heures, avec un ouvrier exercé, peut fournir cinq mille bouteilles (fig. 15).

Pour ces appareils, il est nécessaire de disposer d'une eau ayant une certaine pression, soit qu'elle provienne des conduits de la Ville, soit qu'elle descende d'un réservoir particulier. Le rinçage ne s'opère bien que si l'eau est projetée violemment dans les bouteilles.

Celles-ci, étant bien propres et ne possédant aucune mauvaise odeur, seront placées sur des égouttoirs à trous ou en hérisson pour qu'elles sèchent pendant environ 24 heures. Autant que possible, on ne tirera pas de vin dans des bouteilles encore humides. Si, cependant, on ne pouvait pas attendre suffisamment, on rincerait le nombre de bouteilles qu'on désire remplir, en les mettant égoutter immédiatement au fur et à mesure; puis, au moment de faire le tirage, on commencerait par prendre les premiers verres lavés et égouttés. Dans ce cas, il serait prudent de passer un peu de bonne eau-de-vie dans la bouteille pour atténuer le mauvais goût de l'eau qui a servi à les rincer. Un demi-litre est suffisant pour trois cents bouteilles; pour opérer plus vite, on verse cette quantité dans la première bouteille, et on la reverse, après qu'elle a suffisamment mouillé toutes les parois du verre, dans la bouteille suivante et ainsi de suite. Un excellent moyen serait aussi de les rincer de la même façon, avec un peu du vin à tirer.

FIG. 15.

Bouchons. — La question des bouchons est très importante; jadis, on se servait de bouchons légèrement coniques; le bouchage s'effectuait alors à la main à l'aide du battoir. Aujourd'hui qu'il se fait à la mécanique, on a modifié la forme et les dimensions des bouchons. On se sert, pour le bouchage des grands vins, de bouchons assez gros, longs, de 5 à 6 centimètres et de forme à peu près cylindrique; leur diamètre moyen est de 2 à 2 centimètres 1/2. Pour les vins ordinaires, dont les bouteilles sont parfois encore bouchées à la main, on emploie les bouchons légèrement coniques, gros et courts.

Les diverses qualités de bouchons sont obtenues par triage. Les bouchonniers, après avoir taillé les bouchons, choisissent les moins poreux et les plus souples qui forment le premier choix. Le meilleur liège est celui dont la matière constitutive, la subérine, est très dense (70 0/0), et dans laquelle la cérine et la résine sont en bonne proportion (15.25 0/0). Ce sont ces deux substances qui rendent le liège insoluble et inaltérable dans les liquides aqueux. Aussi, pour essayer les bouchons, a-t-on songé à les tremper pendant quelques heures dans l'eau, sous une pression de 4 à 5 atmosphères. Sous cette pression le liège, peu résineux, est très promptement dissous, et les mauvais bouchons sortent de cette épreuve tachés, creusés et cannelés ; les bons, sont au contraire, blancs, unis et fermes (1).

Les bouchons communs sont durs et très poreux, ils sont remplis de poussière de liège ; celle-ci, en tombant dans les bouteilles, louchit le vin et lui communique de mauvais goûts.

Avant d'employer les bouchons, on les rendra plus souples, en les faisant tremper, dès la veille, dans de l'eau à la température ordinaire, ou mieux, pendant deux ou trois heures, dans de l'eau bouillante ; on les laisse ensuite égoutter, puis, on les plonge dans un baquet rempli du même vin que celui à tirer.

Rappelons que la vapeur pénètre, beaucoup plus facilement que l'eau chaude, dans les pores des bouchons, et que, si on dispose d'une chaudière, on obtiendra un bon effet de son emploi. Après avoir versé de l'eau dans la chaudière, on établira au-dessus du liquide une sorte de grille, sur laquelle seront placés les bouchons ; on couvrira la chaudière et on chauffera. La vapeur, en se dégageant, pénétrera dans les bouchons et les amollira d'une façon très satisfaisante, en les purgeant de toutes les impuretés qu'ils peuvent contenir. On éviterait, par ce système, la maladie de la teigne et la présence de quelques insectes qui détruisent le liège.

L'eau de la chaudière est quelquefois remplacée par du vin. Les vapeurs vineuses qui se dégagent donnent aux bouchons une bonne odeur.

Les bouchons destinés aux vins fins sont souvent marqués (étampés), au nom du propriétaire ou du négociant. Pendant longtemps, on a opéré à la main avec des fers qu'on faisait chauffer au feu ; le travail est long par ce système et souvent irrégulier. Aujourd'hui,on a des machines perfectionnées, dans le genre de celle dont nous publions le dessin (fig. 16), qui opèrent rapidement et sûrement.

Le bouchon est placé sur la marque, chauffée en-dessous par une lampe à alcool ; en le faisant rouler à l'aide d'une planchette à

(1) J. Salleron. — *Essai des bouchons.*

manivelle, il développe sur cette marque la surface qui doit être imprimée. Un pareil système, avec quelques modifications, permet de marquer les bouts, en tête ou en pointe.

FIG. 16.

Bouchage. — Nous l'avons vu, le bouchage se fait ou à la main ou à la machine. Le travail à la main est des plus faciles; après avoir pressé le bouchon soit entre les dents, ce qui n'est pas très propre, soit entre les leviers d'un mâcheur mécanique, on introduit légèrement le bouchon dans le goulot de la bouteille; puis, avec une tapette, sorte de battoir, on l'enfonce progressivement. On prendra garde de frapper trop fort et à faux, car on briserait le verre.

Cette méthode primitive n'est plus guère employée que pour boucher le vin de ménage, ou chez quelques débitants.

Cette fermeture n'est pas très hermétique, car la pressée sur les parois du goulot est relativement faible; de plus, il reste toujours de l'air entre la surface du liquide et le bouchon. Pour obvier à ce dernier inconvénient, on a imaginé le bouchage à l'aiguillon; il s'opère en remplissant la bouteille de telle sorte que le bouchon touche exactement le vin, lorsqu'on commence à l'entrer; en frappant, le liquide en trop s'échappe entre le bouchon et le verre; mais, afin que

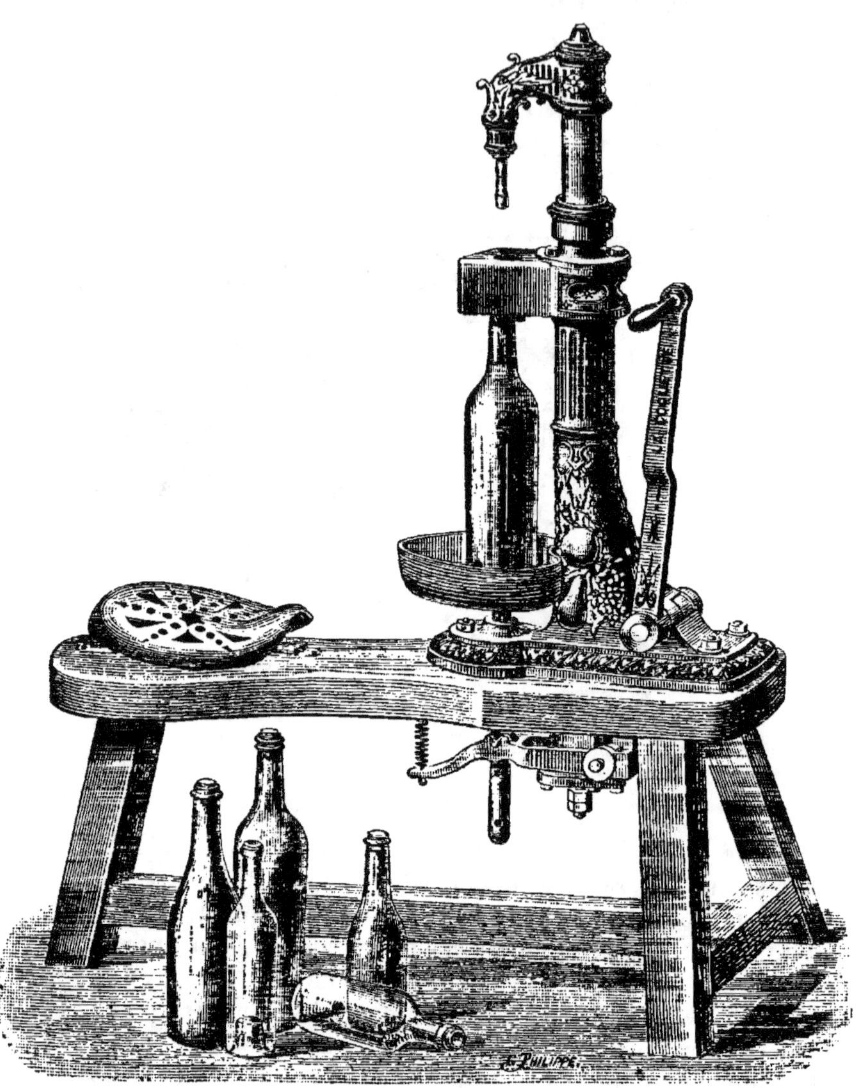

FIG. 17.

les bouteilles ne se brisent pas, on introduit le long du goulot, avant de placer le bouchon, une petite tige de fer ou aiguille demi-ronde, qui laisse un vide facilitant la sortie du vin et de l'air, quand on enfonce complètement le bouchon. L'aiguille se retire ensuite.

Ce mode de bouchage est préférable au premier, puisqu'il n'y a plus d'air entre le bouchon et le vin. Celui-ci se conserve mieux.

Ces bouchages à la main sont avantageusement remplacés par l'emploi des machines. La plupart de celles-ci se composent d'un banc formant sellette où se trouve installée une colonne en fer dans laquelle manœuvre la tige devant, soit par un levier, soit par crémaillère, pousser le bouchon dans le goulot de la bouteille; le tube directeur, dans lequel se place le bouchon au-dessus du flacon déposé sur une sorte de cuvette, est généralement plus large à la partie supérieure qu'à la partie inférieure; celle-ci même est plus étroite que l'orifice de la bouteille, de telle sorte que, quand le bouchon est chassé par la tige, il entre facilement dans le goulot et laisse passer une partie de l'air qui est dans la bouteille. Certains de ces instruments sont munis d'aiguilles; avec eux on peut boucher plein.

La machine, système Nicloz, que nous reproduisons (fig. 17), marque encore de nouveaux perfectionnements. Le bouchon, grâce à un assemblage de trois pièces de serrage en bronze, est fortement pressé latéralement, et réduit à un très petit diamètre; sous cette forme, il pénètre dans la bouteille qui peut être absolument pleine. Par un mécanisme spécial, dépendant du levier même, la cuvette qui reçoit la bouteille s'élève ou s'abaisse selon la dimension des verres, de telle sorte que tous les formats peuvent également passer sous cette boucheuse.

Pour les boissons mousseuses, champagne ou autres, qui doivent être solidement fermées, on se sert de maillets, de moutons ou de fortes machines à volant.

Goudronnage. — Pour éviter, autant que possible, que le vin mis en bouteille ne soit altéré par l'air qui pourrait pénétrer par le bouchon, on a recours au goudronnage. Cette opération se pratique soit avec des cires à bouteilles qu'on trouve dans le commerce et qu'on fait fondre sur un feu doux avec un peu de suif, pour qu'elles adhèrent bien au bouchon et au verre et qu'elles ne soient pas trop cassantes, soit avec des cires qu'on prépare soi-même.

On fait fondre 250 grammes de cire jaune et on y ajoute ensuite 500 grammes de colophane et 500 grammes de poix; on ajoute quelquefois à ce mélange 250 grammes de gomme laque pour lui donner de la transparence, de la solidité. On peut fabriquer un excellent goudron avec 1.000 grammes de poix résine, 500 grammes de poix de Bourgogne, 250 grammes de cire jaune et 125 grammes de mastic rouge, qu'on fait fondre dans un vase de terre ou, de préférence, dans une marmite de fonte. On a soin de retirer le goudron du feu, lorsqu'il monte et de le remuer avec une spatule; ensuite on le remet sur le feu jusqu'à ce que le tout soit bien fondu. A défaut de cire, on emploie un peu de suif; 90 grammes suffisent pour la quantité ci-dessus indiquée. Avec 1.000 grammes de galipot, résine des pins gemmés, 500 grammes de résine et 125 grammes de cire jaune, fondues comme ci-dessus, on obtient encore un goudron qui coiffe très bien les bouteilles. On fait aussi un fort bon goudron avec 1.000 grammes de poix de Bourgogne, 500 grammes de poix résine et un peu de suif. Ces quantités sont indiquées pour environ 300 bouteilles.

On emploie ces différents goudrons tels qu'ils sont produits ou bien on les colore à volonté de la manière suivante : en beau rouge avec 45 grammes de vermillon fin, que l'on mêle au goudron lorsqu'il est fondu, en le remuant avec une spatule; en rouge foncé avec de l'ocre rouge; en noir avec du noir et du bleu de Prusse; en bleu, avec du bleu de Prusse. Le mélange des différentes couleurs produit d'autres nuances plus ou moins foncées, selon la quantité que l'on introduit de chacune d'elles. Quelques personnes ajoutent aussi de l'aventurine ou de la poudre brillante jaune, telle que l'on en met sur l'écriture.

Quand on est forcé de faire chauffer à plusieurs reprises le même goudron, on met un ou deux verres d'eau au fond de la marmite pour empêcher que l'action du feu ne le fasse noircir. Lorsque le goudron se refroidit, il devient épais; on le réchauffe pour éviter qu'il s'en attache trop au goulot des bouteilles.

Le goudronnage des bouteilles en lui-même est des plus simples. Dès que la cire est bien fluide dans le récipient où on l'a fait fondre, on y enfonce le goulot des bouteilles bouchées en les tenant perpendiculairement avec les mains et en leur donnant un mouvement tournant afin de répartir uniformément la couche de goudron autour du goulot; cette couche doit avoir à peu près un demi-millimètre d'épaisseur. Selon qu'on veut avoir un goudronnage long ou court sur le goulot, on enfonce beaucoup ou peu le col de la bouteille dans la cire. Pour les vins ordinaires on ne dépasse généralement pas la bague; pour quelques champagnes on va jusqu'au renflement. Avant de mettre les bouteilles en place, on attend que la cire se soit bien solidifiée en les tenant debout.

Capsulage. — Le capsulage ne se pratique généralement qu'au moment de l'expédition du vin. La capsule, bien qu'étant, elle aussi, un préservatif dans une certaine mesure, a surtout pour but de donner un cachet d'authenticité et d'habiller la bouteille. On ne saurait donc, dès le début, mettre une capsule qui peut s'abîmer.

Si la bouteille à capsuler a été goudronnée précédemment, il faut faire disparaître le goudron en le grattant. On place alors la capsule d'étain qu'on fixe le long du verre soit à la main avec une corde, soit avec des machines spéciales.

Ces machines sont de deux genres :

Les unes ont pour principe la ficelle formant collet, qui vient s'enrouler autour du goulot par un système de vis et de levier, la pression est obtenue par un poids, ainsi que le montre la figure 18, et le capsulage est lisse.

Les autres sont à coins en caoutchouc. La bouteille est placée au centre de l'appareil ; à l'aide d'un levier, placé derrière, on presse en même temps les quatre portions de rondelles, qui en se resserrant, prennent exactement la forme du goulot, et y appliquent la capsule. Avec ces machines, la capsule posée présente quatre arêtes correspondant aux jointures des quatre portions de rondelles (fig. 19).

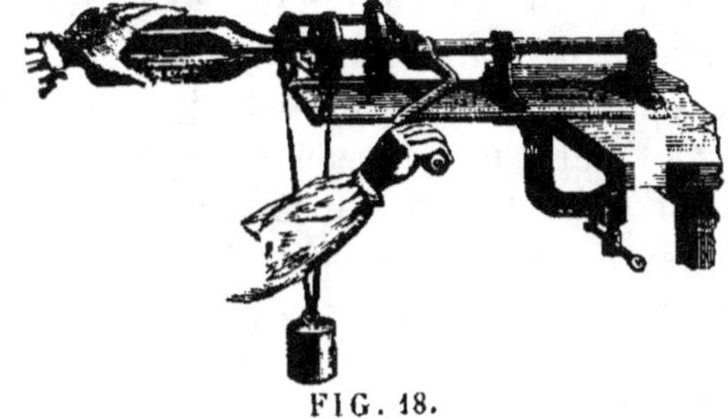

FIG. 18.

Afin que la fermeture soit plus hermétique, immédiatement avant de coiffer la bouteille, on la trempe dans une résine fondue très légère ; de cette façon on obtient une parfaite adhérence de la capsule.

En associant la gélatine à de la glycérine, on obtient un mélange liquide à chaud qui se solidifie à froid tout en restant ductile, et qu'on peut utiliser pour pratiquer la fermeture, à la fois hermétique et élégante des bouteilles, remplaçant, dans une certaine mesure, la capsule métallique.

FIG. 19.

On opère de la manière suivante : De la gélatine sèche est recouverte d'eau froide, elle s'y gonfle et en absorbe un certaine quantité. Au bout de 12 heures, on décante l'excès d'eau, on fait fondre la gélatine ainsi hydratée au bain-marie, et l'on ajoute la glycérine.

Les proportions sont environ : 45 grammes de glycérine pour 500 grammes de gélatine ; ou une partie de glycérine sur dix ou douze parties de gélatine.

On plonge le col de la bouteille, fermé avec un bouchon ordinaire, dans la solution chaude, comme s'il s'agissait de la cacheter avec de la cire. En répétant l'opération plusieurs fois, la couche de gélatine peut être rendue aussi épaisse qu'on veut ; il faut seulement avoir soin de laisser bien refroidir et solidifier une couche, avant d'en appliquer une nouvelle. Rien n'empêche de colorer et d'aromatiser la solution glycérique de gélatine d'une foule de manières et même d'y ajouter des substances qui la préservent des attaques des insectes.

Etiquetage. — Dans nombre de cas, lorsqu'il s'agit de boissons fines et de luxe, on étiquette les bouteilles. Ce travail se fait généralement à la main. Les étiquettes sont étalées par série de dix ou douze, sur une planchette en bois, la partie imprimée en dessous, puis à l'aide d'un pinceau trempé dans de la colle de pâte, on les enduit et on les pose ensuite sur les verres. La colle de pâte est la meilleure pour cette opération. La gomme et la gélatine sont brisantes et n'adhèrent pas suffisamment.

Il existe aujourd'hui des machines permettant de faire un travail rapide et régulier où une seule personne, deux au plus, suffisent alors qu'il en faut au moins quatre pour le même étiquetage à la main.

Conservation des vins en bouteilles. — Quand on doit garder des vins en cave, on ne capsule ni n'étiquette les bouteilles; on les met en tas dans les caves ou caveaux, afin de les soustraire ainsi aux accidents possibles, et on favorise par cela même le développement de la qualité.

Certains vins, très riches en alcool, titrant plus de 16 degrés, supportent bien les alternatives de froid et de chaud, dans un grenier, et s'y perfectionnent même en veillissant ; sous l'influence de la chaleur, leur arome se développe par suite de l'éthérification d'une partie de leur alcool; mais les vins d'une force alcoolique moyenne, comme ceux de Bordeaux, de Bourgogne et de la plus grande partie des vignobles français, demandent à être logés dans un local à température constante, de 10 à 12 degrés centigrades.

Ce local, caveau ou cellier, à parois en maçonnerie épaisses, bien clos, situé autant que possible dans le sous-sol, à l'abri du mouvement et des trépidations, a besoin d'être protégé contre l'humidité et les courants d'air. A défaut d'un bon dallage en pierre, on nivelle le sol avec une couche de sable tassé. L'action directe de la lumière solaire provoquerait la précipitation et l'adhérence de la matière colorante du vin contre les parois du verre et donnerait lieu à un dépôt ; aussi ne faut-il que peu de lumière dans ces sortes de magasins. On en écartera les matières fermentescibles, les fruits, les légumes, le vin malade, piqué tourné, etc.

Pour assurer au vin la tranquillité qui le perfectionne dans le verre, il est indispensable de coucher les bouteilles horizontalement, de manière que le bouchon soit toujours mouillé par le liquide. Afin d'éviter la casse, on empile les bouteilles les unes sur les autres en les enchevêtrant goulot à goulot et sans que le tas excède deux mètres de hauteur. Il contient ordinairement de 300 à 350 bouteilles, séparées, rangée à rangée, par trois lattes de bois. La profondeur du tas ainsi constitué est celle représentée par deux bouteilles couchées, le goulot de l'une allongé le long du goulot de l'autre; le premier rang de devant se place d'abord, celui de derrière vient ensuite et ainsi en suivant. Bien entendu, il existe d'autres systèmes d'arrimage, au choix de chacun. Ce sont des casiers en bois, en fer, où en maçonnerie. Les porte-bouteilles en fer, à cases indépendantes, offrent dans quelques installations de grands avantages pour la solidité, l'économie et la facilité de retirer les bouteilles que l'on veut, sans déranger les tas, mais ils prennent plus de place dans les caves.

Expédition des vins. — Les vins s'expédient soit en barriques, soit en bouteilles; dans ce dernier cas celles-ci sont arrimées dans des caisses en bois épais hermétiquement fermées.

Les barriques devront être suffisamment fortes pour résister au voyage; on examinera les cercles afin de remplacer ceux qui ne paraîtraient pas assez solides; les bouges seront garnis. Pour l'envoi dans certains pays chauds, on plâtre les fonds, afin que l'influence de la chaleur se fasse moins sentir sur le vin pendant son transport dans les navires ou les wagons. Quelquefois on les garnit de doubles fonds. Enfin, pour des vins de cru, après avoir bondé, rasé, plaqué et marqué la barrique, on la met sous toile bourrée de paille, ou on l'introduit dans un second fût défoncé d'un bout; elle y est maintenue par de la paille entrée à forcement entre les parois.

Les bouteilles sont disposées dans des caisses par 12, 24, 36 et plus, elles sont isolées les unes des autres par de la paille, et convenablement serrées; on emploie maintenant des enveloppes de paille ou « paillons » tout préparés, dont on coiffe chaque flacon qu'on place ensuite dans la caisse.

Les barriques et les caisses portent généralement les marques des maisons expéditrices, ces marques se font à l'encre avec des poncifs en métal, ou au fer chaud.

VINS DE MARCS

On fabrique les vins de marcs dans le même local et dans les mêmes cuves que les vins de vendange pure.

Autant que possible, le cuvage, atelier dans lequel s'opère la fermentation, doit avoir des ouvertures au nord, avec facilité d'aération pour chasser le gaz acide carbonique qui se dégage en abondance des cuves en fermentation.

L'espèce et la grandeur des cuves et des foudres n'ont qu'une importance très relative.

Les cuves ouvertes facilitent le chargement, le foulage et le déchargement du marc.

La propreté la plus absolue de tous les vaisseaux et des ustensiles est, comme toujours, une condition de rigueur.

L'eau employée doit être potable, propre, limpide, exempte d'odeur.

Le sucre de canne ou de betterave, blanc, cristallisé, est le seul qui donne de bons résultats. Il faut s'abstenir de l'emploi de sucres inférieurs.

Le sucre indigène blanc, cristallisé, n°3, du type de Paris, titrant 98 à 99 0/0 de sucre pur, mérite la préférence au point de vue de l'économie et de la bonne qualité du vin.

Le marc de vendange doit être sain, exempt d'altération.

La méthode qui consiste à doubler, au moyen du marc de vendange et de l'eau sucrée, le produit de la récolte, est due à Petiot, viticulteur de Bourgogne, d'où le nom de *petiotisation*.

Quelle quantité de vin doit-on demander au marc? L'expérience démontre qu'il est préférable de se contenter du doublement de la récolte et de ne faire qu'une seule cuvée produisant une quantité égale à celle de la vendange pure dont on veut utiliser le marc.

Préparation de la cuvée. — Pour les vins rouges de seconde cuvée, il y a deux manières d'opérer : 1° avec des marcs non pressurés ; 2° avec des marcs pressurés, mais frais.

M. Aimé Girard, le savant professeur de chimie, déclare que les vins de marcs constituent une boisson éminemment utile, s'ils sont préparés avec une quantité suffisante de marcs et à la richesse de 10 0/0 d'alcool. Il indique ainsi la mesure de l'emploi du sucre.

Pour produire un degré d'alcool dans un hectolitre d'eau, il faut y ajouter 1 kilog. 700 gr. de sucre, donc pour arriver à la richesse de 10 degrés d'alcool, on doit verser, dans 100 litres d'eau, 17 kilog. de sucre.

Le vin à 10 degrés étant naturellement plus propre à dissoudre la matière colorante du raisin, c'est toujours avec 17 kilog. de sucre et 100 litres d'eau qu'on devra procéder et avec la proportion de marc correspondant à 100 litres de vin de vendange pure.

Si on opère avec du marc non pressuré, renfermant beaucoup de vin, la cuvée sera d'excellente qualité, l'eau sucrée contenant, bien entendu, 17 kilog. de sucre. La fermentation sera plus rapide, parce que le ferment, étant encore en grande activité, transformera vivement le sucre en alcool.

Pour opérer sur le marc pressuré, il faut l'émietter et le laisser s'aérer quelques instants pour la revivification de son ferment. On le verse ensuite dans la cuve et on y ajoute l'eau sucrée.

On prépare l'eau sucrée de la manière suivante : L'eau étant chauffée à 50 degrés, on y verse le sucre, dont on facilite la dissolution en remuant avec une spatule. On répand ce sirop sur le marc dans la cuve, peu à peu, en remuant, avec une fourche, le marc, qui se réchauffe ainsi à mesure que le liquide chaud arrive. La température initiale du mélange de marc et d'eau sucrée ne doit pas être inférieure à 28 degrés. Elle peut sans danger se trouver à 32 et même à 34 degrés.

Dans ces conditions, la fermentation s'établit rapidement. La durée est subordonnée à la richesse en sucre et au maintien de la température.

Dès que la fermentation est terminée, on doit tirer le vin de la cuve et le loger dans des vaisseaux sains et propres.

Le marc des secondes cuvées, soumis au pressoir après avoir rendu son vin, est bon pour la fabrication des piquettes ; on peut aussi le distiller.

Les vins de marcs pressurés sont moins riches en principes vineux que ceux provenant de marcs non pressurés.

On a cherché un mode de traitement capable d'élever les vins de pressurage au niveau de ceux de marcs non pressurés.

On réussira à les constituer de la même manière, dit Pezeyre, en réconfortant les plus faibles sans augmenter la dose du sucrage, en substituant, à l'eau destinée à dissoudre le sucre, un liquide vineux, de la piquette riche, provenant d'une opération précédente.

Le règlement d'administration publique du 24 juillet 1885 ayant limité la quantité du sucre à 50 kilog. par trois hectol. de vendange, on ne peut pas faire plusieurs cuvées successives sur le même marc. Il faut donc restreindre cette fabrication à une seconde et seule cuvée donnant une quantité égale à celle du vin de raisin pur.

Le marc de cette cuvée, imprégné de vin à 10 degrés, riche en matériaux propres à d'excellentes piquettes, doit fournir tout le liquide nécessaire à une nouvelle opération.

Il s'agit donc d'extraire de ce marc, au moyen de la lévigation et de la méthode de déplacement, tous ses principes utiles. On retire du lavage méthodique des marcs, de la piquette à 4 et 5 degrés. C'est avec cette piquette qu'on fait dissoudre le sucre d'une opération nouvelle. On bénéficie de la sorte de la valeur vineuse des principes du marc, et l'on produit un second vin de bonne qualité.

Il est avantageux d'ajouter à cette piquette, au moment de la dissolution du sucre, 300 grammes de tartre brut par hectol. Ce tartre, récolté dans les foudres et tonneaux, ne coûtant rien au vigneron, doit être pulvérisé, fondu dans de l'eau chaude et bien incorporé dans l'eau sucrée.

Petiot décrit ainsi sa première manière de fabriquer les vins blancs : « Je remplis à moitié seulement des futailles avec le vin blanc non cuvé naturel, et douze heures après j'achève de les remplir avec de l'eau sucrée à 18 kilog. »

La seconde méthode de Petiot, pour les vins blancs, consiste à mettre l'eau sucrée en fermentation sur le marc de la vendange blanche. Il assure en avoir obtenu les meilleurs résultats.

Fermentation. — Si la fermentation est languissante, incomplète, le vin de marc reste doucereux, tend à fermenter.

Par le pressurage, les marcs perdent une partie de leur ferment. Il importe de réparer cette perte et d'ajouter, à l'eau sucrée, le ferment alcoolique, indispensable à la décomposition intégrale du sucre. On trouve ce ferment dans la lie de vin fraîche, dans le jus de raisin en grande activité de fermentation, dans les feuilles de la vigne, dans le résidu boueux du fond des cuves de vendange, dont on a tiré le vin, dans le vin trouble qui sort du pressoir.

Mais le ferment, pour être actif, doit passer à l'état de *levain*.

Préparation du levain. — On prépare le levain de la manière suivante :

On prend, par exemple, de la lie fraîche, ou de la lie de fond de cuve ou de vin de pressoir, qu'on verse dans un vaisseau en bois, cuvette ou fût défoncé d'un côté, et on y ajoute de l'eau sucrée, chauffée à 40 degrés, de manière à porter la température du levain à 30 degrés. Autant que possible on y mêle quelques litres de moût prélevés sur une cuve de vendange à son point culminant de fermentation. On abandonne ce mélange au repos pendant une heure ou deux.

Il ne faut pas noyer le levain dans une trop grande quantité d'eau sucrée. Pour un litre de lie, ou de fond boueux de cuve, il suffit d'un litre d'eau sucrée.

Pour un hectol. de vin de seconde cuvée, on emploie trois à quatre litres de levain.

Quand le levain a pris de la force, ce qui se reconnaît à l'écume qui monte à la surface, on le jette dans la cuve sur le marc, auquel on s'efforce de le mêler.

L'eau doit contenir 17 kilog. de sucre par hectolitre. On chauffe à 50 degrés et on y fond complètement le sucre. On y ajoute 300 grammes de tartre brut pulvérisé, en dissolution dans l'eau bouillante. Le tartre a pour effet d'intervertir le sucre sous l'influence de la chaleur et de faciliter l'extraction de la matière colorante.

Le sucre, étant interverti par le tartre, fermente activement et se décompose intégralement en alcool et en acide carbonique. Le vin est sec, nullement doucereux et de meilleure garde.

Le moût de raisin en grande activité de fermentation constitue aussi un bon levain. Il suffit d'en prélever sur une cuve de vendange en plein travail et d'en verser 3 0/0 dans la cuvée de vin de marcs.

On pourrait encore procéder de la manière suivante à la préparation du levain :

La lie de vin sera pressée, en pâte solide, puis lavée avec de l'eau fraîche, passée au tamis à mailles serrées pour la débarrasser des matières grossières. Après quelques heures de repos, le ferment se trouve au fond du vase à l'état de dépôt boueux. On décante l'eau de lavage et on reprend le ferment qu'on emploie comme suit : Pour 1 kilog. de lie, on ajoute 2 litres de jus de raisins frais ou secs, 2 litres de piquette de lavage de marc, contenant en dissolution 500 gr. de sucre et 30 gr. de tartre.

Ce mélange doit être porté par une douce chaleur à 40 degrés centigrades et bien aéré, en le transvasant d'un vaisseau dans un autre, cinq ou six fois, à l'air libre, dont l'oxygène est absorbé par le ferment. Sous l'influence de la chaleur, de l'oxygène, le ferment passe à l'état de levain actif. Lorsque la masse, maintenue à une douce température, a augmenté de volume, on l'étend d'eau sucrée et on verse le tout sur le marc. Dans cet état, 1 kilog. de lie de vin suffit pour 2 hectol. d'eau sucrée.

La partie boueuse du liquide qui se trouve au fond des cuves de fermentation, riche en ferment, doit être versée, en même temps que le levain, dans l'eau sucrée. C'est un auxiliaire utile à une prompte fermentation.

Moyens d'activer la fermentation. — M. Zacharewicz, le distingué professeur d'agriculture de Vaucluse, a fait des expériences intéressantes sur la préparation des vins de marcs au moyen du phosphate d'ammoniaque.

Nous avons, dit-il, expérimenté un des agents conseillés par M. Audoynaud, professeur de chimie à l'École d'agriculture de Montpellier : le phosphate d'ammoniaque dans la fermentation des vins de seconde cuvée.

585 kilog. de Petits-Bouschet, Aramons et Carignanes ont été mis en fermentation ; la fermentation étant terminée, le vin a été soutiré et a donné 8 degrés.

Il s'agissait, avec le marc resté dans la cuve, d'obtenir un vin de seconde cuvée se rapprochant de ce degré au moyen de quelque agent, devant hâter la fermentation du sucre.

Pour cela, nous avons suivi non seulement le procédé de M. Audoynaud, consistant à mettre du phosphate d'ammoniaque, mais aussi la méthode de MM. Klein et Fréchou, méthode qui consiste à intervertir le sucre (c'est-à-dire à le transformer en glucose, forme sous laquelle le sucre peut fermenter), en le faisant bouillir trois quarts d'heure ou une heure en présence de l'acide tartrique dans certaines proportions déterminées.

Le mélange mis en expérience et composé de 55 kilog. de sucre, de 55 litres d'eau et de 250 grammes d'acide tartrique, a été maintenu en ébullition trois quarts d'heure, versé ensuite dans 350 litres d'eau et jeté dans la cuve avec 300 grammes de phosphate d'ammoniaque.

Au moment où le mélange a été mis en cuve, il était facile de connaître la quantité d'alcool que nous devions obtenir.

En effet, nous savons que, pour obtenir un litre d'alcool par hectol. de vin ou d'eau, il faut y apporter 1,700 grammes de sucre. Or, la quantité de sucre que nous avons mise par hectol. était de 13 kilog. 75; nous devions, par conséquent, obtenir comme alcool 8 degrés 08.

La fermentation de ce second vin a duré 8 jours ; pendant les premiers jours, en s'approchant de l'ouverture de la cuve, on sentait une odeur ammoniacale assez prononcée, mais cette odeur disparut complètement vers les derniers jours, et le vin obtenu n'en a conservé aucune trace.

Le soutirage a donné 400 litres de vin à 7° 5 ; or, nous devions obtenir 8° 08. Cette différence peu sensible est probablement causée par les pertes d'alcool que fait subir la fermentation.

Parallèlement à ces expériences, il a été mis simplement en présence de la quantité de marc, les mêmes proportions d'eau, de sucre, d'acide tartrique et de phosphate d'ammoniaque. La fermentation s'est prolongée plus longtemps (12 jours) et le vin soutiré a donné 7° 2, chiffre qui se rapproche de celui donné par l'autre procédé.

Le témoin, qui n'avait reçu que la même quantité de sucre et d'eau, a donné un vin qui, après 20 jours de fermentation, a dosé 5°3, et dont la dégustation révélait la présence du sucre.

De ces expériences, on peut conclure :

1° Que le phosphate d'ammoniaque, associé à l'acide tartrique, donne le maximum d'alcool ;

2° Que le phosphate d'ammoniaque active la transformation du sucre en alcool, employé soit avec l'acide tartrique, soit seul.

Transformation du sucre. — Nous venons de voir que dans les meilleures conditions de température, la fermentation ne transforme pas intégralement le sucre en alcool et en acide carbonique. Une partie forme de la glycérine, de l'acide succinique, etc., une petite quantité résiste au ferment et se retrouve dans le vin.

100 kilog. de sucre de canne, de betterave, blanc, cristallisé, titrant 99 0/0 de sucre pur, en présence du ferment du moût, subissent l'inversion et se transforment en 104 kilog. de glucose analogue au sucre de raisin.

Ces 104 kilog. de glucose, en se décomposant par la fermentation, produisent 50 kilog. d'alcool et 4 kilog. de glycérine, acide succinique compris, restés dans le vin. Le surplus, ayant formé de l'acide carbonique, s'est évaporé. Ces 54 kilog. d'alcool et de glycérine ont augmenté d'autant le poids du vin.

En compensation de 100 kilog. de sucre ajoutés au moût, on a donc un poids supplémentaire de 54 kilog. de vin ou 0,540 gr. par kilog. de sucre.

Conservation des marcs. — La conservation des marcs de vendange pendant plusieurs mois et leur propriété de donner alors, avec de l'eau sucrée, des vins de seconde cuvée de bonne qualité, est démontrée par l'expérience.

On doit rejeter d'une manière absolue le marc qui aurait subi une altération quelconque, surtout s'il était échauffé, aigri.

Si, au sortir du pressoir, le marc est sain, il faut s'empresser de le soustraire à l'action de l'air. On l'enferme dans des tonneaux défoncés d'un côté et on l'y tasse aussi fortement que possible, afin qu'il soit privé d'air ; lorsque le fût est plein, on remet le fond en place. On introduit ensuite, par la bonde, du vin à 10 degrés d'alcool, exempt d'altération, ou de l'eau alcoolisée à 10 0/0, autant qu'il en peut entrer. On ferme et on assujettit fortement la bonde.

Dans ces conditions, les fûts étant logés dans un endroit sec et frais, le marc se conserve en bon état d'une année à l'autre.

Lorsqu'il s'agira d'encuver ces marcs pour la fabrication de la boisson fermentée, on fera comme s'il s'agissait de marcs frais. L'eau alcoolisée, dans laquelle ils ont été conservés, n'aura qu'une influence négligeable sur la fermentation, et on n'en devra pas moins ajouter le sucre nécessaire, à raison de 17 kilog. par hectol. pour obtenir un vin à 10 degrés.

Formalités de régie. — Quant aux formalités à remplir pour l'emploi des sucres, voici les termes du décret du 22 juillet 1885 :

Art. 1er. — Les viticulteurs ou vignerons, qui se proposent d'employer du sucre au droit réduit de 20 francs, soit pour relever le degré alcoolique du vin de leur récolte, soit en faisant des vins de marcs, adressent à cet effet une demande écrite au directeur ou sous-directeur des Contributions indirectes de leur circonscription.

La même demande sera adressée par les personnes qui entendent bénéficier de la loi comme acheteurs de vendanges.

Art. 2. — Les demandes doivent être faites, au plus tard, quinze jours avant la récolte ; elles indiquent : les noms, qualités et demeures des demandeurs ; les quantités approximatives de vins pour lesquelles le sucrage est demandé ; le poids approximatif du sucre à mettre en œuvre. Les demandes de dénaturation contiennent l'indication du lieu où les requérants désirent procéder à l'opération.

Art. 6. — Les quantités de sucre à employer pour relever le degré alcoolique des vins ne peuvent dépasser 20 kilog. par trois hectol. de vendange.

Les quantités à employer pour les vins de marcs ne peuvent dépasser 50 kilog. pour la même quantité de vendange.

Art. 8. — Les opérations de sucrage ont lieu sous la direction et la surveillance de la Régie ; toutefois, si les employés ne sont pas présents au jour et aux heures indiquées par l'administration pour les dénaturations, il est procédé aux opérations.

Une loi de mai 1887 a augmenté la taxe de 20 0/0, de telle sorte qu'actuellement les 100 kilog. de sucre, destinés à la vendange, sont frappés d'un droit total de 24 francs.

Les viticulteurs, qui désirent obtenir la réduction des droits sur les sucres destinés au sucrage des vendanges, doivent adresser au directeur des Contributions indirectes de leur circonscription la demande suivante, écrite sur papier timbré de 0 fr. 60 :

Je soussigné (nom, prénoms du récoltant. . . . .)
demeurant à. . . . .
déclare vouloir opérer le sucrage avec le bénéfice de l'article 2 *de la loi du* 29 *juillet* 1884, *de la vendange récoltée sur ma propriété, située commune de*. . . . . *d'une contenance d'environ*. . . . .

La quantité approximative de vendange est de. . . . . *hect.*

Je compte employer . . . . *kilog. de sucre.*

Soit. . . . . *kilog. avec la vendange, soit*. . . . . . . *kilog.* . . . . *avec les marcs.*

Je demande à ce que la dénaturation ait lieu à . . . . . . (indiquer l'endroit).

Veuillez agréer, etc.

On copiera à la suite la formule suivante, que l'on fera signer au maire de sa commune avant de remettre la demande à la direction des Contributions indirectes :

Nous, maire de la commune de. . . . . . . certifions que M. . . . . . propriétaire, domicilié à. . . . . a récolté dans sa propriété, située à. . . . ., commune de. . . . . environ. . . . . . . hectol. de. . . . . . En foi de quoi nous lui avons délivré le présent certificat, en exécution du décret du 22 juillet 1885, *concernant le sucrage des vendanges.*

. . . . *le*. 189

(Sceau de la Mairie). *Le Maire,*

Ce certificat est indispensable.

Les demandes doivent être de 100 kilog. ou de multiples de ce nombre, les sacs livrés par le commerce étant de 100 kilog., et l'ouverture ainsi que l'enlèvement des plombs devant être faits par l'employé chargé d'assister à la dénaturation.

On devra lui remettre l'acquit-à-caution délivré par le fournisseur lors de l'enlèvement du sucre, et l'autorisation écrite du directeur des Contributions.

Un droit de 1 fr. par 100 kilog. est perçu au profit du Trésor au moment de la dénaturation.

La Direction générale des Contributions indirectes a réglé les formalités à remplir pour le sucrage par ses circulaires n°s 433, 528 et 565 des 30 juillet 1885, 24 septembre 1888 et 6 avril 1889.

Les demandes de sucrage des viticulteurs et des acheteurs de vendange doivent contenir les énonciations du modèle que la circulaire n° 528 a prescrit de déposer dans chaque recette buraliste, et mentionner, en outre, l'espèce du vin à fabriquer (blanc ou rouge) et celle du sucre à employer (raffiné ou cristallisé).

Les demandes ne sont susceptibles d'être accueillies qu'autant que les signatures sont légalisées par l'autorité municipale.

Lorsque la dénaturation a eu lieu par simple malaxage, le service, avant l'expiration du délai d'un mois, se rend chez les producteurs et les met en demeure de justifier de la mise en œuvre complète du sucre par la représentation d'une quantité de vin sucré en rapport avec le poids du sucre employé.

Quand le service se trouve en présence d'acheteurs de vendange ayant déclaré ne vouloir fabriquer que des vins de deuxième cuvée, il ne les admet à sucrer leurs marcs qu'autant qu'ils sont en mesure de justifier soit d'une quantité de vin de premier jet correspondant aux vendanges achetées, d'après la base déterminée par l'article 23 de la loi du 28 avril 1816, soit de la levée d'expéditions régulières pour la quantité qui ne pourra être représentée.

L'article 4 du règlement du 22 juillet 1885 donne, à l'administration, pouvoir de décider, d'après les exigences du service, quelles seront les opérations qui auront lieu à domicile et celles qui se feront dans les dépôts autorisés. L'administration a, par sa circulaire n° 528, posé, en règle générale, que la dénaturation au dépôt serait obligatoire pour toute quantité n'atteignant pas au moins 200 kilog.

On s'en tient à cette règle partout où la nécessité en est démontrée. Les directeurs apprécient dans quelle mesure les ressources du personnel permettent de s'en départir.

Là où il n'existe pas de dépôts, les récoltants peuvent être autorisés, lorsque l'installation s'y prête, à dénaturer leurs sucres au siège de la recette buraliste, où ils doivent se présenter, aux jours et heures fixés, avec les quantités de sucres de vendange nécessaires.

Chaque fois que les dénaturations n'ont pas lieu par le versement direct dans les cuves, on s'en tient à la formule donnée par le Comité consultatif des Arts et Manufactures : *Addition en mélange intime au sucre d'un poids égal ou supérieur de raisins frais foulés*; *transformation aussi rapide que possible par voie de malaxage, de ce mélange en un sirop épais*. Sous aucun prétexte on n'admet la substitution aux raisins frais : de marcs, moût, sable, etc.

Pour les dénaturations à domicile, on ne s'oppose pas à ce que le sucre, avant d'être versé dans les cuves, soit dissous dans l'eau chaude.

Préparation de piquette. — La piquette est un liquide vineux qu'on obtient par la fermentation de marcs de raisin avec de l'eau pure.

Le marc pressuré, contenant toujours une certaine quantité de matière sucrée et de substances solubles du raisin et de la grappe inattaquées pendant la transformation du moût en vin, entre en fermentation en y ajoutant de l'eau; la boisson produite est d'autant meilleure que le marc était plus riche et l'eau ajoutée en moindre quantité.

La piquette est agréable, rafraîchissante, si elle est fabriquée avec soin et conservée sans altération. Malheureusement, son peu de teneur en alcool, qui est de 3 à 4 pour 100, et sa faiblesse en principes vineux, l'exposent à l'acescence. Elle aigrit facilement.

La piquette à l'eau pure doit se faire ainsi, d'après Pezeyre :

Le marc est émietté, puis placé dans une cuve ou un tonneau, légèrement tassé. On y verse alors de l'eau pour le couvrir, afin d'éviter que la grappe soit en contact avec l'air atmosphérique. La fermentation est froide et peu active. La première addition d'eau étant insuffisante, on l'augmente progressivement chaque jour, à petites doses, pour ne pas arrêter la fermentation, jusqu'à ce qu'on soit arrivé à verser l'équivalent de la moitié du vin produit par ce marc. Avec des résidus peu riches, on fait, sur le marc d'une cuvée de 100 hectolitres de vin, de 25 à 30 hectolitres de piquette. Ces quantités n'ont rien d'absolu : chacun se règle sur la richesse du marc et suivant ses besoins.

Lorsque la macération a duré un temps suffisant pour que le liquide ait absorbé toutes les matières solubles que le marc pouvait lui céder, on procède au décuvage et au pressurage du marc.

Les piquettes fabriquées sur des marcs de seconde cuvée se traitent de la même manière ; mais on ajoute à l'eau de 4 à 5 kilog. de sucre blanc cristallisé, par hectolitre, afin d'obtenir un liquide de 4 à 5 degrés d'alcool.

Les dépôts boueux qui se trouvent au fond des vaisseaux doivent être ajoutés à l'eau pour déterminer un mouvement fermentatif plus prononcé.

On fait aussi d'excellente piquette en arrosant d'eau froide, d'une façon continue, mais très lentement, au moyen d'un arrosoir à pomme finement percée, le marc laissé dans la cuve après le soutirage du vin de goutte, ou remis en cuve après pressurage. On ferme à peu près l'orifice du bas de la cuve, de façon à ne laisser couler qu'un mince filet de liquide. L'ouvrier chargé du travail doit procéder régulièrement et sans hâte. Il s'arrête lorsque le liquide, qui s'échappe de la cuve, n'est plus assez chargé de principes vineux. La piquette ainsi obtenue, connue sous le nom de *piquette parisienne*, est agréable, d'une couleur riche et limpide.

Epuisement du marc par la méthode de déplacement. — A la sortie des cuves, le marc renferme 25 pour 100 du vin produit.

Pressuré aussi fortement que possible, il retient encore 5 à 6 pour 100 de vin.

Corps spongieux, perméable, le marc, plongé dans le jus de raisin en fermentation, en absorbe des matières sucrées, gommeuses, colorantes, taniques, pectiques, des huiles essentielles, des acides organiques et des sels à l'état de tartrates, malates, sulfates, phosphates. La fibre végétale du marc a la propriété de s'attacher, de fixer la matière colorante du raisin, de la même manière que les tissus fixent les couleurs.

Pour épuiser le marc et lui enlever le vin qu'il retient, le lavage doit être pratiqué méthodiquement, suivant les lois de la diffusion.

On sait qu'un corps soluble, contenu dans une matière insoluble, comme les éléments du vin dans le marc de vendange, se diffuse dans une proportion d'équilibre parfait.

Ainsi, le marc de raisin, plongé dans de l'eau sous certaines conditions, céde à une quantité d'eau égale au poids de ses substances solubles, la moitié de son vin, de son sucre.

Toutes les fois qu'une masse solide est mouillée par un liquide, celui-ci ne s'écoule pas en entier. Une partie est retenue par l'affinité capillaire dans l'espace que les particules laissent entre elles.

Ce principe du partage des corps solubles est appliqué en grand dans la fabrication du sucre de betterave, sous le nom de diffusion, et, dans la distillerie agricole, sous celui de macération.

Pour un épuisement complet, on doit, ainsi que le démontre le tableau suivant, multiplier ces lavages; chacun d'eux rend, en centièmes, les quantités ci-après :

		Matière extraite	
1re	Macération	1/2	0,50
2e	—	1/4	0,25
3e	—	1/8	0,125
4e	—	1/16	0,062
5e	—	1/32	0,031
6e	—	1/64	0,015
7e	—	1/128	0,0075
8e	—		0,0037
9e	—		0,0018
10e	—		0,0009

Dix lavages successifs étant indispensables pour enlever toute la matière soluble, on voit qu'il faudrait dix litres d'eau pour épuiser un kilogramme de marc de vendange.

De la réunion de ces lavages partiels résulterait un liquide trop aqueux, trop faible pour être facilement utilisé. On remédie à cet inconvénient par la méthode de déplacement.

La lixiviation, ou méthode de déplacement, est fondée sur ce principe de physique que les couches de liquides se déplacent mutuellement sans se mêler, lorsqu'aucun obstacle n'empêche le déplacement.

La lixiviation s'opère en versant sur une substance, disposée en couches plus ou moins épaisses, un liquide froid ou chaud, qui filtre au travers et entraîne toutes les parties solubles.

L'appareil de déplacement se compose d'une série de vases placés en ligne à côté les uns des autres.

Pour la lixiviation du marc, le nombre de vases diffuseurs, macérateurs, doit être de six à sept.

On fait un diffuseur, comme un filtre, avec une barrique bordelaise, une pipe à alcool, un demi-muid, solidement cerclé. On enlève un des fonds à ce vase et, à sa partie inférieure, à dix centimètres du fond, on fixe sur tout le pourtour un cercle en bois, attaché avec des chevilles de bois et non avec des clous.

Pour l'écoulement du liquide, un robinet droit est placé sur l'un des côtés du diffuseur. Il pénètre dans l'espace libre au-dessous du diaphragme inférieur. A ce robinet s'ajuste un tuyau d'étain, de fer blanc, de même diamètre, s'élevant extérieurement à la hauteur du vaisseau et se recourbant pour déverser son liquide sur le diffuseur qui le suit.

Une cannelle au fond de chaque macérateur sert à écouler le liquide inutile à la fin de chaque opération.

Les diffuseurs, placés en ligne sur un chantier élevé de 50 centimètres au-dessus du niveau du sol, constituent le matériel, facile à établir, avec le secours d'un tonnelier ou d'un menuisier. La futaille employée à cet usage n'a rien perdu de sa valeur et peut servir comme précédemment, après en avoir retiré les diaphragmes et rétabli le fond.

Le marc doit être émietté pour en diviser les pelotons. On le place avec soin, par couches successives sur le diaphragme inférieur, en le tassant légèrement, jusqu'au diaphragme supérieur qui le recouvre et le maintient solidement en place.

L'eau de lavage, de macération, doit être potable, pure et limpide. Elle s'emploie à froid. Chaude, elle déterminerait l'évaporation de l'alcool, des principes volatils et des fermentations malsaines.

C'est d'un réservoir supérieur que l'eau est amenée sur les diffuseurs par un tuyau de caoutchouc ou de métal, pourvu d'un robinet.

Les choses étant ainsi disposées, on verse de l'eau sur le diffuseur n° 1 jusqu'à plein bord, son robinet d'écoulement étant fermé. Après une heure de macération, on ouvre ce robinet et en même temps celui du réservoir d'eau d'une même quantité, afin de maintenir constamment, au même niveau, le liquide sur le marc.

Le liquide sortant du diffuseur n° 1 est versé par son tuyau sur le diffuseur n° 2. Aussitôt que celui-ci est également plein, son liquide se déverse sur le n° 3 ; du n° 3, le vin passe au n° 4 et parcourt successivement toute la série des diffuseurs, s'enrichissant à mesure du chemin qu'il parcourt.

A la sortie du diffuseur n° 6, le vin s'est emparé des principes solubles qu'il a rencontrés dans son parcours; son volume égale la quantité de liquide contenu dans un seul macérateur, avec une richesse très peu différente de celle du vin.

Au moment où le vin sort du macérateur n° 6, le marc du n° 1 est épuisé. On vide ce diffuseur, que l'on charge de rechef avec du marc frais, et on l'alimente avec le liquide du diffuseur n° 6. C'est le n° 2, qui devient tête de série, sur lequel arrive l'eau du réservoir alimentaire.

On continue ce mode de lavage successif, en alimentant chaque diffuseur avec le liquide de celui qui le précède jusqu'à épuisement du marc de toute la vendange.

Utilisation des marcs épuisés. — Le marc est un aliment complet, très agréable aux animaux. Mais il présente l'inconvénient de s'acidifier, de fermenter, et alors les bœufs ne le mangent plus qu'avec répugnance. Pour remédier à ce défaut, on a avantage à n'employer que des marcs déjà distillés; dans ces conditions, cet aliment devient économique, sans que sa teneur en azote soit considérablement modifiée.

Pour conserver les marcs distillés il faut les exposer, quelques jours, à la chaleur du soleil; on obtient alors une sorte de tourteau qui se conserve pendant l'hiver; la quantité d'eau évaporée est assez considérable pour que le poids total diminue de 55 0/0.

On peut encore tasser le marc dans des cuves, soit en piétinant dessus, soit en se servant d'un rouleau pesant. Sur la surface, on étend une couche de sel, et on recouvre le tout d'un couvercle en argile ou en plâtre. A défaut de cuves, on peut se servir de foudres ou de larges tonnes défoncées. S'il se produit une fissure dans le plâtre, on la bouche aussitôt.

Pour les ovidés, il est indispensable de n'employer que des marcs complètement distillés, sans quoi on provoque l'échauffement chez l'animal.

Le marc, soit seul, soit mélangé à de la paille, convient moins bien aux chevaux; on lui reproche de leur donner un poil dur et laineux. Mélangé avec du son, il est excellent pour la race bovine.

M. Gaston Bazille, qui engraisse ses moutons avec du marc, estime que la dépense par tête d'animal pendant cinq mois ne dépasse pas 7 fr. 50. Cette somme est évidemment compensée par la plus-value résultant de l'engraissement de la bête, sans parler du fumier. Chaque mouton consomme par jour 5 kilog. 500 de marc et 600 grammes de foin de marais. Pour les bœufs, on peut donner 20 à 24 kilog. de marc par jour; pour les chevaux on ne doit pas dépasser 10 kilog.

On peut encore employer le marc pour constituer un excellent engrais ; pour cela, on le mélange par couche avec le fumier de ferme, et on l'arrose de purin.

Le marc est enfin employé pour fabriquer du verdet.

Peut-on vendre un vin sucré comme naturel? — Du vin de marcs, avec addition d'eau sucrée, doit, bien entendu, être vendu comme vin de sucre. (Loi Griffe.)

Mais a-t-on la même obligation pour du vin de moût pur, simplement additionné de sucre blanc cristallisé?

Les uns (l'honorable M. Griffe en tête) soutiennent que non. On ne saurait considérer, disent-ils, ce sucrage, que comme une amélioration du vin, encouragée par la loi; par conséquent le propriétaire ne saurait être coupable en ne l'indiquant pas à l'acheteur.

Les autres répondent que le sucrage, même pratiqué sans addition d'eau et avec du sucre pur, peut modifier la nature du vin, de sorte que l'acheteur non averti risque de se trouver lésé. Sans doute, le sucrage modéré et fait avec du sucre blanc, donne, en général, de bons résultats. Cependant il paraît quelquefois disposer les vins à des fermentations secondaires dangereuses. La fermentation alcoolique franche n'a lieu que sur les sucres, dits glycoses. Or, le sucre de canne ou de betterave, qui est une saccharose, doit subir, avant de fermenter, une inversion que détermine une substance élaborée par le ferment alcoolique : l'invertine; selon que le ferment produit plus ou moins d'invertine, l'inversion nécessaire s'accomplit plus ou moins bien, et la fermentation alcoolique peut être accompagnée de fermentations latérales fâcheuses.

Telles sont les deux thèses contraires. M. Griffe et un arrêt de la Cour de Toulouse ont tranché le différend en faveur de la première.

Le propriétaire peut ne pas prévenir son acheteur du simple sucrage.

Mais l'article 1584, § 1er, du Code civil permet la vente sous condition résolutoire. Les acheteurs n'auront donc, quand ils ne voudront pas de vin sucré, qu'à exiger en achetant une partie, qu'elle soit déclarée non sucrée par le propriétaire.

VINS DE RAISINS SECS

Les raisins secs servent à fabriquer : 1° des vins de consommation courante ; 2° des vins blancs doux ; 3° des vins de liqueur ; 4° des piquettes.

Les vins de raisins secs ne sont généralement pas consommés en nature ; ils servent à faire des mélanges ou des coupages, avec des vins alcooliques et colorés du midi de la France, d'Espagne, de Portugal, de Hongrie, etc.

Ces vins sont naturellement blancs, ou jaunâtres, et secs. Leur degré alcoolique varie de 8 à 10 0/0 d'alcool, et leur teneur en extrait sec est suffisante. Leur goût est agréable et leur couleur limpide, quand ils sont fabriqués avec soin.

La qualité des vins de raisins secs varie suivant leur richesse et suivant l'espèce de raisin employé.

Les raisins qui servent à cette fabrication, mis en fermentation à l'état frais, produisent des vins dont le goût est très différent des vins de France. Il n'est pas étonnant que les vins de raisins secs s'éloignent des types de nos vins français. Malgré cette différence, plus ou moins accentuée suivant l'espèce de raisin et le pays d'origine, les vins de raisins secs se marient assez bien avec les nôtres pour former des vins de consommation courante.

Voici une analyse de vin de raisins secs, par M. Chatin :

Alcool	8.10 0/0	en volume.
Extrait	26 gr. 50	par litre.
Cendres	2 » 40	»
Potasse	0 » 312	»
Acide phosphorique	0 » 018	»
Glycérine	5 » 00	»
Acide succinique	0 » 770	»
Glucose	6 » 840	»
Matière protéique	0 » 460	»
Gomme	4 » 030	»
Tartre	1 » 750	»
Acides acétique et carbonique	2 » 290	»

Avec un choix de bons raisins, dans la proportion de trente pour cent du poids de l'eau qu'on y ajoute, on fabrique d'excellents vins blancs qui, avant l'entière destruction de leur sucre, sont pétillants, doux, agréables comme ceux des meilleures espèces de raisins frais. On peut arrêter, suspendre la fermentation et conserver à ces vins la liqueur, ou douceur naturelle, dans la mesure qu'on juge nécessaire. En primeur, ces vins se consomment comme ceux de Bergerac; si on les laisse vieillir en fût, ils acquièrent du bouquet et beaucoup d'agrément, sans perdre entièrement leur liqueur, à la condition de la maintenir par les moyens que nous indiquerons plus loin.

Les vins de liqueur, riches en alcool et en sucre, se fabriquent ordinairement avec du moût de raisin très sucré et concentré, afin d'en augmenter la richesse saccharine. La fermentation de ces moûts extra-sucrés est lente et dure souvent deux ou trois années. Lorsque la quantité d'alcool formé s'élève au-dessus de 15 0/0, le ferment est paralysé et la fermentation presque arrêtée. Le vin fortement alcoolique, encore très doux, constitue une espèce de liqueur qui prend du bouquet et de l'arome en vieillissant. Pour éviter les effets d'une fermentation latente, presque insensible, pour conserver au vin toute sa liqueur, on y ajoute successivement, à diverses reprises, à doses fractionnées, de la bonne eau-de-vie, ou de l'alcool très fin, jusqu'à ce que le titre alcoolique atteigne, pour les vins doux, 18 à 20 0/0 et 22 à 24 pour les vins secs.

Bâtiments. — Les bâtiments d'une fabrique de vins de raisins secs doivent être proportionnés à l'importance de la fabrication. Dans tous les centres viticoles, les récoltants possèdent les bâtiments, le matériel et l'outillage nécessaires à la confection du vin. Ces bâtiments, avec leurs accessoires, peuvent suffire, à peu près, aux besoins d'une fabrication peu importante. On utilise ainsi les cuvages, caves, cuves, pressoirs et vaisseaux vinaires, sans grandes dépenses nouvelles. Aussi, encouragés par cette situation, des vignerons se sont-ils déterminés à se livrer à la fabrication des vins de raisins secs.

Pour une véritable fabrique, destinée à une production importante, livrant 200, 300, 600 hectolitres de vin par jour, on est obligé de construire des bâtiments spéciaux, disposés de manière à faciliter le travail et à économiser la main-d'œuvre.

Dans quelques fabriques, plusieurs des opérations s'effectuent dans le même local, tandis que dans d'autres la division du travail commande l'établissement d'ateliers distincts.

Réunis ou divisés, les ateliers comprennent : 1° les magasins à raisins; 2° un local pour la préparation préalable des raisins, pour le trempage, le broyage; 3° la cuverie, ou atelier de fermentation; 4° l'atelier des presses ou pressoirs, pour le pressurage des marcs;

5° l'atelier de clarification contenant les filtres; 6° un cellier ou cave pour le logement des vins; 7° un local pour le dépôt ou le traitement des marcs.

Les raisins secs, très altérables de leur nature, demandent à être emmagasinés dans un local spacieux, bien aéré, frais, à l'abri de l'humidité. Afin d'empêcher l'échauffement, la moisissure et la fermentation des raisins, on doit éviter de les amonceler les uns sur les autres et ne pas en former des tas considérables. Les sacs doivent être remués souvent pour les aérer et rendre impossible toute augmentation de chaleur dans leur intérieur.

Si on n'emploie que des raisins de Corinthe, sans mélange d'aucune autre sorte, le trempage et le broyage sont inutiles. On est, par là, dispensé d'un atelier spécial à cette double opération. Mais avec les diverses sortes de raisins à gros grains, à pellicule épaisse, dure et peu perméable, le trempage et le broyage s'imposent comme une indispensable nécessité. Ces opérations de trempage se font dans des cuves spéciales assez nombreuses et de grandeur suffisante pour les besoins de la fabrication.

Le local où sont établies les cuves de fermentation constitue l'atelier le plus important de l'usine. Il demande à être éclairé par des ouvertures assez nombreuses pour y distribuer partout de la lumière et de l'air, et disposées de manière à y établir une aération et une ventilation régulières et continues. Les torrents d'acide carbonique qui se dégagent sans cesse des cuves en activité de fermentation, constituent un grand danger pour les ouvriers de cet atelier.

L'acide carbonique, plus lourd que l'air, a de la peine à s'échapper par les ouvertures des fenêtres situées au niveau ou au-dessus de la partie supérieure des cuves. Il faut lui ménager de nombreuses issues à la partie de l'atelier voisine du pavé; à cet effet, on établit entre deux cuves une ouverture de quarante à cinquante centimètres de longueur, sur trente centimètres de hauteur; cette baie, pratiquée dans le mur, au-dessus du niveau du fond des cuves, doit demeurer constamment ouverte pour l'écoulement continu du gaz méphitique et des eaux de lavage. Un lanterneau ou cheminée d'appel, placé au sommet et au milieu du plafond ou de la toiture de l'atelier, est destiné à donner passage aux vapeurs mêlées de gaz qui s'élèvent au-dessus des cuves. Cette espèce de cheminée entretient l'aération et la ventilation nécessaires à la salubrité de l'atelier, sans nuire au travail de la fermentation.

Les personnes peu habituées au travail des cuves de fermentation craignent l'influence des courants d'air et le refroidissement de l'atelier, qu'on recommande de tenir clos et même de chauffer, au moyen d'un calorifère ou d'un poêle. Cette crainte est exagérée, sinon sans fondement. Le chauffage de l'atelier est inutile. Les cuves de fermentation, de 100 hectolitres de capacité, n'ont pas à souffrir des courants d'air qui dispersent et enlèvent l'acide carbonique, ni du refroidissement de l'air ambiant. Dans des cuveries où fonctionnent des cuves de 100 à 150 hectolitres, la fermentation bien établie et dirigée avec soin n'éprouve aucun ralentissement par une température des plus froides de l'hiver. Le bois des cuves, mauvais conducteur du calorique, ne laisse pas affaiblir la température de la masse fermentante. Dans ces conditions, la fermentation s'accomplit d'une manière satisfaisante.

La plus grande propreté doit régner dans tout l'atelier de fermentation; des lavages fréquents et copieux sont indispensables pour le nettoyage intérieur et extérieur des cuves, des ustensiles et du pavé de l'atelier. Le balai, la brosse et l'eau doivent passer sur toutes les surfaces souillées par du liquide fermenté. Sans cette précaution, les ferments malsains, qui pullulent dans l'usine, s'implantent dans l'atelier et engendrent des fermentations vicieuses, qui sont la source de graves inconvénients et de fortes pertes d'argent.

Le pressurage du marc de raisins s'effectue au moyen de pressoirs généralement usités dans les cuvages des vignerons. Dans quelques usines, le pressoir est mobile; il roule sur un chemin de fer établi entre deux rangées de cuves et va pressurer le marc devant la cuve de laquelle il sort. On évite ainsi le transport du marc, et l'on réalise une économie de main-d'œuvre. Le pressurage est souvent remplacé par le lavage du marc, répété deux ou trois fois, qui en extrait le vin.

Les vins de raisins secs, sortant de la cuve, sont troubles ou louches. Pour leur donner rapidement la limpidité nécessaire, on les soumet à la filtration. Dans une fabrique importante, les filtres sont établis dans un local spécial et servis par une série de tuyaux, qui leur distribuent le vin que fournit la pompe, appliquée directement à la cuve à vider. L'atelier de clarification exige quelquefois un espace assez considérable, en raison du nombre de filtres nécessaires à l'épuration de la production de chaque jour. Pour ne pas donner aux tuyaux qui amènent le vin une longueur trop grande, les filtres sont placés aussi près que possible des cuves de fermentation.

Les vins de raisins secs séjournent peu de temps dans les fabriques, et cela se comprend, sachant que la production d'une usine moyenne, de 300 hectolitres par jour seulement, nécessiterait des foudres immenses et des celliers très spacieux, si les vins devaient y séjourner deux ou trois semaines.

Quelques fabricants, pouvant disposer de grandes et bonnes caves pourvues de grands vaisseaux vinaires, y laissent les vins compléter la fermentation insensible et s'y dépouiller pendant quelques jours. Mais cette possibilité d'emmagasiner de grandes quantités de vins est rare. On est souvent obligé d'écouler le vin à mesure de sa production.

Les marcs de raisins pressurés sont vendus à des industriels qui se livrent à leur distillation. Il arrive quelquefois que, ne pouvant écouler les marcs, le fabricant est obligé de les traiter lui-même. Il lui faut alors un local spécial pour ce travail. Un hangar dans un coin de la cour suffit ordinairement à toutes les manipulations dont le marc est l'objet.

Outillage. — Dans toute fabrique de vins de raisins secs, grande ou petite, il faut un moteur pour mettre en mouvement les pompes à eau, à vin, et broyer les raisins. La grande industrie demande la force motrice à la machine à vapeur. Les petites fabriques font mouvoir à bras d'homme les pompes et le broyeur. Si on n'est pas obligé de puiser l'eau à une grande profondeur, la force mécanique dont on a besoin n'est pas considérable. La machine à vapeur fournit non seulement la force motrice nécessaire, mais encore le calorique pour chauffer l'eau. Les ateliers dépourvus de machine à vapeur sont obligés d'avoir des chaudières pour le chauffage de l'eau, indispensable au règlement de la température de la cuve de fermentation, au moment de son chargement.

Pour pomper et élever l'eau à la hauteur nécessaire, on emploie des pompes aspirantes et foulantes en bronze, avec tuyaux en cuivre. Le soutirage des vins s'opère à l'aide d'une pompe adaptée à la cuve, qu'il s'agit de vider, en refoulant le liquide vers les filtres et partout où il est nécessaire de l'envoyer.

Les raisins à gros grain, à pellicule épaisse et dure, ne céderaient que lentement et difficilement à l'eau leurs principes solubles. On est obligé de les gonfler par leur immersion dans de l'eau, de manière à leur faire acquérir le volume qu'ils avaient à l'état frais. En cet état, on les écrase à l'aide d'un cylindre broyeur qui ne fait que les comprimer, de manière à briser l'enveloppe, sans triturer la pulpe ni écraser les pépins. Dans certaines usines on a supprimé le broyeur. On macère les grains entiers.

Le trempage et le gonflement préalable étant inutiles pour les raisins de Corinthe, c'est aux variétés à gros grains que s'applique ce traitement, qui s'effectue dans des cuves en pierre, en béton ou en bois, de grandeur et de forme arbitraires, pourvu qu'elles soient solides. Le trempage peut se faire directement dans la cuve de fermentation.

Les cuves de fermentation sont généralement en bois, à douves épaisses, fortement cerclées en fer, solidement assises sur des sièges en maçonnerie supportant les fonds dans toute leur étendue. Une porte en bois, de grandeur suffisante, est établie sur le devant et au niveau du fond inférieur de chaque cuve pour la sortie du marc de raisin. Cette porte est fixée sur un encadrement en bois, auquel elle s'adapte exactement, et assujettie au moyen d'une armature en fer, avec une vis de pression qui la maintient solidement en place. Chaque cuve est pourvue d'un robinet de vidange auquel peut s'adapter, au moyen d'un raccord vissé, le tuyau d'aspiration de la pompe pour enlever le vin. Les cuves ordinaires, employées à la cuvaison de la vendange fraîche, sont très convenables pour la fermentation des raisins secs. Des cuves en pierre, en maçonnerie, en ciment comprimé, de grande capacité, sont également établies dans quelques fabriques. Les cuves en bois sont ordinairement cylindriques ou coniques, plus larges en bas qu'en haut et toujours ouvertes en haut. Leur capacité varie, suivant l'importance des fabriques, de 100 à 300 hectolitres et quelquefois plus. En place de cuves on peut employer des foudres de grande capacité qui remplissent le même but.

Le pressurage des marcs s'opère au moyen de pressoirs de divers systèmes, en nombre suffisant pour pressurer chaque jour toute la quantité de marc sortie des cuves.

La filtration des vins est une opération délicate, dans laquelle le vin peut perdre de sa valeur et quelquefois contracter le germe d'altérations ultérieures. Le choix des filtres n'est pas indifférent ; quel que soit le système de filtration adopté, il est essentiel d'opérer à l'abri du contact de l'air, autant que possible.

Le vin soutiré, filtré, est logé dans de grands foudres, ou dans des tonneaux de plus petite dimension, dans des demi-muids particulièrement. Ces vaisseaux doivent être en assez grand nombre pour répondre à toutes les exigences de la fabrication.

Indépendamment du matériel ci-dessus décrit, toute fabrique de vins doit être pourvue de baquets, cuvettes, brocs en bois, entonnoirs, tuyaux de soutirage, à l'usage habituel du commerce des liquides.

Pour travailler en connaissance de cause et régler toutes les conditions d'une bonne fabrication, le fabricant doit avoir constamment sous la main plusieurs instruments d'appréciation, particulièrement : le thermomètre centigrade, pour régler la température de la mise en train et la marche de la fermentation ; le densimètre centésimal ou mustimètre, qui rend compte de la densité des jus et par suite de leur richesse en matière sucrée, de même qu'il guide sur le moment du décuvage ; l'acidimètre, à l'effet de constater le degré d'acidité des jus et des vins, et de se prémunir contre les accidents occasionnés par l'insuffisance ou l'excès des acides naturels du raisin ; l'alcoomètre et l'alambic d'essai, pour constater la richesse alcoolique des vins.

Matières premières. — Les matières premières qui servent à la fabrication des vins de raisins secs sont : l'eau et les raisins.

L'eau joue un grand rôle dans cette fabrication ; il est important de la prendre aussi pure que possible. Son influence sur la fermentation et sur le produit fabriqué peut être quelquefois désastreuse.

L'eau potable de source, de fontaine, de rivière, de puits, claire. limpide, sans goût et sans mauvaise odeur, peut être employée sans crainte. L'eau potable de source, de puits particulièrement, est quelquefois viciée accidentellement par des infiltrations qui y introduisent des matières organiques malsaines, capables de déterminer ensuite la fermentation putride dans le vin. Dans ce cas, il est indispensable de la purifier avant d'en faire usage. L'eau de puits est souvent trop chargée de sels calcaires, particulièrement de bicarbonate et de sulfate de chaux. La surabondance de ces sels est de nature à enrayer, à retarder la fermentation, et à déterminer dans la cuve l'odeur d'œuf pourri, due au dégagement de l'hydrogène sulfuré, formé par l'action des ferments et des matières organiques sur le sulfate de chaux. Cet accident est presque toujours compliqué de la fermentation nitreuse qui mute la cuve, arrête la fermentation vineuse en partie et infecte le produit d'une odeur forte et désagréable.

Eau. Son épuration. — L'eau bourbeuse, trouble, nuageuse, par un mélange accidentel de matières terreuses, reprend sa limpidité par le repos de quelques heures dans un réservoir que rien n'agite. Si l'on est pressé de s'en servir, sans pouvoir attendre sa clarification spontanée, on est obligé de la filtrer.

Lorsque l'eau est chargée d'une trop forte quantité de bicarbonate de chaux, on l'épure en y ajoutant environ 20 grammes de chaux grasse vive par hectolitre. On éteint la chaux vive, de manière à former un lait de chaux qui est versé dans l'eau en l'agitant vivement. La chaux ajoutée sature l'excès d'acide carbonique, et il se forme du carbonate de chaux, qui se précipite. Pour les opérations qui demandent de grandes quantités d'eau pure, on soumet à la filtration celle qui a reçu la dose de 200 grammes de chaux vive par mètre cube. Un filtre à éponges de 1 mètre de surface filtrante, opérant sous une pression de 3 à 4 mètres d'eau, fournit de 80 à 100 mètres cubes d'eau purifiée par vingt-quatre heures (800 à 1,000 hectolitres).

Si l'eau est infectée de mauvaise odeur, ou si elle contient plus de 5 milligrammes de matière organique par litre, on ne saurait l'employer sans danger pour la fabrication des vins de raisins secs, avant de lui avoir fait subir le traitement de l'épuration.

La filtration de l'eau impure, à travers une couche de sable et de charbon de 1 mètre 50 de hauteur, a pour effet de détruire les matières organiques en les brûlant par l'action de l'oxygène que contient le charbon. Les gaz et les odeurs sont absorbés par le charbon, et l'eau sort de ce filtre, limpide et pure. La couche filtrante se compose de moitié de sable fin de rivière, de grès préalablement bien lavé, et de moitié de charbon de bois léger, réduit en morceaux de la grosseur d'un grain de blé. Le sable et le charbon mêlés doivent être placés entre les deux diaphragmes d'un filtre, fonctionnant avec ou sans pression.

Raisins secs. — Les raisins secs employés à la fabrication des vins proviennent généralement de Grèce, de Turquie, d'Asie-Mineure, d'Espagne, etc.

Ces raisins sont de diverses sortes, ayant chacune leurs qualités propres dépendantes du cépage, du lieu de production, du mode de culture, des soins de préparation et de l'état de conservation.

Ces espèces sont livrées, dans le commerce, sous les noms de raisins : de Corinthe, Thyra, Vourla, Samos, Alexandrette, Caramanie, Smyrne, Beyrouth, Maroc, Malaga, etc.

Après le raisin de Corinthe, le plus estimé pour la fabrication des vins de grande consommation, viennent les Thyra, qui servent principalement à faire des vins doux de mutage; les Samos blonds muscats, qui font de très bons vins muscats; les Vourla blonds, qui donnent des vins blancs non musqués.

Les raisins de Corinthe sont petits, sans pépins, et mûrissent à la fin de juillet. Leur jus pèse de 13 à 16 degrés Baumé (densité 1099 à 1124). Leur richesse en matière sucrée varie de 25 à 33 pour 100 du poids du jus à l'état frais. Au moment de la récolte, ce raisin rend 90 pour 100 de vin. Lorsque la densité du moût est de 16 degrés Baumé, la fermentation dure 4 ans. Le vin qui en provient a quelque analogie avec le Madère.

Avec du moût pesant 12 à 14 degrés, la fermentation s'accomplit en 2 ans; le vin a un peu le goût de vin de Graves, moins le moelleux.

En Grèce, la production des raisins secs est de cent vingt millions de kilogrammes par an.

Les Thyra sont plus gros que les raisins de Corinthe, et le vin qui en provient se caractérise par une espèce d'âpreté qui, loin d'être un défaut, constitue une qualité appréciée pour les coupages.

Les Samos, très sucrés, font des vins alcooliques de très bon goût.

Les Vourla, à gros grains, sucrés et délicats, se prêtent bien à la fabrication des vins de liqueur et des imitations de Madère.

Les autres sortes sont généralement employées, seules ou mélangées, à la production des vins ordinaires de grande consommation.

Les raisins d'Espagne, première qualité de Malaga, entrent dans la composition des vins liquoreux et sucrés imitant les vins espagnols les plus estimés.

Il est indispensable d'exercer la plus grande surveillance sur l'état des raisins, afin de rejeter tous ceux qui, ayant subi un mouvement d'altération quelconque, présenteraient des traces de moisissure, de pourriture, de fermentation, ou auraient été en proie aux ravages des insectes. Les altérations de l'eau et des raisins se communiquent au vin, en détériorent la qualité, au point de le rendre invendable quelquefois.

Outre les rafles ou partie ligneuse qui porte les grains, la pellicule dans laquelle sont concentrées les matières colorantes, taniques, et une espèce de résine, le raisin sec contient une pulpe où se trouvent le sucre, des matières organiques azotées, albumineuses, gommeuses, grasses, des huiles essentielles, des acides, divers sels et des substances extractives peu connues.

La richesse saccharine n'est pas égale dans toutes les variétés. Pour s'assurer de la quantité de sucre contenue dans ces fruits, on peut avoir recours au moyen suivant, qui, au point de vue industriel, fournit des renseignements suffisamment précis :

On pèse exactement 100 grammes de raisins ; on les place dans un vase étanche et propre, dans un verre, par exemple. On y verse de l'eau froide, de manière à les couvrir seulement. Lorsque cette eau est absorbée, on en ajoute une nouvelle quantité, suffisante pour les couvrir encore. Lorsque le gonflement des raisins a atteint le volume que les grains avaient au moment de leur maturité à l'état frais, qu'ils s'écrasent facilement sous la pression des doigts, on les broie en bouillie dans un mortier. On les soumet à un fort pressurage à travers un linge fin et propre, et le jus qu'ils rendent est déposé dans une éprouvette en verre ou en fer blanc. On plonge le densimètre dans ce jus, et le degré indiqué par cet aréomètre exprime la quantité de sucre qu'il contient.

Chaque degré du densimètre centésimal indique que le jus contient 25 grammes de sucre par litre. Cette évaluation, exacte pour des solutions de sucre pur dans l'eau, est trop forte pour des jus de raisin qui contiennent des débris de pulpe et des matières solides autres que le sucre. Il est indispensable de réduire de un dixième le chiffre accusé par le densimètre.

100 litres de jus, pesant 1 degré au densimètre, contiennent 2 kilogrammes 500 grammes de sucre.

L'observation du degré densimétrique doit être faite à la température de + 15° du thermomètre centigrade.

Si le jus avait une température plus élevée, on le refroidirait au point convenable, en plongeant l'éprouvette dans de l'eau fraîche pendant un temps suffisant. De même, si la température était trop basse, on la relèverait en laissant l'éprouvette dans de l'eau chaude jusqu'à ce que le degré + 15 soit atteint.

Le tableau suivant indique la quantité de sucre contenue dans le jus et le degré alcoolique du vin qui en proviendra :

Degré	Densité ou poids du litre en grammes	Sucre dans un litre kil. gr.	Degré alcoolique du vin degrés.
1	1010	0,025	1,25
2	1020	0,050	2,50
3	1030	0,075	3,25
4	1040	0,100	5,00
5	1050	0,125	6,25
6	1060	0,150	7,50
7	1070	0,175	8,75
8	1080	0,200	10,00
9	1090	0,225	11,25
10	1100	0,250	12,50

Sans avoir une précision absolue, les indications de ce tableau sont suffisantes pour renseigner le fabricant de vins et pour les pratiques de l'atelier.

Si 100 grammes de raisins secs, ramenés à leur volume primitif à l'état frais, ont produit, par exemple, 80 centimètres cubes de jus marquant 8 degrés au densimètre, contenant 200 grammes de sucre par litre, en multipliant le volume 80 centimètres cubes par la richesse en sucre, 200, divisé par 1.000, on obtient $\frac{80 \times 200}{1000} = 16$. Le nombre 16 exprime la quantité de sucre contenue dans 100 grammes de raisin soumis à l'expérience, soit 16 pour 100 de son poids.

Préparation de la cuvée. — Les raisins, ayant subi de la compression dans les sacs, s'agglomèrent et forment des pelotes qu'il faut diviser, afin d'isoler chaque grain avant de le soumettre au mouillage.

A mesure qu'on divise les mottes de raisins agglomérés, on enlève les corps étrangers qui s'y rencontrent assez souvent (cailloux, dattes, figues, etc.).

Les cuves de trempage et tous les ustensiles qui servent au traitement des raisins réclament la propreté la plus absolue. On doit les brosser à l'eau fraîche et ensuite les asperger d'eau bouillante, pour détruire les poussières, les moisissures et les ferments que l'air y dépose.

Pour obtenir de bons produits et des résultats prévus d'avance, il faut peser exactement les raisins, mesurer l'eau et en régler la température, le thermomètre à la main.

La première opération consiste dans le gonflement du raisin pour amener chaque grain au volume qu'il avait à l'état de raisin frais. Le raisin de Corinthe fait exception à cette règle, puisqu'il n'a pas besoin d'être broyé avant d'entrer en fermentation. Les raisins à gros grains, à pellicule épaisse, doivent subir le gonflement, sans lequel ils ne crèveraient pas sous l'action du cylindre broyeur et ne céderaient pas leurs principes solubles à l'eau dans la cuve de fermentation. Le gonflement du raisin sec peut s'effectuer avec de l'eau froide, et à l'eau tiède. L'eau ne doit pas être chauffée au delà de 50 degrés centigrades. Son mélange avec les raisins amène une température moyenne de 20 à 25 degrés, qui active le gonflement des grains et abrège la durée de l'opération.

Sachant le degré d'alcool que l'on veut donner au vin, on règle exactement les proportions d'eau et de raisins à soumettre à la fermentation. En admettant que 100 kilogrammes de raisins secs de bonne qualité contiennent 60 kilogrammes de sucre et produisent 30 litres d'alcool absolu, ce que l'expérience confirme, on voit que 100 kilogrammes de bons raisins produisent 3 hectolitres de vin à 10 degrés d'alcool.

Pour produire un degré d'alcool dans 100 litres d'eau, il faut employer 3 kilogrammes 300 grammes de raisins secs.

Pour fabriquer 100 litres de vin, on prendra : Eau, 100 litres et autant de fois 3 kilog. 300 gr. de raisins qu'on voudra donner de degrés d'alcool au vin.

Ainsi, par exemple, il faudra pour du vin :

à 7 degrés d'alcool	eau 100	raisins 23	kilos 100
8 »	» 100	» 26	» 400
9 »	» 100	» 30	» 700
10 »	» 100	» 33	» 000

11 degrés d'alcool	eau 100	raisins 36 kilos 300
12 »	» 100	» 43 » 560
15 »	» 100	» 49 » 500

Malgré le pressurage le plus énergique, le marc de raisins retient toujours de 5 à 6 pour 100 de vin. Le raisin sec contient bien un peu d'eau, mais en quantité insuffisante pour compenser le volume du vin absorbé par le marc. Il convient donc d'ajouter un peu plus d'eau. Au lieu de 100 litres, on en prend 105, et l'on obtiendra 100 litres de raisins après pressurage. On tiendra donc compte de l'eau employée au gonflement des raisins, et l'on complétera la quantité de 105 litres par hectolitre de vin à la mise en fermentation des raisins broyés. Si l'on a employé 150 litres d'eau pour gonfler 100 kilogrammes de raisins et qu'on veuille faire du vin à dix degrés, on ajoutera 165 litres d'eau au moment du chargement de la cuve. Après fermentation et pressurage du marc, on encuvera 300 litres de vin.

La durée du trempage varie de 36 à 72 heures, suivant la température et l'espèce du raisin.

On est obligé de fouler les raisins secs après leur gonflement au moyen d'un cylindre broyeur qui fait crever les grains et les aplatit, sans toutefois en faire de la bouillie.

Le broyage met le jus de raisin et les matières organiques qu'il contient en contact avec l'air qui leur cède une partie de son oxygène, indispensable à l'activité de la fermentation. On doit faciliter cette action de l'oxygène sur le jus et sur la pulpe, en remuant la masse.

Les raisins écrasés sont versés dans les cuves de fermentation, au sortir du broyeur.

Fermentation. — Quand la quantité de matière sucrée est supérieure à 25 0/0 du poids de l'eau, la fermentation est difficile. La température la plus favorable est de 15 à 30 degrés au-dessus de zéro. Le degré d'acidité est très variable, suivant l'espèce et l'état de maturité des raisins. L'acide tartrique à haute dose, comme il existe dans certaines variétés de raisins, n'entrave pas la fermentation.

Le raisin sec apporte avec lui son ferment, et la fermentation, établie dans les conditions de température et de milieu nécessaires, n'a pas besoin du secours d'un ferment étranger ; elle se suffit à elle-même.

Néanmoins, pour accélérer la fermentation, quelques fabricants emploient de la levure de bière. La levure qu'on doit préférer est celle qui provient de la fermentation haute. Cette levure, à l'état de pâte consistante, ne s'attachant pas aux doigts, doit être fraîche, d'une odeur franche de bonne bière. Mais le houblon lui a communiqué une amertume dont il faut la dépouiller. A cet effet, on la délaie dans dix fois son poids d'eau fraîche et, après en avoir bien opéré le mélange, on l'abandonne au repos dans un lieu frais. Au bout de quelques heures, elle s'est précipitée au fond du vase. On décante le liquide qui surnage et on emploie la levure, ainsi lavée, à l'état de bouillie claire. La quantité à employer varie, suivant la densité et la température des moûts : 300 grammes de levure en pâte suffisent pour 100 kilogrammes de raisins secs, quelle que soit la quantité d'eau employée.

D'après Pezeyre, avec la levure, on prépare un levain de la manière suivante :

On verse la levure dans un vase en bois, propre, bien rincé, au moment même de s'en servir, et on y ajoute peu à peu un poids égal de jus de raisins aussi sucré que possible, à la température de +30 degrés centigrades, en ayant soin de délayer la masse, à l'aide d'un petit balai bien propre, jusqu'à ce qu'on n'aperçoive plus aucun grumeau de levure. On agite bien le mélange pour lui faire absorber de l'air indispensable à la revivification et à la rapide évolution du ferment.

Ces précautions observées, on verse dans la levure du jus de raisin prélevé sur une cuve en grande activité de fermentation, dans la proportion de 1 litre de jus par kilogramme de levure employée. Ce jus étant intimement incorporé à la masse au moyen du balai, on abandonne le levain au repos, pendant quelques instants, dans un endroit tempéré. Si la levure est de bonne qualité, le levain monte rapidement, et dès qu'il a acquis le double de son volume, on doit l'employer.

Le levain est ensuite étendu de plusieurs fois son volume de jus et versé immédiatement dans la cuve de fermentation préalablement chargée de raisins et d'eau.

L'emploi de la levure, dont on peut très bien se dispenser, n'est pas exempt d'inconvénients. Outre qu'elle est souvent altérée, qu'elle contient des ferments, autres que le ferment alcoolique, qui communiquent au vin un goût défectueux, les vins fabriqués avec le secours de la levure ont beaucoup de tendance à aigrir.

Un ferment préférable à la levure de bière est la lie de vin blanc, fraiche, en pâte épaisse, exempte de mauvaise odeur. Cette lie contient le ferment spécial particulièrement applicable à la fermentation des raisins. Son emploi est indispensable quand il s'agit de produire des vins très alcooliques, de 15 à 16 degrés.

La fermentation s'accomplit dans des cuves en bois ou en pierre, ouvertes ou fermées. En général, les cuves sont ouvertes en haut. Elles présentent, par leur ouverture, une large surface à l'air ambiant. On a exagéré le danger de ces cuves ouvertes, qui réalisen la fermentation avec autant d'avantage que les cuves fermées, sans en avoir les inconvénients. L'action de l'air est cependant nuisible, lorsqu'elle se porte sur le chapeau. Elle en détermine l'acétification. Si on tient le chapeau constamment plongé dans le liquide, l'effet de l'air sur la surface du vin est insignifiant.

Les cuves ouvertes présentent de plus grandes facilités pour le chargement, le déchargement du marc et le nettoyage rigoureux qu'on doit leur faire subir après chaque opération.

La capacité des cuves n'est pas indifférente. Le fabricant doit donner la préférence aux vaisseaux de grande contenance, qui opèrent plus économiquement que les petits.

Les cuves de chêne, à douves épaisses, sont les meilleures ; viennent ensuite celles de châtaignier. On pourrait craindre que les bois résineux, le pin et le sapin, ne communiquent un goût particulier au vin ; néanmoins, plusieurs fabriques de vins de raisins secs sont pourvues de cuves en sapin, et, après une ou deux cuvées, on n'aperçoit pas de goût résineux ni d'odeur particulière. Ces cuves sont donc sans danger.

L'influence de la grandeur des cuves est très sensible sur la fermentation. Dès que le ferment est en activité, le mouvement de la transformation du sucre est accéléré par la masse fermentante, les réactions s'accomplissent avec plus de vigueur, et la fermentation alcoolique dominant énergiquement les fermentations parallèles qui sont établies dans le liquide, les ferments malsains sont réduits à l'impuissance, de même qu'une végétation vigoureuse étouffe les parasites qui l'entourent.

Les cuves de 100 à 200 hectolitres sont très convenables ; au-dessus de 300 hectolitres, avec des moûts très sucrés, la température peut s'élever à des limites qu'il ne faut pas atteindre. Aussi, en opérant avec ces grands vaisseaux, et en prévision de la trop forte augmentation de la chaleur intérieure de la masse, on a soin de réduire la température initiale à 15 ou 18 degrés au chargement de la cuve.

Les cuves de grande capacité conservent mieux leur chaleur et ne sont pas influencées par la basse température de l'atelier qu'il est inutile de chauffer. La fermentation, plus rapide et plus complète, réalise une économie de temps, de main-d'œuvre, et une amélioration de la qualité du vin.

Chargement des cuves. — Si on opère avec des raisins de Corinthe, on verse d'abord dans la cuve la quantité d'eau nécessaire portée à la température utile, et l'on y introduit ensuite les raisins bien émiettés, les grains ne devant pas être adhérents les uns aux autres.

Les conditions de quantité respective de raisins et d'eau étant remplies, on agite le mélange, afin que tous les grains soient bien immergés dans le liquide.

Pour charger les cuves avec des raisins foulés, écrasés, auxquels se trouve ajoutée une forte proportion d'eau de trempage, on commence par y jeter les raisins au fur et à mesure qu'ils sortent du broyeur, et lorsque la totalité est introduite dans la cuve, on y amène de l'eau en quantité suffisante pour compléter le volume nécessaire proportionné au degré alcoolique que doit avoir le vin.

Le mélange de raisins et d'eau doit être remué, afin que sa densité soit égale dans toutes les parties de la cuve.

Il est très important que la fermentation alcoolique débute promptement, afin de ne pas laisser aux ferments malsains, qui se trouvent soit à la surface du raisin, soit dans l'air absorbé pendant le broyage, le temps de développer leur activité malsaine pour le vin.

Le départ de la fermentation est accéléré par la chaleur. Il faut donc, au lieu d'eau froide, employer de l'eau chaude, de manière que la température initiale de la cuve au moment du chargement soit de 18 degrés centigrades en été et de 22 à 25 en hiver.

C'est par un mélange d'eau chauffée à 50 degrés seulement et d'eau froide qu'on arrive à donner à la masse, contenue dans la cuve, le degré de chaleur utile.

Lorsque le mélange d'eau et de raisins secs est bien fait, on en prélève un échantillon, que l'on filtre à travers un linge.

Le liquide filtré est soumis à deux vérifications ; on en verse une quantité convenable dans une éprouvette, et l'on y introduit un densimètre, dont la tige s'enfonce dans le moût. On lit le chiffre qui est en regard du point d'affleurement, et l'on connaît ainsi la densité du jus et, par suite, sa teneur en sucre.

On prélève également un décilitre de moût filtré et, au moyen d'un acidimètre et d'une liqueur alcaline titrée, on constate son titre acide.

On note sur une ardoise, fixée à la cuve, le jour et l'heure du chargement, la quantité chargée, la densité, le degré d'acidité du moût et sa température initiale.

Un thermomètre centigrade doit être constamment plongé dans la cuve, au milieu de sa hauteur et de la masse.

C'est en observant l'atténuation ou diminution de la densité du moût et l'augmentation de la température qu'on parvient à s'assurer de la régularité de la marche de la fermentation. Si la densité ne diminue pas, ou si la température s'élève outre mesure, on cherche la cause de ces irrégularités, et l'on s'empresse d'y remédier.

Quelques fabricants ont modifié ainsi le chargement des cuves :

On verse d'abord des raisins émiettés, entiers, non trempés, ni broyés, dans la cuve. On les couvre avec un égal poids d'eau : pour 100 kilog. de raisins 100 litres d'eau.

Au moyen de la vapeur, on élève et l'on maintient constamment la température de la masse entre 25 et 30 degrés centigrades.

Au bout de deux jours, la fermentation est terminée ; on soutire le liquide, que l'on remplace par 100 litres d'eau maintenue à 30 degrés. Dès que la fermentation est terminée, on soutire ce liquide, qui est ajouté au premier.

Ensuite, pour épuiser complètement le marc, on lui fait subir deux lavages à l'eau dont on entretient la température de 25 à 30 degrés, condition nécessaire pour empêcher le liquide de contracter mauvais goût et mauvaise odeur. Chacun de ces lavages dure vingt-quatre heures, et leur liquide s'emploie ensuite en place d'eau pour une opération ultérieure.

Pour renforcer le vin en alcool, on doit employer la quantité nécessaire de raisins secs (3 kilog. 500 raisins de Corinthe, par hectolitre, pour un degré alcoolique).

Le vin à 15 degrés réclame 52 kilog. de raisins. Dans ce cas, on emploiera :

Raisins de Corinthe....................	52 kilog.
Eau....................................	110 litres
Levure de vin, épaisse..................	2 litres

La levure (lie de vin) sera préparée à l'état de levain, comme il a été dit plus haut, et la température de la masse soumise à la fermentation sera maintenue à 30 degrés centigrades.

La fermentation, accélérée par élévation de température et par addition de ferment, est une nécessité pour les fabriques opérant sur de grandes quantités chaque jour, la fermentation prolongée demandant un plus grand nombre de cuves. On a donc intérêt à fermenter rapidement.

On reproche au vin à fermentation chauffée un goût de marc et un rendement alcoolique moins élevé.

Régularisation de la fermentation. — Nous avons dit que le chapeau à la surface de la cuve était une source d'altération. Il faut donc tenir le marc de raisin constamment plongé dans le liquide de la cuve, au moyen d'un diaphragme en planches percées de trous, fixé solidement dans la cuve à cinquante centimètres au-dessous du niveau du liquide. Ce diaphragme, retenant les raisins et les rafles dans la masse, empêche la formation du chapeau.

A défaut de cuves pourvues de diaphragmes, on est obligé d'enfoncer le chapeau dans le liquide et de remplir ce devoir plusieurs fois par jour. C'est le foulage de la cuve.

En même temps qu'on refoule le chapeau dans la cuve, on doit, par un moyen mécanique quelconque, à l'aide d'un mouveron en bois emmanché au bout d'une perche, pénétrer jusqu'au fond de la cuve pour l'agiter et faire monter les couches inférieures du liquide, afin de les mêler à celles de la partie supérieure.

Le moût du fond de la cuve est plus riche que celui de la surface. La fermentation n'a pas la même activité dans toutes les couches superposées, et comme le ferment n'agit que par la voie de contact direct, il est nécessaire de le répartir dans toute la profondeur de la cuve, pour régulariser la fermentation.

Dans les cuves de 100 hectolitres, chargées de moût riche à 20 pour 100 de sucre, produisant du vin à 10 pour 100 d'alcool, la température, partant de 18 à 20 degrés, ne s'élève pas au delà de 30 à 32 degrés centigrades.

Dans ces conditions, la fermentation des raisins secs s'accomplit dans l'espace de cinq à six jours. Elle dure plus longtemps si le moût est plus riche et la température initiale moins élevée.

La fermentation dure souvent dix à douze jours et même quinze jours, dans plusieurs fabriques de vin de raisins secs ; on abrège beaucoup la durée de la fermentation en maintenant dans la masse la température constante de 28 à 30 degrés.

La fermentation ne décompose jamais tout le sucre ; il en reste, dans tous les vins les mieux fermentés, une petite quantité dont le goût est masqué et couvert par l'alcool et par les autres principes vineux.

Dans les vins de raisins secs, la quantité de sucre indécomposé est quelquefois très sensible, et les vins, même légèrement doux, sont toujours disposés à fermenter. Leur coupage avec d'autres vins provoque dans le mélange des mouvements dangereux, qui, malheureusement, déterminent la piqûre dans beaucoup de cas.

L'importance d'une fermentation normale, régulière, franchement alcoolique, poussée à sa dernière limite, frappe les yeux de tous les observateurs. Il faut donc régulariser la fermentation, maintenir toutes ses phases dans des conditions de température favorable, pour qu'elle ne subisse point de ralentissement, ni d'exagération.

Les raisins secs sont couverts de poussières, parmi lesquelles abondent des germes de ferments, ennemis de la fermentation vineuse. Ces ferments malsains subsistent dans le vin, malgré la prédominance de la fermentation alcoolique.

Le fabricant de vins de raisins secs est exposé au danger de faire des vins altérables, parce que le raisin du Levant porte le germe de la piqûre et que la dessiccation, les transports, les insectes et l'échauffement y ont ajouté de nouvelles causes de décomposition.

Il importe donc de provoquer rapidement le départ de la fermentation vineuse seule et d'enrayer les fermentations malsaines.

La température initiale de la masse étant portée à 18 degrés en été et à 22-25 en hiver, au chargement de la cuve, le ferment entre tout de suite en activité et tend à étouffer l'action des germes de maladie.

On a intérêt à accélérer la fermentation, et on y réussit de la manière suivante : Lorsque la fabrication des vins de raisins secs est déjà en bon état d'activité, on prélève, dans une des cuves dont la fermentation est dans toute sa vigueur, une certaine quantité de jus que l'on verse dans la cuve en chargement. Le vin, tiré de la cuve en pleine fermentation, contient beaucoup de ferments dans un état d'activité chimique très énergique ; il communique au moût, auquel on l'ajoute, une impulsion vigoureuse qui met tout de suite, toute la cuve en mouvement.

Le vin, sortant d'une cuve en grande fermentation, constitue un levain énergique, qu'il faut verser dans la cuve en chargement, avec la précaution de le répartir dans toute la masse. Deux ou trois hectolitres de ce vin suffisent pour *allumer* la fermentation dans une cuve de 100 hectolitres. On peut en employer une plus grande quantité, 20 hectolitres, par exemple, si l'on tient à abréger la durée de la fermentation.

L'activité énergique du levain se communique au ferment du raisin, qui, ainsi surexcité, entre rapidement en mouvement. Le sucre est vite transformé en alcool et en acide carbonique ; le vin est plus sec, plus alcoolique et meilleur.

Accomplissement de la fermentation. — Il ne suffit pas de s'en rapporter aux signes extérieurs pour savoir quand la fermentation a accompli son œuvre. Souvent il arrive que, loin d'être achevée, la transformation du sucre s'est arrêtée en chemin. Le vin contient encore du sucre indécomposé ; il est doucereux, et sa douceur peut même être masquée par l'alcool, par le goût plus prononcé des autres matières sapides du vin.

Les signes extérieurs qui font croire que la fermentation est terminée sont : l'affaissement du chapeau, des écumes, la cessation du dégagement d'acide carbonique, que l'on constate en approchant de la surface du liquide une bougie allumée qui ne s'y éteint pas, la diminution de la chaleur.

Si le mustimètre ou densimètre, plongé dans le vin, s'y enfonce au degré 0, la fermentation tumultueuse apparente est terminée. Mais le vin contient encore des matières fermentescibles, qui subissent, pendant longtemps, l'action de la fermentation insensible.

La densité du vin étant descendue à 0° et quelquefois au-dessous, parce que la présence de l'alcool diminue le poids spécifique du liquide, on peut tirer le vin de la cuve.

Par son séjour dans le vin, le marc y subit une macération qui enlève aux pellicules, aux rafles et aux pépins une plus grande quantité de leurs principes solubles. Si cette macération est trop prolongée, les matières extractives surabondent dans le vin ; par les soutirages, elles sont mises en contact avec l'air atmosphérique, elles absorbent de l'oxygène et deviennent ainsi des auxiliaires puissants des mauvais ferments que le vin renferme toujours. Pour les vins de raisins secs, il est nécessaire de procéder à la décuvaison, aussitôt que la fermentation est terminée.

Fermentation des raisins secs avec du sucre. — On a cherché à renforcer le degré alcoolique des vins de raisins secs par une addition de sucre à la cuve de fermentation, à cause de la neutralité de l'alcool de sucre pur.

Tant que le moût de vendange ne contient pas au delà de 30 0/0 de sucre, la fermentation, bien établie et réglée, comme nous l'avons dit, peut convertir toute la matière sucrée en alcool. Si la dose de sucre est plus forte, la fermentation se ralentit et ne s'achève pas toujours.

Pour fabriquer du vin de raisins secs à 15 degrés, par exemple, on demande aux raisins un contingent de 10 0/0 d'alcool, et au sucre 5. On associe donc 33 kilog. de raisins de Corinthe et 8 kilog. 500 gr. de sucre à 105 litres d'eau, et on ajoute un litre de bonne lie de vin fraîche pour la transformation intégrale du sucre en alcool.

On commence par mettre en fermentation les raisins, préalablement gonflés, broyés, avec de l'eau à la température que réclame la saison. Lorsque la fermentation est en grande activité, on en retire une quantité de vin suffisante pour dissoudre le sucre. Le sucre étant complètement dissous dans le vin, on en verse la dissolution dans la cuve de vendange, on foule, on agite pour bien incorporer la solution sucrée dans la masse. La fermentation n'en est pas troublée ; elle décompose le sucre plus rapidement que si on l'avait ajouté à l'eau au chargement de la cuve, parce qu'il y a dans la masse fermentante, à son point d'extrême activité, beaucoup de ferment plus puissant qu'au début de l'opération.

On peut cependant verser le sucre fondu dans la cuve en même temps que les raisins ; mais il est préférable de ne faire l'addition du sucre que lorsque la fermentation est à son plus haut degré d'activité.

Fermentation des raisins secs avec des raisins frais. — L'addition de raisins secs à la vendange fraîche a quelquefois servi à améliorer les cuvées des années où le fruit manque de maturité, ou a souffert de quelque intempérie, et à augmenter une récolte insuffisante.

S'il s'agit d'améliorer une vendange de qualité inférieure, on ajoute à chaque hectolitre de vin à améliorer autant de fois 3 kilog. 300 gr. de bons raisins secs qu'on veut lui donner de degrés supplémentaires d'alcool. Les raisins secs doivent être gonflés dans du moût de raisins frais, non dans de l'eau, et ensuite foulés au broyeur, puis versés dans la cuve de fermentation, en même temps que la vendange fraîche. Les deux espèces de raisins fermentent simultanément, et l'opération se termine comme à l'ordinaire.

Pour augmenter le volume de la récolte, il faut nécessairement y ajouter de l'eau dans la proportion de la quantité qu'on se propose d'obtenir. Cette addition d'eau doit contenir le sucre et les principes solubles des raisins secs.

On gonfle séparément les raisins secs, comme s'ils devaient fermenter seuls, on les broie, on y ajoute l'eau nécessaire à la température utile, et l'on verse ces mélanges dans la cuve où se trouve déjà déposée la vendange fraîche, broyée, foulée. On doit mélanger les deux espèces de raisins aussi intimement que possible. La fermentation s'accomplit dans les conditions ordinaires, et, lorsqu'elle est terminée, on procède à la décuvaison.

La vendange fraîche cède au vin de raisins secs une partie de sa matière colorante et son goût particulier, qui couvre celui des raisins du Levant.

Avec de la vendange fraîche, qui aurait produit, par exemple, 50 hectol. de vin, on peut faire 100 hectol.; les raisins secs et l'eau y contribuent pour moitié.

Fermentation des raisins secs avec du marc de vendange. — Dans une année moyenne, la vendange étant parvenue à maturité, le marc contient beaucoup de matière colorante, et la troisième cuvée, faite sur le même marc, est ordinairement bonne.

Pour que le vin des seconde et troisième cuvées ne soit pas trop fortement imprégné du goût particulier à la pellicule des raisins secs, on peut se dispenser d'introduire cette pellicule dans la cuve de vendange.

A cet effet, on gonfle le raisin sec, on le foule au cylindre, on y ajoute la quantité d'eau nécessaire pour le degré alcoolique que doit avoir le vin. Sans faire subir la fermentation à ces raisins broyés, on les soumet au pressoir, et l'on obtient du moût sucré; c'est ce moût, porté à la température nécessaire, qu'on verse sur le marc dans la cuve de vendange. Ce moût sucré se comporte comme le jus de raisin frais; il fermente, s'empare des principes solubles du marc et se transforme en vin, se rapprochant d'autant plus des caractères du vin de vendange qu'on aura mieux proportionné sa richesse alcoolique à celle des vins du pays.

Si l'on tient à extraire du marc la plus grande quantité possible de la matière colorante qu'il renferme, il est nécessaire d'élever la dose du sucre au degré correspondant à une richesse alcoolique de 10 0/0 au moins. La couleur est plus soluble dans les vins forts que dans ceux qui sont faibles en alcool.

Traitement des vins faibles par les raisins secs. — On peut améliorer les vins manquant de force alcoolique, de principes vineux, et ne pouvant pas se clarifier, en les traitant par les raisins secs. A cet effet, on prend une quantité de raisins secs suffisante pour augmenter la richesse alcoolique des vins de deux à trois degrés, c'est-à-dire 3 kilog. 300 gr. de raisins par degré à donner au vin. On gonfle les raisins avec le vin à traiter en place d'eau, on les écrase et on les met en fermentation dans la cuve de vendange, à la température convenable, en ayant soin de verser le vin sur cette vendange par quantités fractionnées. Au chargement de la cuve, pour 6 ou 10 kilog. de raisins, on ne verse que 20 litres de vin; on attend que la fermentation y soit très active, et alors on ajoute encore 20 litres de vin, le lendemain pareille quantité, et le surplus un jour après. Ces versements successifs de vin, à un ou deux jours d'intervalle, n'arrêtent pas la fermentation, comme pourraient le faire 100 litres de vin répandus d'un seul coup sur 10 kilog. de raisins secs.

Si on veut disposer rapidement de ce vin amélioré, il suffit de le traiter avec des produits tanifères et de le coller; en peu de jours, il acquiert la limpidité désirable. On peut alors le vendre; il a les qualités marchandes.

Le marc doit être soumis au pressurage, et son vin peut être mêlé au vin de goutte, ou bien abandonné à la clarification spontanée par le repos dans de bons fûts. Le collage le clarifie rapidement.

Le traitement des vins dépourvus à la fois de richesse, de force, de couleur et de limpidité, réussit également en employant du marc de vendange fraîche non pressuré, contenant encore de la matière sucrée et les principes solubles de la pellicule et de la grappe de raisins frais. On opère, dans ce cas, avec les mêmes soins que lorsqu'on n'emploie que des raisins secs.

Accidents de fermentation. — L'obstacle à opposer aux accidents de fermentation réside : 1° dans des soins de propreté absolue donnés au matériel et à toutes les opérations ; 2° dans l'emploi d'eau potable, saine ; de matières premières bien choisies ; 3° dans la pratique de toutes les conditions, nécessaires à une bonne fermentation indiquées plus haut.

Fermentation paresseuse. — Si le raisin n'a pas été suffisamment gonflé, broyé, si son jus n'a pas pu sortir de son enveloppe, si la température de la masse a été trop basse ou froide, la fermentation ne s'établit que lentement. Le ferment alcoolique, ne se trouvant pas dans un milieu favorable à son activité, éprouve de la peine à se développer, à se reproduire, et la décomposition du sucre s'effectue avec lenteur et difficulté. Malgré une durée prolongée, la fermentation est incomplète ; le vin reste doux, et le sucre qu'il contient, avec sa tendance à fermenter, est la source de mouvements ultérieurs qui décomposent et altèrent le vin.

L'insuffisance de chaleur au chargement de la cuve et l'insuffisance de ferment, retardé dans sa reproduction, sont causes des lenteurs, de la paresse de la fermentation.

On préviendra l'accident des fermentations tardives, paresseuses, incomplètes, par le broyage et l'aération des raisins, par l'élévation de la température au chargement de la cuve au degré de chaleur utile, 18° en été, 22° à 25° en hiver, et par un apport de ferment actif, au moyen de l'addition de quelques hectolitres de jus prélevés sur une cuve voisine, au moment où sa fermentation est à son plus haut degré d'activité.

Lorsque la cuve ne prend pas les allures d'une fermentation vive, il ne faut pas hésiter à la réchauffer et à lui communiquer l'activité du ferment d'une cuve voisine en plein travail. On retire de la cuve paresseuse le cinquième de son liquide, que l'on remplace par une égale quantité de vin emprunté à la cuve dont la fermentation est à son apogée. On foule pour opérer le mélange.

Le liquide de la cuve froide est versé dans la cuve chaude, et, par cet échange, les deux cuves se trouvent placées dans des conditions favorables à la transformation du sucre.

L'échange de liquide d'une cuve à l'autre s'opère facilement au moyen de tuyaux reliant les cuves entre elles, ou à l'aide de siphons et de pompes.

Fermentation exagérée. — Si la température a été trop élevée au chargement de la cuve, si le moût est trop riche en sucre, quelquefois aussi sous l'influence de temps orageux, la chaleur augmente au delà des limites nécessaires, la masse déborde, il se dégage des torrents d'acide carbonique, qui entraînent de la vapeur d'eau et de la vapeur d'alcool. Le vin perd ainsi de sa force.

A l'excès de la chaleur, il faut opposer un liquide froid, qui ramènera la température au degré utile. Ce liquide froid sera fourni par le jus d'une cuve en chargement. On enlèvera de la cuve trop tumultueuse une quantité suffisante de son vin, qui sera remplacé par le jus de la cuve froide, et celle-ci recevra le vin trop chaud.

La substitution du liquide froid au vin de la cuve trop active calmera l'effervescence de la fermentation. L'échange d'une partie de leur liquide sera utile aux deux cuves, qui accompliront ainsi, sans accident, leur fermentation complète.

Fermentation visqueuse. — Les jus sucrés subissent parfois une altération qui les rend visqueux. Le sucre disparaît et ne fournit pas d'alcool à la fermentation.

Si cette altération n'est que partielle, le jus subit néanmoins la fermentation alcoolique, mais le vin ne tarde pas à éprouver la graisse, spéciale aux vins blancs et très rare pour les vins rouges. Le vin, atteint de la graisse, file comme de l'huile; il est peu alcoolique.

Les matières propres à favoriser l'action du ferment visqueux sont: la potasse à la chaux, la chaux caustique, le carbonate de potasse, le sulfate de soude, l'azotate de potasse, la craie, le carbonate d'ammoniaque, le pétrole, les os calcinés. On voit, par cette énumération, combien il est dangereux d'employer les alcalis caustiques, la chaux vive, pour le nettoyage des cuves de fermentation. Pour peu qu'il reste de chaux attachée aux parois de la cuve, la fermentation vineuse est entravée, et le vin devient plus tard gras et filant.

Le mode de guérison de cet accident est expliqué au chapitre traitant des maladies des vins.

Fermentation lactique. — Les raisins, dont la dessiccation s'est faite à l'air libre, sont chargés de poussières dans lesquelles se rencontrent de nombreux ferments. Le ferment lactique y figure à côté des levures alcoolique et acétique. Son action ne se fait bien sentir, dans les jus sucrés, que lorsque la fermentation s'accomplit de 36 à 40 degrés au-dessus de 0°. Un milieu alcalin ou insuffisamment acide détermine l'activité de ce ferment, qui transforme le sucre en acide lactique. La production de cet acide diminue celle de l'alcool et communique au vin une saveur particulière, que modifie aussi l'acide butyrique, dont la formation est favorisée par l'acide lactique.

En donnant au liquide le titre acide nécessaire, en maintenant la masse fermentante au-dessous de 35 degrés centigrades, en éloignant toutes les matières alcalines, la fermentation lactique ne se produit pas.

Fermentation acétique. — Le plus grand ennemi du vin est encore le ferment acétique, qui le transforme en vinaigre. C'est dans le chapeau de vendange, élevé à la surface du liquide fermentant, chargé d'alcool et en contact avec l'air atmosphérique, que se forme la plus grande quantité d'acide acétique. La chaleur active cette formation de vinaigre. C'est par l'effet des deux fermentations alcoolique et acétique, parallèles, que beaucoup de vins, incomplètement fermentés, sont à la fois doux et piqués.

Les moyens de préserver la fermentation des raisins secs de la piqûre consistent : 1° dans les soins que nous avons recommandés pour la fermentation ; 2° dans l'immersion constante du chapeau dans le liquide, et dans la précaution de soustraire le vin à l'action de l'air pendant les soutirages et dans les citernes, foudres ou tonneaux.

Fermentation putride. — La température n'est pas uniforme dans toutes les couches de la masse en fermentation. Plus élevée à la partie supérieure, la chaleur est moindre au fond de la cuve. A mesure que le sucre disparaît, que le dégagement du gaz acide carbonique diminue, les matières lourdes en suspension dans le liquide, obéissant aux lois de la pesanteur, descendent sur le fond de la cuve, où elles forment une masse boueuse.

C'est dans ce fond boueux que des germes putrides se développent quelquefois.

La fermentation putride sera toujours évitée si, par une température convenable, par une addition de jus en activité, le chargement de la cuve prend rapidement la direction de la fermentation alcoolique, si l'on s'est conformé aux prescriptions recommandées pour un bon travail, et si le vin n'est pas abandonné trop longtemps au contact du marc et des lies.

Vins blancs de raisins secs. — Pour les vins doux, ou secs, consommés comme vins blancs, on emploie de préférence les raisins blonds : Vourla, Chesmé, Yerli. Voici, selon P. Debort la manière de les traiter :

Sur 100 kilog. de raisins secs, on verse 3 hectol. d'eau, froide en été, chaude en hiver. Par l'effet de la diffusion, le sucre et les matières solubles pénètrent dans l'eau, et, à mesure que la densité de l'eau augmente, la partie sucrée descend et tombe au fond de la cuve. On surveille attentivement l'opération, afin de l'interrompre avant qu'il y ait eu un commencement de fermentation. On soutire alors le liquide sucré, soit la moitié de l'eau versée sur le raisin (1 hectol. 1/2), et, pour empêcher un commencement de fermentation, on y ajoute 12 à 15 litres de bon alcool par hectol. de moût.

On abandonne ce mélange au repos, et, après quelques jours, on le clarifie, et l'on a ensuite un vin de 15-16 degrés d'alcool et 10 degrés de liqueur, réellement très bon.

Le raisin et l'eau restés dans les cuves servent ensuite à une opération pour du vin sec.

Pour obtenir du vin encore plus riche en sucre et en matières extractives, on pourrait avec 100 kilogrammes de raisins n'employer que deux hectolitres d'eau. Le liquide sirupeux, ou le moût, serait plus riche et donnerait du vin plus liquoreux.

Le vin, ainsi traité par l'alcool, constitue une espèce de vin muet, propre à faire du vermouth, des vins de liqueur, soit encore à remonter des vins faibles en alcool et en sucre. L'analyse de deux échantillons de vin de raisins secs, propres à la fabrication du vermouth et des vins de liqueur, accuse les résultats suivants :

	Vin de 3 mois	Vin de 4 ans
Alcool 0/0 en volume	9,4	10,8
Extrait sec en grammes par litre	23,7	23,45
Sucre	1,52	1,47
Cendres	2,06	2,40
Tartre	3,49	2,95
Titre acide en $H^2 SO^4$	4,60	5,15

Pour faire du vin blanc doux ordinaire, à trois hectolitres d'eau on ajoute 100 kilogrammes de raisins, comme dans l'opération précédente. Aussitôt que l'eau a absorbé toute la quantité de sucre qu'elle pouvait prendre au raisin, on soutire tout le liquide, et on le met en fermentation dans une cuve ou autre récipient. Si, avant que ce vin ait accompli toute sa fermentation, on le soutire dans un fût méché au soufre, il conservera une partie de sa liqueur ou douceur naturelle.

La méthode de fermentation des vins blancs doux, sans le contact du marc de raisin, est également applicable à la fabrication des vins secs. En activant la fermentation, par une température initiale de 18 à 20 degrés au chargement de la cuve, le vin, privé des pellicules du raisin, fermentera un peu plus longtemps, mais il décomposera tout son sucre.

Vins d'imitation. — D'après, P. Debort les raisins secs peuvent servir à faire des vins d'imitation en usant des méthodes suivantes :

On imite le vin de Madère en ajoutant, au vin doux et alcoolique de raisins secs, une nouvelle dose d'alcool, qui en élève le titre à 18 degrés. On y verse, en même temps, 2 0/0 d'infusion alcoolique d'amandes amères torréfiées, et 2 0/0 d'infusion de brou de noix. On abandonne ce mélange au repos pendant quelques mois. Après ce temps, on ajoute encore 2 0/0 d'alcool et un peu d'infusion, si le vin ne paraît pas en avoir le goût assez prononcé. Lorsque l'alcool ajouté est suffisamment combiné, assimilé avec le vin, on y verse encore de l'alcool jusqu'à ce qu'il ait atteint 22 ou 24 degrés. Ces dosages d'alcool doivent être fractionnés, faits à d'assez longs intervalles, afin de laisser un temps suffisant pour que le vin s'approprie les liquides ajoutés et forme avec eux un tout homogène. Si l'on désirait augmenter la partie liquoreuse, on pourrait introduire dans le vin 1 ou 2 kilog. de raisins de Samos blonds entiers.

Le vin de fabrication n'acquiert du parfum et de la qualité qu'en vieillissant dans un local tempéré, même chaud.

L'infusion se fait avec des coques d'amandes amères, torréfiées légèrement, que l'on verse dans de l'alcool franc de goût et d'odeur. Proportions : coques, 1 kilog. ; alcool, 5 litres, dans un vase bien fermé. On laisse infuser un mois. L'infusion, tirée au clair, doit être filtrée.

L'infusion de brou de noix se trouve dans le commerce.

De même que pour l'imitation du vin de Madère, la base du vin de Malaga est le vin de raisins secs, liquoreux et alcoolique, dont la fabrication a été précédemment décrite.

Pour imiter le vin de Malaga : à 100 litres de bon vin de raisins secs à 10 degrés d'alcool et de 6 à 7 degrés de liqueur, on ajoute : brou de noix, 6 litres ; alcool fin, 7 litres ; jus de merises, 2 litres ; de cassis, 1 litre ; vin de Roussillon très coloré, 5 litres ; caramel de sucre ou mélasse de canne à sucre, un demi-litre ou une quantité suffisante pour donner la couleur jaunâtre. On rend ce mélange aussi intime que possible par l'agitation, et on l'abandonne au repos dans un lieu plutôt chaud que froid. Ce vin doit avoir de 15 à 16 degrés d'alcool. On le renforce en le vinant en conséquence.

Le raisin blond de Samos, soumis à la fermentation, donne de bon vin blanc muscat.

Les vins muscats devant avoir plus de 10 degrés d'alcool, on ne doit employer que 250 litres d'eau pour 100 kilog. de raisins secs.

Pour une imitation des vins muscats de Frontignan, de Lunel, on prendra 100 litres de vin de raisins blonds de Samos, auxquels on ajoutera une quantité d'alcool fin suffisante pour en remonter le titre à 15 degrés, et 5 kilog. de raisins muscats bouillis dans un peu de vin. Ces raisins entiers, cuits, remplacent le sirop de raisin. Si les raisins secs sont employés en nature, c'est-à-dire à l'état sec, sans avoir été chauffés, le vin n'aura pas le goût de vin cuit.

La fleur de sureau contient une huile essentielle dont l'odeur a beaucoup d'analogie avec celle des vins muscats. On ajoutera 500 gr. par hectol., enveloppés dans un nouet en toile légère. Il y aurait avantage à faire infuser la fleur de sureau dans 1 litre de bon alcool pendant un mois : pressurer, filtrer l'infusion et la verser dans le vin.

Avant d'être livrés à la consommation, tous ces vins de liqueur sont soutirés, collés, puis soutirés au clair fin.

Décuvaison. — Pour s'assurer que la fermentation est éteinte, on pèse le vin avec le mustimètre plusieurs fois par jour ; si la densité ne diminue pas, si l'instrument accuse toujours le même degré, il faut décuver sans retard.

La décuvaison s'opère en retirant le vin de la cuve au moyen d'un robinet placé à sa partie inférieure, protégé contre l'introduction des pellicules du raisin par un petit fagot.

La pompe appliquée au robinet de vidange enlève le vin rapidement sans l'exposer au contact de l'air. A défaut de pompe, on emploie des tuyaux de fer-blanc ou de caoutchouc, pour transvaser le vin de la cuve dans les foudres et tonneaux.

Le vin sortant de la cuve de fermentation ne doit pas être exposé au contact de l'air.

La fermentation insensible dure plus ou moins longtemps, suivant que le sucre est plus ou moins abondant dans le vin. Il faut laisser s'accomplir cette dernière phase de la transformation du sucre, à moins qu'on ne veuille conserver au vin un peu de liqueur, et dans ce cas, on a recours au moyen de préservation indiqué pour la préparation des vins blancs muscats.

Après le premier mouvement de la fermentation insensible, les tonneaux doivent être bien fermés pour éviter l'introduction de l'air dans le vin.

Collage. — Dans l'industrie des vins de raisins secs, la clarification rapide est un besoin impérieux. Pour obtenir tout de suite la limpidité, qui est une qualité essentielle du vin, il faut le coller.

Le collage ne réussit pas toujours. En général, on emploie la colle à trop forte dose ; en quantité modérée, le collage est souvent sans efficacité, parce que les vins contiennent, à l'état de combinaison, des matières sur lesquelles l'albumine et la gélatine sont sans action. On réussit toujours à clarifier rapidement le vin, sans altérer aucune de ses qualités, en le collant avec 10 grammes de gélatine, par hectolitre, si déjà le liquide a reçu une dose de tanin ou d'un produit tanifère approprié.

Les vins bien collés n'ont pas besoin d'être filtrés ; mais les fonds de cuves, ordinairement troubles, réclament le secours du filtre. La filtration s'opérera en vases bien fermés.

Coupages. — On peut teindre les vins de raisins secs en rouge, par leur mélange avec des vins noirs. Cette coloration se fait, par exemple, avec quinze à vingt litres de vin très coloré ajoutés à cent litres de vin blanc. L'intensité de la couleur doit être donnée, suivant les goûts des acheteurs, plutôt par une plus forte proportion de vin rouge très foncé, que par une addition de matière colorante naturelle du raisin noir, extraite des pellicules.

Les coupages étant faits non seulement au point de vue de la couleur, mais encore pour améliorer la qualité et le goût des vins de raisins secs, on a recours aux vins alcooliques, chauds et généreux, corsés et colorés de France, d'Espagne, etc.

Les vins d'Espagne contiennent souvent un excès de sucre, et les vins de raisins secs, toujours jeunes, un peu de ferment. Les deux sortes de vins, mélangées, réunissent les conditions de la fermentation, qui ne manque guère de s'y établir aussitôt que la température ambiante s'élève. Il arrive ainsi très fréquemment que ces coupages se troublent et subissent de profondes altérations. On doit se préoccuper des dangers qui menacent ces coupages et prendre les mesures nécessaires pour les conjurer.

On peut conserver des vins de raisins secs, très bien réussis, pour être consommés en nature. Ils ont l'apparence d'un vin blanc légèrement ambré. Leur saveur, surtout au début, est un peu douceâtre ; (c'est à cette particularité que les dégustateurs présument leur présence dans les coupages où ils se trouvent en forte proportion). En vieillissant, soit en tonneaux, soit en bouteilles, ces vins peuvent devenir tout à fait secs, prendre du corps, du ton et même de l'agrément.

Utilisation des résidus de la fabrication. — Avant de livrer le marc aux manipulations qui ont pour objet son utilisation, il faut lui enlever la quantité de vin qu'il retient, au moyen du pressurage ou par des lavages.

Le liquide qui s'écoule du pressoir, filtré, clarifié, s'ajoute au vin de goutte.

Les piquettes de raisins secs s'obtiennent par une addition d'eau jetée sur les marcs pressurés ou non pressurés. On laisse l'eau ajoutée en contact avec le marc pendant un jour ou deux, on tire et l'on pressure les raisins.

La qualité de la piquette est en raison de la richesse du marc et de la quantité d'eau employée. Si le vin dont on traite le marc a 8 degrés d'alcool, 100 kilog. de ce marc pressuré, additionnés de 30 à 40 litres d'eau, donnent une piquette de bonne qualité à consommer rapidement, de crainte d'altération.

Après avoir été lavé, le marc est soumis de rechef à l'action du pressoir.

Les eaux de lavage et de seconde pression sont livrées à la distillation, donnent de l'eau-de-vie, et, avec des appareils à trois-six, de l'alcool à fort degré, de bonne qualité.

On retire du marc de 1.000 kilog. de raisins secs de 20 à 25 litres d'eaux-de-vie à 60 degrés, soit de 14 à 15 litres de troix-six.

Toute espèce d'alambic peut servir à la distillation des eaux de lavage des marcs.

Le marc pressuré est aussi employé à la nourriture du bétail; les bœufs et les moutons le mangent lorsqu'il est pressuré, et le refusent lorsqu'il est mouillé.

Le marc, épuisé par des lavages, est un engrais convenable pour la vigne.

Les petites eaux du lavage du marc conviennent très bien pour la fabrication des vinaigres d'alcool. Elles apportent, à l'eau-de-vie à convertir en acide acétique, de l'alcool, du sucre et des matières organiques azotées très favorables à la fermentation acétique. Arrivées à la vinaigrerie, ces petites eaux ont besoin d'être alcoolisées à 8 ou 10 0/0. Sans ce vinage, elles passeraient rapidement à la fermentation putride, tandis qu'elles se conservent longtemps avec le secours de l'alcool.

Législation. — Pour la législation régissant la fabrication des vins de raisins secs, voici un extrait des circulaires nos 272 et 298 des Contributions indirectes :

Nul ne peut se livrer à la vente en gros ou en détail des vins de raisins secs, s'il ne s'est préalablement muni d'une licence, soit de marchand en gros, soit de débitant.

Les marchands en gros, qui veulent fabriquer des vins de raisins secs, sont tenus d'en faire la déclaration au bureau de la Régie. Ils doivent, en outre, faire une nouvelle déclaration avant chaque fabrication, 12 heures à l'avance dans les villes sujettes et 24 heures à l'avance dans les campagnes.

Cette déclaration indiquera :

1° La date et l'heure du commencement de la fabrication, celles de la fin de la fabrication et de l'entonnement ;

2° Le poids et le volume, ainsi que la nature de chacune des matières mises en œuvre ;

3° Le volume total des quantités mises en fermentation ;

4° Par approximation, la richesse alcoolique du produit après fabrication ;

5° La quantité de boissons qui sera fabriquée.

Le rendement déclaré déterminera, pour son intégralité, le montant de la prise en charge.

Il sera ouvert à chaque marchand en gros, fabricant de vins de raisins secs, au registre portatif, n° 504 :

1° Un compte général de fabrication ;

2° Un compte de produits achevés.

Tout débitant, se livrant à la fabrication des vins de raisins secs, doit en faire, comme le marchand en gros, la déclaration préalable.

Chez les débitants exercés ou abonnés, la prise en charge sera faite au compte ordinaire : ceux qui sont établis dans les villes sujettes au droit d'entrée devront immédiatement payer les droits.

Dans les villes sujettes, le récoltant et le simple particulier, qui fabriquent des vins de raisins secs, sont tenus à la déclaration et doivent acquitter immédiatement toutes les taxes locales.

Dans les villes non sujettes et dans les campagnes, les récoltants et le simple particulier, qui fabriquent des vins de raisins secs, pour leur consommation personnelle, qui ne les vendent, ni ne les déplacent, ne sont pas astreints à la déclaration.

S'ils vendent, en gros ou en détail, ils deviennent immédiatement passibles de la licence et sont assujettis à toutes les obligations susénoncées.

Voici, d'autre part, l'article 12 de la loi de finance du 17 juillet 1889 :

A partir de la promulgation de la présente loi, l'article 235 de la loi du 28 avril 1816 sur les visites dans les brasseries et distilleries, l'article 11 de la loi du 3 juillet 1846 concernant la fabrication des cidres et poirés sont applicables aux fabriques de vins de raisins secs.

Un règlement d'administration publique déterminera la surveillance à exercer dans ces fabriques en vue de l'application des dispositions ci-dessus.

L'article 23 de la loi du 28 avril 1816 est complété ainsi qu'il suit :

Les fruits secs destinés à la fabrication du vin seront imposés, dans les villes sujettes aux droits d'entrée, à raison de 100 kilog. de fruits secs pour 3 hectolitres de vin.

L'article 235 de la loi du 22 avril 1816, est ainsi conçu :

Les visites et exercices que les employés sont autorisés à faire chez les redevables ne pourront avoir lieu que pendant le jour; cependant, ils pourront aussi être faits la nuit dans les brasseries, distilleries, lorsqu'il résultera des déclarations que ces établissements sont en activité, et chez les débitants de boissons pendant tout le temps que les lieux de débit seront ouverts au public.

L'article 11 de la loi du 3 juillet 1846, s'exprime comme suit :

La fabrication des cidres et des poirés sera soumise à l'exercice dans l'intérieur de Paris. Les droits dus pour le Trésor et pour l'octroi seront perçus sur les quantités fabriquées.

A l'époque où la perception sera établie par exercice, les fruits verts cesseront d'être soumis au paiement des droits à l'introduction.

Les obligations des fabricants de cidres et poirés seront fixées par une ordonnance royale rendue dans la forme des règlements d'administration publique.

Toute contravention aux prescriptions de ladite ordonnance sera punie conformément à l'article 129 de la loi du 28 avril 1816 pour ce qui concerne les droits du Trésor, et conformément à l'article du 29 mars 1832 pour ce qui concerne les droits d'octroi.

Une loi du 14 août 1889 (loi Griffe), dont nous parlerons plus loin en détail, réglemente la vente des vins de raisins secs.

DÉGUSTATION

Bien que, rigoureusement, le mot *dégustation* ne puisse s'appliquer à l'ensemble de tous les éléments naturels d'appréciation des boissons, il est généralement admis qu'il les comprend tous, et on est convenu de désigner ainsi l'*art* délicat qui consiste à reconnaître à la vue, à l'odorat et au goût, quelquefois même au toucher, la valeur intrinsèque des liquides alimentaires.

Il peut paraître étrange aux profanes d'appliquer le mot « art » en pareille matière; cependant c'est bien ainsi que nous devons envisager l'opération subtile à laquelle président les yeux, le nez, la bouche et les mains, pour la recherche des qualités des vins, des spiritueux, des cidres, des bières et des liqueurs diverses.

D'ailleurs, comme tous les arts, celui-ci ne s'apprend pas par la théorie ou par la pratique seule. Pour être bon dégustateur, il faut avoir reçu de la nature un don particulier de finesse des organes.

Rôle de la vue. — L'œil est le premier appelé à former l'opinion du dégustateur sur la qualité des produits. Des organes de nos sens, c'est celui qui s'habitue le plus facilement à ces analyses sommaires et qui s'exerce avec le plus de rapidité.

Les vins surtout se trahissent facilement. S'ils sont nouveaux, leur couleur n'est pas limpide; diverses matières organiques sont en suspension dans le liquide, et des collages, des soutirages sont nécessaires; mais il se peut également que l'aspect louche de la robe soit dû à des fermentations secondaires, que différentes maladies se soient déterminées : parmi celles-ci, nous reconnaissons assez aisément l'acescence, la graisse, la pousse, la tourne, etc. Evidemment la vue seule ne peut déterminer le caractère propre de chacun de ces états morbides; pourtant, dans maintes circonstances, elle suffit et évite une inspection plus minutieuse. Lorsqu'un dégustateur a de nombreux échantillons à examiner, il lui arrive fréquemment d'en éliminer rien qu'en les versant dans son verre ou dans sa tasse.

La tasse est un petit instrument merveilleux pour ces sortes d'opérations. Avec ses facettes, ses bosses et ses creux, elle donne une juste valeur aux vins qu'on y recueille. Elle fait miroiter, briller sous les jours les plus divers, la pourpre superbe, et rompt, casse la couleur indécise. En vain essaie-t-on de multiplier les chatoiements des rayons lumineux, en vain cherche-t-on à provoquer l'œil par des mouvements de rotation imprimés de la main, le vin malade ne *rend pas*, il reste terne; il ne peut plaire.

Que le vin soit rouge foncé, rose, jaune ou blanc, pour satisfaire la vue, il doit être d'une limpidité parfaite, être *franc de couleur*, selon l'expression consacrée. Seuls les vins encore très jeunes ont la permission de présenter des nuances douteuses, mais les experts peuvent prédire qu'avec l'âge tel produit s'éclaircira, tandis que tel autre conservera une couleur qui lui nuira perpétuellement.

On reconnaît facilement un produit fort d'un plus léger; la couleur rouge foncé du premier tranche avec le rubis du second. Un vin vieux se distingue aisément aussi d'un vin jeune : l'un possède encore ce bleuté propre à la pellicule du raisin noir, l'autre a perdu cette coloration particulière ; il s'est oxydé peu à peu et a pris une teinte jaunâtre ou roussâtre.

Rappelons que, pour certains vins blancs, la franche couleur blanche est recherchée, tandis que, pour d'autres, on préfère une teinte un peu ambrée.

Quant aux autres boissons, les cidres, les bières, les spiritueux et les liqueurs, la vue ne donne, relativement aux vins, que des indications par trop insuffisantes. On reconnaîtra bien un cidre fort d'un cidre faible, par la teinte plus jaune du premier; une bière forte, d'une bière légère; l'alcool, de l'eau-de-vie ou du rhum; mais il sera à peu près impossible, sans recourir à l'odorat et au goût, de donner une opinion sur les mérites particuliers de ces denrées. Il en est de même des liqueurs colorées par les substances diverses qui les composent ou qu'on y ajoute.

Rôle de l'odorat. — Les fosses nasales communiquent non seulement avec l'extérieur, mais encore avec la bouche, et cette particularité complète, de la meilleure façon, l'appareil de la dégustation.

« Sans la participation de l'odorat, il n'y a point de dégustation », dit Brillat-Savarin, qui va même jusqu'à croire que l'odorat et le goût ne forment qu'un seul et même sens.

Différents moyens facilitent la tâche de l'odorat au moment de la dégustation.

En plus de la tasse, dont nous avons dit quelques mots, l'expert doit avoir à sa disposition un verre en cristal léger, genre tulipe, assez étranglé à la partie supérieure et bien renflé vers le milieu. Cette forme, qui peut paraître bizarre, est cependant essentielle pour le gourmet, qui veut bien connaître les parfums dégagés par un vin ou un spiritueux.

Le liquide à expérimenter, versé dans un verre de ce genre, à peu près jusqu'à la moitié, se trouvera dans les conditions les plus favorables pour développer ses principes odorants. En effet, la surface qu'il présente à l'air est assez considérable, puisqu'à la moitié du verre correspond le diamètre le plus large de ce récipient, l'évaporation des éthers est donc plus grande; mais ces vapeurs délicates, au lieu de se répandre immédiatement dans l'espace, sont pour ainsi dire emprisonnées dans l'étranglement du verre et montent comme dans une cheminée. Le nez les recueille et les conduit à l'organe sensitif qui les distille et les juge.

Les vins et les spiritueux surtout, soumis à une expérience de ce genre, donnent déjà, au point de vue de l'ensemble de l'expertise, de précieux renseignements, quant à leur qualité, bien que souvent la tasse soit suffisante.

Un vin piqué se reconnaîtra facilement; notre muqueuse nasale sera désagréablement impressionnée par une sensation aigre qui nous mettra en garde contre ce breuvage, que nous nous empresserons de jeter sans même le goûter. Il pourrait gâter la finesse de notre bouche. Le verre du dégustateur est particulièrement destiné à l'examen du *bouquet* des bons vins, des bonnes eaux-de-vie, la tasse n'a fait connaître que l'*arome*.

C'est que, pour l'homme de l'art, il y a une différence notable entre l'arome et le bouquet; le premier est cette odeur particulière qui se dégage du liquide et qui est due aux gommes ou résines dissoutes naturellement; l'arome fait distinguer le vin de Bordeaux du vin de Bourgogne. Mais le second est une émanation d'une finesse bien plus exquise, plus fugace, plus déliée et plus variable; le bouquet, pour les vrais connaisseurs, détermine les crus; il est formé dans les vins et les eaux-de-vie par les éthers œnanthiques qui s'en échappent, et dont on provoque même le dégagement par l'agitation qu'on imprime, des doigts, au verre, avant de le porter au nez, ou, mieux encore, en chauffant légèrement, entre les deux mains fermées, les parois du verre.

Les bourgognes dont les bouquets se perçoivent immédiatement, n'ont pas besoin de ces moyens artificiels pour se faire apprécier; mais les bordeaux sont, dès l'abord, moins expansifs; il faut aller chercher les merveilleuses senteurs qu'ils détiennent; une légère élévation de température les fait épanouir.

L'odorat sert également, mais à un moindre degré, pour les alcools d'industrie. Souvent cependant, pour se rendre compte de leur neutralité, on en verse quelques gouttes dans les mains, qu'on frotte l'une contre l'autre, et les émanations qui se dégagent, suffisent pour affirmer la bonne rectification et quelquefois même la nature de la matière première dont le trois-six a été extrait.

Les cidres, poirés, bières peuvent être aussi servis ou desservis par l'odorat, mais les essences qu'ils contiennent ne se développent pas comme celles des boissons viniques; elles ne parlent pas aussi nettement.

Pour les liqueurs, le point capital est de reconnaître à l'odorat si l'alcool employé est suffisamment neutre; les produits divers qui les composent sont décelés par le goûter.

Rôle de la bouche. — La bouche tout entière, depuis les gencives jusqu'à son extrémité opposée, à la naissance de l'œsophage, est le véritable organe du goût, de la dégustation. Mais ce n'est pas la cavité buccale seule qui est intéressante dans cette fonction ; la surface interne des joues, le palais et enfin surtout la langue sont les organes essentiels du sens dont nous nous occupons.

La langue est le principal acteur dans cette délicate opération ; c'est là que les saveurs se répandent et se développent; c'est là que la plupart des impressions gustatives viennent s'analyser avant d'être conduites par les nerfs lingual et glosso-pharyngien à notre cerveau qui juge et apprécie.

Les petits appareils qui perçoivent les premiers les qualités sapides des corps, qui les distillent pour ainsi dire, sont les papilles dont est tapissée la membrane recouvrant la langue, en communication directe avec les nerfs sensitifs par des ramifications multiples.

Longtemps on a pensé que la langue possédait seule tout pouvoir gustatif; on a reconnu aujourd'hui que les joues, les gencives et le palais jouissent aussi, à un degré moindre il est vrai, d'une faculté d'appréciation qui a également son importance.

Certes, le jugement du dégustateur n'est pas commode à rendre : s'il s'agit de vins, non seulement il lui faudra en reconnaître la saveur bonne ou mauvaise, mais il devra pouvoir en déterminer le cru, l'année et presque la composition; s'il s'agit d'une bière, d'un cidre, il sera appelé à donner son avis sur leur pureté, sur les matières étrangères qui auront pu entrer dans leur fabrication ou qui auront été ajoutées ; ainsi des alcools et des liqueurs.

On voit l'horizon qui s'ouvre devant l'expert, il est extrêmement large. Du reste, en dehors de la finesse de goût dont sont doués naturellement les bons dégustateurs, il faut, pour qu'ils puissent arriver à une connaissance parfaite de leur art, une habitude très grande, une pratique continue; tel expert, remarquable jadis, s'il a cessé, pendant un temps trop prolongé, d'exercer ses facultés gustatives, perd sa netteté de goût et sa justesse d'appréciation. Souvent nous avons entendu mettre en doute les qualités expertes d'une personne autrefois très écoutée en ces matières, parce qu'elle avait abandonné les affaires qui chaque jour l'appelaient à déguster.

Des dégustateurs habiles ne sont pas moins nécessaires que les chimistes; c'est que, si les instruments de ces derniers permettent de préciser la composition d'une boisson, ils sont impuissants à analyser les saveurs bonnes ou mauvaises qui la rendent agréable ou désagréable.

La bouche peut seule servir dans ces circonstances ; elle remplace tous les appareils, elle ne donne jamais de faux renseignements. Un vin qui ne lui plaira pas ne pourra jamais être considéré comme bon, alors même que sa composition chimique et les proportions de ses différents éléments seraient conformes aux données de la science.

Relations du goût et de l'odorat. — Les différentes parties de l'orifice buccal ont chacune un rôle particulier. Suivant que le liquide à expérimenter est placé à l'extrémité antérieure de la langue ou, au contraire, près de l'œsophage, les sensations ne sont pas les mêmes, et la façon dont elles sont perçues et analysées ne peut laisser aucun doute sur la spécialisation de chaque nerf.

Si nous approchons de notre bouche une boisson quelconque et que nous plongions dans ce liquide l'extrémité de la langue, de manière à ce que les bords lisses trempent seuls, la sensation produite est des plus faibles, c'est à peine si nous pouvons reconnaître la nature du breuvage. Mais cependant nous en saisissons l'acerbe, le piquant ou le doux; avant d'aller plus loin nous sommes déjà avertis.

Admettons que, jusqu'ici, rien ne soit venu nous impressionner d'une manière défavorable et introduisons franchement maintenant, sans hésitation, un peu du liquide dans notre bouche et, au moyen de nos joues, que nous creuserons de l'extérieur à l'intérieur, de manière à rendre la cavité buccale plus petite, laissons-le pendant quelques instants sur le milieu de la langue. De nouvelles saveurs ne tarderont pas à se dégager, la chaleur propre de tout l'organe, environ 35 à 37 degrés, contribuera à produire ce résultat assez rapidement.

Ces saveurs sont bien différentes de celles découvertes au début; les éléments, divers qui constituent le liquide expérimenté, se fondent peu à peu, se décomposent, les essences développent leur sapidité particulière, et, grâce à des papilles plus grosses que les précédentes, les papilles fongiformes, nous arrivons à analyser chacun des caractères du breuvage.

La prolongation de l'expérience dégustative jusque dans l'arrière-bouche est des plus intéressantes ; au moment, en effet, où les aliments arrivent à cet endroit, toutes les senteurs qu'ils peuvent dégager, provoquées par la mastication ou par la chaleur, trouvent un passage particulier qui les fait remonter dans les fosses nasales, où, à leur tour, elles viennent s'analyser.

C'est cette dernière particularité qui complète la dégustation. Si nous parvenions à boucher complètement nos arrière-narines, c'est-à-dire les deux conduits qui font communiquer le nez avec l'arrière-bouche, et que nous cherchions à manger ou à boire dans ces conditions, tous les aliments nous paraîtraient fades, sans saveur bien appréciable. Un gourmand, enrhumé du cerveau, ne goûte que fort peu les bonnes choses qu'il avale, parce que la membrane pituitaire, malade, est incapable de percevoir les senteurs que développent les mets présentés. Un dégustateur, qui se trouve dans de pareilles conditions, doit remettre ses travaux à plus tard.

Dans la pratique, lorsque les experts ont des quantités d'échantillons à goûter, chaque introduction du liquide dans la bouche est suivie de son rejet. Il n'est pas possible d'absorber tous les breuvages à expérimenter, l'estomac n'y résisterait pas ; mais il est important, pour bien se rendre compte de leur valeur, de les amener jusque dans l'arrière-bouche, ou aussi près que possible de cet endroit, afin de permettre aux éthers qui se sont dégagés de remonter dans les fosses nasales et de s'y faire apprécier. Dans certaines circonstances, nous recommandons même, à la fin d'une séance et pour bien fixer les idées, de boire, ne serait-ce qu'une gorgée. Alors tous les éléments de l'appareil dégustatif auront participé à la recherche qui doit assurer le mérite du produit ; le jugement rendu sera précis et définitif, la langue, l'arrière-bouche et, intérieurement, les fosses nasales ayant fourni chacune leur avis.

Après un pareil examen on pourra dire d'un vin, par exemple, qu'il a de la sève ; la sève, dans cette acception, s'entendant de la force vineuse et de la saveur aromatique, qui se développent lors de la dégustation ; elles embaument la bouche et continuent à se faire sentir après le passage de la liqueur.

Instruments de la dégustation. — Les tasses et les verres dont se servent les experts-dégustateurs, ont une grande importance dans l'appréciation des boissons.

La tasse, qui peut affecter diverses formes, doit, autant que possible, être en argent. On en fait en ruolz; mais, outre que ce métal peut s'oxyder à la longue, se pointiller de taches qui troublent la transparence du liquide, la teinte particulière du plaqué a une fâcheuse influence à l'œil, sur la pourpre du vin.

Les orfèvres ont à la disposition du commerce des tasses de vendeur et des tasses d'acheteur.

Le vendeur a besoin de parer sa marchandise, il ne doit rien négliger pour en faire ressortir les qualités. Un tableau médiocre dans un superbe cadre est souvent admiré. Le cadre ici, c'est la tasse, avec ses méplats polis et brillants, avec ses bords élevés, sur lesquels viennent se rompre, en foule, les rayons lumineux.

Les hauts bords, la teinte un peu jaune donnée par le fabricant à l'argent qu'il emploie à la confection de quelques-unes de ses tasses, constituent l'appareil du vendeur.

Tout autre sera celui de l'acheteur. L'argent aura sa couleur blanche habituelle, les dimensions des bords ne seront pas exagérées, rien ne devra modifier le produit à examiner.

Les Bordelais, qui sont, en général, de fins dégustateurs, qui ont besoin de bien se rendre compte de la valeur d'un vin, qui l'étudient sous toutes ses faces, ont mis en usage une tasse particulière, à surface absolument unie. Elle ne donne donc pas de miroitements trompeurs. De bords, il n'y en a pas; c'est, en somme, une simple soucoupe avec un centre légèrement convexe. Le vin apparaît alors sous son vrai jour, sans le moindre artifice optique.

Les acheteurs de la Gironde ont également mis à la mode deux tasses jumelles, renfermées l'une dans l'autre et se dédoublant facilement par une simple volte sur un pivot. Ce système permet d'avoir sous les yeux, en même temps et, à très peu de chose près, dans le même foyer de lumière, deux produits à comparer.

Ces différences entre les tasses à vin indiquent suffisamment l'importance de ce petit appareil, dont le choix demande encore la connaissance exacte des services qu'on veut en tirer.

Outre la tasse, des verres de cristal fin sont nécessaires. Les verres coniques sont les seuls bons, relativement à la couleur : grâce à leur forme, ils facilitent le jugement de la nuance des vins, qui, suivant les hauteurs, apparaît d'une façon plus ou moins intense, l'épaisseur de la couche liquide à faire traverser par le rayon visuel étant plus faible à la base et, au contraire, plus grande à la partie supérieure. Entre ces deux extrêmes, la différence de tons, la gamme allant presque du rose au rouge pour les vins de raisin noir, et du blanc pur au jaunâtre pour les vins de raisins blancs, est intéressante à étudier, et donne quelquefois de précieuses indications.

Enfin le verre tulipe, dont nous avons déjà dit un mot, complète le matériel du dégustateur. Lui aussi est de cristal fin ; son principal rôle est de servir à développer les éthers œnanthiques, à les concentrer à la surface du liquide et à les conserver à la disposition du nez qui vient les humer.

Tous ces verres, comme bien on pense, doivent être unis, purs de toute tache, sans la moindre irisation et le plus minces possible.

Incidents de la dégustation. — Il ne suffit pas d'être bon dégustateur pour que l'appréciation donnée sur une boisson soit juste, il faut encore que les fonctions gustatives de l'expert jouissent, au moment utile, de la plénitude de leur valeur.

En général, tous les malaises modifient les pouvoirs enregistreurs des odeurs et des saveurs ; les membranes du nez et les papilles de la bouche étant affectées, on sent peu et on goûte mal ; enfin, on peut perdre à tout jamais l'odorat ou le goût.

Mais ce ne sont là que des cas heureusement fort rares ; le rhume seul est, de tous les maux, celui qui se présente le plus souvent ; il fausse absolument l'appréciation et, pendant toute sa durée, on fera bien de s'abstenir.

Ce n'est donc qu'en parfait état de santé qu'on devra se permettre de formuler un jugement. Une cause quelconque vient-elle égarer ou diminuer les facultés de l'expert, il devra déclarer qu'il n'est pas *en bouche* et se retirer.

Autant que possible, la dégustation doit se faire à jeun ; alors tout l'organisme est dans les meilleures conditions ; aucun aliment n'a laissé trace de son passage sur la langue, dans l'arrière-bouche ; ni saveurs, ni senteurs étrangères ne viennent modifier les principes éthérés des boissons à juger.

Comme les virtuoses du chant, qui sont obligés de prendre de grandes précautions pour leur gorge, le dégustateur, un virtuose aussi en son genre, se soumettra à un régime constant pour conserver à ses organes du goût et de l'odorat la délicatesse nécessaire. Il n'abusera jamais des liqueurs alcooliques, des mets trop épicés ; il se gardera de fumer ; enfin il se refusera, surtout avant une expertise, tout ce qui pourrait irriter la membrane pituitaire ou émousser les papilles gustatives.

Ces appareils se fatiguent, du reste, très facilement, il ne faut pas en abuser, si on veut les garder en bon état. On ne doit pas goûter plus d'une cinquantaine d'échantillons dans une même séance ; encore ce chiffre est-il très élevé et, si ce sont des vins de différente nature qu'il s'agit d'examiner, il sera bon de les classer par année et par force, de commencer l'opération par les plus secs, les plus maigres, les plus verts, pour terminer par les plus moelleux. Le palais et la langue s'accommoderaient mal d'une gymnastique à rebours.

On doit éviter, à plus forte raison, de goûter en même temps des vins de liqueur et des vins secs, des vins blancs et des vins rouges ; jamais on ne doit apprécier des boissons différentes dans une même journée : vins et eaux-de-vie ne peuvent pas plus aller ensemble que cidres et bières.

Déguster des vins, même d'une seule région, n'est déjà pas besogne si facile, leurs mérites respectifs ne sont pas si aisés à reconnaître, et il faut beaucoup d'expérience pour attribuer à chacun d'eux la note vraie.

Souvent, au bout de quelques instants, la langue fatiguée ne rend plus les services qu'on réclame d'elle ; les houppes qui la garnissent, irritées par le liquide, n'analysent plus distinctement les saveurs ; toutes se confondent, et on n'éprouve plus qu'une sensation chaude et piquante assez désagréable. Il faut alors se reposer, et, si on le croit possible, se *refaire la bouche*, c'est-à-dire remettre cet organe en bon état, le débarrasser de tous les corpuscules étrangers qui peuvent en modifier les fonctions, enfin le préparer à une nouvelle opération.

Un gargarisme à l'eau fraîche suffit généralement ; on a proposé aussi certains aliments auxquels on attribue des qualités réparatrices.

On a raison de leur accorder ces vertus ; mais, à notre avis, ils les poussent si loin que volontiers nous mettrions le dégustateur en garde contre eux.

C'est qu'en effet, ces aliments ont les défauts de leurs qualités ; nous réclamons d'eux un service, et ils poussent la complaisance jusqu'à se faire goûter. Voilà le reproche que nous faisons à l'usage des fromages, des noix, que quelques dégustateurs n'hésitent pas à manger entre deux vins à examiner.

Dans de pareilles conditions le second sera trouvé bien meilleur que le premier, alors même que réellement il lui serait égal ou inférieur.

A table, la qualité et l'agrément d'un vin dépendent des aliments qui ont précédé sa dégustation ; l'expert ne doit donc pas se laisser influencer par des mets qui faussent son jugement et empêchent toute comparaison entre les produits.

Ce n'est pas sans raison que Grimod de la Reynière, renommé pour ses recherches gastronomiques, disait que les fromages salés, comme ceux de Gruyère, de Roquefort, sont *les biscuits de l'ivrogne* ;

non seulement ils provoquent la soif, mais ils « font trouver bon tout vin médiocre ». Grâce à eux l'âpreté disparaît et on sent du moelleux ; les amandes ont le même défaut à un degré moindre, il est vrai. Il faut laisser ces procédés au vendeur qui veut se débarrasser d'une boisson inférieure et qui rencontre un novice sur sa route.

Pour refaire la bouche, nous ne voyons que le repos, le gargarisme à l'eau fraîche et, à la rigueur, une simple bouchée de pain sec.

Si nous avons recommandé de ne pas manger d'aliments pouvant artificiellement faire trouver bons les liquides à examiner, nous devons prémunir aussi contre ceux qui rendent le goût défectueux. Les fruits, les gâteaux sucrés, et en général les mets doux, font paraître les vins acerbes et peu agréables, à moins que ce ne soient des vins de liqueur, ceux-là prennent alors une pointe de vigueur qui leur sied et rehausse leur caractère un peu mou.

Qualités du vin. — Nous rappellerons ici les termes les plus usités pour déterminer les qualités des vins, en résumant leur signification.

D'abord, à l'œil, le vin rouge ou blanc est *franc de couleur* ; puis à l'odorat, il a de l'*arome* ou du *bouquet* ; c'est l'odeur agréable qui s'exhale du liquide et qui est due aux gommes ou résines dissoutes naturellement. On fait parfois une différence entre l'arome et le bouquet : ce dernier est plus délicat et s'applique pour quelques-uns au parfum qui se dégage des liqueurs spiritueuses au moment de la dégustation, il continue à se faire sentir après le passage de la liqueur ; cependant le plus souvent dans ce cas, on l'appelle *sève*. La sève, à proprement parler, est la force vineuse et la saveur aromatique qui se développent lors de l'introduction du liquide spiritueux dans la bouche et surtout dans le gosier ; elle embaume toute la cavité buccale et les fosses nasales. Si le bouquet est l'agrément de l'odorat avant le goûter, la sève est celui de la bouche, de l'estomac et du nez après le boire.

Le mot *bouquet* s'applique aussi quelquefois pour désigner l'odeur particulière qui distingue les vins fins.

Un vin est *charnu*, lorsqu'il a une certaine consistance ; on dit aussi dans ce cas qu'il a de la *mâche*, mais ce dernier mot ne doit s'employer que pour les produits nouveaux, épais, souvent pâteux, qui remplissent bien la bouche et semblent pouvoir être mâchés. Après les premiers soutirages, en abandonnant leur lie, ces vins deviennent *charnus*. S'ils ont une force vineuse, spiritueuse, suffisante, un goût prononcé, s'ils remplissent bien la bouche, on dit qu'ils sont *corsés*, qu'ils ont du *corps*.

Un vin léger, mais spiritueux cependant, dont tous les éléments sont en harmonie, est un vin *délicat*, il est généralement peu chargé en sels, d'une couleur peu foncée, il n'est ni âpre ni piquant, il a du corps et même du *grain* ; pour être véritablement délicat et que cette délicatesse soit considérée comme une qualité, il faut qu'aucun des principes constitutifs du liquide ne domine les autres.

Le mot *grain* sert à désigner une sorte d'âpreté agréable qui se fait plus ou moins sentir dans la plupart des bons vins, lorsqu'ils ne sont pas très vieux ; cette qualité leur permet de relever les vins faibles dans les mélanges.

Le dégustateur se sert de quantité de termes empruntés au vocabulaire des trafiquants en étoffe : *soyeux*, s'applique au vin dont le conctact, avec le palais, fait éprouver une sensation agréable, qui n'est altérée par aucune âpreté ; *étoffé*, qui se dit d'un produit communiquant dans la bouche une sensation de solidité, d'ampleur et de bonne constitution.

Un vin qui a de l'*étoffe* présente à la dégustation une homogénéité robuste dans toutes ses parties, et est généralement plein de promesses pour l'avenir. Ce n'est pas toutefois la *fermeté*.

La *fermeté* s'applique plus volontiers aux vins qui n'ont pas encore acquis toute leur maturité, mais qui réunissent à beaucoup de corps du *nerf* et du *mordant*.

Un vin *nerveux* est celui dont la force lui permettra de se maintenir longtemps au même degré de qualités, tant au point de vue de ses principes spiritueux que de ses autres éléments constitutifs ; un vin qui a du *mordânt* communique son goût à ceux auxquels on le mélange ; il doit avoir une force alcoolique, une saveur et un bouquet prépondérants dans les coupages, afin de les améliorer.

La *vivacité* s'entend d'un vin de goût agréable et léger et de belle couleur franche, brillante, *nif*, comme on dit à Paris ; ce vin n'est ni doux, ni piquant, il est d'une bonne force spiritueuse ; la *finesse* est la qualité d'un vin délicat, distingué, elle réunit un goût agréable à un bouquet charmant ; la *précocité* est la faculté qu'ont certains produits, d'acquérir rapidement leur maturité ; cette qualité est quelquefois peu appréciée et ce n'est pas sans raison ; la *vinosité* s'entend d'un vin qui a beaucoup de force et de spiritueux.

Généralement, un bon vin qui a de la vinosité a aussi du *montant*, qualité qu'on peut apprécier lorsque les parties aromatiques et spiritueuses qui se dégagent du liquide montent agréablement au cerveau ; le mot *fumeux*, employé dans certaines contrées, n'est pas si complet, il ne se comprend guère que pour indiquer que les parties spiritueuses d'un vin se volatilisent promptement et portent à la tête, celles-ci abandonnent en route le bouquet et toutes les essences odorantes qui font véritablement goûter ; c'est bien souvent un défaut.

Toutes ces qualités se trouvent quelquefois condensées en une seule expresssion ; ainsi quand on dira, en appuyant spécialement sur le mot « bon » : « Voilà un *bon* vin », on comprendra que tous les éléments qui le composent sont en harmonie, et que la couleur, le bouquet, le goût, sont parfaits et constituent véritablement toutes les qualités d'un excellent produit. Ce produit n'aura d'autres saveurs que celles que doit lui donner le raisin, c'est-à-dire qu'il sera *franc de goût* ou *droit de goût*, et en même temps, *franc de qualité*. Il pourra être *généreux*, si ses éléments le rendent *chaud* (pourvu de beaucoup de spiritueux), balsamique, et lui permettent de donner du ton à l'estomac.

Un vin *bien en bouche* est encore une locution fort usitée; elle n'a besoin d'aucune explication. Nous en dirions autant pour cette autre expression : un *vin qui finit bien*, si elle n'était employée dans deux cas différents.

Voici le premier sens, le plus fréquent : au moment de la dégustation, après le passage du liquide dans l'arrière-bouche, toute la cavité buccale et les fosses nasales sont encore imprégnées de ses senteurs délicates ; celles-ci s'évaporent peu à peu, et se perçoivent encore, même après que la liqueur est arrivée dans l'estomac, et prolongent le charme. Dieu, qu'elle *finit bien !* pouvons-nous nous écrier.

Un vin qui *finit bien*, pour d'autres, est un produit qui gagne en vieillissant, et qui arrive, sans accident, au point où tous ses principes constitutifs parviennent heureusement à leur complet développement.

Dans la dégustation, cette dernière qualité ne peut que se présumer pour les vins jeunes, on peut dire alors qu'ils ont de l'avenir ; dans les vins vieux, elle peut se constater.

Nous préférons réserver à l'expression *finir bien*, le sens que nous avons exposé en premier lieu. C'est le plus exact au point de vue de la dégustation.

Défauts et maladies du vin. — On dit d'un vin, s'il n'est pas d'une couleur franche, qu'il est *louche* ; s'il est jeune, que sa clarification ne soit pas complète, on le dira *bourru*. Cependant, il y a une différence entre ces deux termes. Un vin *louche* est en état de maladie, il est *cassé*, et sa teinte fausse est due à une dégénérescence quelconque ; un vin *bourru* ne se trouve pas dans les mêmes conditions ; si sa couleur n'est pas nette, c'est que sa lie n'a pas encore été précipitée par le froid. A proprement parler, ce n'est pas un défaut, cette particularité n'est que passagère et l'expert saura reconnaître le *louche*, qui peut durer aussi longtemps que le vin, du *bourru* qui est temporaire.

Quelquefois, on remplace l'expression *bourru* par celle de *grossier*, quand il s'agit surtout de vins fins qui ne se sont pas encore dépouillés. Lorsque ceux-ci vieillissent, ils se débarrassent des matières organiques en suspension qui masquaient leurs qualités et deviennent agréables. Pourtant, on entend plus généralement par vin *grossier* tout produit ayant de la dureté, un goût pâteux qui le rend lourd, épais et sans agrément. En somme, ce mot convient plutôt aux vins communs qu'aux vins fins.

Un produit vraiment *grossier* le sera toujours ; il ne pourra être amélioré que par le coupage avec des vins légers ou blancs ; nous préférons donc le mot *bourru* pour désigner l'apparence d'un vin de cru, qui ne s'est pas encore clarifié.

Apre, *dur*, *acerbe*, *vert*, sont des expressions qui offrent entre elles une certaine synonymie, mais néanmoins il est nécessaire de faire quelques distinctions.

Le plus souvent, d'un vin déjà vieux on dira qu'il a de l'*âpreté*, voulant ainsi caractériser sa rudesse désagréable au palais.

Au contraire, la *dureté* est réservée aux vins nouveaux, dont la richesse en tartre et en tanin est trop grande. Il y a des chances pour qu'avec le collage et le soutirage ces sels diminuent et que la sensation désagréable que fait éprouver leur trop grande abondance disparaisse.

Un vin *acerbe* est celui généralement tiré de mauvais raisins et de grappes insuffisamment mûries. Ce concours de circonstances rend le produit de la vinification, en même temps, âpre, dur, et piquant.

La *verdeur* peut être prise en mauvaise ou en bonne part. Un vin *vert*, *cru*, est le produit d'une vigne vendangée trop tôt, qui n'a pas eu le temps de mûrir ; c'est un grave défaut qui peut engendrer de nombreuses maladies.

Mais, si on reconnaît qu'un vin jeune a de la fraîcheur, de la verdeur, on pourra considérer qu'il présente une certaine qualité de conservation, qu'il a de l'avenir. Pour éviter toute confusion, nous voudrions que la verdeur, si elle n'est précédée dans le langage d'un adverbe de quantité, comme trop, par exemple, ne pût constituer un défaut, tandis que nous appliquerions volontiers ce caractère au seul mot « vert ». A notre avis, la verdeur est nécessaire aux vins nouveaux, c'est elle qui leur assure une bonne fin.

Les vins dits *vins faibles* par opposition aux *vins forts*, qui n'ont pas beaucoup de corps, de spiritueux, facilement accessibles à tous les dépérissements, se sauvent, s'ils ont eu de la verdeur dans leur jeunesse ; dans le cas contraire, ils sont *plats*, dénués de saveur, ils peuvent être colorés, mais ils n'ont aucun spiritueux ; enfin, ils sont sujets à la décomposition.

Le mot *mou* peut encore servir à désigner ces sortes de vins, mais il est moins sévère que *plat*. *Pâteux* est encore un mot employé quelquefois dans ce même sens, mais il atténue encore le défaut. Du reste, plus justement, un vin pâteux est celui dont la consistance épaisse empâte la bouche et dont les molécules semblent s'attacher au palais. Ses éléments paraissent ne pas s'être complètement fondus dans la masse du liquide et la saveur reste incertaine.

Signalons encore quelques expressions, telles que *goût de terroir*, *goût d'herbage*, *goût de fût*, etc., dont le sens se devine suffisamment, et terminons par cette locution fort en usage dans le Bordelais pour disqualifier un vin ; on dit qu'il *finit mal* et plus particulièrement qu'il *finit court*. On entend par là un produit qui ne laisse plus traces de son passage dans la bouche au bout de peu d'instants ; le palais, la langue, le nez cherchent encore à en saisir le caractère, la saveur et le bouquet que déjà tout cela a fui et s'est évanoui.

Généralement les vins qui sont d'une couleur louche, subissent des fermentations secondaires qui peuvent entraîner leur perte ; alors, non seulement ils ont une apparence défectueuse, mais le plus souvent, à l'odorat et au goût, ils dénoncent une situation fâcheuse ; c'est ainsi que la *pousse*, la *piqûre*, le *goût de fût*, l'*évent*, la *graisse* constituent le groupe des vices qu'on rencontre généralement dans le produit de la fermentation du raisin qui a été mal soigné.

Les maladies que nous venons d'énumérer, en même temps qu'elles peuvent avoir pour cause une faiblesse constitutive, doivent être imputées, en partie, à une mauvaise conduite de la vinification ou à un manque de soins. Les premiers sont des défauts naturels, tels que les goûts de terroir, de sauvage, d'herbage, la verdeur, l'âpreté ; les seconds sont des vices accidentels.

La *pousse*, qui se détermine sur les vins de mauvaise année qu'on tarde trop longtemps à séparer de leur première lie, se décèle à l'œil par le changement de couleur du vin ; celui-ci se trouble, devient jaune brun, prend des tons violacés et noirâtres. Au goût, il est plat, amer, fade et comme *échauffé*. Ce sont particulièrement les vins rouges qui sont atteints par cette altération.

Les vins piqués présentent une pointe d'acidité. Dans ce cas le vin prend une couleur indécise, il a une odeur de vinaigre et sa saveur est piquante. Il a un goût *sui generis* désagréable ; si la piqûre s'ac centue, le bouquet s'amaigrit et même peut disparaître tout à fait. Enfin, dans la dernière période, on constate que le vin perd une partie de ses matières extractives et colorantes et dépose du tartre. Il est possible de reconnaître à la dégustation le vin qui fermente, qui travaille; cette fermentation secondaire se produit sur les vins jeunes, soit que leur vinification ait été mal terminée, soit que le transport ou une température élevée ait rendu de l'activité aux ferments. Au nez cette altération donne comme une sensation de chaleur acerbe et au goût on perçoit sur la langue un léger frissonnement dû à l'acide carbonique qui se dégage. On dit quelquefois à ce propos que le vin *moustille;* cela ne signifie pas qu'il mousse, mais qu'il continue à fermenter plus ou moins sensiblement; enfin s'il conserve de la douceur, elle est mêlée à une saveur très légèrement pinçante.

Au contraire le vin piqué pique véritablement et l'odeur qu'il dégage est franchement analogue à celle du vinaigre.

Le contact de l'air peut déterminer l'*évent*. Ce sont les moisissures qui se forment à la surface du vin qui engendrent alors de désagréables senteurs; elles se développent peu à peu et des vapeurs ammoniacales se dégagent; toute la masse ne tarde pas à gagner une saveur nauséabonde de pourri.

La *graisse* se reconnaît aisément à la simple inspection : la couleur est lourde, le vin a des apparences huileuses; quant au goût, il n'a pas sensiblement changé, le liquide est cependant un peu pâteux.

Quand le vin tourne, la couleur se rompt totalement; de terne elle devient brunâtre, l'odeur se transforme et on se croirait en présence de matières organiques en putréfaction; enfin la saveur est à l'avenant. Le *vin tourné* qu'on nomme aussi *vin sauté* est imbuvable, il n'est plus bon qu'à la chaudière.

Les goûts de fût, de moisi, de lie, d'amertume, se reconnaissent facilement. Le dégustateur, au bout de fort peu de temps, les déterminera sans hésitation et saura faire la distinction entre les maladies incurables et les simples malaises qu'il sera facile de faire disparaître.

Valeur intrinsèque des vins. — Un consommateur peut choisir, parmi plusieurs espèces de vins vieux, celle qui convient à son goût, mais il ne saurait apprécier des vins nouveaux qu'il aurait intention de laisser vieillir en cave.

C'est cet avenir, dont les profanes en dégustation ne se rendent pas un compte exact, que l'expert peut prévoir justement. Habitué à goûter des vins à toutes les époques de leur existence, il connaît les transformations successives qui s'opéreront avec les années; i déterminera l'époque à laquelle les produits auront atteint leur complet développement, enfin il prédira que ces liquides alimentaires se conserveront longtemps, qu'ils finiront bien, ou, au contraire, qu'ils n'ont aucun avenir.

Ces finesses de jugement sont précieuses pour l'achat des boissons en général et des vins en particulier.

Des vins qui peuvent paraître bons ne sont pas toujours acceptables; avant de se prononcer sur la carrière qu'ils sont susceptibles de fournir, il est nécessaire d'en déterminer l'âge, afin d'apprécier si leur fruité, leur âpreté, leur douceur, leur couleur foncée ou claire, sont des qualités ou des défauts.

A côté de ces particularités, qui s'appliquent plus spécialement au produit qui doit être employé seul, il est d'autres remarques qu'il importe de faire lorsque le vin est destiné à entrer dans la composition des *coupages*.

Dans le premier cas, le vin, soutiré, mis en fûts, en bouteilles, est toujours *lui*, et le temps seul a pu modifier ses éléments, le bonifier. Il plaît tel qu'il est, sa force alcoolique est suffisante, son odeur est nette et agréable, sa saveur est aimable, enfin il se digère facilement; c'est un *vin en nature*.

Dans le second cas, il s'agit de gros ou de petits vins, qui, bus séparément, seraient peu considérés, tandis que mélangés dans certaines proportions, *coupés* les uns par les autres, ils donnent naissance à un produit nouveau : le vin dit de *coupage* ou de *soutirage* qui peut s'améliorer à son tour, lui aussi, en fûts et en bouteilles.

Mais, pour qu'il en soit ainsi, pour que le mariage de ces sortes différentes donne de bons résultats, il faut que les choix qu'on fera de ces qualités diverses soient judicieux, que le goût qu'on voudra maintenir soit demandé à un vin ayant le mordant nécessaire et que les éléments se fondent régulièrement.

L'appréciation devra donc porter sur la coloration, la faiblesse, la platitude, la dureté, la grossièreté, la verdeur, l'âpreté, le grain, la mâche, les goûts particuliers, les bouquets, la force alcoolique, les qualités et les défauts des uns et des autres, de manière à désigner les vins qui se marient bien.

Classification des vins. — La précaution qu'on doit prendre de ne pas goûter les vins avant de les avoir disposés suivant un ordre particulier, suivant une gamme ascendante de qualité, nécessite une classification des produits.

Les vins diffèrent principalement entre eux par la *consistance* et par la *couleur*.

La *consistance* présente trois genres distincts : les *vins secs*, les *vins de liqueur* et les *vins moelleux*.

Les *vins secs* se caractérisent par un goût piquant, et quoique dépourvu de moelleux et de velouté, ceux des premiers crus ont du bouquet, de la sève, du spiritueux et une saveur agréable.

Les *vins de liqueur* sont ceux qui, après avoir complété leur fermentation spiritueuse, conservent beaucoup de douceur, même jusqu'à leur extrême vieillesse.

Les *vins moelleux* tiennent le milieu entre les vins secs et ceux de liqueur, ils n'ont ni le piquant des premiers, ni l'extrême douceur des derniers.

Voilà quant à la consistance ; pour la couleur, après avoir séparé les vins en *rouges* et *blancs*, on subdivise les premiers suivant leur teinte plus ou moins foncée, ils sont alors *vins noirs*, *rouges*, *rosés*, *paillets* et *gris* ; les seconds sont *blancs* ou ont une *teinte ambrée*.

Il est bien entendu toutefois que ce système n'exclut pas la division par vins de même région. Nous pensons que, pour déguster d'une façon sérieuse, il faut autant que possible opérer par produits semblables et ne pas passer d'un vignoble à un autre sous prétexte de vouloir goûter des vins de mérite égal.

Nous préférons, dans le cas où nous aurions des bourgogne et des bordeaux à déguster, conduire cette double opération en deux séances que de faire dans notre bouche un mélange de saveurs préjudiciable aux derniers jugés.

Ajoutons que l'habitude de goûter les vins d'une même contrée rend le palais apte à apprécier les plus petites nuances qui peuvent distinguer les produits de ses vignobles.

On ne saurait trop insister sur l'utilité de déguster les vins par cru.

Leurs qualités et leurs défauts sont si divers, la vinification et la viniculture dans chaque vignoble sont quelquefois si différentes, qu'il est nécessaire, dans l'examen d'une série d'échantillons, de tenir compte des procédés employés pour la conduite de la vendange et pour sa conservation.

Ces multiples préparations, qui ont une influence considérable sur le résultat final, doivent être prises en considération par l'expert, qui devra se trouver au courant des usages de chaque contrée.

Cette connaissance universelle est difficile à acquérir ; aussi certains dégustateurs se cantonnent-ils dans l'appréciation des seuls produits d'un vignoble qu'ils finissent par savoir sur le bout de la langue.

Dans les bons crus du Bordelais, de la Bourgogne, on rencontre des commissionnaires qui ne recherchent absolument que les beaux vins d'un arrondissement, par exemple, et servent d'intermédiaires entre le producteur et le négociant. Ce dernier a pleine confiance en ces représentants qui sont au courant des moindres particularités et des moindres circonstances qui ont présidé à la préparation de telle ou telle cuvée.

C'est que quand il s'agit de faire un achat de vins chers, on ne saurait prendre trop de précautions.

Ces principes s'appliquent surtout aux produits rouges et blancs de choix de nos crus classés ; mais à côté de ceux-ci, il y en a une quantité d'autres moins précieux qui ne sont pas destinés à fournir de si longues et de si honorables carrières, qui entrent rapidement dans la consommation courante, soit en « nature », soit dans les « coupages ». Pour ceux-là, pas n'est besoin de connaître les détails de la vinification et des soins apportés, il suffit qu'on apprécie en eux un certain nombre de qualités : franchise de goût, belle couleur, solidité et sève particulière au pays d'où ils proviennent.

On voit la délicatesse qu'il faut apporter dans toute l'opération aussi bien au moment du goûter qu'à l'instant où on devra émettre son jugement. On doit seulement se décider, après qu'on a eu le temps de se remettre en mémoire les vins similaires qui ont pu être examinés précédemment. C'est cet appel à la mémoire du goût qui impose l'obligation de n'apprécier en même temps que des produits de même espèce.

COUPAGES

Le but des coupages est de mélanger certains vins entre eux, de manière à corriger les imperfections des uns par les qualités des autres et de composer des vins hygiéniques, de bon goût et à prix peu élevé avec des produits qui, isolément, ne sauraient plaire aux consommateurs. Ils permettent : soit de donner une saveur égale à des vins de même nature, mais de cuvées diverses, soit de produire avec des vins naturels inférieurs un vin marchand, soit enfin d'améliorer des vins faibles ou malades.

Par d'intelligents coupages on parvient à bonifier les vins médiocres, à donner de la couleur à ceux qui en manquent, à remonter les vins peu alcooliques sans les viner, à détruire ou au moins à atténuer les saveurs désagréables et, dans quelques cas exceptionnels, à rétablir certains vins malades. Ils sont donc, dans un grand nombre de circonstances, d'une incontestable utilité et rendent de signalés services, aussi bien à la production, qu'au commerce et à la consommation.

Les coupages, bien compris, sagement faits, sont supérieurs, en qualité, à chacun des vins qui ont concouru au mélange ; mais ils constituent une opération difficile, délicate, qui exige la faculté de bien déguster, d'apprécier les qualités des vins de provenances diverses, et l'habitude de les traiter avec des soins entendus.

Les coupages dont nous nous occupons ne touchent pas aux grands vins, ils s'appliquent uniquement aux vins ordinaires de consommation courante.

Choix des vins — La plupart des consommateurs bourgeois et des débitants tiennent à avoir, sinon toujours le même vin, au moins du vin d'une qualité à peu près constante. Pour satisfaire à cette condition, il faut savoir marier, dans la proportion la plus convenable, les diverses espèces de vins qui se prêtent le mieux à former des mélanges de qualité peu variable. Le coupage doit avoir, autant que possible, le même degré de force alcoolique, la même intensité de couleur, le même goût, franc, agréable.

Une condition essentielle pour faire de bons coupages, droits, francs de goût, de belle couleur et limpides, c'est de n'y admettre que des vins exempts d'altération.

Il entre dans la composition des coupages : des vins noirs, alcooliques, chauds, corsés; des vins frais, des vins légers, des vins faibles, des vins blancs et quelquefois des vins de marc, des vins de raisins secs, de l'alcool.

Les vins chauds sont ceux qui contiennent beaucoup d'alcool ; ils nous viennent du Midi et surtout de l'étranger ; les vins frais sont ceux qui, peu alcooliques, contiennent une plus forte proportion d'acides organiques et laissent à la bouche une sensation de fraîcheur comme les fruits acidulés. Les vins qui communiquent le plus de fraîcheur au mélange des vins chauds sont, parmi les rouges : ceux du Cher, de la Basse-Bourgogne, de l'Auvergne, quelques-uns du Midi (Aramon, Petit-Bouschet) d'Espagne, du Portugal, d'Italie, etc. Parmi les vins blancs, ceux de la Gironde, dits Entre-deux-mers, et la plupart des vins blancs du Centre y compris ceux de la Sologne, certains vins d'Espagne.

Les vins de raisins secs, les vins de sucre ou de marc n'ont pas toujours la fraîcheur désirable; on y remédie par une addition d'acide tartrique. On verra plus loin que, par suite d'une législation nouvelle (loi Griffe), l'emploi de ces vins dans les coupages ne permet de les vendre que sous le nom de vins de raisins secs et de vins de sucre.

L'alcool est employé pour remonter le degré des vins; cette opération constitue le vinage, que l'énormité de l'impôt sur l'alcool rend impraticable. Ne pouvant se faire en France, le vinage se pratique à l'étranger qui nous envoie des vins vinés à 15 degrés 9 dixièmes. Cette sorte de prohibition fiscale du vinage porte un grave préjudice à la viticulture française, à l'activité commerciale et au consommateur. Le vinage, fait dans une sage mesure, avec des alcools bien rectifiés, est inoffensif et un puissant moyen de conservation du vin.

La couleur contribue pour sa part à la qualité du vin, puisque l'on trouve, dans la matière colorante du raisin, des substances azotées et du fer utiles à la santé. La couleur est aussi le signe de la maturité du raisin et un indice que le fruit a élaboré tous les principes constitutifs de bon produit. Aux vins qui en manquent on en donne en les coupant avec ceux qui en ont en excès, comme les vins d'Espagne, du Roussillon, de Narbonne, etc.

Pour parvenir à une bonne uniformité de qualité dans les coupages il faut, avant tout, déterminer exactement le degré alcoolique, le titre acide, la quantité d'extrait solide et l'intensité de couleur de chacun des vins destinés à former le coupage.

Avec ces éléments on combine un alliage des divers vins, un mélange dont on augmente à volonté les principes essentiels, et l'on parvient à composer un coupage d'une qualité à peu près constante.

On verra, à l'analyse des vins, comment et avec quels instruments on parvient à évaluer les différents principes des éléments de coupage : L'alambic d'essai, ou l'ébullioscope pour déterminer l'alcool, l'œnobaromètre pour l'extrait sec; l'acidimètre, pour le titre acide, et la lunette colorimétrique pour la couleur.

Voici la richesse alcoolique moyenne en degrés des principales sortes de vins employés dans les coupages :

VINS ROUGES :

Roussillon	10 à 14	degrés.
Algérie	10 à 14	—
Aude	10 à 12	—
Hérault	10 à 12	—
Gard	8 à 11	—
Gironde	9 à 11	—
Gers	7 à 9	—
Touraine	8	—
Orléanais	7 à 8	—
Auvergne	7 à 9	—
Petits vins du Midi	6 à 8	—
Espagne	10 à 14	—
Italie	10 à 14	—
Dalmatie	12 à 14	—
Grèce	12 à 14	—
Turquie	12 à 14	—
Portugal	11 à 13	—

VINS BLANCS :

Bergerac	10 à 12	degrés.
Anjou	8 à 10	—
Vouvray	8 à 10	—
Entre deux-mers	7 à 9	—
Mâcon	7 à 9	—
Chablis	7 à 9	—
Divers du Centre	6 à 8	—
Espagne	10 à 12	—
Vins de raisins secs	7 à 10	—

Sortes diverses de coupages. — Il y a, d'une façon générale, deux sortes de vins de coupage : les uns, dits « vins bourgeois » constituent les bons coupages ou « soutirages » suivant l'expression parisienne; les autres, dits « vins ouvriers » se consomment dans les débits.

Voici la composition moyenne de quelques-uns de ces vins :

VINS BOURGEOIS ROUGES

Alcool	10.40	11.50	11.40
Extrait sec.	24.90	26.40	26.03
Glycérine	6.75	6.70	6.80
Cendres	2.40	2.75	2.65

VINS OUVRIERS ROUGES

Alcool	7.50	8.20	9.40	10.60
Extrait sec.	16.20	18.60	19.50	26.50
Glycérine	6.50	6.70	5.80	6.90
Cendres	2.40	3.50	2.60	4.20

Dans certaines localités, on ne reconnait pas, comme vins marchands, ceux qui ne contiennent pas 7 0/0 d'alcool en volume et une quantité correspondante d'extrait et de glycérine.

Le titre acide peut varier entre 3 et 6 gr., en équivalents d'acide sulfurique, par litre.

Les combinaisons pour arriver à ces résultats varient à l'infini, aussi on ne saurait indiquer les sortes de vins qu'il convient de mélanger et les proportions qu'il faut adopter. Tout dépend de la nature des vins, des qualités qu'on veut obtenir, de la clientèle à servir, et tout le secret de l'opérateur réside dans la connaissance approfondie des divers buts à atteindre. C'est son art qu'il conserve précieusement pour lui et qui fait son succès près des acheteurs. Grâce à son intelligence, à son savoir et à sa longue expérience en la matière, il discerne les qualités de vins qui ont le plus d'affinité les unes pour les autres, et non seulement il produit un tout homogène, mais encore il obtient un vin ayant un goût franc qui le rapproche des vins de bonne nature.

Exemple de quelques mélanges. — Les vins très ordinaires de la Basse-Bourgogne, de la Côte beaujolaise et de la Côte châlonnaise, coupés rationnellement avec un tiers ou un quart de bon vin du Midi ou de l'étranger, qui communique sa générosité sans altérer le petit bouquet de Bourgogne, sont toujours préférés aux vins composants en nature de ces pays, surtout si l'année n'a pas été favorable.

Un petit vin de la Gironde, coupé avec ceux du Midi, du Roussillon, du Portugal ou de Dalmatie, gagne en corps et en spiritueux sans perdre bien sensiblement sa finesse et son bouquet.

Comme vins ordinaires de table, les petits vins du Midi, coupés avec de bons vins colorés et solides de l'étranger, des vins blancs d'Anjou ou similaires et quantité suffisante de bon Narbonne, forment un vin de table parfaitement sain et agréable.

Enfin, la cuvée, dont les débitants parisiens vendent une si énorme quantité, comprend les gros vins de tous les pays, les petits vins blancs ou rouges du Bordelais, du Midi, de l'Espagne, etc., etc. Cette cuvée doit avoir forte couleur, un titre alcoolique variant de 11 à 13 degrés, et 22 à 26 grammes d'extrait sec. Ces coupages ne sont pas consommés ainsi, les détaillants les abaissent à 10 degrés d'alcool et à 20 grammes d'extrait sec, chiffres adoptés par le laboratoire municipal. Ces vins ne sont pas nuisibles, ils sont à l'état qui plaît au consommateur.

Essais préparatoires des coupages. — Lorsqu'on connaît les richesses alcoolique, extractive et autres des produits devant être combinés, il est facile de rechercher les proportions dans lesquelles il faudra les employer pour préparer un coupage voulu. Parfois on opère par tâtonnement, parfois on procède par une série de calculs.

On prend une éprouvette graduée, pour 1 litre, en centimètres cubes (fig. 20) dans laquelle on verse un certain nombre de centimètres cubes de chacun des vins composants, en prenant note de ces divers s quantités, puis on agite l'éprouvette ainsi remplie pour que le mélange soit bien intime et on goûte le produit obtenu. On peut procéder de la sorte devant son client et lui faire agréer de suite le coupage qu'on a l'intention de lui fournir. Ce travail est très rapidement exécuté.

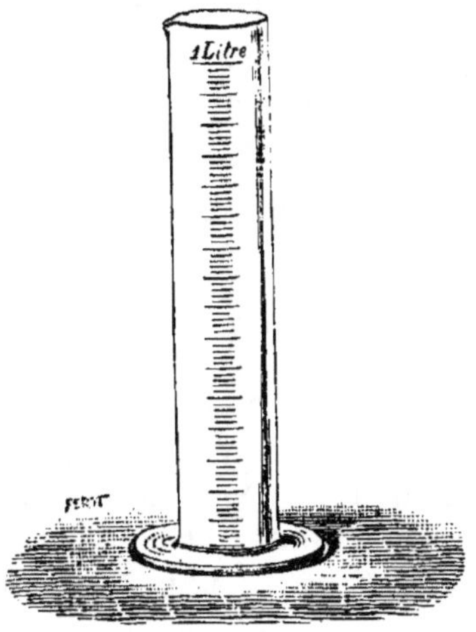

FIG. 20.

Pour établir la cuvée une fois ces bases fixées, il n'y a plus qu'à rechercher proportionnellement la quantité qu'il conviendra d'employer de chacun des éléments. Ainsi, supposons qu'on ait versé dans une éprouvette d'essai (de un litre ou un décimètre cube ou 1.000 cent. cube) cinq échantillons de vin de la manière suivante :

Vin du Midi.	200 c. c.
Vin d'Espagne	250 c. c.
Vin du Bordelais	250 c. c.
Vin du Centre.	200 c. c.
Vin blanc	100 c. c.
Total.	1.000 c. c.

Si on veut préparer une cuvée de 40 hectol. en se servant de ces coefficients, il suffira de poser une suite de règles de trois dont voici le modèle :

Si pour 1 litre on prend. . . . . . . 200 cc. de vin,
pour 40 hect. ou 4.000 litres on prendra. . X cc.
D'où X = 200 × 4.000 = 800.000 cc. ou 800 litres ou 8 hectol.

On arrivera à trouver ainsi successivement :

Vin du Midi.	8 hectol.
Vin d'Espagne	10 »
Vin du Bordelais.	10 »
Vin du Centre	8 »
Vin blanc.	4 »
Total.	40 hectol.

Pour le cas simple que nous venons d'examiner, on peut se rendre compte immédiatement qu'il s'agit de prendre 1/5 du premier vin, 1/4 du second, 1/4 du troisième, 1/5 du quatrième et 1/10 du cinquième. Afin d'arriver à la cuvée de 40 hectol., il y aura donc à verser dans le récipient où se fera le mélange :

Le cinquième de	40	hectol. pour le	vin du Midi =	8 hectol.
Le quart de	40	»	vin d'Espagne =	10 »
Le quart de	40	»	vin du Bordelais	10 »
Le cinquième de	40	»	vin du Centre =	8 »
Le dixième de	40	»	vin blanc =	4 »
			Total.	40 hectol.

Dans toutes ces combinaisons il y a lieu de tenir compte, bien entendu, du degré alcoolique de chacun des vins, de leur extrait sec, de leur acidité, de leur couleur, afin d'arriver à obtenir le degré, l'extrait sec, l'acidité et la couleur désirés dans le résultat final.

C'est ainsi qu'on aura souvent à se poser cette question :

Etant donné un vin à 10°, dans quelle proportion faut-il le mélanger à un vin à 15° pour obtenir un coupage titrant 14° ?

Il suffit d'appliquer ici les règles ordinaires des mélanges que nous avons déjà indiquées à propos du vinage. On fait la différence entre le degré moyen et chacun des titres alcooliques des deux vins composants, et les restes, placés inversement, indiquent les proportions à adopter. Voici le calcul :

10° 1
14°
15° 4

La proportion sera de 1 à 4. Toutes les fois donc qu'on versera 1 litre de vin à 10°, il faudra en verser 4 à 15°. La preuve est facile :

1 litre à 10°	=	10°
4 litres à 15°	=	60°
5 litres	=	70°
1 litre	=	$\frac{70}{5} = 14°$

Si on a affaire à quatre ou six vins, le calcul sera le même, en répétant l'opération deux ou trois fois sur des titres alcooliques groupés deux par deux, un fort et un faible. Pour des quantités impaires 3, 5 ou 7, on accouplera le dernier vin à un, pour lequel on aura déjà établi la proportion, fort ou faible, selon que ce dernier vin est faible ou fort, et on additionnera les deux proportions fournies par le même vin.

Ainsi, prenons cinq éc han tillons d vin, ayant les degrés suivants : 8°, 10°, 11°, 14°, 15°, que nous voulons mélanger pour obtenir un coupage titrant 13°. On aura la série de calculs suivants :

8°		2	10°		1	11°		2
	13°			13°			13°	
15°		5	14°		3	15°		2

Il faudra donc, toutes les fois qu'on mettra 2 litres à 8°, verser en même temps 1 litre à 10°, 2 litres à 11°, 3 litres à 14° et (5 + 2) ou 7 litres à 15°. Voici la preuve :

2 litres	à	8°	=	16°
1 »	à	10°	=	10°
2 »	à	11°	=	22°
3 »	à	14°	=	42°
7 »	à	15°	=	105°
15 litres			=	195°
1 litre			=	$\frac{195°}{15°} = 13°$

Nous devons faire remarquer que l'association des chiffres peut se faire de diverses façons et que, par conséquent, les proportions en seront modifiables ; nous avons voulu simplement donner le mécanisme d'un moyen facile et prompt d'arriver à un résultat cherché.

L'opération est la même quand on s'occupe de l'acidité, de l'extrait sec, de l'intensité de la couleur, connaissant les coefficients fournis par le colorimètre, etc., etc.

Mélange des vins. — Lorsque les vins qui doivent composer le coupage sont choisis, que les proportions sont déterminées, il n'y a plus qu'à procéder au mélange des différentes sortes. Celui-ci est toujours plus intime, quand il a lieu sur des quantités relativement importantes, que quand il se fait de barrique à barrique. L'opération réussit plus complètement sur des cuvées d'au moins une trentaine d'hectolitres. Alors les vins mis en présence s'associent convenablement, se marient, et le résultat de la combinaison est bien plus homogène.

Le contact des différents vins produit une fermentation qui donne naissance, pour ainsi dire, à un liquide nouveau, débarrassé de matières non dissoutes, lesquelles masquaient sa transparence ou altéraient son goût. Par suite, plus les quantités mises en œuvre sont importantes, mieux cette fermentation s'établit, et mieux les divers éléments composants se fondent et s'égalisent.

Les vins sont successivement versés dans les récipients où doit s'effectuer le mélange : cuves ou foudres. Afin que la masse puisse s'unifier, on l'agite vigoureusement.

Si, dans une pièce de vin, on prélève des échantillons au sommet, au milieu, au fond, on constate qu'ils ne sont pas identiques. Les matières constituantes du vin, ayant chacune sa densité propre, obéissant à leur pesanteur spécifique, forment des couches superposées les unes aux autres. Les plus lourdes tombent dans la partie inférieure du fût, tandis que les plus légères, les plus alcooliques, surnagent et se tiennent au-dessus. Il pourrait en être de même pour les coupages : aussi, à Paris, où ces manipulations sont courantes et faites avec tous les soins voulus, on procède dans de grandes cuves où on fouette le liquide ; quelques-unes sont munies d'un agitateur spécial qui fonctionne de la façon la plus satisfaisante. Quand on opère sur de très grosses quantités, comme cela a lieu dans les grands centres, où le commerce est obligé de fournir une clientèle nombreuse, les coupages se font dans une série de cuves foudres, pouvant communiquer entre eux par des robinets et des tuyaux en caoutchouc, ou mieux en métal. Les vins composants sont versés des fûts, qui leur servent de logement, dans des caniveaux aménagés dans des planchers disposés au-dessus des cuves, ou transvasés dans un réservoir et envoyés de là par des pompes à air ou autres, dans les récipients d'égalisation. Après avoir agité ou fouetté ces divers liquides ensemble, on laisse le tout en repos ; alors se produit cette fermentation dont nous parlions il y a un instant, pendant laquelle chacun des composants s'assimile partie des qualités de ses coparticipants.

Lorsque la cuvée a terminé sa fermentation, on soutire, on colle plus ou moins fortement, et on répète le soutirage et le collage, si besoin est, pour dépouiller le produit nouveau de la lie que pourrait provoquer une fermentation prolongée. Ce procédé a pour effet de faciliter la combinaison intime de toutes les molécules constituantes de chacun des vins employés, et d'en faire un liquide homogène dans toutes ses parties, qui est franc de goût, mais qui a perdu tout caractère originel bon ou mauvais.

Les mélanges ainsi traités ont toutes les apparences des vins de deux ou trois ans, selon le nombre de soutirages et de collages auxquels on les a soumis.

Ce serait une erreur de croire que les bons coupages ne se conservent pas et ne s'améliorent pas en bouteille ; il est évident que les opérations qu'ils ont subies les ont fatigués beaucoup plus que si on leur eût laissé le temps d'accomplir naturellement leurs phases d'amélioration, mais ils sont cependant susceptibles de se garder avec toutes les qualités d'un vin agréable. Souvent on les chauffe au pasteurisateur afin de mieux fondre leurs éléments et de les préserver de toute altération. Les vins exotiques, parfois mal vinifiés, contiennent alors du sucre indécomposé qui, plus tard, dans les coupages exposés à une température trop élevée, produit une fermentation secondaire et amène l'acescence.

Rétablissement des vins malades par le coupage. — Nous avons examiné les coupages en ce qui concerne la production d'un vin bien homogène participant de toutes les qualités des sortes dont il est composé. Nous avons vu que les vins trop ou trop peu colorés, faibles, plats, durs, grossiers, verts, dépourvus de bouquet, pâteux, âpres. avec goût plus ou moins prononcé de terroir, trop forts ou trop légers, ne peuvent être consommés tels quels ; nous avons compris que le mélange d'un vin faible avec un vin fort, d'un vin de couleur insuffisante avec un autre coloré, d'un vin léger avec un vin généreux, d'un vin dur avec un vin plat, etc., peut fournir un vin supérieur en qualité à l'un quelconque de ses éléments.

Étudions maintenant les mélanges au point de vue du rétablissement des vins malades. Parmi les spécialistes qui se sont le plus occupés de la question des coupages, il nous faut citer Bouchardat ; voici, sur ce point, comment s'exprimait le savant œnologue :

Un vin a passé son temps, il tourne à l'amertume, il est trop dépouillé de ses matières colorantes et de son tartre ; on le rajeunit en le mélangeant avec un dixième ou un cinquième d'un vin plus nouveau ou plus corsé. Après trois ou quatre mois et après collage et soutirage, on a un produit meilleur que les deux composants. Un vin fourni par ce cépage le « cabernet », n'a pas assez d'étoffe : on y ajoute un dixième de vin produit par le cépage « côt », on lui donne ainsi du corps et on assure sa conservation. Un vin récolté une année défavorable contient un grand excès d'acide libre, il pèche par le défaut d'alcool et de matière colorante ; on y ajoute 1/20e, 1/15e, 1/10e d'un vin à la fois alcoolique, sucré et très coloré. On le conserve ainsi, en vase clos et dans une cave fraîche, on attend trois ou quatre mois pour laisser se terminer une nouvelle fermentation, que le mélange développe souvent, on colle, on soutire, et on a un produit plus salutaire et plus agréable que les deux vins intervenants. Voilà des mélanges qui s'opèrent journellement dans les pays de production, et que, loin de blâmer, on doit propager et encourager parce qu'ils tendent à perfectionner des produits naturels.

En général, les vins consommés à Paris sont composés de différents crus, susceptibles, comme on le dit dans le commerce, de se bonifier, de se compléter les uns par les autres.

Aux vins de « gamay » faibles et plats, aux vins de « cabernet » venus en plaine et en terre argileuse, qui manquent également de feu, et que l'on désigne dans le commerce sous le nom de petits Bordeaux, on ajoute des vins blancs alcooliques, pour donner au mélange de l'énergie, on ajoute du vin rouge, par exemple, produit par le cépage « côt » désigné dans le commerce sous les noms de vins de Cahors ou vins du Cher, suivant la provenance, afin de communiquer au produit du corps et un bon goût.

On y ajoute souvent encore des vins sucrés alcooliques du Languedoc, à l'effet de flatter le palais. On décore ce nouveau vin d'un nom commercial modeste : ainsi selon que le « gamay » ou le « cabernet » domine, c'est du petit Bordeaux ou du Mâcon ordinaire ; et le consommateur, qui veut toujours avoir du même vin, s'accommode à merveille de ce mélange qui, quelle que soit l'année, est toujours semblable à lui-même, car le marchand intelligent sait, pour atteindre ce but, varier les proportions des vins qu'il emploie.

Tous ces mélanges, même les plus heureusement faits, sont loin d'égaler, sous aucun rapport, des vins de pineau ou de cabernet de bon sol et de bonne exposition, bien dépouillés et devenus stables par une conservation de quatre ou cinq ans, et des soutirages exécutés à propos. Mais ces pratiques sont cependant indispensables pour aider à la consommation des vins inférieurs qu'on récolte en abondance.

Ainsi dans le cas où on aurait à traiter, au moyen des coupages, des vins amers, à goût de terroir ou autres, on les mélangerait avec des produits solides et sains. Si on versait par exemple 4 ou 5 hectol. de vin amer ou à mauvais goût dans une cuvée de 30 hectol., il est à peu près certain, à moins que le mauvais goût ne soit excessif, que le mélange ne s'en ressentira pas, à la condition pourtant que le vin soit consommé rapidement.

Les mélanges avec des vins malades, amers, mildewsés, piqués, etc., doivent, autant que possible, être soumis au chauffage. On prévient ainsi, en annihilant les mauvais ferments qu'ils peuvent contenir, toute altération future.

Prix de revient des soutirages. — Indépendamment des recherches et des calculs nécessaires pour arriver à obtenir, à l'aide de différentes sortes de vins, un coupage ayant la qualité désirée, tant au point de vue du goût que de la couleur, que de la teneur en alcool et en extrait sec, il est utile qu'on puisse se rendre compte de son prix ou, étant donné le taux à atteindre, des quantités à mélanger.

Les méthodes à suivre sont celles des règles de mélange que nous avons déjà appliquées au cours de cette étude, à propos de la recherche des proportions dans lesquelles les éléments doivent être combinés au point de vue de l'alcool, de la couleur, etc.

Voici, en ce qui concerne les prix les deux problèmes principaux qui peuvent se présenter :

1° On a mélangé 8 hectol. de vin du Midi à 40 fr. l'hectol. avec 10 hectol. de vin d'Espagne à 45 fr., plus 10 hectol. de vin du Bordelais qui ressort à 50 fr., plus 8 hectol. du vin du Centre qui ressort à 35 fr., plus 4 hectol. de vin blanc à 39 fr. A combien reviendra 1 hectol. du coupage ?

Nous poserons :

8 hectol.	à 40 fr.	coûtent	$8 \times 40 = 320$
10 —	à 45	—	$10 \times 45 = 450$
10 —	à 50	—	$10 \times 50 = 500$
8 —	à 35	—	$8 \times 35 = 280$
4 —	à 39	—	$4 \times 39 = 156$
40 hectol.	coûtent		1706

$$1 \text{ hectol. coûtera donc } \frac{1706}{04} = 42.65$$

D'où il suit que pour avoir le prix moyen d'un mélange il faut : 1° Multiplier le prix de chaque unité de vin par le nombre d'unités de ce vin, faire la somme des nombres d'unités des vins mélangés, ainsi que celle des produits, et diviser cette dernière, qui représente le prix total du mélange, par la première, qui est le nombre d'hectol. produits. Le quotient sera le prix de l'hectol. du mélange.

2° Dans quelles proportions faut-il mélanger du vin à 39 francs et du vin à 50 francs pour obtenir un coupage à 42 francs ?

En appliquant le système de calcul que nous avons déjà vu, nous poserons :

39		8
	42	
50		3

D'où il résulte que toutes les fois qu'on emploiera 8 hectolitres à 39 francs, il faudra verser 3 hectolitres à 50 francs.

Preuve :

$$\begin{array}{lcl} 8 \text{ hectol.} \times 39 \text{ fr.} & = & 312 \text{ fr.} \\ 3 \quad - \quad \times 50 \text{ »} & = & 150 \text{ —} \\ \hline 11 \text{ hectol.} & = & 462 \text{ fr.} \end{array}$$

$$\text{D'où } 1 \text{ hectol.} = \frac{462}{11} = 42 \text{ fr.}$$

Pour plusieurs sortes de vins, on ferait exactement le même genre de calculs, en groupant deux par deux, comme nous l'avons déjà indiqué, les cotes les plus fortes avec les cotes les plus faibles et en faisant la différence avec le prix à obtenir.

Coupages au point de vue légal. — On s'est quelquefois demandé si le coupage des vins est un acte licite? S'il ne constitue pas une tromperie dissimulant la nature et la valeur de la chose vendue?

Nous ne le croyons pas plus que si on accusait un vigneron de fraude, lorsqu'il mêle à la cuve le produit de différents cépages, en vue d'obtenir un vin meilleur.

Le coupage honnête et intelligent n'est que le corollaire de l'action du producteur. En effet, que fait celui-ci, lorsqu'il reconnaît que tel cépage a certains défauts? Il cherche un ou deux cépages dont les qualités compensent ou annihilent ces défauts, et dans des proportions que son expérience lui enseigne.

Pourquoi le commerce n'agirait-il pas de même, à l'égard des vins dont il corrige les défauts, par des mélanges habilement étudiés? Ici tous les intérêts sont servis : Celui du producteur, placé dans des conditions telles qu'il ne peut produire que certaines qualités de vin ; celui du commerce, qui tire parti de vins médiocres; et enfin celui du consommateur, qui obtient à des prix abordables des vins complets et agréables.

D'ailleurs, les coupages ne se font, en général, que sur les vins ordinaires.

Tous les spécialistes les plus éminents sont d'accord pour considérer les coupages comme absolument licites. Un homme, dont la science juridique ne peut être contestée et qui était en même temps un œnologue distingué, M. Dufaure, ministre de la justice, disait le 18 octobre 1876, dans une circulaire qui a justement trait aux falsifications des vins et que nous avons déjà citée :

La pratique des coupages ne doit pas être considérée comme constituant, par elle-même une *falsification* dans le sens de la loi du 27 mars 1851, rendue applicable aux boissons par la loi du 3 mai 1855. Il est dit en effet, dans l'exposé des motifs, qu'il n'est point entré dans la pensée du gouvernement de réprimer les opérations qui consistent : à couper les vins de diverses provenances et de diverses qualités, pour donner satisfaction au goût public et au besoin de bon marché... Aucune poursuite ne doit être intentée contre ceux qui détiennent et mettent en vente des vins ainsi travaillés.

Et plus loin :

Si la manipulation subie par le vin a pu avoir pour effet de l'améliorer, aucune poursuite ne doit être exercée.

La loi n'a pas voulu entraver l'opération qui consiste, suivant l'expression usitée en ce genre de commerce, à travailler les vins d'après des procédés fort divers.

On pourrait craindre que, sous prétexte de falsification, la loi vînt entraver certaines opérations licites de mélange qui sont usitées dans le commerce des vins.

Il n'est point entré dans la pensée du gouvernement d'entraver en rien et de réprimer les diverses opérations loyalement faites et usitées dans le commerce.

Les mélanges auxquels les boissons sont soumises, conclut M. Dufaure, sont donc à l'abri de toute incrimination lorsqu'elles sont conformes à des usages ou à des habitudes de consommation loyalement et très notoirement pratiqués.

Voilà qui est explicite. Il tombe néanmoins sous le sens qu'on n'aurait pas le droit de couper avec un autre vin le produit qu'on vendrait comme provenant de tel cru spécial. De même on ne peut rafraîchir avec du vin blanc la marchandise que l'acheteur demande comme *vin rouge pur*. (Cassation, 1857, affaire Bonnet et Didier.)

MALADIES ET ALTÉRATIONS
DES VINS

Dans tout traitement à appliquer aux vins, la première opération à effectuer est le diagnostic exact de l'altération ou de la maladie. Ce n'est, en effet, que par la connaissance certaine du mal à combattre que l'on peut appliquer à coup sûr le remède.

La dégustation est le premier élément de diagnostic; pour les gens de métier, elle ne trompe pas quand il s'agit de déterminer une maladie.

Selon l'affection qui a frappé le vin, les qualités sensorielles de ce liquide ont subi une modification déterminée; comme nous l'avons dit en traitant de la dégustation, nul ne se trompera sur un vin piqué, futé, moisi, gras, etc. La question est plus délicate pour les mauvais goûts dépendant de la tourne. Selon la nature des vins, le goût passe à l'échaudé, à l'absinthé, à l'amer, etc. Il ne faudrait pas confondre cette sorte d'amertume avec l'amer véritable, presque spécial aux bons vins vieux de Bourgogne.

L'analyse chimique est inférieure à la dégustation pour caractériser les maladies des vins. Ces altérations que le goût fait reconnaître, même quand elles sont commençantes, ne se manifestent analytiquement que par des modifications faibles dans la composition du liquide, sauf l'acétification dont les progrès sont proportionnels à la formation de l'acide acétique et à la diminution de l'alcool.

La tourne exerce une action décomposante certaine sur l'acide tartrique et les tartrates; mais cette action appartient aussi, d'après certains auteurs, à des fermentations différentes. La question est loin d'être complètement élucidée; Pasteur et un grand nombre d'œnologues estiment que l'on confond, sous le nom de tourne, beaucoup de maladies différentes. Il se pourrait aussi, d'après M. Portes, que la tourne modifiât son action suivant la constitution du vin, et suivant les circonstances climatériques ; de telle sorte que l'altération, unique dans sa cause, serait diverse dans ses effets.

Quoi qu'il en soit, l'analyse chimique pourra être un auxiliaire de la dégustation en examinant quels sont les principes naturels du vin qui ont subi une décomposition et quelles sont les substances résiduaires qui en sont nées. Mais il faut bien se rendre compte qu'une pareille analyse doit être faite avec beaucoup de précision et de délicatesse; elle comporte des déterminations plus nombreuses et plus rigoureuses que celles d'une analyse commerciale. Le chimiste auquel on la confie doit être avisé du but poursuivi, afin qu'il puisse mener ses opérations en vue du résultat à obtenir.

A côté de l'analyse proprement dite, l'étude des ferments au microscope sera d'une utilité incontestable. Pour l'opérer on devra laisser reposer pendant vingt-quatre heures au moins le vin dans un récipient tel qu'une éprouvette, de laquelle on peut le décanter sans agitation. Après ce laps de temps, on décante la plus grande partie du liquide, avec soin, de façon à laisser le dépôt réuni dans les derniers centimètres cubes. C'est de cette fraction que l'on prend, avec une fine pipette, une goutte que l'on transporte sur le porte-objet du microscope, où on l'étudie après l'avoir recouverte d'une plaque mince de glace.

Les grossissements à employer sont de 250 à 500 diamètres. Avec les amplifications supérieures, l'étude devient pénible et demande une grande pratique de la micrographie. On devra scruter avec soin un grand nombre de champs pour ne laisser échapper aucune particularité.

C'est en se rapportant aux caractères spéciaux de chaque ferment que l'on peut conclure de cette étude.

L'origine et les causes des maladies du vin ont été méconnues jusqu'aux travaux de Pasteur. C'est notre grand chimiste qui a établi que toutes les altérations de ce liquide provenaient du développement de ferments spéciaux.

Acescence. — La plus commune et la plus redoutable des maladies du vin est l'acescence, piqûre ou aigrissement.

La vulgarité de cette altération en a rendu la connaissance banale; le symptôme le plus caractéristique est l'odeur de vinaigre et le goût acide; personne ne s'y trompe. La transformation porte sur l'alcool, qui se change en acide acétique.

Les anciens œnologues ont parfois soupçonné l'origine de l'acescence, Pasteur l'a démontrée.

Chaptal expliquait l'acidification par un excès de ferment qui s'oxydait à l'air.

Liebig reprit la même théorie et donna, à la matière albuminoïde du liquide, le rôle de transporter l'oxygène de l'air sur l'alcool.

Pasteur établit que l'acescence du vin est due exclusivement à la présence d'un ferment spécial, le mycoderma aceti.

Le mycoderma aceti est voisin d'espèce du mycoderma vini (fleur du vin), mais ne doit pas se confondre avec lui.

Pasteur donne longuement les preuves de la corrélation constante de l'acétification avec la présence du mycoderma aceti.

C'est à lui que nous empruntons la description du champignon :

> Le mycoderma aceti est une des plantes les plus simples... Il consiste essentiellement en chapelet d'articles, en général légèrement étranglés vers leur milieu, dont le diamètre, un peu variable suivant les conditions dans lesquelles la plante s'est formée, est moyennement dans son jeune âge de 1.5 millième de millimètre. La longueur de l'article est un peu plus du double, et comme il est un peu étranglé en son milieu, on dirait quelquefois une réunion de deux petits globules, surtout lorsque l'étranglement est court; et, quand il y a une couche, une pellicule un peu serrée de ces articles, on croirait avoir sous les yeux un amas de petits grains ou de petits globules. Il n'en est rien. Si l'on méconnaissait cette structure des organes du mycoderma aceti, on pourrait souvent confondre ce mycoderme avec des ferments en chapelets de grains de même diamètre, qui en diffèrent cependant essentiellement par leur fonction chimique.

Cet organisme se multiplie par étranglement et scission. L'éloignement du ferment pour la préservation des vins, sa multiplication pour la fabrication du vinaigre, demandent, à deux points de vue contraires, que l'on connaisse bien les circonstances qui favorisent ou non la production du mycoderma aceti.

Cet organisme s'empare de l'oxygène de l'air et le transporte sur l'alcool, qu'il transforme ainsi en acide acétique : selon que l'on interdira ou favorisera l'accès de l'air, on entravera donc ou l'on favorisera l'acétification.

C'est le motif déterminant des ouillages.

La formation du mycoderma vini peut entraver et même empêcher la formation du mycoderma aceti. Il s'établit là une lutte pour la vie entre deux espèces.

Le vin sain, même étendu de son volume d'eau, donne spontanément plutôt le mycoderma vini que le mycoderma aceti.

Il en est autrement si l'on a additionné le vin d'une certaine proportion de vinaigre.

Les vins naturellement assez acides ne produisent pas de mycoderma aceti.

Comme tout organisme qui doit se nourrir pour se développer et se reproduire, le mycoderma aceti doit puiser des aliments dans le liquide; les albuminoïdes et les phosphates favorisent sa production.

Quand on veut étudier cet organisme, il est facile de le développer.

Pasteur indique la composition suivante pour un liquide où la culture du mycoderma aceti est éminemment active :

100 parties d'eau de levure ou d'eau de lie de vin.
1 ou 2 parties d'acide acétique.
3 ou 4 parties d'alcool.

Ce liquide, exposé à l'air dans un cristallisoire non stérilisé, couvert d'une plaque de verre, donne, sans ensemencement préalable, en trois ou quatre jours au plus, un voile de mycoderma aceti.

L'eau de levure (ou de lie de vin) dont parle Pasteur s'obtient en faisant bouillir dans un litre d'eau de 50 à 100 grammes de levure (ou de lie), et en filtrant.

Elle contient des albuminoïdes et des phosphates qui servent d'aliment à l'organisme-ferment. D'autres liquides sont cités par Pasteur comme développant très facilement le mycoderma aceti sans semence :

I. — 1 volume vin rouge ou blanc ordinaire.
2 volumes eau.
1 volume vinaigre.
II. — 1 volume bière.
2 volumes eau.
1/2 volume vinaigre.

On peut remplacer le vinaigre par de l'eau renfermant environ 7 0/0 d'acide acétique, ce qui est la teneur habituelle des vinaigres de table.

La maladie de l'acescence se produit dans des circonstances bien différentes. Il arrive quelquefois qu'une partie de vin pendant la fermentation même devient acide dans la cuve. Mais l'acétification se produit plutôt dans les tonneaux en vidange placés dans une cave où la température est trop élevée.

En général, le mycoderma aceti se développe dans les vins faibles.

Pour guérir l'acescence, on a proposé divers procédés qui, ou sont peu efficaces ou ont des inconvénients divers. C'est ainsi qu'on a conseillé :

D'arrêter la dégénérescence, en soutirant le vin dans un fût méché ou en le méchant sur bonde ; de le jeter ensuite sur de bonnes lies; puis après l'avoir collé, de le couper avec un vin jeune et corsé;

D'introduire dans le vin un peu de cendres de bois, dont la potasse sature l'acide formé, et donne en même temps au liquide une réaction alcaline peu convenable au développement du ferment du vinaigre, puis de transvaser le vin dans des tonneaux méchés ;

De traiter le vin par le carbonate de chaux, avec 200 grammes de poudre de marbre blanc par barrique ; à cet effet, de préparer un fût bien propre, d'y brûler 4 ou 5 centimètres de mèche, de transvaser au tuyau et non autrement, pour éviter qu'un nouveau contact de l'air augmente l'état aigre du vin; d'ajouter le carbonate de chaux; de fouetter plusieurs jours et, lorsque l'acidité aura disparu, de coller et soutirer par un temps sec;

De transvaser le vin dans un fût méché, d'y ajouter un litre de lait par pièce, d'agiter et, après repos, de soutirer; l'aigreur une fois neutralisée par la caséine du lait (qui s'unit à l'acide acétique et se précipite avec lui sous forme de dépôt), de remonter le vin par une addition d'alcool, ou par un mélange de vin généreux.

Nous préférons le mode de traitement suivant :

L'acescence étant due à l'invasion d'un ferment, les soins préventifs seront de deux sortes : ceux qui évitent l'ensemencement du microbe, ceux qui empêchent l'accès de l'air sans lequel le mycoderma ne peut se développer.

L'hygiène préventive du vin consistera donc à le manipuler dans des vaisseaux de réception (futailles ou bouteilles) et de transmission (pompes et tuyaux) parfaitement propres.

On le conservera en vases pleins (ouillage) et fermés pour éviter l'action oxydante de l'air.

Une ancienne coutume, encore largement pratiquée en Italie, consiste à fermer l'accès de l'air en versant à la surface une couche d'huile qui intercepte toute communication avec l'atmosphère.

Par le soufrage de la futaille, on élimine également l'action de l'oxygène; c'est une des pratiques préventives les plus efficaces.

Quand, par une cause ou une autre, un vin a subi l'acescence, il s'agit de le guérir.

Tous les moyens préconisés ont pour but de faire entrer l'acide acétique formé dans une combinaison qui ne présente pas les inconvénients de l'acide acétique libre développé dans le vin.

Un des moyens les plus anciens est l'emploi de la craie, du marbre ou de la chaux. Ces substances forment de l'acétate de chaux qui reste dissous dans le vin; nous repoussons donc leur usage.

Le meilleur procédé de guérison est l'emploi du tartrate neutre de potasse proposé par Liebig. Pasteur a aussi employé avec succès la potasse caustique.

Nous ferons d'ailleurs remarquer, avec Portes et Ruyssen, que « ces deux corps n'agissent que par la potasse qu'ils offrent en « pâture à l'acide acétique; il n'y a guère à tenir compte dans leur « choix que du prix de revient ».

Le tartrate neutre de potasse, sel qu'il ne faut pas confondre avec la crème de tartre (bitartrate de potasse) est vendu par les droguistes sous le nom de sel végétal.

Il doit se présenter sous la forme de beaux cristaux d'un blanc pur.

L'eau le dissout à raison de 150 grammes de sel pour 100 grammes d'eau.

Lorsque l'on verse une solution de sel végétal dans du vin contenant de l'acide acétique, il se forme du bitartrate de potasse presque insoluble qui se précipite (lies, crème de tartre brute) et de l'acétate de potasse qui se dissout dans le liquide.

Ce dernier sel, selon Tony-Garcin, est sans inconvénient hygiénique; toutefois, dans un vin *très aigre*, il s'en forme une assez grande quantité pour que le liquide prenne une trace d'amertume.

Il est bon, dans l'opération pratique, de déterminer exactement la quantité de sel à introduire, et pour cela il faut doser l'acidité due à l'acide acétique, la seule que l'on ait à faire disparaître.

Pour l'application, on se basera sur ce fait que, pour éliminer l'acidité de 1 gr. 2239 d'acide acétique équivalant à 1 gramme d'acide sulfurique, il faut 4 gr. 786 de tartrate neutre de potasse. Dans la pratique, on agit d'ordinaire par tâtonnements, sur une petite quantité, un litre, à titre d'essai. La dose de tartrate à employer varie, selon le degré d'acidité, de 50 à 800 grammes par hectolitre.

Pour opérer, on place, dans une futaille propre et de grandeur convenable, la quantité de tartrate à employer et on y verse deux litres de vin par kilogramme de sel.

On fouette à fond tous les quarts d'heure jusqu'à dissolution complète.

Le liquide obtenu est alors versé sur le vin que l'on agite pour obtenir un mélange uniforme.

On fait le plein et on laisse en repos pendant huit jours, de préférence dans un endroit frais.

Après avoir soutiré fin clair, on livre le plus tôt possible à la consommation.

Les vins traités ne doivent pas être coupés avec des vins verts ou frais.

Ce traitement élimine l'acide acétique, mais ne guérit pas le germe de la maladie qui continue son action, à moins que l'on ne pasteurise le vin soigné.

L'emploi de la potasse caustique, que Pasteur a préconisé et dont il a usé avec succès, constitue un procédé plus rapide et plus vite efficace que le précédent, mais beaucoup plus délicat et même dangereux, s'il n'est pas exécuté avec le concours d'un chimiste, car il exige que les solutions potassiques soient exactement titrées et faites avec soin. Aussi ne saurions-nous le recommander aux négociants, ni aux producteurs.

Les lies recueillies après avoir employé soit le tartrate neutre, soit la potasse caustique, sont presque en entier du bitartrate de potasse (crème de tartre) dont la valeur rembourse la majeure partie du prix de traitement.

Il importe de remarquer que l'acescence attaque d'une façon toute spéciale, les vins restés doux, vins dont la fermentation incomplète n'a pu décomposer toute la matière sucrée, soit que cette matière ait été trop abondante, soit que le moût, trop pauvre en acides, ait été impuissant à fournir au ferment l'activité nécessaire à son évolution.

Il reste dans ces vins une certaine quantité de sucre qui constitue un danger permanent.

Le ferment acétique, à la température ordinaire de 15 degrés au-dessus de zéro, fait, dans certaines conditions, éprouver au sucre un changement isomérique qui, selon certains spécialistes, le convertit directement en acide acétique, sans lui faire subir préalablement la fermentation alcoolique. D'autres pensent que le sucre n'est pas converti directement en acide, mais qu'au fur et à mesure qu'il se transforme en alcool, cet alcool est immédiatement acétifié. Quoi qu'il en soit, le résultat est le même; il faut donc faire disparaître la matière sucrée et, dans ce but, l'amener à la fermentation vineuse. Remettre en fermentation des vins vieux, encore doux, néanmoins peu chargés de sucre, est une opération délicate.

Par hectol. de vin, on prendra 500 grammes de sucre raffiné, 100 à 150 grammes de lie de vin pressée en pâte (de préférence de la lie de vin blanc), on dissoudra le sucre dans un litre de vin à opérer chauffé à 30 degrés C, et on délayera la lie dans ce vin sucré. On ajoutera à cette préparation 20 grammes de tartre. Le tout sera maintenu à la température de 30 degrés, une heure. Il suffira de verser ce mélange dans le vin qu'il s'agit de rendre sec. On fouettera et on laissera reposer; la fermentation s'établira et, au bout de quelques jours, elle aura transformé en alcool tout le sucre resté dans le vin. Le local dans lequel l'opération sera conduite devra être à l'abri du froid et des courants d'air. On évitera ainsi la piqûre qui n'épargne guère les vins restés doucereux.

Si, redoutant de ne pas réussir en faisant l'essai de la fermentation, on désirait prendre des précautions contre la possibilité de voir la douceur du vin dégénérer et provoquer son acescence, il conviendrait d'employer un ou plusieurs des moyens suivants :

1° Soufrage : le gaz acide sulfureux provenant de la combustion d'une mèche soufrée peut s'opposer à toute fermentation pendant un certain temps.

2° Addition d'une petite quantité de bon alcool, variable selon la nature du vin et qui aurait pour effet de conserver au vin sa douceur et de le mettre à l'abri des altérations.

3° Chauffage ou pasteurisation.

4° Addition de tanin et d'acide tartrique ou d'un produit tanifère approprié ; le vin doucereux ainsi traité résisterait à la maladie et formerait un bon coupage en l'associant avec du vin frais, acide, comme les vins du Cher par exemple, ou plus nerveux ; ce coupage devrait être consommé le plus tôt possible.

Fleurs du vin. — Nous avons signalé comme constante l'apparition des fleurs dans les vins en vidange. Le petit organisme dont l'accumulation prend ce nom de fleurs du vin est le mycoderma vini. Il se reproduit par bourgeonnement.

L'acescence est constamment précédée de l'apparition du mycoderma vini ; mais, contrairement à l'opinion de Chaptal, il n'est pas vrai que la fleur annonce toujours cette maladie.

Les travaux de Pasteur sur les vins du Jura ont mis en relief ce phénomène et expliqué d'une façon rationnelle les procédés spéciaux de vinification de ces pays, procédés qui s'écartent tellement des pratiques habituelles, que l'on serait tenté de les croire condamnables.

Voici en quelques mots, d'après Pasteur, ce mode d'opérer :

La vendange égrappée est mise en fermentation de six semaines à deux mois. Celle-ci s'opère dans des tonneaux de diverses dimensions placés dans de profondes caves voûtées, fraîches par conséquent.

Le vin de soutirage n'est pas mêlé au vin de presse.

On place le liquide dans des tonneaux en y ménageant une vidange de 20 centimètres de hauteur sous bonde pour les fûts de 50 à 60 hectol., et de 10 centimètres pour ceux de 5 à 6. C'est l'entonnaison.

Le vin n'est plus touché jusqu'en février ou mars. On procède alors au soutirage de printemps et, à cette nouvelle entonnaison, le liquide est placé et conservé dans les mêmes conditions de vidange.

Ce mode d'opérer fait que dans chaque tonneau une couche épaisse de fleur recouvre la surface du liquide, qui est d'ailleurs clair au-dessous.

On conçoit qu'une pareille pratique développe souvent le mycoderma aceti qu'on voit alors mêlé aux fleurs de vin, d'où des vins souvent piqués et quelquefois tout à fait perdus.

Cette piqûre est d'autant plus facile que le vin est plus vieux, plus dépouillé et par conséquent contient moins d'aliments pour le mycoderma vini et favorise le mycoderma aceti.

La fleur du vin prend d'ailleurs alors un aspect particulier ; sa blancheur se ternit ; tant qu'elle n'est constituée que par le mycoderma vini pur, elle n'est point mouillée par le liquide sous-jacent ; dès que le mycoderma aceti se mélange, la masse s'humecte, devient grisâtre dans les vins blancs, gris plus ou moins rougeâtre dans les rouges.

Ce changement d'aspect et sa coïncidence avec la piqûre du vin avaient été remarqués par les anciens. Pline en fait mention.

Pasteur explique le fait par cette cause que le mycoderma aceti envahissant la masse vit aux dépens du mycoderma vini qui se flétrit, se fane et devient alors perméable au liquide.

Il en résulte que, si on peut laisser les vins du Jura en vidange tant que la pureté de la fleur se maintient, on doit, dans le cas contraire, si on veut arrêter l'altération, soutirer le liquide en barriques pleines, et les maintenir telles par ouillage.

Le procédé de vinification du Jura : la conservation et le vieillissement du vin en vidange, est un fait si contraire à la pratique universelle, qu'il peut paraître paradoxal. Il a fallu la sagacité de Pasteur pour en donner l'explication rationnelle qui suit :

Le mycoderma vini, par ses fonctions physiologiques, absorbe tout l'oxygène que pourrait prendre le vin au contact de l'air, et de fait l'expérience a prouvé que jamais une trace d'oxygène dissous ne se trouvait dans un vin fleuri.

Il en résulte que, par un autre mode d'agir que l'ouillage, la présence de la fleur garantit, comme cette dernière pratique, le vin contre l'oxydation ; il s'agit ici, bien entendu, de fleur pure et non mêlée de mycoderma aceti.

Pasteur s'est alors demandé pourquoi, pour arriver au même but, la soustraction à l'aération, on agissait dans le Jura d'une manière et ailleurs, en Bourgogne, par exemple, d'une autre.

Il a cru pouvoir en donner un motif plausible dans la nature différente des bouquets des vins, qui se développent chacun par un mode spécial en rapport avec sa nature.

Le bouquet de Bourgogne est emprunté au cépage, la végétation du mycoderma vini risquerait de le détruire ; celui des vins du Jura, non préexistant dans le moût, s'y développe avec le temps sous les influences auxquelles il est soumis, et l'illustre chimiste est porté à croire que, par l'observation, l'empirisme a déterminé les meilleures conditions de sa production.

Il résulte de ces théories qu'il n'y a pas plus lieu de conseiller au Jura d'abandonner la vidange pour l'ouillage, qu'il ne serait rationnel de remplacer pour la Bourgogne l'ouillage par le procédé jurassien.

Les vins du Jura conservés sous la fleur gardent, il est vrai, une *jeunesse* qu'ils ne conserveraient pas sans ce procédé; nous nous garderons de conseiller pareil usage sous une autre latitude et avec des produits différents.

L'observation séculaire a fait adopter cet usage dans cette région; il trouve sa raison d'être dans des conditions spéciales, en dehors desquelles il serait téméraire de l'appliquer.

Le mycoderma vini se présente en général dans le champ du microscope sous l'aspect d'articles allongés plus ou moins rameux, de dimensions bien supérieures à celles du mycoderma de la piqûre.

Cet aspect est plus ou moins modifié par les conditions de sa végétation; ainsi, dans certains vins, Pasteur signale une variété du mycoderma vini en globules sphériques, non ramifiés, qui tromperaient facilement le micrographe qui ne serait pas prévenu.

Le mycoderma vini, en végétant à la surface du vin, en brûle une partie de l'alcool. Mais la combustion est complète, c'est-à-dire qu'il se forme de l'eau et de l'acide carbonique seulement. Il ne laisse donc pas de résidu physiologique dans le liquide, différant en cela du mycoderma aceti, qui laisse comme produit résiduel l'acide acétique. Aussi le premier mycoderme n'est-il pas une véritable cause d'altération comme le second.

La fleur du vin n'est, pour ainsi dire, pas une maladie tant qu'elle reste pure, c'est-à-dire exempte de mycoderma aceti.

Nous avons vu que, dans le Jura, certains vins, et des plus fins, sont conservés sous une épaisse couche de fleur, mais il faut avec cela, pour que le liquide ne s'altère pas, que l'accès de l'air soit interdit.

Si l'on se reporte, en effet, à ce qui vient d'être exposé sur l'action du mycoderma vini, on se rappelle que ce parasite brûle l'alcool, le transformant intégralement en eau et acide carbonique, et cela tant qu'il trouve de l'oxygène de l'air à transporter sur le vin. Celui-ci diminue par suite de degré d'une façon constante, d'où un affaiblissement dangereux.

Enoncer le mal, c'est indiquer le remède. Sans air, point de mycoderma vini; sans air, point de combustion d'alcool. Faire le plein dans les futailles et les bouteilles, c'est-à-dire ouiller, est le meilleur et le plus certain des préservatifs.

Les vins, qui ont reçu une addition d'eau, sont spécialement susceptibles de se couvrir de fleurs. Les vins faibles en alcool, d'acidité notable par conséquent, sont également très sujets à fleurir. Conséquence très importante pour l'avenir des vins : les vins fleuris passent très facilement à l'acescence.

Outre l'ouillage des fûts, on peut s'opposer encore au développement de la fleur, en soufrant les futailles. C'est un moyen indirect d'empêcher l'accès de l'oxygène indispensable à la vie du mycoderma.

L'emploi d'une couche d'huile produit un effet aussi sûr.

Quand la fleur s'est développée sur un vin, il est facile de s'en débarrasser : le parasite, en effet, n'est pas mouillé par le liquide et, de densité inférieure à celui-ci, flotte à la surface. En ouillant surabondamment le récipient, les couches supérieures du vin qui s'écoulent entraînent toute la fleur. Voici donc comment il faut opérer : on introduit dans le vin portant fleur un tube en fer blanc, qu'on maintient enfoncé à dix centimètres, tout au plus, dans le liquide et dont on ferme, avec le pouce, l'orifice supérieur. On introduit ensuite dans cette extrémité du tube un entonnoir dans lequel on verse du vin au moins de même qualité. Ce vin, passant ainsi dans les couches secondaires du fût, fait monter, proportionnellement à l'introduction, la couche qui porte la fleur qui bientôt s'échappe.

Le plein fait, on doit boucher avec soin.

Pour les vins en bouteilles, on opère semblablement, mais il est assez difficile de remplir ces petits récipients sans faire pénétrer la fleur dans le vin. Voici un autre moyen préconisé par Machard et qui est assez ingénieux. On débouche la bouteille avec précaution en évitant de l'agiter pour ne pas déplacer la fleur ni la mêler avec le vin ; puis on prend un morceau de toile de coton légère, de calicot, très propre, dont on fait une espèce de tampon peu serré pour lui conserver sa force d'absorption en évitant de donner à ce petit appareil une forme pointue : on comprend qu'il doit avoir une certaine surface pour mieux opérer ; on fixe solidement cet objet, au moyen d'un fil, à l'extrémité d'une petite baguette ; on l'introduit doucement un peu au-dessous du niveau du vin ; puis on promène lentement cet appareil le long des parois intérieures du col et de la bouteille ; on le promène ensuite sur toute sa surface, puis on le retire. Cette première opération enlève la plus grande partie de la fleur, mais il en reste encore. On recommence en changeant le morceau d'étoffe : on le retire ensuite et on ramène le reste de la fleur avec lui.

Les bouteilles ne fleurissent jamais si elles sont fermées avec peu d'air entre le bouchon et le liquide, et conservées couchées, de façon que la base du bouchon tout entière soit couverte par le vin, et que la bulle d'air existant dans la bouteille gagne la partie supérieure du ventre.

A fortiori, le vin ne fleurit jamais dans les bouteilles bouchées à l'aiguille et dans lesquelles n'existe par suite aucune bulle d'air.

Tourne ou pousse. — La maladie des vins tournés ou poussés est, avec l'acescence, la plus répandue des altérations que subissent les vins ordinaires, les vins communs, les vins marchands. Elle s'attaque aussi bien aux vins blancs qu'aux vins rouges, et on la connait aussi dans les cidres.

Le vin qui l'éprouve perd sa limpidité, il devient fade, plat, de mauvais goût; placé dans un tube de verre étroit d'environ 1 à 2 centimètres de diamètre, on perçoit dans sa masse, en l'agitant doucement, comme des ondes soyeuses. Le même phénomène se laisse voir, quoique moins facilement, quand on agite doucement le liquide versé dans un verre.

Si on l'abandonne quelques minutes au repos dans le vase où l'on vient de le verser, on voit toute la paroi où le liquide est limité par la surface, garnie d'une petite quantité de bulles très fines : c'est de l'acide carbonique qui se dégage.

Ce dégagement de gaz pendant la maladie de la tourne, s'il se manifeste dans un tonneau bondé, crée une pression à l'intérieur de ce récipient; sous cette influence le liquide suinte à travers les douves, qui se disjoignent; les fonds de la pièce, de concaves qu'ils étaient, deviennent convexes en se bombant vers l'extérieur; si l'on pratique un trou de fausset, le liquide jaillit avec violence.

Ces symptômes ont fait donner également à la maladie de la tourne le nom de pousse : les deux expressions sont synonymes. Comme pour les autres maladies des vins, Pasteur a pu montrer que la cause de la tourne résidait dans un ferment spécial composé de filaments enchevêtrés dont le diamètre est le plus souvent inférieur à 1 millième de millimètre. Ces filaments sont composés d'articles allongés, ce qui les distingue du ferment de la graisse, dont les articles sont sphériques.

La plupart du temps une goutte quelconque d'un vin tourné laisse voir sous le microscope les filaments caractéristiques de la maladie. Pour l'observer plus sûrement, le vin versé dans un verre est laissé en repos quelques heures; pendant ce temps le ferment tombe dans le fond, en vertu de sa densité. On décante finement la partie supérieure du liquide, et une goutte quelconque du fond, enlevée avec une pipette effilée et transportée sous l'objectif, laissera voir des champs riches en ferments. Pasteur conseille d'étudier également le dépôt du fond des tonneaux, si l'on veut se rendre microscopiquement compte de l'état de santé ou de maladie du vin. Quand la tourne s'est développée dans un vin, le ferment filiforme s'est propagé, reproduit, et quand il a épuisé son action, la plus grande partie tombe dans les couches inférieures, formant un dépôt visqueux, gluant, dont l'aspect est tout à fait différent de la lie ordinaire. Pour atteindre ce dépôt, Pasteur conseille d'employer un long tube de verre, effilé en pointe à sa partie inférieure, et la partie supérieure rodée de façon à pouvoir la fermer avec le pouce. On introduit verticalement le tube dans la bonde, l'ouverture supérieure obturée par le doigt, jusqu'à ce que la pointe ait touché le fond. Le gaz emprisonné a maintenu le tube à peu près complètement vide de liquide; en soulevant le doigt, le vin remplit l'instrument, et comme la pointe plonge jusqu'au fond, le dépôt pénètre avec le liquide; on retire alors ce tube après avoir fermé son orifice supérieur comme on fait du tâte-vin. Après avoir bien essuyé la paroi extérieure qui peut être souillée par les fleurs du vin qu'il a ramassées à la surface du liquide, et bien purgé le tube en laissant couler les quelques premiers centimètres cubes, on verse le tout dans un verre, où l'on puise les gouttes destinées à l'étude du dépôt.

En opérant ainsi qu'il est dit, Pasteur a reconnu l'abondance extrême du parasite dans les vins malades, mais il a constaté également que très peu de vins réputés sains, spécialement dans les vins ordinaires et dans les vins marchands, sont absolument exempts du ferment de la tourne. Celui-ci, qui évidemment provient de la manipulation de la vendange, gît dans les lies, attendant le moment favorable pour son évolution, c'est-à-dire une élévation de température. L'observation fait en effet reconnaître que c'est dans les mois de mai, juin, juillet surtout, que la tourne se manifeste.

Les vignerons, quand le phénomène se produit, disent souvent que la lie remonte; Pasteur, tout en ne niant pas que quelques filaments puissent être entraînés à la surface par des bulles d'acide carbonique, conteste l'exactitude de l'expression. Ce vin est troublé non par la lie qui est remontée et s'est répandue dans sa masse, mais parce que le ferment, sous l'influence de circonstances favorables, est entré en végétation et s'est reproduit abondamment, envahissant tout le milieu.

Tant qu'il a été dans cette espèce d'engourdissement, il s'est trouvé mêlé aux lies, et l'on conçoit pour cette raison le bon effet des soutirages de printemps qui, séparant le vin limpide de ses dépôts, le soustraient à l'action ultérieure du ferment.

La fermentation de la tourne est de la nature des fermentations lactiques, elle augmente singulièrement dans le vin la teneur en acide gras, volatil, Pasteur tend à considérer la tourne du vin comme identique avec le ferment lactique.

Il signale bien entre les deux ferments des différences de forme :

Ces différences, dit-il, consistent principalement en ce que le ferment des vins tournés est formé de longs filaments cylindriques, flexibles, sans étranglement bien apparent, de véritables fils non rameux et dont les articulations ne sont pas toujours bien accusées. Le ferment lactique, au contraire, est formé d'articles courts légèrement déprimés à leur milieu, de telle sorte que, sous un certain jour, on dirait une série de points lorsque plusieurs articles sont réunis bout à bout. Il ne faut pas exagérer toutefois la distinction des deux ferments d'après ce caractère. On le retrouve à quelque degré dans la plupart de ses productions, à cause du mode de multiplication par scissiparité qui leur est habituel. La nature d'un ferment ne peut être rigoureusement établie que par sa fonction physiologique, et nous ne connaissons pas encore assez suffisamment celle du ferment de vins tournés. Je suis même porté à croire que l'on réunit sous l'expression de vins tournés des maladies différentes auxquelles correspondent plus d'un ferment filiforme.

On conçoit, en tenant compte de la nature des acides déterminés par la tourne, qui sont d'une odeur d'autant plus désagréable qu'ils se rattachent à un alcool plus élevé dans la série grasse, que la tourne, en raison des mauvais goûts qu'elle communique aux vins, est une des maladies les plus redoutables de ce liquide.

Dans un fût, le vin commence à tourner par le bas, tandis que l'acétification commence par le haut; on pourrait donc à la rigueur séparer, dans les deux cas, en prenant le vin au début de l'altération, celui avarié de celui qui ne l'est pas encore.

Le plus sûr moyen de prévenir cette altération consiste à soutirer le plus souvent possible, deux et même trois fois la première année, un peu moins les années suivantes, de façon à ne laisser jamais longtemps le vin sur de la lie; les époques les plus favorables pour ce traitement sont mars et décembre.

Lorsque la maladie s'est déclarée, ce dont on s'aperçoit, non seulement au trouble du vin, mais encore à son goût fade, à sa couleur vineuse un peu sale, il est bon de soutirer dans des fûts parfaitement propres.

Quand le vin n'a eu à supporter que les premières atteintes du ferment de la tourne ou de la pousse, le mal peut être enrayé et le vin rétabli. Il s'agit, pour cela, de lui rendre les éléments en partie détruits et de paralyser le ferment. A cet effet, on l'acidifie par l'acide tartrique, on le colle et on le soutire dans des tonneaux soufrés.

La quantité d'acide à employer est nécessairement proportionnée au degré d'altération et ne peut être déterminée d'avance. On commencera par en faire dissoudre 40 ou 50 grammes par hectolitre.

Si, quelques jours après, la couleur n'est pas revenue à son état naturel, on en fera une nouvelle addition.

Il est bon de couper ce vin avec des vins très corsés et verts, c'est-à-dire riches en bitartrate et acide tartrique libre, de le viner légèrement, puis de le coller et de le soutirer régulièrement.

Le traitement qui consiste à faire passer ce vin sur du marc de vendange frais donne un résultat analogue. Les rafles et les pellicules lui abandonnent la quantité d'acidité et de tanin nécessaire pour s'opposer aux effets du mauvais ferment.

Mais si la maladie a fait trop de progrès, le vin s'est tellement modifié dans sa composition chimique qu'il n'y a plus de remède. Il faut le distiller, on ne saurait en faire du vinaigre. Celui-ci serait détestable.

Le chauffage peut aussi remettre les vins poussés ou tournés avant que la maladie ne se soit trop accentuée.

Si on était certain que le vin chauffé se marie bien avec le vin vert qu'on doit lui ajouter, il vaudrait mieux faire cette addition après le chauffage. Le coupage ainsi fait aurait peut-être plus de fraîcheur. Mais c'est là un cas difficile à prévoir, et même, le plus souvent, ce sont ces mélanges qui troublent la masse du vin, parce que les éléments des sortes mises en présence ne s'harmonisent pas et l'équilibre est rompu. Par suite, il vaut beaucoup mieux, pour la tenue du coupage, pour sa limpidité, procéder au mélange d'abord et chauffer ensuite. Par ce système, en même temps qu'on arrête le mouvement fermentatif du vin atteint de tourne ou de pousse, on fond entre eux les principes constitutifs des vins combinés, et la clarification s'obtient sans crainte d'un nouveau trouble. Un léger collage suffira pour arriver à cette clarification.

Il faut procéder sans délai au chauffage du vin qui tourne, de manière à arrêter le mal à son début, avant qu'il ait pu affaiblir le liquide. C'est au détriment de l'alcool et de l'acide tartrique que le ferment de la pousse agit et se développe. Il est donc urgent d'en arrêter au plus tôt les fâcheux effets par le traitement de tout le vin altéré.

On recommande d'ajouter au vin en pousse un peu de crème de tartre avant de le chauffer. Cette addition a pour but de lui restituer une partie des éléments qui ont pu être détruits par le mal, et en même temps de corriger l'aigreur qui en résulte souvent.

Au sortir de l'appareil à chauffer, le vin sera logé dans des tonneaux convenablement méchés; puis, après un repos de quelques jours, collé légèrement, tiré au clair et remis dans d'autres tonneaux ou des foudres. Il n'y a plus d'autre traitement à lui faire subir. Le chauffage bien opéré aura écarté tout danger.

L'expérience a démontré que les modes de traitement que nous venons d'indiquer étaient les meilleurs. Nous citerons toutefois, à titre de document, le procédé Herpin, qui serait recommandable s'il ne comportait l'emploi de l'acide sulfurique que nous condamnons :

Le vin poussé, écrit Herpin, est trouble; sa couleur participe à la fois du jaune brun, du rouge et du noir, il a toujours une saveur désagréable, plate, fade, amère et calcinée, quelquefois styptique et tirant sur le pourri; si on débouche le vase qui contient le vin poussé, il s'en échappe du gaz avec bruit et sifflement et la liqueur paraît éprouver un mouvement de fermentation. Lorsque l'altération est avancée, on trouve dans les bouteilles un dépôt noirâtre ou bleuâtre et comme pulvérulent. Dans les tonneaux, une grande partie de la lie se trouve mêlée avec le vin. C'est le plus souvent dans la seconde année que les vins tournent à la pousse.

Lorsque vous avez du vin dans ces conditions, prenez, pour un hectol. de vin poussé : acide sulfurique à 66 degrés 8 à 16 grammes, acide tartrique en poudre 30 à 45 grammes, racine d'angélique en petits morceaux 4 grammes, iris de Florence 4 grammes, benjoin 2 grammes. Mettez les aromates dans un petit sac de toile fine, versez d'abord l'acide sulfurique dans le tonneau et remuez fortement; ajoutez-y ensuite l'acide tartrique et mêlez encore. Introduisez enfin par la bonde le petit sac contenant les aromates, en le suspendant au moyen d'une ficelle que vous attacherez en dehors, afin de pouvoir le retirer lorsque le vin aura pris suffisamment le parfum; fermez légèrement la barrique avec la bonde, laissez le vin en cet état pendant trois semaines, un mois: le vin aura repris sa couleur, sa limpidité et sa qualité primitive; alors vous pourrez, si vous le jugez à propos, le soutirer et le clarifier. Si le vin n'était pas encore limpide, attendez pendant quelques jours, après quoi vous le collerez et le soutirerez. Dans le cas où le vin serait très fortement altéré, il faut augmenter la dose d'acide sulfurique, de manière cependant à ne pas excéder 30 grammes par hectol. Il faut toujours cesser de verser l'acide, dès que l'effervescence occasionnée par cette addition commence à diminuer.

Si, au contraire, le vin n'avait qu'un commencement d'altération, on pourrait le rétablir en y mettant seulement 30 grammes d'acide tartrique en poudre par hectol. Si on a de la bonne lie fraîche d'un vin généreux et fin, il serait très avantageux de la mettre dans le tonneau contenant le vin poussé. Le tonneau où l'on fait l'opération ne doit pas être rempli à plus des trois-quarts, et on pratique à côté de la bonde un trou de foret qu'on bouche au fausset et qu'on ouvre de temps en temps, mais le moins possible.

Si le vin poussé est en bouteilles, il faut le transvaser dans un tonneau.

En réduisant au quart la dose des substances prescrites, on guérit facilement les vins qui n'ont contracté que le goût d'amertume ou d'absinthe ou même ceux qui commencent à devenir gras.

En général, il ne faut pas tarder à consommer les vins rétablis par ce moyen.

On peut, aussi, éviter la pousse en transvasant le liquide dans des fûts méchés, en y ajoutant un peu d'alcool et en collant ensuite à la colle de poisson.

Graisse. — Certains vins prennent, dans des circonstances particulières, un aspect visqueux; quand on les transvase, ils coulent à la manière de l'huile ; aussi les dénomme-t-on : vins gras, filants, huileux. La maladie qu'ils éprouvent est la graisse.

Leur goût devient fade et plat, ils ne sont plus limpides.

Tous les vins ne sont pas également sujets à cette altération. Les rouges ne l'éprouvent presque jamais ; les blancs n'en sont attaqués que s'ils sont faibles de degré et de corps.

La graisse affecte surtout ceux qui proviennent des plants inférieurs, tels que les gamays blancs et les chasselas.

Si la maladie de l'amertume s'attaque de préférence aux vins vieux, la graisse exerce ses ravages plutôt sur les liquides d'âge moyen, c'est-à-dire compris entre un et quatre ans. Nous ne voulons pas, par ces chiffres, assigner une limite absolue, en dehors de laquelle l'immunité serait acquise, mais dire simplement que la majeure partie des vins malades, du fait de la graisse, le sont entre ces deux époques.

Pasteur a toujours trouvé la maladie concordant avec la présence dans le liquide d'un ferment spécial en filaments formés par des chapelets de grains sphériques très petits, variables de grandeur avec la nature des vins où ils s'étaient développés, mais toujours de diamètre inférieur à 1/1000e de millimètre.

Ces chapelets sont enveloppés d'une matière gélatineuse, laquelle contribue, avec leur enchevêtrement, à donner au liquide son aspect filant caractéristique.

Ce chimiste n'hésite pas à attribuer la maladie au ferment qu'il décrit.

Une autre théorie inverse, dont l'origine remonte à Chaptal, compte encore de nombreux partisans. Voici comment s'exprime l'auteur :

Pour concevoir cette dégénération du vin, il faut se rappeler les principes de la fermentation. Les deux éléments nécessaires à la fermentation sont le sucre et un ferment qui se rapproche de la nature du gluten animal. Pour que la fermentation soit parfaite, il faut qu'il existe une juste proportion entre ces deux substances. Si le gluten prédomine, il en reste une partie dans le vin qui peut s'en dégager, et c'est cette substance qui forme la graisse dans les vins faibles.

François, pharmacien à Châlons-sur-Marne, partageait les idées de Chaptal ; il les a exprimées dans les *Annales de chimie et de physique*. Il donne ensuite le remède, qui est le tanisage.

Dans son étude sur les vins mousseux parue en 1886, Salleron a fait l'historique très intéressant du travail de François :

Pour sauver, dit-il, ce vin dépourvu de toute limpidité (le vin gras), on avait imaginé, quand la maladie n'était pas encore trop intense, de le colorer en rose au moyen de la teinte de Fismes, et de le vendre sous le nom de vin rosé, vin œil de perdrix ; cette simple coloration dissimulait le défaut de limpidité du vin. Mais M. Jacquesson, fondateur des anciennes caves de Châlons, ayant remarqué que les vins ainsi colorés par la teinte de Fismes, non seulement devenaient clairs, mais n'étaient plus sujets à contracter la maladie de la graisse, appela sur ce fait l'attention de son pharmacien. François reconnut bientôt que les baies du sureau sont très riches en tanin, et que ce principe astringent, ajouté au vin, précipite une matière gélatineuse et visqueuse d'origine organique très sujette à entrer en décomposition, substance qu'il nomma gliadine. Poursuivant plus loin cette étude, notre pharmacien remplaça la teinte de Fismes par un extrait alcoolique de noix de Galle et constata que la gliadine, insolubilisée et transformée en tannate, était précipitée au fond des tonneaux, où elle formait, avec la lie, des membranes glaireuses ; c'en était fini de la maladie de la graisse : en effet, depuis cette époque, l'emploi du tanin s'est généralisé, et aujourd'hui que tous les vins sont tanisés au moment du collage, les vins filants ont disparu.

M. Robinet objecte à la théorie de Pasteur que la constitution physique d'un liquide est impossible à modifier à tel degré que le filage, par une reproduction organique, et il considère le ferment de la graisse comme un effet et non comme une cause. Le petit organisme se développerait grâce à la présence dans le vin d'albuminoïdes qu'il transformerait en *zyméose* (c'est ainsi que l'auteur nomme la matière visqueuse des vins gras).

Ceci ne diffère pas beaucoup au fond de la théorie pasteurienne, puisque le ferment est toujours admis comme participant par la production de *zyméose*. Ce serait une explication du mécanisme de la maladie.

En tout cas, le tanin, en coagulant la matière albuminoïde, détruit l'effet de la maladie par la précipitation de la substance anormale ; de plus, il crée un milieu que l'observation montre incompatible avec le ferment de la graisse, puisque celui-ci ne se développe jamais dans un vin astringent.

La forme du ferment en chapelets de sphères se modifie quand, par suite de l'épuisement du liquide en matières nutritives, l'altération tend à ne plus se propager. Les chapelets se scindent, et l'on ne trouve plus que des couples de sphères ; c'est l'aspect qu'il présente dans les lies après l'épuisement de la maladie.

Enfin, une dernière forme curieuse paraît être produite par le contact de l'air dans les vins gras en vidange : c'est l'aspect d'une peau superficielle membraneuse, semblable, à s'y méprendre, à la mère de vinaigre.

On doit se garder de confondre au microscope le ferment de la graisse avec celui de la tourne. Tous deux sont en filaments contournés ; mais, tandis que les filaments du premier sont formés par des chapelets de grains sphériques, ceux de la tourne sont des chapelets d'articles allongés.

Il est nécessaire d'user d'un grossissement assez fort (7 à 800 diamètres), pour l'étude micrographique de ces organismes.

Les soins que cette maladie nécessite sont de deux ordres : préservatifs et curatifs.

Les soins préservatifs consistent à donner au vin, au moyen de la fermentation ou pendant la fermentation, tous les éléments nécessaires à sa constitution normale. Ainsi, les vins blancs, qui sont le plus souvent atteints, ne cuvant pas avec les rafles, ne contiennent que de très petites proportions de tanin, et se trouvent, par suite, avoir plus de chances de maladie ; il est donc nécessaire de leur fournir directement la matière astringente, qui aurait dû être normalement empruntée aux rafles pendant la fermentation.

Lorsque la maladie s'est déclarée, le meilleur moyen de la combattre réside dans l'emploi du tanin (30 grammes dans un litre d'alcool par hectolitre) ou même d'un produit tanifère contenant aussi un peu d'acide tartrique, à la dose d'environ 30 à 40 grammes par hectolitre, selon le degré du mal. On s'assure du dosage en faisant un essai préalable sur une petite quantité.

Si on donnait, après, une colle trop forte, le vin ne se clarifierait pas parfaitement ; la quantité de colle à employer ne doit pas dépasser en poids la moitié du produit tanifère jugé utile.

Le ferment de la graisse, qui s'est développé en l'absence de l'air, paraît craindre le contact de ce fluide ; aussi on doit dépoter ou même agiter à l'air les vins qui ont tourné à la graisse ; à la suite de ce mouvement, le vin file beaucoup moins. On a vu des vins guérir à peu près de cette maladie en les faisant tomber d'une certaine hauteur, dans des baquets destinés à les recevoir, ou même simplement en les transportant quelque temps sur un chemin difficile et rocailleux.

Amertume. — Les vins communs ont, ainsi que nous le disions, une maladie fréquente : la tourne. Les vins de grands crus, spécialement les vins de Bourgogne, sont exposés, plus que tous les autres, à l'amertume.

Ce n'est pas à dire que cette dernière maladie ne s'attaque pas aux vins ordinaires, mais ils y sont moins sujets, dit-on.

Il nous paraît difficile du justifier cette opinion, par la raison que l'amertume ne s'en prend en général qu'aux vins vieux d'au moins deux ou trois ans, et que les vins ordinaires, tous consommés jeunes, n'ont pas le temps de laisser voir si, oui ou non, ils deviennent amers.

Pasteur partage l'opinion commune et considère l'amer comme spécial aux bons crus.

Vergnette-Lamotte distingue deux sortes d'amertume dans les vins : la première, celle qui les atteint de la deuxième à la troisième année de leur âge, et l'autre, que l'on rencontre dans les vins très vieux.

Cette dernière maladie, à laquelle on peut plus spécialement donner le nom de goût de vieux, est loin de présenter autant de gravité que la première, en ce sens que les vins qu'elle atteint ont été et sont restés bons pendant de longues années, tandis que l'amertume proprement dite altère et détruit même complètement le vin dans ses premières années. Au début du mal, le vin commence par présenter une odeur *sui generis*, sa couleur est moins vive, au goût on le trouve fade : nos tonneliers disent que le vin *doucine*. La saveur amère n'est pas encore prononcée, mais elle est imminente ; si l'on n'y prend garde, tous ces caractères ne tardent pas à augmenter rapidement. Bientôt le vin devient amer, et l'on reconnaît à la dégustation un léger goût de fermentation dû à la présence du gaz acide carbonique. Enfin la maladie peut s'aggraver encore, la matière colorante s'altère complètement, le tartre est décomposé et le vin n'est plus buvable.

Il n'est pas nécessaire que les symptômes du mal soient aussi avancés que nous venons de le dire pour que nos vins perdent une grande partie de leur valeur. Que le bouquet soit altéré, que la franchise ne soit pas entière, et voilà un vin qui valait 500 fr.. et qui n'en vaut plus que 100, et une bouteille de Pomard, qui, payée 15 francs, vaudra à peine 1 fr.

La cause de cette maladie, si nuisible aux intérêts de la Bourgogne en particulier, et de tous les grands crus en général, Pasteur l'a découverte dans l'action d'un ferment particulier qui se laisse voir dans les dépôts de tous les vins contaminés. Ce ferment se présente sous forme de branchages rameux, noueux, dont les diamètres varient dans les proportions de 1 à 2, 3 et même davantage.

Les filaments sont à articulations plus ou moins visibles ; incolores quand ils sont dégagés de toute incrustation, ils se montrent le plus souvent colorés en rouge ou rouge brun et plus ou moins mélangés à des dépôts lamelleux, mamelonnés, de matière colorante oxydée et précipitée par l'insolubilité que lui communique l'oxydation.

Ces incrustations se déposent souvent le long des filaments avec des apparences de pseudo-bourgeons. On rectifie facilement cette erreur morphologique en examinant le dépôt traité par les acides et l'alcool, qui dissolvent la matière incrustante et laissent les filaments intacts sans nodosités.

Le ferment des vins amers se reproduit par scissiparité.

D'accord avec Pasteur, nous n'admettons pas les deux amertumes signalées par Vergnette-Lamotte. Le même ferment les cause, seulement la différence des milieux (vin jeune et vin vieux) modifie l'aspect du parasite.

Une amertume spéciale se manifeste parfois dans les vins en vidange, sans que l'on puisse faire intervenir comme cause le ferment de l'amer. Cet effet est dû, dans ce cas, à une action chimique : une oxydation. Cette sorte d'amertume disparaît avec la vidange ; le remède est donc l'ouillage.

Il y a un rapprochement à faire entre le ferment de l'amer et celui de la tourne, et il se peut que de nouvelles études identifient ces deux parasites en tant qu'espèce ; les effets divers seraient dus aux circonstances variables de milieu.

Lorsque le raisin a souffert des maladies de la vigne, du mildew. de l'oïdium, de l'anthracnose, ces agents de désorganisation, sans paralyser la fermentation alcoolique, mais secondés par l'oxygène atmosphérique, attaquent les principes du vin, le rendent parfois amer.

Les moyens préventifs sont : le triage des raisins pour en séparer les grains altérés, l'addition d'une dose de ferment de bonne qualité, la surveillance du chapeau, l'assainissement parfait de la vaisselle vinaire. L'emplissage des fûts et l'exclusion de l'air sont aussi des conditions indispensables.

Une fois le vin fait, le meilleur préventif de l'amertume est le chauffage, qui est absolument efficace lorsqu'il est effectué d'une façon rationnelle.

Quant aux moyens curatifs, qui ont souvent donné de bons résultats dans le traitement des vins amers, ils consistent :

1° Dans le repassage de ces vins sur une forte quantité de lie de vin non collé, fraîche, avec addition d'acide tartrique en dissolution (120 à 130 grammes) et de 500 à 1,000 grammes de sucre par hectol. On pourrait ajouter aussi 10 à 15 grammes de tanin dissous dans l'alcool, par hectol. Il s'établit une fermentation lente qui détruit l'amertume et régénère le vin.

2° Dans la mise en fermentation des vins viciés par l'amertume, sur du marc de vendanges frais et bien conservé, avec l'emploi simultané de bonne lie de vin, de tartre et de sucre.

Voici une méthode d'application de ces principes qui a donné de bons résultats :

On se procure de la bonne lie fraîche de vin blanc ou rouge qui n'a pas été collé.

A défaut des lies fraîches de vins non collés, on peut se servir de lies de vins collés, quoique celles-ci contiennent beaucoup plus de ferment à l'état d'inertie.

Pour 220 litres de vin amer, on prend 2 litres de bonne lie qu'on met dans un vase de faïence ou de bois bien propre ; on y ajoute 2 kilog. de beau sucre blanc en poudre ; on incorpore le sucre avec la lie et l'on verse, par dessus, 2 litres de vin dont on a élevé la température à 35 ou 40 degrés centigrades, sans dépasser cette limite. On couvre le vase et on l'entoure d'une toile quelconque afin d'éviter son refroidissement; on le laisse en repos pendant une heure environ. A l'aide de cette douce température, le ferment que contient la lie reprend de l'activité et commence à agir sur le sucre pour déterminer un commencement de fermentation alcoolique.

Le vin ayant été soutiré et logé dans un fût en bon état de propreté, mais non méché, reçoit alors le ferment de lie et de sucre. On roule le tonneau afin de bien incorporer le mélange. On bonde la pièce, en ayant soin toutefois de laisser un trou de fausset, pour permettre le dégagement ultérieur du gaz. On abandonne le vin en cet état dans un lieu tempéré.

La lie, provoquée par le sucre, détermine une fermentation particulière, qui permet aux mycodermes de bonne nature de dominer dans le vin et de neutraliser le mycoderme de l'amertume.

Au bout de quinze jours, quelquefois d'un mois, toutes les réactions ont cessé; le vin est redevenu clair et se trouve débarrassé de toute amertume.

Seulement il serait dangereux de laisser le vin sur ce dépôt de lie, il faut le soutirer de nouveau et le coller légèrement dans le nouveau fût où il devra être logé.

Mais avant de le remettre en fût, il est nécessaire de le fortifier au moyen de la liqueur suivante :

Pour un fût de 220 litres, on prend : Alcool de vin ou du Nord bon goût et neutre, à 90 degrés, 2 litres, tanin 10 grammes.

On dissout le tanin et on ajoute 2 litres de vin, qu'on incorpore bien en agitant le tout.

Cette liqueur fortifiante doit être versée dans le tonneau avant d'y introduire le vin. On ajoute celui-ci par-dessus, et on colle avec une colle légère.

Dès que la colle est précipitée, le vin a repris sa limpidité et du ton. On n'aperçoit plus de trace de la maladie.

On a conseillé d'ajouter 100 grammes de glycérine à la liqueur fortifiante dont nous venons d'indiquer la recette, mais l'addition de glycérine au vin, tout en ayant l'avantage de lui rendre du moelleux, a le grave inconvénient d'être dangereuse au point de vue hygiénique. Aussi ne saurions-nous la recommander ; cette addition, connue sous le nom de *scheelisage*, est d'ailleurs condamnée comme une falsification nuisible.

Pour guérir l'amertume, Vergnette-Lamotte préconise le méchage après chaque soutirage et la fermeture hermétique des caves, mais en résumé il conclut au traitement des vins amers par le chauffage.

Maumené enfin a conseillé l'addition de chaux dans la proportion de 25 à 30 centigrammes par litre. La chaux devrait être bien récente ; on la ferait éteindre dans un peu d'eau et on la verserait dans le tonneau ; on remuerait bien, et après un repos de deux ou trois jours, on soutirerait et on collerait. Le vin devrait rester acide après ce traitement.

Vin mildewsé. — Les vins fortement mildewsés ne peuvent guère trouver d'emploi qu'à la chaudière ; ils sont faibles de degré ; ils ont une couleur rouge pâle, assez louche, tirant sur le jaune, une saveur peu agréable, une odeur caractéristique qu'on désigne sous le nom d'odeur de mildew, et on craint toujours de les voir tourner ou piquer. Le commerce évite avec soin l'achat des produits mildewsés.

Le mildew n'est pas la cause directe de l'altération des vins mildewsés, car c'est une maladie de la vigne et non du vin ; mais, en s'attaquant à la vigne, le mildew l'empêche d'élaborer pour le raisin les éléments qui sont nécessaires à sa bonne constitution ; il fait que le vin qui en provient est anémique et constitue de la sorte, pour l'évolution de la tourne, de la pousse et quelquefois même de la piqûre, un milieu essentiellement favorable.

L'odeur de mildew qui, de prime abord, paraît une fausse odeur sulfureuse, ne provient pas de la chaux, ni du sulfate de cuivre employés dans les traitements (le sulfate de cuivre est d'ailleurs un antiseptique).

Dans la tourne des vins mildewsés, comme dans toute évolution parasitaire, on doit distinguer d'abord l'être microscopique vivant et ensuite le produit de ses multiples excrétions.

Or, ces derniers contiennent des odeurs propiono-butyriques qui infectent les fûts renfermant les vins malades.

Il a été prouvé (*Revue pharmaceutique*) qu'une cuve ayant déjà servi depuis deux ou trois ans à faire des piquettes de raisins mildewsés, s'est saturée des acides odorants en question et a emmagasiné dans les pores du bois des germes de tourne.

L'odeur suspecte provient des filaments de la tourne qui, au moment des chaleurs, pullulent avec la rapidité propre aux infiniment petits.

La cuve, infectée par le séjour des vins fortement mildewsés, constitue donc une sorte de *champ maudit* qu'il faut détruire, c'est-à-dire soumettre à un traitement antiseptique des plus énergiques. Dans ce but, il paraîtrait indispensable de raboter la surface interne, de façon à enlever un demi-centimètre d'épaisseur de bois, de la badigeonner ensuite à l'aide d'une bouillie de chaux, ou mieux avec une solution concentrée de bisulfite de soude, et de la rincer enfin à l'eau bouillante. Dans ces conditions, les produits butyro-valérianiques seraient enlevés, les germes stérilisés et le liquide à venir susceptible d'une bonne conservation.

Les vins mildewsés doivent être tirés fréquemment au fin, et n'être enfermés que dans des fûts rincés à l'eau bouillante et traités à l'acide sulfureux.

En pasteurisant ces vins on les préserverait plus sûrement contre les atteintes de la tourne et aussi contre toutes les maladies parasitaires auxquelles ils sont disposés.

De plus, tant que le mildew exercera ses ravages, il sera prudent de faire subir aux cuves, sinon le rabotage, au moins de forts lavages antiseptiques, aussitôt après l'enlèvement des marcs de vendange.

Mais il ne faut pas seulement attribuer aux cuves le goût particulier des vins mildewsés. Le vin mildewsé a en lui-même une saveur propre, fort désagréable.

Nous avons vu des vins préparés avec des raisins mildewsés, dans des vaisseaux absolument sains, n'ayant jamais reçu des grains malades et qui, cependant, avaient à la dégustation l'odeur de mildew.

La pasteurisation que nous avons d'abord indiquée, puis le coupage avec des produits corsés et une consommation rapide constituent la meilleure conduite à tenir pour ces vins, quand on n'est pas obligé de les envoyer à la chaudière.

Quand le vin mildewsé aura contracté une maladie déterminée : tourne, pousse, acescence, amertume, on traitera celle-ci selon les méthodes habituelles. Aussitôt que le vin aura perdu son mauvais goût, on le soutirera dans un fût propre dans lequel on aura fait brûler une mèche soufrée et on y ajoutera 1 ou 2 0/0 d'alcool, afin de remonter le vin et de réparer les pertes alcooliques qu'il a subies.

Vin absinthé. — Le vin absinthé subit tout simplement une des formes de la tourne ou de la pousse. Quand le vin s'absinthe, il éprouve une fermentation spéciale qui détruit son acide tartrique en décomposant les tartrates de potasse et de chaux que le vin contient naturellement. Privé de son acide tartrique, le vin perd sa couleur et devient noirâtre. Il contracte un goût piquant comme s'il était mêlé avec de l'eau de seltz.

Cet accident atteint très souvent les vins peu riches en alcool, ceux qui sont logés dans des fûts malpropres, ou qui, n'ayant pas été soutirés, reposent sur la lie, ceux enfin que l'on conserve dans des caves à température variable.

Cet accident est plus facile à prévenir qu'à guérir.

On peut l'éviter en fortifiant les vins sujets à s'absinther par l'addition de 2 ou 3 litres d'alcool par hectol. de vin, ou en les remontant par un mélange d'un décalitre de vin fort et généreux, par les soutirages et par le collage.

Lorsque le mal est accompli, on peut améliorer le vin au moyen du procédé suivant : 1° soutirer d'abord le vin dans un fût bien propre et préalablement méché ; 2° dans un litre de bon vin, faire dissoudre 60 grammes d'acide tartrique par hectol. de vin malade et le jeter dans le tonneau ; 3° ajouter ensuite 2 litres de bon alcool franc de goût et d'odeur ; mêler le tout ensemble, bien agiter et laisser reposer.

Au bout de quatre ou cinq jours il faut coller légèrement et le vin alors reprendra un état satisfaisant.

Vin échauffé. — On croit dans certaines contrées que la maladie des vins dits échauffés n'a rien de grave, qu'elle n'affecte par grandement le produit qui en est atteint, et on suppose que le trouble du liquide malade peut disparaître par un simple collage. Il n'en est rien cependant, et ceux qui se sont trouvés en face d'un vin louche donnant au palais l'impression d'un vin battu, échauffé et qui l'ont traité sommairement en essayant de le clarifier soit à la colle, soit surtout au filtre, ont pu se rendre compte, non seulement de l'inutilité, mais parfois même des dangers de l'opération.

Il faut voir dans le vin échauffé autre chose qu'une indisposition passagère causée par un voyage ou une manipulation mal faite. Un vin dont la robe se ternit, dont la couleur limpide et vive prend une apparence sale, dont la saveur fraîche se transforme et produit dans la bouche un sentiment de chaleur désagréable, est vraiment malade. D'ordinaire, en effet, il ne tardera pas à s'aigrir. L'échaudé ou l'échauffé n'est en réalité que la préface de la piqûre.

On comprend, dès lors, combien il est nécessaire de surveiller les vins qui présentent ces caractères, afin d'arrêter le mal dès le début.

Le trouble qui se produit d'abord dans le vin est un signe sur lequel on doit porter son attention dès le principe. Il est dû à une fermentation acétique qui commence. Si on examinait au microscope une goutte du liquide à ce moment, on reconnaîtrait qu'elle contient des mycoderma aceti, globules réunis en chapelets et se multipliant avec rapidité par étranglement. Peu à peu ces mycodermes se développent, donnent naissance à de nouveaux individus, et finissent par envahir toute la masse du vin. Celui-ci est perdu et ne convient plus qu'au vinaigrier.

Les causes de cette maladie sont diverses. Elles dépendent du raisin, de la vinification ou des soins apportés au vin dans le cours de son existence. Cependant, bien qu'on ait vu des vins titrant jusqu'à 14° s'échauffer, puis tourner à l'aigre, le plus généralement c'est la faiblesse de constitution qui permet à ces mauvais ferments de se développer. Les vins jeunes, légers et les vins vieux, dépouillés, usés par l'âge, sont surtout accessibles à l'échaudé.

L'oxygène de l'air étant favorable aux progrès de l'échaudé, on devra d'abord soustraire le vin à son influence et le mieux, dans ce cas, est, après transvasage dans des fûts sains, de recourir au méchage. On mettra ensuite les barriques autant que possible dans des endroits frais ; on leur fera passer quelques nuits dehors, par exemple dans un courant d'air, afin de refroidir le liquide. Si ces précautions suffisent parfois pour arrêter le mal à son début, elles ne guérissent pas. Le vin conserve une légère pointe d'aigreur. On la fait disparaître, lorsqu'elle est peu prononcée, en saturant cette acidité au moyen du tartrate neutre de potasse, comme nous l'avons dit en traitant de l'acescence.

Cette opération terminée, et le vin reposé, on le collera légèrement, puis on le soutirera à l'abri de l'air après quelques jours d'attente. On aura soin de ne faire usage que de fûts bien nettoyés et méchés.

Pendant sa maladie, le vin a perdu une partie de son alcool. De l'eau-de-vie versée dessus, après le traitement, serait très efficace pour lui rendre la vigueur nécessaire et achever de le mettre en état de faire bonne fin.

Vin cassé. — Depuis que la vigne est frappée par le phylloxéra et les maladies cryptogamiques, les vins sont quelquefois atteints d'une altération que les anciens œnologues n'avaient pas signalée. Cette altération est grave d'abord, par sa nature même, puisqu'elle enlève au vin ses qualités marchandes, ensuite par les réactions progressives, malsaines, qu'elle engendre dans le liquide. De simple effet, cette altération devient une cause nouvelle de désorganisation.

On dit que les vins se cassent, lorsqu'ils sont atteints de cette maladie.

Les vins qui se cassent ont, à leur naissance, généralement la bonne apparence des vins ordinaires, exempts d'altération ; ils se clarifient et, en foudre, ils se maintiennent assez bien dans un état de limpidité satisfaisant. Mais au soutirage, au transvasement dans d'autres fûts, leur couleur s'altère, leur nuance se trouble, leur aspect nuageux les rend impropres à la vente. Cet effet se produit quelquefois même avant le soutirage.

Par l'action de l'air sur certains éléments du vin, il se forme une substance, noir brun, qui est le résultat d'une combustion lente. C'est à cet effet de l'oxygène atmosphérique que l'on peut attribuer la casse des vins après qu'ils ont été exposés au contact de l'air, ne fût-ce que pendant quelques instants.

La casse des vins est donc, comme l'indique Liebig, le résultat de l'oxydation d'une matière organique abondante dans les vins, provenant d'une récolte incomplètement mûre, peu riche en sucre, atteinte par les insectes, frappée par les parasites, par les intempéries.

A l'abri du contact de l'air, cette matière ne subit pas d'altération et le vin conserve sa limpidité. Mais, vienne le contact de l'air, le liquide change, se trouble, la couleur s'altère, le vin se casse.

Est-il possible de prévenir cet accident?

Si, à l'époque des vendanges, on ajoute aux raisins mal venus une petite quantité de sucre, la fermentation plus nourrie, plus alcoolique, exerce une influence favorable sur la matière organique et la précipite dans la lie.

Si, à la fermentation et au soutirage, on emploie les précautions que nous avons conseillées, le vin se clarifie d'ordinaire spontanément et ne se casse pas.

Une fois un vin cassé, il convient de lui donner les mêmes soins que pour la tourne ou la pousse et de le coller très légèrement.

Vin éventé. — Lorsque le vin reste en vidange soit en fût, soit en bouteille, souvent il prend une saveur particulière fade et plate, nommée goût d'évent. On dit aussi quelquefois d'un vin dans ces conditions qu'il a « de la vidange ». Cette altération est ordinairement due à la fleur dont s'est couverte la surface du liquide laissé trop longtemps en contact avec l'air. L'évent provient donc de l'affaiblissement du vin, par suite du dégagement d'une partie de l'alcool qu'il contient. Parfois, les matières azotées contenues dans le vin se décomposent et donnent ainsi naissance à des vapeurs ammoniacales, qui communiquent au liquide une saveur nauséabonde. L'évent dégénère alors en goût de pourri; c'est une maladie plus grave dont nous parlerons.

Les vins faibles surtout sont atteints du goût d'évent.

On prévient le goût d'évent en supprimant, autant que possible, le contact de l'air au moyen de l'ouillage qui tient les fûts complètement pleins et dans les bouteilles, en les laissant toujours hermétiquement fermées et couchées horizontalement.

Lorsqu'on est forcé de mettre des fûts en vidange, on neutralise les effets de l'air au moyen d'un léger soufrage et en bondant ensuite fortement.

Lorsque le goût d'évent est récent et peu marqué, il suffit de soutirer dans un tonneau frais, vide d'un bon et jeune vin, après un méchage préalable du fût.

Si, au contraire, le mauvais goût est très intense, il faut couper le vin éventé, avec un vin fort et généreux, soutirer et coller.

On peut encore améliorer le vin et lui rendre ses propriétés au moyen du procédé suivant :

Soutirer d'abord le vin dans un fût bien propre et préalablement méché; dans un litre de vin bien franc, faire dissoudre 60 grammes d'acide tartrique par hectolitre de vin malade et le jeter dans le tonneau; ajouter ensuite deux litres d'alcool franc de goût et d'odeur.

Pour le tirage quotidien qui se pratique chez les débitants, ou pour la mise en bouteille qui doit se faire le plus rapidement possible, il n'y a pas à se préoccuper beaucoup de l'évent. Observons que ce goût plat disparaît d'ordinaire de lui-même après quelques jours de bouteille, si le vin est d'ailleurs sain, tiré avec les précautions voulues et logé convenablement.

Vin qui fermente. — Si l'accident est survenu à la suite d'un transport par un temps chaud, il faut arroser les futailles ou les couvrir de paille. Si on entend le vin continuer à murmurer, il faut le mécher sur bonde, après en avoir tiré un ou deux litres. Enfin, si la guérison n'était pas complète on soutirerait dans des fûts fortement soufrés.

Si la cuvée tout entière donne des signes non équivoques de fermentation, il faut recourir à un traitement général, en brûlant dans le cellier du soufre, sur un réchaud rempli de charbon enflammé, et si ce moyen est insuffisant, soutirer et soufrer comme nous venons de l'indiquer.

Si quelques pièces seulement sont malades, il faut les retirer et les mettre à part.

Mais, dans tous les cas, la fermentation des vins blancs ou rouges peut être enrayée par les procédés suivants :

Recouvrir les futailles de paille mouillée;

Mécher le vin sur bonde ;

Soutirer le vin dans des fûts fortement méchés.

On peut également enrayer le travail de la fermentation par le chauffage.

Enfin le vinage a une influence considérable sur la conservation des vins. Le vinage donne au vin une grande solidité en arrêtant spontanément toutes le fermentations qui peuvent se produire. Sous l'influence du vinage, suivant Thénard, les vins peuvent braver les plus longs voyages, sous les températures les plus extrêmes et résister à l'action délétère des caves les plus malsaines.

On pourra compléter l'action du vinage par une addition de tanin et d'acide tartrique.

On a parfois conseillé d'ajouter par hectolitre de vin 500 grammes de farine de moutarde préalablement délayée dans deux litres de vin, puis deux jours après de soutirer dans un fût fortement soufré, mais la moutarde donne au liquide un goût et une odeur *sui generis* désagréables.

La fermentation du vin en bouteille provient, soit de la mauvaise constitution du vin, soit de ce que le produit a été mis en bouteille encore trop jeune. On diminue la fermentation en plaçant les bouteilles debout dans un local frais et en les y laissant séjourner deux jours au moins; on les débouche ensuite, et on les laisse ainsi une heure ou deux, afin de donner une issue au gaz acide carbonique. Mais ce procédé n'est qu'un palliatif, qui détruit rarement la cause de l'altération. Dans la majorité des cas, ces vins sont louches ; il est préférable de les remettre en barriques pour les y traiter.

Vin putride. — Ce sont surtout les vins très pauvres en alcool et en tanin qui sont exposés à la putridité. Ces vins se dépouillent promptement de leur couleur, mais ils restent louches après leur défécation qui n'est d'ailleurs jamais complète. La tendance à la putridité s'annonce par une altération de la nuance qui devient tuilée, terne ; la couleur rouge se précipite et le vin ne conserve que sa couleur jaune. Le vin prend un goût nauséabond de pourri, d'eau croupissante ; il continue à se décomposer sans passer franchement à la fermentation acétique. On peut retarder la décomposition des vins putrides, ou qui passent à la putridité :

En fortifiant le titre alcoolique, en ajoutant du tanin et en mélangeant une certaine quantité de vin ferme, âpre et alcoolique ;

A défaut de vin ferme, en relevant leur sève, au moyen d'eau-de-vie;

En évitant le plus possible de les coller (pour cette opération on donnera la préférence au blanc d'œuf, additionné de un ou deux litres d'eau-de-vie par pièce, afin d'activer la coagulation albumineuse);

En ne faisant subir à ces vins aucune secousse, aucun voyage et en évitant, pour leur transvasement, l'emploi des pompes aspirantes et foulantes, qui accélèrent la précipitation de la matière colorante.

Vin roussi. — Certaines espèces de raisins blancs, et même des meilleurs, tels que le semillon, produisent des vins que l'air impressionne très promptement, quand on les transvase, par exemple. On dit que le vin devient roux, qu'il roussit. C'est une sorte d'évent ou de casse.

La couleur devient plus foncée, elle brunit. Au changement de la couleur s'ajoute un changement de goût.

Cette altération, dont Pasteur ne fait aucune mention et qui affecte non seulement quelques vins blancs ordinaires, mais encore les grands vins de France, de Madère, d'Espagne, de Portugal, a sa source dans le vin même. Le principe de la maladie du vin à goût de roux réside dans une matière organique du raisin, incolore de sa nature, inoffensive à l'état d'inertie, mais très oxydable et agissant aussitôt qu'une circonstance favorable provoque son activité.

Sous l'action de l'oxygène atmosphérique, la matière organique, passant de l'inertie à l'état d'activité, absorbe quelques-uns des éléments du vin et donne naissance à des produits nouveaux.

De la double action de l'oxygène sur la matière organique et de celle-ci sur le vin, résultent la modification de la couleur et le changement de goût du liquide.

Toutes les circonstances qui exposent le vin au contact de l'air sont dangereuses ici. On évitera donc de trop fréquents soutirages, et l'on aura soin de pratiquer ceux qui sont indispensables, au moyen de siphons ou de pompes.

En vieillissant, le vin se dépouille d'une partie du bitartrate de potasse, et son titre acide diminue. Dans quelques cas, cette diminution du degré acidimétrique favorise le roux. Les matières alcalines, la potasse, la soude, la chaux, la moutarde déterminent rapidement l'oxydation de la matière organique et contribuent à donner au vin le goût de roux.

La matière, qui provoque l'altération du vin qui nous occupe, si elle est impressionnable à l'action rapide de l'air, existe heureusement en petite quantité dans le jus de raisin; par un traitement simple et facile, on peut la séparer du vin et l'en expulser, alors même qu'elle aurait déjà produit son effet.

Cette matière se combine facilement avec la gélatine et l'albumine, et forme avec ces deux agents clarifiants un composé solide, d'une couleur d'un bleu noirâtre, plus ou moins foncée suivant qu'elle est plus ou moins abondante. La densité de ce composé gélatineux en détermine la précipitation sous forme de lie.

Pour prévenir le noircissement des vins que leur nature y prédispose, on en éloignera les causes déterminantes : le contact de l'air atmosphérique, les matières alcalines, et l'on évitera, dans la mesure du possible, le trop grand affaiblissement du titre acide.

Le moyen le plus efficace est sans contredit celui qui, absorbant la matière organique oxydable, en dépouille le vin et l'en expulse.

Préventivement, au premier soutirage, au débourbage du vin, un léger collage à la colle de poisson, à l'albumine, au blanc d'œuf ou à la gélatine, dépouillera le vin de la fâcheuse propriété de roussir au contact de l'air.

Le même traitement, appliqué au vin déjà atteint du goût de roux, précipitera la matière noire et les produits étrangers de mauvais goût, auxquels elle aura donné naissance, lui restituera, avec sa couleur primitive, ses qualités d'origine et lui assurera une limpidité durable.

Vin à écume persistante. — On voit quelquefois du vin de couleur rouge vif et de limpidité brillante qui, si on l'agite, forme à la surface une écume, une mousse qui persiste longtemps.

Cette persistance de la mousse n'est pas précisément un défaut quand le vin est de bonne qualité ; c'est une simple anomalie qu'il faut néanmoins faire disparaître.

Le moût de raisin contient des matières azotées, albumineuses, mucilagineuses, dont quelques-unes, solubles ou solubilisées, ont la propriété de mousser par l'agitation à la manière de l'albumine animale, et par leur viscosité de s'attacher entre elles, de former de l'écume et d'adhérer aux corps avec lesquels elles sont mises en contact.

Par la fermentation alcoolique, accomplie dans de bonnes conditions de température, de richesse saccharine, d'acides organiques sans excès, les matières albuminoïdes s'éliminent naturellement sous forme insoluble de lie, de ferments, de dépôt au fond des vaisseaux vinaires. Le vin est sec au toucher, sans viscosité, sans adhérence, et l'écume qu'il fait par l'agitation disparaît rapidement.

Mais, si par une fermentation en présence d'un excès d'acide, les matières albuminoïdes insolubles entrent en dissolution, elles se fondent pour ainsi dire dans le vin et, par l'agitation, elles produisent de l'écume, de la mousse plus persistante à la surface du liquide. Elles forment une espèce de crème dont la bière nous fournit un exemple. Dans la bière, cet effet est dû particulièrement aux substances gommeuses, dextrineuses, qui s'y trouvent en abondance.

Dans les vins à écume persistante, c'est à une substance de nature pectique, albuminoïde, solubilisée par un excès d'acide dans le milieu fermentant, qu'il faut attribuer le phénomène.

Le traitement consistera en un vinage léger avec addition d'un peu de tanin pour précipiter les matières mucilagineuses.

Trouble des vins. — Des causes très diverses peuvent causer le trouble des vins. Nous les examinerons successivement.

Vin bourru. — On nomme vin blanc bourru celui qui sort du pressoir ou de la cuve et dont la grosse lie est mêlée dans le liquide. Ce vin blanc, n'ayant pas fermenté en cuve, conserve longtemps une douceur agréable ; mais la lie lui donne une couleur louche et un goût pâteux. Si on veut éclaircir le vin blanc bourru, on peut user de la méthode suivante :

Après avoir mis la pièce sur chantier de manière à pouvoir la soutirer facilement, on perce le fond en trois endroits différents et on y place trois cannelles. savoir : l'une en bas comme à l'ordinaire ; la seconde au tiers de la hauteur du fond contre la barre et la troisième au-dessus de la barre ; puis on fait à la même hauteur, à côté des cannelles, autant de trous de foret que l'on bouche avec des faussets. Après avoir retiré huit ou dix litres de vin, on colle comme à l'ordinaire, on agite le liquide avec un bâton et on laisse reposer sans mettre la bonde. Au bout d'un quart d'heure de repos, on ouvre le fausset le plus élevé : si le vin ne vient pas clair, on le ferme et on répète cette opération de minute en minute. Dès que le vin sort clair, on ouvre la cannelle supérieure et on laisse couler dans des brocs en ayant soin de les changer sans fermer la cannelle. Les brocs doivent être vidés à mesure dans une pièce soufrée. Lorsque la première cannelle à cessé de couler, on ouvre le fausset qui est près de celle du milieu. Si le vin sort clair, on le tire comme nous venons de l'indiquer et on fait de même pour celle du bas. Ce vin ne sera pas limpide, mais on l'aura dégagé de sa grosse lie. En le collant de nouveau, il s'éclaircira parfaitement en trente-six heures, surtout s'il fait un temps sec.

Il est à observer qu'il faut saisir le moment où le vin vient clair pour ouvrir la cannelle : si on le laissait reposer trop longtemps, la lie remonterait dans le liquide pour ne retomber qu'après que la fermentation serait apaisée. Quelquefois même elle y reste suspendue pendant plusieurs mois.

Vin qui ne se dépouille pas. — Dans les années humides, beaucoup de vins se dépouillent très difficilement. En général cela résulte de leur pauvreté en tanin.

Nous conseillons, dans ce cas, de dissoudre 30 grammes de tanin dans un litre d'alcool bon goût pour chaque hectol. de vin à traiter. On colle ensuite. Huit jours après si cela est nécessaire, on colle de nouveau.

Après un traitement semblable, les vins se dépouillent promptement.

Vin surcollé. — Souvent un vin a été collé et recollé plusieurs fois ; mais ces collages répétés, loin de procurer la limpidité qu'on recherche, y ont fait obstacle. Une partie de la colle est demeurée en suspension dans le vin, et sa présence y occasionne le trouble nuageux et l'aspect laiteux que l'on constate.

La colle s'est combinée avec les éléments du vin, a formé un composé liquide, qui ne peut pas se précipiter. De là, l'état terne et louche du vin et son goût pâteux.

Dans ce cas il y a simple surcollage. On remédie à cet accident par la méthode que nous avons indiquée au chapitre du Traitement des vins.

Coupage trouble. — Lorsqu'un coupage n'a pas été fait avec tout le discernement voulu, les vins éprouvent de la difficulté à se fondre ensemble, pour former une boisson homogène et droite, ce qui occasionne une perturbation donnant au liquide un aspect louche et trouble. Il faut, dans ce cas, administrer à ce vin un bon collage. Le temps suffirait peut-être pour l'éclaircir ; mais, comme on ne peut pas toujours attendre, nous croyons devoir recommander le collage.

Les vins obtenus de différents cépages et les coupages, tout en se troublant, donnent aussi naissance fréquemment à un dépôt d'un rouge foncé presque noir, constitué de matière colorante naturelle du raisin, de filaments de substances organiques, de cristaux de tartre, etc.

Aussi, nous ne saurions trop insister sur la nécessité de clarifier, dès le principe, les divers vins qui doivent entrer dans la composition des coupages et d'étudier la façon dont ils peuvent se combiner.

De cette étude dépendent, le plus souvent, la limpidité des soutirages. Par des collages bien compris on prévient le mal. Parfois une petite addition d'alcool convient également; elle active l'élimination des tartrates et contribue à obtenir la limpidité.

Les cuvées de plusieurs cépages sont également sujettes à un semblable inconvénient; le collage approprié est encore le remède le plus sûr. Mais il faut agir avec prudence, de façon à éviter le surcollage, qui, nous l'avons vu, a le plus fâcheux effet.

Quand on fait soit des mélanges de Jacquez à la cuve, soit des coupages avec du vin de Jacquez, on n'obtient pas toujours le succès. Le Jacquez contient une matière colorante qui s'oxyde au contact de l'air; celui-ci, la brûlant, la fait passer à l'état d'acide humique noir.

Dans tous les cas, comme pour les autres vins, de bons collages bien faits et judicieusement pratiqués peuvent avoir raison du trouble.

Vin clair en fût, trouble en bouteilles. — Il est hors de doute que des vins clairs en fûts et qui se troublent, étant en bouteilles, renferment encore des éléments de fermentation, ce qui amène le trouble dont on se plaint, quand on les met en mouvement. Si on peut attendre, le passage de l'hiver suffit parfois pour les clarifier. Dans le cas contraire, il faut, après les avoir dépotés, les coller, les soutirer dans des fûts méchés et les laisser reposer une quinzaine. Ces précautions prises, on pourra sans crainte les remettre en bouteilles.

Comme nous l'avons déjà recommandé, on doit veiller à ce que le vin ne soit jamais mis trop tôt en bouteilles. Tout en paraissant limpide à l'œil, il contient encore parfois des matières pectiques en suspension. Leur oxydation au moment de la mise en bouteille, un changement de température, un voyage suffisent ensuite pour troubler le liquide.

Vin doux viné qui se trouble. — Des vins doux, malgré leur richesse alcoolique de 15 et même 16 degrés, malgré le soutirage, la clarification par le collage, et parfaitement limpides au départ, se troublent en cours de voyage, ou après leur arrivée chez le destinataire.

Cette altération provient d'une seule cause : l'action du ferment contenu dans le liquide sur la matière sucrée.

Le moût n'est pas suffisamment épuré, dépouillé des ferments que l'alcool ajouté est impuissant à stériliser. L'alcool arrête bien la fermentation du sucre, parce qu'il crée dans le liquide un milieu défavorable à l'activité du ferment, mais sans stériliser ses germes qui, après avoir absorbé l'oxygène de l'air pendant les soutirages et les transvasements, se sont revivifiés. Le ferment ainsi fortifié retrouve son énergie et manifeste son activité aussitôt que les circonstances deviennent propices à son évolution.

Ces circonstances favorables lui sont procurées : par le mouvement du transport qui accélère les réactions des divers principes du vin, par l'élévation de la température et par les changements de pression atmosphérique. Sous l'influence des secousses et du mouvement incessant imprimés au vin pendant la durée du transport, de la différence de pression barométrique, de l'augmentation de la chaleur intérieure du liquide et de l'excitation électrique qui en résulte, le ferment entre en activité, attaque la matière sucrée, en décompose une partie et, par la fermentation, trouble la limpidité en altérant souvent, de plus, le goût et diminuant aussi la douceur.

Ni l'alcool à 15 et 16 0/0, ni la colle de poisson ne peuvent stériliser le ferment du liquide.

Pour éviter l'altération du vin doux viné, il faut, avant de l'expédier, expulser de son sein les ferments qui s'y trouvent.

Voici la manière d'opérer :

Au moment où le vin reçoit la dose d'alcool, on doit y ajouter du tanin, en ayant soin de bien le fondre dans la masse. Le tanin se combine avec les ferments et avec les matières azotées qui leur servent d'aliments. Il les stérilise, les rend inertes. Dès que cette action est produite, ce qui est rapide, et ne demande que quelques heures, on procède au collage, ainsi qu'on a l'habitude de le faire. La colle enveloppe, absorbe les matières combinées avec le tanin et précipite le tout sous forme de lie. Les ferments, leurs germes, frappés d'inertie, sont ensuite expulsés avec la lie par un soutirage au clair fin.

Le liquide sucré, alcoolique, dépouillé des ferments, ne peut plus fermenter; il conserve toute sa limpidité, son brillant.

Vin usé. — Lorsqu'un vin est usé, qu'il a trop vieilli et perdu son arome, si l'on peut se procurer des lies fraîches, provenant de produits de bonne qualité, on parviendra à le rajeunir et à le remonter en le passant sur ces lies. A défaut de lies, il faudra brûler dans les fûts, avant le soutirage, de l'alcool de vin bon goût et alcooliser ensuite chaque hectolitre d'environ un litre de bonne eau-de-vie.

On pourrait aussi faire passer le vin usé sur de la vendange fraîche comme nous l'avons indiqué au traitement des vins.

Vin plombé, azuré. — Les vins rouges peuvent prendre une couleur noirâtre et tourner à l'azur ; dans ce cas, ils entrent subitement dans un état de fermentation putride, par laquelle une partie du bitartrate de potasse se transforme en carbonate, et c'est la réaction alcaline de ce dernier sel qui altère la couleur du vin. On parvient à détruire cet effet en ajoutant au vin la quantité d'acide tartrique suffisante pour rétablir l'acidité et la couleur normale.

Lorsque les vins violacés ont beaucoup de couleur, et un titre alcoolique au-dessus de 9 degrés, on peut facilement faire virer la couleur violacée au rouge en les mélangeant avec un sixième à un quart de vin vert, vin qui contient, comme on sait, un excès d'acide tartrique; on les tanifie ensuite avec 20 grammes de tanin ou l'équivalent en vin tanifié, afin que leur couleur se maintienne et que leur clarification puisse s'opérer plus tard d'une manière convenable.

C'est par le coupage avec des vins verts et par l'addition d'acide tartrique qu'on fait virer au rouge vif les vins de Jacquez presque toujours disposés à bleuir ou à noircir.

Vin blanc qui jaunit. — La teinte jaune des vins blancs n'est pas toujours un signe de dégénérescence; il est certains vins qui la prennent en vieillissant, sans perdre pour cela de leur bon goût ni de leur limpidité. Ils n'en sont même que plus agréables à l'œil et plus recherchés.

Quand le jaune a saisi un vin blanc nouveau sur lie, il suffit, pour le rétablir, de retourner le fût bonde dessous. Au bout de dix jours, on répète l'opération, puis, après repos, on soutire si le vin n'est plus sur lie; le soutirage doit se faire dans des futailles fortement soufrées, puis on colle énergiquement.

Dans d'autres cas, le jaunissement constitue une véritable dégénérescence et même une maladie.

Le vin blanc qui paraissait bien fait, d'une limpidité complète après fermentation, se trouble au bout de quelque temps, tourne au jaune, puis quelquefois au noir. C'est à une faible constitution qu'il faut attribuer ce jaunissement des vins blancs. A la suite de nombreuses analyses, on a reconnu que les produits faibles en alcool, en acide tartrique, en matières extractives normales, mais contenant, par contre, une trop grande proportion d'acide malique, étaient sujets à cette maladie. Celle-ci n'est pas héréditaire pour tous les produits d'une même vigne. Il suffit que la vinification se soit bien opérée avec un raisin convenablement mûri pour que le vin soit solide et, partant, inaccessible au jaune.

C'est un mycoderme d'un genre particulier qui est la cause de cette sorte de dégénérescence. En voici la description, d'après M. Robinet, qui en a reconnu l'existence depuis 1867:

Il est extrêmement petit, de forme oblongue ; il mesure dans sa plus grande longueur 1/600 de millimètre et dans sa largeur 1/900 de millimètre. Son épaisseur est si petite qu'il peut tourner sur lui-même entre les verres minces du porte-objet du microscope.

Sa production se fait par bourgeonnement comme celle du *mycoderma vini.*

Il ressemble beaucoup, par sa grandeur, au *mycoderma aceti* ; seulement il en diffère par sa forme, puis par cette différence qu'il vit seul ; rarement on en trouve plusieurs soudés ensemble. Sa production est très rapide ; il n'altère pas le goût du vin, mais il est un premier acheminement à une nouvelle fermentation, qui, elle, dénature entièrement le vin.

Ce n'est spécialement pas dans leur vieillesse que les vins blancs sont atteints de cette façon. Le mal arrive aussi alors qu'ils sont à peine élaborés, quand on les soutire sans prendre la précaution de les soustraire à l'action oxydante de l'air.

Pasteur a, le premier, montré l'influence pernicieuse de l'air dans ces circonstances. Il a écrit dans ses *Etudes sur les vins* : « le vin soumis à l'action de l'air donne lieu à un dépôt considérable. La teinte du vin blanc se fonce. » Et, plus loin : « Enfin le vin perd sa saveur originelle, vieillit outre mesure. » Il lui trouve même alors « un goût d'éventé souvent fort désagréable ».

Il est certain que le mal à la longue ne se borne pas à la couleur seulement : il altère peu à peu la saveur du vin lui-même.

Il est donc urgent de traiter la maladie aussitôt qu'elle s'annonce : un léger trouble dans le liquide est un indice suffisant. L'addition de tanin à la dose de 25 grammes par hectolitre, suivi d'un collage, donnera les meilleurs résultats ; il arrêtera l'oxydation des matières organiques contenues dans le vin, et empêchera en conséquence le développement des mauvais ferments cause du mal. Le collage, que nous recommandons ensuite, précipitera tous les principes nuisibles, devenus inactifs, au fond des récipients.

On aura toujours soin de procéder au soutirage à l'abri de l'air. C'est là un point essentiel sur lequel nous ne saurions trop insister.

Vin blanc qui noircit. — Il n'est pas rare de voir des vins blancs, de bonne qualité, devenir noirs après quelques minutes d'exposition au contact de l'air. Le même effet de coloration se produit aussi sur des vinaigres et sur le cidre.

On a dit que les raisins récoltés dans de mauvaises conditions, souillés de boue, mouillés, ayant des grains pourris, étaient très sujets à donner des vins blancs qui, au contact de l'air, contractaient une couleur noire.

Cette explication, acceptable pour quelques cas particuliers, ne peut pas cependant s'appliquer aux vins provenant des raisins sains, récoltés dans de bonnes conditions, traités avec les soins convenables à une bonne vinification et noircissant néanmoins.

Le raisin, comme la pomme, contient des matières organiques qui s'oxydent rapidement au contact de l'air.

En coupant une pomme, même avec un couteau d'argent, ou en la divisant sans le secours d'un instrument en métal, on ne tarde pas à s'apercevoir du changement de couleur éprouvé par la partie divisée, ou déchirée. La surface, blanche d'abord, devient rapidement rosée et passe successivement de cette coloration à la teinte brun foncé ou noire.

La betterave, découpée, se colore de la même manière et devient noire comme de l'encre. Cette coloration est un fait d'oxydation qui modifie la substance chromogène du suc de quelques fruits et de beaucoup de plantes dont les jus, exposés au contact de l'air, ne tardent pas à noircir. Mais quelle est cette matière oxydable ? Les œnologues ne le savent pas et la chimie ne paraît pas s'en être occupée. On constate le résultat de cette altération qui noircit quelques vins blancs, tue le cidre et salit le vinaigre, sans pouvoir indiquer un moyen certain de prévenir ces accidents. Une addition de bon alcool empêche le noircissement des vins qui ont de la tendance à se colorer ainsi. Un léger méchage rend quelquefois un bon service dans ce cas, et l'on assure que le chauffage, méthodiquement appliqué, réussit toujours à empêcher le vin blanc de noircir à l'air. Pour nous, nous sommes disposés à croire qu'il existe dans le jus de raisin, de pomme, de betterave et de beaucoup de fruits, une substance analogue au tanin, facile à oxyder et tournant rapidement au noir. Cette matière préexiste dans les tissus des fruits, se dissout dans leur sève ; on la trouve aussi dans les bois de chêne et de châtaignier. C'est souvent la matière extractive du bois qui communique au vin et au vinaigre la fâcheuse propriété de noircir à l'air.

Les vins blancs qui noircissent sont donc sous l'influence d'une matière chromogène, de la nature des tanins probablement, qu'ils recèlent en eux, ou d'une substance extractive du bois qu'ils empruntent à la futaille, matière qui noircit par l'action de l'oxygène de l'air. Ces deux causes d'altération de la couleur du vin blanc peuvent se rencontrer dans le même liquide, et l'impressionner d'autant plus vivement qu'elles y sont plus abondantes.

Un collage énergique améliore très souvent le vin disposé à noircir. La gélatine et l'albumine des matières employées pour la clarification des vins s'unissent aux diverses espèces de tanins et forment, avec eux, des composés qui se précipitent sous forme de lie. La matière chromogène disparaît ainsi. Il est donc utile de coller le vin blanc pour l'empêcher de tourner au noir.

Vin blanc qui rougit. — Le vin blanc dont la teinte vire au rose foncé, a séjourné trop longtemps avec la pellicule du raisin, ou bien la matière colorante a été plus facilement dissoute en raison de la grande maturité du fruit. Lorsqu'on presse du raisin rouge ou noir pour en tirer du vin blanc, il faut éviter avec soin le contact prolongé du jus avec les pellicules. Ordinairement la fermentation détruit le peu de couleur que ces jus emportent du pressoir ; mais, lorsque le raisin est très riche en principes colorants, le moût rosit plus fortement qu'à l'ordinaire. Il arrive aussi souvent que des vins blancs deviennent roses quand on les loge dans des fûts ayant contenu du vin rouge et insuffisamment lavés.

Pour débarrasser le vin de cette teinte rose qui le dépare, on a employé, avec succès, la braise de boulanger en poudre impalpable. Le vin étant soutiré dans un fût en bon état, on y verse 500 grammes de cette poudre bien délayée dans quelques litres du même vin. On agite afin de répartir le charbon dans la masse du liquide et on laisse reposer. On renouvelle l'agitation le lendemain encore, et au bout de quelques jours si le vin n'est pas devenu clair, puis on colle.

Bien que logé dans des fûts neufs, un vin blanc nouveau, qui n'est pas débarrassé de tous les éléments fermentescibles, peut aussi prendre une teinte plus ou moins rose. En effet, certains bois de chêne colorent le vin au moyen des principes extractifs que le liquide dégage et s'assimile. Le méchage suffit ordinairement pour blanchir ces vins. Si le méchage est impuissant, nous conseillons un fort collage à la colle de poisson ou à la gélatine bien épurée. On pourrait aussi employer le traitement au charbon dont nous venons de parler.

Vin âpre, dur, astringent. — Les vins âpres, durs, astringents laissent dans la bouche une sensation de rudesse désagréable ; si le vin qui présente cette particularité doit être livré immédiatement à la consommation, on sera forcé de le traiter pour faire disparaître ce défaut dû à la présence, dans le liquide, d'une trop forte proportion de matières taniques.

Sans doute le tanin est un élément constitutif du vin ; avec le temps il diminue peu à peu et, si on pouvait attendre suffisamment, on constaterait que l'âpreté s'efface ; mais les vins ordinaires entrent de bonne heure dans le courant des transactions et ils sont bus peu après les soutirages.

Il suffira de précipiter une partie des matières taniques dans le fond des tonneaux pour obtenir le résultat désirable.

Un collage énergique à la gélatine (30 grammes par hectolitre) ou à la colle-nif (15 grammes par hectolitre) remplirait très bien le but, mais, si on disposait d'un vin un peu mou, plus plat, on pourrait faire un mélange des deux liquides, ce qui serait préférable : d'abord on améliorerait une quantité plus grande de vin, en enlevant à l'un ce qu'il y a de trop et en donnant à l'autre ce qui lui manque ; ensuite on éviterait une déperdition de couleur, ce qui arrive presque toujours lorsqu'on colle fortement. Les produits corsés, foncés, seuls résistent suffisamment à cet inconvénient de la gélatine et peuvent être traités sans crainte.

Quant aux petits vins âpres provenant de mauvais cépages, plantés dans des terrains peu propices, il ne faudra user de la colle qu'avec beaucoup de prudence, et ajouter chaque fois un litre ou deux de bonne eau-de-vie. Pour eux, nous préférerions toujours le mélange avec un gros vin douceâtre ; car les produits maigres, peu alcooliques, non seulement ne se conserveraient pas longtemps si on leur enlevait de leur tanin, mais encore ils seraient fort longs à se clarifier.

Autant que possible on évitera de mettre les vins âpres dans des futailles neuves ; le bois de chêne contient de fortes proportions de tanin qui, disoutes par l'alcool du vin, se mêlent à la masse et augmentent encore la rudesse.

Ces procédés d'atténuation de l'âpreté ne s'appliquent qu'aux vins faits ; mais, si on pouvait, par l'expérience acquise, se rendre compte de la qualité de la vendange avant la vinification, il serait possible de prévenir le mal. En effet, les matières astringentes résident dans les pépins, dans les pellicules et dans les râfles du raisin ; les pellicules ne peuvent et ne doivent pas être éliminées, mais dans certaines circonstances on pourra égrapper, et ainsi on aura dispensé le vin d'un superflu de tanin.

Lorsque la vendange ne sera pas dans un état de parfaite maturité, que les râfles paraîtront trop vertes, il sera toujours bon d'agir ainsi ; suivant les circonstances, on les enlèvera toutes ou on en diminuera seulement la quantité ; enfin, on décuvera le plus tôt possible.

Quoi qu'il en soit, qu'il s'agisse de prévenir l'âpreté ou de la guérir, on doit procéder avec prudence et n'enlever de tanin que juste ce qui est de trop. La présence de cet agent de conservation est en effet utile, et on fera bien de n'en éliminer une partie qu'autant qu'on aura reconnu cette opération absolument nécessaire.

Vin âcre. — Le goût âcre, dont s'affectent certains vins en vieillissant, est un signe de dégénérescence.

Le traitement, propre à diminuer cette âcreté, consiste à employer le tartrate neutre de potasse, selon les indications que nous avons données en traitant de l'acescence. De plus, on remontera les vins âcres avec des produits du même genre, mais plus jeunes, fermes et francs de goût. On les collera ensuite légèrement au blanc d'œuf.

Mais le mieux serait encore de faire repasser ces vins sur de la vendange fraîche, comme nous l'avons indiqué au chapitre du Traitement des vins (Rajeunissement).

Vin vert. — Pour enlever aux vins leur saveur dure et en même temps acide, il faut employer le traitement ordinaire au tartrate neutre de potasse; la dose à employer peut varier entre 100 et 300 grammes par hectolitre; on la fixe exactement par un petit essai préalable.

Après cette opération, on soutire à la suite du repos nécessaire.

Vin à goût de terroir. — Parmi les goûts particuliers qu'on rencontre quelquefois dans les vins, celui provenant du terroir dans lequel la vigne productrice a végété n'est pas le moins rare. Il est assez difficile à définir; à la dégustation on ne peut pas en déterminer exactement la saveur, mais on le devine justement par ce qu'il a d'étrange et de vague. Il masque une partie du bouquet du vin, lui enlève sa franchise et en somme constitue souvent un vice fort préjudiciable à la qualité marchande du liquide.

Ce défaut peut être attribué à diverses causes, mais toutes sont inhérentes à la situation spéciale du sol. Ou celui-ci est composé d'éléments minéraux à odeur forte; ou il a été fumé avec des engrais ayant semblable inconvénient; ou enfin, avant d'être planté en vigne, il était couvert d'arbres ou d'herbes qui y ont laissé leurs débris, tout en prenant dans la terre les principes nutritifs nécessaires à son existence. La vigne par ses racines absorbe des essences à saveur défectueuse, lesquelles montent dans l'arbuste en même temps que la sève, et se réfugient en fin de compte, dans la pellicule du raisin, promettant de jouer un rôle assez désagréable à la cuve de fermentation et jusque dans le vin complètement élaboré.

De tous les goûts de terroir, les plus caractéristiques sont ceux que nous avons rencontrés dans des vins d'Algérie provenant de vignes plantées en terrains incultes précédemment occupés par des lentisques, des jujubiers, des palmiers, etc., et nouvellement défoncés. Il se dégage d'un pareil sol des odeurs bizarres dont on retrouve la caractéristique dans le vin, non seulement au nez, mais aussi et surtout à la bouche. Certains vins d'Espagne, particulièrement des vins de la Manche, ont de même des goûts de terroir assez étranges, ayant une saveur de tabac prononcée.

Pour détruire ou tout au moins diminuer le goût de terroir d'une vigne, on draine le sol, on apporte de nouvelle terre dans le vignoble, on évite de fumer avec des engrais à odeur forte, enfin on laisse moins de bois à la vigne. Pour essayer d'en affranchir le vin, dès le moment de la décuvaison, on commence à le surveiller et à le soigner d'une façon très minutieuse, et on s'applique à le soustraire le plus rapidement qu'on le peut à l'influence des râpes et des pellicules, car celles-ci augmentent le mauvais goût. On décuvera donc sitôt la fermentation achevée. Une fois le vin obtenu, on devra le laisser le moins de temps possible sur ses lies ; c'est dire que des soutirages fréquents seront nécessaires. Chaque opération entraîne avec elle une partie du défaut. Un collage énergique, après le deuxième soutirage, aura également les meilleurs effets. En précipitant ainsi, à plusieurs reprises, les matières en suspension dans le vin, on arrive à réduire sensiblement le mal.

Il y a cependant un inconvénient à ces manipulations multiples, c'est la perte d'une portion de la couleur. Aussi, dans le cas où le goût de terroir serait très prononcé et où il faudrait répéter les soutirages trop souvent, on pourrait essayer l'emploi de l'huile d'olive, tel que nous l'indiquons plus loin pour enlever les goûts de fût, de moisi, etc. On procéderait à cette opération après le premier soutirage avec un demi-litre de bonne huile pour une barrique; on fouetterait vigoureusement le vin pour que le mélange soit bien intime, puis on laisserait reposer et on extrairait l'huile. Un bon collage devrait suivre.

On ne réussit pas toujours à enlever complètement le goût de terroir, mais il est réduit dans des proportions notables par les moyens que nous venons d'indiquer.

En laissant vieillir le vin, on peut espérer voir diminuer le goût de terroir qu'il possède, mais nous pensons qu'il est préférable de chercher à l'expulser aussitôt que possible.

Vin à goût de fût. — Le vin peut prendre un goût désagréable provenant de tonneaux malpropres ou altérés. On peut enlever ce mauvais goût :

En transvasant le vin dans un autre tonneau bien sain et sans défauts, afin que le goût ne devienne pas plus prononcé;

En agitant ensuite le vin très fortement, après avoir fait un peu de vidange, avec un litre d'huile d'olive fine pour 228 litres de vin à traiter. On fouettera de manière à produire une émulsion, un mélange intime de l'huile et du vin; au bout de vingt-quatre heures, lorsque l'huile aura remonté à la surface, on soutirera doucement de manière à séparer le vin de l'huile.

On pourrait aussi faire le plein avec du vin, de façon à ce que l'huile s'écoulât par la bonde supérieure.

L'huile essentielle à laquelle sont dues l'odeur et la saveur spéciale de fût se dissout presque entièrement dans l'huile d'olive. Si le mauvais goût n'est pas complètement enlevé, on recommence l'opération avec la même proportion d'huile; celle-ci n'est pas perdue, on l'emploie pour l'éclairage. Quand le vin est tout à fait privé de son mauvais goût, on le transvase dans un autre tonneau, qui a été préalablement méché avec soin.

Il est nécessaire de n'employer pour cette opération que de l'huile d'olive de l'année, bien pure, limpide, et absolument neutre, c'est-à-dire n'ayant aucune saveur rancie et par conséquent ne renfermant aucun acide.

Pour plus de sûreté on pourrait, au préalable, et alors même que l'huile n'aurait aucune mauvaise odeur, y jeter une petite quantité de magnésie afin de saturer les acides qui pourraient exister.

On peut également recourir, pour enlever le goût de fût, au charbon végétal en poudre très fine. Il faut, à cet effet, prendre de la braise de boulanger bien brûlée, propre et débarrassée de cendres, la piler aussi fin que possible, la délayer dans un peu du vin à guérir et en jeter environ un kilogramme dans 228 litres. On mêle bien en agitant vigoureusement, ainsi qu'on le fait pour le collage, et, dès que le charbon précipité a rendu le vin limpide, on procède au soutirage.

Il est impossible de déterminer exactement la quantité de poudre de charbon à employer, parce que le goût de fût est plus ou moins prononcé. Un essai sur une barrique ou même sur un litre fera connaître le poids du noir végétal nécessaire pour enlever entièrement l'odeur et le goût de fût.

On aura soin de n'employer que le noir dont on aura besoin, ce qu'on déterminera par l'essai préparatoire. Ce point est important, car la braise pulvérisée agit en même temps sur la couleur du vin.

Nous préférons de beaucoup le traitement à l'huile d'olive, puisque le charbon végétal enlève une partie de la couleur. Nous conseillons donc l'emploi exclusif de l'huile, du moins pour les vins rouges.

Vin à goût de bois vert. — Quand on a eu le tort de faire séjourner du vin, sous prétexte de le clarifier, sur des copeaux de bois vert de chêne ou de hêtre, on s'aperçoit souvent, quand on tire ce vin, qu'il a un goût de bois vert. Ce goût est dû à la sève contenue dans les copeaux.

Afin de rétablir le vin entaché de goût de bois vert le mieux est d'user du traitement à l'huile d'olive que nous venons d'exposer.

Nous désapprouvons d'ailleurs l'emploi de copeaux même vieux pour la clarification des vins.

Vin à goût de bouchon. — Quand on n'a pas goudronné le goulot d'une bouteille, ou lorsqu'on emploie de mauvais bouchons, qui ont déjà du service et si surtout la cave est humide, les bouchons se pourrissent en peu de temps et communiquent au vin un mauvais goût. Dans ce cas, nous conseillons de dépoter le vin, de le loger dans un fût légèrement méché et de le soumettre au traitement à l'huile d'olive.

Vin à goût moisi. — On évite cet accident en assainissant avec soin les futailles.

Le mal une fois fait, le moyen de beaucoup le meilleur d'enlever le goût, de moisi à du vin, ou tout au moins d'atténuer considérablement ce mauvais goût. est de traiter à l'huile d'olive à la dose d'environ un litre d'huile par hectolitre.

Vin à goût huileux. — Du vin traité à l'huile peut contracter un goût de graillon, de graisse, répugnant, si on n'a pas employé de l'huile de bonne qualité ou si on l'a laissée séjourner trop longtemps dans le vin. Mais cet accident se produit surtout pour les vins logés dans des fûts ayant contenu de l'huile qui a ranci les parois.

L'alcool dissout alors avec une petite quantité de matière grasse, ce qui infecte le vin.

Ce défaut est grave et difficile à corriger. Si la quantité de matière huileuse n'était pas trop considérable, on pourrait réussir à la neutraliser au moyen d'addition d'une petite quantité de chaux grasse et vive. La chaux devrait être réduite en poudre fine, on la tamiserait ensuite et, pour une pièce de vin, on emploierait cent grammes de chaux, pulvérisée. On devrait agiter le tout, pour bien répartir la chaux afin qu'elle se combine avec la matière huileuse et forme avec elle un savon calcaire insoluble. La combinaison de chaux se précipiterait rapidement.

Vin à goût de mélasse. -- Pour enlever le goût particulier qu'un fût à alcool de mélasse a communiqué au vin, il faut employer le traitement à la poudre de charbon végétal, indiqué plus haut, ou celui à l'huile, s'il s'agit de vin blanc ; le dernier, de préférence, s'il s'agit de vin rouge.

Si le vin n'avait qu'un léger goût de mélasse, on pourrait tenter l'expérience avec du charbon de bois grossièrement pilé sur lequel on le verserait, on n'aurait pas à craindre ainsi de décoloration.

Le vin soumis à cette opération faiblit nécessairement, on lui rendra sa force, soit en le coupant avec un vin plus corsé, soit en le vinant légèrement.

Vin à goût d'eau croupie.—Un viticulteur de l'Aude, M. Laffon, pharmacien à Capendu, a publié le rapport suivant sur la désinfection d'un vin à goût et odeur d'eau croupie, une année où l'extrême sécheresse força, soit pour l'arrosage, soit pour les besoins de ménage, à aller chercher de l'eau dans le petit fleuve de l'Aude. Pour en faire le transport, on se servit de muids à vin ; à l'époque des vendanges, on lava aussi les tonneaux avec l'eau de la rivière :

Quand la décuvaison se fit, dit M. Laffon, il ne vint à l'idée de personne que les fûts auraient pris une mauvaise odeur par le long séjour de l'eau de rivière ; nous les remplîmes de vin sans plus y songer. Il m'est impossible de vous dire le goût désagréable que ces fûts communiquèrent au vin. Je vis qu'il me serait impossible de le vendre. C'est à cette occasion que je dois une heureuse découverte.

J'ai l'habitude, et je pense que beaucoup de mes confrères l'ont aussi, d'enlever les odeurs fortes des mortiers, principalement celle du musc, avec la farine de moutarde. Par analogie, j'imaginai qu'il serait possible de détruire également la mauvaise odeur de mon vin. Aussitôt, je tentai l'expérience, un premier essai fut incomplet, j'attribuai mon insuccès à la faible dose de moutarde que j'avais employée, j'ajoutai le double de farine et toute odeur disparut comme par enchantement. Ce résultat si complet se réalisa par 500 grammes de farine de moutarde dans 5 hectolitres de vin fûté, soit 100 grammes par hectolitre.

Il m'est donc permis d'écrire que mon procédé est très expéditif et surtout inoffensif; car la moutarde, tout le monde le sait, est un condiment recherché.

Conséquence de ma découverte... Le propriétaire dont le vin serait moisi, n'aurait plus recours à la distillation et le vendrait sans réduction. Suppression de l'acide sulfurique dans le nettoyage des futailles. Le petit propriétaire, le plus mal outillé de tous, boirait toujours du vin franc de goût.

Nous ne conseillons pas néanmoins l'emploi de la moutarde, pas plus pour les vins à goût d'eau croupie que pour les vins futés, moisis, etc. En effet, ce traitement est efficace, mais il entache souvent le vin d'un goût et d'une odeur de moutarde très désagréables. Aussi préférons-nous en principe le traitement à l'huile d'olives et, pour les vins blancs, au charbon végétal. Ici, on pourra y joindre des soutirages et collages et une addition d'alcool.

Vin à goût d'anis, d'absinthe, de térébenthine, etc. — Le goût d'anis, d'absinthe, de térébenthine, etc., réside dans une huile essentielle que l'on parviendra à absorber et par suite à extraire, en versant dans le vin infecté de l'huile d'olive. Après quelques heures de repos, l'huile remontée à la surface, sera chargée des principes aromatiques de l'anis, de l'absinthe, etc., et le vin en sera affranchi. Par le soutirage pratiqué sans retard, on enlèvera l'huile d'olive parfumée pour la séparer du vin.

C'est d'ordinaire le passage d'un vin dans un fût ayant contenu une liqueur ou une essence, mal lavé et encore imprégné d'huile, qui produit l'accident, il faut alors transvaser le vin dans un fût bien propre, bien sain, avant de le traiter à l'huile.

Nous donnerons plus loin le moyen de désinfecter les fûts imprégnés d'odeur par des huiles essentielles.

Vin à goût de soufre. — Dans un vin à goût de soufre, il y a deux cas à considérer : celui où le défaut proviendrait de la vigne qui aurait été trop soufrée et celui où ce serait le vin lui-même qui aurait été trop méché, ou collé avec des œufs gâtés.

Pour le premier cas, un méchage a raison du mal. Ce n'est pas de l'acide sulfureux qui existe dans le vin, mais bien de l'hydrogène sulfureux qui est détruit par l'acide sulfureux du méchage en donnant du soufre et de l'acide pentathionique absolument inodore.

Examinons maintenant le second cas.

On ne saurait apporter un trop grand soin dans le choix des œufs pour coller, sinon on s'expose à gâter le vin, ou, au moins, à lui faire contracter une saveur très désagréable et en même temps très difficile à faire disparaître. De même on aura soin de ne pas soufrer avec excès et de mécher en usant de précautions désirables.

On a préconisé beaucoup de moyens pour enlever le goût de soufre ou d'œufs pourris. Nous n'en connaissons aucun qui ait donné des résultats bien concluants.

Si le mauvais goût est léger et a une origine récente, on peut en atténuer l'effet, en soutirant le vin malade dans un fût frais de bon vin et fortement méché, puis en collant énergiquement.

On a conseillé aussi divers procédés tels que l'introduction, dans le vin avarié, du jus de raisin frais ou, à son défaut, de raisins secs, du sirop de raisin, même du sucre, de la cassonade, enfin le passage du vin sur des rafles fraîches. Il s'établit alors une fermentation, qui laisserait, dit-on, évaporer par la bonde ouverte, l'acide carbonique saturé du mauvais goût.

Jullien indique le moyen empirique suivant dans lequel nous n'avons aucune confiance :

Faire griller une carotte ou torréfier du froment qu'on enveloppe chaud dans un sachet ; on suspend la carotte ou le sachet en les attachant à la bonde fermée, on laisse ainsi six heures, après quoi on soutire dans un fût frais et méché, puis on colle.

Il faut se garder de chercher la guérison dans le mélange avec d'autres vins, car il est presque certain que ce serait augmenter la quantité du vin gâté.

On ne saurait davantage employer le bisulfite de chaux qui a les mêmes effets que le méchage ordinaire.

Selon nous, les meilleurs moyens de désinfection sont :

L'aération du vin, son fouettage à l'air, son soutirage au broc de façon à ce que, pendant l'opération, le gaz acide sulfureux s'évapore peu à peu. Afin de mieux diviser le vin, on pourrait aussi le laisser tomber d'une certaine hauteur, sur une sorte de chapeau en métal ou en bois, duquel il rejaillirait pour s'écouler dans un bac, d'où il serait repris et entonné ;

Le filtrage sur du charbon de bois concassé et même réduit en poudre, du moins s'il s'agit de vin blanc, pour lequel il n'y a pas à craindre de décoloration ;

Enfin et surtout le traitement à l'huile d'olives.

Vin à odeur fétide. — On trouve parfois du vin de bonne nature n'étant en proie à aucune maladie, mais infecté d'une odeur fétide qui, malgré ses qualités, rend le vin imbuvable.

Le raisin introduit souvent dans le vin, au moment où celui-ci prend naissance dans la cuve de vendange, un défaut constitutionnel qui provient de l'abus de certains engrais infects appliqués à la vigne. La poudrette, les engrais fabriqués avec des résidus de matières animales, dégagent des gaz fétides que la vigne absorbe et transmet à son fruit. Le vin contracte ainsi, en naissant, la mauvaise odeur des engrais putrides.

Accidentellement, le vin peut être infecté par des causes nombreuses : par la malpropreté des fûts, par l'introduction fortuite de matières étrangères solides, liquides ou gazeuses. On sait combien le voisinage de certaines usines d'où sortent des gaz infects et des mauvaises odeurs, est nuisible à la conservation des vins. Le collage et le soufrage exercent, plus souvent qu'on ne pense, une influence pernicieuse sur le vin.

Le collage au sang, non frais ou mal préparées, rempli de dangers, nous l'avons dit. Ce sang tend sans cesse à la décomposition putride ; le sang que l'on croit frais n'est même pas toujours exempt d'altération et son introduction dans le vin y détermine parfois des réactions malsaines qui se révèlent à l'odorat par leur mauvaise odeur. Les gélatines d'os, de tendons, de débris de peaux, de rognures de tanneries non purifiées et employées au collage, peuvent apporter dans le vin des germes de putréfaction, et ces germes se développent, plus ou moins facilement, suivant les conditions particulières où se trouve le liquide. Les œufs qui manquent de fraîcheur communiquent une odeur de pourri bien connue.

Le soufrage, confié à des mains inhabiles, tourne aussi au détriment du vin. Il arrive quelquefois que la mèche soufrée touche en brûlant au fond du fût, où sa cendre se mouille et forme des produits sulfurés infects ; le vin, qui arrive ensuite, décompose ces produits et s'imprègne de leur odeur fétide et tenace.

Que l'odeur de pourri qui infecte un vin, provienne d'un engrais putride de matières animales, appliqué à la vigne, d'un collage avec de la colle en voie de putréfaction, ou de la combustion d'une mèche soufrée tombée au fond du tonneau, il est certain qu'on peut faire absorber le gaz puant par le traitement à l'huile et en dépouiller le vin, sans lui faire perdre aucune de ses qualités.

Vin gelé. — C'est vers 6 et 7 degrés de froid que les vins commencent à se congeler, il n'est pas rare en hiver sur les chemins de fer, sur les routes qu'une pareille température soit constatée, surtout lorsque les fûts ne sont pas bâchés.

Si des vins, remis en gare à un mauvais moment, parvenaient gelés à leur destinataire, la première opération à faire serait de soutirer immédiatement de manière à les séparer des glaçons qu'ils contiennent. Pour que ces vins reprennent leur limpidité, un léger collage devra suivre. S'ils sont faibles de constitution et qu'ils restent plats, une addition d'alcool ou un coupage avec un vin corsé sera un remède excellent. Voici comment il faut procéder :

On soutire le vin gelé dans des tonneaux méchés, dans lesquels on a versé, avant d'y entonner le vin, un demi-litre d'alcool à 86° ou 90 degrés par hectol. de vin.

On peut coller en soutirant, mais il vaut mieux attendre quelques jours, pour laisser reposer le vin. De toute manière, le collage doit être énergiquement appliqué.

En principe, le point capital est de ne pas laisser les glaçons, qui se sont formés dans les barriques, fondre d'eux-mêmes au sein du liquide. La couleur, le bouquet, la saveur en pourraient être altérés. Non seulement les vins qui voyagent dans la froide saison peuvent geler, mais ceux qui sont conservés dans des celliers ou des hangars mal abrités ou situés dans des régions septentrionales sont également exposés. Dans ce cas, il sera bon d'organiser des foyers qui permettent d'élever un peu la température ou simplement de fermer toutes les issues afin d'empêcher l'air de pénétrer.

En vue d'être prévenu de l'abaissement de la température, on peut installer dans les locaux habités des avertisseurs électriques en communication avec un thermomètre placé dans le lieu où le froid est à craindre, comme cela est pratiqué pour la défense des vignes contre les gelées du printemps par la production des nuages artificiels. C'est vers 5 ou 6 degrés au-dessous de 0 qu'il faudra régler le thermomètre indicateur. Les vins d'une force alcoolique moyenne se congèlent entre — 6 et — 7 degrés, mais, lorsqu'ils n'ont que 7, 6 ou 5 degrés d'alcool ils tendent à se prendre en glace à une température se rapprochant de plus en plus de celle où l'eau se solidifie : soit 0 degré. Toutefois —5° nous semble suffisant comme point de départ.

Altérations des vins en bouteilles. — Après un an de mise en bouteilles, le vin, qui a été tiré avec soin, est non seulement guéri de la maladie de la bouteille, occasionnée par l'oxygène de l'air qu'elle contenait au moment de l'emplissage, mais encore il a gagné de la souplesse, du moelleux, du bouquet qui le rendent incomparablement meilleur que le même vin conservé en fût.

On signale cependant quelquefois l'altération de vins en bouteilles bien bouchées et goudronnées.

Est-il possible d'admettre le passage de microbes à travers le goudron et le bouchon qui protègent le vin en bouteille ?

Connaissant l'état poreux de l'enduit de matières résineuses qui goudronne les bouteilles, l'absence d'adhérence complète du bouchon contre les parois du verre, l'extrême ténuité et le mouvement des microbes poussés par la pression atmosphérique, on doit admettre la possibilité de l'introduction des ferments dans les bouteilles bouchées et goudronnées. C'est du reste ce que l'expérience confirme.

Pour prévenir les accidents de cette nature, on doit déposer les vins en bouteilles dans des endroits secs, frais, à l'abri des effluves des matières en décomposition, loin des germoirs des malteries, des cuveries des brasseurs, des distilleries, des vinaigreries, des lieux d'aisances, des dépôts de fumiers, de bois vert, de pommes de terre, etc., comme nous l'avons déjà recommandé en parlant des caves.

C'est à la nature du vin, à sa richesse en débris floconneux de pulpe du raisin, en matières extractives de la grappe à la suite d'une cuvaison trop prolongée, à une insuffisance de repos et de soutirages, qu'il faut attribuer, le plus souvent, le dépôt anormal qui se forme dans les bouteilles.

Les vins les mieux constitués, les meilleurs, ne se dépouillent complètement des matières extractives floconneuses que par un long repos et par des soutirages répétés.

Il est très peu de vins, d'ailleurs, qui ne déposent pas en séjournant dans les bouteilles.

La basse température des caves, diminuant la solubilité des tartres, contribue à leur séparation. En s'agglomérant sous forme de plaquettes, ou de sable fin, le tartre s'élimine du vin dont il diminue ainsi le titre acide, la verdeur. Il en résulte une amélioration réelle du vin devenu plus tendre, plus moelleux, plus fin. On ne saurait considérer les tartrates précipités dans les bouteilles comme des agents d'altération du vin.

On ne peut empêcher ce dépôt qu'en ne mettant en bouteilles que des vins assez âgés pour avoir déposé leurs matières tartriques en tonneau.

Lorsque le précipité est abondant, il est de toute nécessité de procéder à la décantation du liquide, autrement un goût de lie ne tarderait pas à se déterminer; souvent même une sorte d'amertume et d'âcreté se déclarerait.

Au contraire, si le dépôt est peu abondant, il vaut mieux ne pas toucher aux bouteilles, du moins s'il s'agit des vins fins; car, en transvasant les grands vins, on leur fait perdre une partie de leur bouquet. Il ne faut recourir à cette opération que si le vin doit voyager parce qu'alors le transport peut troubler complètement le liquide dans ces conditions et l'altérer plus encore. Mais la décantation demande à être faite avec le plus grand soin pour donner un bon résultat.

Décantation. — La décantation sera opérée autant que possible à l'abri de l'air, afin d'éviter la déperdition, l'évaporation des essences qui constituent le bouquet; on a même remarqué que le degré alcoolique des vins décantés à l'air libre s'affaiblissait. Afin de ne pas remuer trop les bouteilles une fois sorties de l'endroit où elles se trouvaient, on les couche dans des petits paniers spéciaux ou des appareils dits « décantoirs », on les débouche sans secousse au moyen de tire-bouchons à vis et on verse doucement le contenu des bouteilles dans d'autres bouteilles préparées à l'avance et convenablement rincées. La position oblique qu'occupent les bouteilles dans les paniers et la disposition même de ceux-ci permet de les pencher peu et de laisser couler le liquide sans qu'il se produise d'acoups. Ces acoups qui se déterminent du goulot au fond même du récipient troublent complètement le liquide et empêchent le succès de l'opération.

Pendant tout ce travail il sera nécessaire de voir bien clair de manière à pouvoir surveiller entre les deux orifices des bouteilles le liquide qui coule. On arrêtera la décantation aussitôt que le vin se présentera moins clair au goulot de la bouteille supérieure. Nous ne saurions conseiller la décantation à la main qui produit de nombreux glouglous regrettables. Bien entendu on fera le plein de chaque bouteille et on bouchera fortement.

Quelquefois on place sur la bouteille vide un petit entonnoir muni d'une sorte de passoire et on verse peu à peu en examinant toujours l'état de pureté du vin ; on s'arrête au moment où il commence à être trouble. Mais, en décantant de la sorte, il se produit dans l'intérieur du vase plein des glouglous qui remuent le vin et le troublent. On a proposé, pour remédier à cet inconvénient, de petits siphons qu'on introduit dans la bouteille, des bouchons coniques tubulés et reliés entre eux par un conduit en caoutchouc.

Cependant ces moyens présentent tous des inconvénients : ou ils secouent trop les bouteilles, ou ils ne tiennent pas le vin suffisamment à l'abri de l'air, ou enfin ils ne permettent pas rigoureusement d'arrêter l'opération à l'instant où le vin trouble commence à se présenter au goulot de la bouteille versante.

Pour éviter ces défauts, on a construit une machine à décanter fort ingénieuse. Elle est composée de deux plans inclinés faisant bascule et arrêtés par un petit tourniquet en bois. Elle donne aux bouteilles placées chacune dans un cadre un point d'appui solide, invariable. Après avoir tourné le petit tourniquet, la main de l'opérateur peut élever la bouteille pleine à son gré, sans mouvement brusque, et arrêter aussitôt qu'apparaît la première trace de dépôt. Les bouteilles communiquent au moyen d'une cannelle, et pour éviter le trouble causé par les glouglous, cette cannelle est munie de deux tubes aérifères : l'un pour la bouteille qui se vide, l'autre pour la bouteille qui se remplit.

La position presque horizontale qu'occupent les bouteilles pendant l'opération permet au vin de glisser sans choc le long de la paroi de la bouteille qui se remplit, et lui évite le battu.

Un réservoir placé sous l'appareil empêche, en outre, de perdre une seule goutte de vin pendant l'opération ; un cadre mobile et un petit encliquetage donnent la facilité de transvaser les bouteilles de toutes dimensions, et même des demi-bouteilles. Au moyen d'une échelle graduée placée à côté de la bouteille à dépoter, cet appareil peut servir pour décanter des bouteilles masquées, incrustées à l'intérieur par un dépôt épais ou à verre noir.

Pour toutes les autres maladies des vins en bouteilles, amertume, piqûre, graisse, etc., il n'est pas possible de les traiter autrement qu'en les versant dans des fûts et en leur appliquant les méthodes curatives indiquées pour chacune de ces altérations. Il en est de même pour les vins qui louchissent dans le verre et ne se clarifient pas par une exposition au froid. On les remettra en tonneaux et on les collera. Ce n'est que lorsqu'ils seront devenus limpides qu'on les embouteillera.

Vin faible. — Le vin faible n'est pas précisément un vin malade, mais un produit sujet à toutes les altérations.

Ces altérations s'annoncent presque toujours par un changement de la couleur ; celle-ci commence à se troubler, et le vin ne tarde pas à louchir complètement si, dès le début du mal, on ne procède pas au traitement qui convient. La disparition de la limpidité du vin est donc un signe précurseur sur lequel nous attirons l'attention.

Il est facile de remédier au défaut d'alcool. Les vins de vignes jeunes, submergées ou dans les sables, de vignes mildewsées ou éprouvées par des intempéries, par suite faibles en principe spiritueux, se trouveront bien d'un vinage. De l'eau-de-vie de vin serait d'un excellent effet ; mais, si on n'en avait pas à sa disposition, de bon 3/6 d'industrie suffirait.

Le manque d'alcool a pour conséquence à peu près certaine la mise en activité de ferments qui existent dans le vin et la dégénérescence du produit à bref délai. On devra donc songer à faire disparaître au plus vite ces genres d'altération ; on obtiendra ce résultat en collant et en soutirant ensuite. Ce n'est qu'après qu'on alcooliserait dans de petites proportions, de 1 à 2 litres d'alcool à 90° par hectolitre environ.

Les collages des vins faibles seront très légers. Il ne faut pas croire qu'en agissant énergiquement avec la colle, on arrivera à la clarification, au contraire ; dans bien des circonstances, plus on ajoutera de gélatine, d'albumine, et plus on s'éloignera du but qu'on veut atteindre. On affaiblira encore les vins soumis à ce régime et on les rendra encore plus enclins à se détériorer.

Les soutirages s'exécuteront à l'abri de l'air, au moyen de la pompe ou du siphon, mais jamais au broc ; il est de toute urgence de ne pas laisser le liquide s'oxyder par un passage prolongé à l'air.

Souvent l'alcoolisation, le collage et le soutirage sont impuissants à rétablir un vin faible, disposé à s'altérer ; il y a lieu de recourir alors aux agents tanifères capables de le soutenir. Dans d'autres cas, on a recours à l'acide tartrique ou à des composés en contenant concurremment avec les autres principes constitutifs du vin. On fait dissoudre ces produits dans un peu de vin, puis on verse le tout dans les fûts à traiter en agitant comme pour un collage. On laisse reposer. Si on veut livrer ensuite le vin, on peut le coller très légèrement ; si on doit le conserver en magasin, on le garde ainsi sans le coller, on ne procède à cette opération qu'au fur et à mesure des expéditions.

Le tanin et l'acide tartrique seuls, ou mieux combinés dans des proportions scientifiquement déterminées, en donnant de la force et de la résistance au vin, lui permettront, la plupart du temps, d'éviter la pousse, la tourne, l'amertume, le louchissement, la graisse, etc. Ce n'est que si ces maladies se sont développées et ont envahi la masse du liquide que ces sortes de traitements deviendront impuissants. Alors, il faudra procéder au chauffage. Enfin, si le vin est complètement altéré, il n'y aura plus qu'à l'envoyer à la chaudière.

On voit que, pour tirer le meilleur parti possible des vins faibles, il est de toute nécessité de les surveiller avec soin et de les traiter dès qu'on s'aperçoit du moindre commencement de trouble dans la couleur. Il est à peine utile d'ajouter que les tonneaux dans lesquel on soutirera ces vins malades devront être parfaitement assainis et méchés.

Vin de dégorgement. — On sait qu'au moment où on prépare les vins de Champagne pour la consommation, après la mise sur pointe, on procède au dégorgement. Cette opération consiste à extraire de la bouteille une petite quantité de vin qui chasse avec elle le dépôt tombé sur le bouchon. Le dégorgeur manœuvre dans un petit tonneau échancré posé sur fond, dans lequel le liquide s'écoule. On le recueille, et souvent on le livre à la consommation de diverses façons.

Mais, au préalable, on doit faire subir à ce vin, de qualité très médiocre, des traitements successifs sans lesquels il ne serait pas présentable. Au sortir des bouteilles, il est fort altéré : non seulement il a perdu une partie de son alcool par son brusque contact avec l'air, mais aussi il en est de même de la plupart des autres principes constitutifs. Pendant le travail, il se détériore encore en présence des brins de fil de fer qui tombent parfois dans le tonneau.

L'examen de ce vin a démontré que l'alcool y est diminué de 1/4 à 1/2, l'acidité atteint 1/5 en sus de l'acidité naturelle, il contient de 6 à 18 milligrammes de fer par litre, enfin il peut neutraliser 2 gr. 4 à 2 gr. 5 de soude contre 2 gr. 1 avant le dégorgement. Ces différentes modifications le rendent peu stable, il se dépouille difficilement, et, exposé à l'air, il a des dispositions à la tourne.

La première précaution à prendre est de clarifier ces vins. On les loge dans des fûts et on les laisse reposer, puis on soutire à l'abri de l'air. Les fûts sont alors mis en cave où on attend que le liquide se soit éclairci. C'est à ce moment qu'il est possible de se rendre compte exactement des traitements nécessaires.

Si le vin a une teinte bleuâtre, il faut augmenter son titre alcoolique, l'additionner d'une petite dose de tanin, 10 grammes environ par hectolitre et, après repos, le coller à l'acide tartrique. Il est rare que le mal résiste à ce remède, le bleu étant dû principalement à la faiblesse du titre alcoolique, au manque d'acidité et à la présence d'une trop forte quantité de matières azotées.

Le froid contribue à guérir les vins atteints de cette maladie ; on pourra donc sans crainte placer les fûts dans une cuve fraîche, où la clarification s'opérera à la longue.

La tourne à laquelle ces mêmes vins de dégorgement sont sujets, mais moins fréquemment qu'au bleu cependant, provient de ce que les acides et les sels sont en trop petites proportions. Le liquide est trop faible, et se laisse envahir par des ferments spéciaux qui le détruisent rapidement. L'alcool peut arrêter cette fâcheuse transformation, mais ce sont surtout le tanin et l'acide tartrique dont il faut augmenter la dose ; on aura soin de filtrer ensuite.

Malgré ces opérations diverses, le vin de dégorgement ne saurait entrer dans la consommation comme vin de Champagne ; il est généralement âpre et dur. Dans certaines maisons, il sert à faire une boisson qu'on donne aux ouvriers ; dans d'autres, on le vend aux détaillants qui le mélangent avec de gros vins rouges et en font des coupages qu'ils débitent sur le comptoir.

CIDRES

POIRÉS, HYDROMELS

Choix des fruits. — Le choix judicieux des fruits est la première condition pour obtenir de bon cidre ; il faut prendre les variétés de fruits doux, doux-amers ou amers qui contiennent le plus de sucre et de tanin. Les pommes acides donnent un liquide pauvre en alcool et en tanin, de conservation difficile.

Il faut, de plus, choisir des variétés vigoureuses, productives, à fruits de moyenne grosseur et parfumés.

Pour qu'une espèce soit recommandable à tous égards, il lui faut donc satisfaire à trois conditions :

Que cette variété produise beaucoup de fruits ;

Que ces fruits présentent en proportions élevées les éléments nécessaires à la formation des bons cidres, c'est-à-dire des jus d'une densité de 1.075 au moins, soit une moyenne de 14 0/0 de sucre alcoolisable, avec 5 millièmes de tanin ;

Que l'arbre soit sain, rustique et porte une tête plutôt pyramidale que ronde ou déprimée, cette dernière forme ombrageant davantage les récoltes et plaçant les branches plus à la portée des bestiaux.

Les espèces de pommes à cidre qui suivent sont supérieures au point de vue de la forme, de la rusticité, de la vigueur et de la fertilité des arbres ainsi que de la qualité des fruits :

POMMES MURISSANT EN OCTOBRE

Docteur Blanche. — Jus amer, sucre 18 à 21 p. 100 ; tanin 0 gr. 37 p. 100 ; floraison 2e quinzaine de mai.

Fréquin blanc. — Jus doux, sucre 16 à 18 p. 100 ; tanin 0 gr. 25 p. 100 ; floraison mi-mai.

Jaunet pointu. — Jus doux, sucre 15 à 18 p. 100 ; tanin 0 gr. 55 p. 100 ; floraison 2e quinzaine d'avril.

Précoce David. — Jus doux amer, sucre 16 p. 100 ; tanin 0 gr. 41 p. 100 ; floraison 1re quinzaine de mai, arbre très productif.

Railé Varin. — Jus doux amer, sucre 16 p. 100 ; tanin 0 gr. 34 p. 100 ; floraison 1re quinzaine de mai, arbre très fertile.

Saint-Laurent. — Jus doux, très coloré, parfait, excellent, sucre 18 p. 100 ; tanin 0 gr. 55 p. 100 ; floraison 2e quinzaine mai.

Vagnon Legrand. — Fruit petit, jus doux-amer, extra coloré ; sucre 16 à 18 p. 100 ; tanin 0 gr. 50 p. 100 ; floraison 1re quinzaine de mai.

POMMES MURISSANT EN NOVEMBRE

Amère de Berthecourt. — Jus parfumé ; sucre de 16 à 18 p. 100 ; tanin 0 gr. 55 p. 100 ; floraison fin mai.

Argile nouvelle. — Jus doux, très parfumé ; sucre 17 à 21 p. 100 ; tanin 0 gr. 28 p. 100 ; floraison fin avril ; arbre très fertile.

Fréquin rouge. — Jus amer ; sucre 17 à 19 p. 100 ; tanin 0 gr. 58 p. 100 ; floraison fin mai.

Pomme Godard. — Jus doux, très coloré, sucre de 16 à 18 p. 100 ; tanin 0 gr. 60 p. 100 ; floraison du 10 au 25 mai.

Martin Fessard. — Jus amer ; sucre de 16 à 18 p. 100 ; tanin 0 gr. 69 p. 100 ; floraison 1re quinzaine de mai.

Médaille d'or. — Jus amer, parfumé ; sucre 19 à 23 p. 100 ; tanin 0 gr. 55 p. 100 ; floraison au commencement de juin, arbre très fertile.

Rosine. — Jus doux, très coloré ; sucre 17 à 19 p. 100 ; tanin 0 gr. 20 p. 100 ; floraison 2e quinzaine d'avril, arbre très fertile.

Rouge Bruyère vraie. — Jus doux-amer ; sucre 17 à 18 p. 100 ; tanin 0 gr. 70 p. 100 ; floraison 1re quinzaine de mai.

Vice-président Héron. — Jus doux très parfumé ; sucre 17 à 21 p. 100 ; tanin 0 gr. 55 p. 100 ; floraison 2e quinzaine de mai.

Le Voyageur. — Jus amer parfumé, sucre 18 à 22 p. 100 ; tanin 0 gr. 27 p. 100 ; floraison 1re quinzaine de mai ; arbre très fertile, très rustique.

POMMES MURISSANT DANS LA PREMIÈRE QUINZAINE DE DÉCEMBRE

Argile grise. — Jus doux ; sucre de 16 à 19 p. 100 ; tanin 0 gr. 55 p. 100 ; floraison commencement de mai.

Binet gris. — Jus doux ; sucre de 16 à 18 p. 100 ; tanin 0 gr. 33 p. 100 ; floraison fin avril.

Pomme Bramtot. — Jus doux amer ; sucre 18 à 23 p. 100 ; tanin 0 gr. 60 p. 100 ; floraison 1re quinzaine de mai.

Fréquin Audièvre. — Jus doux amer, extra coloré ; sucre 18 p. 100 ; tanin 0 gr. 55 p. 100 ; floraison 2e quinzaine de mai.

Jaunet de Gournay. — Jus doux sucré ; sucre de 16 à 19 p. 100 ; tanin 0 gr. 34 p. 100 ; floraison 1re quinzaine de mai.

POMMES MURISSANT DANS LA DEUXIÈME QUINZAINE DE DÉCEMBRE ET AU-DELA

Bedan des Parts. — Jus doux amer, très coloré ; sucre 17 à 19 p. 100 ; tanin 0 gr. 50 p. 100 ; floraison 2e quinzaine avril.

Pomme de Boutteville. — Jus doux, très parfumé ; sucre 16 à 18 p. 100 ; tanin 0 gr. 60 p. 100 ; floraison 1re quinzaine de mai.

Grise Dieppoise. — Jus doux ; sucre de 18 à 23 p. 100 ; tanin 0 gr. 27 p. 100 ; floraison 1re quinzaine de mai.

Pomme Hauchecorne. — Jus doux; très coloré ; sucre de 17 à 19 p. 100; tanin 0 gr. 60 p. 100 ; floraison 2e quinzaine de mai ; arbre très fertile.

Pomme Julien Le Paulinier. — Jus amer, très coloré; sucre de 16 à 18 p. 100 ; tanin 0 gr. 55 p. 100 ; floraison 2e quinzaine de mai.

Pomme Legentil. — Jus doux, extra coloré ; sucre de 19 à 21 p. 100 ; tanin 0 gr. 34 p. 100; floraison fin mai ; arbre très fertile.

Herren Apfel. — Jus doux très coloré, sucre de 16 à 19 p. 100 ; tanin 0 gr. 35 p. 100; floraison fin mai ; arbre très rustique.

Pomme Marabot. — Jus doux, extra coloré ; sucre de 16 à 19 p. 100 ; tanin 0 gr. 34 p. 100; floraison 2e quinzaine de mai ; arbre très productif.

Pomme Marie Legrand. — Jus doux, très coloré; sucre 16 à 17 p. 100; tanin 0 gr. 60 p. 100 ; floraison 2e quinzaine de mai.

Pomme Michelin. — Jus doux, très coloré; sucre 17 à 19 p. 100 ; tanin 0 gr. 55 p. 100 ; floraison 2e quinzaine de mai ; arbre très fertile.

Pommes Odolant Desnos. — Jus doux amer, très coloré ; sucre 17 à 19 p. 100 ; tanin 0 gr. 35 p. 100 ; floraison 1re quinzaine de mai, arbre très fertile.

Peau de vache nouvelle. — Jus doux, très coloré ; sucre 15 à 17 p. 100; tanin 0 gr. 55 p. 100 ; floraison fin mai.

Pomme Petit. — Jus doux, très coloré parfumé; sucre 15 à 17 p. 100; tanin 0 gr. 34 p. 100; floraison 2e quinzaine de mai; arbre très fertile et très rustique.

Président des Héberts. — Jus amer, très coloré ; sucre de 16 à 21 p. 100; tanin 0 gr. 55 p. 100; floraison 1re quinzaine de mai; arbre très fertile.

Pomme Hardy. — Jus doux, très coloré, parfumé ; sucre de 17 à 20 p. 100 ; tanin 0 gr. 55 p. 100; floraison 1re quinzaine de mai ; arbre très fertile.

Pomme Renault. — Jus doux amer ; sucre de 17 à 21 p. 100 ; tanin 0 gr. 34 p. 100 ; floraison 1re quinzaine de mai.

Pomme Ridel. — Jus doux, parfumé ; sucre de 15 à 17 p. 100 ; tanin 0 gr. 45 100; floraison 1re quinzaine de mai ; arbre très fertile.

Rouge Avenel. — Jus doux amer ; sucre 15 à 17 p. 100; tanin 0 gr. 55 p. 100 ; floraison fin mai ; arbre très fertile.

Pomme à Tanin. — Jus très amer, peu coloré ; sucre 18 à 21 p. 100; tanin 1 gr. 03 p. 100; floraison 2e quinzaine de mai.

Ces diverses espèces, intelligemment combinées, fourniront des cidres solides et agréables, pouvant supporter les transports sans dommage.

La variété domine le cru ; dans les conditions les plus favorables comme sol et exposition, on n'obtiendra jamais de bon cidre avec de mauvaises variétés.

Dans les vergers, il est essentiel de séparer les espèces suivant l'époque de maturité afin de pouvoir faire, à la récolte, des tas différents et ne piler les fruits que lorsqu'ils sont à point.

Les pommes complètement mûres contiennent 12 0/0 de sucre; les pommes vertes n'en contiennent que 6 0/0; les fruits pourris ne présentent plus que des traces de sucre. Or, sans sucre, pas d'alcool.

Mélange des fruits. — On produit les meilleurs cidres par la combinaison raisonnée de diverses variétés.

Il y a une infinité de mélanges propres à donner de bon cidre.

M. Truelle a calculé, d'après l'analyse chimique de chaque variété, que les mélanges suivants donnaient un maximum de qualité :

CIDRES DE PREMIÈRE SAISON

Amenante rouge 4/10, Girard 2/10, Petit Doucet 4/10.

CIDRES DE DEUXIÈME SAISON

1er *Mélange.* — Bergerie 2/10, Fréquin rouge 3/10, Cimetière 2/10, Gros-Matois 1/10, Orange 1/10, Orpolin, 1/10.

2e *Mélange.* — Domaine 1/10, Fréquin rouge 2/10, Gros-Matois 1/10, Joly rouge 3/10, Herbage sec 1/10, Longuet 1/10.

Variétés d'élite. — Domaine 2/10, Fréquin rouge 1/10, Gros-Matois 3/10, Joly rouge 2/10, Longuet 1/10, Orpolin 1/10.

CIDRES DE TROISIÈME SAISON

1er *Mélange.* — Alison 2/10, Autriche 1/10, Bedan 3/10, Binet gris 1/10, Or-Milcent, 2/10, Rouge Bruyère 1/10.

2e *Mélange.* — Autriche 1/10, Bédan 2/10. Augros 2/10, Citron 1/10, Moulin-à-vent 2/10, Saint-Martin 2/10.

Variétés d'élite. — Autriche 1/10, Bédan 2/10, Binet gris 2/10, Citron 2/10, Moulin-à-vent 2/10, Or-Milcent 1/10.

Pour les variétés de deuxième et de troisième saison dont le nombre est grand, on donne la formule de trois mélanges : les deux premiers sont de valeur égale quoique formés d'espèces différentes; le troisième, mélange de variétés d'élite, donne un cidre hors pair car on y a réuni les fruits qui peuvent apporter le *moelleux*, le *parfum* et *l'alcool*, en un mot tout ce qui constitue une boisson exquise.

Afin de donner à certains cidres du piquant, de la finesse et de la légèreté, on mélange aux pommes une faible proportion de poires. Il importe donc que le verger contienne une certaine quantité de poiriers. Le nombre dépend de la nature du terrain, car c'est surtout dans les sols humides que le poirier pousse le mieux. Dans tous les cas, quel que soit le terrain, une place appartient à cet arbre; seulement, comme il acquiert un développement assez considérable, il y a lieu d'en tenir compte pour que sa présence ne nuise pas aux pommiers.

Récolte. — Le gaulage est mauvais, car il meurtrit les arbres et détruit une partie des boutons qui donneraient du fruit l'année suivante; il est préférable de secouer les branches avec un crochet placé au bout d'une perche.

On doit conserver les pommes à l'abri, ce qui permet d'obtenir un cidre plus alcoolique. En effet, les pluies enlèvent aux pommes une partie de leur sucre; celui-ci sort du fruit, tandis que l'eau prend sa place.

Qu'on place une pomme bien saine, bien mûre et parfaitement intacte dans un verre; puis qu'on y verse de l'eau. Au bout de vingt-quatre heures de macération l'eau est chargée de sucre, c'est presque du petit cidre. Si on mange la pomme deux ou trois jours après son immersion, le fruit est insipide. La conclusion à tirer de cette expérience est de toute évidence.

L'inconvénient qui résulte du transport des pommes sur wagons non recouverts est de même nature. Lorsqu'il pleut, on a constaté que l'eau qui s'écoule du wagon a la saveur d'un petit cidre.

En général on ne prend pas assez de précautions pour la conservation et le transport des pommes. Dans la plupart des fermes de la Normandie et de la Bretagne, les pommes, après la récolte, restent en tas, exposées à toutes les intempéries, jusqu'au moment où on les expédie au pressoir. Cette coutume est défectueuse.

Broyage et pressurage. — Le broyage des fruits se fait généralement avec le tour à piler ou avec un broyeur mécanique.

Le tour à piler a l'inconvénient d'occuper trop de place, le travail est plus lent par suite de son intermittence, il faut que l'appareil soit à l'abri et enfin son installation coûte très cher. Les broyeurs de pommes tendent à remplacer avantageusement le tour à piler; ils sont moins encombrants, le travail est plus rapide et meilleur et le prix de ces instruments n'est pas très élevé.

Les mêmes reproches peuvent être faits au pressoir à mouton, dit à longue étreinte; il occupe beaucoup de place, est coûteux et d'un maniement difficile, tandis que les pressoirs usités maintenant presque partout, d'un prix modéré, occupent peu de place, peuvent être transportés facilement et donnent une pression bien plus énergique.

Dans la pratique, ils font rendre de 60 à 70 0/0 de jus, tandis qu'avec le pressoir à longue étreinte, il ne faut guère compter que sur 35 à 40 0/0 au maximum.

Après le broyage, on laisse la pulpe macérer pendant douze à vingt-quatre heures au contact de l'air ; là, elle brunit et communique une partie de sa coloration au liquide ; de plus, les cellules du fruit se gonflent, éclatent, et l'extraction du jus en devient plus facile.

Essai des moûts. — La principale qualité commerciale du cidre est sa richesse en alcool. On peut la prévoir en déterminant la teneur en sucre des moûts de pommes.

De même que pour les moûts de raisin, on applique le densimètre ou mustimètre au dosage du sucre dans les moûts de pommes.

Ces moûts, à de faibles exceptions près, présentent une densité comprise entre 1050 et 1075, qui correspond à une richesse saccharine variant entre 95 et 170 grammes de sucre par litre de moût. Les agriculteurs doivent s'efforcer, autant que possible, de supprimer parmi les variétés de pommes, celles qui ne donnent pas un jus ayant une densité d'au moins 1060.

La richesse alcoolique du cidre, fait dépendant essentiellement de la proportion de sucre contenue dans le moût, on comprend l'importance de cet essai densimétrique qui peut être fait très rapidement. Voici comment on effectue cette opération :

FIG. 21.

On prélève sur les tas de pommes destinées à faire le cidre, une douzaine de fruits, pris au hasard, on les râpe ou on les coupe en petits morceaux ; on en extrait le jus à l'aide d'une petite presse à main (fig. 21), et on le recueille dans une capsule de porcelaine placée au-dessous. On jette ce jus sur un filtre et on le reçoit dans une éprouvette à pied. On y plonge le mustimètre et on note soigneusement l'indication qu'il donne, soit par exemple, 1050.

On cherche dans la première colonne du tableau ci-dessous la densité obtenue, et en regard on voit que le moût essayé contient 103 grammes de sucre par litre et qu'il aura, après fermentation, une richesse alcoolique de 6°1, en admettant que la totalité du sucre se transforme en alcool, ce qui n'arrive pas toujours.

Les résultats de cette table ont été calculés pour la température de 15 degrés centigrades.

Rappelons que cet essai des moûts n'est exact qu'autant qu'on opère sur des jus de pommes franchement exprimés et n'ayant pas encore fermenté. Lorsqu'on opère sur des moûts ayant déjà subi un commencement de fermentation et contenant par conséquent une quantité de sucre moins considérable, on peut les couper simple-

Richesse saccharine et alcoolique des moûts de pommes.

DENSITÉS ou degrés du Mustimètre.	GRAMMES de sucre par litre de moût.	RICHESSE alcoolique en centièmes du cidre fait.	DENSITÉS ou degrés du Mustimètre.	GRAMMES de sucre par litre de moût.	RICHESSE alcoolique en centièmes du c dre fait.
	kilog.			kilog.	
1035	0,063	3,7	1056	0,119	7,0
1036	0,066	3,9	1057	0,122	7,2
1037	0,069	4,0	1058	0,124	7,3
1038	0,071	4,2	1059	0,127	7 5
1039	0,074	4,3	1060	0,130	7,6
1040	0,076	4,5	1061	0,132	7,8
1041	0,079	4,7	1062	0,135	7,9
1042	0,082	4,8	1063	0,138	8,1
1043	0,084	4,9	1064	0,140	8,2
1044	0,087	5,1	1065	0,143	8,4
1045	0,090	5,3	1066	0,146	8,6
1046	0,093	5,4	1067	0,148	8,7
1047	0,095	5,6	1068	0,151	8,9
1048	0,098	5,7	1069	0.154	9,0
1049	0,100	5,9	1070	0,156	9,2
1050	0,103	6,1	1071	0,159	9,3
1051	0,106	6,2	1072	0,162	9,5
1052	0,108	6,3	1073	0,164	9,6
1053	0,111	6,5	1074	0,167	9,8
1054	0,114	6,7	1075	0,170	10,0
1055	0,116	6,8			

ment à moitié avec de l'eau ; on opère ensuite comme nous l'avons indiqué pour le moût lui-même. Dans ce cas la richesse saccharine obtenue doit être multipliée par 2.

Il est facile, connaissant d'une part la richesse saccharine d'un moût de cidre en fermentation et d'autre part sa richesse alcoolique, obtenue à l'aide de l'alambic, de déterminer quelle sera sa richesse alcoolique totale après complète fermentation.

Pour ce qui concerne le dosage de l'acidité, on n'a qu'à se reporter à ce que nous avons dit sur les moûts de raisin au chapitre de la Vinification.

Fermentation. — Le moût, en sortant de la maie du pressoir est introduit dans des fûts nettoyés, convenablement assainis. On achève de purifier les tonneaux en brûlant, à l'intérieur, une mèche soufrée à raison de un centimètre par hectol. de capacité.

Si on n'apporte pas une attention minutieuse au nettoyage des fûts, on n'aura jamais de bon cidre.

Pour bien conserver le cidre, il faut, aussi rapidement que possible, le séparer des impuretés qu'il contient ; il est donc nécessaire d'activer la fermentation tumultueuse. Pour que cette opération se fasse promptement, le liquide a besoin de chaleur et d'air; la température la plus convenable est de 12 à 18° et la bonde doit être laissée ouverte.

Fabrication du cidre par diffusion. — On peut appliquer avec succès à l'extraction des principes solubles de la pomme la *méthode de diffusion*, qui donne de si beaux résultats pour l'extraction du sucre de la betterave. Mais ce mode d'opérer ne saurait fournir qu'une boisson pauvre en alcool et incapable de se conserver, si elle n'était appliquée avec un outillage spécial, selon certaines règles, et en opérant sur des pommes ayant en moyenne une densité de 1°75. Dans ces conditions, on peut conseiller l'emploi de la diffusion.

Un fabricant, qui use de cette méthode, expose ainsi les excellents effets qu'il a obtenus en la pratiquant :

Par ce mode de travail, dit-il, j'obtiens la totalité du jus que contient la pomme à l'état de concentration maximum, c'est-à-dire sans additions d'eau, ou à ma volonté, à la densité que je détermine à l'avance. La perte dans les résidus est nulle, puisque je retire pratiquement et régulièrement au maximum 95 kilog. de jus pur sans eau de 100 kilog. de pommes mises en traitement. Comme c'est là tout ce que la pomme contient, il n'y a, sous ce rapport, aucune comparaison à établir avec les rendements obtenus par les autres procédés d'extraction qui, tous, laissent une perte de jus dans les marcs. Avec deux hommes, je produis journellement jusqu'à 150 hectolitres de cidre ; je puis faire plus, car ce sont les deux seuls ouvriers qui composent mon personnel ; ils font, en dehors de la fabrication proprement dite, les charrois de pommes et de cidre entre la cidrerie et le chemin de fer, le travail du magasin, etc.

Le cidre obtenu par diffusion est parfait. La fermentation s'établit facilement et se poursuit rapidement; les dépôts qu'elle produit sont denses et peu volumineux ; ils se rassemblent vite, et il est bien rare de trouver plus d'un litre de cidre trouble au fond des fûts de 500 à 600 litres, dans lesquels je l'ai soumis à la fermentation. Le cidre alors est redevenu aussi limpide qu'à sa sortie de l'appareil ; l'arome du cru du pommage est développé ou plutôt il n'est pas masqué ; le goût est franchement vineux. Comme le vin aussi, il peut être transporté au loin sans subir d'altération.

Pour épurer ainsi complètement les pommes et obtenir une boisson solide, alcoolique et corsée, il faut opérer de la manière suivante :

Prendre 150 kilog. de pommes réduites en pulpe ; les diviser en 3 lots de 50 kilog. ; placer chaque lot dans une demi-barrique.

Disposer les 3 demi-barriques les unes au-dessus des autres, en gradin, sur un échafaudage, de façon qu'elles communiquent entre elles par des robinets dont l'orifice intérieur est protégé par un grillage. Recouvrir les demi-barriques.

Verser 50 litres d'eau dans la demi-barrique la plus haute. Après 24 heures de macération, ouvrir le robinet et faire couler le liquide dans la demi-barrique située au-dessous. Verser de nouveau 50 litres d'eau dans la demi-barrique supérieure. Après 24 heures de macération, faire passer le liquide de la deuxième demi-barrique dans celle située au-dessous et le liquide de la plus haute dans la seconde. Verser derechef 50 litres d'eau dans la demi-barrique la plus haute. Après 24 heures de macération, soutirer le liquide de la demi-barrique la plus basse. Faire passer le liquide de la deuxième demi-barrique dans la plus basse et celui de la plus haute dans la deuxième.

Enlever la plus haute demi-barrique. Remplacer la pulpe épuisée par de la pulpe fraîche. Puis, remonter la dernière demi-barrique et la plus basse chacun d'un gradin et placer la demi-barrique qui était auparavant la plus haute au dernier gradin.

Faire passer le liquide de la deuxième demi-barrique dans la plus basse et celui de la plus haute dans la deuxième. Verser 50 litres d'eau dans la demi-barrique supérieure.

Toutes les 24 heures, recommencer cette dernière manipulation et verser le liquide soutiré de la demi-barrique la plus basse dans le tonneau où il fermentera.

On voit, en résumé, que les pommes les plus pauvres se trouvent toujours au sommet de l'échelle et les plus riches à la base, de sorte qu'on déverse le liquide le moins dense sur les premières et le plus dense sur les dernières.

Avec cette disposition, les pommes ne renferment plus, la diffusion terminée, que le quart des principes utiles. Le liquide soutiré peut donc atteindre une richesse alcoolique égale aux trois quarts de celle du jus pur.

Nous recommandons surtout l'emploi de ce procédé aux fabricants qui n'ont pas de pressoir ou qui ne veulent traiter qu'une petite quantité de pommes.

Soutirage. — Aussitôt que la fermentation tumultueuse est terminée, on doit pratiquer le premier soutirage. Contrairement à certains préjugés, le cidre « élié » se conserve beaucoup mieux que lorsqu'on le laisse sur la lie. Ce sont, en effet, toutes les impuretés et les ferments contenus dans la lie qui occasionnent la plupart des maladies.

Le soutirage s'impose, car on ne peut vendre un tonneau contenant cidre et lie pour l'expédier au loin ; l'acquéreur ne voudrait jamais accepter ce liquide boueux et payer un hectol. de lie pour un hectol. de cidre.

On a prétendu que le soutirage faisait durcir le cidre. De la façon dont l'opération se pratique généralement, le liquide peut en effet prendre une pointe d'acidité, mais c'est parce qu'on le transvase sans aucune précaution en le laissant exposé à l'air pendant un temps plus ou moins long, tandis qu'on devrait faire le soutirage à l'abri de l'air avec une petite pompe ou un siphon.

Durant la période de fermentation, qui se prolonge ordinairement de quatre à six semaines, le cidre commence lui-même à se clarifier. Pendant que les matières légères, emportées par le gaz acide carbonique qui se dégage, montent à la surface et viennent y former une couche d'écume qu'on appelle « chapeau », les matières lourdes descendent et se déposent sous forme de lie.

Cette fermentation tumultueuse une fois achevée, les deux couches de matières impures étant formées en haut et en bas, il convient de procéder sans retard au soutirage.

Les cidres laissés sur lie ne tardent pas, en effet, à tourner ou à s'acidifier. Le chapeau est formé de résidus qui s'aigrissent et moisissent. Ces résidus tombent rapidement à mesure que l'acide carbonique diminue, traversent le liquide qu'ils troublent, dont ils enlèvent le parfum, la finesse, et qu'ils prédisposent aux fermentations secondaires les plus dangereuses.

Il arrive que cet affaissement du chapeau se produit vers le mois de mars, ce qui fait croire à bien des paysans de Normandie que la lune de mars aigrit les cidres. C'est là une erreur ; la lune est innocente du méfait. Le coupable ici, c'est le propriétaire qui a négligé de soutirer aussitôt après la fin de la fermentation tumultueuse.

Pour transvaser le cidre sans la lie, d'un fût dans un autre, il faut les mêmes précautions que lorsqu'on opère avec le vin.

Le soutirage doit se faire, autant que possible, par un temps sec et par un vent de l'est ou du nord, avec beaucoup de propreté, dans des tonneaux parfaitement sains, bien rincés ; les vents chauds et humides font éprouver au liquide un mouvement de dilatation qui agite les lies, tandis que les vents froids et secs exercent une certaine contraction par l'abaissement de la température et favorisent ainsi la défécation.

Non seulement il faut soutirer au moment que nous avons indiqué, mais même, lorsqu'on veut obtenir un cidre particulièrement doux et délicat, on doit le soutirer entre deux lies, avant que le chapeau se crevasse, en un mot avant la fin de la fermentation. Le chapeau, en effet, décolore le cidre, lui enlève son parfum et le dispose à s'aigrir ; il en est de même des lies qui, d'abord, ont formé dépôt sans remonter.

Dès que la fermentation acétique commence dans le chapeau, le cidre devient dur et contracte un goût aigre prononcé.

On soutirera de nouveau le cidre chaque fois qu'en ôtant la bonde on verra un peu de lie surnager.

En Angleterre et à Jersey, on soutire le cidre trois fois pendant sa fermentation, pour l'avoir bien coloré, délicat, clair et pouvant se conserver pendant plusieurs années avec une saveur piquante et agréable. On fait le dernier soutirage aussitôt que l'acide carbonique ne se dégage plus par le trou d'évent, placé à côté de la bonde et que l'on débouche de temps en temps pendant 8 à 15 jours. On s'en aperçoit quand une chandelle allumée, mise près du fausset qu'on vient d'ouvrir, ne s'éteint plus.

Après chaque soutirage, on bouchera hermétiquement les tonneaux, et on laissera un peu de vide sous la bonde (3 ou 4 centimètres environ), pour ne pas gêner la fermentation latente.

Avant le dernier soutirage, on mèchera les tonneaux pour prévenir toute fermentation acétique et conserver au cidre sa douceur.

A ceux qui, pour une raison ou pour une autre, ne voudront ou ne pourront pas pratiquer de soutirages, nous conseillons, afin d'atténuer les effets de cette négligence, de tenir les fûts toujours pleins jusqu'au ras de la bonde pendant la fermentation, afin que les matières, qui forment le chapeau, puissent s'écouler au dehors.

Conservation du cidre. — Peu de cidres contiennent après fermentation complète 9 et 10 0/0 d'alcool ; les titres de 5, 6 et 7 0/0 sont ceux qu'on rencontre le plus souvent. Tant que la fermentation alcoolique se continue dans leur masse, produisant à la surface du liquide une couche d'acide carbonique, il se conserve bien ; mais lorsqu'il n'est plus préservé du contact de l'air, il est exposé à toutes les maladies et notamment à la fermentation acétique.

Un des meilleurs procédés de conservation consiste à renfermer le cidre, après la fermentation tumultueuse, dans des fûts ou des réservoirs de grand volume, des citernes en granit bien construites, enterrées dans le sol dont les parois, rendues imperméables à l'air, auront été minutieusement nettoyées. La conservation se fait d'autant mieux que le liquide est en masse plus considérable. Ces réservoirs doivent être maintenus à une température basse et uniforme dans le but de prolonger aussi longtemps que possible la fermentation alcoolique. Une fermeture hydraulique sérieuse, conservant un excès de pression de gaz acide carbonique à la surface du liquide, la séparera du contact de l'air extérieur. Lorsque la fermentation lente est terminée et que le cidre ne peut plus produire lui-même d'acide carbonique, M. Lechartier, l'éminent directeur de la station agronomique de Rennes, conseille de maintenir artificiellement à sa surface une atmosphère de ce gaz.

L'emploi de basses températures obtenues artificiellement à l'aide de la glace pourrait aussi être essayé.

Traitement des cidres par congélation et chauffage. — Il arrive souvent qu'après la transformation totale de son sucre en alcool, le cidre devient le siège de fermentations secondaires.

Ces fermentations peuvent avoir deux résultats :

1° Rendre le cidre paré et dur, ce qui empêche de le vendre facilement à partir de l'été, époque où les consommateurs des villes le demanderaient au contraire en fortes quantités s'il avait conservé ses qualités de douceur primitive; 2° développer la fermentation acétique.

M. Lechartier a fait diverses expériences sur la congélation des cidres, dont voici le résultat :

Lorsqu'on juge que la quantité de glace formée est suffisante, on arrête l'action du froid et on laisse écouler le liquide non congelé, tandis qu'on retient la glace dans le vase qui contient le cidre.

On recueille alors un liquide riche en couleur, dont la densité est bien supérieure à celle du cidre primitif, bon et corsé; par sa couleur foncée, sa force et sa saveur, il se différencie peu des produits des meilleurs crus de Normandie.

Les résultats ainsi obtenus sont tout différents de ceux que produirait une addition de sucre aux moûts. L'addition de sucre a seulement pour effet d'élever le titre en alcool. Par la congélation, on concentre tous les principes provenant de la pomme, en même temps que la saveur et l'arome. Il est même un degré de concentration qu'il ne faut pas dépasser, et on ne doit opérer que sur des cidres parfaitement nets de goût, ne possédant aucune saveur spéciale, un peu prononcée de terroir ou autre. En effet, on concentre tout : qualités et défauts, et il ne faut pas que ces derniers deviennent assez apparents pour diminuer la valeur de la liqueur obtenue.

L'industrie possède les moyens de produire de la glace; ces procédés sont employés dans les brasseries ; les appareils n'auraient à subir que des modifications peu importantes pour être appliqués à la congélation des cidres; enfin, des cidres relativement légers et de saveur agréable, prennent ainsi des qualités qui leur donnent une plus-value considérable.

En revanche, la congélation est absolument impuissante à empêcher les fermentations secondaires et à stériliser les moûts.

Le chauffage est, au contraire, très efficace à cet égard.

Les expériences de M. Lechartier ont prouvé qu'il est possible, en appliquant le chauffage au cidre après le premier soutirage, de détruire toute fermentation dans sa masse et de le conserver pendant un certain temps avec les qualités de douceur qu'il possède à ce moment et que si, dans cette opération, il prend une saveur de cuit, on la fait entièrement disparaître en rétablissant la fermentation avant de le livrer à la consommation.

Le chauffage à la température de 60 à 65 degrés permet de détruire toute fermentation dans un cidre, même lorsqu'il contient encore peu d'alcool et qu'il est riche en sucre.

On peut aussi suspendre à volonté la fermentation alcoolique pour la rétablir ensuite et avoir des cidres encore doux à une époque de l'année où ils sont entièrement parés. Le chauffage peut être effectué sur des bouteilles bouchées, au moment où l'on vient de les fermer. On peut aussi chauffer le cidre dans des appareils spéciaux pour le recevoir encore chaud dans des tonneaux que l'on bonde complètement et que l'on conserve dans un cellier. La difficulté d'application du procédé consiste dans le nettoyage des fûts et la stérilisation de leurs parois internes. Les citernes, dont les parois en granit sont imperméables, permettraient sans doute, plus facilement que les tonneaux, d'arriver à ce résultat.

Avec le chauffage bien employé on pourrait enfin, comme pour les vins, prévenir ces maladies de la graisse, de l'acidité, de la pousse, qui proviennent de ferments étrangers apportés par les fruits en partie altérés ou par les fûts mal nettoyés. Si ces maladies sont dues au développement de ferments spéciaux, on a reconnu que des cidres fabriqués avec des moûts de composition imparfaite y sont particulièrement prédisposés. On a conseillé, suivant les cas, divers procédés curatifs. Mais le mode préventif le plus sérieux consiste dans l'emploi de pommes saines, de tonneaux d'une propreté irréprochable et dans le chauffage.

On a enfin préconisé, pour la conservation du cidre, des moyens empiriques que nous rappelons ici pour mémoire :

Carboniser légèrement l'intérieur des tonneaux, ou y mettre quelques charbons de bois qu'on retire lors du dernier soutirage et avant la fermentation, puis verser, par hectol., 50 à 100 grammes de tartrate neutre de potasse dissous dans de l'eau chaude, qu'on laisse ensuite refroidir, à l'effet de neutraliser les acides et de rendre la boisson meilleure et plus claire. On ajoute, en outre, 200 grammes de sel de cuisine dissous dans de l'eau, une infusion de 6 à 7 grammes de tanin qu'on mélange dans un litre de cidre ou d'eau. On peut, selon les circonstances et les localités, donner la préférence à une infusion, faite avec environ 100 grammes d'écorce de chêne hachée menu.

Mettre 500 grammes de copeaux ou rubans de hêtre vert avant, après ou même pendant la fermentation, la sève du hêtre étant riche en matière tanifère, propre à conserver la matière sucrée et à préserver le cidre de la décomposition.

Nourrir le cidre destiné à être conservé, en introduisant dans les tonneaux, à certaines époques, quelques seaux de cidre doux en remplacement de celui qu'on tire à cet effet. Le jus nouveau entretient la fermentation alcoolique et le mucilage prévient la fermentation acétique.

Collage. — Lorsque la fermentation est terminée, il faut coller le cidre, si on veut obtenir une boisson très limpide. Au lieu d'employer du blanc d'œuf ou de la colle de poisson, on doit se servir de 10 à 15 grammes de tanin par hectolitre.

On fait dissoudre la substance choisie dans un peu d'alcool et de cidre chauffé, et l'on introduit la dissolution dans le fût en ayant soin d'agiter ; sous l'influence des principes astringents, les matières albuminoïdes se contractent, augmentent de poids ; elles forment une sorte de réseau qui englobe les impuretés en suspension dans le cidre et les entraîne au fond du tonneau. Si quelques jours après le collage on fait un second soutirage, on a un cidre d'une pureté irréprochable et qui peut se conserver très longtemps.

Quand le cidre est pauvre en matières albuminoïdes, on doit le coller, après addition de tanin, avec un peu de blanc d'œuf ou de gélatine.

Petit cidre. — Pour la préparation du petit cidre, on a heureusement abandonné l'eau de mare.

Il est inutile d'insister sur les graves inconvénients que présentait cette pratique ; on ne pouvait obtenir avec de l'eau sale qu'une boisson nuisible et de conservation difficile.

Pour faire le petit cidre, on préfère l'eau de pluie, celle de rivière ou de réservoir, l'eau de source n'étant pas toujours suffisamment aérée.

D'après l'art. 2 de la loi du 29 juillet 1884 et le règlement d'administration publique du 22 juillet 1885, les droits sur les sucres bruts ou raffinés de toute origine employés au sucrage des vins, cidres et poirés, avant la fermentation, sont réduits à 24 francs par 100 kilog. de sucre raffiné.

En ce qui concerne les cidres et poirés, la dénaturation s'opère par le versement du sucre dans les moûts; elle a lieu à domicile, au jour fixé par l'administration, toutes les fois que les récoltants ou leurs acheteurs en adressent la demande par écrit, dans les délais qui sont fixés par l'administration pour chaque circonscription.

Les quantités de sucre à employer au sucrage des cidres ou poirés ne peuvent dépasser 10 kilog. pour 5 hectol. de pommes ou de poires récoltées ou achetées.

La quantité de sucre, que contiennent naturellement les pommes, varie dans des proportions considérables, selon que les espèces sont *primes* ou *tardives*, *amères* ou *douces*, selon les conditions climatériques, selon la nature des terrains.

Il est admis commercialement, et d'une manière générale, que, lorsque le jus de pommes pèse moins de 1036 à 1044 au densimètre, il est indispensable pour le conserver d'y ajouter du sucre. Or, sachant que 17 grammes de sucre cristallisable produisent 1 centilitre d'alcool, il est facile d'en déduire la quantité de sucre qu'il faut ajouter à un moût, pour atteindre la richesse alcoolique de 5°, que nous considérons comme le minimum que doit avoir un cidre commercial.

Le sucrage permet donc d'élever les cidres les moins alcooliques à un degré plus favorable pour leur conservation et leur transport.

A côté de cet avantage, il faut placer celui de pouvoir produire une plus grande quantité de boisson, les années de faible récolte.

Les pommes, de même que les raisins, ne cèdent au pressoir qu'une partie de leur suc.

Donc la pulpe conserve encore du jus.

Or, dit M. Rozeray, en délayant la pulpe des pommes avec de l'eau sucrée à raison de 6 kilog. par hecto, on peut faire un cidre assez alcoolique pour se conserver une année.

Un poinçon (à peu près 180 litres) de pommes, valant de 20 à 30 francs arrosé de 6 hectol. d'eau sucrée par 36 kilog. de sucre, donnera 7 hectol. de cidre à 4 ou 5° et d'une bonne qualité.

Nous ne saurions trop recommander de nouveau de n'employer, pour le sucrage des cidres, qu'une eau absolument pure. Les eaux de marc provoquent des fermentations visqueuses ou butyreuses, qui rendent le cidre filant, bruni et lui communiquent une odeur désagréable.

Cidre doux. — Si le cidre a achevé sa fermentation, ce qui a lieu vers décembre et qu'on veuille le conserver doux, il faut le soutirer dans des fûts fortement méchés et le visiter de temps en temps afin de le soutirer et mécher à nouveau dans le cas où il viendrait à fermenter de rechef. On peut, par ce moyen, le conserver doux pendant plusieurs années, en arrêtant la fermentation par le soutirage et le soufrage, chaque fois qu'elle se déclare. On a aussi conseillé de loger le cidre dans des fûts à parois intérieures légèrement carbonisées et, bien entendu, méchés aussi.

On a recommandé, quand le cidre devient dur, d'y ajouter un litre de blé ou d'escourgeon, ou un demi-litre de riz, pour que la transformation de l'amidon en sucre adoucisse la boisson ; mais on peut obtenir plus sûrement le même résultat en faisant dissoudre, dans 2 litres d'eau chaude, 2 kilog. de sucre, puis en ajoutant à cette dissolution un litre d'eau-de-vie, dont la propriété est ici de se combiner avec les acides pour former des corps particuliers appelés éthers, lesquels ont une odeur balsamique, et donnent au cidre un goût délicat. On laisse refroidir l'eau avant de la verser dans le fût.

Si on peut se procurer des pommes nouvellement écrasées ou moulues, la valeur d'un demi-hectol. par exemple, pour un hectol. de cidre dur, on fera passer ce cidre à travers la pomme écrasée, afin de lui rendre un goût agréable. Ici la pomme joue le rôle de matière filtrante, tout en communiquant au cidre dur une nouvelle sève.

Si par ces divers procédés on ne parvient pas à rendre le cidre moins dur, le seul parti qu'on puisse tirer de cette boisson est de la convertir en vinaigre.

Cidre mousseux. — Le cidre ne doit être mis en bouteilles qu'après avoir été bien clarifié. Selon qu'on désire obtenir une boisson plus ou moins mousseuse, on opère après la fermentation tumultueuse ou on attend, quelques mois, que le dégagement d'acide carbonique soit plus complet; dans ce dernier cas, il est moins important d'employer des bouteilles à champagne et on peut les coucher au bout de peu de temps.

Pour le moment exact de la mise en bouteilles, on ne peut être fixé que par tâtonnements.

Pour rendre le cidre mousseux, Pezeyre conseille d'y ajouter du sucre dont la transformation produit de l'alcool et du gaz acide carbonique qui dégage la mousse.

La quantité de sucre à ajouter doit être proportionnée au degré de mousse qu'on désire. Le cidre contenant de la matière sucrée n'a pas besoin d'un fort sucrage pour acquérir une bonne mousse moyenne; on obtiendra un résultat satisfaisant en ajoutant au cidre de bonne qualité, clair, non soufré, 6 grammes de sucre par litre, soit 600 grammes par hectolitre. Avec une dose plus forte, on serait exposé à voir sauter les bouchons et les bouteilles se briser.

On fait dissoudre à froid 600 grammes de sucre dans deux ou trois litres de cidre et, lorsqu'il est bien fondu, on verse la solution dans le fût à traiter, avec la précaution de bien l'incorporer dans toute la masse du cidre. On procède à la mise en bouteille aussitôt que le liquide est suffisamment clair. La fermentation s'établit dans le verre, plus ou moins rapidement, suivant la température du local où sont déposées les bouteilles. Au bout de huit à quinze jours, la mousse est à son point culminant. Pour éviter la fuite des bouchons et la perte du cidre, on place les bouteilles debout et elles conservent leur mousse.

Utilisation des marcs. — Ce que nous avons dit au sujet de la fabrication des vins de marcs et des piquettes est applicable à la fabrication du cidre avec du marc de pomme.

Le cidre moyen, devant contenir 4 0/0 d'alcool, doit se fabriquer avec 7 kilogrammes de sucre, 100 litres d'eau pure, bien propre, et 60 kilogrammes de marc de pommes.

On fait fermenter le sucre, le marc et l'eau ensemble à la température de 30 degrés centigrades. Quand la fermentation est terminée, on soutire le cidre, on pressure le marc et l'on réunit le liquide de pressurage à celui de la cuve. Ce cidre est fin, délicat et parfumé, il se clarifie et se conserve bien, si l'on a soin de le fabriquer de la même manière et avec les précautions prescrites pour les cuvées de vin de sucre.

Les marcs de pommes épuisés, additionnés de phosphate ou introduits dans les composts forment un excellent engrais; l'expérience prouve qu'ils agissent très efficacement sur les jeunes pommiers.

Les marcs additionnés de phosphates peuvent être employés sans les mélanger aux fumiers, mais en ayant soin d'attendre deux ou trois mois pour les utiliser. En contact intime avec le marc, matière organique en décomposition et souvent acide, le phosphate prend une assimilabilité plus grande et la base de ce sel sature l'acidité du marc.

Les marcs mélangés avec les fumiers de basse-cour forment également un bon engrais. Les fumiers en facilitent la décomposition et les marcs par leur acidité tendent à s'emparer des vapeurs ammoniacales qui pourraient se dégager du fumier pendant une fermentation trop active.

Cidre de pommes sèches. — On peut fabriquer d'excellent cidre artificiel avec des pommes sèches, mais à la condition que la dessiccation des fruits ait été effectuée dans de bonnes conditions.

Le mode opératoire généralement usité en France à cet égard est malheureusement lent et défectueux. D'habitude, dans nos campagnes, les pommes, étalées sur des claies, sont mises au four et y séjournent douze heures environ. Afin d'obtenir une dessiccation complète on répète deux fois l'opération. Les résultats sont presque toujours très imparfaits : tantôt, le fruit, mal séché, subit un commencement de décomposition, tantôt, soumis à des températures excessives, il perd la plus grande partie de son arome, ou même son sucre se caramélise en partie. Le cidre qu'on en tirera sera faible et mauvais. La première condition pour obtenir un bon produit avec des pommes sèches est donc d'avoir des fruits séchés d'après une méthode mieux raisonnée.

L'Amérique est arrivée, pour ainsi dire, à la perfection sur ce point. Elle nous expédie des pommes sèches qui ont été reconnues souvent d'une bonne qualité. En envisageant les éléments principaux auxquels les fruits secs doivent surtout leur qualité, on peut affirmer que les pommes séchées au moyen d'évaporateurs, renferment moins d'acide et plus de sucre que celles séchées par les moyens ordinaires. Après plusieurs années elles possèdent encore leur couleur et leur saveur primitives.

Il importe donc de n'employer que des pommes desséchées au moyen d'évaporateurs.

Les indications suivantes montrent quelle doit être la composition que doivent présenter des pommes séchées avec soin.

500 parties de pommes fraîches contiennent en moyenne :

Eau	411 15
Amidon	32 95
Pectine	12 35
Matières gommeuses	6 75
Acide des fruits	6 70
Dextrine	0 00
Glucose	18 75

Plus, de la cellulose, de la protéine, des sels, de la chlorophylle, etc.

Avec ces 500 parties, on obtient 100 parties de pommes sèches qui doivent donner environ :

Eau	16 62
Amidon	29 75
Pectine	10 88
Matières gommeuses	4 33
Acide des fruits	3 43
Dextrine	0 00
Glucose	23 08

Nous recommandons de se défier des pommes sèches de couleur très claire, cette teinte étant anormale. On l'obtient d'ordinaire en blanchissant les fruits par un bain d'eau imprégnée d'acide sulfureux.

Maladies et altérations du cidre. — Le cidre est, comme le vin, accessible à diverses altérations. On les prévient en usant pour la fabrication des méthodes et des soins que nous avons indiqués, en logeant le liquide dans des récipients d'une propreté parfaite, enfin en se servant de la pasteurisation. Divers procédés permettent de remédier aux maladies une fois déclarées. Nous les examinons ci-dessous. Quant aux simples altérations, telles que le goût de fût, de moisi, de bouchon, etc., on les guérira comme s'il s'agissait du vin.

Acescence. —Lorsque le tonneau reste longtemps en vidange on peut éviter l'acescence en mettant sur le cidre une couche d'huile d'olive de quelques millimètres d'épaisseur, en employant une bonde automatique ou en méchant.

Si la maladie existe, on peut la guérir en employant du tartrate neutre de potasse à raison de 100 grammes environ par hectol.

Cette dose n'est pas exagérée. Mais, dans la pratique, on peut la diminuer suivant le degré d'acidité du cidre à traiter. Dans certains cas on peut l'augmenter encore sans inconvénients.

Avant de fixer la quantité à employer il est bon de procéder par tâtonnement, sur un litre du liquide à opérer. C'est lorsque le cidre est complètement fait et soutiré qu'il faut traiter au tartrate neutre de potasse. On dissout celui-ci dans un peu d'eau chaude, on remue jusqu'à ce que la dissolution soit complète, puis on verse dans le tonneau en agitant avec un bâton, comme on le fait pour un collage ordinaire. On laisse reposer ensuite.

Ce traitement est bien préférable à certains procédés qui ont été jadis préconisés et qui consistent à ajouter au cidre aigri, au moment de le soutirer ou de le mettre en perce, l'une des substances suivantes :

150 grammes de poudre de marbre ou d'albâtre par hectolitre.
50 à 100 grammes de potasse en solution;
Un demi-litre d'huile d'œillette;
Les amandes d'une vingtaine de noix ;
60 grammes de froment grillé;
2 kilogrammes de blanc d'Espagne réduit en poudre pour absorber en partie ou neutraliser l'acide;
2 kilogrammes de cassonade dissoute dans un litre d'eau chaude, solution qu'on verse froide dans le tonneau.
15 grammes au minimum et 40 au maximum de chaux vive éteinte avec un peu d'eau, la quantité de chaux à employer dépendant de l'acidité du cidre;
Au lieu de chaux, une quantité sextuple de craie broyée, pour saturer l'acidité.

Pour de très petites quantités, on pourrait introduire dans la carafe de service, au moment de la consommation, une pincée de bicarbonate de soude. Dans ce cas, l'acide acétique est neutralisé, il se dégage de l'acide carbonique, qui rend le cidre gazeux et plus agréable et salubre. Ce moyen est simple et très bon marché.

Cidre qui se tue. — La maladie du cidre qui se tue est encore incomplètement étudiée. M. Lechartier a reconnu qu'elle est due à l'action de l'oxygène de l'air sur la matière colorante du cidre, et qu'on rétablit la liqueur avec sa coloration première en la mettant à l'abri de l'oxygène et en faisant passer dans sa masse un courant de gaz acide carbonique. Les préservatifs parfois employés à tort consistent dans l'addition de liquides qui contiennent des bisulfites. Nous conseillons les soutirages, les méchages (car l'acide sulfureux préserve pour quelque temps la matière colorante de l'action de l'oxygène de l'air) et, concurremment, l'addition de 30 grammes d'acide tartrique par hectolitre.

Cidre trouble. — Dans certaines années, le cidre reste trouble.

Ce défaut provient souvent d'une mauvaise fermentation, du peu de richesse en sucre. Il faut alors provoquer une nouvelle fermentation en ajoutant du sucre. Pour réussir plus sûrement, on doit élever la température du local et chauffer quelques litres de cidre que l'on introduit dans la masse en agitant avec une baguette.

Dans les années humides, les pommes sont souvent pauvres en sucre, et le cidre n'est pas assez alcoolique pour se conserver; on peut élever sa teneur en alcool de quelques degrés avec du sucre comme nous l'avons dit; 1 kilog. 700 de sucre donne, dans un hectol.

un degré d'alcool après fermentation. On complétera ce traitement par une addition de tanin.

Noircissement. — Le noircissement attaque surtout les cidres qui proviennent des pommes récoltées dans des terres argileuses et colorées en rouge par de l'oxyde de fer, mais il est dû aussi à la mauvaise fabrication. Ce sont, le plus souvent, les cidres chargés de matières organiques, d'impuretés, qui noircissent lorsqu'ils sont en présence de l'air.

Pour corriger le noircissement, on a conseillé d'employer de l'acide tartrique à la dose de 20 grammes par hectol. ou du tanin à raison de 10 grammes par hectol. ; on peut encore, dans le même but, selon M. Rozeray, additionner le cidre de 40 grammes de sulfite de chaux ou de 80 grammes de sulfite de soude par hectol., mais nous ne conseillons pas ce traitement auquel nous préférons l'emploi de l'acide tartrique et du tanin, concurremment avec un méchage.

Graisse. — Lorsque les pommes manquent de tanin, le cidre devient souvent gras, filant : un quart de litre d'alcool par hectol. suffit quelquefois pour ramener le cidre à son état normal ; la graisse peut également être enlevée en ajoutant 10 grammes de tanin par hectol. et en remuant et aérant le cidre.

On pourrait aussi procéder de la manière suivante pour les cidres provenant de fruits ou trop doux ou trop mûrs, privés de principes astringents indispensables à leur conservation, et ayant une surabondance de matières albumineuses permettant à la fermentation visqueuse de s'y développer :

Pour un hectolitre de cidre filant, on emploiera : 1° noix de galle, 20 à 30 grammes ; 2° acide tartrique, 20 à 30 grammes ; 3° un litre d'alcool fin goût, 90 degrés ; 4° le mouvement. Un bon collage à la gélatine et un soutirage complèteront l'opération.

On concasse la noix de galle en petits morceaux ou en poudre grossière; on la place dans un vase en faïence ou en terre vernissée et on verse par-dessus dix fois son poids d'eau chaude. On laisse infuser pendant 4 à 5 heures; on soutire la partie liquide que l'on conserve dans une bouteille, et l'on verse une seconde fois autant d'eau chaude sur la noix de galle afin de la bien épuiser de tous ses principes. Après quatre heures, on passe l'infusion à travers un linge, on réunit l'eau de cette seconde infusion à celle de la première et on les verse dans le fût contenant le cidre au moyen d'un entonnoir en verre, en terre ou en bois, mais non en métal.

On fait dissoudre l'acide tartrique dans cinq fois son poids d'eau chaude; lorsqu'il est fondu, on le verse dans le cidre.

En versant l'infusion de noix de galle et la dissolution d'acide tartrique dans le cidre, on y ajoute en même temps l'alcool.

On devra, avant l'opération, enlever un peu de liquide du fût, afin d'y établir 20 à 25 centimètres de vidange. La vidange faite, on verse toutes les substances dans le tonneau et on le roule pendant dix minutes, puis on le remet en chantier et on l'abandonne au repos, pendant huit jours.

Au bout de huit jours, on colle le cidre et on le laisse se clarifier. La clarification étant opérée, on soutire dans un fût bien propre, et le cidre est bon à boire.

Les fûts qui ont contenu du cidre filant doivent être soigneusement désinfectés, au moyen d'un demi-litre d'acide sulfurique étendu dans cinq litres d'eau froide, puis rincés deux ou trois fois à l'eau froide avant d'être employés à loger d'autre cidre. Sans cela, ils risqueraient de communiquer la graisse à celui-ci.

Amertume. — L'amertume du vieux cidre ne se guérit pas facilement. On pourrait la diminuer en faisant repasser le cidre usé sur des marcs de pommes fraîches et non pressurés.

Quant à l'amertume des jeunes cidres, elle peut disparaître par un méchage suivi d'un collage au tanin après qu'on a additionné le cidre d'un demi-litre d'eau-de-vie et de 500 grammes de sucre par hectolitre.

Cidre qui fermente. — Tout cidre est sujet à subir une fermentation secondaire qui le fait durcir. Souvent, à la suite de cette fermentation, il devient tellement dur qu'il est plus près du vinaigre que du cidre et imbuvable.

Il faut se hâter d'arrêter cette fermentation en méchant ou en soutirant le cidre dans des fûts soufrés.

On peut arrêter aussi la fermentation par un vinage et réparer les pertes de matière saccharine qu'elle a produites par une addition de sucre.

Cidre à mauvais goût. — Ici, l'usage du charbon végétal peut donner de bons résultats; il faut l'employer sous forme de braise de boulanger, bien lavée, séchée et pulvérisée dans la proportion de un kilogramme par hectolitre de cidre; on mélangera bien la poudre de charbon dans le liquide en roulant le fût plusieurs fois; au bout de quelques jours, le charbon se sera précipité au fond du tonneau et on procédera alors au soutirage.

Ce traitement fera perdre un peu de sa force et de son montant à la boisson. Un litre ou deux d'alcool bien rectifié ou d'eau-de-vie de cidre par hectolitre conviendraient pour la renforcer. On pourrait même y ajouter aussi 10 grammes d'acide tartrique par hectolitre après l'avoir fait préalablement dissoudre dans un peu d'eau. Le cidre purifié par le charbon végétal, réconforté par une légère addition d'alcool et avivé par l'acide tartrique, constitue une boisson agréable et d'une conservation assurée.

Cidre faible en couleur. — La couleur ambrée est recherchée pour les cidres, et avec raison, car un bon cidre pauvre en couleur est une exception. Les pommes amères produisent particulièrement la couleur rouge-brun. Le cidre qui fermente lentement et sans chaleur se colore ordinairement peu. Une fermentation qui marque 10 à 15 degrés est préférable à la macération prolongée.

Quand le cidre n'est pas assez coloré, on y ajoute parfois du caramel, préparé en sirop épais avec du sucre ou de la cassonade. Certains fabricants de cidre ajoutent cinq ou six betteraves rouges, cuites et coupées en morceaux, par hectolitre de pommes. En Normandie, on remue la pulpe plusieurs fois avant de la pressurer, et on suspend parfois dans chaque tonneau, pendant la fermentation, un sachet contenant une petite quantité de racines de garance en poudre, afin d'obtenir une belle couleur rouge-brun.

Nous ne pouvons conseiller ces manipulations qui constituent des colorations artificielles. Le cidre faible en couleur devra être soigneusement soutiré (car les lies sont un décolorant), additionné d'une petite dose de tanin et au besoin coupé avec un cidre très coloré provenant de pommes amères.

Poiré. — Malgré une grande analogie de composition entre les pommes et les poires, le jus que fournissent ces fruits présente un goût différent.

Le poiré a des qualités spéciales : mis en bouteille à la sortie du pressoir ou avant d'avoir fermenté, il donne, après quelques mois, une boisson mousseuse, dont le goût léger et piquant rappelle un peu certains vins blancs.

Le poiré a un goût attrayant. Il est très apéritit et à ce point de vue peut servir de boisson hygiénique.

Choix des Fruits. — Voici les meilleures variétés de fruits pour la préparation d'un bon poiré :

Première saison : Blanc, Blanc-Roux, Chêne, Gros-Blanc, Hecto, Ognonnet.

Deuxième saison : Calais, Carisy blanche, grise et rouge, Crapas, Grisette, Hautpin, Platé, Quenette.

Troisième saison : Aubin, Crassane sauvage, Fer, Gris-de-Loup, Huchet, Ivoire blanche et grise, Nérousse.

On divise les poires, d'après leur époque de maturité, en deux catégories : les tendres et les dures. Les premières se cueillent et se pilent dans le courant de septembre, les secondes en octobre. Ces deux sortes de poires ne produisent pas nécessairement une liqueur de qualité diverse. On distingue le plus ou moins de bonté d'un poiré non d'après le moment où il a été fait mais d'après les espèces qui ont servi à sa fabrication.

Préparation. — Le poiré se conserve moins longtemps que le cidre, aussi vaut-il mieux ne pas le mouiller, soit qu'on veuille le boire, soit qu'on désire le distiller, sauf le cas où on le consommerait immédiatement après fermentation. Fabriqué avec soin, sans eau, et mis en bouteilles, le bon poiré peut se conserver plusieurs années et acquérir quelque ressemblance avec certains vins blancs.

On voit que le poiré a du friand et de l'attrait, mais pas toutes les qualités solides du cidre. D'une façon générale, les mêmes procédés doivent être employés pour fabriquer les cidres et les poirés. Signalons pourtant quelques différences :

D'abord, les poires, fournissant à peu près moitié plus de liquide que les pommes, il faut moitié moins de poires pour un hectolitre de poiré, que de pommes pour la même quantité de cidre.

Quand la fermentation des moûts de poires s'effectue en tonneau, à la façon des vins blancs, ces moûts deviennent plus spiritueux et s'éclaircissent avec plus de rapidité.

En général, on doit prêter encore plus d'attention à la maturité des poires qu'à celle des pommes en ce qui concerne la cueillette. Les poires doivent être vendangées aussitôt qu'elles se teignent de jaune et qu'elles exhalent la bonne odeur qui dénote qu'elles sont mûres. Les fruits déjà blets ou même un peu mous ne fournissent qu'une boisson aqueuse, sans force et sans durée. Les plus âpres sont ceux qui donnent le meilleur poiré.

Hydromel. — Si toutes les lois qui régissent les boissons font mention des hydromels, dans leur énoncé, si les résumés des taxes et des rendements d'impôts continuent à noter ces sortes de liquides alimentaires, il faut supposer que c'est plutôt par habitude, depuis l'établissement de la législation de 1816, que par suite des transactions qui s'opèrent sur ces produits dérivés du miel. En effet, en dépit de la statistique officielle, leur fabrication et leur consommation sont tellement restreintes qu'aucun chiffre particulier n'est donné à leur égard. Le plus souvent, on les classe avec les cidres et les poirés, bien qu'ils aient une autre origine.

Préparation — On compte trois sortes d'hydromels :

Les simples ou eau miellée;

Les vineux, lorsque cette eau a fermenté;

Les composés, lorsqu'ils sont unis à des fruits ou à des subtances aromatiques.

Les hydromels vineux sont préparés d'après la formule suivante :

Miel, 5 kilog. ; eau chauffée à 30 degrés, 25 litres ; ferment de bière ramolli, 155 grammes.

On commence par délayer dans une barrique le ferment avec l'eau, puis on ajoute le miel et on place le tout dans un cellier où la température permette à la fermentation de s'établir convenablement.

L'hydromel se fabrique d'ordinaire dans les régions froides, où la fermentation est lente et par conséquent ne se fait pas régulièrement, franchement, et tourne avec facilité à la fermentation acétique. Il convient donc, avant tout, d'activer la fermentation en chauffant le local où elle se fait à environ 20 ou 25 degrés.

Aussitôt que cette fermentation s'est déclarée, ce qu'on reconnaît à l'écume abondante qui s'échappe du tonneau, on verse, à mesure, ou de l'hydromel déjà préparé, ou un mélange d'eau et de miel jusqu'à ce que la futaille soit pleine.

Quand l'écume a cessé de monter, on bouche hermétiquement le trou de bonde, et il n'y a plus qu'à attendre deux ou trois mois que la fermentation soit complètement terminée.

A ce moment, on retire la liqueur de dessus sa lie, on colle et on soutire une seconde fois; enfin la mise en bouteilles doit être faite le plus tard possible afin que le goût du miel persiste pendant toute l'existence de la boisson.

Ce qui manque surtout à l'hydromel pour conserver une bonne tenue et ne pas tourner à l'aigre, c'est une dose normale d'acidité. On pourra essayer d'un peu d'acide tartrique à une dose qu'on calculera par expérience, mais qui devra être assez faible pour ne pas choquer le palais des consommateurs.

Quelquefois on ajoute à l'eau miellée qui sert à la préparation, de l'angélique fraîche, des baies de genièvre, de la framboise ou d'autres substances parfumées pour donner une saveur plus agréable.

Ce breuvage, d'une faible valeur alcoolique, 3 ou 5 degrés, à moins qu'on y ajoute un peu de vin blanc au moment de la préparation, est d'une couleur jaune à peu près semblable à celle du cidre. Tout en étant sucré, il a un petit goût aigrelet qui n'est pas toujours pareillement apprécié par le palais des buveurs. La qualité dépend de la nature du miel employé; plus il est blanc, plus la liqueur obtenue est claire de teinte et plus elle doit être recherchée. Pourtant le miel jaune a aussi ses amateurs.

Autrefois quelques départements du Nord faisaient usage de cette boisson qu'ils ont abandonnée peu à peu pour la bière. A l'étranger, les Russes en font encore une assez importante consommation. Chez nous, il n'y a plus guère que quelques liquoristes et des fabricants de miel qui fabriquent de l'hydromel.

Dans certaines régions, les ménages pauvres se contentent de faire dissoudre un peu de miel dans de l'eau (eau miellée) pour leur usage particulier.

L'hydromel fermenté, celui dont nous venons d'indiquer la préparation, se vend, après soutirage, 50, 75 centimes et même 1 fr. le litre, suivant qualité.

Pourvu que l'hydromel ait subi une fermentation complète, qu'il ait été séparé avec soin de ses écumes et de ses dépôts, qu'il ait été clarifié par la double action du tanin et de la gélatine, il suffit de le mettre dans un lieu sec et frais pour qu'il se conserve en s'améliorant. On cite des hydromels qui, au bout de longues années, ont ainsi acquis un agrément remarquable.

Lorsque l'hydromel est faible, qu'il n'a pas été préparé avec les précautions indiquées plus haut, le contact de l'air et une augmentation de température suffisent pour y déterminer une fermentation, l'acescence, la pousse, la graisse et même la putridité.

Ainsi que nous l'avons dit, les hydromels sont passibles des mêmes droits que les cidres.

CONCENTRATION DES MOUTS

Il nous paraît intéressant de donner ici quelques détails sur une méthode qui a fait, ces dernières années, d'immenses progrès en Italie et en Amérique. Cette méthode a pour but de concentrer, sous un volume réduit, tous les éléments utiles d'un jus de fruit quelconque, d'un moût non encore fermenté de raisin, de pomme, de poire, etc., en éliminant l'eau. Celle-ci formant environ les trois quarts du moût, il résulte de son élimination une grande économie dans les frais de transport. En effet, un hectolitre de vin logé pèse 120 kilog. A l'état de moût concentré, il n'en pèse plus que 25 à 30.

En Italie on a conservé dans certaines localités la coutume antique de réduire par la cuisson lente une partie du moût de vendange, mais c'est d'ordinaire simplement pour remonter le degré dans les mauvaises années.

C'est aussi dans le but de concentrer les moûts que Montgolfier faisait couler doucement du jus de raisin sur des fagots (*Annales de chimie*, année 1810); qu'un pharmacien d'Avignon, M. Martin, prenait en 1853, un brevet pour un procédé de vinification tendant à réduire à l'état d'extrait toute la partie sucrée et fermentescible de la vendange par la vaporisation de 65 0/0 d'eau (en poids). Ces méthodes primitives sont tombées peu à peu dans l'oubli. On les a remplacées par des systèmes perfectionnés qui ont déjà donné des résultats, notamment, nous l'avons dit, en Italie et en Amérique.

Concentration des moûts en Italie. — En 1881, MM. Mussi ont exposé à Conegliano un appareil de concentration des moûts basé sur ce principe que la température d'ébullition d'un liquide s'abaisse quand la pression diminue. Dans l'appareil Mussi, le moût bouillant à la température de 43 degrés centigrades, le sucre ne serait pas caramélisé, les ferments ne seraient pas détruits, tous les éléments du moût demeureraient inaltérés. On obtient un sirop réduit des trois quarts, toute l'eau de végétation étant éliminée, sirop qui ne peut fermenter que quand on l'additionne d'eau. Les divers modèles d'appareils Mussi concentrent depuis 30 jusqu'à 300 litres de moût par heure.

Un moût concentré dans ces conditions, examiné à l'école d'œnologie de Conegliano, ne donnait aucun signe de fermentation, même après en avoir laissé une petite quantité exposée à l'air pendant quelques jours.

Ce moût fut mêlé avec de l'eau tiède à la température de 30 degrés (75 0/0 d'eau pure et 25 0/0 de moût). L'acidité étant un peu faible pour obtenir une fermentation régulière, on ajouta de l'acide tartrique. Le liquide contenait des ferments. On constata leur présence au microscope et on obtint ensuite une fermentation normale.

Concentration des moûts en Amérique. — Les viticulteurs de l'Amérique du Nord, et spécialement de Californie, ne trouvant pas sur place un facile écoulement à leurs produits préparent des moûts concentrés qu'ils s'efforcent d'exporter. Ces moûts, réduits à l'état de sirop très épais, doivent, selon les fabricants, être mouillés dans la proportion de 250 grammes de moût concentré pour un litre d'eau. Le tout fermente à la température de 25 à 28 degrés. Dans sa dernière mission en Amérique, M. P. Viala a vu à San Francisco des fabriques considérables de jus de raisin concentré.

Les Américains se servent d'une méthode rationnelle basée sur l'emploi des appareils à triple effet en usage dans la sucrerie. Ces pompes, en même temps qu'elles produisent le vide, échauffent par la vapeur les masses en opération et permettent ainsi de faire disparaître la partie aqueuse des liquides sucrés soumis à leur pouvoir. On peut arriver même jusqu'à la cristallisation.

Jusqu'ici les résultats ne paraissent pas absolument concluants tant pour l'Italie que pour l'Amérique. Diverses causes, d'ailleurs, influent d'une façon plus ou moins heureuse sur les moûts. Si, théoriquement, on peut pousser l'opération jusqu'à extraction complète de l'eau, il s'en faut que dans la pratique on puisse agir ainsi. L'écueil le plus important est l'augmentation de chaleur au fur et à mesure que l'opération se continue. Il ne faut jamais dépasser 50 degrés ; au dessus, les ferments pourraient être compromis et la nature du moût modifiée, dans des conditions telles qu'une bonne vinification, même par une addition de levure, devînt impossible.

Dans les essais faits en Californie, à une usine de Geyserville, on paraît avoir employé la presse et la chaleur. La condensation d'un moût contenant 24 à 25 0/0 de matières solides, a été poussée de telle sorte qu'il en renfermait, par la suite, 72 0/0. C'est là, déjà, un point intéressant. On a tenté de faire du vin avec ce moût en le diluant dans de l'eau distillée ; le produit n'a pas donné ce qu'on espérait, en ce qui touche la qualité. Le liquide obtenu avait 13 0/0 d'alcool, 0,31 d'extrait sec, mais le goût n'a pas été très apprécié.

On a trouvé une saveur amère peu agréable et on a reconnu qu'une pareille méthode ne peut être acceptée pour des vins fins.

Il est à penser que, pendant l'évaporation d'une partie de l'eau, les huiles essentielles, les principes éthérés qui font la qualité du vin, sont entraînés par les vapeurs et disparaissent au grand détriment de la boisson que le moût est appelé à fournir plus tard.

Quelquefois le vin obtenu de moût concentré a paru subir la fermentation lactique. On a noté aussi dans d'autres essais la perte du parfum et des caractères gustatifs qui distinguent les vins entre eux.

Il est probable que par la suite on arrivera à mieux faire ; quant à présent, nous sommes encore loin du moment où, suivant l'expression des Américains, on pourra acheter des moûts concentrés en Amérique comme on y achète des conserves ; où ces moûts qui n'auront pas payé de droits dans les pays où ils arriveront, seront transformés par la fermentation et fourniront un vin pouvant rivaliser avec ceux produits par le moût traité naturellement.

Concentration des moûts en France. — Cette méthode n'a pas encore été appliquée dans notre pays d'une façon pratique et étendue. On s'est borné à des essais tout à fait restreints.

Un savant grec, le docteur P. Calliburcès, a fait construire à Paris des appareils d'évaporation et de distillation des moûts basés sur l'action de l'air (pneumatisation). A ce sujet, l'auteur a fait d'intéressantes communications à l'Académie des sciences. Voici ses conclusions :

1° En soumettant le jus de raisin à un traitement (traitement pneumatique) mettant chaque molécule du jus en contact réitéré avec l'air, soit non purifié, soit purifié, à la température ordinaire ou chauffé jusqu'à 65°, et en poussant ce traitement jusqu'à réduction notable de la partie aqueuse du jus, la fermentation commence plus vite et dure plus longtemps dans ce jus que dans celui qui n'a pas été soumis à ce traitement ;

2° L'air, aussi bien à la température ordinaire, que chauffé jusqu'à 65°, employé dans le traitement pneumatique pour la ventilation du jus de raisin, alors même que ce traitement a été continué jusqu'à ce que la partie aqueuse du liquide ait été réduite en notable proportion, n'altère nullement ni la matière colorante, ni les autres principes constitutifs du jus ;

3° En soumettant le jus de raisin au traitement pneumatique *par courant d'air non purifié*, on détermine le développement, pendant la fermentation, de végétations parasitaires, formant un sédiment cotonneux, qui est considérable, si l'on a poussé le traitement jusqu'à réduction notable de la partie aqueuse du jus;

4° Le développpement de végétations parasitaires dans un liquide fermenté provenant d'un moût dont le degré de densité a été augmenté, par le traitement pneumatique *à l'air non purifié*, à un degré suffisant pour produire un liquide fermenté d'une richesse alcoolique de 17,30 pour 100 d'alcool en volume, ou au-dessus, ne constitue pas une condition incompatible avec la conservation du liquide ;

5° En soumettant le jus de raisin au traitement pneumatique *par courant d'air purifié* et en poussant ce traitement même jusqu'à ce que la densité du jus ait été augmentée d'une manière notable, aucun sédiment cotonneux ne se forme plus dans le liquide fermenté résultant du jus ainsi traité ;

6° Le traitement pneumatique, en augmentant la densité d'un jus de raisin contenant de l'eau en excès, ne produit pas seulement un liquide fermenté d'une richesse alcoolique supérieure à celle que posséderait le vin provenant du même moût non pneumatisé, mais il accroît encore la proportion des autres produits volatils de fermentation, ainsi que des principes fixes (extrait sec) par rapport à l'eau.

Nous avons obtenu des résultats analogues de l'étude expérimentale de l'influence du traitement pneumatique sur la fermentation de jus d'autres fruits sucrés et sur celle du moût de bière.

La méthode Calliburcès a un triple but : relever la richesse des moûts trop aqueux ; concentrer des moûts sous forme de sirop et réduire les frais de transport ; distiller des moûts.

On ne s'est pas encore préoccupé de la façon dont on traiterait à l'intérieur, au point de vue fiscal, les moûts concentrés. En ce qui concerne l'importation de ceux venant de l'étranger, la direction des douanes a pris des mesures pour qu'on les taxe comme sirops.

DISTILLATION

La distillation dont nous nous occuperons est celle qui a pour but d'extraire des liquides sucrés, qui ont fermenté, l'alcool qu'ils renferment.

Autrefois on ne connaissait guère que le vin comme pouvant être soumis à la distillation ; mais peu à peu on a trouvé d'autres substances susceptibles de fournir de l'alcool et aujourd'hui leur nombre est considérable. On extrait maintenant de l'alcool :

1° De tous les fruits sucrés transformés au préalable en moût qu'on soumet à la fermentation : Raisins, pommes, poires, cerises, prunes, abricots, fraises, framboises, groseilles, caroubes, dattes, figues, badiane, potiron, melon, sureau ; du sucre extrait des fleurs par les abeilles (miel), etc. ;

2° Des plantes ou pulpes sucrées dont on épuise le jus qui fermente ensuite sous l'influence de levures : betterave, canne, mélasse, sorgho, topinambour, carotte, gentiane, palmier, asphodèle, garance, etc.,

3° Des matières cellulosiques qu'on transforme par les acides en divers éléments fermentescibles : le bois, les lichens, les chiffons, etc.;

4° Des substances amylacées qu'on travaille par le malt ou les acides afin d'en obtenir les moûts sucrés qu'on fait fermenter : pommes de terre, patates, froment, orge, houblon (bière), avoine, maïs, sarrazin, riz, dari, marrons, etc.

Quelle que soit la matière première mise en œuvre, l'alcool obtenu est le même s'il est complètement rectifié ; sous cette forme (alcool éthylique, absolu à 100°), il se compose de 52,17 0/0 de carbone, de 13,04 0/0 d'hydrogène et de 34,79 0/0 d'oxygène. C'est alors un liquide incolore, transparent, très fluide, très volatil, caustique, qui brûle avec une flamme jaune, et qui bout à 78°4 sous la pression atmosphérique ordinaire de 0,76 cent. sa densité est de 0,794 à la température de + 15° c.

Si, théoriquement, l'alcool pur, d'où qu'il vienne, a les caractères que nous venons d'indiquer, dans la pratique, selon les produits qui ont servi à sa préparation, il présente des variations assez sensibles. Aussi est-on à peu près convenu dans le commerce d'admettre deux sortes d'alcool : les alcools bruts et les alcools rectifiés. Selon Ordonneau, les alcools bruts sont ceux qui sont préparés avec l'alambic primitif, ils contiennent tous les principes volatils fournis par la matière première et la fermentation ; s'ils ont des saveurs agréables ils vont directement à la consommation ; les alcools rectifiés sont ceux qui, à l'état brut, sont de mauvais goût, et qu'on est obligé d'épurer pour les rendre neutres et employables ; ces alcools sont préparés avec de grands appareils et nécessitent des installations considérables.

Suivant cette classification, les alcools bruts, c'est-à-dire les alcools pouvant être livrés directement à la consommation, sont ceux de notre première catégorie : raisins (vin, marc), pommes (cidre), poires (poiré), etc. ; un de la seconde y figure, celui de mélasse de canne, ou rhum. Les autres, les alcools rectifiés, comprennent tous ceux de nos deuxième (à part un), troisième et quatrième catégories ; la plupart sont des produits industriels : alcools de betterave, de mélasse, de topinambour, de pommes de terre, d'orge, de maïs, de riz, etc. ; quelques-uns ne sont encore que des produits de laboratoire : carottes, garance, marrons, etc.

Alcoométrie. — Les divers alcools qu'on rencontre dans le commerce ont des degrés différents ; la recherche de ces degrés s'opère par des procédés spéciaux qui constituent ce qu'on appelle l'alcoométrie. Ils permettent d'évaluer la proportion d'alcool absolu contenu dans les mélanges d'eau et d'alcool en tenant compte de cette particularité que les deux liquides, en se mélangeant, se contractent, c'est-à-dire forment un volume moindre que la somme des volumes d'eau et d'alcool, pris séparément.

Appareils. — Les instruments dont on se sert pour ces recherches sont les alcoomètres ; ils appartiennent à la famille des aréomètres, ils sont établis d'après les mêmes principes, ils s'appellent encore densimètres, pèse-esprit, spiritomètres, etc. ; ces appareils plongent d'autant plus dans les liquides spiritueux que leur teneur est plus grande en alcool, puisque la densité de ces liquides est plus faible relativement à celle de l'eau prise pour terme de comparaison. De là la division en degrés correspondants aux variations de la densité des liqueurs alcooliques.

Le nombre de ces instruments est assez considérable ; on connait les aéromètres ou pèse-liqueurs Baumé, Cartier, Bories, Tessa ; les alcoomètres Gay-Lussac, Richter, Tralles ; l'hydromètre Sykes.

Aréomètre Baumé. — Baumé, l'inventeur du type de pèse-liqueurs, avait gradué son appareil en le plongeant d'abord dans une solution de 10 parties de sel marin (chlorure de sodium) à 90 parties d'eau, au point d'affleurement il a placé 0° puis dans de l'eau distillée pure et au nouveau point d'affleurement il a marqué 1°. L'espace compris entre ces deux limites a été enfin reporté un certain nombre de fois sur la tige de l'aréomètre. A ces degrés correspondaient ainsi des poids spécifiques qui ont quelque ressemblance avec ceux des mélanges d'eau et d'alcool.

Aréomètre Cartier. — Dans l'aréomètre Cartier qui est un densimètre ordinaire, le lest est calculé de façon à ce que l'instrument plonge peu dans l'eau pure (le chiffre 10 y est indiqué) et beaucoup dans l'alcool pur (le chiffre 42 y est marqué); l'espace de ces deux limites d'affleurement est divisé en 32 parties égales ; les déductions et les corrections qu'il faut faire avec cet instrument sont cause d'erreurs et de difficultés.

Aréomètre Tessa. — L'aréomètre Tessa, en usage jadis dans la Charente, est divisé en 17 degrés partagés chacun en 8 parties, son emploi n'est pas plus commode que les précédents.

Ces différents aréomètres et tous ceux du même genre, Bories et autres, arbitrairement gradués, ont été remplacés par les alcoomètres qui donnent immédiatement, à la simple lecture, ou à l'aide de tables, la richesse alcoolique des mélanges d'eau et d'alcool.

Alcoomètre Gay-Lussac. — L'alcoomètre de Gay-Lussac est divisé en 100 parties dont chacune représente un centième d'alcool pur du volume de la liqueur. Dans l'eau pure il indique 0° et dans l'alcool pur, il marque 100°. Tous les calculs qui ont servi à l'établissement de l'appareil ont été faits à la température de 15° C; on est obligé, comme d'ailleurs pour tous les autres instruments du même genre, de ramener les données de l'alcoomètre à cette température pour connaître exactement le degré alcoolique, le froid ou la chaleur modifiant la densité des corps. Cette correction se fait au moyen de tables spéciales.

L'alcoomètre de Gay-Lussac est maintenant en usage dans toute la France, c'est le seul admis dans les transactions, et nombre de pays étrangers l'ont adopté. Cependant il existe des nations comme l'Angleterre, la Hollande, l'Allemagne qui ont leurs appareils propres.

Hydromètre Sykes. — C'est l'hydromètre de Sykes qui sert aux Anglais pour mesurer la force alcoolique des liqueurs.

Il consiste en une boule sphérique ou flotteur avec tiges supérieure et inférieure en cuivre. La tige inférieure porte un bourrelet sur lequel viennent se disposer des poids circulaires mobiles qui permettent de lester plus ou moins l'appareil afin de le faire plonger complètement dans le liquide spiritueux quelle que soit sa densité. Le point de départ est fixé à un mélange de 49 parties d'alcool et 51 parties d'eau ayant une densité de 918.6 à la température de 51° Fahrenheit ou 10° 56 centésimaux, c'est ce que les Anglais appellent *proof spirit* ou « Esprit de preuve ». L'échelle est au-dessous et au-dessus de cette preuve.

Le point atteint 58° environ de l'alcoomètre Gay-Lussac. Les poids mobiles numérotés de 10 en 10 correspondent aux divisions de la tige.

Pour se servir de cet hydromètre, il faut au moins deux opérations : Plonger une première fois l'instrument dans le liquide alcoolique pour se rendre compte du poids à ajouter afin de l'immerger complètement, le retirer, pour ajouter les poids, puis alors le remettre dans ce même liquide pour voir si, les poids ajoutés, l'appareil flotte bien convenablement; la somme des chiffres de l'échelle sur la tige et celle des poids, en tenant compte de la température, donne, à l'aide des tables, le degré alcoolique.

Alcoomètre Vochmeter. — En Hollande on fait encore usage d'un alcoomètre appelé Vochmeter, divisé en 144 parties égales qui commencent au point jusqu'auquel cet alcoomètre plonge dans l'eau à la température de 60° Fahrenheit.

Alcoomètres Tralles-Richter. — L'alcoomètre dont on se sert en Allemagne est celui de Tralles; il se compose de deux tubes en verre, joints l'un à l'autre et fermés des deux bouts. Dans la partie supérieure du tube se trouvent deux échelles, dont chacune, quoique d'après des principes différents, est divisée de bas en haut en 100 parties. Les deux échelles, l'une inventée par Tralles, l'autre par Richter, marquent, toutes les deux, 100 degrés si on les plonge dans l'alcool pur et 0° si on les met dans l'eau.

L'échelle de Tralles, cependant, se base sur 100 parties de volume, celle de Richter sur 100 parties de poids. Ainsi 35 0/0 Tralles signifient que 100 parties de mesure de capacité (litres) contiennent 35 parties d'alcool pur et 65 parties d'eau ; tandis que 35 0/0 Richter signifient que 100 parties de poids (kilogrammes) contiennent 35 parties poids d'alcool et 65 parties poids d'eau. Or, l'eau ayant un poids spécifique plus fort que l'eau-de-vie (0,794) il s'ensuit que les tant pour cent au degrés de Tralles s'expriment par des chiffres plus forts que ceux de Richter. Mais, comme, suivant les principes de la physique, la chaleur produit une dilatation dans tous les corps et en augmente le volume, il faut avoir égard aussi à la température de l'alcool; et, à cet effet, on a mis dans la partie inférieure du tube (d'un diamètre double à peu près de celui de l'autre) un thermomètre dont les degrés correspondent aux degrés de Richter.

On a choisi l'échelle de Richter pour compensation des différences de température, parce que les divisions s'y suivent plus régulièrement que dans celle de Tralles, mais cette dernière sert pour donner finalement la force; établie, en effet, exclusivement sur des expériences, elle est plus juste que celle de Richter, basée surtout sur des calculs.

Bien que l'alcoomètre centésimal de Gay-Lussac soit maintenant universellement connu et que son emploi tende chaque jour à se généraliser chez tous les peuples, il nous semble intéressant de donner ici quelques comparaisons avec les principaux aréomètres et alcoomètres.

Comparaison de l'alcoomètre Gay-Lussac avec les aréomètres ou pèse-liqueurs Baumé et Cartier.

GAY-LUSSAC.	BAUMÉ.	CARTIER.	GAY-LUSSAC.	BAUMÉ.	CARTIER.	GAY-LUSSAC	BAUMÉ.	CARTIER.	GAY-LUSSAC.	BAUMÉ.	CARTIER.
0	10	10,03	26	»	14,12	52	»	19,85	78	»	29,81
1	»	10,23	27	»	14,26	53	21	20,15	79	32	30,29
2	»	10,43	28	»	14,42	54	»	20,47	80	»	30,76
3	»	10,62	29	15	14,57	55	»	20,79	81	33	31,26
4	»	10,80	30	»	14,73	56	22	21,11	82	»	31,76
5	11	10,97	31	»	14,90	57	»	21,43	83	34	32,28
6	»	11,16	32	»	15,07	58	»	21,76	84	35	32,80
7	»	11,33	33	»	15,24	59	23	22,10	85	»	33,33
8	»	11,49	34	16	15,43	60	»	22,46	86	36	33,88
9	»	11,66	35	»	15,63	61	»	22,82	87	»	34,43
10	12	11,82	36	»	15,83	62	24	23,18	88	37	35,01
11	»	11,98	37	»	16,02	63	»	23,55	89	38	35,62
12	»	12,14	38	»	16,22	64	25	23,92	90	»	36,24
13	»	12,28	39	17	16,43	65	»	24,29	91	39	36,89
14	»	12,43	40	»	16,66	66	»	24,67	92	»	37,55
15	»	12,57	41	»	16,88	67	26	25,05	93	40	38,24
16	»	12,70	42	»	17,12	68	»	25,45	94	41	38,95
17	13	12,84	43	18	17,37	69	27	25,85	95	42	39,70
18	»	12,97	44	»	17,62	70	»	26,26	96	43	40,49
19	»	13,10	45	»	17,88	71	28	26,68	97	44	41,33
20	»	13,25	46	»	18,14	72	»	27,11	98	45	42,25
21	»	13,38	47	19	18,42	73	29	27,64	99	46	43,19
22	»	13,52	48	»	18,69	74	»	27,98	100	47	44,19
23	14	13,67	49	»	18,97	75	30	28,43			
24	»	13,83	50	20	19,25	76	»	28,88			
25	»	13,97	51	»	19,54	77	31	29,34			

Comparaison de l'aréomètre Tessa avec l'alcoomètre Gay-Lussac.

TESSA	GAY-LUSSAC	TESSA	GAY-LUSSAC	TESSA	GAY-LUSSAC	TESSA	GAY-LUSSAC
0	45,42	1 1/2	52,32	3 7/8	59,22	6	66,12
0 1/8	46,	1 5/8	52,90	4	59,80	6 1/4	66,70
0 1/4	46,57	1 7/8	53,47	4 1/8	60,37	6 1/2	67,27
0 3/8	47,15	2	54,05	4 1/4	60,95	6 5/8	67,85
0 1/2	47,72	2 1/4	54,62	4 1/2	61,52	6 7/8	68,42
0 5/8	48,30	2 3/8	55,20	4 3/4	62,10	7	69,20
0 3/4	48,87	2 5/8	55,77	5	62,67	7 1/4	69,57
0 7/8	49,45	2 3/4	56,35	5 1/8	63,25	7 3/8	70,15
1	50,02	2 7/8	56,92	5 1/4	63,82	7 5/8	70,72
1 1/8	50,60	3	57,50	5 1/2	64,40	7 3/4	71,30
1 1/4	51,17	3 3/8	58,07	5 5/8	64,97	7 7/8	71,87
1 3/8	51,75	3 5/8	58,65	5 7/8	65,55	8	72,10

Comparaison de l'hydromètre Sykes avec l'alcoomètre Gay-Lussac.

SYKES	GAY-LUSSAC	SYKES	GAY-LUSSAC	SYKES	GAY-LUSSAC	SYKES	GAY-LUSSAC
1	0,6	26	14,9	51	29,3	76	43,7
2	1,1	27	15,5	52	29,9	77	44,3
3	1,7	28	16,1	53	30,5	78	44,8
4	2,3	29	16,7	54	31	79	45,4
5	2,9	30	17,2	55	31,6	80	46
6	3,4	31	17,8	56	32,2	81	46,6
7	4	32	18,4	57	32,8	82	47,1
8	4,6	33	18,9	58	33,3	83	47,7
9	5,2	34	19,5	59	33,9	84	48,3
10	5,7	35	20,1	60	34,5	85	48,9
11	6,3	36	20,7	61	35,1	86	49,4
12	6,9	37	21,3	62	35,6	87	50
13	7,5	38	21,8	63	36,2	88	50,6
14	8	39	22,4	64	36,8	89	51,1
15	8,6	40	23	65	37,4	90	51,7
16	9,2	41	23,6	66	37,9	91	52,3
17	9,8	42	24,1	67	38,5	92	52,9
18	10,3	43	24,7	68	39,1	93	53,4
19	10,9	44	25,3	69	39,7	94	54
20	11,5	45	25,9	70	40,2	95	54,6
21	12,1	46	26,4	71	40,8	96	55,2
22	12,6	47	27	72	41,4	97	55,7
23	13,2	48	27,6	73	41,9	98	56,3
24	13,8	49	28,2	74	42.5	99	56,9
25	14,4	50	28,7	75	43,1	100	57,5

Comparaison de l'alcoomètre Gay-Lussac, avec l'hydromètre Sykes.

GAY-LUSSAC	SYKES	GAY-LUSSAC	SYKES	GAY-LUSSAC	SYKES	GAY-LUSSAC	SYKES
1	1,7	16	27,8	31	53,9	45	78,3
2	3,5	17	29,6	32	55,7	46	80
3	5,2	18	31,3	33	57,4	47	81,8
4	7	19	33,1	34	59,2	48	83 5
5	8,7	20	34,8	35	60,9	49	85,3
6	10,4	21	36,5	36	62.6	50	87
7	12,2	22	38,3	37	64,4	51	88,7
8	13,9	23	40	38	66.1	52	90,5
9	15,7	24	41.8	39	67,9	53	92.2
10	17,4	25	43,5	40	69,6	54	94
11	19,1	26	45,2	41	71,3	55	95,7
12	20,9	27	47	42	73,1	56	97,4
13	22,6	28	48,7	43	74,8	57	99,2
14	24,4	29	50.5	44	76,6	58	100,9
15	26,1	30	52,2				

Un acte du Parlement, en date du 2 juillet 1816, a consacré qu'à la température de 51° Fahrenheit le poids d'un litre de cet Esprit de preuve est égal aux douze treizièmes du poids d'un litre d'eau. A la même température la richesse d'un liquide spiritueux est le nombre d'Esprit de preuve équivalant à un hectolitre de ce liquide.

Comparaison des alcoomètres Tralles et Richter avec l'alcoomètre Gay-Lussac.

TRALLES	RICHTER	GAY-LUSSAC	TRALLES	RICHTER	GAY-LUSSAC
85,50	76	86	63	49	64
83	73	82	60	46	61
80	69	80	57,50	43,50	59
77	65	77	55	41	56
74	62	74	52	38,50	53
71,50	59	72	49	35,75	49
68,50	55,50	69	46	33	45
66	52,50	67			

Alcoomètre centésimal. — Nous avons vu que la division en degrés de l'alcoomètre centésimal de Gay-Lussac a été établie en prenant, comme maximum, la densité de l'eau, 1000, à la température de 15° C. et, comme minimum, la densité de l'alcool, 794, à la même température. Depuis les travaux de Gay-Lussac, on a cru s'apercevoir que ses essais n'avaient pas eu toute la précision désirable, aussi après de nouvelles recherches de Pouillet, de Baumhauer, de Kuppfer, de M. Ruau, de M. Vacher-Collardeau, etc., on a songé à refaire les calculs et à fixer de nouveaux chiffres.

C'est alors que, sur la proposition d'un certain nombre de députés de nos départements vinicoles, le Parlement a voté la loi suivante, promulguée le 8 juillet 1881 :

Art. 1er. — A partir d'un an après la promulgation de la présente loi il ne pourra, soit dans les opérations de l'Administration, soit dans les transactions privées, être fait usage que de l'alcoomètre centésimal de Gay-Lussac, pour la constatation du degré des alcools et eaux-de-vie.

Art. 2. — Les alcoomètres centésimaux et les thermomètres nécessaires à leur usage ne pourront, à partir de la même époque, être mis en vente ni employés s'ils n'ont été soumis à une vérification préalable et s'ils ne sont munis d'un signe constatant l'accomplissement de cette formalité. Ils seront soumis aux vérifications périodiques exigées pour les poids et mesures.

Art. 3. — Tout patenté faisant le commerce des alcools en gros et en demi-gros est tenu d'avoir un alcoomètre de Gay-Lussac et un thermomètre vérifié.

Art 4. — Un règlement d'administration publique fixera le mode de cette vérification, les droits à percevoir à ce sujet et les mesures nécessaires pour assurer l'exécution de la présente loi.

Art. 5. — Les contraventions à la présente loi et au règlement d'administration publique seront punies des peines portées à l'article 479 du code pénal.

Il est certain que l'assimilation des alcoomètres et des thermomètres aux poids et mesures légaux, devant subir une vérification officielle et un poinçon qui garantissent leur exactitude, devait rendre un grand service à l'industrie et au commerce. Cette mesure législative faisait disparaître l'une des causes les plus fréquentes des nombreux procès et des innombrables chicanes auxquels le commerce des spiritueux est en butte.

Après réfection des calculs par les soins du Bureau national des poids et mesures, entente avec le Conseil d'État appelé à se prononcer sur l'application de la loi, le décret ci-dessous, en date du 27 décembre 1884, rendit la loi de 1881 exécutoire :

La graduation des alcoomètres a pour base le tableau des densités des mélanges d'alcool absolu et d'eau, dressé par le Bureau national des poids et mesures et annexé au présent décret.

La distance entre chaque degré sera de 5 millimètres, au moins, pour les alcomètres et de 3 millimètres, au minimum, pour les thermomètres.

Tout instrument présenté à la vérification doit porter, gravés sur la carène, le nom du constructeur, un numéro d'ordre et le poids de l'alcoomètre en milligrammes. Une tolérance de un dix millième en plus ou en moins est accordée pour le poids.

La vérification est faite par comparaison avec les instruments étalons de l'Administration et la tolérance est de un dixième de degré en plus ou en moins

Les thermomètres destinés à accompagner les alcoomètres sont divisés en demi-degrés, de 0° à + 30°, et la longueur de chaque degré est de 3 millimètres au moins.

Correction faite du déplacement du zéro, ils doivent être reconnus exacts à un dixième de degré en plus ou en moins. Ils portent le nom ou la marque du constructeur et un numéro d'ordre. Ils sont vérifiés par l'Administration et reçoivent, s'il y a lieu, les marques de vérification des alcoomètres. La taxe à percevoir est de un franc (1 fr.) pour la vérification d'un alcoomètre et de cinquante centimes (50 c.) pour celle d'un thermomètre.

Cette taxe est établie et recouvrée comme les droits de vérification concernant les poids et mesures.

Les instruments reconnus défectueux après vérification paient la moitié des droits ci-dessus fixés.

L'Aministration n'est point responsable de la casse des instruments.

Les agents vérificateurs inscrivent, s'il y a lieu, sur la carène des alcoomètres, le signe de vérification *A la bonne foi*, le mois désigné par une des premières lettres de l'alphabet et l'année déterminée par les deux derniers chiffres du millésime.

Les vérificateurs des poids et mesures sont chargés de constater si les alcoomètres et leurs thermomètres, mis en vente ou employés, sont revêtus de la marque de vérification.

Ils dressent procès-verbal contre ceux qui mettraient en vente des instruments non vérifiés ou en feraient emploi.

Ce décret fut suivi d'une table des densités des mélanges d'eau et d'alcool absolu calculée par dixièmes de degré alcoolique depuis 0 jusqu'à 100. Voici le tableau des densités nouvelles, degré par degré, correspondant aux divisions de l'alcoomètre centésimal légal :

DEGRÉS	DENSITÉS	DEGRÉS	DENSITÉS	DEGRÉS	DENSITÉS	DEGRÉS	DENSITÉS
0	1000,00	26	969,81	52	930,41	77	872,30
1	998,44	27	968,76	53	928,37	78	869,65
2	996,95	28	967 69	54	926,30	79	866,92
3	995,52	29	966,59	55	924,20	80	864,16
4	994,13	30	965,45	56	922,09	81	861,37
5	992,77	31	964,28	57	919,97	82	858,54
6	991.45	32	963,07	58	917,84	83	855,67
7	990,16	33	961,83	59	915,69	84	852,75
8	988,91	34	960.55	60	913,51	85	849,79
9	987,70	35	959,23	61	911,30	86	846.78
10	986,52	36	957 86	62	909,07	87	843,72
11	985,37	37	956,45	63	906,82	88	840.60
12	984,24	38	954.99	64	904.54	89	837,41
13	983,14	39	953 50	65	902,24	90	834,15
14	982,06	40	951,96	66	899,91	91	830,81
15	981,00	41	950,36	67	897.55	92	827,38
16	979,95	42	948,72	68	895,16	93	823 85
17	978,92	43	947,05	69	892,74	94	820,20
18	977,90	44	945,35	70	890.29	95	816,41
19	976,88	45	943,61	71	887,81	96	812,45
20	975,87	46	941,83	72	885,31	97	808,29
21	974,87	47	940,02	73	882,78	98	803.90
22	973,87	48	938,17	74	880,22	99	799,26
23	972,86	49	936.29	75	877,63	100	794,33
24	971,85	50	934,37	76	875,00		
25	970,84	51	932,41				

Ces chiffres donnent la densité à 15°C ; comme elle varie avec la température, on a recours, ainsi que nous l'avons dit, à des tables de correction qui fournissent le degré réel. Nous publions ces tables dans les quatres pages qui suivent, la première colonne verticale donne la température de 0 à 30°, et la rangée horizontale du haut. indique le degré de l'alcoomètre.

Tableau de correction pour la recherche de la force réelle des liquides spiritueux.

	1	2	3	4	5	6	7	8	9	10	11	12	13	14	15	16	17	18	19	20	21	22	23	24	25
0	1,3	2,4	3,4	4,4	5,4	6,5	7,5	8,6	9,7	10,9	12,2	13,4	14,7	16,1	17,5	19	20,4	21,7	23	24,3	25,7	27,1	28,5	29,9	31,1
1	»	»	»	»	»	»	»	»	»	»	»	13,4	14,7	16	17,3	18,7	20,1	21,4	22,7	24	25,4	26,8	28,1	29,4	30,6
2	»	»	»	»	»	»	»	»	»	»	»	13,4	14,7	16	17,2	18,6	19,9	21,2	22,4	23,7	25	26,4	27,6	28,9	30,2
3	»	»	»	»	»	»	»	»	»	»	»	13,3	14,6	15,9	17,1	18,3	19,7	20,9	22,1	23,4	24,7	26	27,3	28,6	29,8
4	»	»	»	»	»	»	»	»	»	»	»	13,3	14,5	15,8	16,9	18,1	19,4	20,7	21,9	23,1	24,4	25,7	26,9	28,1	29,3
5	1,4	2,5	3,5	4,5	5,5	6,6	7,7	8,7	9,8	10,9	12,1	13,2	14,4	15,7	16,8	18	19,2	20,5	21,6	22,8	24,1	25,3	26,5	27,7	28,9
6	»	»	»	»	»	»	»	»	»	»	»	13,1	14,3	15,6	16,7	17,8	19	20,3	21,4	22,5	23,7	25	26,1	27,3	28,5
7	»	»	»	»	»	»	»	»	»	»	»	13	14,2	15,4	16,6	17,7	18,8	20	21	22,1	23,4	24,7	25,8	27	28,1
8	»	»	»	»	»	»	»	»	»	»	»	13	14,1	15,3	16,4	17,5	18,6	19,7	20,7	21,8	23	24,2	25,4	26,6	27,7
9	»	»	»	»	»	»	»	»	»	»	»	12,9	14	15,1	16,2	17,3	18,4	19,5	20,5	21,6	22,7	23,9	25	26,2	27,3
10	1,4	2,4	3,4	4,5	5,5	6,5	7,5	8,5	9,5	10,6	11,7	12,7	13,8	14,9	16	17	18,1	19,2	20,2	21,3	22,4	23,5	24,6	25,8	26,9
11	1,3	2,4	3,4	4,4	5,4	6,4	7,4	8,4	9,4	10,5	11,6	12,6	13,6	14,7	15,8	16,8	17,9	19	20	21	22,1	23,2	24,3	25,4	26,5
12	1,2	2,3	3,3	4,3	5,3	6,3	7,3	8,3	9,3	10,4	11,5	12,5	13,5	14,6	15,6	16,6	17,6	18,7	19,7	20,7	21,8	22,9	24	25,1	26,1
13	1,2	2,2	3,2	4,2	5,2	6,2	7,2	8,2	9,2	10,3	11,4	12,4	13,4	14,4	15,4	16,4	17,4	18,5	19,5	20,5	21,5	22,6	23,7	24,7	25,7
14	1,1	2,1	3,1	4,1	5,1	6,1	7,1	8,1	9,1	10,2	11,2	12,2	13,2	14,2	15,2	16,2	17,2	18,2	19,2	20,2	21,2	22,3	23,3	24,3	25,3
15	1	2	3	4	5	6	7	8	9	10	11	12	13	14	15	16	17	18	19	20	21	22	23	24	25
16	0,9	1,9	2,9	3,9	4,9	5,9	6,9	7,9	8,9	9,9	10,9	11,9	12,9	13,9	14,9	15,9	16,9	17,8	18,7	19,7	20,7	21,7	22,7	23,7	24,7
17	0,8	1,8	2,8	3,8	4,8	5,8	6,8	7,8	8,8	9,8	10,8	11,7	12,7	13,7	14,7	15,6	16,6	17,5	18,4	19,4	20,4	21,4	22,4	23,4	24,4
18	0,7	1,7	2,7	3,7	4,7	5,7	6,7	7,7	8,7	9,7	10,7	11,6	12,5	13,5	14,5	15,4	16,3	17,3	18,2	19,1	20,1	21,1	22	23	24
19	0,6	1,6	2,6	3,6	4,5	5,5	6,5	7,5	8,5	9,5	10,5	11,4	12,4	13,3	14,3	15,2	16,1	17	17,9	18,8	19,8	20,8	21,7	22,7	23,6
20	0,5	1,5	2,4	3,4	4,4	5,4	6,4	7,3	8,3	9,3	10,3	11,2	12,2	13,1	14	14,9	15,8	16,7	17,6	18,5	19,5	20,5	21,4	22,4	23,3
21	0,4	1,4	2,3	3,3	4,3	5,2	6,2	7,1	8,1	9,1	10,1	11	11,9	12,8	13,7	14,6	15,5	16,4	17,3	18,2	19,1	20,1	21,1	22,1	22,9
22	0,3	1,3	2,2	3,2	4,1	5,1	6,1	7	7,9	8,9	9,9	10,8	11,7	12,6	13,5	14,4	15,3	16,2	17	17,9	18,8	19,8	20,7	21,6	22,5
23	0,1	1,1	2,1	3,1	4	4,9	5,9	6,8	7,8	8,7	9,7	10,6	11,5	12,4	13,3	14,1	15	15,9	16,7	17,6	18,5	19,4	20,3	21,3	22,2
24	0	1	1,9	2,9	3,8	4,8	5,8	6,7	7,6	8,5	9,5	10,4	11,3	12,2	13,1	13,9	14,8	15,7	16,5	17,4	18,2	19,1	20	21	21,8
25	0	0,8	1,7	2,7	3,6	4,6	5,5	6,5	7,4	8,3	9,3	10,2	11,1	12	12,8	13,6	14,5	15,4	16,2	17,1	17,9	18,8	19,7	20,6	21,5
26	0	0,7	1,6	2,6	3,5	4,4	5,4	6,3	7,2	8,1	9	9,9	10,8	11,7	12,6	13,4	14,2	15,1	15,9	16,7	17,6	18,5	19,4	20,3	21,2
27	0	0,5	1,5	2,4	3,3	4,3	5,2	6,1	7	7,9	8,8	9,7	10,6	11,5	12,3	13,1	13,9	14,8	15,6	16,4	17,3	18,2	19,1	20	20,8
28	0	0,3	1,3	2,2	3,1	4,1	5	5,9	6,8	7,7	8,6	9,5	10,3	11,2	12	12,8	13,6	14,4	15,2	16	16,9	17,9	18,8	19,6	20,5
29	0	0,1	1,1	2	2,9	3,9	4,8	5,7	6,6	7,5	8,4	9,2	10,1	11	11,7	12,5	13,3	14,1	14,9	15,7	16,6	17,5	18,4	19,3	20,2
30	0	0	0,9	1,9	2,8	3,7	4,6	5,5	6,4	7,3	8,1	9	9,8	10,7	11,5	12,3	13	13,8	14,6	15,4	16,3	17,2	18,1	19	19,8

Tableau de correction pour la recherche de la force réelle des liquides spiritueux (*Suite*).

	26	27	28	29	30	31	32	33	34	35	36	37	38	39	40	41	42	43	44	45	46	47	48	49	50
0	32,3	33,4	34,5	35,6	36,6	37,6	38,6	39,6	40,6	41,5	42,5	43,5	44,4	45,4	46,4	47,4	48,4	49,3	50,3	51,3	52,3	53,2	54,1	55,1	56,1
1	31,8	32,9	34	35,1	36,1	37,1	38,1	39,1	40,1	41,2	42,2	43,1	44,1	45	46	47	48	48,9	49,9	50,8	51,8	52,8	53,7	54,7	55,7
2	31,4	32,5	33,5	34,6	35,6	37,7	37,7	38,7	39,7	40,7	41,7	42,7	43,7	44,6	45,5	46,5	47,5	48,5	49,5	50,4	51,4	52,3	53,3	54,3	55,3
3	31	32,1	33,1	34,1	35,2	36,2	37,3	38,3	39,3	40,3	41,3	42,3	43,2	44,2	45,2	46,2	47,1	48,1	49	50	51	52	52,9	53,9	54,8
4	30,6	31,6	32,7	33,7	34,7	35,7	36,7	37,7	38,8	39,8	40,8	41,8	42,8	43,8	44,8	45,8	46,7	47,7	48,7	49,6	50,6	51,5	52,5	53,5	54,5
5	30,1	31,2	32,3	33,3	34,3	35,3	36,3	37,3	38,3	39,3	40,3	41,4	42,4	43,4	44,3	45,3	46,2	47,2	48,2	49,2	50,2	51,1	52,1	53,1	54
6	29,7	30,8	31,8	32,8	33,8	34,9	35,9	36,9	37,9	38,9	39,9	40,9	41,9	42,9	43,9	44,9	45,8	46,8	47,8	48,8	49,8	50,8	51,7	52,7	53,7
7	29,3	30,3	31,3	32,3	33,3	34,3	35,4	36,4	37,4	38,4	39,4	40,4	41,4	42,4	43,4	44,4	45,4	46,4	47,4	48,4	49,4	50,4	51,3	52,3	53,2
8	28,9	29,9	30,9	31,9	32,9	33,9	34,9	35,9	36,9	38	39	40	41	42	43	44	45	46	47	47,9	48,9	49,9	50,9	51,9	52,9
9	28,5	29,5	30,5	31,5	32,5	33,5	34,5	35,5	36,5	37,5	38,6	39,6	40,6	41,6	42,6	43,6	44,6	45,6	46,6	47,5	48,5	49,5	50,5	51,5	52,5
10	28	29,1	30,1	31,1	32,1	33,1	34,1	35,1	36,1	37,1	38,1	39,1	40,1	41,1	42,1	43,1	44,1	45,1	46,1	47,1	48,1	49,1	50,1	51,1	52
11	27,7	28,7	29,7	30,7	31,7	32,7	33,7	34,7	35,7	36,7	37,7	38,7	39,7	40,7	41,7	42,7	43,7	44,7	45,7	46,7	47,7	48,7	49,7	50,7	51,7
12	27,2	28,2	29,2	30,2	31,2	32,2	33,2	34,3	35,3	36,3	37,3	38,3	39,3	40,3	41,3	42,3	43,3	44,3	45,3	46,3	47,3	48,3	49,3	50,3	51,2
13	26,8	27,8	28,8	29,8	30,8	31,8	32,8	33,8	34,8	35,8	36,8	37,8	38,8	39,8	40,9	41,9	42,9	43,9	44,9	45,9	46,9	47,9	48,9	49,9	50,9
14	26,4	27,4	28,4	29,4	30,4	31,4	32,4	33,4	34,4	35,4	36,4	37,4	38,4	39,4	40,4	41,4	42,4	43,4	44,4	45,4	46,4	47,4	48,4	49,4	50,4
15	26	27	28	29	30	31	32	33	34	35	36	37	38	39	40	41	42	43	44	45	46	47	48	49	50
16	25,7	26,6	27,6	28,6	29,6	30,6	31,6	32,5	33,5	34,5	35,5	36,5	37,5	38,5	39,5	40,6	41,6	42,6	43,6	44,6	45,6	46,6	47,6	48,6	49,6
17	25,4	26,3	27,3	28,2	29,2	30,2	31,2	32,1	33,1	34,1	35,1	36,1	37,1	38,1	39,1	40,1	41,1	42,1	43,1	44,1	45,2	46,2	47,2	48,2	49,2
18	25	25,9	26,9	27,8	28,8	29,8	30,8	31,7	32,6	33,6	34,6	35,6	36,6	37,6	38,6	39,7	40,7	41,7	42,7	43,7	44,8	45,8	46,8	47,8	48,8
19	24,6	25,5	26,4	27,3	28,3	29,3	30,3	31,2	32,2	33,2	34,2	35,2	36,2	37,2	38,2	39,3	40,3	41,3	42,4	43,4	44,4	45,4	46,4	47,4	48,4
20	24,3	25,2	26,1	27	27,9	28,9	29,9	30,8	31,8	32,8	33,8	34,8	35,8	36,8	37,8	38,9	39,9	40,9	42	43	44	45	46	47	48
21	23,9	24,8	25,6	26,6	27,5	28,5	29,5	30,4	31,4	32,4	33,4	34,4	35,4	36,4	37,4	38,4	39,4	40,4	41,5	42,5	43,5	44,6	45,6	46,6	47,6
22	23,5	24,3	25,2	26,2	27,1	28,1	29,1	30	31	32	33	34	35	36	36,9	38	39	40	41,1	42,1	43,1	44,1	45,1	46,1	47,1
23	23,1	24	24,9	25,8	26,7	27,7	28,7	29,6	30,6	31,6	32,6	33,5	34,5	35,5	36,5	37,6	38,6	39,6	40,6	41,6	42,6	43,6	44,6	45,7	46,7
24	22,7	23,6	24,5	25,4	26,3	27,3	28,3	29,2	30,2	31,1	32,1	33,1	34,1	35,1	36,1	37,2	38,2	39,2	40,2	41,2	42,2	43,3	44,3	45,3	46,3
25	22,4	23,2	24,2	25,1	26	26,9	27,9	28,8	29,7	30,7	31,7	32,7	33,7	34,7	35,7	36,7	37,7	38,7	39,8	40,8	41,9	42,9	43,9	44,9	46
26	22,1	22,9	23,8	24,7	25,6	26,5	27,5	28,4	29,3	30,3	31,3	32,3	33,3	34,3	35,3	36,3	37,3	38,3	39,4	40,4	41,5	42,5	43,5	44,5	45,5
27	21,7	22,6	23,5	24,3	25,2	26,1	27,1	27,9	28,9	29,9	30,9	31,9	32,9	33,9	34,8	35,9	36,9	37,9	39	40	41,1	42,1	43,1	44,1	45,1
28	21,4	22,2	23,1	23,9	24,8	25,7	26,6	27,5	28,5	29,5	30,5	31,5	32,5	33,5	34,4	35,4	36,5	37,5	38,6	39,6	40,6	41,6	42,6	43,7	44,7
29	21	21,8	22,7	23,6	24,4	25,2	26,2	27,1	28,1	29,1	30,1	31,1	32,1	33,1	34	35	36	37,1	38,1	39,1	40,2	41,2	42,2	43,3	44,3
30	20,7	21,5	22,4	23,2	24	24,9	25,8	26,7	27,7	28,7	29,7	30,7	31,6	32,6	33,6	34,6	35,6	36,6	37,7	38,7	39,8	40,8	41,8	42,8	43,8

Tableau de correction pour la recherche de la force réelle des liquides spiritueux (*Suite*).

	51	52	53	54	55	56	57	58	59	60	61	62	63	64	65	66	67	68	69	70	71	72	73	74	75
0	57,1	58	59	59,9	60,9	61,9	62,9	63,9	64,9	65,8	66,8	67,8	68,8	69,8	70,8	71,7	72,7	73,7	74,7	75,7	76,6	77,6	78,6	79,6	80,6
1	56,7	57,6	58,6	59,6	60,6	61,6	62,5	63,5	64,5	65,5	66,5	67,5	68,5	69,4	70,4	71,3	72,3	73,3	74,3	75,3	76,2	77,2	78,2	79,2	80,2
2	56,3	57,2	58,2	59,2	60,2	61,2	62,1	63,1	64,1	65,1	66,1	67,1	68,1	69,1	70,1	71	71,9	72,9	73,9	74,9	75,9	76,9	77,9	78,9	79,9
3	55,8	56,8	57,8	58,8	59,8	60,8	61,7	62,7	63,7	64,7	65,6	66,6	67,6	68,6	69,6	70,6	71,6	72,6	73,6	74,5	75,5	76,5	77,5	78,5	79,5
4	55,5	56,5	57,4	58,4	59,4	60,3	61,3	62,3	63,3	64,3	65,3	66,3	67,3	68,3	69,3	70,2	71,2	72,2	73,2	74,1	75,1	76,1	77,1	78,1	79,1
5	55	56	57	58	59	60	60,9	61,9	62,9	63,9	64,9	65,9	66,9	67,9	68,9	69,8	70,8	71,8	72,8	73,8	74,8	75,7	76,7	77,7	78,7
6	54,7	55,6	56,6	57,5	58,5	59,5	60,5	61,5	62,5	63,5	64,5	65,5	66,5	67,5	68,5	69,5	70,5	71,5	72,5	73,4	74,4	75,3	76,3	77,3	78,3
7	54,2	55,2	56,2	57,1	58,1	59,1	60,1	61,1	62,1	63,1	64,1	65,1	66,1	67,1	68,1	69,1	70,1	71,1	72	73	74	75	76	77	78
8	53,9	54,9	55,8	56,8	57,8	58,8	59,8	60,8	61,8	62,8	63,8	64,8	65,8	66,8	67,7	68,7	69,7	70,6	71,6	72,6	73,6	74,6	75,6	76,6	77,6
9	53,5	54,5	55,4	56,4	57,4	58,4	59,4	60,4	61,4	62,4	63,4	64,4	65,4	66,4	67,3	68,3	69,3	70,3	71,3	72,3	73,2	74,2	75,2	76,2	77,2
10	53	54	55	56	57	58	59	60	61	62	63	64	65	66	67	67,9	68,9	69,9	70,9	71,9	72,9	73,9	74,9	75,9	76,9
11	52,7	53,7	54,6	55,6	56,6	57,6	58,6	59,6	60,6	61,6	62,6	63,6	64,6	65,6	66,6	67,6	68,6	69,6	70,6	71,6	72,6	73,5	74,5	75,5	76,5
12	52,2	53,2	54,2	55,2	56,2	57,2	58,2	59,2	60,2	61,2	62,2	63,2	64,2	65,2	66,2	67,2	68,2	69,2	70,2	71,2	72,2	73,1	74,1	75,1	76,1
13	51,9	52,8	53,8	54,8	55,8	56,8	57,8	58,8	59,8	60,8	61,8	62,8	63,8	64,8	65,8	66,8	67,8	68,8	69,8	70,8	71,8	72,8	73,8	74,8	75,8
14	51,4	52,4	53,4	54,4	55,4	56,4	57,4	58,4	59,4	60,4	61,4	62,4	63,4	64,4	65,4	66,4	67,4	68,4	69,4	70,4	71,4	72,4	73,4	74,4	75,4
15	51	52	53	54	55	56	57	58	59	60	61	62	63	64	65	66	67	68	69	70	71	72	73	74	75
16	50,6	51,6	52,6	53,6	54,6	55,6	56,6	57,6	58,6	59,6	60,6	61,6	62,6	63,6	64,6	65,6	66,6	67,6	68,6	69,6	70,6	71,6	72,6	73,6	74,6
17	50,2	51,2	52,2	53,2	54,2	55,2	56,2	57,2	58,2	59,2	60,2	61,2	62,2	63,2	64,2	65,2	66,2	67,2	68,2	69,2	70,2	71,2	72,2	73,2	74,2
18	49,8	50,8	51,8	52,8	53,8	54,8	55,8	56,8	57,8	58,8	59,8	60,8	61,8	62,8	63,8	64,8	65,8	66,8	67,8	68,8	69,8	70,8	71,8	72,8	73,8
19	49,4	50,4	51,4	52,4	53,4	54,4	55,4	56,4	57,4	58,4	59,4	60,4	61,4	62,5	63,5	64,5	65,5	66,5	67,5	68,5	69,5	70,5	71,5	72,5	73,5
20	49	50	51	52	53	54	55	56	57	58	59	60	61	62	63	64	65,1	66,1	67,1	68,1	69,1	70,1	71,1	72,1	73,1
21	48,6	49,6	50,6	51,6	52,6	53,6	54,6	55,6	56,6	57,6	58,6	59,6	60,7	61,7	62,7	63,7	64,7	65,7	66,7	67,7	68,7	69,7	70,7	71,7	72,7
22	48,1	49,1	50,1	51,1	52,2	53,2	54,2	55,2	56,2	57,2	58,2	59,2	60,3	61,3	62,3	63,3	64,3	65,3	66,3	67,3	68,3	69,3	70,3	71,3	72,3
23	47,7	48,8	49,8	50,1	51,8	52,8	53,8	54,8	55,8	56,8	57,8	58,8	59,8	60,9	61,9	62,9	63,9	64,9	65,9	66,9	67,9	68,9	70	71	72
24	47,3	48,4	49,4	50,4	51,4	52,4	53,4	54,4	55,4	56,4	57,4	58,4	59,4	60,5	61,5	62,5	63,5	64,5	65,5	66,5	67,5	68,5	69,6	70,6	71,6
25	47	48	49	50	51	52	53	54	55	56	57	58	59	60,1	61,1	62,1	63,1	64,1	65,1	66,1	67,1	68,1	69,2	70,2	71,2
26	46,5	47,5	48,5	49,5	50,5	51,5	52,5	53,5	54,5	55,6	56,6	57,6	58,6	59,6	60,7	61,7	62,7	63,7	64,7	65,7	66,7	67,7	68,8	69,8	70,8
27	46,1	47,1	48,1	49,1	50,2	51,2	52,2	53,2	54,2	55,2	56,2	57,2	58,3	59,3	60,3	61,3	62,3	63,3	64,3	65,3	66,3	67,3	68,4	69,4	70,4
28	45,7	46,7	47,7	48,7	49,8	50,8	51,8	52,8	53,8	54,8	55,8	56,8	57,8	58,8	59,9	60,9	61,9	62,9	63,9	64,9	66	67	68	69,1	70,1
29	45,3	46,3	47,3	48,4	49,4	50,4	51,4	52,4	53,4	54,4	55,4	56,4	57,4	58,5	59,5	60,5	61,5	62,5	63,5	64,5	65,6	66,6	67,7	68,7	69,7
30	44,9	45,9	47	48	49	50	51	52	53	54	55	56	57,1	58,1	59,1	60,1	61,1	62,1	63,1	64,1	65,2	66,2	67,3	68,3	69,3

Tableau de correction pour la recherche de la force réelle des liquides spiritueux (*Fin*).

	76	77	78	79	80	81	82	83	84	85	86	87	88	89	90	91	92	93	94	95	96	97	98	99	100
0	81,6	82,6	83,6	84,5	85.5	86,4	87,4	88,3	89,2	90,2	91,2	92,2	93,1	94	95	95,9	96,8	97,7	98.6	99,5	»	»	»	»	»
1	81,2	82,2	83,2	84,2	85,1	86,1	87	88	89	89.9	90,8	91,8	92,8	93,7	94,6	95,6	96,5	97,4	98,3	99,2	100	»	»	»	»
2	80,9	81.9	82,9	83,8	84,7	85 7	86,6	87,6	88,6	89,6	90,5	91,5	92,4	93,4	94 3	95,2	96 1	97	97,9	98,9	99,8	»	»	»	»
3	80,5	81,5	82,5	83,4	84,4	85,3	86,3	87,3	88,3	89,2	90.2	91.2	92,1	93	94	94.9	95,8	96,7	97,7	98 6	99,5	»	»	»	»
4	80,1	81,1	82,1	83	84	85	86	87	88	88,9	89.9	90,8	91,8	92,7	93,7	94,6	95,5	96,4	97 4	98,3	99,2	»	»	»	»
5	79,7	80,7	81,7	82,7	83,7	84,7	85,6	86,6	87,6	88,5	89 5	90,5	91,4	92,4	93,3	94,3	95,2	96,2	97,1	98	98,9	99,8	»	»	»
6	79,3	80,3	81,3	82,3	83,3	84,3	85,3	86,3	87,3	88,2	89,2	90,1	91	92	93	93,9	94 9	95,9	96,8	97,7	98,7	99.6	»	»	»
7	79	80	81	82	82,9	83,9	84,9	85,9	86,9	87,9	88,8	89,8	90 7	91,7	92,6	93,6	94,6	95,6	96.5	97,4	98,4	99,3	»	»	»
8	78.6	79.6	80,6	81,6	82,6	83,6	84.6	85,6	86.5	87,5	88,5	89,4	90,4	91,3	92,3	93,3	94,3	95.3	96.2	97,1	98,1	99	99,9	»	»
9	78,2	79,2	80,2	81,2	82,2	83,2	84,2	85,2	86,2	87,1	88,1	89.1	90	91	92	93	94	95	95,9	96,8	97,8	98,7	99,7	»	»
10	77,9	78,9	79,9	80.9	81,9	82,8	83,8	84 8	85.8	86,8	87.8	88,7	89,7	90,7	91.7	92,7	93,7	94,7	95,6	96,5	97,5	98,5	99,4	»	»
11	77,5	78,5	79,5	80,5	81,5	82,5	83,4	84,4	85,4	86,4	87,4	88,4	89,4	90,4	91,4	92,4	93,3	94,3	95,3	96,2	97,2	98,2	99,1	»	»
12	77,1	78,1	79,1	80,1	81,1	82,1	83,1	84,1	85	86	87	88	89	90	91	92	93	94	95	95,9	96.9	97.9	98.8	99,8	»
13	76,8	77,8	78,8	79,8	80,8	81,8	82,8	83,8	84.8	85.7	86,7	87,7	88,7	89,7	90,7	91,7	92.7	93.7	94,6	95.6	96,6	97,6	98,6	99,5	»
14	76,4	77,4	78,4	79,4	80.4	81,4	82,4	83,4	84,4	85.4	86,4	87,4	88,3	89,3	90,3	91,3	92,3	93,3	94,3	95,3	96 3	97,3	98,3	99,3	»
15	76	77	78	79	80	81	82	83	84	85	86	87	88	89	90	91	92	93	94	95	96	97	98	99	100
16	75,6	76,6	77,6	78,6	79,6	80,6	81,6	82,6	83,6	84,6	85,6	86,6	87,6	88 6	89,6	90.7	91,7	92,7	93,7	94,7	95,7	96,7	97,7	98.7	99,7
17	75,2	76,2	77,2	78,2	79,2	80.2	81,2	82,2	83,2	84,2	85,2	86 2	87,2	88,2	89,3	90,3	91,3	92,4	93,4	94,4	95,4	96,4	97.4	98,5	99,5
18	74,9	75,9	76,9	77,9	78,9	79,9	80,9	81,9	82,9	83,9	84,9	85,9	86,9	87,9	88.9	89,9	91	92	93	94	95,1	96.1	97,1	98 2	99,2
19	74,5	75,5	76,5	77,5	78 5	79.5	80,5	81,6	82,6	83.6	84,6	85,6	86.6	87,6	88,6	89,6	90,7	91,7	92,7	93,7	94,8	95,8	96,9	97.9	98.9
20	74,1	75.1	76,1	77,1	78,1	79,1	80,1	81,2	82,2	83.2	84,2	85,2	86.2	87,2	88,2	89,2	90 3	91,3	92,4	93,4	94,5	95,5	96,6	97,6	98 6
21	73,7	74,7	75,8	76,8	77,8	78,7	79,7	80,8	81,8	82,8	83.8	84,8	85,9	86,9	87,9	88,9	90	91	92	93,1	94,1	95.2	96,3	97,3	98,4
22	73,3	74,3	75,4	76,4	77,4	78,4	79,4	80,4	81,4	82,4	83,4	84,4	85,5	86,5	87,6	88,6	89,6	90,7	91,8	92,8	93,9	94,9	96	97	98,1
23	73	74	75	76	77	78	79	80,1	81,1	82,1	83,1	84.1	85,1	86,1	87.2	88,3	89,3	90,4	91,4	92,4	93 5	94,6	95,7	96,7	97,8
24	72,6	73,6	74,6	75,6	76.6	77 6	78,6	79,7	80,7	81,7	82,7	83,7	84,7	85,7	86,8	87,9	88,9	90	91	92,1	93.2	94,3	95,3	96,4	97,5
25	72,2	73,2	74,2	75,3	76,3	77,3	78,3	79,3	80.3	81,3	82,3	83,4	84,4	85,4	86,5	87,5	88 6	89.7	90,7	91,8	92,9	93.9	95	96,1	97,2
26	71,8	72,8	73.8	74,8	75,9	76,9	77,9	78,9	79,9	80,9	81,9	82,9	84	85	86,1	87,2	88,2	89 3	90,4	91,5	92,5	93,6	94,7	95,8	97
27	71,4	72,4	73,4	74,4	75,5	76,5	77,5	78,5	79,5	80,5	81,6	82,6	83,6	84,7	85,7	86 8	87,9	89	90	91,1	92,2	93,3	94,4	95.5	96,7
28	71,1	72,1	73,1	74.1	75.1	76,1	77,1	78,2	79,2	80,2	81,3	82,3	83,3	84,3	85,4	86,5	87.5	88,6	89,7	90.8	91,9	93	94,1	95.2	96,4
29	70,7	71,7	72,7	73,7	74,7	75,7	76,8	77,8	78.8	79,8	80,9	81,9	83	84	85	86,1	87,2	88,2	89,3	90.4	91,6	92,7	93,8	94,9	96,1
30	70,3	71,3	72 3	73,3	74,3	75,3	76,4	77,4	78,4	79,4	80,5	81,5	82,6	83,6	84,7	85,8	86.9	87,9	89	90,1	91,2	92,4	93,5	94.6	95.8

Emploi de l'alcoomètre centésimal. — L'échelle du nouvel alcoomètre légal, établi depuis 1884, est très espacée, on n'a pu la tracer sur un seul instrument, on en a donc fait cinq; le premier va de 0 à 20, le deuxième de 20 à 40, le troisième de 40 à 60, le quatrième de 60 à 80 et le cinquième de 80 à 100.

Lorsqu'on veut rechercher le degré alcoolique d'un mélange d'eau et d'alcool à l'aide de l'alcoomètre centésimal, il suffit de plonger dans le liquide l'appareil correspondant à peu près à la force alcoolique supposée, puis un thermomètre centigrade (fig. 22).

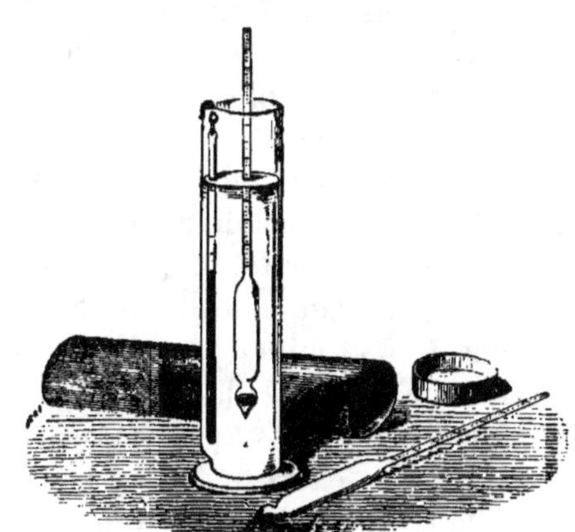

FIG. 22.

Le nombre de degrés qu'on lit au point d'affleurement du liquide est celui qu'il aurait à 15° de température; pour ramener à la température à laquelle on opère, on cherche dans la table de correction : dans la première colonne du sens vertical le degré marqué par le thermomètre; dans la rangée supérieure le degré indiqué par l'alcoomètre et, à l'intersection de ces deux lignes dans le tableau; le chiffre qu'on y rencontre est celui de la richesse alcoolique réelle.

Soit, par exemple, à trouver le degré réel d'un mélange spiritueux dans lequel l'alcoomètre indique 85° pendant que le thermomètre, plongé dans le liquide marque 12° C. On cherchera dans la table de correction où se trouve marquée dans la rangée du haut 85°, puis dans la première colonne de gauche, la température 12° C; à la rencontre des deux colonnes, dans l'intérieur du tableau, nous lisons 86°. C'est donc que le degré réel du liquide est 86°.

Liquides alcooliques à divers degrés. — Nous avons vu que les alcools qu'on rencontre dans le commerce ont des degrés divers; une classification particulière a été basée sur les différents titres alcooliques.

Ainsi la dénomination d' « alcools » est spécialement employée pour les esprits à fort degré provenant de la distillation des grains, de la pomme de terre, de la betterave, etc.; on les a appelés aussi « alcools d'industrie ».

La qualification « d'alcool, fin Nord, première qualité » s'applique indistinctement à l'alcool de betterave, de mélasse et de grains. C'est sur cette espèce d'alcool que se font les opérations de bourse ;

on l'appelle aussi trois-six de livraison. Il constitue de la bonne marchandise courante, parce qu'il est également propre à faire des eaux-de-vie et des liqueurs. Selon sa provenance, il sent la betterave, la mélasse ou les grains, en raison du cachet *sui generis* qui rappelle la matière première avec laquelle il a été fabriqué, il doit cependant être exempt de mauvais goût et ne jamais sentir ce qu'on appelle les éthers ni les huiles essentielles.

« L'alcool extra-fin » est plus droit de goût et parle moins à l'odorat que le trois-six de livraison, il a, comme on dit en termes de commerce, moins de *nez*; on distingue plus difficilement son origine, parce qu'il est plus pur et plus fin.

« L'alcool double rectification » doit provenir, ainsi que son nom l'indique, de l'alcool fin rectifié deux fois. Si une rectification, bien soignée, épure l'alcool de manière à le dépouiller en partie de corps étrangers qui lui communiquent leurs caractères particuliers affectant désagréablement l'odorat et le goût, une rectification répétée deux fois doit éliminer presque entièrement les principes âcres et odorants et donner de l'alcool mieux épuré, conséquemment meilleur à la bouche et plus agréable à sentir.

Par alcool « extra-fin, cœur de rectification », on désigne une espèce de trois-six, meilleur que l'extra-fin, parce qu'il est extrait du milieu de la chauffe, au cœur de la rectification. L'alcool recueilli au cœur de la rectification est la partie la plus pure et la meilleure, également éloignée des mauvais goûts de tête et de l'âcre senteur des mauvais goûts de fin de chauffe. L'alcool extra-fin, cœur de rectification, doit être presque neutre, c'est-à-dire n'avoir ni odeur particulière, ni goût *sui generis* appréciables.

L'alcool le plus pur, le plus agréable et le meilleur qu'il soit possible de trouver parmi les trois-six d'industrie, doit s'appeler « extra-fin de rectification ». C'est le superlatif de la bonne qualité de l'alcool.

On a réservé le nom d' « esprits » aux produits de la distillation du vin et du marc de raisins. L'esprit bon goût renommé sous le titre d' « esprit de Montpellier » se vend aussi sous la désignation de « trois-six ».

A l'origine, la distillation du vin pratiquée avec les appareils imparfaits donnait un liquide spiritueux, trop faible, qu'on était obligé de redistiller plusieurs fois pour en éliminer l'excès d'eau. Le produit plus concentré fut appelé : *Aqua ardens*, eau ardente, eau qui brûle. Plus tard, les alchimistes, qui lui attribuaient des propriétés merveilleuses, le nommèrent : *Aqua vita*, eau-de-vie.

La fabrication de l'eau-de-vie a précédé celle de l'esprit de vin.

L'eau-de-vie, à un certain degré de concentration, devint le type de tous les produits spiritueux. Elle contenait une égale quantité d'esprit et d'eau.

Les progrès de la distillation, ayant permis de produire des esprits à divers degrés de force alcoolique, on donna à chacun d'eux une dénomination différente, exprimant le plus ou le moins d'eau qu'ils contenaient. On connut alors onze qualités d'esprits, exprimés sous la forme d'une fraction, c'est-à-dire à l'aide de deux nombres séparés par une ligne et dans l'ordre suivant : 5/6, 4/5, 3/4, 2/3, 3/5, 4/7, 5/9, 6/11, 3/6, 3/7 et 3/8 qu'on énonçait par ces mots : *cinq-six*, *quatre-cinq*, *trois-quatre*, *deux-trois*, *trois-cinq*, *quatre-sept*, *cinq-neuf*, *six-onze*, *trois-six*, *trois-sept et trois-huit.*

Ces fractions qui expriment les qualités des esprits ne sont pas prises arbitrairement ; el les indiquent, au premier aspect, quelle est la quantité d'eau en poids qu'il faut ajouter à chaque qualité d'esprit pour le ramener à l'état d'eau-de-vie à 19 degrés (*Preuve de Hollande*) de l'alcoomètre Cartier (1).

Pour faire avec du 5/6 (*cinq-six*) de l'eau-de-vie à 19° Cartier, il fallait y ajouter un cinquième de son poids d'eau ; si l'on avait, par exemple, 5 kilog. d'esprit « cinq-six » il fallait y ajouter 1 kilog. d'eau pure, et l'on avait 6 kilog. d'eau-de-vie à 19° Cartier. 3 kilog. d'esprit « trois-six » et 3 kilog. d'eau fournissaient 6 kilog. d'eau-de-vie à 19° Cartier.

Ces anciennes dénominations appliquées aux onze qualités d'alcool sont inusitées aujourd'hui. On a cependant, dans le Midi, conservé celle de « trois-six » qui s'applique à l'esprit-de-vin seul, distillé à 86° Gay-Lussac. Voici d'ailleurs, pour mémoire et par simple curiosité, les chiffres de concordance des anciennes dénominations avec l'échelle de l'alcoomètre centésimal.

NOMS DES ALCOOLS	CARTIER	CENTÉSIMAUX	NOMS DES ALCOOLS	CARTIER	CENTÉSIMAUX
Eaux-de-vie faibles..	16	36,9	Esprit 4/7.........	30	78,67
— — ordinaires. (preuve de Hollande).	19	49,1	— 5/9.........	30,33	79,25
			— 6/4.........	32	82,50
Eaux-de-vie fortes..	21,5	57,2	— 3/6.........	34	86,10
Esprit 5/6..........	22,50	60	— 3/7.........	36	89,50
— 4/5..........	23	61,50	— 3/8.........	38	92,67
— 3/4..........	25	66,67	Alcool à 40°.......	40	95,40
— 3/5..........	29	76,60	— absolu......	44,19	100

(1) Selon la « Preuve de Hollande » une eau-de-vie agitée vivement dans un flacon perlera si elle a un degré inférieur à 19° Cartier.

Mouillage. — Autrefois, la première distillation donnait une eau-de-vie à faible degré, on la redistillait à plusieurs reprises pour la concentrer à la force désirée ; aujourd'hui, pour les eaux-de-vie ordinaires, comme on a des appareils perfectionnés qui, du premier jet, fournissent des esprits à degré élevé, comme aussi on prépare des eaux-de-vie communes avec des alcools d'industrie, il est nécessaire d'en réduire le degré en les additionnant d'eau ou de petites eaux (mélange d'eau et d'alcool à très faible degré). On procède pour cela à l'opération du mouillage. Deux cas peuvent donc se présenter : 1° Réduction d'un alcool fort au moyen de l'eau ; 2° Réduction à l'aide d'eau-de-vie à faible degré ou petites eaux

Pour effectuer le mouillage d'un alcool riche avec de l'eau pure, il est besoin de connaître la proportion d'eau à ajouter à une quantité donnée du liquide spiritueux. S'il n'y avait pas à tenir compte de la contraction qui s'opère toutes les fois qu'on mélange de l'eau et de l'alcool, le calcul serait fort simple : Il suffirait de retrancher la quantité connue du liquide spiritueux à mouiller du produit obtenu, en multipliant cette quantité par la grande force, puis en divisant par le degré le moins élevé. Ainsi, supposons qu'il s'agisse de réduire un hectolitre d'alcool à 93° de façon à obtenir de l'eau-de-vie à 48°, nous aurions par le procédé ci-dessus :

$$\frac{100 \times 93}{48} - 100 = \frac{9.300}{48} - 100 = 193.75 - 100 = 93.75$$

Mais ce chiffre n'est pas exact. Si on n'ajoutait que 93 lit. 75 d'eau à un alcool à 93° on ne le réduirait qu'à 49°5 et on n'aurait encore que 187 litres comme volume total du mélange ; c'est à la contraction qu'est due cette différence. Il est nécessaire de la faire entrer en ligne de compte dans les calculs. Trop souvent on la néglige, ce qui cause bien des erreurs soit entre négociants soit avec la Régie ; le cas est alors assez grave puisqu'on se trouverait en présence de manquants qu'on ne saurait expliquer ; d'autres fois on croit à des pertes qui, de fait, n'existent pas.

Pour obtenir un résultat rigoureux, il convient de se reporter au tableau des densités aux différents degrés de l'alcoomètre centésimal puis d'appliquer, grâce à ses indications, le calcul suivant : Multiplier le nombre représentant la quantité d'alcool sur lequel on opère par le quotient obtenu en divisant le degré le plus fort par le plus faible, multiplier ce produit par la densité de l'eau-de-vie réduite au degré désiré, et enfin retrancher du tout la densité de l'alcool le plus fort. Prenant l'exemple ci-dessus nous aurons :

$100\left(\frac{93}{48}\right)$ 938,17 (densité eau-de-vie 48°) — 823,85 (densité alcool 93°)

$$\text{ou} \quad \frac{100 \times 93 \times 938,17}{48} - 823,85 = 99,39$$

La quantité d'eau à ajouter à l'hectolitre d'alcool à 93° pour le réduire à 48° est donc 99 litres 39. Le mélange des deux liquides ne donnera pas cependant 100 litres (alcool) + 99 litres 39 (eau) ou 199,39, mais seulement $\frac{93 \times 100}{48}$ ou 193 litres 75 ; il y a donc, dans l'opération que nous venons d'examiner, une contraction de :

199,39 — 193,75 ou 5 litres 64.

Ce phénomène varie d'intensité suivant les quantités d'eau et d'alcool mises en présence et avec la température ; voici quelques-unes de ces contractions, calculées à la température de 15° C., pour un alcool pur de 100° :

						litres
95 litres d'alcool	et	5 litres d'eau		se contractent de		1.18
90	—	—	10	—	—	—	1.94
85	—	—	15	—	—	—	2.47
80	—	—	20	—	—	—	2.87
75	—	—	25	—	—	—	3.19
70	—	—	30	—	—	—	3.44
65	—	—	35	—	—	—	3.61
60	—	—	40	—	—	—	3.73
55	—	—	45	—	—	—	3 77
50	—	—	50	—	—	—	3.74
45	—	—	55	—	—	—	3.64
40	—	—	60	—	—	—	3 44
35	—	—	65	—	—	—	3.14
30	—	—	70	—	—	—	2.72
25	—	—	75	—	—	—	2.24
20	—	—	80	—	—	—	1.72
15	—	—	85	—	—	—	1.20
10	—	—	90	—	—	—	0.72
5	—	—	95	—	—	—	0.31

Plus la température est élevée, moins la contraction est forte. Le maximum d'intensité paraît être vers + 1° C.

Afin d'éviter trop de calculs, nous avons reproduit, dans les tableaux qui suivent, les chiffres afférents aux réductions les plus fréquentes, ce sont ceux utiles pour mouiller un hectolitre des liquides alcooliques depuis 98° jusqu'à 48° en vue d'obtenir des eaux-de-vie de 38 à 48°. La première colonne contient le degré de l'alcool à réduire ; la deuxième, le degré à obtenir ; la troisième, la quantité d'eau à ajouter en litres ; la quatrième, le volume total du mélange en litres.

Tableau pour la réduction des alcools.

DEGRÉ à réduire.	DEGRÉ à obtenir.	QUANTITÉ d'eau à ajouter en litres.	VOLUME du mélange en litres.	DEGRÉ à réduire.	DEGRÉ à obtenir.	QUANTITÉ d'eau à ajouter en litres.	VOLUME du mélange en litres.	DEGRÉ à réduire.	DEGRÉ à obtenir.	QUANTITÉ d'eau à ajouter en litres.	VOLUME du mélange en litres.
98	38	166	257,89	94°	38	152,3	247,37	90°	38	142,8	236,05
»	39	159,3	242,28	»	39	147,6	241,02	»	39	136,7	230,76
»	40	152,8	245	»	40	141,7	235	»	40	130,8	225.50
»	41	146,8	239,02	»	41	135,6	229	»	41	125,2	219.51
»	42	141,2	233,33	»	42	130,3	223,83	»	42	119,9	214,29
»	43	138,2	227,90	»	43	125	218 60	»	43	114,8	209,30
»	44	132,1	222,73	»	44	119.9	213,64	»	44	110	204,59
»	45	125,1	217,78	»	45	115,8	208,89	»	45	105,3	200
»	46	121,2	213,04	»	46	110,4	204,35	»	46	100.9	195,65
»	47	115,6	208,50	»	47	105,9	200	»	47	96,6	191,49
»	48	111,2	204,17	»	48	101,7	195,83	»	48	92,5	187,50
97	38	163	255,26	93°	38	150	244,78	89°	38	140	234,21
»	39	156,4	248,72	»	39	144,6	238,46	»	39	133,9	228,20
»	40	150	242,50	»	40	138,9	232,50	»	40	128,1	222,50
»	41	144	236,59	»	41	133.2	226,83	»	41	122,6	217,07
»	42	138,3	230 95	»	42	127,7	221,43	»	42	117,3	211,90
»	43	132.4	225,50	»	43	122,5	216,28	»	43	112,3	206,98
»	44	127,6	220,45	»	44	117.4	211,36	»	44	107.5	202,27
»	45	122 5	215,56	»	45	112,6	206,67	»	45	102.9	197,78
»	46	117,8	210,87	»	46	108	202,17	»	46	98.5	193,48
»	47	113,2	206.38	»	47	103,6	197,87	»	47	94,3	189,36
»	48	108,8	202,08	»	48	99,4	193,75	»	48	90,2	185,42
96	38	160,1	252.68	92	38	146,3	242,10	88°	38	137,1	231.57
»	39	153,5	246,10	»	39	141,5	235,89	»	39	131,1	225,64
»	40	147,3	248	»	40	136.2	230	»	40	125,4	220
»	41	141.3	234,15	»	41	130,5	224,39	»	41	120	214.63
»	42	135,7	228,57	»	42	125,1	219.05	»	42	114,7	209,52
»	43	130,1	223.26	»	43	119,9	213,95	»	43	109,8	204,65
»	44	125	218,18	»	44	114,9	209,09	»	44	105	200
»	45	120	213,33	»	45	110,2	204,44	»	45	100,5	195.56
»	46	115,2	208,79	»	46	105,6	200	»	46	96,1	191,30
»	47	110,8	204,26	»	47	101,3	195,74	»	47	92	187,23
»	48	106,4	200	»	48	97,1	191,67	»	48	88	183,33
95	38	157,1	250	91	38	144,4	239,47	87°	38	134.3	228,94
»	39	150.6	243,59	»	39	139.9	233.33	»	39	128,4	223,07
»	40	144,5	237,50	»	40	133,5	227,50	»	40	122,7	217,50
»	41	138.6	231,71	»	41	127,8	221,92	»	41	117,3	212,20
»	42	133	226,19	»	42	122,5	216,67	»	42	112,2	207,14
»	43	127,6	220.93	»	43	117,4	211,63	»	43	107,3	202,33
»	44	122,5	215,91	»	44	112,4	206,82	»	44	102,6	197,73
»	45	117,6	211,11	»	45	107,7	202,22	»	45	98,1	193,33
»	46	112,9	206.52	»	46	103.2	197,83	»	46	93,8	189,13
»	47	108,4	202,13	»	47	98,9	173,62	»	47	89,7	185,1.
»	48	104	197,92	»	48	94,8	189,59	»	48	85,7	181,25

Tableau pour la réduction des alcools (*Suite*).

DEGRÉ à réduire.	DEGRÉ à obtenir.	QUANTITÉ d'eau à ajouter en litres.	VOLUME du mélange en litres.	DEGRÉ à réduire.	DEGRÉ à obtenir.	QUANTITÉ d'eau à ajouter en litres.	VOLUME du mélange en litres.	DEGRÉ à réduire.	DEGRÉ à obtenir.	QUANTITÉ d'eau à ajouter en litres.	VOLUME du mélange en litres.
86°	38	131,5	226,31	82°	38	120,3	215,78	78°	38	109,1	205,26
»	39	125,6	220,51	»	39	114,7	210,25	»	39	103,8	200
»	40	120	215	»	40	109,3	205	»	40	98,7	195
»	41	114,7	209,76	»	41	104,3	200	»	41	93,9	190,24
»	42	109,6	204,76	»	42	99,4	195,24	»	42	89,3	185,71
»	43	104.8	200	»	43	94,8	190,70	»	43	84,9	181,40
»	44	100,1	195,45	»	44	90,4	186,36	»	44	80,7	177,27
»	45	95,7	191.11	»	45	86,1	182.22	»	45	76,6	173,33
»	46	91,4	186,96	»	46	82,1	178,26	»	46	72,8	169,57
»	47	87,1	182,98	»	47	78,2	174,47	»	47	69,1	165,96
»	48	83,4	179,17	»	48	74,5	170,83	»	48	65,5	162,50
85°	38	128,7	223,15	81°	38	117,5	213,15	77°	38	106,3	202,63
»	39	122,9	217,94	»	39	111,9	207,69	»	39	101,1	197,43
»	40	117,3	212,50	»	40	106,7	202,50	»	40	96,1	192,50
»	41	112,1	207,32	»	41	101,7	197,56	»	41	91,3	187,80
»	42	107,1	202,38	»	42	96,9	192.86	»	42	86,7	183,33
»	43	102,3	197,67	»	43	92,3	188.37	»	43	82,4	179,07
»	44	97,7	193,18	»	44	87,9	184.09	»	44	78,2	175
»	45	93,3	188.89	»	45	83,7	180	»	45	74,3	171,11
»	46	89,1	184,78	»	46	79,7	176.09	»	46	70.5	167,39
»	47	85,1	180,85	»	47	75,9	172,34	»	47	66,8	163,83
»	48	81,2	177,05	»	48	72,2	168,75	»	48	63,3	160,42
84°	38	125,9	221,05	80°	38	114,7	210,52	76°	38	103,5	200
»	39	120,1	215,38	»	39	109,2	205,12	»	39	98,3	194,87
»	40	114,7	210	»	40	104	200	»	40	93,4	190
»	41	109,5	204,88	»	41	99,1	195,12	»	41	88,7	185,37
»	42	104,5	200	»	42	94,3	190,48	»	42	84,2	180,95
»	43	99,8	195,35	»	43	89,8	186.05	»	43	79,9	176,74
»	44	95,2	190,91	»	44	85,5	181,82	»	44	75,8	172.73
»	45	90,9	186,67	»	45	81.3	177,78	»	45	71,9	168,89
»	46	86,7	182,61	»	46	77,4	173,91	»	46	68,1	165,22
»	47	82,8	178,72	»	47	73,6	170,21	»	47	64.5	161,70
»	48	78,9	175	»	48	70	166,67	»	48	61,1	158,33
83°	38	123,1	218,42	79°	38	111,9	207,89	75°	38	100,8	197,36
»	39	117,4	212,82	»	39	106,5	202 56	»	39	95,6	192.30
»	40	112	207,50	»	40	101,4	197,50	»	40	90,8	187,50
»	41	106,9	202,44	»	41	96,5	192,68	»	41	86,1	182,93
»	42	102	197,62	»	42	91,8	188,10	»	42	81,7	178,57
»	43	97,3	193,02	»	43	87,3	183,72	»	43	77,5	174.42
»	44	92,8	188,64	»	44	83,1	179,55	»	44	73,4	170,45
»	45	88,5	184,44	»	45	79	175,56	»	45	69,5	166.67
»	46	84,4	180,43	»	46	75,1	171,74	»	46	65,8	163.04
»	47	80,5	176,60	»	47	71,3	168,09	»	47	62,3	159,57
»	48	76,7	172,92	»	48	67,8	164,58	»	48	58,9	156,25

Tableau pour la réduction des alcools. (*Suite*).

DEGRÉ à réduire.	DEGRÉ à obtenir.	QUANTITÉ d'eau à ajouter en litres.	VOLUME du mélange en litres.	DEGRÉ à réduire.	DEGRÉ à obtenir.	QUANTITÉ d'eau à ajouter en litres.	VOLUME du mélange en litres.	DEGRÉ à réduire.	DEGRÉ à obtenir.	QUANTITÉ d'eau à ajouter en litres.	VOLUME du mélange en litres.
74°	38	98	194,73	70°	38	86,9	184,21	66°	38	75,9	173,68
»	39	92,9	189,74	»	39	82,1	179,48	»	39	71,4	169,23
»	40	88,1	185	»	40	77,6	175	»	40	67,1	165
»	41	83.5	180,49	»	41	73,2	170.33	»	41	63	160,90
»	42	79,2	176,19	»	42	69,1	166,67	»	42	59.1	157,14
»	43	75	172,70	»	43	65,2	162,79	»	43	55,4	153,49
»	44	71	168,18	»	44	61,4	159,09	»	44	51.8	150
»	45	67,2	164,44	»	45	57,8	155,56	»	45	48.4	146,67
»	46	63,5	160,87	»	46	54,3	152,17	»	46	46,1	143,48
»	47	60	157,45	»	47	51	148.94	»	47	42	140,43
»	48	56,7	154,17	»	48	47,8	145,85	»	48	39	137,50
73°	38	95,2	192,10	69°	38	84,1	181,57	65°	38	73,1	176,05
»	39	90,2	187.17	»	39	79,4	176,92	»	39	68,7	166,66
»	40	85,5	189,50	»	40	75	172,50	»	40	64,5	162.50
»	41	81	178,05	»	41	70.7	168,29	»	41	60,5	158,54
»	42	76,7	173,82	»	42	66,6	164,29	»	42	56,6	154.76
»	43	72,5	169,77	»	43	62,7	160,47	»	43	52 9	151,16
»	44	68,6	165,91	»	44	59	156,82	»	44	49,4	147,73
»	45	64,8	162,22	»	45	55,4	153,33	»	45	46,1	144.44
»	46	61,2	158,70	»	46	52	150	»	46	42,9	141,30
»	47	57,8	155,32	»	47	48,7	146,81	»	47	39,8	138,30
»	48	54,4	152,08	»	48	45,6	143,75	»	48	36,8	135,42
72°	38	92,4	189,45	68°	38	81,4	178,94	64°	38	70,4	168,42
»	39	87,5	184,60	»	39	76,7	174,61	»	39	66	164,10
»	40	82,8	180	»	40	72,8	170	»	40	61,9	160
»	41	78,4	175,61	»	41	68,1	165,85	»	41	57,9	156,10
»	42	74,1	171,43	»	42	64,1	161,90	»	42	54,1	152,38
»	43	70,1	167,44	»	43	60,3	158,14	»	43	50,3	148,84
»	44	66,2	163,64	»	44	56,6	154,55	»	44	47,1	145,45
»	45	62,5	160	»	45	53,1	151,11	»	45	43.8	142,22
»	46	58.9	156,52	»	46	49,7	147,83	»	46	40.6	139.13
»	47	55,5	153,19	»	47	46,5	144,68	»	47	37,6	136.17
»	48	52,2	150	»	48	43,4	141,67	»	48	34,6	133,33
71°	38	89,7	186,83	67°	38	78,6	176,15	63°	38	67,6	165,78
»	39	84,8	182,05	»	39	74,1	171,79	»	39	63,3	161,53
»	40	80,2	177.50	»	40	69,7	167,50	»	40	59,3	157.50
»	41	75,8	173.17	»	41	65,6	163,41	»	41	55,4	153,66
»	42	71,6	169,05	»	42	61.6	159.52	»	42	51,6	150
»	43	67,6	165,12	»	43	57,8	155,81	»	43	48,1	146,51
»	44	63,8	161,36	»	44	54,2	152,27	»	44	44,7	143.18
»	45	60,1	157,78	»	45	50,8	148,89	»	45	41,4	140
»	46	56,6	154,35	»	46	47,4	145,65	»	46	38,3	136.96
»	47	53,2	151,06	»	47	44,3	142,55	»	47	35,3	134.04
»	48	50	147,92	»	48	41,2	139,58	»	48	32,5	131,25

Tableau pour la réduction des alcools (*Suite*).

DEGRÉ à réduire	DEGRÉ à obtenir.	QUANTITÉ d'oau à ajouter en litres.	VOLUME du mélange en litres.	DEGRÉ à réduire.	DEGRÉ à obtenir.	QUANTITÉ d'eau à ajouter en litres.	VOLUME du mélange en litres.	DEGRÉ à réduire.	DEGRÉ à obtenir.	QUANTITÉ d'eau à ajouter en litres.	VOLUME du mélange en litres.
62°	38	64,9	·63.15	58°	38	54	152,60	54°	38	43,1	142,10
»	39	60,7	.58,97	»	39	50	148,71	»	39	39,4	138,46
»	40	57.6	·55	»	40	46,2	145	»	40	35,9	135
»	41	52,8	·51,22	»	41	42,6	141,46	»	41	32,5	131,74
»	42	49,1	·47,62	»	42	39,2	138,10	»	42	29,3	128.57
»	43	45.6	.44,19	»	43	35,9	134,88	»	43	26,3	125,58
»	44	42,3	·40,91	»	44	32.8	131,82	»	44	23.4	122,75
»	45	39	.37,78	»	45	29,8	128.89	»	45	20,6	120
»	46	36	·34,78	»	46	26,9	126,09	»	46	17,9	117,39
»	47	33,·	.31.90	»	47	24.2	123,40	»	47	15,3	114,89
»	48	30,3	.29,·7	»	48	21,6	120,83	»	48	12,9	112,50
61°	38	62,2	·60,52	57°	38	51,2	150	53°	38	40,3	139,47
»	39	58	·56,41	»	39	47,3	146,15	»	39	36,7	135,89
»	40	54	·52,50	»	40	43,6	142,50	»	40	33,3	132,50
»	41	50,3	·48,78	»	41	40,1	139.02	»	41	30	129,27
»	42	46,7	·45,24	»	42	36,7	135,71	»	42	26,9	126,19
»	43	43,2	·41,86	»	43	33,5	132.56	»	43	23,9	123,26
»	44	39,9	.38,64	»	44	30,5	129,55	»	44	21	120,45
»	45	36,8	·35,56	»	45	27,5	126,67	»	45	18,3	117,78
»	46	33,8	132,61	»	46	24,7	123.91	»	46	15,7	115,22
»	47	30,9	129,79	»	47	22	121,28	»	47	13,2	112,77
»	48	28,1	127,08	»	48	19,4	118,75	»	48	10,7	110,42
60°	39	69.4	157,89	56°	38	48,5	147,36	52°	38	37,6	136,84
»	38	55,3	153,84	»	39	44,7	143,58	»	39	34,1	133,33
»	40	51,4	150	»	40	41,1	140	»	40	30,7	130
»	41	47,7	146,34	»	41	37,6	136,50	»	41	27,5	126,83
»	42	44,2	142,86	»	42	34,3	133,33	»	42	24,4	123,81
»	43	40,8	139.53	»	43	31,1	130,23	»	43	21,5	120,93
»	44	37,5	136,36	»	44	28,1	127,27	»	44	18,7	118,18
»	45	34,5	133.33	»	45	25,2	124,44	»	45	16	115,56
»	46	31,5	130.43	»	46	22,4	121,74	»	46	13,4	113,04
»	47	28,6	127,66	»	47	19,8	119,15	»	47	11	110,64
»	48	25,9	125	»	48	17,2	116,67	»	48	8,6	108,33
59°	38	56,7	155,26	55°	38	45,8	144,73	51°	38	34,9	134,24
»	39	52,7	151,28	»	39	43	141,02	»	39	31,4	130,75
»	40	48,8	147,50	»	40	38,5	137,50	»	40	28,1	127,50
»	41	45,2	143 90	»	41	35	134,15	»	41	25	124,39
»	42	41,3	140.48	»	42	31.8	130.95	»	42	22	121,43
»	43	38,4	137,21	»	43	28,7	127,91	»	43	19,1	118,60
»	44	35,2	134,09	»	44	25,7	125	»	44	16,3	115,91
»	45	32.1	131,11	»	45	22,9	122,22	»	45	13,7	113,33
»	46	29,2	128,26	»	46	20,2	119,57	»	46	11,2	110,87
»	47	26,4	125 53	»	47	17,6	117,02	»	47	8,7	108,51
»	48	23,7	122,92	»	48	15,1	114,58	»	48	6,5	106,25

Tableau pour la réduction des alcools (*Fin*)

DEGRÉ à réduire.	DEGRÉ à obtenir.	QUANTITÉ d'eau à ajouter en litres.	VOLUME du mélange en litres.	DEGRÉ à réduire.	DEGRÉ à obtenir.	QUANTITÉ d'eau à ajouter. en litres.	VOLUME du mélange en litres.	DEGRÉ à réduire.	DEGRÉ à obtenir.	QUANTITÉ d'eau à ajouter en litres.	VOLUME du mélange en litres.
50	38	32,2	131,57	49	38	29.5	128,94	48	38	26,8	126,31
»	39	28,8	128,46	»	39	26,2	125,64	»	39	23,5	123,07
»	40	25,6	125	»	40	23	122,50	»	40	20,4	120
»	41	22,5	121,95	»	41	20	119.51	»	41	17,4	117.07
»	42	19,6	119,05	»	42	17,1	116,67	»	42	14.6	114,29
»	43	16,7	116,28	»	43	14.3	113,95	»	43	11,9	111.63
»	44	14	113,64	»	44	11,6	111,36	»	44	9,3	109,09
»	45	11.4	111,11	»	45	9,1	108,89	»	45	6,8	106,67
»	46	8,9	108,70	»	46	6,7	106,52	»	46	4,5	104,56
»	47	6,6	106,38	»	47	4,4	104,26	»	47	2,2	102,13
»	48	4,3	104,17	»	48	2,1	102,08	»	48	0	100

Le second cas que nous avons à examiner maintenant est celui de la réduction à l'aide d'une eau-de-vie à faible degré. Si cette eau-de-vie est très peu alcoolique, 4, 5, 10, 15°, comme cela arrive pour les petites eaux, on procèdera ainsi que nous l'avons indiqué pour l'eau pure ; la contraction est à peu près la même et on ne commettra pas d'erreur bien sensible.

Mais lorsqu'on emploiera, pour la réduction, de l'eau-de-vie à 20, 25, 30 ou 40 degrés, on en pourra négliger la contraction et faire le calcul de la même manière que pour le vinage et les coupages ou, si on veut avoir un chiffre plus rigoureusement exact, après avoir procédé comme ci-dessus, on tiendra compte de la contraction qui a lieu, pour la réduction désirée, lorsqu'on mélange de l'eau pure à une même quantité d'un alcool ayant un degré égal à la différence entre celui de l'eau-de-vie faible et celui de l'alcool sur lequel on opère.

Soit un alcool à 90° à réduire à 48° avec une eau-de-vie à 20°. On posera le calcul suivant :

```
90        28
     48
20        42
```

D'où, toutes les fois qu'on prendra 28 litres d'alcool à 90°, on devra employer 42 litres à 20°. Preuve :

$$\begin{array}{lcr} 28 \text{ litres à } 90^\circ & = & 2.520^\circ \\ 42 \quad — \quad \text{à } 20^\circ & = & 840^\circ \\ \hline 70 \text{ litres} & = & 3.360^\circ \end{array}$$

$$1 \text{ litre de mélange} = \frac{3.360}{70} = 48^\circ$$

Cette proportion établie, il est facile de chercher les quantités qui conviennent pour obtenir un volume quelconque. Le calcul revient alors à multiplier le volume de l'alcool à abaisser par la différence entre le degré de cet alcool et celui de l'eau-de-vie à obtenir et à diviser le produit par la différence entre le degré de l'alcool à obtenir et celui de l'eau-de-vie faible.

Ainsi, ayant un hectolitre d'alcool à 90° à réduire à 48° avec de l'eau-de-vie à 20°, la quantité de cette eau-de-vie à employer sera :

$$\frac{100 \times (90 - 48)}{48 - 20} = \frac{100 \times 42}{28} = \frac{4.200}{28} = 150 \text{ litres}$$

Preuve :

150 litres d'eau-de-vie	à 28° =	3.000°
100 litres d'alcool	à 90° =	9.000°
250 litres du mélange	=	12.000°

$$1 \text{ litre du mélange} = \frac{12.000}{250} = 48°$$

Dans ce calcul la contraction a été négligée; si on veut en tenir compte, selon la méthode que nous venons d'indiquer, on se figurera qu'on a mouillé avec de l'eau pure « pour le réduire à 48° » un alcool ayant pour titre 70° (90 — 20), c'est-à-dire la différence entre le degré de l'eau-de-vie faible et celui de l'alcool sur lequel on opère. En appliquant les formules données plus haut ou en cherchant dans la table du mouillage, on déduit facilement que la contraction est égale, dans ces circonstances, à 1 litre 85 pour 45 litres 60 d'eau; pour 150 litres d'eau elle sera :

$$\frac{1.85 \times 150}{45.60} = 6 \text{ litres}$$

Ces 6 litres représenteront, d'une façon suffisamment approximative, la quantité d'eau-de-vie à faible degré qu'il faudra ajouter en plus au premier résultat trouvé, soit : 150 + 6 = 156 litres d'eau-de-vie à 20° à employer au lieu de 150. La moyenne dans ces opérations varie généralement d'ailleurs entre 3 et 4 0/0, quantité dont il faut augmenter le volume de l'eau-de-vie réductrice.

Remontage. — De même qu'on a à réduire le degré des alcools, de même on peut avoir à remonter le degré d'une eau-de-vie faible avec un alcool fort. Le calcul se fait selon la même méthode que pour le mouillage.

Le volume cherché de l'alcool fort, à ajouter à l'alcool faible, sera obtenu en multipliant le volume de ce dernier par le quotient de la différence entre la moyenne et la petite force, sur celle que l'on trouve entre la grande et la moyenne.

Si on a à remonter un hectol. d'alcool à 28° avec de l'alcool à 90°, de façon à faire de l'eau-de-vie à 48°, on aura :

$$\begin{array}{ccc} 28 & & 42 \\ & 48 & \\ 90 & & 20 \end{array}$$

Soit la proportion de 42 litres d'eau-de-vie à 28°, pour 20 à 90°. Pour un hectolitre, on posera l'opération comme suit :

$$\frac{100 \times (48-28)}{(90-48)} = \frac{2.000}{42} = 47 \text{ litres } 61$$

Il faudra donc employer 47 litres 61 d'alcool à 90° :
Preuve :

$$\begin{array}{l} 100 \text{ litres à } 28° = 2.800 \\ \underline{\quad 47,61 \quad \text{à } 90 = 4.284,90} \\ 147,61 \text{ de mél.} = 7.084,90 \\ 1 \text{ litre} = \dfrac{7.084,90}{147,61} = 48° \end{array}$$

Dans ces calculs, il y aurait lieu aussi de tenir compte de la contraction, car les résultats obtenus en suivant cette règle accusent, en général, un demi-degré en sus. Ce léger écart provient de la contraction ; on fera la correction de la même manière que nous l'avons indiquée pour le mouillage, mais le résultat obtenu sera retranché du volume d'alcool à fort degré à employer et non ajouté à ce volume.

Dans la pratique, on opère les mélanges à froid ; cependant on a constaté qu'à chaud, les différents liquides se fondent mieux et que le produit qui en résulte est plus agréable et possède plus de moelleux. Il faut d'abord introduire l'alcool dans le récipient, puis pour les mouillages, y verser l'eau chauffée à 50 degrés centigrades environ, le plus rapidement possible. On ferme hermétiquement afin d'éviter les déperditions d'esprit, et on agite ensuite, de façon à effectuer le mélange intime des produits.

Vente des spiritueux. — Lorsqu'on vend des spiritueux, il arrive fréquemment que la force alcoolique de ceux-ci dépasse de quelques degrés le « titre commercial » en usage pour les transactions sur ces marchandises. On dit en ce cas qu'on vend l'hectolitre à tel prix « surforce en sus ».

Ainsi les cours des trois-six du Nord sont établis pour 90°, mais ils pèsent 94 et le plus souvent 95°. Il y a donc lieu, dans l'opération, de tenir compte d'une surforce de 5°. Les trois-six du Languedoc sont cotés à raison de 86°, ils peuvent les dépasser. Les eaux-de-vie ont un titre commercial de 60° si ce sont des Cognacs, de 52° si ce sont des Armagnac ou des Marmande. Les tafias sont traités sur le pied de 55°.

Calcul de la surforce. — Lorsque les trois-six, les eaux-de-vie, les tafias ont un titre plus élevé que le « titre commercial » de vente, on doit calculer la quantité d'alcool qu'on fournit en plus, afin de déterminer la somme à demander à l'acheteur pour la surforce. Afin d'obtenir le compte de la surforce, le calcul est des plus simples ; il suffit de multiplier la contenance de la quantité d'alcool par la différence de la surforce et de diviser le produit par le titre commercial ; le quotient donne le nombre de litres supplémentaires à payer au vendeur.

Voici un exemple de l'opération : soit 200 litres d'alcool à 95° vendus 40 fr. l'hectolitre. Nous multiplions 200 par 5 (la différence entre 95 le titre réel de l'alcool et 90 le titre commercial). Nous obtenons ainsi un produit qui nous indique le nombre de degrés répandus en plus dans les 200 litres ; puis comme il s'agit d'un liquide devant titrer 90°, il nous suffit de savoir combien ce chiffre de 90° est contenu de fois dans le produit ci-dessus pour déterminer la quantité de litres à 90° à ajouter à l'importance de la partie achetée.

Les calculs peuvent se poser ainsi :

$$\text{Surforce} = \frac{200 \times 5}{90} = 11 \text{ lit. } 11$$

Il reste à ajouter ce nombre de litres aux 200, objet de la vente ; on a donc à payer 211 litres 11 au lieu de 200. Ici une simple règle de trois donne le résultat cherché :

200 litres coûtent. . . . . . 80 fr.
211,11 litres coûteront. X

$$X = \frac{80 \times 211.11}{200} = 84 \text{ fr. } 44$$

Prenons un autre exemple : soit 450 litres de tafia vendus 62 fr. l'hectolitre au titre commercial de 55°, mais pesant en réalité 58°. Nous aurons :

$$\text{Surforce} = \frac{450 \times 3}{55} = 24.54$$

Il y a donc à payer en plus 24 lit. 54 représentant les degrés supplémentaires.

On pourrait trouver plus rapidement la somme à payer, sans se préoccuper de la quantité d'alcool que la surforce représente, en posant une simple règle de trois. Ainsi, reprenant notre premier exemple, nous écrivons :

1 hectol. d'alcool à 90° coûte . . . . 40 fr.
2 — — à 95° coûteront . . . X

$$X = \frac{40 \times 95 \times 2}{90} = 84 \text{ fr. } 44$$

Chiffre que nous avions déjà trouvé.

On calculera de même, inversement, la somme qu'on devra payer en moins pour des alcools vendus au cours du titre commercial sans l'atteindre.

Ainsi admettons qu'on traite 4 hectolitres d'alcool à 85°, alors que le titre de vente est 90° à 40 fr. l'hectolitre. On posera :

1 hectol. d'alcool à 90° coûte . . . . 40 fr.
4 — — à 85° coûteront... X

$$X = \frac{40 \times 85 \times 4}{90} = 151 \text{ fr. } 10$$

On aura donc seulement à payer 151,10 au lieu de 160 fr. qu'on aurait dû verser si les 4 hectolitres eussent eu le titre de 90°.

Alcools d'industrie. — Nous n'avons pas l'intention de nous occuper de la fabrication des alcools dits d'industrie, elle nécessite des installations considérables des usines et, par la matière première mise en œuvre, ne fait pas partie des sujets traités dans ce volume ; cependant, comme ces différents alcools sont employés pour la préparation de certaines eaux-de-vie à bon marché et d'autres spiritueux, nous noterons rapidement les caractères de ceux les plus généralement employés, ainsi que les altérations qu'ils peuvent subir.

Le type de l'alcool pur, nous l'avons vu, est l'alcool éthylique ; mais dans le commerce on ne rencontre jamais l'alcool éthylique à l'état de pureté absolue. Dans l'esprit-de-vin, comme dans l'alcool d'industrie, il est toujours, plus ou moins abondamment, accompagné d'alcools homologues qui lui communiquent leur goût ou leur odeur propre, et souillé par des matières étrangères, âcres et désagréables à l'odorat.

Par une fabrication bien entendue, par des rectifications soignées, on parvient aujourd'hui à produire industriellement des alcools presque purs ; si l'on n'atteint pas encore le degré de la pureté idéale, on s'en rapproche beaucoup. On peut ramener à un type unique, voisin de l'alcool éthylique, tous les alcools d'industrie indistinctement. En effaçant, par une fabrication perfectionnée, tout caractère d'origine, les alcools de toute sorte, également purifiés, raffinés, rectifiés, se valent et peuvent se substituer l'un à l'autre pour tous les usages de l'industrie et du commerce des eaux-de-vie et des liqueurs.

Les alcools de matières farineuses pures, telles que le riz, la fécule de pomme de terre, sont les plus estimés ; viennent ensuite ceux de pomme de terre, de grains mélangés, tels que l'orge, le seigle, le maïs, etc.

Alcool de farineux. — En général, tous les alcools de matières farineuses ont un goût légèrement pâteux. Ceux dans lesquels le seigle domine, quoique fins, sont trop secs. Le maïs communique un goût huileux à son alcool.

Alcool de betterave. — L'alcool de betterave, bien rectifié, est tendre, moelleux et fin ; mais il laisse toujours l'impression de l'odeur caractéristique de la racine sucrée. Cette odeur est entièrement distincte de celle de l'alcool amylique, qui existe toujours, en proportions plus ou moins grandes, dans tous les alcools indistinctement, sans en excepter l'esprit de vin et les eaux-de-vie des meilleurs crus.

Alcool de mélasse. — L'alcool de mélasse peut s'élever au premier rang ; il faut une grande perfection de travail pour lui enlever entièrement quelques corps étrangers dont il est difficile de le séparer. Il y a des alcools de mélasse réellement bons ; mais il s'en trouve de détestables.

Alcool mauvais goût. — Il n'est pas rare de trouver des alcools à saveur âcre et brûlante, qui agissent sur les muqueuses de la bouche et de l'estomac comme les alcalis caustiques dont ils sont imprégnés. Ces alcools alcalins, par suite de l'emploi abusif de certaines matières dans la rectification, sont mauvais au goût et nuisibles à la santé des consommateurs.

En vieillissant, les corps étrangers que l'alcool contient réagissent sur lui et lui communiquent un goût et une odeur qu'il n'avait pas. Il y a des alcools qui, loin de se bonifier, s'altèrent avec le temps. Ce danger est à considérer, quand on fait des eaux-de-vie de qualité au-dessus de la moyenne, dont la consommation n'est pas immédiate. Ces eaux-de-vie ne finissent pas bien. Ces mêmes alcools dénaturent les eaux-de-vie de vin auxquelles on les mélange.

Le fabricant d'eau-de-vie s'appliquera donc à faire un choix judicieux des alcools qu'il emploie, et à rejeter d'une manière absolue ceux que leurs défauts rendent impropres ou nuisibles à la consommation.

Les alcools doivent être sans arome spécial et d'une limpidité irréprochable. Les produits mauvais goût se reconnaissent, soit à une saveur d'empyreum provenant d'une distillation négligée ou d'une rectification trop pressée, soit à un goût dû aux matières premières. Pour déguster les alcools on les étendra de moitié en quantité avec de l'eau : cela est nécessaire pour développer l'arome qu'ils pourraient contenir; d'ailleurs il serait fort difficile de pouvoir les goûter purs, la bouche se trouverait saturée en excès par le mordant de ces liquides. Il est cependant des négociants qui dégustent assez bien les alcools en trempant le bout du doigt et en le portant ensuite à la bouche. On peut encore, pour apprécier les spiritueux en verser quelques gouttes dans la paume d'une main, frotter vivement avec l'autre, afin de produire une évaporation instantanée et approcher ensuite les mains près du nez.

Affinage. — L'affinage consiste à améliorer les diverses sortes d'alcools par des mélanges rationnels, de manière à compléter les uns par les qualités des autres.

Ce mélange détermine des combinaisons intimes qui effacent les caractères particuliers des composants, et présentent un tout plus fondu, homogène, moelleux et véritablement supérieur.

L'affinage des alcools est connu depuis bien longtemps; il constitue même une des causes de supériorité de la marchandise de quelques négociants, qui savent tirer bon parti de cette excellente méthode.

Mauvais goûts accidentels. — Parfois les alcools d'industrie contractent accidentellement des mauvais goûts provenant des objets avec lesquels ils ont été en contact. Le seul agent de désinfection auquel on puisse avoir recours, dans ces circonstances, est le charbon bien calciné réduit en poudre. On verse la poudre de charbon dans l'alcool, on l'y laisse 24 à 48 heures en remuant de temps en temps, puis on décante. Ce moyen rétablit quelquefois un alcool qui a un léger mauvais goût.

S'il s'agit de saveurs aigres, acides, on peut tenter d'y remédier en saturant l'acidité par une petite addition de carbonate de chaux ou craie en poudre ou encore par quelques gouttes d'ammoniaque.

Dans le cas où ces procédés de désinfection ne réussiraient pas, il faut recourir à une nouvelle rectification, qui est alors du domaine de la distillerie industrielle.

Décoloration. — Les alcools d'industrie doivent être limpides et clairs comme l'eau pure; ils sont susceptibles de se colorer, de rougir, de noircir, soit dans les fûts en bois, soit dans les bacs en fer étamé où ils sont conservés. Le premier soin à donner à ces alcools colorés, c'est de les changer de logement et de les transvaser dans des récipients propres, incapables de leur donner une couleur.

Pour enlever ces teintes, il faut employer des substances inoffensives pour l'alcool, c'est-à-dire incapables d'en altérer l'odeur et le goût, mais ayant de l'affinité pour la matière colorante et la précipitant sous une forme insoluble.

Le noir animal possède des propriérés décolorantes, très énergiques, mais son emploi ne saurait convenir : l'alcool dissout certaines matières contenues dans le charbon d'os, d'une odeur détestable et d'un goût répugnant.

L'argile, exempte de calcaire, et le charbon végétal, convenablement préparés, enlèvent jusqu'aux dernières traces de la matière colorante dissoute dans l'alcool.

Mais, avant de se servir de l'argile et du noir végétal, il est indispensable de les priver de toutes les matières solubles que l'on y rencontre toujours dans leur état ordinaire.

On choisit une terre alumineuse, sans calcaire, la terre d'Espagne par exemple. On en forme une bouillie claire avec de l'eau bien propre ; on laisse reposer et dans peu de temps l'eau qui surnage peut être décantée et rejetée. On ajoute encore de l'eau pour remettre l'argile en bouillie, afin de la bien laver, et de lui enlever ses principes solubles. Après précipitation, on se débarrasse de l'eau surnageante et l'argile, étant égouttée sur une toile grossière, prend de la consistance et peut servir au but qu'on se propose.

Dans cet état, on prend 1 à 2 kilog. d'argile par hectol. d'alcool à décolorer. On les délaie dans de l'alcool qu'on y verse peu à peu, afin de produire une bouillie claire, sans grumeaux. L'argile étant ainsi bien étendue, on la verse dans le fût d'alcool qu'on a soin de rouler pendant quelques minutes afin de mettre la terre alumineuse en contact avec la matière colorante. On renouvelle l'agitation du fût une fois ou deux dans la journée, puis on abandonne le liquide au repos. Par sa densité, l'argile tend à tomber au fond du fût, entraînant avec elle la matière colorante avec laquelle elle a formé une espèce de laque. Aussitôt que la matière terreuse s'est précipitée on doit soutirer l'alcool. Si la décoloration n'est pas complète, on procède de la manière suivante : l'alcool étant soutiré, on y verse par chaque hectol. 2 kilog. de charbon végétal en poudre impalpable. Cette poudre se prépare avec de la braise de boulanger, bien brûlée, criblée pour en enlever les cendres, ensuite lavée à l'eau bouillante, puis desséchée. Par ce traitement, la braise perd les sels solubles qu'elle contient et devient propre à la décoloration de l'alcool sans lui communiquer aucun goût. La braise doit ensuite être pulvérisée dans un mortier et tamisée, afin d'être en poudre impalpable, condition essentielle pour la réussite.

Avant de mêler la poudre noire au liquide, il est nécessaire de l'imbiber peu à peu d'alcool, d'en former une bouillie très claire, ne présentant aucune agglomération de matière charbonneuse. Dans cet état, on verse le noir décolorant dans le fût à alcool, on agite, on roule la futaille, afin que les particules de charbon répandues dans tout le liquide puissent atteindre la matière colorante et l'absorber. On maintient le charbon en suspension dans le liquide au moyen de l'agitation pendant une ou deux heures seulement et l'on procède ensuite à la filtration.

La filtration a pour but de séparer rapidement le charbon de l'alcool, de peur que ce dernier ne finisse par contracter de goût étranger.

La filtration de l'alcool doit se faire en vase clos pour éviter l'évaporation et la perte du liquide spiritueux.

Distillation des vins. — Le vin a été le premier liquide alcoolique soumis à la distillation. Au xve siècle on n'employait l'« esprit » qu'on en extrayait par l'alambic que pour la médecine et la pharmacie ; ce n'est que vers la fin du xvie qu'on commença à se livrer à sa consommation comme boisson et que sa fabrication augmenta.

Depuis, la distillation du vin a fait de grands progrès et le commerce s'en est considérablement développé ; en même temps s'est établie une classification pour désigner les eaux-de-vie des différentes régions vinicoles. C'est ainsi que sous le nom générique de « Cognac », nom de la ville où se tient le plus important marché de ces produits, on a eu par ordre de mérite : les grandes Champagne ou fines Champagne, les Champagne ou petites Champagne, les Borderies, les Bons Bois, les Saintonge, les Rochelle des Charentes ; sous le nom d'Armagnac, on a eu : les Bas-Armagnac, les Tenarèze, les Haut-Armagnac, du Gers et d'une partie des Landes ; puis les Marmande et les eaux-de-vie de pays, de la Gironde et du Lot-et-Garonne, les eaux-de-vie de Montpellier et les eaux-de-vie ordinaires. Certaines eaux-de-vie ont été concentrées et sont devenues des trois-six de vin ou trois-six bon goût. Enfin on a employé les résidus de la vinification et on a fait des eaux-de-vie de marcs, des trois-six de marcs, des eaux-de-vie de lies et, en dernier lieu, des eaux-de-vie de vinasses provenant des matières restant de l'alambic.

Eaux-de-vie des Charentes. — Tout en haut de l'échelle se trouvent nécessairement les eaux-de-vie des Charentes, divisées, ainsi que nous venons de le voir, en six sortes, quelquefois même en dix : Fine Champagne, Champagne, Petite Champagne, Premier Bois, Deuxième Bois, Saintonge, Saint-Jean d'Angely, Surgères, Rochelle-Aigrefeuille, et Rochelle avec les Iles (de Ré et d'Oléron). Cette division correspond à des régions disposées à peu près concentriquement et devenant de moins en moins favorables à la production de l'eau-de-vie fine par excellence à mesure qu'elles s'éloignent du centre, qui est Segonzac.

Choix du vin. — Les conditions nécessaires à la bonne qualité de l'eau-de-vie résultent de la nature du sol, du climat, des circonstances atmosphériques qui amènent le vin à maturité, du cépage, du pressurage du raisin, du logement du vin, du temps accordé à la fermentation, de l'élimination des lies, du mode de distillation, des soins donnés à celle-ci, de la force de l'eau-de-vie et de sa conservation. Il existe en Charentes plusieurs sortes de vignes, notamment la Folle blanche, qui a toujours été l'essence dominante; le Colombier, le Jurançon, le Noir de Chartres, le Balzac, le Saint-Emilion, le Dégouttant, le Pinot, etc. Après distillation comparative de ces différents cépages, la Folle blanche mérite les préférences, son raisin n'a aucun goût de terroir; il est toutefois légèrement aromatisé du parfum de la fleur de la vigne, si légèrement qu'on le distingue à peine, mais ce parfum se retrouve concentré dans le bouquet de l'eau-de-vie, et c'est là surtout ce qui caractérise le cépage.

Au moment de la préparation du vin, il importe que le pressurage s'opère rapidement. Si l'action est lente, qu'elle dure un ou deux jours, par exemple, il y a macération, la fermentation commence, le moût séjournant avec la rafle devient âpre, et par suite donne une eau-de-vie dure.

Quelques personnes logent le moût en barriques, d'autres en tierçons, d'autres en tonneaux, d'autres en citernes. Sauf ce dernier procédé, tous sont bons, pourvu qu'on puisse fermer hermétiquement les pièces, et que celles-ci n'aient subi aucune altération. Autrefois, dans les années d'abondance, lorsqu'il y avait pénurie de futailles, on commençait à distiller le huitième ou le neuvième jour. C'était trop tôt. Le rendement dans ce cas est insuffisant, car la fermentation n'est pas achevée, et si l'eau-de-vie est douce, en revanche elle manque de corps.

Quelquefois, au contraire, la récolte est tellement nulle que, n'osant pour si peu se mettre en frais de distillation, on attend pour la joindre à la suivante. C'est encore un tort. Pour ne rien perdre en rendement comme en qualité, on doit distiller quinze jours après que la fermentation est reconnue terminée. Les vins des Charentes bien constitués ont généralement de 8 à 10°.

Certains distillateurs persistent à soutenir que la lie fait le cachet du cru, que ce n'est que par elle que l'eau-de-vie de Champagne se maintient au premier rang, qu'il est donc nécessaire de la distiller avec le vin. D'autres pensent que c'est une faute grave; que la lie contient de la terre, des excréments d'insectes déposés sur le raisin, des insectes même; qu'il n'y a dans ce résidu aucune essence capable d'améliorer une marchandise quelconque. Nous croyons cette dernière opinion exagérée; en tout cas on peut séparer le vin de ses lies, et afin de ne pas les perdre, les laver avec de l'eau qu'on distille ensuite.

Ces différentes considérations et particulièrement celles qui découlent d'une façon directe du climat, de la nature du sol, du cépage, doivent faire comprendre combien il est impossible d'atteindre avec des eaux-de-vie, même bien faites, la perfection de celles préparées dans le vignoble charentais. Ni l'Espagne, ni l'Italie, ni aucun autre pays ne peut réunir tous les éléments nécessaires à un produit aussi remarquable. Encore moins les fabrications avec des alcools d'industrie et des essences, qui se pratiquent si largement en Allemagne et en Autriche, ne peuvent-elles être mises en parallèle avec les eaux-de-vie des Charentes.

Vin sucré, vin alcoolisé. — Dans ces dernières années, lorsque le vin était d'un faible degré, on le remontait par l'addition de sucre à la vendange; mais on s'est vite aperçu que les eaux-de-vie extraites de ce vin n'avaient pas toutes les qualités de finesse qu'on rencontre dans celles de vin non sucré; elles ont moins de parfum, elles sont sèches, ne se bonifient pas en vieillissant. Il est certain que le vin ainsi opéré diffère de celui de jus absolument pur, il y a diminution de la proportion de quelques-uns des éléments constitutifs. Le sucre introduit avec lui, il est vrai, une quantité d'alcool qui peut élever le degré de spirituosité au niveau du titre des vins de moût pur de bonnes années, mais il ne lui apporte aucun des autres éléments qui viennent du raisin uniquement. Les vins remontés par le sucrage à la cuve ont une moindre quantité d'extrait sec; ils contiennent plus de sucre réducteur, un peu moins d'acides organiques et de cendres. Leurs cendres n'ont pas la même alcalinité si le sucrage a été fort. Les principes vineux, éthérés, les essences aromatiques, les huiles essentielles auxquelles on attribue le parfum, le bouquet des eaux-de-vie, se trouvant répartis dans une plus grande quantité d'alcool, n'ont plus la même intensité. Le sucrage des vins pour la production des eaux-de-vie fines a donc été condamné.

Pour remonter le vin on a essayé aussi le vinage, il a tous les défauts du sucrage. Des eaux-de-vie préparées avec des vins ainsi travaillés ne peuvent plus être considérées comme pures et vendues sous cette dénomination.

Choix des alambics. — C'est l'alambic primitif, composé, comme dans le dessin que nous donnons ici (fig. 23), d'un fourneau avec sa

FIG. 23.

chaudière ou cucurbite (*ab*), surmontée d'un chapiteau (*c*) relié par un col de cygne (*c'*) au serpentin (*d*) contenu dans un seau réfrigérant (*e*) qui a servi à distiller les premières eaux-de-vie. Avec ces appareils, pour arriver au degré voulu, on est obligé de faire une ou deux « repasses ».

Depuis et afin d'éviter ce double et triple travail, on a construit des alambics permettant d'obtenir du premier coup le titre alcoolique désiré, grâce à un plateau rectificateur; on y adjoint parfois un chauffe-vin qui prépare une nouvelle quantité de vin avant son entrée dans la cucurbite pour une opération subséquente.

Les alambics compliqués n'ont généralement pas réussi dans les Charentes; on a combattu les plateaux de rectification.

Entre la chaudière simple et celle à chauffe-vin il y a, selon certains praticiens, une différence énorme; certes ils ont reconnu que ce dernier système offre une économie assez importante de calorique, mais ils lui reprochent de chauffer le vin pendant plusieurs heures avant d'entrer en ébullition, ce qui le rend âpre à l'excès et par suite ne permet pas de faire de l'eau-de-vie douce. La chaudière simple ordinaire n'a pas cet inconvénient. Après l'avoir remplie de vin, on la chauffe à toute chaleur, de manière à déterminer une prompte ébullition, puis on restreint le feu pour que la vapeur du vin ait le temps de se condenser en traversant le réfrigérant, et, par ce procédé, on arrive à un excellent résultat. Cependant Ordonneau mentionne le chauffe-vin comme un perfectionnement de l'alambic ordinaire.

Le chauffage se fait au charbon de terre ou au bois; si l'on s'en rapporte à l'opinion des distillateurs, l'eau-de-vie faite au bois est plus agréable que celle faite au charbon.

Les réfrigérants ordinaires ont l'inconvénient de nécessiter une quantité assez considérable d'eau; on a donc cherché un moyen d'y remédier. Un constructeur parisien, M. Egrot, y est parvenu, à l'aide d'un système fort ingénieux. Deux serpentins, en cuivre étamé, sont

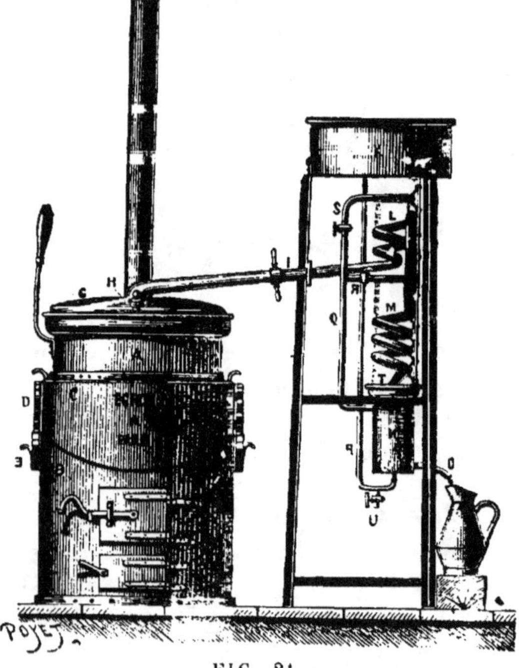

FIG. 24.

A. Chaudière de l'Alambic.
B. Fourneau en tôle.
C. Partie du fourneau en tôle qui permet à la chaudière de se déplacer et de se renverser en avant.
D. Came qui porte la chaudière et lui permet de s'avancer en avant pour se vider.
E. Chemin de roulement fixé au fourneau et sur lequel roule la came.
G. Couvercle-chapiteau portant le col de cygne et un bouchon à vis pour le remplissage.
H. Bouchon à vis pour le remplissage.
I. Raccord rapide à vis réunissant le chapiteau au réfrigérant et se fermant de lui-même sans lutage.
K. Réservoir d'eau.
L. M. Serpentins en cuivre étamé sur lesquels l'eau tombe en pluie.
N. Réfrigérant.
O. Sortie de l'eau-de-vie.
P. Tuyau amenant l'eau du réservoir au réfrigérant.
Q. Tuyau amenant sur les serpentins l'eau sortant du réfrigérant N.
R. S. Robinets de réglage de la dépense d'eau.
T. Cuvette recueillant l'eau qui a coulé sur les serpentins.
U. Robinet d'écoulement du réfrigérant.

disposés à l'air libre, une bande de grosse toile enroulée autour permet à de l'eau provenant d'un réservoir supérieur de s'évaporer rapidement au contact de ces serpentins que les vapeurs d'alcool chauffent. Cette évaporation produit un froid suffisant pour la condensation qui se trouve complétée par un petit réfrigérant placé à la partie inférieure recevant l'eau du réservoir.

Le dessin ci-contre (fig. 24) montre ce serpentin avec sa chaudière d'une disposition spéciale permettant de basculer en avant pour être vidée.

Les matières à distiller étant introduites dans la chaudière, le couvercle du chapiteau est mis en place et raccordé aux serpentins, les robinets de réglage de l'eau sont fermés et le réservoir plein ; alors on allume le feu dans le fourneau. Lorsque l'ébullition s'est produite dans la chaudière et que le premier serpentin commence à s'échauffer, on ouvre légèrement les robinets d'eau, de manière que celle-ci se répande en pluie très fine. Les vapeurs impures qui se condensent dans le serpentin retournent dans la chaudière ; seules les vapeurs

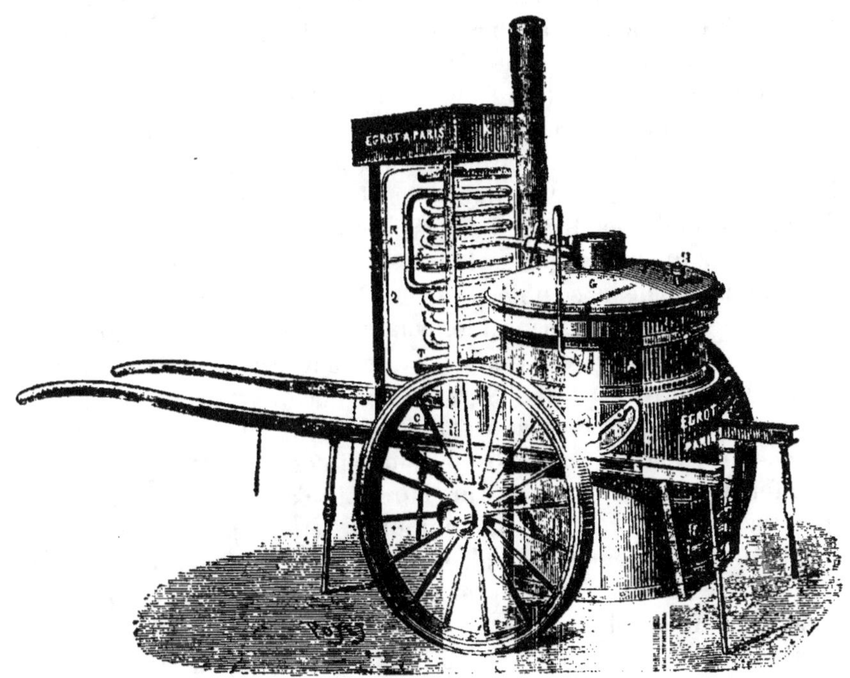

FIG. 25.

d'eau-de-vie passent dans le second serpentin, s'y condensent, se refroidissent dans le réfrigérant inférieur, et sont recueillies à la sortie. Par le jeu des robinets de réglage de la dépense d'eau qu'on tient ouverts ou fermés, on distille rapidement sans produire d'eau-de-vie rectifiée ni à fort degré, ou au contraire on obtient du premier jet 60 et 70 degrés.

Bien que ce système de serpentins puisse s'adapter à tous les genres de chaudières, nous avons noté en passant que celui, dont nous donnions le dessin, était accompagné d'une chaudière basculante ; le modèle sur roues, pour bouilleur ambulant, vu sur le côté (fig. 25), permet de se rendre compte du mécanisme de la bascule, en se reportant pour les lettres à la description faite pour l'appareil précédent.

Ces alambics, ainsi aménagés, permettent d'être maniés facilement, nettoyés, remplis et vidés avec promptitude. Ils consomment une quantité d'eau de moitié moins importante que les autres.

Distillation. — La distillation des vins dans les Charentes se fait dès que la fermentation est complètement terminée, c'est-à-dire en novembre et décembre. En se servant de l'alambic primitif de quatre à cinq hectolitres, l'opérateur doit, après la chaudière chargée, pousser à l'ébullition aussi rapidement que possible, afin que le vin n'ait pas le temps de prendre d'âpreté; il règle ensuite le feu, de façon à obtenir une quantité régulière de litres par heure, quantité qui est déterminée par la contenance de l'alambic. Le produit de cette première distillation est appelé brouilli; c'est en distillant une ou deux fois ce brouilli, qu'on a la véritable eau-de-vie.

Dans le brouilli, on distingue deux parties : la tête, ce qui sort en premier, et la queue, ce qui sort en dernier. Si l'on devait distiller la tête et la queue ensemble, trois brouillis suffiraient pour une chauffe, mais il est indispensable, pour faire bon, de brûler quatre têtes. A cet effet, on reçoit, d'une part, le quart du brouilli que l'on conserve et, d'autre part, la différence entre le quart et le tiers, soit un douzième, que l'on repasse à l'alambic avec le vin. Avant de soumettre à la distillation les quatre têtes obtenues par cette opération, quatre fois répétée, on lave à l'eau claire tout l'appareil : chaudière, serpentins, tuyaux, conducteurs, entonnoir, etc..., puis on charge, on chauffe, et du moment où l'alcool commence à couler, on s'empresse d'en règler le courant et de le maintenir, en entretenant, du commencement à la fin, le même degré de chaleur, attendu qu'une chaleur irrégulière produit ce qu'on appelle le coup de feu, dont l'effet, sur la qualité de l'eau de-vie, est fort désagréable.

L'eau-de-vie destinée à être consommée jeune, doit se rapprocher de 67 degrés; celle, au contraire, qui est destinée à s'affaiblir naturellement en vieillissant, de 70 à 74 et même 78°, sans quoi, à trente ans elle n'aurait plus de corps. En un mot, elle serait passée, avant d'avoir acquis le rancio nécessaire pour la rendre agréable.

Selon les appareils, on procède en une ou deux distillations. Les vins très parfumés sont soumis seulement deux fois à l'alambic; une première opération produit un brouilli, puis celui-ci est soumis à une seconde chauffe ou repasse, qui donne l'eau-de-vie au degré désiré. A la première distillation, on laisse tout couler dans un même récipient; c'est à la seconde qu'on fractionne le produit, en séparant les éthers mauvais goût qui apparaissent au début de la distillation, et les huiles empyreumatiques qui viennent à la fin, lorsque le degré tombe à 40° centésimaux environ. On ne classe comme bon que le cœur de l'opération.

Les mauvais goûts de tête et de queue, réunis, sont redistillés à nouveau avec le vin de la charge suivante.

Dans les alambics à plateau ou à lentille de rectification, on obtient du premier jet des eaux-de-vie à 60 et 70°; mais nous le répétons, ces systèmes, aux dire des spécialistes, ne fournissent pas des eaux-de-vie aussi fines que l'appareil ordinaire où les repasses sont nécessaires; ils leur reprochent d'être plus sèches.

L'eau-de-vie ainsi distillée est logée dans des tierçons ou fûts d'environ cinq hectolitres; ces récipients en beau chêne sont préalablement lavés à l'eau bouillante s'ils n'ont pas encore servi, afin que les principes solubles du bois ne donnent pas à l'eau-de-vie un goût désagréable. Le liquide spiritueux s'évapore pendant le temps de son logement en futailles. On a constaté que cinq hectolitres d'eau-de-vie à 70°, conservée vingt-cinq ans dans le même tonneau, n'a plus donné après ce temps que trois hectolitres et demi d'une eau-de-vie à 50°. D'après les propriétaires, les eaux-de-vie vieilles doivent être placées dans un lieu sec et les nouvelles dans un lieu humide; dans le premier cas c'est l'eau qui disparaît, dans le second c'est l'alcool qui s'évapore le plus.

La futaille ne sera bonne qu'à la condition d'être en chêne; autrefois on voulait que ce bois vînt du Limousin, et qu'il eût 80 à 100 ans au moment de l'abattu, enfin qu'après avoir été tronçonné et fendu il séchât pendant cinq ans avant d'être employé.

Depuis que ces sortes de chênes, pour cause d'épuisement, ont augmenté de prix, le commerce s'est approvisionné dans d'autres régions françaises, puis en Autriche, en Amérique, etc.

Ces bois, quoique inférieurs, suffisent pour faire une expédition d'eau-de-vie qui sera consommée de suite, mais pour loger une eau-de-vie pendant 30 ou 40 ans, jusqu'à ce qu'elle soit bien fondue, que le bois du Limousin soit à n'importe quel taux, on doit lui donner la préférence.

Les tierçons sont les meilleurs vaisseaux; pour les quartauts de

100 litres, on prend des bois de 25 à 30 ans; pour les barriques, du bois de 40 à 50 ans. Ces bois trop jeunes n'ont qu'un cœur mou, dont le tanin rend l'eau-de-vie amère. Au contraire, pour les tierçons d'une contenance de 5 à 6 hectolitres, les douves longues et larges doivent être prises dans de vieux et gros arbres, tout cœur, dont le bois serré dégage lentement son tanin doux qui, en se combinant avec l'eau-de-vie, lui donne un rancio agréable se rapprochant quelque peu du goût de la noisette. Les tierçons doivent être fabriqués au moins un an avant d'être employés.

Vieillissement des eaux-de-vie. — Normalement, les eaux-de-vie des Charentes vieillissent d'elles-mêmes et au bout de 20 ou 30 ans elles peuvent aller à la consommation selon le degré qu'elles avaient au moment de leur distillation, mais il arrive parfois qu'on est obligé de les rendre plus rapidement aptes à être embouteillées et livrées au commerce. On leur fait alors subir un mouillage avec de l'eau distillée ou on abaisse leur degré avec des petites eaux ou eaux-de-vie faibles de 20 à 22° provenant des premières ou dernières distillations, étendues d'eau distillée. Ces petites eaux, versées dans des fûts bondés, sont laissées vieillir sans ouillage pendant une année au moins et prennent dans les fûts un goût de vieux qu'elles communiquent plus tard aux eaux-de-vie fortes auxquelles on les mélange pour en abaisser le degré; le séjour des petites eaux dans les fûts neufs enlève au bois du tanin, des matières extractives et aromatiques qui contribuent à donner au bout de peu de temps de mélange de la couleur ambrée et du parfum aux eaux-de-vie jeunes à vieillir. Parfois quand on se sert de fûts déjà usagés, on y introduit des copeaux de chêne qui donnent aux petites eaux les principes utiles à leur ton.

Ces eaux-de-vie faibles ne peuvent avoir moins de 16 à 17° étant vieilles; au-dessous de cette force, elles s'altèrent facilement et ne sont plus employables.

Les recherches d'abaissement de degré par le mouillage ou les petites eaux pour des volumes d'eau-de-vie donnés se font d'après les calculs que nous avons indiqués à l'alcoométrie.

Les manipulations que nous venons de décrire ne s'appliquent pas, bien entendu, aux très fins produits qui ne doivent arriver au degré voulu pour être des eaux-de-vie de bouche qu'en vieillissant naturellement.

Sirupage. — Les eaux-de-vie une fois descendues vers 52° sont considérées comme pouvant être consommées; cependant, avant de les mettre en bouteilles, on y ajoute un sirop qui donne du moelleux et réduit l'alcool à 50°. Ce sirop de sucre de canne, absolument pur, est préparé de longue date; il est coupé avec deux parties d'excellente eau-de-vie de cognac, il doit avoir au moins 5 à 6 ans; pour les vieilles fines Champagne même, il a 15 à 20 ans, avant d'être employé; un litre de sirop qui pèse 34 à 35° au pèse-sirop Beaumé, fait descendre l'eau-de-vie de 2 degrés centésimaux.

Quand on fait des mélanges d'eaux-de-vie avec des petites eaux, le coupage se pratique après cette opération.

Expédition. — Ces expéditions, lorsqu'elles se font en fûts, portent sur des eaux-de-vie vers 60°; lorsqu'elles se font en bouteilles, sur des eaux-de-vie à 50°. Les premières sont abaissées à 50° par l'acheteur pour être livrées ensuite à la consommation, les secondes peuvent y aller directement.

Les expéditions des unes et des autres se font avec les mêmes soins que les vins fins dont il a été question au traitement des vins.

Eaux-de-vie de l'Armagnac. — Les eaux-de-vie de cette région qui comprend le Gers, une partie des Landes, voire même un coin du Lot-et-Garonne, jouissent, après les cognacs, d'une excellente renommée. C'est le même cépage, appelée Piquepoul au lieu de Folle blanche comme en Charentes, qui fournit le vin destiné à l'alambic. Mais il a plus de sève, il est plus rude, plus sec et a moins de qualités concentrées en lui; par suite, l'eau-de-vie qu'il produit, tout en étant excellente, n'a pas la perfection des fines Champagne. Ce fait prouve bien qu'on ne saurait prétendre obtenir du cognac en dehors de la région charentaise.

La préparation des vins de chaudière est la même que celle en usage dans les Charentes, la distillation se fait d'après les mêmes procédés. Ces eaux-de-vie se vendent au titre de 52°, qu'on obtient généralement du premier jet.

Les vinasses résultant de la distillation des vins d'Armagnac contiennent encore beaucoup d'alcool; on a proposé, pour éviter cette perte, d'employer des appareils permettant de faire un travail continu; nous dirons plus loin quelques mots de ces grands alambics qui n'ont pas été admis par tous les bouilleurs de l'Armagnac. Comme ceux des Charentes, ils semblent préférer encore l'alambic primitif ou celui avec chauffe-vin. Cela se comprend : comme dans la distillation continue il n'y a ni commencement ni fin d'opération, on ne peut éliminer les têtes et les queues; par suite, les eaux-de-vie renferment des huiles empyreumatiques nuisibles à son bon goût. En général, pour les eaux-de-vie fines, les alambics compliqués avec des tuyautages nombreux, des plateaux, etc., ne sont pas en faveur. Les systèmes de rectification ont l'inconvénient de produire des eaux-de-vie trop neutres, ne participant plus autant des éthers des vins qui disparaissent en partie dans les vapeurs alcooliques.

Eaux-de-vie de Marmande et de pays. — Ces eaux-de-vie sont rares aujourd'hui; les petits vins blancs de la Gironde et du Lot-et-Garonne qui les produisaient ont disparu par le fait du phylloxéra, ou ceux qu'on fait encore sont vendus pour entrer dans la consommation, soit tels quels, soit dans les coupages.

Les eaux-de-vie de Marmande proviennent encore de la distillation des vins blancs, elles sont moelleuses, mais ont un certain goût de terroir qui les déprécie. On leur reproche de sentir la poussière. Leur distillation demande moins de soins particuliers que les précédentes, elles se vendent généralement au titre de 52°. Elles gagnent en vieillissant.

Eaux-de-vie de Montpellier et ordinaires. — Autrefois, lorsqu'on recueillait beaucoup de vins dans les départements méridionaux, on fabriquait régulièrement des eaux-de-vie dont une partie servait, le cas échéant, au remontage des vins et dont l'autre était consommée dans le pays. L'Aude, l'Hérault, le Gard, etc., faisaient des quantités de ces spiritueux ; ils avaient peu de finesse et un bouquet très faible. Lorsqu'ils étaient faits avec des vins bien sains, ils avaient encore quelques mérites, mais quand on employait des vins malades, ils contractaient des goûts âcres et secs qui en éloignaient l'acheteur.

Choix des vins. — Comme toujours, les eaux-de-vie provenant des vins blancs étaient les meilleures. Cette aptitude des vins blancs à fournir un alcool plus délicat est due à ce que, n'ayant pas cuvé sur la pellicule et sur la rafle du raisin, ils contiennent beaucoup moins d'huiles essentielles ; on sait que ces huiles résident dans la pellicule, dans les pépins, et qu'elles se dissolvent facilement dans l'alcool formé pendant la fermentation.

Cependant, on fait aussi des eaux-de-vie dans toutes ces régions avec des vins rouges et des vins avariés.

Traitement des vins piqués. — Les vins tournés, poussés, filants, amers, peuvent être portés à l'alambic, sans avoir subi aucun traitement préalable, à la condition de séparer les têtes et les queues à la distillation; mais il n'en est pas de même s'il s'agit de vins piqués. Ceux-ci contenant de l'acide acétique, donnent de l'eau-de-vie d'une acidité prononcée, d'un goût âpre et dur. Avant de les distiller, il est nécessaire de saturer une partie de cet acide acétique au moyen d'une matière alcaline : soude, potasse, baryte, chaux. En raison de son peu de solubilité, la chaux semble mériter la préférence, toutefois après le tartrate neutre de potasse.

La dose de saturant est variable comme le degré d'acidité du vin. En général, sans s'astreindre à un dosage parfaitement exact, on peut obtenir un bon résultat en ajoutant au vin piqué cinquante grammes de chaux vive, par hectolitre. On pèse la chaux grasse, récemment cuite, à l'état de pierre et, en y ajoutant de l'eau, on la transforme en lait de chaux léger, autant que possible sans grumeaux. On verse le lait de chaux dans le vin, en agitant bien pour faciliter le mélange. On laisse le liquide en repos pendant vingt-quatre heures, et, avant de l'envoyer à la chaudière, on le soutire pour le séparer du dépôt calcaire.

Le vin, ainsi traité, distillé avec soin, donne de l'eau-de-vie plus franche, plus moelleuse. Il est bon de procéder à deux distillations successives de ce vin, afin de faire disparaître les produits calciques qui pourraient passer dans l'eau-de-vie à la première chauffe et l'infecter.

Le tartrate neutre de potasse, dont l'emploi a été indiqué aux maladies des vins, ne nécessite pas les mêmes précautions. On peut distiller le vin rétabli par ce moyen en vue d'obtenir une eau-de-vie à 60 ou 70° du premier jet.

Les vins à goût de moisi, de fût, de bouchon, etc., doivent être traités à l'huile avant distillation.

Distillation. — Toutes ces eaux-de-vie étaient jadis obtenues à l'aide d'alambics primitifs. Cependant, grâce aux progrès faits par les constructeurs, on est arrivé à organiser des appareils qui fonctionnent plus rapidement, et comme il n'y a pas à se préoccuper de la conservation des éthers du vin, ainsi que cela est nécessaire dans les Charentes ou dans l'Armagnac ; qu'au contraire, il y a lieu de chercher à faire disparaître les goûts durs et âcres, fournis par les vins ordinaires, on a adopté les systèmes à rectification et à travail continu, puisqu'il n'y a plus à séparer les têtes et les queues de la distillation. Par suite, si chez quelques propriétaires on rencontre encore des alambics simples, chez les bouilleurs de profession, on voit maintenant des appareils importants qui leur permettent d'obtenir rapidement à des prix plus réduits, du premier jet, des eaux-de-vie nettes de goût. Ces grands alambics, quoique de formes bien diverses, contiennent à peu près tous les mêmes organes. Au-dessus de la chaudière se trouvent disposés des plateaux de rectification placés les uns au-dessus des autres, puis une colonne à rectifier, laquelle est directement en communication par un col de cygne avec le serpentin au-dessus duquel est un chauffe-vin. Le vin arrive dans un réservoir placé au-dessus de l'appareil. La maison Egrot, connue pour la perfection de sa construction, a bien voulu nous fournir le dessin d'un de ses modèles les plus habituellement en usage. C'est ce modèle que nous reproduisons ici (fig. 26).

Dans cet alambic le vin, élevé dans une cuve située au-dessus de l'installation, s'écoule dans la cuvette régulatrice R et de là dans l'entonnoir J, qui le porte à la base du serpentin chauffe-vin (ou à la base du réfrigérant G, lorsqu'on ne le refroidit pas avec de l'eau). Le vin en sort par le tuyau K, qui le conduit dans le premier plateau A de distillation. Après en avoir parcouru les galeries, le vin tombe dans le deuxième plateau A, et ainsi de suite. En parcourant les galeries des plateaux A, le vin y rencontre une grande quantité de petits bouilleurs, qui divisent fortement la vapeur en circulation, ce qui agite sans cesse le vin et le dépouille facilement de l'alcool qu'il contient. Le vin tombe du dernier plateau A, complètement épuisé, à l'état de vinasse, dans la chaudière *a*, d'où il s'écoule constamment dans le siphon *b*.

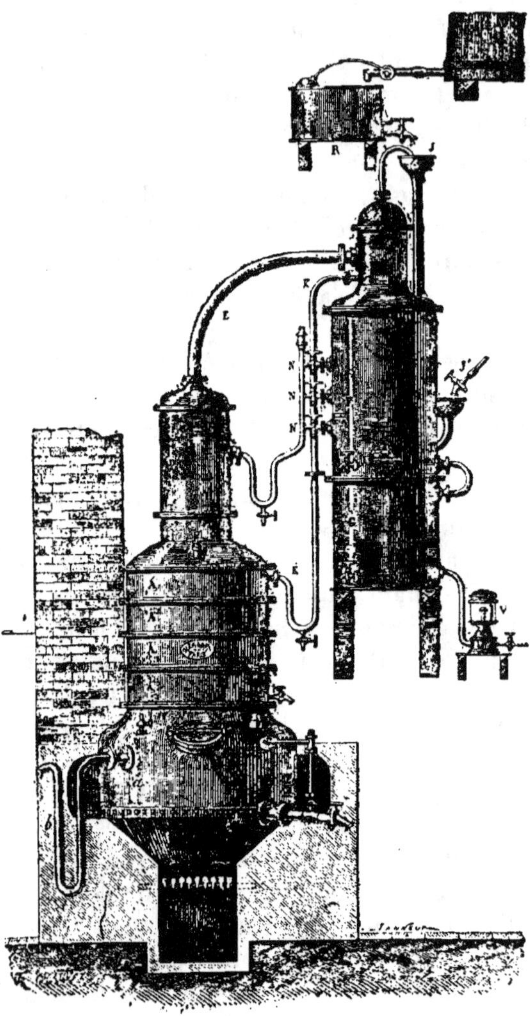

FIG. 26.

Les vapeurs alcooliques formées dans les plateaux A s'élèvent dans la colonne à rectifier D, où elles se dépouillent de leur âcreté et gagnent par le col de cygne E le serpentin chauffe-vin contenu dans l'enveloppe F. Suivant qu'on veut obtenir un degré plus ou moins fort, on ouvre les trois ou deux ou un seul des robinets de rétrogradation N, qui font revenir les petites eaux dans la colonne à rectifier, où on laisse les robinets fermés. Les vapeurs se condensent dans le réfrigerant G, ou dans la partie inférieure du chauffe-vin lorsque l'appareil n'a pas de refrigérant. Le produit sort de l'appareil en traversant l'éprouvette V qui, par sa construction, permet de constater le degré du produit et d'éviter toute déperdition à l'air.

On produit, avec ces sortes d'appareils, du premier coup, des eaux-de-vie à 50, 60 et 70 degrés à la volonté de l'opérateur. Celui que nous avons représenté est installé à demeure dans un bâti en maçonnerie ; il y en a de moins importants disposés sur des fourneaux ordinaires en tôle ou sur des fourneaux à bain-marie pour éviter les coups de feu, ou enfin, dans de plus grandes exploitations, chauffés à la vapeur. On en fabrique aussi de portatifs montés sur roues pour les bouilleurs ambulants ; ces alambics sont alors le plus souvent à feu nu. Afin de prendre le moins de place possible et de réduire les hauteurs, on donne parfois à la chaudière, aux plateaux et au chauffe-vin une forme rectangulaire.

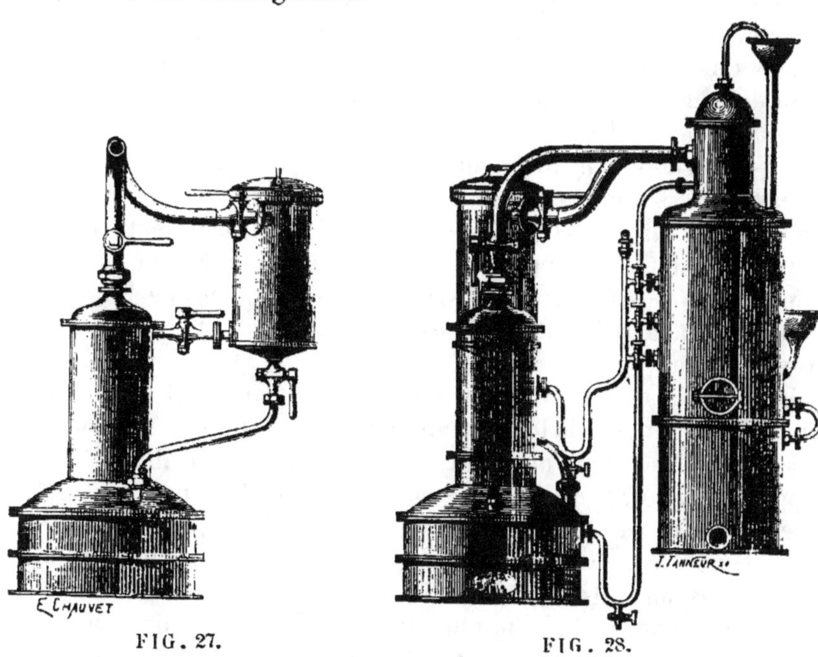

FIG. 27. FIG. 28.

Dans toutes les régions vinicoles, chez toutes les nations où on produit du vin, on se livre à la distillation. En Italie, en Espagne, on prépare des eaux-de-vie qui ne manquent pas d'un certain cachet.

Au début le travail se faisait assez mal, mais peu à peu les appareils perfectionnés ont fait leur entrée chez nos voisins et ils obtiennent des produits très bons. Ce ne sont évidemment ni des cognacs, ni des armagnacs et la distillation même charentaise ne leur permet pas de rivaliser avec ces excellentes eaux-de-vie fines; mais, comme produits ordinaires, ils arrivent certes à de jolis résultats.

En Espagne, en Portugal et dans quelques autres pays de l'Amérique du sud où on commence à produire du vin et à distiller, on fait grand cas des eaux-de-vie anisées. Autrefois on anisait en mêlant le parfum dans le vin, aujourd'hui on construit des boîtes à aniser ou anisateurs qu'on place sur le côté de la colonne de rectification. Nous donnons ci-dessus le dessin de cette boîte à aniser vue sur le côté (fig. 27) et celui de l'appareil Egrot. muni de sa boîte qu'on aperçoit derrière (fig. 28). Deux robinets à clef permettent d'isoler l'anisateur si à un moment donné on ne voulait plus s'en servir.

Ces boîtes peuvent être employées pour aromatiser les eaux-de-vie avec n'importe quel parfum. On en comprend le fonctionnement; le robinet faisant communiquer directement la colonne de rectification ou le chapiteau avec le col de cygne, les vapeurs alcooliques s'engagent dans la boîte à parfum ; lorsqu'elles l'ont traversé, elles sortent dans le col de cygne tout aromatisées.

Lutage des appareils. — Il importe que tous les joints des alambics soient parfaitement lutés, afin que les vapeurs alcooliques qui se dégagent ne sortent pas au dehors. Ce point est capital, car non seulement il y aurait perte d'une partie du produit, mais encore les vapeurs pourraient s'enflammer au contact d'une lumière ou du feu, et causer de graves accidents. Il y a plusieurs systèmes de lutage : les uns se font à l'aide de mastics spéciaux, les autres avec des couronnes d'eau.

Mais, tout d'abord, les différents éléments composant l'alambic seront solidement réunis les uns aux autres. On obtient cette jonction à l'aide de boulons, de vis de serrage ou encore, comme dans les appareils Egrot, par de petites pièces de métal ou noix à gorge intérieure, fixées en nombre suffisant à une portion de l'alambic et dans chacune desquelles vient s'engager une goupille adaptée à la portion correspondante de l'appareil ; la noix tourne à l'aide d'une manette autour de son attache qui lui sert de centre, mais comme tous les points de la gorge ne sont pas à égale distance de ce centre, la goupille qui y est engagée glisse à la manière du galet d'un excentrique, se rapproche du centre et entraîne avec elle, par forcement, en les serrant l'une contre l'autre, les pièces qui doivent être jointes.

Des collets ménagés à ces pièces, permettant de les introduire les unes dans les autres, contribuent à assurer aux différents systèmes de joints une fermeture complète.

Malgré ces dispositions, il est bon de luter avec certains mastics. On en prépare avec du sang frais et de la chaux, ou des cendres de bois, ou encore des œufs ; le sang mêlé avec une de ces matières forme une pâte épaisse qui, en se séchant, durcit et bouche tous les interstices. La terre glaise avec de l'huile, le lait et la chaux ou la potasse, la farine avec de la colle sont aussi employés pour faire le lutage. Le joint hydraulique est aussi en usage, mais il ne sert guère que pour les alambics simples, et pour luter le chapiteau sur la cucurbite. Celle-ci se termine, à sa partie supérieure, par une couronne circulaire dans laquelle on verse de l'eau, le collet du chapiteau s'y engage. La fermeture est hermétique, les vapeurs d'alcool, s'il s'en présente, étant arrêtées par l'eau qu'elles ne peuvent traverser. Le joint hydraulique est bon, mais il demande à être surveillé, car l'eau s'évapore peu à peu et a besoin d'être renouvelée ; si elle s'échauffe trop, elle n'est plus suffisamment efficace.

Accidents de chaudière. — Avec des appareils bien conditionnés, il n'y a pas d'accidents à craindre, cependant il faudra s'assurer qu'une ventilation suffisante est donnée aux locaux dans lesquels on opère, de manière à ce que les vapeurs et les éthers qui peuvent s'échapper des alambics ne s'enflamment pas. Dans le cas où on se servirait de vapeur ou de bain-marie dans la chauffe, on aura soin qu'il ne se produise pas de vide, ou que la pression ne soit pas trop forte ; des manomètres permettent de se rendre compte de ce qui se passe dans les chaudières. Quand on distille à feu nu, on prendra toutes les précautions nécessaires pour éviter les coups de feu qui donnent de très mauvais goûts aux alcools ; il est prudent de bien répartir le combustible sur les grilles et de l'entretenir d'une façon régulière.

Eaux-de-vie de vignes américaines. — On a essayé, dans ces derniers temps, de tirer de l'eau-de-vie des vins produits directement par des vignes américaines ; mais on en a fait en peu d'endroits, par petites quantités, en tâtonnant, presque au hasard, car ici on marche dans l'inconnu.

Parmi ces eaux-de-vie, celle qui a été faite avec du vin de Jacquez a paru bien plus franche que les autres qui ressemblent plutôt à des liqueurs de goût fort variés. Cette eau-de-vie n'a pas ou presque pas de goût foxé ; en vieillissant elle devient assez présentable. Mais pour obtenir ce bon résultat, il faut commencer par produire un vin de Jacquez neutre de goût. Rappelons que le vin de ce cépage, pour remplir la condition que nous venons d'indiquer, doit provenir de Jacquez sélectionnés, à production abondante, à jus rouge ne tournant ni au bleu métallique, ni au jaune; à peau peu épaisse; plantés en terre assez fertile, suffisamment fumée. Le moût doit avoir été vinifié avec soin, sans addition du vin de presse au vin de goutte, le vin de presse contenant des huiles essentielles qui développent le goût foxé dans beaucoup de vins de Jacquez.

On a fondé de grandes espérances sur l'Elvira, dont le raisin, d'après certains américanistes, doit remplacer celui de la Folle blanche pour la production des grands crus d'eau-de-vie. L'Elvira est un cépage de fertilité tout juste moyenne. On peut lui reprocher d'abord une production insuffisante si on la compare à celle de la plupart de nos vignes à vin blanc. La peau de son grain est épaisse, sa pulpe peu juteuse. De plus, l'Elvira exige, pour réussir, des terrains à la fois riches, profonds, frais et perméables, qualités qui se trouvent assez rarement réunies. On peut reprocher aussi à l'Elvira le goût particulier de son vin celui de fraise pourrie suivant les uns, ceux de la fraise fraîche, de la rose, de l'ananas, de la pêche, de là groseille, de la fleur d'oranger, de la framboise, etc., suivant les autres. Nécessairement ces odeurs et ces saveurs se retrouvent dans l'eau-de-vie d'Elvira.

On a aussi utilisé le Noah à plusieurs reprises, dans le même but que l'Elvira. Le Noah n'est pas plus fertile que son confrère et possède, d'une manière générale, les mêmes caractères; son goût foxé est peut-être plus développé. Tous les vins de Noah ont aussi un bouquet extrêmement prononcé et ce bouquet rappelle tantôt la fraise, tantôt la framboise. Ces saveurs persistent, bien entendu, dans l'eau-de-vie, comme pour l'Elvira. Cependant on a pu fabriquer des produits relativement agréables et sans parfum trop étrange en mélangeant des raisins d'Elvira à ceux de Noah.

Traitement des eaux-de-vie. — Les eaux-de-vie, au sortir de l'alambic, sont absolument blanches; c'est, ainsi que nous l'avons déjà observé dans les tonneaux de chêne où on les loge, qu'en vieillissant elles se colorent, deviennent ambrées, perdent de leur degré et enfin peuvent aller à la consommation. Cependant, dans certaines circonstances, quand on veut livrer au commerce des eaux-de-vie ordinaires jeunes, après en avoir abaissé le degré soit avec de l'eau, soit avec des petites eaux, on leur donne une légère teinte ambrée avec des infusions de thé ou avec du caramel. Nous examinerons plus loin, à la fabrication des eaux-de-vie communes avec des alcools d'industrie, comment se pratiquent ces manipulations.

Vieillissement artificiel. — On a essayé de nombreux systèmes pour vieillir rapidement les eaux-de-vie ; en dehors de ceux que nous avons déjà indiqués pour les fines eaux-de-vie et qui sont généralement naturels, on a tenté des moyens artificiels et particulièrement l'exposition à l'air pour permettre l'oxygénation de l'alcool ; mais cela est fort coûteux par suite de l'évaporation qui en résulte.

Cependant, c'est évidemment vers l'oxygénation que l'on doit rechercher cette maturation rapide des eaux-de-vie ; les chimistes ont démontré que le bouquet des vins et le parfum des vieux spiritueux qui se développent dans les fûts sont dus à l'oxygène de l'air qui pénètre dans le bois, le traverse et se dissout dans le liquide pour lui donner du moelleux, de l'arome. On a fait à Londres des expériences au sujet de l'influence de l'oxygène pur sur les eaux-de-vie. L'oxygénation de l'eau-de-vie s'opérait de la manière suivante : le gaz pénétrait dans le liquide par un tube étroit pendant quelques minutes sous une pression d'environ dix livres par pouce carré ; puis le tonneau était fermé immédiatement et laissé en repos pendant quelques semaines. A la comparaison d'une eau-de-vie non oxygénée et de celle qui avait été soumise à l'oxygénation, on a constaté que cette dernière était considérablement améliorée sous le rapport de la finesse du goût et de l'odeur. Il est possible que la quantité d'oxygène dissoute de cette façon dans l'eau-de-vie suffise pour produire une amélioration appréciable, mais l'exécution de l'opération, cependant, était irrationnelle, attendu que sous la pression d'une durée de seulement quelques minutes, il ne peut y avoir eu absorption que d'une faible quantité d'oxygène, tandis que la majeure partie s'est perdue. Il serait plus pratique de conduire un tube avec une ouverture très étroite jusqu'au fond du tonneau et d'introduire par ce tube, durant plusieurs jours, un jet d'oxygène qui, de cette façon, entrant en contact avec l'eau-de-vie, serait sûrement dissoute et provoquerait l'oxydation de certaines combinaisons.

On sait que l'oxygène entre pour un cinquième dans la composition de l'air atmosphérique et par conséquent il est plus pratique de se servir de celui-ci que de l'oxygène pur qui est assez coûteux. On pourrait faire un essai, par exemple, en plaçant sur la rangée des tonneaux un tuyau à bouts d'embranchement auxquels on relierait, par un morceau de tuyau en caoutchouc, des tubes en verre qui descendraient jusqu'au fond du tonneau. Un mince filet d'air serait chassé dans l'eau-de-vie par une pompe ou un réservoir à air comprimé mis en communication avec le tuyau principal. Mais comme ce courant d'air, en sortant du liquide, entraînerait des vapeurs alcooliques, on devrait prendre les mesures propres à les retenir. A travers la bonde traversée par le tube en verre qui descendrait au fond du tonneau, on pourrait poser un court tube relié à un refrigérant. L'air entrant par le long tube et chargé de vapeurs alcooliques, après s'être frayé son chemin à travers l'eau-de-vie, passerait par les courts tubes dans un tuyau collecteur pour aboutir au serpentin où les vapeurs alcooliques se condenseraient.

Pour nous cependant, il ne faudrait pas s'attendre à rencontrer dans les eaux-de-vie ainsi traitées, la finesse et le parfum qu'on obtient avec le vieillissement lent ; la douce oxygénation qui se fait à travers le bois des tonneaux est de beaucoup préférable.

On a aussi songé à employer l'électricité pour atteindre le même but ; mais, si ce fluide donne quelques résultats heureux quant à l'épuration des alcools d'industrie, il semble enlever tout cachet aux eaux-de-vie dont il fait disparaître les éthers œnanthiques qui en font la qualité.

Clarification des eaux-de-vie. — Pour clarifier les eaux-de-vie, on doit les coller à la colle de poisson, au blanc d'œuf ou à la gélatine ou à la terre d'Espagne, sorte de terre kaolineuse très efficace. Cinq grammes de colle de poisson en dissolution, quatre ou cinq blancs d'œuf, trente grammes de gélatine ou cent grammes de terre d'Espagne par hectolitre, suffisent.

La colle tombe rapidement, et le liquide prend une belle couleur ambrée et limpide. On peut le livrer après l'avoir soutiré au clair fin ; mais si, malgré le collage et la clarification qui en est la suite, on soumet l'eau-de-vie à la filtration, on lui enlève les dernières traces des corps en suspension dont la présence modifie défavorablement le bon goût du principe spiritueux. D'une eau-de-vie jeune on fait, pour ainsi dire, de l'eau-de-vie rassise.

La filtration doit se faire en vase clos, afin d'éviter l'évaporation de l'alcool et des essences aromatiques. Un filtre ordinaire dans lequel on aura eu soin de disposer comme matière filtrante du sable de rivière, ou provenant de roches dures, ou du grès pulvérisé sans mélange de matières calcaires, terreuses, préalablement bien lavé à l'eau bouillante, et rincé plusieurs fois à l'eau fraîche et pure donne une excellente clarification. Le diaphragme inférieur du filtre doit être recouvert d'une étoffe de laine blanche, peu épaisse, comme la flanelle, ou de molleton de coton à tissu pas trop serré. En traversant la couche filtrante, l'eau-de-vie y abandonne les corps qu'elle tient en suspension et en sort très limpide. Si les premiers jets du liquide étaient un peu troubles, on les jetterait en tête du filtre, et ils y subiraient une épuration complète en traversant la couche filtrante.

Avec les différentes colles que nous avons indiquées, il ne sera pas absolument nécessaire de nettoyer les foudres dans lesquels on aura opéré et de retirer expressément les lies qui auront pu se former, car elles sont généralement peu abondantes, mais cependant il vaudrait mieux faire ce nettoyage.

Le système de clarification par les copeaux a l'inconvénient de communiquer à l'eau-de-vie des goûts de résine fort désagréables, elles deviennent dures et amères. Seul le bois de chêne est bon pour ces liquides, encore ne faut-il pas qu'une trop forte partie de ses essences soit dissoute.

Altérations des eaux-de-vie. — Le goût des eaux-de-vie peut être altéré soit par des accidents de fabrication, soit par des contacts pernicieux; leur couleur même est parfois modifiée d'une façon regrettable; il est urgent de pouvoir apporter remède à ces vices qui rendent l'eau-de-vie invendable.

Accidents de chaudière, goût de cuivre. — Il arrive souvent, lorsqu'on emploie un alambic neuf, que l'eau-de-vie contracte le goût de cuivre ou de métal, parce que les organes ne sont pas sufisamment bien nettoyés. Avant donc de distiller du vin dans un alambic neuf, il faut le nettoyer avec soin à l'eau chaude, à la vapeur, et même distiller de l'eau pendant quelques heures afin de le purger entièrement des substances étrangères attachées à ses divers organes.

L'eau-de-vie défectueuse devra être réduite à 25 degrés par addition d'eau et devra être redistillée à feu modéré ; elle resortira de l'alambic dépouillée de ses défauts. Il en serait de même pour une eau-de-vie qui aurait reçu un coup de feu et aurait un goût de chaudière. Pourtant avec quelques collages énergiques on pourrait arriver à atténuer les saveurs de brûlé ou de fumée produites par une mauvaise conduite de la chauffe. On a proposé l'emploi d'une faible dose d'ammoniaque, mais ce procédé a le grand inconvénient de sécher les eaux-de-vie, d'enlever le moelleux et d'ailleurs ce mode de neutralisation des mauvais goûts n'a qu'un temps, il ne dure pas, la saveur qu'on a voulu faire disparaître revient souvent lorsque l'ammoniaque s'est évaporé.

Quand l'odeur de cuivre est peu intense, elle disparaît au bout de quelques jours, surtout si on expose l'eau-de-vie à l'air et si on l'agite un peu pendant ce temps.

Eaux-de-vie à goût de soufre. — Par suite des maladies cryptogamiques qui ont assailli la vigne, on a fait dans de nombreux vignobles des traitements au soufre.

Les soufrages faits peu de temps avant la cueillette sont, à cet égard, assez à redouter. Non seulement ils communiquent aux vins provenant des raisins ainsi opérés une saveur sulfureuse ; mais encore si, immédiatement après fermentation, ces vins sont distillés, l'eau-de-vie obtenue a aussi un goût de soufre.

Ce goût de soufre est des plus difficiles à faire disparaître, ce n'est généralement qu'à la longue qu'il cesse de se faire sentir.

L'aération est le premier moyen d'atténuation du mal dont il faut faire usage, il peut affranchir l'eau-de-vie de la saveur sulfureuse qu'elle a empruntée au moût. Le second consisterait à employer du charbon ; on sait qu'on se sert souvent de cet agent pour l'épuration des alcools. On l'emploie de différentes grosseurs ; mais fréquemment on en fait usage sous forme de poudre ; on verse celle-ci dans l'esprit, on l'y laisse 24 à 48 heures en remuant de temps en temps et on soutire après. On peut procéder aussi par filtrage sur une couche de charbon concassé.

Eaux-de-vie à odeur putride. — Cette odeur n'est pas tenace, elle cède rapidement à l'action désinfectante du charbon végétal. Il suffit de mettre par hectolitre dans le fût contenant de semblable eau-de-vie, un kilogramme de braise de boulanger bien brûlée et réduite en poudre. On agite ensuite la futaille afin de mélanger exactement la poudre noire dans l'eau-de-vie et on renouvelle cette agitation deux fois par 24 heures pendant trois jours. On laisse reposer, et le charbon, se précipitant au fond de la futaille, laisse l'eau-de-vie claire et limpide. Si la clarification se fait attendre, on colle alors à la gélatine.

Le charbon végétal enlève les mauvaises odeurs, mais il absorbe également les bonnes, il ne faut donc l'employer qu'avec modération pour les eaux-de-vie fines, dont il amoindrit un peu le parfum et le bouquet.

Eaux-de-vie acides. — Il arrive parfois que des eaux-de-vie logées dans des futailles nettoyées à l'aide d'acide et insuffisamment rincées prennent une pointe d'acidité ; dans ce cas il faut s'empresser de les transvaser dans des fûts bien sains et bien propres. Ensuite on neutralisera l'acidité en ajoutant, par hectolitre, 15 à 20 grammes de chaux grasse, vive, pesée à l'état sec et réduite en lait de chaux. On agitera vivement le mélange pendant quelque instants, la chaux se combinera avec l'acide et se précipitera à l'état insoluble. Après tirage, collage et clarification, l'eau-de-vie désacidifiée pourra être livrée à la consommation sans danger.

Eaux-de-vie à goût de bois, de résine. — L'eau-de-vie qui a séjourné trop longtemps dans un fût neuf mal dégorgé, contracte souvent un goût acerbe, astringent et amer provenant des matières extractives du chêne. Cet accident étant assez fréquent, on doit donc n'employer que des fûts bien sains, bien propres, ou ayant déjà contenu de l'alcool ou des eaux-de-vie ordinaires.

Dans le cas où une eau-de-vie a contracté le goût de chêne, il suffit alors d'employer un collage énergique avec de la colle de poisson bien préparée et bien dissoute; à défaut de colle de poisson on pourra se servir de gélatine épurée. La gélatine, en s'unissant au tanin et à quelques-unes des matières extractives du bois, forme un corps nouveau qui ne tarde pas à se précipiter sous forme de lie. La précipitation de la combinaison gélatineuse débarrasse l'eau-de-vie d'une partie des principes extraits du chêne et laisse au liquide son caractère propre et ses qualités particulières.

Après soutirage, on pourra adoucir un peu cette eau-de-vie par une légère addition de sirop faite avec du sucre de canne.

On pourrait encore avoir recours à l'huile d'olive fraîche. On verserait dans l'eau-de-vie à désinfecter environ 100 grammes d'huile par hectolitre, on agiterait vigoureusement le mélange comme pour un collage et on laisserait reposer. L'huile remontera alors à la surface et on l'enlèvera aussitôt, soit en soutirant, soit à l'aide d'une pipette, soit enfin en ajoutant de l'eau-de-vie neutre jusqu'à ce que l'huile déborde et s'écoule complètement.

On devra opérer rapidement et ne pas laisser l'huile séjourner dans les fûts, de manière à ce que l'eau-de-vie ne devienne pas graisseuse. L'alcool, en effet, dissout les matières grasses; on évite cet inconvénient en faisant le traitement le plus vite possible. Le goût de bois sera fortement atténué, sinon totalement enlevé.

Ces traitements s'appliquent aux différents goûts de chêne, de résine, etc.

Eaux-de-vie à goût de moisi. — Le goût de moisi provient le plus souvent de la malpropreté de la futaille, il est très difficile à enlever. On a proposé,pour le détruire, plusieurs moyens sans efficacité réelle, tels par exemple que l'emploi d'un sachet rempli de seigle grillé, ou de morceaux de carottes torréfiés que l'on introduit dans le liquide infecté.

Ces moyens empiriques n'ont aucune valeur; ils peuvent communiquer, au liquide dans lequel on les met infuser, un goût particulier de brûlé pour masquer l'odeur et le goût de moisi, mais cela ne détruit ni n'atténue ce goût.

Il n'existe qu'un seul agent capable d'enlever le mauvais goût de moisi, c'est le charbon végétal. Voici comme on devra l'employer : on transvasera l'eau-de-vie dans un fût bien propre et bien sain; pour chaque hectolitre d'eau-de-vie, on emploiera 500 grammes de charbon végétal en poudre très fine. On aura soin de mélanger le charbon dans un litre d'eau-de-vie; on obtiendra ainsi un liquide noir comme de l'encre, que l'on introduit dans le tonneau, à désinfecter, en ayant soin d'agiter le mélange et de rouler la futaille, afin que le charbon se divise et se répartisse dans toute la masse du liquide. On renouvellera cette agitation plusieurs fois pendant deux ou trois jours, et enfin on collera pour précipiter le charbon et clarifier l'eau-de-vie.

Au bout de peu de temps l'eau-de-vie aura acquis une grande limpidité et se trouvera débarrassée de l'odeur et du goût de moisi. Il ne restera plus qu'à la soutirer au clair fin dans un fût en bon état.

Les transvasements et le collage, ainsi que le charbon, affaiblissent toujours un peu les spiritueux. Pour restituer à l'eau-de-vie du corps et de la plénitude et pour la mûrir, on pourra y ajouter quelques litres de bonne eau-de-vie. Le charbon à employer devra préalablement être bien lavé de manière à ce qu'il n'apporte pas de coloration étrangère dans le liquide opéré. On aura soin de rejeter les fumerons.

Eaux-de-vie à goût de suif. — On ne connaît aucun moyen d'enlever le goût de suif, de graisse ou d'huile sans repasser l'eau-de-vie à l'alambic et sans la rectifier avec soin, mais ce moyen est impraticable pour une eau-de-vie déjà vieille et de bonne qualité, puisque la rectification n'en ferait plus qu'une eau-de-vie jeune. Pour l'améliorer sensiblement et lui enlever en partie le goût étranger dont elle est affectée, on peut néanmoins la soumettre à un collage convenable. La gélatine ou l'albumine entraîne avec elle, sous forme de léger dépôt, les matières avec lesquelles elle se sera combinée.

On pourra aussi adoucir cette eau-de-vie en y ajoutant un sirop de sucre de canne. On agite le mélange de sirop et de colle dans l'eau-de-vie, afin de bien incorporer le tout. Après quelques jours de repos, l'eau-de-vie sera limpide et son mauvais goût sera certainement atténué.

Eaux-de-vie rougies par la futaille. — Lorsqu'un fût à vin rouge n'a pas été suffisamment dérougi avant de recevoir le liquide, la première eau-de-vie se colore en rouge. Un bon collage, avec une forte proportion de gélatine, suffit ordinairement pour s'emparer des matières colorantes enlevées au bois pour les combiner avec la gélatine, et les précipiter sous forme de dépôt ou de lies.

Dans le cas où, indépendamment des substances colorantes du bois, l'eau-de-vie aurait absorbé des matières grasses associées à la fibre ligneuse, le collage avec la gélatine seule ne suffirait pas. Il faudrait y ajouter un kilogramme de charbon végétal bien brûlé, par hectolitre d'eau-de-vie. On prépare ce charbon avec de la braise de boulanger, debarrassée de cendres, réduite en poudre impalpable, dans un mortier et ensuite passée au tamis de soie. La poudre de charbon est ensuite lavée avec de l'eau bouillante; après quelques instants de repos, elle se précipite au fond du vase. On décante l'eau qui surnage, et la poudre noire recueillie sous forme de bouillie peut servir immédiatement pour la clarification de l'eau-de-vie.

On a soin de dissoudre d'abord la gélatine dans la quantité d'eau nécessaire et ensuite de délayer la poudre de charbon avec quelques litres d'eau-de-vie extraits du fût à clarifier. On verse dans la futaille la dissolution de gélatine, on roule et on agite pour la bien incorporer à la masse liquide; ceci fait, on verse également la poudre de charbon dans le fût avec la précaution de bien l'agiter, et de le rouler dans tous les sens, plusieurs fois pendant deux jours.

Ensuite on laisse reposer, en pratiquant un trou de fausset, qu'on laisse ouvert à côté de la bonde, l'air pénétrant dans le tonneau facilite la précipitation de la gélatine et de la poudre de charbon qui entraîne les matières colorantes. Après quelques jours de repos, l'eau-de-vie est devenue brillante et a perdu sa teinte rose ou rouge.

Eaux-de-vie noires. — La poudre de charbon végétal a toujours réussi également pour la décoloration des eaux-de-vie noires. On doit, à cet effet, se procurer un kilogramme de braise de boulanger bien brûlée, la réduire en poudre aussi fine que possible et la verser dans le fût en ayant soin de rouler la pièce chaque jour pendant une semaine, afin de mettre souvent le charbon en contact avec la matière colorante. Si cette quantité de poudre végétale ne suffit pas, on l'augmentera ou on ajoutera un kilogramme de cendres lessivées et lavées de rechef à l'eau chaude. Ces cendres jouissent d'un pouvoir décolorant assez prononcé, sans modifier le goût du liquide.

Si la limpidité était lente à se manifester, il faudrait coller l'eau-de-vie et la soutirer après la clarification. Il sera bon de remonter un peu cette eau-de-vie après traitement en y ajoutant un peu de bonne eau-de vie plus forte; l'emploi du charbon et des cendres affaiblit généralement les spiritueux.

Trois-six bon goût. — Le trois-six bon goût ou trois-six de vin est le produit de la concentration de l'eau-de-vie par la redistillation ou rectification de celle-ci. C'est dans l'ancien Languedoc que cette fabrication a commencé à se développer : Béziers, Montpellier ont été tout d'abord les centres de cette industrie qui peu à peu s'est développée dans tout le Midi. Un moment très active, elle a dû se restreindre par suite de la destruction du vignoble; depuis quelques années, la reconstitution aidant, elle reprend peu à peu.

Ces troix-six de vin se trouvent épurés, rectifiés dans les appareils où on les distille. Pour leur production on peut employer sans crainte les vins avariés, gras, tournés, etc.; par un travail bien conduit on obtient un alcool bon goût. Celui-ci, tout en conservant quelque peu la saveur vineuse de la matière première dont il est extrait, doit être neutre. Comme tous les alcools au sortir de l'alambic, il est blanc. Il reste entendu que les vins bien sains donnent toujours un 3/6 plus fin que les vins malades.

Distillation. — Les alcools du Languedoc avaient autrefois 86° en coulant du serpentin; on employait pour les produire des alambics ordinaires et on arrivait au degré voulu par deux distillations successives. Ces alambics sont encore en usage chez quelques particuliers; ceux dont nous avons reproduit les modèles plus haut peuvent servir. Mais ces doubles et parfois triples distillations coûtent cher et pour une marchandise dont le prix est relativement bas, il n'y a plus avantage à en extraire l'alcool. En ajoutant des plateaux rectificateurs à ces appareils, on a fait un premier pas, puis les colonnes de rectification sont venues et enfin aujourd'hui les constructeurs ont mis à la disposition des bouilleurs des alambics perfectionnés qui permettent d'obtenir des trois-six bon goût à 90, 95 et même 97 degrés.

Dans l'appareil Egrot dont nous avons déjà donné la description (fig. 26), il suffit, pour arriver à ce résultat, d'augmenter le nombre de plateaux et d'ajouter un chapiteau rectificateur au-dessus de la colonne. Les vapeurs d'alcool, en sortant de la chaudière, circulent lentement dans la série des plateaux d'où elles ne montent dans la colonne et dans le chapiteau pour passer dans le col de cygne et le serpentin, qu'après avoir abandonné celles trop lourdes qui auraient entraîné avec elles des mauvais goûts. Les premiers jets d'alcool sont trop faibles parfois et dans tous les cas contiennent des éthers infects; on les recueillera à part au début de l'opération jusqu'à ce que l'alcool bon goût commence à couler, ce qui ne tardera pas. Les alcools de tête avec ceux qui viennent en queue, avec une force alcoolique inférieure, sont mélangés et vendus à part ou soumis à une rectification; on peut encore les étendre d'eau pour abaisser leur degré et les joindre à du vin à distiller.

Ces appareils fonctionnent à feu nu, au bain-marie; mais le plus souvent, dans les grandes installations, et c'est généralement le cas qui se présente pour les trois-six; on chauffe à la vapeur.

Emploi des trois-six bon goût. — Ces troix-six bien faits, neutres et francs de goût, sont employés à la confection des eaux-de-vie et des liqueurs.

Comme ils sont parfaitement rectifiés et que, par conséquent, ils n'ont plus aucune mauvaise odeur, ni aucune des âcretés que possédaient les vins de toute sorte qui ont été employés à leur production, ils sont aptes à fournir des spirituenx agréables. Aussi préfère-t-on les eaux-de-vie préparées par le mouillage de bon trois-six de vin à celles obtenues directement d'un alambic simple avec un vin de qualité médiocre distillé à 50°. Cela se comprend aisément : dans le premier cas les principes mauvais goût ont disparu à la rectification, dans le second cas ils sont restés dans l'eau-de-vie qui en est souvent infectée.

Les eaux-de vie de trois-six de vin dédoublé ont encore une petite odeur vineuse qui les différencie des eaux-de-vie communes préparées avec les alcools d'industrie.

Altérations des trois-six bon goût. — Les altérations que nous avons signalées pour les eaux-de-vie peuvent se produire sur les trois-six de vins s'ils ne sont pas conservés avec soin ; les traitements de ces défauts, de ces vices, sont les mêmes.

Trois-six jaunis à blanchir. — Dans le cas où un de ces alcools, qui doit conserver sa couleur blanche, serait devenu légèrement jaune, s'il avait pris dans les fûts une teinte ambrée, on pourrait essayer de le blanchir avec du lait employé en petite quantité, un demi-litre par hecto par exemple. On verse le lait dans l'alcool en agitant comme pour un collage, puis on laisse reposer ; on soutire ensuite. Ce procédé a l'inconvénient de produire beaucoup de dépôt qui cause de la perte.

Si le troix-six est fortement coloré, il faudra recourir au noir animal lavé à l'acide. On jettera le noir dans l'alcool et on agitera à plusieurs reprises pendant deux ou trois jours. On fera bien de fixer les doses à employer par de petits essais préalables. Nous ne devons pas cacher que le degré de l'alcool sera affaibli par l'une ou l'autre des opérations que nous indiquons, il sera nécessaire de le remonter.

Trois-six boisés à décolorer et à rendre neutres. — Lorsque le trois-six a pris un goût de bois, et que les collages n'ont pas réussi à le rendre neutre, on a recours très souvent au filtrage sur du charbon végétal.

La filtration, ainsi que nous l'avons déjà observé, doit se faire en vase clos, afin d'éviter l'évaporation de l'alcool. Toute espèce de filtre, bien clos, convient à cet usage. Un filtre économique au charbon comme matière filtrante suffit. Le diaphragme inférieur du filtre doit être recouvert de flanelle, ou de molleton. En traversant la couche filtrante, l'alcool y abandonne son goût de bois et aussi sa couleur, s'il en a contracté une.

Le filtre économique s'établira comme suit :

On prend une pipe, ayant contenu de l'alcool. Le fût à transformer en filtre, étant solidement cerclé en fer, est défoncé d'un côté. On divise le fût en trois compartiments. Le premier, qui est à la partie inférieure, recevra le liquide filtré, celui du milieu contient la matière filtrante, et le troisième est occupé par le liquide à filtrer.

A 10 centimètres au-dessus du fond, on place à l'intérieur, et tout autour du fût, un cercle en bois solidement fixé avec des clous. Au-dessus de ce cercle formant support, on établit un diaphragme, formé de planchettes de bois juxtaposées et percées de trous de trois millimètres de diamètre, distants de 3 centimètres les uns des autres. Ce diaphragme doit supporter la matière filtrante.

A 30 centimètres au-dessous de la partie supérieure du filtre, on cloue également un cercle en bois sur lequel vient s'asseoir un diaphragme en planches, semblable à celui du fond, également percé de trous.

A la partie inférieure du filtre et à 5 centimètres au-dessus du fond, on fixe un robinet, ou cannelle, en cuivre ou en bois, pour l'écoulement du liquide filtré : un peu au-dessus et tout près du diaphragme, doit être percé un trou de un centimètre de diamètre pour la sortie de l'air.

Le filtre étant placé sur un chantier, à 60 centimètres au-dessus du sol, afin de pouvoir disposer dessous un vase ou récipient quelconque pour recueillir le liquide filtré débité par le robinet, il ne s'agit plus que de préparer convenablement le charbon.

Sur le diaphragme placé au fond du filtre, on étalera une bonne couche de charbon bien concassé, on tassera un peu. On posera le diaphragme sur celle-ci, en ayant soin de l'assujettir au moyen de taquets en bois.

Les choses étant ainsi arrangées, on fait arriver en tête du filtre, de manière à tenir ce compartiment toujours plein, le liquide à filtrer, et l'on ouvre le robinet de vidange.

Dans le cas où les premiers jets du liquide seraient un peu troubles, on les rejetterait en tête du filtre et ils y subiraient une épuration complète.

Si le diaphragme supérieur est constamment plein, la pression sera suffisante pour faire circuler le liquide rapidement dans le filtre, dont le rendement sera considérable, eu égard à la surface filtrante.

L'alimentation du filtre peut se faire automatiquement au moyen d'un robinet à flotteur, fixé au réservoir qui contient le liquide à filtrer. Le flotteur, qui surnage dans le compartiment supérieur, ouvre ou ferme le robinet de manière à maintenir constamment le niveau du liquide à la hauteur nécessaire.

Plus la couche de charbon sera épaisse et plus la décoloration sera parfaite.

Eaux-de-vie communes. — Les eaux-de-vie communes sont celles qui proviennent de la réduction, du mouillage des alcools d'industrie.

Avec les perfectionnements de la distillerie industrielle, on produit actuellement beaucoup d'alcools d'une grande pureté, exempts de cachet d'origine, d'un goût fin et sans odeur, lesquels sont propres à s'imprégner de tous les principes aromatiques, à s'assimiler tous les goûts que l'art sait combiner pour fabriquer les liqueurs de toutes sortes. C'est ainsi qu'on en obtient des eaux-de-vie assez agréables et de prix modiques.

Sans usurper le nom du Cognac et de l'Armagnac, sans avoir même la prétention de rivaliser avec les véritables eaux-de-vie de vin, les bons coupages des alcools d'industrie rendent de grands services au commerce et aux consommateurs les plus nombreux, dont les ressources ne permettent pas d'acheter des eaux-de-vie fines d'un prix toujours très élevé.

Les principales matières premières pour la préparation de ces eaux-de-vie sont l'alcool, l'eau et les infusions.

Alcools. — Les alcools employés sont ceux fournis par l'industrie. Nous avons vu, au début de ce chapitre, qu'on rencontrait dans le commerce des alcools de riz, de fécule, de pommes de terre, de maïs, de grains divers, etc., bien rectifiés, neutres de goût. Ce sont ceux-là dont on fait usage. Pour obtenir un résultat satisfaisant, il faut choisir les meilleurs alcools et particulièrement parmi ceux de riz, de fécule de pomme de terre, de grains, de betterave convenablement raffinés.

Des mélanges de ces différents spiritueux donnent parfois un produit parfait à tous égards.

Eaux. — L'eau doit être aussi l'objet d'une grande attention. On ne rencontre pas partout de l'eau douce, pure, parfaitement convenable pour la réduction de l'alcool. Quelquefois on est obligé de se servir d'eaux impures, chargées de gaz fétides, de matières organiques en voie de décomposition, ou de sels calcaires qui troublent le mélange alcoolique et lui communiquent un aspect bleuâtre, laiteux, et un goût dur et sec.

Dans quelques contrées, la seule eau potable dont on puisse disposer est celle que donne la pluie. Si la pluie suffit à tous les besoins dans quelques saisons, elle est rare dans certains mois. On est donc forcé de recueillir dans la saison pluvieuse et d'emmagasiner l'eau du ciel dans des citernes pour ne pas en manquer à l'époque de la sécheresse. L'eau de pluie, incontestablement la meilleure pour le coupage des alcools, n'est jamais assez pure pour se conserver sans altération; elle contient une foule de matières étrangères qui voltigent dans l'atmosphère, ou qu'elle entraîne par son passage sur la toiture des bâtiments desquels elle découle.

Par le séjour de l'eau dans les citernes, les matières qu'elle contient entrent en mouvement, se décomposent et altèrent la pureté de l'eau, qui contracte une odeur nauséabonde, un goût putride. Dans ces conditions, l'eau de citerne, malsaine, constitue une boisson insalubre et un mouillage nuisible à la qualité de l'eau-de-vie. L'eau de fontaine, de source, apporte avec elle des traces de matières solubles des terrains qu'elle traverse. Elle est quelquefois altérée par les infiltrations d'eaux impures qui s'écoulent des fabriques où l'on traite des substances putrescibles ou des matières minérales dangereuses. Les eaux chargées de matières organiques comme celles d'étang, de mare, subissent rapidement la putréfaction, qui les rend impropres à tous les usages domestiques. Les eaux de puits, presque toujours dures en raison des sels calcaires qu'elles contiennent, sont quelquefois viciées par les infiltrations d'eaux corrompues. En l'absence d'eau pure, on est obligé d'épurer celle dont on dispose.

Purification. — Les eaux dures, calcaires, doivent être traitées par l'ébullition, ou, plus économiquement, par la chaux vive, réduite à l'état de lait de chaux, mais mieux par la distillation.

L'ébullition chasse l'excès d'acide carbonique qui tient en dissolution la matière calcaire à l'état de bicarbonate de chaux, et celle-ci, réduite à l'état de carbonate, se sépare et se précipite. L'ébullition de l'eau est un moyen assez dispendieux et souvent difficile à pratiquer pour les quantités importantes, parce qu'il réclame des chaudières, ou appareils de chauffage, que tout le commerce n'a pas à sa disposition.

Le traitement par la chaux est beaucoup plus économique et plus facile. L'eau qu'il s'agit d'épurer est amenée dans une cuve, ou réservoir en bois, en fer ou en maçonnerie, de grandeur suffisante pour les besoins d'un ou plusieurs jours. Ce réservoir est placé à une hauteur un peu supérieure à celle du filtre. Si le réservoir est de grande dimension, s'il contient un volume d'eau un peu considérable, il est muni d'un agitateur intérieur, espèce de moulinet qu'on met en mouvement au moyen de la machine à vapeur.

L'eau étant dans le réservoir, on y verse un lait de chaux qu'on mélange au moyen de l'agitateur, ou bien avec un râble si le réservoir, étant petit, n'est pas pourvu d'un agitateur. Il est important que le lait de chaux soit bien réparti dans toute la masse. La quantité de chaux vive, grasse, pesée avant de l'éteindre, pour en former le lait de chaux, varie de 200 à 300 gr., par mètre cube d'eau à épurer; on peut ajouter au mélange la même proportion d'oxyde de fer en poudre pour décomposer les matières organiques qui souillent l'eau. L'agitation doit être maintenue pendant au moins une demi-heure; sous l'influence du lait de chaux, l'eau se trouble et finit par déposer, sous forme de bouillie, la chaux ajoutée et les sels calcaires qu'elle contenait. On procède ensuite à la filtration, en évitant, autant que possible, l'introduction du précipité boueux sur le filtre pour ne pas l'engorger.

La filtration peut s'effectuer avec ou sans pression.

Le charbon de bois, bien brûlé, est la seule matière filtrante nécessaire à l'épuration de l'eau. Le charbon de bois de chêne agit plus énergiquement et plus longtemps que le charbon de bois léger. La braise de boulanger, quoique de bois léger ordinairement, est d'un excellent emploi, parce que, étant mieux brûlée, elle est plus complètement dépouillée des matières goudronneuses, pyrogénées, qui communiquent parfois leur odeur et leur goût à ce liquide filtré.

On construira un filtre, d'une puissance suffisante dans le plus grand nombre de cas, avec une solide futaille cerclée en fer et défoncée en suivant les indications que nous avons données pour filtrer le trois-six à décolorer ou à déboiser.

Le charbon, ou matière filtrante, agit plus efficacement s'il est dans un état de division très grande; trop divisé, le charbon ralentit la filtration. Afin de concilier la vitesse d'écoulement avec la nécessité d'une épuration satisfaisante, il est avantageux de diviser le charbon en deux grosseurs; on aura une partie de charbon de la grosseur d'une petite noisette et l'autre de la grosseur d'un grain d'orge exempt de poussière.

Sur le diaphragme placé au fond du filtre, on étale une couche de charbon, le plus gros, de 15 centimètres de hauteur; on tasse un peu. Sur cette première couche, on dispose par un léger tassement, une couche de charbon fin (grosseur d'un grain d'orge), de 60 centimètres de hauteur. Cette couche est surmontée d'une addition de charbon gros atteignant le diaphragme supérieur. Enfin on place le diaphragme sur ce dernier lit de matière filtrante, en ayant soin de l'assujettir au moyen de taquets.

L'eau, qui passe pour la première fois à travers le filtre, lave le charbon et entraîne les matières solubles qu'il pouvait contenir ; elle doit être rejetée. Après quelques hectolitres ainsi écoulés, l'eau qui sort du filtre est pure, saine et généralement propre à la réduction des alcools.

La puissance épurante du filtre est d'assez longue durée, à moins que l'on opère sur des eaux excessivement sales et corrompues. Lorsqu'on s'aperçoit que le charbon est saturé d'impuretés et que l'eau n'a plus la même limpidité, la même absence d'odeur et de mauvais goût, on doit démonter le filtre et remplacer la matière filtrante épuisée.

Pour que l'eau ainsi traitée recueillie dans une citerne conserve sa pureté et sa limpidité, il est nécessaire de verser dans celle-ci un bon hectolitre de charbon de bois bien brûlé par deux mètres cubes d'eau. Il faut que tout le fond de la citerne soit garni d'une couche de charbon de bois concassé en fragments gros comme des noix.

Une fois par an, au minimum, la citerne sera vidée à fond, nettoyée, lavée et regarnie d'une nouvelle couche de charbon.

Distillation. — En dépit de ces précautions, nous devons reconnaître que, quand les eaux sont très chargées en sels calcaires, l'épuration n'est pas toujours complète, et qu'au dédoublage, elles louchissent les eaux-de-vie. Un moyen infaillible d'éviter cet écueil consiste à distiller l'eau devant servir au mouillage. On peut employer à cet effet un alambic ordinaire, mais ce moyen a l'inconvénient d'incruster les chaudières et de les mettre en mauvais état pour recevoir ensuite des vins. On construit donc des appareils spéciaux pour la distillation de l'eau. Ils sont à feu nu ou à vapeur pour les grandes installations. Le dessin que nous donnons ci-contre (fig. 29), représente un de ces alambics, système Egrot, chauffé à la vapeur. Celle-ci pénètre dans une tubulure circulaire, placée au sein de l'eau à distiller, les vapeurs d'eau montent dans la colonne et viennent se condenser dans le serpentin du réfrigérant ; un tuyau conduit l'eau ainsi distillée là où on veut l'employer ou la conserver. L'alimentation de cette chaudière peut être constante et automatique.

On est sûr, par ce moyen, d'avoir de l'eau chimiquement pure, ne troublant pas les spiritueux. On s'assurera que l'alambic soit d'une propreté absolue, qu'aucune de ses parties ne recèle de vert-de-gris ; que l'eau, soumise à la distillation, soit propre et pure. On la filtrera au préalable, si c'est nécessaire. Il faut que la chaudière de l'alambic ne soit pas chargée au-delà des trois quarts de sa capacité (75 litres d'eau par hectolitre de capacité de chaudière).

Si on opère à feu nu, on dirigera le feu avec modération, afin d'éviter les coups de feu violents. On rejettera les premiers produits de la distillation, entachés de l'odeur du métal, et on ne retirera de l'appareil que les deux tiers de la quantité d'eau qu'on y a introduite. On élimine ainsi l'eau, qui distille pendant dix minutes au commencement de la chauffe, et on laisse dans la chaudière le restant de l'eau, dans laquelle sont concentrées les matières étrangères; cette eau qui reste dans l'alambic, doit être également rejetée. Le produit distillé au cœur de la chauffe est de l'eau pure, pourvu qu'on ait dirigé le feu avec modération.

FIG. 29.

Pour conserver cette eau, il est nécessaire d'y ajouter de l'eau-de-vie ou de l'alcool, de manière à lui donner une richesse de dix degrés centésimaux.

L'eau, distillée avec les soins que nous recommandons, est excellente pour la réduction des eaux-de-vie, au point de vue de la limpidité, du goût et du degré alcoolique, qu'elle n'affaiblit pas, ou ne dissimule pas, comme les eaux impures ou calcaires.

Petites eaux. — Les petites eaux concourent aussi à abaisser le degré des alcools; celles employées à la fabrication des eaux-de-vie communes sont de deux sortes.

Les unes proviennent du lavage et, pour nous servir d'une expression adoptée dans le commerce, du dévinage des pipes ayant contenu de l'alcool.

Les autres sont préparées avec des copeaux de bois de chêne et alcoolisées.

Les petites eaux de dévinage s'obtiennent en versant dans les pipes, dont on vient de retirer tout l'alcool, 30 ou 40 litres d'eau fraîche que l'on a soin de faire promener sur toute la surface intérieure des fûts, et d'y laisser séjourner pendant un jour ou deux. L'alcool, qui mouille le bois et celui que les douves ont absorbé, est repris par l'eau et forme, avec elle, un liquide faiblement alcoolique dont on se sert pour le mouillage. Le dévinage est un moyen de récupérer en partie l'alcool qui avait pénétré dans le bois de la futaille. Ces petites eaux doivent être additionnées d'alcool jusqu'à 25 ou 30 degrés, afin d'éviter la putréfaction qui les infecterait si leur titre alcoolique n'était pas remonté au-dessus de 20 degrés centésimaux. Cette précaution est indispensable à la conservation des petites eaux, qui doivent être exemptes de mauvaise odeur.

Pour donner aux eaux-de-vie le goût particulier de rancio, qui leur communique beaucoup d'agrément et les fait ressembler à des eaux-de-vie rassises et moelleuses, la réduction des alcools doit s'opérer avec des petites eaux préparées avec des copeaux de bois de chêne. Le bois de chêne contient des matières extractives, dont quelques-unes sont solubles à l'eau et d'autres à l'alcool. Les substances solubles à l'eau sont : le tanin, la matière colorante, un corps amer, quelques sels, une espèce de gomme et des principes organiques facilement putréfiables. Les matières insolubles dans l'eau, mais attaquables par l'alcool, sont de nature résineuse, grasse, aromatique. C'est en elles que réside la propriété de donner à l'eau-de-vie le goût si estimé de rancio et l'arome que l'on recherche.

On fabrique les copeaux avec du bois de chêne du Limousin, s'il est possible, ou de toute autre provenance, pourvu qu'il soit exempt d'amertume, au moyen d'un rabot qui convertit le bois en rubans de mince épaisseur. Les copeaux doivent être placés dans un fût et couverts d'eau fraîche ; on les y laisse macérer pendant vingt-quatre heures. L'eau s'empare d'une partie des matières solubles et les débarrasse aussi d'un excès d'extrait amer, trop coloré et nuisible. Après leur dégorgement, les copeaux sont lavés à l'eau fraîche, égouttés, et propres à servir à la confection des petites eaux.

Dans un fût d'une capacité quelconque, on verse cinq à six kilogrammes de copeaux par hectolitre d'eau. L'eau doit être alcoolisée à trente degrés, et dès que le fût est plein, on assujettit la bonde et l'on abandonne l'opération à elle-même. Cette macération des copeaux à l'eau froide, à 30 degrés d'alcool, ne produit son effet que lentement. Les petites eaux ne sont généralement bonnes qu'après quelques mois de préparation, et elles s'améliorent toujours en vieillissant. Si l'on avait employé de l'eau chauffée à 35 degrés centigrades, ensuite alcoolisée à 30 degrés de spirituosité, la dissolution des principes aromatiques du bois serait plus rapide; sous l'influence de la chaleur, les réactions nécessaires au développement de l'arome, du bouquet, seraient plus actives. On obtiendrait ainsi des petites eaux plus aromatiques, plus sapides, plus moelleuses, plus promptement mûres et plus tôt employables.

Infusions. — On sait que l'infusion consiste à porter un liquide à l'ébullition et à le verser sur le corps dont il doit extraire les principes solubles. L'élévation de la température augmente beaucoup l'énergie de l'infusion; l'épuisement de la matière infusée est d'autant plus complet que l'opération dure plus longtemps. En se refroidissant, le liquide perd de sa force dissolvante; il faut maintenir autant que possible la température de l'infusion à un degré voisin du point d'ébullition du liquide, et donner à celui-ci un temps suffisant pour bien pénétrer la matière et en extraire les principes solubles. Il y a donc avantage à couvrir le vaisseau dans lequel s'opère l'infusion pour éviter son refroidissement trop rapide.

Pour la réduction des alcools d'industrie à convertir en eaux-de-vie, on emploie l'infusion de diverses plantes, particulièrement des feuilles de thé, de capillaire, de tilleul, le réglisse, le bois de sassafras. Voici quelques proportions pour 100 litres d'eau bouillante :

Thé noir en feuilles et mieux poudre de thé.	200	grammes
Capillaire du Canada, ou de Montpellier . .	500	—
Fleurs de tilleul	500	—
Bois de réglisse	1000	—
Bois de sassafras	60	—

On peut augmenter la dose des plantes à infuser suivant le goût des consommateurs. Les quantités que nous indiquons suffisent; dans la plupart des cas, chaque infusion se fait et s'emploie séparément.

La poudre de thé, dont le prix est beaucoup inférieur à celui des feuilles, présente le double avantage de l'économie et d'une plus forte dose de principes aromatiques. Son infusion est extrêmement précieuse pour la fabrication des eaux-de-vie communes.

Il y a deux espèces de capillaires : celui du Canada, qui est le plus estimé, et celui de Montpellier, qui, s'il donne une infusion un peu moins suave, convient bien néanmoins.

La fleur du tilleul répand une odeur très suave, et le bois de sassafras, râpé ou divisé en petites lanières, très aromatique, communique aux eaux-de-vie de coupage un goût et un parfum agréables.

Le bois de réglisse doit être préalablement écrasé ou aplati, avec un marteau, couvert d'eau bouillante, mais jamais soumis à l'ébullition, qui en dégagerait un principe âcre, d'une saveur très désagréable. L'infusion de bois de réglisse communique à l'eau-de-vie un goût doux qui ne diminue pas le degré apparent des eaux-de-vie comme le sucre ou le sirop. On peut ajouter dix grammes de crème de tartre dans les cent litres d'eau bouillante à verser sur un kilogramme de racine de réglisse ; cette addition est très favorable à l'extraction du principe doux.

Pour préparer les infusions, on verse dans un fût défoncé d'un côté, placé debout sur un chantier, d'abord les plantes à infuser, bien séparées, éparpillées, et on les couvre avec de l'eau bouillante dans les proportions indiquées. On couvre le fût avec le fond qui en a été enlevé, et l'on jette par-dessus une toile grossière destinée à éviter un refroidissement trop rapide. Au bout de douze heures, la température du liquide s'est à peu près mise en équilibre avec celle de l'air ambiant. Alors l'infusion est faite. On la soutire par décantation, et l'on a soin d'enlever aux plantes toute l'eau qu'elles peuvent céder en les comprimant dans un linge, ou en les laissant égoutter sur un tamis. Les infusions sont ordinairement troubles ; mais on peut les employer en cet état. Si l'on devait en ajourner l'emploi, il faudrait y ajouter de l'alcool jusqu'à ce que le mélange accusât quinze degrés centésimaux. Sans cette addition d'alcool, l'infusion entrerait en putréfaction et serait perdue.

Substances bonifiantes. — Si les infusions des plantes que nous avons indiquées relèvent l'insipidité de l'eau, en effacent la crudité et apportent un contingent favorable à la bonne qualité des eaux-de-vie, elles ne sauraient communiquer aux coupages d'alcool toute la plénitude de goût et d'arome qui doit, quoique de loin, rappeler les eaux-de-vie de vin.

Les alcools d'industrie, simplement réduits avec de l'eau, font de l'eau-de-vie trop sèche. Les infusions ne remédient à cet inconvénient que d'une manière insuffisante. Pour donner du corps, du moelleux, de la douceur, le goût de vieux ou le rancio, et cette partie dense des eaux-de-vie que l'on appelle de la mâche, on a recours à certaines substances bonifiantes.

Au premier rang des substances bonifiantes se placent les eaux-de-vie de vin, particulièrement celles des Charentes et de l'Armagnac. C'est en elles seules que résident la sève et l'arome inimitables du Cognac, le cachet propre aux eaux-de-vie de Surgères, de la Rochelle, et le ton plein et aromatique de celles de l'Armagnac. Ce n'est que dans les coupages de qualité supérieure qu'on fait intervenir les fines eaux-de-vie de vin, en proportions variables, suivant le degré de finesse que doit avoir le coupage.

Pour donner du corps, du moelleux, à l'eau-de-vie, on emploie avec assez de succès, écrivait Pezeyre, quelques fruits secs, particulièrement les raisins secs de Malaga, les figues sèches, les pruneaux d'Agen. Afin de diminuer l'âpreté du liquide, on l'édulcore avec les sirops de raisin, le sucre brut et la mélasse de canne, le sirop de sucre candi.

Les fruits sucrés doivent être mis en macération dans l'eau-de-vie à 50 degrés centésimaux, et non dans de l'alcool à fort degré qui, coagulant les principes albumineux et pectineux, priverait le liquide de la partie mucilagineuse qui contribue à donner le moelleux. On doit diviser les fruits, en les coupant en menus morceaux ou en les écrasant grossièrement dans un mortier, parce que l'état de division se prête mieux à l'extraction de leurs principes utiles par l'eau-de-vie. Cette macération des fruits sucrés s'opère dans un fût, bien bondé, dans lequel on verse par 100 litres d'eau-de-vie à 50° : 5 kilog. de raisins secs de Malaga, 5 kilog. de figues sèches, grasses, première qualité, et 5 kilog. de pruneaux d'Agen, récents, charnus et de bon choix. On abandonne ce mélange à l'action du temps qui l'améliore beaucoup. Après quinze jours de repos, l'eau-de-vie de cette macération peut être employée dans les coupages, dans la proportion de cinq à dix litres et plus par hectolitre d'eau-de-vie à bonifier.

Quand on a retiré toute l'eau-de-vie employée à cette macération, on ajoute dans le fût une nouvelle quantité de fruits sucrés, bien divisés, qui, s'ajoutant à ceux de l'opération précédente et couverts par 100 litres d'eau-de-vie à 50°, augmentent la richesse du liquide de macération. Dans quelques maisons, jalouses d'avoir constamment de bonnes eaux-de-vie, d'une qualité uniforme, on conserve les fonds de cuves pendant très longtemps, et plus ils vieillissent, meilleurs sont leurs effets. C'est probablement là le secret de la supériorité de quelques eaux-de-vie communes.

Le sucrage, ou le sirupage des eaux-de-vie, se fait avec le sirop de raisins, ou bien avec du sucre brut, particulièrement avec celui de canne, dont le goût spécial s'adapte très bien aux eaux-de-vie. Le sucre candi blanc, de première qualité, à l'exclusion du sucre candi roux, est utilement employé. La mélasse de canne à sucre, bien pure, adoucit l'eau-de-vie par son sucre et lui communique un petit goût particulier, dérivé de la canne à sucre, très agréable s'il n'est pas exagéré.

Toutes les eaux-de-vie, sans exception, sont améliorées par une addition de bonne matière sucrée sagement administrée, dont la dose de sucre varie de 1 à 1 1/2 0/0 du poids de l'eau-de-vie. Il serait imprudent d'exagérer la dose de sucre, parce qu'il masquerait le degré réel du liquide et pourrait donner lieu à des difficultés avec la régie.

Les eaux-de-vie sirupées doivent être expédiées avec l'indication du degré apparent et du degré réel.

Le caramel est la matière colorante des eaux-de-vie nouvelles, qui ne sont reçues dans la consommation qu'autant que leur teinte ambrée simule la couleur que les eaux-de-vie acquièrent naturellement en vieillissant dans des fûts en bois de chêne. Le rôle du caramel est très important; il arrive souvent que les eaux-de-vie sont troubles, inclarifiables, par l'effet du caramel de mauvaise qualité. On doit toujours rechercher le caramel le meilleur, celui dont les effets sont bien connus, et ne jamais se laisser tenter par les offres de caramel à bas prix, toujours trop cher et d'un emploi dangereux pour la limpidité et la bonne qualité du coupage.

Fabrication des eaux-de-vie. —Nous avons traité des matières premières, il nous reste maintenant à suivre le mode d'emploi de chacune d'elles dans la préparation de ces eaux-de-vie. Nous ne reviendrons pas sur l'opération du mouillage ou de l'abaissement du degré des alcools par de l'eau pure ou des petites eaux; le lecteur se reportera en tête de ce chapitre, à l'Alcoométrie, où nous avons expliqué tous les cas qui peuvent se présenter. Nous passerons donc tout de suite aux mélanges à faire.

Le plus souvent, on les opère à froid; mais il est certain que, si l'on emploie de l'eau chauffée à 40 ou 50 degrés, la combinaison des deux liquides se fait mieux, devient plus intime. L'eau-de-vie est plus moelleuse, plus agréable, paraît plus rassise. Pour opérer à chaud, il faut d'abord loger l'alcool dans une bonne futaille et y verser ensuite, aussi rapidement que possible, l'eau chaude; on ferme bien la bonde pour éviter l'évaporation de l'alcool, et on agite la masse contenue dans le vaisseau, afin de faciliter le mélange des deux liquides.

La fabrication des eaux-de-vie d'industrie se fait ordinairement dans un vaisseau spécialement réservé à cet usage, foudre, pipe ou tonneau à douves fortes et solidement cerclé. On y verse d'abord la quantité d'alcool nécessaire pour obtenir le volume et le degré de l'eau-de-vie. C'est sur l'alcool que l'on ajoute les eaux-de-vie, dans le cas des coupages de qualité supérieure. Quelques litres de tafia ou de kirsch, suivant le goût de certaine clientèle, se fondent mieux dans l'alcool à fort degré et doivent y être incorporés avant le mouillage. On ajoute ensuite les petites eaux provenant des copeaux, ou bien les infusions, ou seulement l'eau propre, inodore et limpide. Il est préférable de dissoudre le caramel dans l'infusion ou dans l'eau, dans la proportion de 100 à 125 grammes par hectolitre d'eau-de-vie à colorer. Pour une belle nuance ambrée, 100 grammes de bon caramel sont suffisants.

Le sucrage au moyen du sirop de raisin, du sirop de sucre candi, de mélasse de canne à sucre, s'opère en délayant ces matières sucrées dans une quantité suffisante du liquide en préparation et en les versant dans le coupage.

La bonification, au moyen du liquide spiritueux provenant de la macération des fruits sucrés, s'impose pour toutes les bonnes eaux-de-vie ordinaires, et s'effectue en ajoutant ce liquide à la fois alcoolique, mucilagineux, sucré et aromatique, dans la masse en opération.

Après avoir agité fortement et pendant quelques minutes tout ce mélange pour le rendre intime, on l'abandonne au repos.

Mélanges pour des eaux-de-vie de qualités différentes. — La réduction des alcools en eaux-de-vie devant se faire avec de l'eau pure, ou mieux avec des petites eaux alcoolisées, avec des infusions et diverses préparations bonifiantes, on doit proportionner la dose de chacun des composants suivant le degré de finesse et de qualité que doit avoir le coupage.

Pour donner un aperçu des proportions des matières à employer, voici, selon Pezeyre, quelques exemples des combinaisons qui donnent ordinairement de bons résultats :

1° Eau-de-vie commune, pour 100 litres à 45 degrés centésimaux :

Alcool à 95°........................	48 litres.
Infusion de bois de réglisse............	53 —
Caramel............................	100 grammes.
Mélasse de canne à sucre..............	150 —

2° Eau-de-vie, bonne ordinaire, pour 100 litres à 50° :

Alcool à 95°........................	33 litres.
Petites eaux, alcoolisées à 20°...........	60 —
Esprit de fruits sucrés............	10 —

Caramel.........................	100 grammes.
Mélasse de canne à sucre..........	150 —

3° Eau-de-vie plus fine, pour 100 litres à 50° :

Alcool à 95°........................	30 litres.
Petites eaux alcoolisées à 20°...........	15 —
Eau-de-vie d'Armagnac, nouvelle........	10 —
Esprit de fruits sucrés................	10 —
Infusion de capillaire ou de thé........	26 —
Caramel...........................	100 grammes.
Sirop de sucre candi.................	300 —
Mélasse de canne à sucre..............	100 —

4° Eau-de-vie supérieure, pour 100 litres à 50° :

Alcool supérieur de grains à 95°.........	27 litres.
Eau-de-vie fine des Charentes à 60°......	20 —
Esprit de fruits à 50°.................	10 —
Petites eaux, alcoolisées à 20°..........	40 —
Infusion de thé (200 grammes dans 5 litres d'eau).........................	5 —
Caramel..........................	100 grammes.
Sirop de sucre candi..................	300 —

Les proportions des diverses substances introduites dans le coupage des eaux-de-vie sont facultatives ; chacun peut les modifier à son goût ; les quantités ci-dessus sont données à titre d'exemple.

On ajoute quelquefois un ou deux litres de tafia, de rhum, de kirsch, de vin blanc, par hectolitre d'eau-de-vie.

Clarification. — La clarification de ces eaux-de-vie s'obtient comme pour les eaux-de-vie de vin ; on les colle de la même manière avec de la colle de poisson, du blanc d'œuf, de la gélatine, de la colle-nif ou de la terre d'Espagne. On peut les livrer ensuite après avoir soutiré au clair fin ; mais si, malgré le collage et la clarification qui en est la suite, on soumet l'eau-de-vie à la filtration, on lui enlève les dernières traces des corps en suspension dont la présence modifie défavorablement le bon goût du principe spiritueux. D'une eau-de-vie jeune on fait, pour ainsi dire, de l'eau-de-vie rassise.

La filtration, comme toujours, doit se faire en vase clos, afin d'éviter l'évaporation de l'alcool et des essences aromatiques dont il est imprégné. Toute espèce de filtre, bien clos, convient à cet usage. Le filtre que nous avons décrit pour l'épuration de l'eau opère rapidement la clarification des eaux-de-vie, si, au lieu de charbon comme matière filtrante, on place dans le compartiment du milieu du sable de rivière, ou de roches dures, ou de grès pulvérisé sans mélanges de matières calcaires, terreuses, bien lavé à l'eau bouillante, et rincé plusieurs fois. Le diaphragme inférieur du filtre doit être recouvert d'une étoffe comme nous l'avons dit. Si les premiers jets du liquide étaient un peu troubles, on les rejetterait en tête du filtre.

Conservation. — De même que pour les eaux-de-vie fines, les meilleurs vaisseaux, pour contenir les eaux-de-vie communes, sont en bois de chêne, qui, par son contact prolongé, communique au liquide un goût très agréable. Ces vaisseaux, foudres, pipes ou tonneaux, doivent être en bois épais, solidement cerclés en fer et assis sur de bons chantiers. On en tiendra la bonde soigneusement fermée. Dans de bons logements, toutes les eaux-de-vie sans exception se mûrissent et se perfectionnent d'autant mieux qu'elles y séjournent plus longtemps. Mais il faut que ces récipients, s'ils sont neufs, aient été dégorgés au préalable ; les liquides spiritueux qu'on y logerait sans prendre cette précaution, contracteraient un goût très prononcé qui, loin d'être une qualité, serait un défaut. Si, à petite dose, le goût de bois de chêne est favorable à la qualité des eaux-de-vie, son excès est à éviter. Plus dangereux est encore le goût de certains bois, qui compromettent entièrement la valeur des eaux-de-vie.

Pour le dégorgement, on aura recours au procédé que nous indiquerons au chapitre spécial des traitements de la futaille.

Il n'est pas prudent de loger les eaux-de-vie dans des vaisseaux en fer, qui peuvent leur communiquer une teinte de rouille et les noircir, si ces eaux-de-vie ont séjourné dans des fûts en chêne, ou contiennent en dissolution des substances taniques, car il se produit alors des tannates de fer qui sont noirs. Pour éviter la coloration rougeâtre ou le noircissement, on a tenté de revêtir l'intérieur de ces bacs d'une couche d'enduit composé de gélatine et de gomme arabique en dissolution à l'état de sirop; mais si, cette préparation convient pour les alcools à fort degré, elle n'est d'aucun effet pour l'eau-de-vie, car la partie aqueuse de celle-ci la dissout.

Accidents et altérations. — La réduction des alcools d'industrie n'est pas exempte de mécomptes. Voici les accidents qu'on signale le plus fréquemment :

Eaux-de-vie à odeur putride;

Eaux-de-vie amères;

Eaux-de-vie bleuâtres, blanchâtres, louches après le mélange de l'alcool et de l'eau;

Eaux-de-vie limpides en fût qui se troublent ensuite en cours de transport ou au contact de l'air;

Coupages devenant louches quand on y ajoute de l'eau-de-vie de vin en nature;

Eau-de-vie devenue noire dans le fût ;

Eau-de-vie d'industrie additionnée d'eau-de-vie de vin qui se trouble quand on y ajoute de l'eau.

Mauvais goûts. — Les mauvais goûts qui surviennent aux eaux-de-vie sont imputables souvent à la qualité défectueuse de l'alcool dédoublé, souvent aussi à l'impureté de l'eau et trop fréquemment au mauvais caramel. Les alcools mal rectifiés contiennent des espèces d'essences, d'huiles, dont l'insolubilité dans l'eau les maintient à l'état de globules infiniment petits qui altèrent la limpidité du liquide.

L'amertume que l'on constate dans quelques eaux-de-vie est due à certains alcools de mélasse doués d'une grande amertume. Cet accident, heureusement assez rare, ne peut être corrigé qu'en mélangeant l'eau-de-vie amère, en petites proportions, avec des eaux-de-vie franches et douces.

Si l'on a employé des petites eaux, devenues putrides, à défaut d'une quantité suffisante d'alcool dans la macération des copeaux, le coupage qui les reçoit est infecté d'une odeur nauséabonde et d'un goût de putridité répugnant. On ne se débarrasse de cette infection qu'en filtrant l'eau-de-vie sur une couche épaisse de charbon de bois, en petits grains bien lavés.

Eaux-de-vie qui bleuissent. — Si la réduction de l'alcool est faite avec de l'eau contenant en dissolution des sels calcaires, le mélange se trouble et prend un aspect bleuâtre, quelquefois laiteux. Cet effet se produit avec les alcools de toute espèce et de toute origine indistinctement. La coloration est due ordinairement à la présence des sels calcaires mis en liberté. L'alcool ayant beaucoup d'affinité pour l'eau, s'en empare avec avidité dans l'opération du dédoublage et l'eau, absorbée par l'alcool, abandonne en partie la chaux qu'elle tenait en dissolution. Ces sels, cessant d'être à l'état de dissolution, ne sont plus qu'à l'état de suspension dans le liquide ; ils deviennent alors visibles et c'est à leur état insoluble qu'il faut rapporter la coloration qu'ils communiquent au mélange d'alcool et d'eau. Ces effets sont d'autant plus sensibles que l'eau contient des sels de chaux en plus forte proportion.

La coloration peut encore provenir de la présence d'une petite quantité de sels de cuivre, produits par les appareils non étamés, que l'alcool tient parfois en dissolution. Les eaux alcalines, employées au dédoublage, rendent sensible la présence du cuivre qui s'accuse par une légère coloration bleue ou verdâtre, que prend le mélange après quelques instants de réaction.

Pour parer à ces inconvénients il faudrait ne se servir que d'appareils de distillation et de rectification en cuivre étamé, comme cela a lieu dans beaucoup de distilleries. Des collages et le filtrage ont le plus souvent raison de ces colorations.

Eau-de-vie trouble par l'emploi du sirop de mélasse. — Les sirops de mélasse, ainsi que la plupart des caramels, contiennent des matières organiques coagulables par l'alcool et des sels qui dissolvent les substances albumineuses, d'où résultent des eaux-de-vie nuageuses et troubles. On évite en partie cet inconvénient en dissolvant le caramel et le sirop dans l'eau, avant son mélange avec l'alcool pour en faire de l'eau-de-vie.

Dans tous les cas, il est prudent de ne faire usage que de sirop de mélasse de canne à sucre, à l'exclusion des mélasses de betterave trop chargées de sels minéraux organiques et de principes pectineux dont la dissolution rend l'eau-de-vie trouble.

Eaux-de-vie sures. — Il arrive parfois que, par erreur, on loge des eaux-de-vie dans des fûts ayant contenu du vin acide ou même du vinaigre. On a proposé, pour enlever la saveur acide, de la saturer au moyen de l'ammoniaque. Voici comment on procéderait : Dans un litre d'eau-de-vie, rendue sure, on commencerait par verser dix gouttes d'ammoniaque liquide, on agiterait le mélange, et, au bout de quelques minutes, on dégusterait pour s'assurer de l'effet de l'alcali ; si le mauvais goût persistait, il faudrait alors employer encore cinq gouttes d'ammoniaque et augmenter progressivement la dose jusqu'à ce que l'acidité ait disparu. Dès qu'on connaîtra le nombre de gouttes d'ammoniaque nécessaire pour désacidifier un litre d'eau-de-vie, il sera facile de déterminer la quantité d'alcali à employer pour le fût entier. L'ammoniaque à 22 degrés, désignée vulgairement sous le nom d'alcali volatil, se trouve dans toutes les pharmacies et à bas prix.

Cependant, ce traitement, s'il rend un instant l'eau-de-vie plus franche, au bout de peu de temps n'a plus aucun effet, le mauvais goût de l'eau-de-vie sure reparait. La filtration sur le charbon, telle que nous l'avons décrite et le collage sont meilleurs et donnent des résultats plus persistants.

Eaux-de-vie infectées d'ammoniaque.—Quand on traite une eau-de-vie aigre à l'ammoniaque et qu'on en ajoute trop, l'eau-de-vie a une odeur et un goût qui la rendent invendable. On remédie à un excès d'alcali en faisant un nouveau coupage d'alcool, et en mélangeant les deux eaux-de-vie, ce qui étend, dans une plus grande masse, les principes ammoniacaux et en atténue les effets.

On peut aussi recourir à la saturation de l'ammoniaque par les acides. Le seul acide que nous puissions conseiller est l'acide tartrique qu'on extrait du tartre déposé par le vin dans les foudres et les futailles. L'acide tartrique sature parfaitement l'alcali. Le tartrate d'ammoniaque qui résulte de cette saturation, ne présente aucun inconvénient pour la santé. L'emploi de cet acide demande cependant des précautions et des tâtonnements, pour n'employer exactement que la quantité indispensable à l'ammoniaque contenue dans l'eau-de-vie.

On se procure d'abord de l'acide tartrique pur et cristallisé, on en fait dissoudre un demi-gramme dans une petite quantité d'eau chaude et on l'incorpore dans un litre d'eau-de-vie infectée d'alcali. Après quelques instants d'agitation, l'acide tartrique et l'alcali se seront combinés et neutralisés, si les proportions respectives sont dans le rapport utile, et alors l'odeur de l'alcali aura disparu. Si un demi-gramme d'acide tartrique est insuffisant, on augmentera progressivement la dose, jusqu'à ce que l'ammoniaque ait cessé d'être sensible à l'odorat. Dans le cas où un demi-gramme d'acide tartrique serait trop élevé, on en diminuerait la proportion.

Une petite quantité de sirop de sucre candi ajoutée à l'eau-de-vie, corrigerait le peu d'âpreté que l'acide tartrique aurait pu lui communiquer.

Eaux-de-vie à odeur d'huile de pétrole. — On ne doit pas employer, pour le logement des eaux-de-vie, des fûts ayant contenu de l'huile ou des pétroles. Cependant, dans le cas où, accidentellement, on se trouverait en présence d'un spiritueux ainsi infecté, le moyen de guérison consistera dans l'emploi de cinq grammes de poudre de charbon végétal bien brûlé, par litre d'eau-de-vie. Après agitation et repos, on filtre deux fois et alors l'eau-de-vie doit sortir du filtre limpide et débarrassée du pétrole. Ni à l'odorat, ni par une dégustation attentive on ne doit retrouver l'odeur caractéristique de l'huile minérale.

On peut essayer, sans danger et sans frais, l'emploi de ce moyen en mélangeant cinq grammes de braise de boulanger en poudre fine et au besoin dix grammes, par litre d'eau-de-vie. On incorporera intimement le tout, en agitant vigoureusement. Une demi-heure après le mélange, on filtrera et la désinfection devra être parfaite.

Eaux-de-vie mélangées d'absinthe. — Cet accident est causé soit par l'enfûtage d'eau-de-vie dans un tonneau non visité et ayant contenu de l'absinthe, soit par l'addition involontaire d'absinthe dans un tonneau d'eau-de-vie. Les essences d'absinthe sont très pénétrantes, on ne peut songer à les faire disparaître. Dans tous les cas ce mélange n'est pas chose si malheureuse qu'on pourrait le croire, puisque le prix de l'absinthe est toujours supérieur à celui de l'eau-de-vie ordinaire. Il suffira donc de faire sur le mélange un nouvel apport, non d'absinthe, mais d'extrait d'absinthe pour en faire de la liqueur d'absinthe.

Eaux-de-vie de marc de raisin. — Le marc de vendange est le plus important des résidus de la vinification ; il recèle encore du vin, de l'alcool, des acides, des sels, des huiles essentielles, des matières grasses et résineuses, enfin des matières solides : rafles, pellicules et pépins, etc.

Chacune de ces substances contribue à imprimer à l'alcool une partie de ses caractères. C'est ainsi que l'esprit de marc est imprégné d'odeurs et de goûts composés, bien différents de l'odeur et du goût de l'alcool d'une pureté absolue, et de l'esprit de vin.

La grappe distillée seule ne produit qu'une liqueur légèrement alcoolique, n'ayant ni l'odeur, ni la saveur de l'eau-de-vie de marc. Les pépins, distillés avec de l'alcool ou avec de l'eau, donnent une liqueur d'un goût agréable. Ils sont donc étrangers au goût spécial de l'alcool de marc. Les matières grasses ne distillent pas avec l'alcool, on les retrouve dans la vinasse, ainsi que les sels, les tartrates de potasse et de chaux.

Le rôle des pellicules est considérable dans la distillation du marc, en raison des huiles essentielles qu'elles contiennent; ces huiles y sont préexistantes et ne se forment pas pendant la distillation comme on le croyait, car les pellicules fermentées, soumises à la distillation, donnent une eau-de-vie exactement semblable à celle de marc.

Tous les produits de la fermentation vineuse, alcoolique, sont acides. Le marc de raisin, imbibé de liquides fermentés, n'échappe pas à cette loi; il contient plusieurs acides, les uns préexistants dans le raisin, d'autres engendrés par la fermentation aux dépens du sucre ou de l'alcool. Sous l'influence de la chaleur des cuves de fermentation, une petite partie de l'alcool se combine avec les acides libres et forme avec eux des aldéhydes et des éthers qui influent beaucoup sur le goût et le bouquet des vins et des eaux-de-vie.

Dans la distillation, les acides forment aussi avec l'alcool des combinaisons éthérées, qui communiquent au produit avec lequel ils distillent leur odeur, leur goût et leurs caractères propres. Les acides du marc, entraînés mécaniquement par les vapeurs en distillation, se condensent avec elles. On les considère comme la cause du goût piquant de quelques eaux-de-vie.

Indépendamment des huiles essentielles du marc, des éthers, des acides communs à toutes les liqueurs fermentées, l'eau-de-vie de marc est presque toujours entachée du goût d'empyreume qu'elle doit à la présence d'un produit pyrogéné qui se constitue pendant la distillation.

Les efforts du distillateur devront tendre à neutraliser les causes infectantes de l'alcool afin d'obtenir de l'eau-de-vie de marc de bonne qualité.

Conservation du marc. — Au sortir du pressoir, le marc qu'on se propose de distiller doit être porté dans des cuves ou dans des citernes bien étanches; on l'éparpille avec une fourche, on l'étend par couches successives et on le foule en le piétinant, afin d'en former une masse compacte, peu perméable à l'air. Quelquefois on l'humecte légèrement en l'arrosant avec une petite quantité d'eau. Dès que la cuve est pleine de marc bien foulé, on la couvre avec un couvercle en bois, souvent même avec une couche de terre bien tassée. Dans cet état, le marc entre en fermentation; les matières sucrées qu'il contient se transforment en alcool. Au bout de quelques jours sa fermentation est achevée, et sa durée varie suivant la qualité du marc, son plus ou moins de richesse en vin, en matières sucrées, et selon les conditions de température auxquelles il est exposé.

Dans quelques vignobles, on ne conserve pas toujours le marc dans des cuves en bois ou en pierre; on se contente de l'entasser dans des trous pratiqués dans la terre, en ayant soin de le tasser fortement, de le recouvrir et de le conserver ainsi à l'abri du contact de l'air et de la pluie.

Si le marc est fortement tassé, suffisamment humide pour éprouver la fermentation alcoolique, et couvert de planches ou de terre sèche bien battue, on peut le conserver sans altération pendant plusieurs mois pour le distiller ensuite à sa convenance.

Distillation. — Il y a deux manières de distiller le marc de raisin : la première consiste à le distiller en nature, et la seconde à le laver pour lui enlever son alcool au moyen de l'eau, et à distiller ensuite celle-ci de la même manière qu'on distille le vin.

Emploi du marc en nature. — La distillation du marc en nature se fait à nu, au bain-marie ou à la vapeur.

Dans la plupart des vignobles, et chez les propriétaires, on distille le marc à feu nu dans un alambic ordinaire. A cet effet, le marc est porté dans la chaudière; on y ajoute de l'eau pour qu'il y baigne largement, et afin que les parties solides ne brûlent pas au fond ou contre les parois de la chaudière. On place de la paille ou une grille pour supporter le marc et l'isoler du métal. On recouvre la chaudière avec son chapiteau, qu'on ajuste au serpentin, et le réservoir de celui-ci étant rempli d'eau froide pour la condensation des vapeurs, on allume le feu dans le fourneau. Tous les joints de l'alambic ont été soigneusement lutés avec du papier et de la pâte de farine ou de l'argile, afin d'éviter toute déperdition des vapeurs spiritueuses. La distillation ne tarde pas à commencer; les vapeurs qui partent de la chaudière vont se condenser dans le serpentin, et, après condensation, elles sortent à l'extrémité du réfrigérant sous forme d'une espèce d'eau-de-vie à odeur forte et âcre, d'un faible degré alcoolique. Dans quelques pays, cette petite eau-de-vie est appelée « blanquette » à cause de sa couleur blanchâtre et de son aspect laiteux. On recueille la blanquette jusqu'à ce que son degré soit descendu à 0° ; alors on éteint le feu, on enlève le chapeau de l'alambic, et l'on retire de la chaudière le marc épuisé de l'alcool.

L'enlèvement du marc se fait par des moyens assez primitifs. On le saisit par poignées plus ou moins fortes entre les deux branches articulées d'une fourche en fer. Les branches de la fourche s'éloignent et se rapprochent à volonté comme les mâchoires d'une tenaille. C'est avec cette fourche à longs bras qu'on prend le marc dans la chaudière et qu'on le retire, comme le ferait un homme avec ses deux mains. L'eau de la chaudière est évacuée par le robinet de vidange. On nettoie avec un balai pour ne rien laisser au fond de la chaudière, et l'on procède à un nouveau chargement avec du marc et de l'eau. L'opération se conduit comme précédemment. Ces charges de l'alambic et ces distillations se font ainsi successivement une ou plusieurs fois par jour, selon la capacité de l'appareil.

Lorsque le produit de plusieurs distillations réunies est suffisant pour une charge de la chaudière, on repasse la blanquette, afin d'en obtenir de l'eau-de-vie commerciale.

Cette repasse, qui n'est pas autre chose qu'une rectification, demande quelques soins. La chaudière de l'alambic étant bien nettoyée, ainsi que le chapiteau et le serpentin, on y verse la blanquette, de manière à laisser un vide du cinquième de la capacité de la chaudière. On lute le chapiteau, et l'on procède à la distillation, en ayant soin de conduire le feu avec douceur et ménagement. Une opération de repassage de la blanquette, ou sa rectification, demande quatre fois autant de temps qu'une distillation simple. Si le feu était poussé trop vivement sous la chaudière, il se dégagerait plus de vapeurs alcooliques que le serpentin n'en pourrait condenser; la blanquette monterait dans le chapiteau, s'écoulerait par le serpentin du réfrigérant, et les vapeurs alcooliques se répandraient au dehors en pure perte. Ces vapeurs pourraient prendre feu et devenir la cause d'un incendie, dont on a eu plusieurs fois des exemples.

La rectification à feu nu est remplie de dangers ; nous croyons devoir insister sur les précautions et les soins qu'elle réclame. Nous recommanderons de conduire le feu avec modération, et d'entretenir constamment le serpentin du réfrigérant dans de l'eau froide sans cesse renouvelée.

Peu de temps après que le feu est allumé sous la chaudière, la blanquette s'échauffe et commence à dégager d'abord ses produits gazeux, d'une odeur très forte et très désagréable, puis ensuite s'élèvent les vapeurs alcooliques mêlées de vapeur d'eau ; ces vapeurs mélangées arrivent au serpentin et s'y condensent sous forme d'eau-de-vie. Les premiers filets de liquide alcoolique qui sortent du serpentin sont odorants, âcres, laiteux, quelquefois tachés de vert par le vert-de-gris formé dans l'appareil. On reçoit ces premiers produits à part, dans un vase quelconque ; ce sont les produits de tête. Au bout de dix à quinze minutes, ces produits font place à un liquide alcoolique plus fort en degré et de meilleure qualité. Ce liquide est le cœur, il marque de 60 à 70 degrés à l'alcoomètre de Gay-Lussac. Si le feu est modéré, le degré se maintient assez longtemps, quoiqu'il diminue peu à peu à mesure que la chaudière s'épuise de son alcool. Tant que le titre ne fléchit pas au-dessous de 30 degrés centésimaux, on laisse couler le filet dans le récipient à eau-de-vie ; mais lorsque la chaudière, appauvrie d'alcool, n'envoie plus que des vapeurs peu spiritueuses, le produit s'affaiblit de plus en plus, et ces dernières parties de la rectification constituent les produits de queue ou de fin d'opération. Cette eau-de-vie devient alors laiteuse et blanche, et son jet finit par tomber à zéro de l'alcoomètre. Dans ce cas, la chaudière a rendu tout son alcool ; on arrête le feu et l'opération est terminée.

Les produits de tête et de queue sont réunis à la blanquette pour la rectification suivante.

Le produit du milieu, dont la force alcoolique moyenne varie de 52 à 60 degrés centésimaux, constitue l'eau-de-vie de marc.

Ce repassage, ou rectification, si on ne possède qu'un alambic simple, est une seconde opération indispensable, dispendieuse de combustible, de temps et de main-d'œuvre, elle témoigne de l'imperfection de la distillation avec un appareil primitif, sans condensation des vapeurs aqueuses et retour des eaux faibles à la chaudière, avant l'arrivée de la partie spiritueuse au serpentin réfrigérant.

Il existe cependant des alambics à feu nu, avec un chapiteau de rectification qui permettent d'obtenir du premier jet, de l'eau-de-vie à 65 et 70 degrés. Ils sont par conséquent plus économiques.

Indépendamment de son odeur particulière, l'eau-de-vie de marc distillée à feu nu dont la chauffe n'est pas suffisamment surveillée contracte quelquefois un goût très prononcé d'empyreume ; il provient de la décomposition des matières organiques par l'action du feu, soit au fond, soit contre les parois de la chaudière. Malgré la présence de l'eau, ces matières s'attachent au métal en divers endroits, s'y brûlent, se décomposent et donnent naissance à des goûts d'empyreume souvent insupportables. On songea donc à distiller les marcs au bain-marie ; mais la température du bain-marie n'est pas toujours suffisante pour extraire d'un liquide vineux tout le principe alcoolique qu'il contient. On y a renoncé, surtout lorsque l'application de la vapeur aux usages industriels s'est vulgarisée. La vapeur d'eau, dont la température est supérieure à celle du bain-marie, enlève tout l'alcool sans avoir l'inconvénient de carboniser et de brûler le marc.

Emploi de la piquette. — Pour obtenir des eaux-de-vie de marc moins chargées de principes âcres et infectants qui en altèrent l'odeur et le goût, et pour leur donner autant que possible une qualité qui les rapproche des eaux-de-vie de vin, on opère le lavage du marc et on distille le liquide vineux ou piquette provenant de ce lavage.

Le lavage du marc se pratique de deux manières : par addition d'eau et fermentation après le pressurage ; par la lévigation méthodique du marc conservé.

Lorsque le marc est sorti du pressoir et remis dans des cuves, on y verse chaque jour de l'eau en petite quantité pour que la fermentation s'y établisse, et afin de ne pas contrarier ce phénomène qui doit engendrer l'alcool, il est essentiel d'entretenir dans le marc le degré de température utile à la fermentation, et d'y ajouter de l'eau par doses fractionnées jusqu'à ce qu'on soit parvenu à la quantité nécessaire ; si le marc était noyé dans une grande quantité d'eau, la fermentation putride s'y établirait, et l'on n'obtiendrait que peu ou point d'alcool. Après que la fermentation alcoolique est terminée, on soumet derechef le marc au pressoir, et le petit vin qui en découle est mis dans des tonneaux, où il se clarifie. On le distille, avant ou après clarification, de la même manière que du vin pur.

Nous avons vu que, pour conserver le marc, on l'entasse dans des cuves, dans des citernes ou dans des fosses creusées en terre. Si on veut distiller ce marc on le traite préalablement par le procédé de la lévigation ou lixiviation, afin d'en extraire les principes alcooliques et vineux.

Cette lévigation du marc s'exécute comme il a été indiqué pour la préparation des vins de marcs, par la méthode de déplacement ou de diffusion au moyen d'une série de cuviers, tonneaux ou vases lévigateurs communiquant entre eux à l'aide d'un système de tuyauterie qui permet de déverser de l'un sur l'autre le liquide de cette macération.

Pour que l'épuisement du marc soit complet, il est indispensable que la série se compose de six lévigateurs au moins. Si pour cet usage on emploierait des pipes à trois-six, par exemple, on les défoncerait d'un côté, et de l'autre on les assoirait sur un chantier solide, élevé de 25 à 30 centimètres au-dessus du sol.

La lévigation n'enlève que l'alcool et les matières solubles du marc, telles que le tanin, les sels et quelques substances organiques. Les huiles essentielles à odeur forte et infecte, peu solubles dans l'alcool faible et dans l'eau, demeurent en partie dans le marc, ce qui fait que le liquide extrait du marc par la lévigation a beaucoup d'analogie avec le vin naturel et fournit, comme lui, des eaux-de-vie de bonne qualité.

La distillation des eaux de lavage du marc de raisin peut se faire dans toutes sortes d'appareils, intermittents ou continus, à la vapeur ou à feu nu, avec ou sans condensateur.

Choix des alambics. — Ainsi, on peut distiller le marc de raisin en nature à feu nu, ou à la vapeur, ou bien en extraire par le lavage une espèce de petit vin qu'on distille ensuite. Malgré la supériorité de ce dernier mode, on distille beaucoup plus de marc en nature et à feu nu qu'autrement, parce que la distillation du marc constitue moins une industrie qu'une opération agricole. Les propriétaires viticulteurs, ne traitant que le marc de leur récolte, ne sont pas outillés pour faire mieux.

Dans le premier cas, les alambics simples suffisent; la chauffe se fait soit au bois, soit au charbon, et on a soin, lorsqu'on opère à feu nu, de placer une grille dans le fond de la cucurbite, afin que le marc ne s'attache pas aux parois. Pour obtenir 50 à 60° du premier jet, on adapte un plateau ou une lentille de rectification. La surveillance de la marche de ces appareils devra être de tous les instants.

L'appareil simple à bain-marie se compose d'une chaudière, d'un panier métallique, d'un chapiteau, d'un col de cygne et d'un réfrigérant.

On place le marc dans un espèce de panier en fil de fer ou de laiton, à mailles assez étroites pour retenir les rafles, les pellicules et les pépins; ce panier, criblé de trous, plonge dans la chaudière, supporté par des pieds qui l'élèvent de quelques centimètres au-dessus du fond de l'alambic. On verse de l'eau en quantité suffisante pour que le panier chargé de marc y baigne entièrement.

La chaudière, surmontée de son chapiteau, étant reliée au réfrigérant, on allume le feu.

Les vapeurs qui se dégagent du marc en ébullition se condensent dans le réfrigérant et se réduisent en eau-de-vie à faible degré. La distillation continue jusqu'à ce que l'alcoomètre, plongé dans l'éprouvette, accuse 0°.

Le marc, n'étant pas en contact direct avec la surface de la chaudière exposée à l'action du foyer, ne brûle pas et ses vapeurs alcooliques sont peu entachées d'empyreume.

Mais, pour obtenir l'épuisement complet du marc, on porte la masse à l'ébullition, qui volatilise l'huile essentielle du raisin et la rejette dans le produit distillé. L'eau-de-vie, moins empyreumatique, est plus chargée d'huile essentielle et son goût de marc plus prononcé.

A la fin de la chauffe, on décharge le marc épuisé que l'on remplace par du marc neuf et l'on recommence la distillation qui se poursuit ainsi par charges successives. Ces opérations intermittentes occasionnent une grande perte de temps et de combustible que ne compense aucun avantage sérieux.

Un autre alambic au bain-marie consiste en une première cucurbite ou chaudière, une seconde cucurbite ou bain-marie, un chapiteau, d'un col de cygne et un réfrigérant avec son serpentin. Tel est le détail de l'appareil Egrot représenté ci-contre (fig. 30).

On verse de l'eau dans la chaudière, on place ensuite le bain-marie dans lequel on dispose le marc. Cette disposition évite, comme la première, le contact du marc directement avec le métal chauffé par le foyer; elle permet, de plus, d'avoir à sa volonté un appareil à feu nu ou à bain-marie, le chapiteau pouvant s'adapter aussi bien à la chaudière simple qu'au bain-marie qui a le même diamètre.

Pour rendre l'extraction des vinasses et des tartres plus facile, après distillation, les fourneaux peuvent être installés avec chaudière basculante selon le système décrit dans la distillation des eaux-de-vie de vin. D'ailleurs, ces alambics peuvent également servir à la distillation des marcs.

Pour distiller le marc à la vapeur, on se sert généralement des appareils complets qui, en une seule chauffe et du premier jet, donnent des eaux-de-vie au degré marchand, de 55 à 70° centésimaux.

On charge le marc dans les colonnes d'un diamètre variable et d'une hauteur d'environ 80 centimètres. Ce chargement se fait par le sommet de la colonne dont le couvercle s'ouvre à volonté et ferme hermétiquement. Le marc est déposé sur une espèce de grille, non tassé. La vapeur, arrivant au bas de la colonne, traverse la couche de marc, l'échauffe, vaporise l'alcool et les matières volatiles qui se rendent au condensateur, rempli d'eau à la température de 70 degrés au sommet et constamment renouvelée pour la maintenir à ce degré. Du condensateur, les vapeurs se rendent dans le réfrigérant qui les fait passer à l'état liquide et les transforme en eau-de-vie.

Le condensateur est un appareil intermédiaire entre la colonne

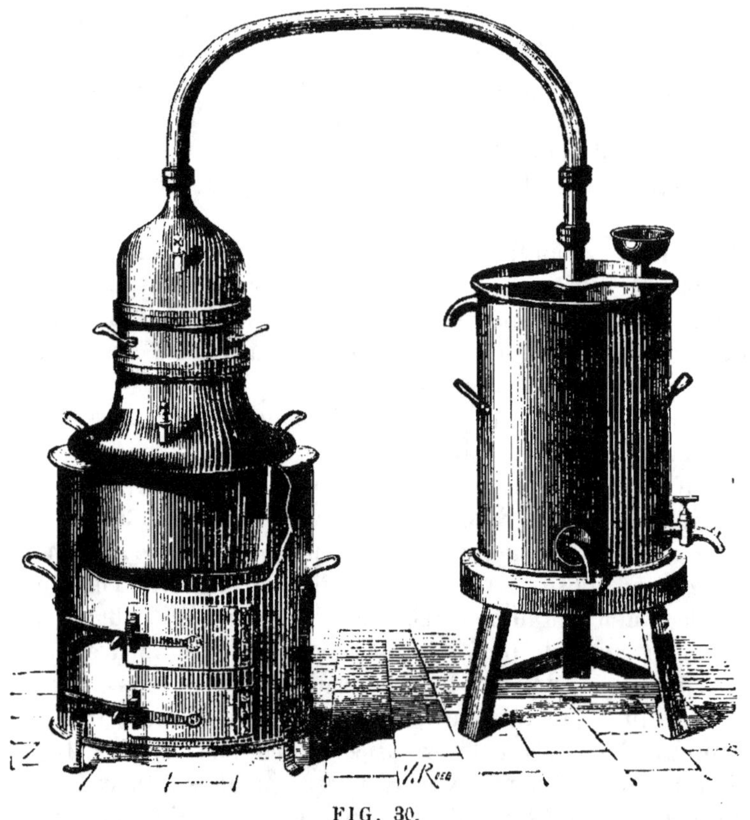

FIG. 30.

et le réfrigérant qui condense une partie des vapeurs qu'il reçoit, renvoie au sommet de la colonne les produits de sa condensation et laisse les vapeurs non condensées aller au réfrigérant, qui les ramène à l'état liquide. Le condensateur, plongé dans un bain d'eau à la température de 70 degrés, condense plus de vapeurs aqueuses que de vapeurs alcooliques ; il rejette les premières sur le marc de la colonne et laisse circuler les vapeurs spiritueuses. Il fait ainsi une séparation qui a pour résultat de produire de l'eau-de-vie à un degré de force plus élevé. La partie de vapeurs liquéfiées dans le condenseur se distille de nouveau en tête de la colonne, et contribue à enrichir le produit.

Lorsque la colonne est épuisée d'alcool, on cesse de lui fournir de la vapeur, on ferme ses robinets et l'on procède à l'enlèvement du marc en remontant, à l'aide d'une poulie, la grille sur laquelle il repose. Le marc est rejeté de côté, la colonne rechargée avec du marc frais et l'opération recommence. Plusieurs colonnes peuvent être ainsi installées et fonctionner les unes après les autres, sans que le déchargement et le chargement de l'une d'elles interrompe ou entrave le travail des autres.

Il existe aussi des appareils locomobiles, très employés pour distiller le marc, chez les viticulteurs dépourvus d'alambics; ils se transportent d'un endroit à l'autre et rendent ainsi de très grands services. Ils sont à feu nu ou à vapeur et basés sur les mêmes principes.

La distillation du marc en nature, faite à feu nu ou à la vapeur, avec ou sans condensateur, est toujours une opération intermittente; elle ne peut s'opérer que par chauffes successives, et cette obligation d'emplir et de vider chaque fois l'appareil distillatoire entraîne une perte de temps et de calorique. C'est aussi une source de déperditions alcooliques et de déchet. Par suite la distillation des eaux de lavage des marcs, distillation qui se pratique comme celle des vins, est-elle préférable quand on travaille ces matières en grand. Les alambics à feu nu ne présentent plus les mêmes inconvénients et on peut faire alors une distillation continue, semblable à celle des vins, déjà décrite.

Rendement alcoolique. — Le rendement alcoolique du marc est très variable, et cela se comprend aisément, parce que tous les vins n'ont pas la même richesse spiritueuse, tous les marcs ne sont pas également bien conservés, et toutes les méthodes n'ont pas la même valeur. La distillation des piquettes de marc rend plus que les marcs introduits dans la chaudière. La conservation du marc entraîne souvent de fortes déperditions d'alcool, qu'il est possible d'éviter au moyen de soins bien entendus. Dans le Midi, où les raisins très sucrés fournissent beaucoup d'alcool, on obtient généralement un hectolitre d'eau-de-vie à 60 degrés centésimaux en distillant de 80 à 90 hectolitres de marc. Dans le centre de la France, et dans de bonnes années, un hectolitre de marc rend un litre d'eau-de-vie.

Amélioration des eaux-de-vie de marc. — Pour le dégustateur, l'eau-de-vie de marc est un liquide alcoolique, incolore quand il sort de l'alambic, d'une couleur jaune d'ambre quand il a séjourné quelque temps dans des fûts. Son odeur est aromatique, forte et pénétrante, désagréable par son énergie, suave quand elle est diluée; son goût est âcre et empyreumatique; en vieillissant, elle perd peu à peu de son âcreté et le goût de chaudière, ses principes odorants se combinent entre eux de manière à perdre de leur énergie et à se fondre en un tout qui plaît à beaucoup de consommateurs.

Aux yeux du chimiste, l'eau-de-vie de marc de raisin est une espèce d'alcool très complexe, très riche en principes essentiels et, par là même, trop actif sur les sens du goût et de l'odorat. Ses défauts proviennent en partie de son trop de richesse et de la prédominance de quelques-uns des corps qui le composent.

L'alcool de vin flatte le palais, tandis que les principes âcres et violents comme l'aldéhyde et les huiles essentielles prennent à la gorge d'une manière suffocante. L'eau-de-vie de marc est un liquide alcoolique rempli de perfections et un mélange de choses détestables; cette richesse d'odeurs et de goûts donne à cette eau-de-vie une valeur très réelle, qu'on peut augmenter considérablement en isolant les corps âcres et infectants. De tous les principes dominants, celui qui se fait le plus fortement sentir est l'huile essentielle de marc.

Éliminer les matières infectantes, amoindrir celles qu'on ne peut enlever complètement, et conserver à l'alcool de marc tous les caractères qui le rapprochent des eaux-de-vie fines, tel est le but poursuivi depuis longtemps et qu'il est permis d'atteindre dans l'état actuel de la distillation en France.

On a successivement, mais infructueusement, essayé l'emploi des oxydants énergiques : les acides sulfurique, nitrique, acétique; les manganates, permanganates de potasse, de soude; les chlorures de chaux, de zinc; les sels de fer et de cuivre, etc.

La plupart de ces agents, loin d'améliorer le produit, le détériorent et le dénaturent. Les oxydants et les acides énergiques enlèvent à l'alcool une partie de son hydrogène, qui est remplacé par de l'oxygène; ils attaquent la glycérine, la décomposent, et produisent, par leur action sur ce corps et sur l'alcool, un alcool moins hydrogéné et des acides infects. Il en résulte un alcool nouveau et des combinaisons nouvelles, avec des propriétés étrangères aux bonnes eaux-de-vie de vin. En vieillissant, les eaux-de-vie soumises à ce traitement acquièrent un goût détestable.

Les déshydratants dédoublent l'alcool et en transforment une partie en eau et en éther. Les alcalis caustiques enlèvent du carbone et laissent un alcool plus hydrogéné, âcre et de mauvais goût, différent de l'alcool vinique. La combinaison des alcalis et de l'alcool produit une huile éthérée, âcre, et une espèce de résine qui se dépose sur les organes des appareils de rectification et altère les produits des opérations subséquentes. Toutes ces altérations et transformations ne se font qu'au détriment de l'alcool, qui perd ainsi de son volume et de son titre alcoolique. Aussi la perte et le déchet deviennent-ils considérables. A la perte d'alcool s'ajoute sa mauvaise qualité.

L'eau-de-vie rectifiée sur la chaux vive retient une saveur alcaline, urineuse et une odeur de chaux vive, qui la rendent impropre aux usages de l'alcool-boisson. La magnésie communique un goût d'amertume à l'alcool, quelque minime que soit la dose de cette base. Il en est de même du talc de Briançon.

On a donc cherché ailleurs. Voici, suivant Pezeyre, les moyens d'amélioration que la science et l'expérience ont mis au service de l'industrie :

1° La désacidification des vins; 2° le fractionnement des produits de la distillation; 3° l'épuration et la désinfection préalables des produits alcooliques à bas degré; 4° la rectification; 5° la bonification et le vieillissement rapide des produits rectifiés.

Désacidification des vins. — La désacidification des vins est d'une grande importance; avant de soumettre à la distillation la piquette il est indispensable de la débarrasser de l'aldéhyde et de l'acide acétique qu'elle contient. Cette désacidification s'opère ordinairement avec du carbonate de chaux; on prend de préférence le marbre blanc en poudre, et, à son défaut, de la craie blanche ordinaire délayée dans de l'eau en bouillie claire. La quantité de carbonate calcaire est variable selon le plus ou moins d'acidité du vin. On ne peut pas indiquer d'avance d'une manière absolue la quantité de marbre ou de craie nécessaire. On réussit assez bien du moment qu'on s'aperçoit que la grande acidité du vin a disparu; avec quelques tâtonnements, on trouve facilement la dose de carbonate calcaire utile à la saturation de l'aldéhyde et de l'acide acétique. 100 grammes de craie en poudre, délayés dans trois ou quatre litres d'eau et incorporés dans cent litres de vin au moyen de l'agitation, suffisent pour cette opération. On laisse reposer et on tire le vin au clair, afin de ne pas envoyer le dépôt calcaire dans l'appareil de distillation.

Quand on distille du marc en nature, la saturation des acides est moins facile; on est alors obligé d'introduire l'élément calcaire dans l'appareil à distiller, ce qui n'est pas sans inconvénient. On peut, dans ce cas, placer du carbonate de chaux en morceaux, de la grosseur d'une noix, sur un diaphragme à claire-voie établi dans le chapiteau de l'alambic, de manière que les vapeurs ascendantes, obligées de traverser cette couche de cailloux calcaires, y déposent leurs principes acides.

Fractionnement des produits. — Le fractionnement des produits de la distillation est aussi indispensable que la saturation des acides du marc. Dès que le liquide soumis à la distillation a acquis la température de 40 à 50 degrés, il commence à se dégager des carbures d'hydrogène, dont l'odeur forte annonce d'avance la sortie. Peu après arrive un liquide âcre, d'une odeur suffocante : c'est l'aldéhyde, accompagné d'éthers et d'alcool. Ces premiers produits ont un titre alcoolique inférieur à celui de l'eau-de-vie qui viendra ensuite. On les appelle produits de tête. On doit les recevoir dans un vase spécial, bac ou tonneau, afin de leur appliquer le traitement ultérieur que réclame leur nature.

Les produits de tête ne durent pas longtemps ; après eux, vient l'eau-de vie proprement dite, dont le degré varie de 40 à 50° centésimaux, selon la richesse des vins ou des marcs, pour diminuer insensiblement dans les appareils intermittents, tandis que le titre se soutient dans la distillation continue avec chauffe-vin condensateur. L'eau-de-vie constitue le produit du milieu. On loge ce produit séparément dans un fût; à mesure que la richesse alcoolique s'épuise, le degré de l'eau-de-vie diminue, et lorsqu'il est descendu à 30, on ne laisse plus couler dans le produit du milieu. On reçoit ces eaux-de-vie faibles dans un récipient quelconque destiné aux produits de queue.

Le fractionnement des produits de la distillation constitue une espèce d'analyse mécanique qui, en éloignant les éthers et les produits qui coulent en tête, ainsi que les acides avec les huiles essentielles qui coulent en queue de l'opération, laisse au produit du milieu une richesse alcoolique plus grande, déjà débarrassée d'une partie des matières infectantes.

Les produits d'une distillation fractionnée ont besoin d'un traitement spécial pour les dépouiller de la mauvaise odeur et du mauvais goût qui les infectent.

Epuration et désinfection préalables. — L'épuration et la désinfection préalables des produits de tête, du milieu et de queue doivent se faire à bas degré ; voici comment on opère : les produits de tête infectés par l'aldéhyde, par des éthers et par des acides organiques, sont neutralisés au moyen d'une légère addition de carbonate calcaire. On laisse reposer, on soutire, dans un fût propre, le liquide décanté, et on le mouille avec de l'eau jusqu'à ce que son titre soit descendu à 30 degrés centésimaux.

Après saturation et mouillage, on soumet le produit à la désinfection au moyen de la filtration sur une couche épaisse de charbon végétal.

Les produits de tête seulement sont soumis à la saturation par le carbonate de chaux. Les produits du milieu et de queue ne réclament pas d'autre traitement que la réduction à 30 degrés par le mouillage et la filtration sur le noir. Les produits du milieu doivent être filtrés séparément; on ne les réunit aux produits de tête et de queue que lorsque ceux-ci ont été suffisamment purifiés par la filtration.

Rectification. — La rectification des eaux-de-vie de marc, qui ont subi la désinfection dans les filtres, est indispensable, d'abord pour en élever le titre alcoolique jusqu'au degré commercial, et ensuite pour éliminer une partie des corps qui ont échappé à l'action épurante du charbon.

Que la rectification soit faite à feu nu ou à la vapeur, dans des appareils primitifs ou perfectionnés, il est toujours nécessaire de bien fractionner ses produits, afin d'éliminer les alcools de tête et de queue pour ne recueillir que les produits du milieu ou cœur de rectification.

Les produits qui ont été distillés au commencement et à la fin de la rectification sont de rechef saturés, mouillés et filtrés sur le noir, et ajoutés à la rectification suivante.

Le produit du milieu est seul livré au commerce comme eau-de-vie à 52 degrés centésimaux.

Bonification et vieillissement. — La bonification et le vieillissement rapide des alcools constitue une opération complémentaire qu'on devrait toujours pratiquer dans les distilleries, en raison de ses bons effets et de l'insignifiance des frais et des soins qu'elle demande.

Le charbon végétal a bien la propriété d'absorber la majeure partie des corps à odeur forte; mais la vertu du noir s'épuise, et l'insuffisance de son action laisse dans l'alcool plusieurs carbures d'hydrogène que contenait l'eau-de-vie. Dans la rectification, il se forme des combinaisons nouvelles qui entachent le produit d'un goût particulier, le goût de jeune.

Pour enlever le goût de jeune, il suffit de soumettre les eaux-de-vie et les esprits à l'action modérée de la chaleur pour en dégager certains principes volatils, éthérés ou gazeux, dont le départ améliore les eaux-de-vie au point de leur donner les propriétés, les caractères et le moelleux des eaux-de-vie vieilles.

M. Rommier a proposé un autre moyen de préparer de l'eau-de-vie franche de goût avec du marc, du marc de vin blanc particulièrement. Dans une communication à l'Académie des sciences il s'exprimait ainsi :

Les marcs de vin blanc éprouvent difficilement la fermentation alcoolique et sont rapidement envahis par des ferments secondaires. Ils sont, en effet, appauvris par le pressurage de la majeure partie de la levure de vin, dont les germes se trouvent sur la pellicule du fruit et s'écoulent avec le jus qui en sort, pour devenir les ferments du vin blanc. Il en résulte que les fausses levures, les ferments de la tourne des vins, s'y développent aisément et provoquent la formation de produits de mauvaise nature. M. Pasteur, dans ses études sur le vin, a reconnu qu'un marc qui a fermenté avec de l'eau pendant quinze jours lui a donné un liquide très peu alcoolique, d'une acidité très désagréable et très riche en acides volatils, dont il répandait même l'odeur. Il contenait, en outre, autant de particules du ferment de la tourne que de globules d'une levure particulière, différente du ferment ordinaire du vin et qui depuis a reçu le nom de levure Pasteur.

Il est donc nécessaire, si l'on veut faire fermenter régulièrement un marc de vin blanc, avec de l'eau ordinaire ou avec de l'eau sucrée, de lui restituer la levure de vin qu'on lui a enlevée par le pressurage. On peut obtenir facilement cette levure en lui appliquant les procédés de fabrication imaginés par M. Pasteur pour la levure de bière.

C'est dans ces conditions que j'ai fait des essais de fermentation avec des marcs de vin blanc. Un de ces marcs m'avait été envoyé à Paris par mon bien regretté maître, M. Paul Thenard ; il provenait de la récolte de son vignoble de Montrachet. Le raisin n'avait pas été préalablement égrappé : on l'avait seulement pressé à trois reprises pour en extraire le jus, et le marc qui en était résulté avait été mis immédiatement, bien pressé, dans un fût, et expédié par le chemin de fer. A son arrivée, il était bien conservé et présentait une odeur agréable de vendange en fermentation.

45 kilogrammes de ce marc ont été mis à fermenter dans des touries avec :

1° 89 litres d'eau à la température de 20° ;

2° 25 kilog. de sucre ;

3° 2 litres 600 d'un liquide préparé avec une décoction de raisin sec, contenant de la levure en pleine activité.

Le tout représentait 1 hectolitre environ de liquide. La fermentation, commencée dès le lendemain, a duré près d'un mois, par une température variant de 18° à 15°. Le vin tiré dosait de 13,05 à 13,25 d'alcool. Après l'avoir laissé s'éclaircir pendant quelques jours, j'en ai distillé une partie pour en retirer de l'eau-de-vie. La totalité du vin de marc en aurait fourni 25 litres environ, riche à 50°.

L'eau-de-vie ainsi obtenue était franche de goût ; mais, pour que son parfum puisse se former en la laissant vieillir dans un fût, la quantité qui en avait été faite était trop faible; elle y aurait contracté un goût de bois trop prononcé et se serait bientôt perdue par l'évaporation. Je l'ai simplement mise à infuser avec 6 grammes de copeaux de chêne par litre, puis décantée et abandonnée dans un grand flacon dont elle occupait les 2/3 du volume et dont le bouchon était traversé par un petit tube de verre qui permettait le renouvellement de l'air.

Dans ces conditions, ses principes aromatiques se sont développés, lentement d'abord, et plus rapidement dans la suite, surtout en l'exposant au soleil, afin de la faire vieillir plus vite.

Cette eau-de-vie de marc est devenue très franche de goût, parfumée, avec une odeur particulière, due au cépage qui l'a produite, le pinot blanc de Bourgogne.

Il résulterait de cette expérience, selon M. Rommier :

Que le mauvais goût des eaux-de-vie de marc proviendrait du fait de certains ferments qui pulluleraient pendant les fermentations lorsque la levure ellipsoïdale s'y trouve en défaut, et qu'il suffirait d'ajouter de cette dernière pour paralyser leur action;

Que les marcs de vin blanc conserveraient encore une quantité importante de la matière aromatique, encore inconnue, qui fournit le bouquet des eaux-de-vie, et qu'on l'en retirerait en faisant fermenter ces marcs avec une quantité d'eau sucrée qui resterait à déterminer par l'expérience.

Pour obtenir des eaux-de-vie de marc franches, exemptes d'âpreté, on pourrait encore soumettre le marc à un criblage pour séparer les pellicules des pépins et des rafles qu'on rejetterait. On emploierait les pellicules de raisin seules dans la proportion de 20 à 25 kilog. par hectolitre d'eau. L'eau étant chauffée à 40 degrés, on y fondra 17 kilog. de sucre blanc cristallisé et on y ajoutera un litre ou deux de bonne lie de vin fraîche. Ce mélange ne tarderait pas à éprouver la fermentation alcoolique qui devra décomposer intégralement le sucre. La fermentation étant terminée, on soumettra le vin à la distillation sans retard. L'eau-de-vie qu'il rendra sera plus douce, plus tendre, que si la distillation était retardée. Sur le même marc on peut faire une seconde cuvée en employant toujours 17 kilog. de sucre, 100 litres d'eau chauffée et la lie de vin pour ferment.

Un mélange de marc, de vinasse, auquel on ajoute de l'alcool dans la proportion de 10 0/0 donne aussi, à la distillation, de la bonne eau-de-vie, sans qu'il ait éprouvé la fermentation vineuse. Dans cette préparation, on ne doit employer que de l'alcool droit de goût et sans odeur, le plus fin possible. Mais ces eaux-de-vie de vin de marc, de sucre et de vinasse ne sont que des produits industriels qu'il faut vendre sous leur nom véritable.

Traitement. — Les eaux-de-vie de marcs ou servent à viner les vins, ou sont consommées telles quelles. Elles sont assimilables pour le traitement aux autres eaux-de-vie et s'améliorent en vieillissant dans les fûts. En Bourgogne, où ces spiritueux, provenant de marcs d'excellents vins, jouissent d'une réputation bien méritée, quelques amateurs les conservent dans de petits fûts qu'ils abandonnent dans un grenier la bonde ouverte, et au bout de six mois ou un an, ils les consomment avec grand plaisir. On comprend ce qui a dû se passer : le fût en bois de chêne a abandonné quelques principes taniques à l'alcool qui, par suite, a pris une légère teinte jaunâtre ; d'autre part, la partie la plus volatile du liquide a entraîné les huiles essentielles donnant le goût de marc. Cependant, en général, on laisse ces eaux-de-vie vieillir lentement dans les fûts hermétiquement bondés, afin de réduire le plus possible la perte d'alcool.

Il y a des eaux-de-vie de marc, vieilles, qui réunissent toutes les perfections, et des eaux-de-vie jeunes dont le mérite est masqué par des principes que le temps élimine, ou modifie favorablement.

Altérations. — Souvent, c'est particulièrement à une mauvaise distillation qu'il faut attribuer les accidents qui peuvent se présenter. Elles deviennent alors noires, bleuâtres, laiteuses à la réduction, âcres, etc.

Eau-de-vie noire. — L'eau-de-vie, accidentellement devenue noire, reprendra sa blancheur primitive au moyen d'un collage énergique et au besoin par un filtrage sur du charbon végétal, selon le système que nous avons recommandé pour les eaux-de-vie ordinaires.

Eau-de-vie jaune. — Parfois on désire rendre sa blancheur primitive à une eau-de-vie de marc qui a séjourné dans un fût en bois de chêne, ou de châtaigner et en a absorbé la couleur ; on obtient ce résultat par une addition de deux kilogrammes de poudre de charbon végétal par hectolitre. La braise de boulanger, finement pulvérisée, mérite la préférence. On mêle bien le charbon avec l'eau-de-vie, en ayant soin d'agiter, de rouler le fût plusieurs fois par vingt-quatre heures pendant quatre à cinq jours. On complète le traitement par un collage avec 60 grammes de gélatine par hectolitre. Lorsque la colle est tombée, on soutire l'eau-de-vie convenablement décolorée.

Il serait encore possible, en collant deux fois avec du lait et en soutirant après clarification, d'arriver à une décoloration suffisante.

Eau-de-vie qui bleuit. — Il n'est pas rare de voir des eaux-de-vie de marc se troubler, devenir bleuâtres, laiteuses, quand on y ajoute de l'eau. Cet effet est le résultat de la séparation des huiles essentielles, que contient l'eau-de-vie. Ces huiles essentielles, solubles dans l'alcool à 60 degrés, se séparent quand on en affaiblit la force. Elles forment alors des gouttelettes blanchâtres dont la présence altère la limpidité du liquide. Le même effet se produit quand on verse de l'eau dans l'absinthe.

La couleur bleuâtre, laiteuse est due à la mise en liberté d'une huile essentielle qui, très soluble dans l'alcool concentré, se dissout moins bien dans l'alcool à bas degré. L'huile incomplètement dissoute forme des gouttelettes extrêmement ténues, en suspension dans le liquide, qu'elle rend plus ou moins opalin, bleuâtre, blanchâtre.

Pour rendre à l'eau-de-vie de marc réduite la limpidité nécessaire, il suffirait souvent d'en remonter le titre par addition de un ou deux degrés de bon alcool fin ; cependant, avec un ou deux collages, on obtient la précipitation des globules opalescents qui troublent le liquide. En peu de jours, ces matières, réunies sous forme de filaments blanchâtres, tombent avec la colle.

Eaux-de-vie qui se troublent. — Souvent, on loge des eaux-de-vie demarc dans des pipes à alcools ; mais ces pipes, généralement gélatinées intérieurement pour les rendre imperméables, troublent l'eau-de-vie.

La gélatine, insoluble dans l'alcool d'un titre élevé comme le trois-six, se dissout dans l'alcool faible, étendu d'eau ou dans l'eau-de-vie. Les eaux-de-vie de marc de raisin contiennent ordinairement, sur cent parties en volume, cinquante parties d'alcool et cinquante autres d'eau. Elles peuvent dissoudre la gélatine. Les eaux-de-vie de marc sont acides, et leur acidité contribue encore à rendre la gélatine soluble et à s'opposer à sa précipitation. L'eau-de-vie, logée dans un fût enduit d'un vernis imperméable, est privée du contact du bois ; elle ne peut lui emprunter ses principes astringents, particulièrement le tanin. En l'absence du tanin, la gélatine, tenue en dissolution par l'eau et les acides organiques de l'eau-de-vie, demeure en suspension dans le liquide et lui communique une teinte laiteuse, un aspect louche et terne. On voit flotter dans le liquide de petites paillettes gélatineuses, incomplètement dissoutes.

En saturant, au moyen d'une faible dose de carbonate de chaux, les acides organiques, on enlèvera à la gélatine l'un de ses dissolvants et, en ajoutant la quantité de tanin nécessaire, on facilitera la précipitation de tous les corps étrangers en suspension dans l'eau-de-vie. La gélatine a la propriété de s'unir au tanin et de constituer avec lui un composé qui, sous forme de réseau, enveloppe les particules solides et les entraîne au fond du tonneau à l'état de dépôt ou de lie.

Pour la saturation des acides organiques, cinquante grammes de carbonate de chaux (craie ordinaire), bien lavé et réduit en bouillie claire, paraissent suffisants. On peut, à la rigueur, se dispenser de recourir à la saturation et se contenter de traiter l'eau-de-vie par l'un ou l'autre des deux moyens ci-après et mieux encore par leur emploi simultané.

Le premier moyen consiste à ajouter à cette eau-de-vie un dixième de son volume d'alcool à 90 ou 95 degrés, et le second à lui donner quelques grammes de tanin par hectolitre. Le tanin et l'alcool précipiteront la gélatine et avec elles les paillettes gélatineuses; l'eau-de-vie ne tardera pas à se clarifier, surtout si l'on a pris soin de la changer de fût avant de lui administrer le tanin et l'alcool.

L'addition d'alcool nécessite une addition d'eau, afin que l'eau-de-vie soit ramenée au degré exigé pour la consommation ; mais cette addition d'eau ne doit se faire qu'après avoir transvasé l'eau-de-vie dans un fût bien propre.

Eaux-de-vie de marc sulfaté. — Dans les résidus de la vendange sulfatée pour combattre le mildew, il reste de menues parcelles de cuivre ; mais elles ne peuvent être entraînées par les vapeurs d'alcool et se retrouver dans l'eau-de-vie. Pareil phénomène ne se produirait que si, la chauffe se faisant à feu nu et étant trop vive, il y avait des coups de feu et une ébullition violente dans la chaudière. Alors celle-ci « vinasserait », et une partie du marc passerait dans l'alambic. En surveillant attentivement le travail, en évitant les chauffes trop précipitées, on obtiendra un résultat satisfaisant.

Si on trouve des traces de cuivre dans l'alcool, il faut les attribuer plutôt à l'alambic lui-même qui ne se trouverait pas dans de bonnes conditions de propreté.

L'eau-de-vie ainsi cuivrée ne devra contenir aucun principe nocif, il suffirait pour cela qu'elle soit laissée au repos, soutirée, puis collée.

Trois-six de marc. — Le trois-six de marc est à l'eau-de-vie de marc, ce que le trois-six de vin est à l'eau-de-vie de vin. C'est donc un alcool de marc concentré à 86° minimum, titre marchand. Aujourd'hui on distille et on rectifie les eaux-de-vie de marc de manière à obtenir du 3/6 titrant 90 et 95°.

Cependant, le plus souvent, ce trois-six se fait avec la piquette provenant du lavage des marcs ; à l'eau chaude on traite par la méthode de déplacement, dans des appareils de distillation continue avec rectification simultanée, tels, par exemple, que celui indiqué pour la distillation des eaux-de-vie de vin avec chapiteau de rectification. Le chauffage se fait à feu nu, ou à la vapeur. Comme on n'opère qu'avec des liquides, on a moins à craindre les coups de feu. L'alambic est pourvu d'une chaudière, d'une colonne à plusieurs plateaux de distillation, surmontés de plateaux de rectification superposés, d'un chauffe-vin condensateur, de tuyaux de rétrogradation ramenant du condensateur à la colonne les vapeurs condensées, faibles en alcool. La conduite de ces appareils réclame des systèmes de régularisation de la température, de la pression intérieure des vapeurs, de distribution de la piquette pour l'alimentation de la colonne et de la distribution méthodique de l'eau dans le condenseur et le réfrigérant. Tous ces points sont actuellement bien observés par les bons constructeurs. Il convient, pour obtenir des produits bien distillés, de diriger l'emploi de la chaleur avec prudence et modération.

L'esprit de marc, comme l'eau-de-vie de marc, est d'autant plus fin que la matière qui les contient est plus pure. On a reconnu que l'épuration des marcs par la saturation de l'excès des acides qu'ils contiennent était favorable à la bonne qualité du produit.

La saturation, non intégrale, mais seulement des trois quarts des acides, donne des résultats très appréciés, mais contrebalancés par la perte du bitartrate de potasse que le saturant, chaux ou potasse, transforme en tartrate de chaux ou en tartrate neutre de potasse, d'une valeur marchande inférieure au prix de la crème de tartre.

Avant de saturer en partie seulement les acides du marc, il faut considérer si l'avantage de produire de l'alcool un peu meilleur n'est pas payé trop cher par le sacrifice du tartre.

Le rendement alcoolique du marc distillé en trois-six est très variable suivant la nature, l'espèce et la richesse du raisin, en raison de son état de conservation. Les marcs du Midi rendent plus que ceux des autres vignobles de France ; ceux qui ont séjourné plus longtemps avec le vin dans la cuve de vendange fournissent plus que ceux qui n'ont eu qu'une courte durée de cuvaison. En moyenne, on peut évaluer le rendement à 3 litres d'alcool à 86° par 100 kilog. de marc.

Traitement. — Autrefois les trois-six de marc étaient employés pour alcooliser les vins, mais le vinage coûte trop cher actuellement pour qu'on le pratique en France, et ils servent maintenant à la préparation d'eau-de-vie de marc par dédoublage. Par la rectification, les huiles essentielles du marc ont disparu en partie, et l'eau-de-vie qu'on obtient par mouillage est moins âcre que celle provenant directement de marcs de qualité médiocre; par contre, elle est moins fine que celle extraite des bons marcs de Bourgogne.

Ces eaux-de-vie par dédoublage des trois-six de marc se fabriquent suivant les mêmes principes que les eaux-de-vie communes; nous y renvoyons le lecteur qui y trouvera les règles du mouillage et les procédés de coloration, de bonification, etc.

Altération. — Ces spiritueux sont également susceptibles d'altérations. Les unes sont dues à la distillation, les autres à des manipulations défectueuses ou à des contacts nuisibles. Quant on lave les marcs pour préparer la piquette qui devra être distillée, si on emploie des récipients malsains, l'alcool obtenu conserve de mauvais goûts. Les cuves en maçonnerie dans lesquelles on fait quelquefois le travail abandonnent des matières alcalines ou calcaires qui nuisent à la qualité du trois-six.

Trois-six qui louchit. — On croit souvent que les trois-six de marc doivent tous blanchir au mouillage; on s'imagine même que, s'ils ne blanchissent pas, c'est qu'ils contiennent des alcools d'industrie. Ce n'est pas là une nécessité absolue et, avec des alambics rectifiant bien, on peut parfaitement produire des trois-six ne blanchissant pas lorsqu'on les additionne d'eau.

Dans le cas où ce blanchissement se produirait lors de la confection des eaux-de-vie, on emploierait, pour le faire disparaître, des collages, des filtrages indiqués plus haut pour les alcools de vin. On aura soin aussi de n'employer dans ces préparations que de bon caramel, afin d'obtenir un coloration qui ne trouble pas le liquide spiritueux.

Eaux-de-vie de vinasse. — Après que, par la distillation, on a retiré du vin tout l'alcool qu'il contenait, il reste dans l'alambic un liquide auquel on a donné le nom de « *vinasse* », de « *brouilli* » dans quelques contrées.

Ce liquide contient tous les éléments constituants du vin, moins l'alcool. Sa richesse méconnue mérite de fixer l'attention des producteurs, qui retireraient de son exploitation des produits rémunérateurs. La distillation n'enlève au vin, sous forme d'eau-de-vie, que l'alcool, de l'eau de végétation et quelques principes aromatiques.

La quantité d'alcool naturellement contenu dans les vins de chaudière est ordinairement insuffisante pour emporter tous ces principes dans la distillation. L'insuffisance de l'alcool naturel du vin laisse ainsi dans la vinasse la plus grande partie des matières constituantes du vin. Si l'on y ajoute l'élément qui fait défaut, l'alcool, la vinasse reconstitue presque le vin primitif. Cette alcoolisation peut se faire soit par sa fermentation avec du sucre ou des raisins secs, soit par une addition d'alcool d'industrie.

Distillation. — Il ne faudrait pas cependant se servir de la vinasse telle qu'elle sort de l'alambic. Il est nécessaire de la clarifier si elle manque de limpidité. On opère cette clarification par les moyens connus. Si on la sucre, avant de la mettre en fermentation, sa température devra être à un degré tel que son mélange avec le sucre, le marc et les raisins, si on en ajoute, soit de 28 à 30 degrés centigrades. Par l'ébullition dans l'alambic pendant la distillation, le ferment alcoolique a perdu sa faculté d'exciter la fermentation du sucre. Aussi on ajoutera de la lie fraîche, comme levain. La fermentation de la vinasse sucrée accomplit toutes ses phases comme la vendange fraîche et se termine de même. On traite ce vin à la manière ordinaire et le résultat est satisfaisant, s'il a de 8 à 10 degrés d'alcool en rapport avec la quantité de 14 à 17 kilog. de sucre par hectolitre. Il peut être distillé comme un vin ordinaire. Lorsqu'on ne veut pas employer de sucre et faire ainsi une sorte de vin, on se contente d'ajouter de l'alcool d'industrie à la vinasse; la proportion exacte est celle que contenait le vin distillé. Si le vin avait, par exemple, 7 pour 100 d'alcool, on ajouterait à la vinasse une égale quantité de bon alcool, parfaitement neutre d'odeur et de goût d'origine. On opère de la manière suivante : on verse dans un fût 7 litres et demi d'alcool à 95° (7 litres d'alcool absolu) et on complète 100 litres par 93 litres de vinasse. On roule fortement le tonneau, pour que le mélange d'alcool et de vinasse soit rapide et intime; on abandonne le liquide au repos jusqu'à refroidissement complet.

La chaleur facilite la combinaison de l'alcool et des principes du vin contenus dans la vinasse. Il se forme de nouveau, sous l'influence du calorique, de l'éther œnanthique et le bouquet, propre au vin duquel provient la vinasse, reparait et se fond dans l'alcool. Il suffit de distiller cette vinasse alcoolisée avec précaution, de ne pas élever le degré moyen du produit au-dessus de 60 degrés centésimaux. On doit pousser la distillation jusqu'à ce que l'alcoomètre ne marque plus que zéro. Les bas produits, ou petites eaux de cette distillation, sont ajoutés à la vinasse alcoolisée de l'opération suivante, dont elles relèvent le titre alcoolique et la richesse en parfum, en bouquet et en principes sapides.

Avec certaines qualités de vins, la vinasse ne contient pas des essences aromatiques en quantité suffisante pour que l'alcool qu'on y ajoute en sorte assez parfumé; mais cette eau-de-vie, insuffisamment pourvue du caractère vineux, redistillée sur une nouvelle quantité de vinasse non alcoolisée, donne un produit ayant arome et bouquet. Le produit de cette double distillation sera d'autant plus riche que l'opération aura été faite avec plus de soin. Au début, on modérera le feu; ce n'est qu'à la fin de la chauffe qu'il est permis de le pousser jusqu'à ce que la température de la vinasse dans la chaudière s'élève à 2 ou 3 degrés au-dessus du point de l'ébullition de l'eau (100 degrés centigrades).

L'eau-de-vie de vinasse, vieillissant dans des fûts en bois de chêne, s'améliore beaucoup.

Au moyen de la vinasse, on peut, dans tout pays, communiquer à l'alcool d'industrie, à bas prix, une valeur supérieure dont le producteur bénéficie dans une mesure largement rémunératrice.

Malgré leur qualité, les eaux-de-vie de vinasse ne sont en définitive qu'un produit industriel. Pezeyre proposait de leur donner le nom d'« eaux-de vie renaissance » ou d' « eaux-de-vie d'industrie améliorées », afin que l'acheteur ne soit pas trompé sur la nature de la marchandise vendue.

Eaux-de-vie de lie. — Au sortir de la cuve de vendange, le vin est logé dans des foudres ou tonneaux. En cet état de fermentation incomplète, il est ordinairement trouble; il contient des matières étrangères, des débris de pulpe, des pellicules de raisin, des ferments en grande quantité et diverses substances que la fermentation secondaire modifie et prédispose à se séparer du liquide. Après quelques mois de repos, ordinairement au printemps, le vin s'est dépouillé des différentes matières étrangères qui, en raison de leur densité, se précipitent au fond des vaisseaux vinaires où ils forment un dépôt qui constitue la lie.

Ce dépôt représente environ 5 pour 100 du volume du vin; il constitue une espèce de bouillie claire, d'une densité variant de 1075 à 1080, composée de vin et de parties solides.

D'après une analyse de Braconnot, la lie contient : matière animale particulière, matières grasses, gommeuses, environ 22 0/0 ; matière colorante rouge, quantité indéterminée; tartrate acide de potasse, 60.75; de chaux, 5.25; de magnésie, 0.40; sulfate de potasse et phosphate de chaux, 2.80; silice et produits insolubles, 2.

Suivant des analyses plus récentes, la composition des lies présente de très grandes variations, en raison de la diversité des cépages, de la nature du sol, des qualités du vin variables d'une année à l'autre. Le plâtrage des vins exerce une grande influence sur la composition des lies. Si le vin est plâtré, les lies contiennent du tartrate de chaux au lieu de tartrate acide de potasse, ce qui en diminue beaucoup la valeur. Le vin de lie se consomme en nature; pour l'améliorer, on y ajoute quelquefois une certaine quantité de bon vin, riche en couleur et en alcool.

Dans les contrées où la lie de vin est peu alcoolique, surtout si elle a éprouvé un commencement de fermentation putride, sans la pressurer, on la distille, telle qu'elle est livrée par le viticulteur, pour en retirer de l'eau-de-vie. Cette manière d'opérer est défectueuse, parce que l'infection de la lie avariée se communique à l'eau-de-vie. Il est préférable de séparer le vin de la lie et de les distiller séparément.

Distillation de la lie. — La lie, bien qu'elle contienne 60 0/0 de vin, est un mélange épais de liquide et de parties solides, trop dense pour pouvoir en extraire tout l'alcool, sans s'exposer à donner au produit distillé un goût d'empyreume, de matière animale brûlée.

Si le vin a été séparé par pressurage et filtration de la partie solide de la levure, on peut le distiller comme le vin ordinaire, de la même manière, avec les mêmes appareils, à feu nu ou à la vapeur.

Quand on distille la lie en nature, comprenant son vin et sa levure, on est obligé de la diluer. A cet effet, on y ajoute deux fois et demie à trois fois son volume d'eau pure, exempte de mauvaise odeur. On a soin d'en séparer, par le tamisage, les matières solides qu'elle contient presque toujours, des grains de raisins, des pellicules, des débris de marc de vendange, de pépins. Ces matières, ayant séjourné dans la lie, contiennent comme elle de l'alcool, dont on les dépouille en les distillant séparément.

La richesse alcoolique des lies est très variable : elles contiennent cependant autant d'alcool que le vin duquel elles dérivent. Leur partie solide rend, à poids égal, un peu plus d'eau-de-vie que leur partie liquide distillée séparément.

L'eau-de-vie de lie de vin n'est pas aussi franche que celle de vin pur ; néanmoins par une distillation bien entendue, conduite avec soin, elle acquiert des qualités réelles, qui la rendent précieuse pour l'amélioration des eaux-de-vie provenant de la réduction des alcools d'industrie.

Les alambics nécessaires pour cette distillation sont les mêmes que ceux employés pour les vins ou les marcs. Il est bon d'agiter le liquide dans la chaudière. On installe à cet effet des agitateurs intérieurs.

Si la lie est soumise à la distillation avec son liquide et sa matière pâteuse, l'eau-de-vie qui en provient est entachée d'une âcreté très désagréable ; au contact de l'air, cette eau-de-vie change de couleur, devient noirâtre, louche et difficile à clarifier. Par le mouillage avec de l'eau pure elle bleuit, noircit et se trouble. Il n'est pas rare de lui trouver l'odeur nauséabonde de la lie altérée et le goût d'empyreume.

On peut prévenir ces inconvénients qui déprécient fortement l'eau-de-vie, en ayant soin : d'ajouter à la lie un volume de bon alcool, égal à celui qu'elle contient, avant de la livrer à l'alambic; de conduire la distillation avec douceur, sans forcer le travail de l'appareil; de soumettre le produit de la distillation à une rectification par un plateau ou une lentille ajouté à l'alambic, et en observant le fractionnement des produits.

L'eau-de-vie de lie, bien faite, convenablement rectifiée, sans en élever le titre au-delà de 70 degrés, se distingue par un arome prononcé, par une sève qui rappelle quelques-unes des qualités de l'eau-de-vie de vin; avec le temps elle acquiert une certaine finesse.

Eaux-de-vie de vin de raisins secs. — Les vins de raisins secs peuvent être distillés comme les autres et produire de l'eau-de-vie qui est franche de goût; elle est parfois empreinte cependant des saveurs spéciales des raisins employés à la fabrication du vin.

Sa distillation se fait par les mêmes appareils et les mêmes méthodes que pour les eaux-de-vie de vin de raisins frais.

Les marcs se traitent de la même façon, et l'alcool qu'ils contiennent s'extrait soit en nature, soit en piquettes obtenues préalablement par le lavage simple ou la diffusion.

Trois-six de vin de raisins secs. — Ces trois-six se distillent avec les appareils à rectification ordinaires. Bien distillés, les vins de raisins secs fournissent un alcool à 95 et 97°, neutre et pouvant être employé comme des alcools d'industrie.

Eaux-de-vie et trois-six de marcs de raisins secs. — Ces marcs fournissent également du trois-six comme les marcs de raisins frais. Pressurés, ils sont soumis à un lavage qui donne de la piquette faible en alcool; après cette opération, le marc est de nouveau envoyé au pressoir. Les eaux de lavage et de seconde pression sont livrées à la distillation, elles donnent de l'eau-de-vie ou des trois-six selon la rectification. On retire du marc de 100 kilog. de raisins, de 50 à 25 litres d'eau-de-vie à 60°, soit 14 à 15 litres de trois-six.

Tous ces alcools sont susceptibles des mêmes altérations que les autres et reclament, dans les différents cas qui peuvent se présenter, les mêmes traitements.

Eaux-de-vie de cidre et de poiré. — La consommation de l'eau-de-vie de cidre est très considérable en Normandie et en Bretagne.

Dans les années de grande abondance, on distille les excédents de production du cidre ; dans les années ordinaires, on ne brûle que les lies, les fonds de tonneau, et les cidres qui ont éprouvé quelqu'une des altérations spontanées auxquelles ce liquide est très sujet : ces altérations les plus fréquentes, nous l'avons dit, sont : la graisse qui rend le cidre visqueux et filant comme de l'huile, l'acidité qui communique le mordant du vinaigre et une espèce de fermentation qui s'attaque à l'acide malique, tue la boisson, la rend noire et imbuvable.

Pendant la distillation, les acides organiques se suroxydent, réagissent sur l'alcool et produisent des éthers âcres et brûlants, qui prennent fortement à la gorge, quand on déguste l'eau-de-vie qui sort de l'alambic. Le rendement des pommes peut s'élever de 5 à 6 0/0 de leur poids en alcool, calculé à cent degrés. Cependant, il est difficile de le préciser, parce que ce liquide est toujours plus ou moins étendu d'eau, et plus ou moins avarié quand on le sacrifie à la distillation.

Le poiré fournit assez ordinairement de 96 à 100 litres d'eau-de-vie, à 61 degrés centésimaux par 900 litres, soit de 6 à 6 1/2 0/0 d'alcool absolu. L'eau-de-vie de poiré, plus estimée, se vend plus cher.

Distillation du cidre. — La distillation du cidre ou du poiré se fait à la ferme, au moyen des alambics que nous avons déjà décrits.

Il existe dans les pays à cidres des alambics ambulants qui se transportent chez le propriétaire. Ces appareils sont d'une simplicité primitive. Une chaudière en cuivre, de cinq à six hectolitres de capacité, montée sur un fourneau avec un chapiteau, un col de cygne et un réfrigérant, constituent tout l'appareil, qu'on fait fonctionner dans un coin de la cour du fermier. On chauffe à feu nu et au bois et l'opération se fait par charges intermittentes. On épuise la vinasse autant que possible, on vide la chaudière et l'on procède à une nouvelle charge ; les eaux-de-vie, ainsi obtenues jusqu'à l'épuisement complet du cidre, sont à faible degré. Pour les amener au titre désiré, 60 degrés centésimaux, on les repasse avec les alambics perfectionnés plus modernes, on obtient le titre voulu du premier jet. Avec le produit alcoolique, on met quelquefois dans la chaudière quelques litres de grains, ordinairement de seigle, un peu grillé, en vue d'enlever ou de masquer l'odeur empyreumatique et le goût âcre de l'eau-de vie. Cependant nous ne croyons pas beaucoup à l'efficacité du grain grillé pour améliorer les produits alcooliques.

L'eau-de-vie de cidre nouvelle possède une rudesse qu'il faut attribuer à l'aldéhyde et aux éthers composés, formés pendant la fermentation du jus, pendant son altération et ensuite pendant sa distillation. L'odeur de pommes, dont elle est imprégnée, la rend assez agréable, surtout lorsque, par la vieillesse et son séjour en fût, elle a perdu le goût de chaudière, d'empyreume et une partie des principes âcres et volatils qui la caractérisaient.

Distillation du marc de pommes. — Si le producteur de cidre veut augmenter sa production d'eau-de-vie, il le peut facilement en utilisant les marcs de pommes. Ces marcs pressurés contiennent encore, outre un peu de jus sucré, une petite quantité de matière fermentescible propre à se transformer en alcool.

Pour utiliser le jus et la matière sucrée, il est nécessaire de soumettre le marc de pommes à la fermentation. A cet effet, on l'émiette, on le verse dans une cuve et on l'arrose avec de l'eau en petite quantité. S'il était trop mouillé, la fermentation serait lente à s'établir et le marc pourrait s'altérer, moisir, aigrir. La quantité d'eau à ajouter ne doit pas excéder un poids égal de marc. 100 kilogrammes de celui-ci et 100 litres semblent des proportions convenables.

Lorsque la fermentation est terminée, on soumet le marc au pressoir, et le liquide qui en découle est une espèce de petit cidre qu'il faut se hâter d'envoyer à la distillation. Son peu de richesse alcoolique ne saurait le préserver d'une prompte altération.

Le petit cidre, résultant du lavage et de la fermentation du jus de pomme, peut, comme la piquette du marc de raisins, fournir de l'eau-de-vie qui a des qualités réelles. Cette eau-de-vie est meilleure si l'on se contente de distiller la piquette au lieu de faire passer à l'alambic le marc en nature.

La piquette de marc de pommes peut se distiller dans toute espèce d'alambic, il en est de même du cidre et des lies de cidre.

Si l'on voulait distiller le marc de pommes en nature, on devrait employer un appareil spécial, celui qui sert à la distillation des marcs de raisins, fonctionnant à feu nu, ou à la vapeur.

Il est une observation importante à signaler, c'est que le marc de pommes contient les pépins du fruit. Ces pépins sont oléagineux et, dans la distillation, leur huile passe dans l'eau-de-vie et lui communique un goût graisseux, très désagréable, ce qui indique l'utilité de distiller la piquette de pommes préférablement au marc en nature. La piquette ne contient pas d'huile et produit de meilleure eau-de-vie.

Le rendement alcoolique du résidu est proportionnel à la richesse du cidre extrait de ce marc. Trois à quatre litres d'eau-de-vie par 100 kilogrammes de marc de pommes nous paraissent la limite de ce qu'on peut en obtenir.

La distillation du poiré se fait dans les mêmes conditions.

Distillation des pommes pourries. — Certains propriétaires ont l'habitude de faire du cidre aussi bien avec des pommes atteintes de pourriture blonde ou noire qu'avec des fruits sains. C'est là une pratique détestable, car la boisson est mauvaise. Il vaudrait mieux porter ces pommes à l'alambic pour en faire de l'eau-de-vie. On les mettra à part lors de la récolte et on les brassera sans eau. On recueillera le moût dans des tonneaux, où l'on développera une fermentation rapide par addition de levure ou de moût bouillant. Aussitôt que le sucre sera complètement transformé en alcool, on distillera. On obtiendra en moyenne de 3 à 6 pour 100 d'alcool. Il faudra tâcher de produire cet alcool au titre le plus élevé possible, 85 à 95 degrés. On le ramènera ensuite au titre marchand avec de l'eau distillée.

Cette eau-de-vie de fruits pourris ne sera peut-être pas absolument droite de goût; mais elle sera très passable, si on la fait selon les principes que nous avons exposés.

Les lies de cidre et de poiré se distillent également et sont mis en œuvre comme les lies de vin.

Altérations. — Il est arrivé souvent, lorsqu'on ne prend pas suffisamment de précautions, que des aldéhydes, des éthers, se dégagent d'une façon assez sensible; ce phénomène se produit surtout dans la distillation des cidres et des poirés. Ces éthers sont plus volatils que l'alcool; aussi, pour éviter l'inconvénient, est-il bon de séparer les têtes, c'est-à-dire le premier alcool qui sort de l'alambic et de le considérer comme mauvais. Le phénomène peut être dû aussi à un manque de propreté de l'alambic.

Pour les eaux-de-vie à goût d'éther, le seul remède est de recourir à une nouvelle distillation. On réduira l'alcool à 25° en ajoutant de l'eau, on le versera dans la chaudière et on mettra à part les produits de tête qui entraîneront avec eux tous les principes mauvais. Vers la fin de l'opération on pourrait aussi soustraire les produits de queue. Le cidre ou le poiré qu'on destine à l'alambic pour donner de bonne eau-de-vie devrait subir une sorte de défécation. On verse un lait de chaux dans le liquide, on agite, on laisse reposer et on décante. L'eau-de-vie obtenue par la distillation du cidre et du poiré ainsi traité est plus fine, plus agréable.

Kirschs. — Le kirsch ou kirschenwasser est une liqueur spiritueuse, des plus estimées, provenant de la distillation de la petite cerise ou merise (kirsch, en allemand), préalablement fermentée. Sa production constitue une partie du revenu des propriétaires de certaines contrées où dans chaque ferme, quelque minime qu'elle soit, on trouve un alambic.

Le matériel nécessaire à la production du kirsch est des plus simples et des moins dispendieux. Quelques tonneaux, un alambic, de l'eau de source ou de puits, voilà tout ce qu'il faut. En général, on peut fabriquer du kirsch avec toute espèce de cerises; mais le kirsch le meilleur est celui qui provient des petites merises noires. Les merises rouges ne contiennent pas les mêmes quantités de principes sucrés et aromatiques.

Le kirsch est une espèce d'alcool jouissant des propriétés spéciales du fruit qui lui a donné naissance; il possède un arome caractéristique des plus agréables et des propriétés particulières en raison des principes organiques, des acides, des éthers et des huiles essentielles empruntés à la cerise, innés dans le fruit ou formés pendant sa fermentation. L'alcool, ou la partie spiritueuse du kirsch, dérive directement et uniquement du sucre; c'est le sucre contenu dans les cerises qui sert à former cet esprit, tandis que les autres principes du fruit ne font que lui communiquer l'arome et le goût.

Préparation des cerises. — On doit récolter les cerises, lorsqu'elles sont parvenues à leur entière maturité, ce qui est une condition essentielle pour la formation de la matière sucrée et, par suite, d'un bon rendement en liquide spiritueux. Autant que possible il faut éviter de cueillir les cerises par un temps pluvieux.

Les fruits étant récoltés, il faut en éloigner les feuilles et les débarrasser de leurs tiges, ou pétioles. (Les pétioles ou queues de cerises communiquent au kirsch une âcreté désagréable.)

Les cerises, séparées de leurs pétioles et des fruits pourris, doivent être broyées, déchirées, afin de permettre à leur jus de s'épancher et de se mettre en contact avec la partie extérieure de la pellicule, sur laquelle réside le ferment propre à convertir leur sucre en alcool. Ce broyage doit respecter les noyaux et ne pas les écraser quand il s'agit de faire du kirsch pur de première qualité. On effectue le broyage, soit à la main, dans des baquets en bois, ou sur des claies, ou encore, dans les opérations en grand, avec des cylindres en bois, semblables à ceux dont on se sert pour le broyage des raisins. Lorsque la pulpe des cerises est déchirée, on la verse dans les cuves de fermentation.

Composition du jus de cerises. — Le jus de cerises se compose : de sucre, de matières colorantes, gommeuses, pectiques, azotées, de débris de cellulose, de parenchyme, de sels, d'acides organiques, parmi lesquels l'acide cyanhydrique, qui joue un grand rôle. On y constate aussi la présence de l'ammoniaque.

Pour bien apprécier la richesse du jus en vue de son rendement alcoolique, il faut doser le sucre et l'acidité. Les procédés à employer pour ces déterminations sont ceux indiqués pour les moûts de vin. Pour obtenir une approximation, peu éloignée de la vérité, il est bon de diminuer de un dixième le chiffre accusé par le densimètre.

Ainsi, par exemple, du jus de cerises, filtré à travers un linge, à la température de + 15 degrés centigrades, pèse au densimètre 7°5, c'est-à-dire 1.075 grammes par litre; de ce chiffre retranchant un dixième, il reste 6,75, soit un jus à 6 degrés 75 densimétriques qui, multipliés par 26, donnent 175,50. Un litre de ce jus contient donc 175 grammes 50 centigrammes de sucre (ou 17,50 pour 100).

Appliquant la même règle à tous les degrés du densimètre, on trouve, le plus souvent, les doses approximatives suivantes :

Jus pesant 1.050, ou 5 degrés, contient 11,70 0/0 de sucre.

Jus pesant 1.060, ou 6°, contient 14,30.

Jus pesant 1.070, ou 7°, contient 16,90.

Jus pesant 10.80, ou 8°, contient 19,50.

Bien que ces évaluations ne soient pas rigoureusement exactes, elles suffisent pour les besoins du distillateur. La densité des jus de cerise varie de 10.50 à 1.100, soit de 5° à 10 degrés densimétriques.

Toute la quantité de sucre ne subit pas la fermentation alcoolique; une partie qui, dans quelques cas, peut s'élever à 33 0/0 du sucre évalué, résiste à l'action du ferment et se retrouve dans la vinasse après la distillation des cerises.

Le jus de cerises contient toujours de l'acide citrique, de l'acide malique et de l'acide cyanhydrique en proportions variables, suivant l'espèce de cerises et suivant leur degré de maturité. L'acide cyanhydrique y figure pour environ 3 à 4 milligrammes par litre de jus.

La somme des acides contenus dans le jus des merises varie de 3 à 7 grammes exprimés en équivalent sulfurique. Leur acidité est ainsi égale à celle que 3 à 7 grammes d'acide sulfurique du commerce communiqueraient à un litre d'eau. On voit que les cerises apportent avec elles l'acide nécessaire à leur fermentation.

Fermentation des cerises. — La pulpe des cerises, bien broyées, est mise en contact avec l'air ambiant par un brassage à la pelle, afin que le ferment absorbe de l'oxygène atmosphérique, nécessaire à son activité et à sa reproduction dans la masse fermentante. Le choix des vaisseaux ou cuves de fermentation n'est pas indifférent. Il est préférable d'employer des cuves fermées, qui conservent mieux la chaleur et évaporent moins. Elles seront convenablement assainies.

La densité des matières exerce une influence considérable sur le rendement en alcool. Il est plus avantageux de limiter la densité des jus à 6 degrés du densimètre que de l'élever. La mise en fermentation des cerises se faisant pendant les mois chauds, il n'y a pas lieu d'augmenter artificiellement la température. Si cette température de la masse était supérieure à 25 degrés du thermomètre centigrade, au moment du chargement des cuves de fermentation, il serait nécessaire d'en opérer le rafraîchissement.

Les cerises, déchirées, étant versées, avec leurs noyaux entiers, dans des cuves ou tonneaux de fermentation, qu'on ne remplit qu'aux quatre cinquièmes, ne tardent pas à entrer en fermentation (un ou deux jours). A mesure que la fermentation prend de l'activité, la température s'élève et le volume de la masse augmente ; elle ne tarderait pas à s'épancher au dehors, si l'on avait omis la précaution de n'emplir la cuve qu'aux quatre cinquièmes de sa capacité; il est indispensable de laisser un cinquième de vide pour éviter le débordement de la matière fermentante.

Le gaz acide carbonique soulève la masse et en met une partie en contact avec l'air atmosphérique à la partie supérieure des cuves. On doit fouler de temps en temps la matière et la plonger dans le liquide, ainsi que cela se pratique pour le foulage de la vendange.

La durée de la fermentation est subordonnée à la densité du jus et à la richesse saccharine des cerises, à la température et à l'état d'acidité de la matière fermentante. Ordinairement cette fermentation dure de quinze à vingt jours.

La distillation ne devant s'effectuer que quatre ou cinq semaines après que la fermentation a cessé, on peut loger les cerises fermentées dans des fûts ordinaires, avec la précaution de les emplir, et de les bien fermer, afin d'éviter la formation des moisissures et de divers cryptogames, qui s'agglomèrent sous la forme d'une pellicule, blanche ou bleuâtre, recouvrent le liquide et l'altèrent. Sous l'influence des ferments que cette croûte renferme, l'alcool est attaqué, transformé en acide acétique, tandis que la pulpe des cerises devient le siège d'une fermentation putride, qui communique au kirsh une odeur nauséabonde que rien ne peut enlever.

Si le jus de cerises est insuffisant pour l'emplissage des fûts, on peut le compléter par une addition d'eau-de-vie, franche de goût et d'odeur. Dans ces conditions, les cerises fermentées se conservent longtemps sans altération.

Lorsque la fermentation alcoolique est accomplie, il serait possible de soumettre les cerises à la distillation sans retard. Il est d'usage, cependant, de retarder la distillation pendant un mois ou deux, afin de donner à l'alcool, développé par la transformation du sucre, le temps de pénétrer dans les noyaux des cerises et d'en extraire une plus grande quantité d'acide cyanhydrique ou prussique, principe essentiel de l'odeur et du goût du kirsch.

Pourtant plus la durée de cette macération se prolonge, moins on obtient de kirsch. Il est donc important de ne pas laisser trop longtemps la matière fermentée en cet état et surtout de la tenir dans des vaisseaux, cuves ou tonneaux, bien fermés, afin d'éviter l'évaporation du liquide, la perte d'alcool, qui en est la conséquence, et la formation de moisissures.

Distillation. — La distillation du vin de cerises pour la production du kirsch s'opère par chauffes intermittentes, parce que la nature de la matière fermentée avec les noyaux ne se prêterait que difficilement au travail de la distillation continue.

Dans le chauffage à feu nu, le distillateur, ayant rempli la chaudière de l'alambic aux quatre cinquièmes de sa capacité seulement, doit avoir le soin de bien ménager le feu, afin d'élever lentement la température et d'empêcher les matières, adhérentes aux parois de la chaudière, d'y brûler.

Les premières vapeurs alcooliques qui sortent de l'appareil, ordinairement âcres et très odorantes, étant condensées, sont mises de côté. C'est le produit de tête. Au bout de quelques minutes, il coule un liquide spiritueux, très blanc, d'une odeur agréable, marquant de 50 à 55 degrés centésimaux. C'est le kirsch qu'on recueille dans un vase spécial. Lorsque le degré alcoolique diminue, on reçoit le produit séparément, jusqu'à ce qu'il ne marque plus que zéro à l'alcoomètre fixé dans l'éprouvette. Ce liquide de la fin de la chauffe constitue le produit de queue.

Le liquide spiritueux faible, ainsi recueilli, est versé dans la matière à distiller de l'opération suivante, qu'il enrichit.

Les produits de tête, qui contiennent de l'aldéhyde et des éthers, doivent être mêlés avec une très petite quantité de chaux, dans la proportion de vingt grammes de chaux par hectolitre, et ensuite rejetés dans une chauffe de cerises fermentées. La chaux ayant saturé une partie des aldéhydes et des acides du liquide alcoolique de tête, le kirsch qui en provient est beaucoup moins âcre, plus moelleux, et son parfum ressort mieux. La chaux doit être employée avec prudence, pesée à sec et ensuite réduite à l'état de lait de chaux qu'on mêle bien avec les produits de tête, laissés en repos pendant vingt-quatre heures avant de les repasser à l'alambic. Ce repassage des produits alcooliques de tête, traités par la chaux, améliore très sensiblement le kirsch qui en dérive.

Si la distillation est poussée avec trop d'activité, avec les appareils à feu nu, la matière brûle au fond et contre les parois de l'alambic; la partie spiritueuse qui s'en dégage est infectée de produits pyrogénés d'un goût âcre et brûlant.

En appliquant le calorique sans précaution, il se produit des boursouflements qui font monter la matière fermentée dans les parties supérieures des appareils et la poussent jusque dans les serpentins d'où elle s'écoule à l'éprouvette. Dans ce cas, il faut s'empresser de modérer le feu, afin de diminuer la tension intérieure de l'appareil, et de rejeter dans la chauffe suivante les produits arrivés à l'éprouvette avec de la matière fermentée.

Avec les appareils chauffés à la vapeur, ces accidents sont moins fréquents et plus faciles à dominer, puisque le distillateur peut faire cesser instantanément l'action du calorique.

En moyenne, avec des merises parvenues à maturité, toutes les conditions nécessaires de la fermentation bien observées, 100 kilogrammes de cerises, mondées de leurs pétioles (séparées de leurs queues), produisent de 12 à 13 litres de kirsch à 50 degrés centésimaux.

Choix des alambics. — La distillation se fait à feu nu, au bain-marie ou à la vapeur.

Généralement, dans les campagnes, les brûleurs distillent à feu nu et prétendent que, par cette méthode de distillation, on obtient du kirsch de meilleure qualité.

Les fabricants de kirsch, bouilleurs de profession, ont, de préférence, adopté les appareils de distillation à vapeur; au point de vue industriel, il est bien certain que la distillation à la vapeur réalise des avantages considérables. L'opération se conduit avec plus de facilité, plus rapidement, et le distillateur, maître du calorique, l'emploie dans la mesure utile. évitant les soubresauts violents et les coups de feu. La matière n'est jamais brûlée, ainsi qu'il arrive avec les appareils à feu nu, et le kirsch n'a pas le même degré d'empyreume, le même goût de chaudière. On pourrait aussi employer le genre d'appareil dont nous donnons le dessin (fig. 31), la vapeur arrive en dessous de la cucurbite par un tuyau s'y raccordant; le reste de l'alambic est semblable comme chapiteau, col, réfrigérant, etc.

Cependant, les distillateurs à feu nu croient que l'action directe du feu dégage de la matière en distillation des principes qui ne se forment que sous l'influence de la température élevée produite par la flamme des fourneaux; que ces principes engendrés par le feu nu contribuent pour beaucoup à la qualité du kirsch. Ils déclarent que le goût de chaudière disparaît à mesure que la liqueur vieillit.

Que la distillation s'effectue à feu nu, ou à la vapeur, il est d'une extrême importance d'opérer avec des alambics, ou appareils de distillation, en cuivre, étamés, entretenus dans un grand état de propreté. Les chaudières, les chapiteaux de ces appareils réclament un étamage à l'étain fin; les serpentins réfrigérants doivent être en étain.

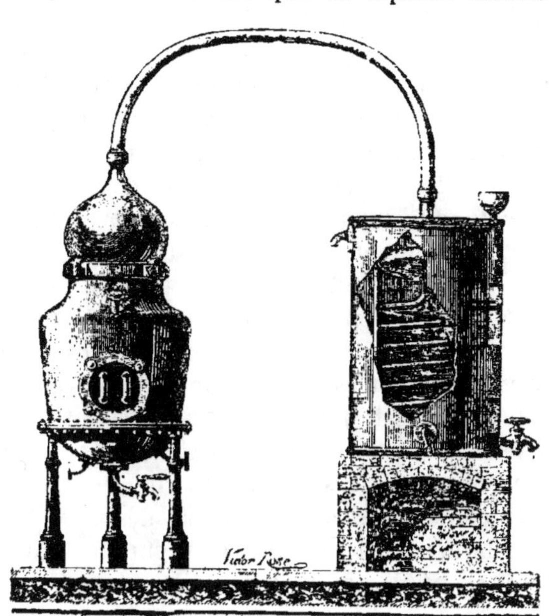

FIG. 31.

Dans les alambics en cuivre, non étamés, l'influence du métal des chapiteaux et des serpentins réfrigérants sur la couleur et sur le goût du kirsch est très sensible. Par l'ébullition, les cerises dégagent des vapeurs acides et ammoniacales qui attaquent le cuivre et donnent naissance à du carbonate et à de l'acétate de cuivre en quantité assez notable; le vert-de-gris est entraîné par le kirsch qui distille, et sa présence, en quantité même infiniment petite, suffit pour altérer la couleur et le goût de la liqueur. La transparence et la blancheur constituent, on le sait, une des qualités du kirsch, qu'on aime à voir incolore comme l'eau de roche. La coloration bleuâtre, qu'on rencontre parfois dans cet alcool et qui le déprécie beaucoup, est occasionnée par l'oxydation du cuivre de l'appareil à distiller. Outre la difficulté de nettoyer certaines parties de l'alambic, telle que la surface interne des tuyaux et des serpentins, dans lesquels le vert-de-gris s'accumule, le passage des vapeurs acides attaque le cuivre d'une manière continue et emporte l'oxyde dans le liquide condensé. Les soins de propreté peuvent atténuer cet effet, sans l'empêcher d'une manière absolue. A l'inconvénient de bleuir le kirsch, la présence des sels de cuivre ajoute le désagrément de lui communiquer un goût métallique, une saveur âcre et désagréable que le temps corrige un peu à la longue.

On évite tous ces désagréments en n'employant que des appareils dont toutes les parties, en contact avec le jus, les vapeurs alcooliques ou le kirsch, seront étamées.

Les appareils perfectionnés, à plateau rectificateur, peuvent être employés, ils permettent d'utiliser tout le calorique par la condensation des vapeurs alcooliques et produisent, du premier coup, en une seule chauffe, le kirsch au degré marchand, ce qui réalise une économie de combustible, de temps et de main-d'œuvre. Les alambics brûleurs à bascule, que nous avons décrits pour la distillation des eaux-de-vie de vins, donnent encore ici d'excellents résultats.

L'épuisement alcoolique des vinasses est un point important qu'il ne faut jamais perdre de vue, afin de ne pas y laisser de traces d'alcool et d'en extraire les principes essentiels contenus dans les cerises fermentées. La distillation des cerises est loin de rendre, à l'état de kirsch, tout l'alcool qu'on était en droit d'espérer de leur teneur en matière sucrée. Ces vinasses se traiteront comme celles provenant de la distillation du vin.

Quelques fabricants de kirsch, désireux de rehausser le parfum de leur liqueur, écrasent un vingtième des noyaux des cerises fermentées, avant de les distiller. Si le kirsch, ainsi préparé, avec cinq pour cent des noyaux concassés, et sans aucune addition de matière étrangère, ne cesse pas de constituer du kirsch véritable, hâtons-nous de le dire, il est loin d'avoir la qualité exquise de celui dont aucun noyau n'a été brisé. Son arome, plus prononcé, n'a pas la même finesse, la même suavité, et un véritable connaisseur en fait facilement la distinction.

Kirschs de commerce. — Le kirsch de commerce, fabriqué avec des cerises, des merises, dont une partie plus ou moins grande des noyaux a été écrasée, est un mélange de kirsch véritable et d'alcool d'industrie, distillés ensemble. Avant de passer les cerises fermentées à l'alambic, on y ajoute de l'alcool du nord, et le kirsch qui en provient est vendu sous le nom de kirsch de commerce.

Pour satisfaire aux conditions de bon marché, on fabrique du kirsch de commerce d'une qualité plus ou moins réelle, suivant qu'on y a employé plus ou moins d'alcool d'industrie. Un fait très regrettable, c'est l'addition de mauvais trois-six dans la fabrication du kirsch de commerce. Les mauvais alcools de mélasse infectent de leur puanteur le jus des cerises et communiquent au kirsch, qui en dérive, une odeur désagréable et un goût putride, que le parfum de l'acide cyanhydrique ne couvre que très imparfaitement. On ne saurait donc trop recommander l'emploi des alcools fins, bien choisis, pour contribuer à la fabrication du kirsch de commerce.

On pourrait encore remplacer l'alcool d'industrie par du sucre qu'on introduirait dans les jus des cerises, avec de l'eau dans des proportions convenables, afin de faire fermenter ensemble ce mélange, et d'en retirer, par la distillation, du kirsch beaucoup plus fin, se rapprochant davantage du kirsch véritable.

Il serait également possible, en versant sur la vinasse de cerises de l'alcool du Nord, de distiller ensuite; ce produit, s'étant approprié les principes aromatiques de la cerise demeurés dans la vinasse, servirait comme alcool ajouté aux cerises avant distillation pour la fabrication du kirsch de commerce.

Faux kirschs. — Des imitations de kirsch se font aussi avec du trois-six dédoublé et distillé avec des noyaux concassés de cerises, de pêches ou d'abricots. Le liquide qui en provient a bien le goût et l'odeur d'amande amère, mais il ne possède pas les caractères du kirsch. Le liquide parfumé avec des amandes de noyaux de pêches et d'abricots n'est que de l'esprit de noyaux et non du kirsch. Devons-nous ajouter que des fabricants, ou des débitants peu scrupuleux, se contentent de faire du kirsch avec de l'alcool réduit à 50°, parfumé avec de l'esprit de noyaux, ou même avec de l'essence d'amandes amères.

Traitement des kirschs. — Le kirsch emprunte ses principes aromatiques à diverses essences encore peu connues, aux éthers produits pendant la distillation et surtout à l'acide cyanhydrique contenu dans les noyaux.

La quantité d'acide cyanhydrique varie suivant l'espèce des cerises distillées, de 40 à 60 milligrammes par litre de kirsch.

Cet acide, très volatil, doit être conservé au kirsch, car il en fait le mérite, de même que sa couleur blanche, ou plutôt sa transparence incolore, qui est une de ses qualités les plus estimées.

Conservation. —Pour obtenir ce double résultat, on loge cet alcool dans des récipients incapables de le colorer et ne se prêtant pas à la vaporisation de sa partie spiritueuse, ni à l'évaporation de son principe aromatique. On se sert à cet effet de fûts en bois de frêne ; ce bois est blanc, néanmoins le kirsch s'y colore; afin de remédier à cet inconvénient, les fûts sont étuvés et enduits intérieurement d'une couche de cire fondue ou de paraffine. A la rigueur on pourrait faire usage de pipes à alcool bien assainies et décolorées. Cependant le moyen le plus convenable consiste à le garder dans des touries en grès ou mieux dans des bonbonnes en verre solide, bien bouchées. Dans ces vases, il conserve toute sa blancheur et son arome. Avec le temps, les matières diverses, qui sont en contact avec l'alcool, réagissent sur celui-ci et éprouvent par leur réaction mutuelle des modifications qui donnent au kirsch le caractère d'un liquide amélioré par le vieillissement. S'il a perdu un peu de la vivacité de ses éthers et de ses éléments parfumés, il a gagné, par la vieillesse, du moelleux, de la douceur, combinés à son arome, de manière à constituer une liqueur de haut goût et d'un grand mérite, très justement appréciée.

Vieillissement. — Devant la difficulté de laisser le kirsch vieillir dans des fûts en bois sans le colorer et de le conserver dans des vaisseaux en verre où il ne se vieillit que très lentement et difficilement, le brûleur cherche des moyens de vieillissement rapides sans en altérer la blancheur.

Un des meilleurs procédés est le chauffage; voici la manière d'opérer : on nettoie parfaitement l'alambic qui a servi à la distillation du kirsch, afin que la chaudière, le chapiteau et les serpentins des réfrigérants soient d'une propreté absolue, exempts de mauvaise odeur; on emplit, aux quatre cinquièmes de sa capacité, la chaudière de l'alambic avec du kirsch, tel qu'on l'a obtenu de la seconde distillation, ou repasse, c'est-à-dire parvenu au degré marchand; on couvre l'alambic avec son chapiteau, on lute les joints comme s'il s'agissait d'une distillation, et on allume sous la chaudière un feu très doux afin d'élever très lentement la température du kirsch à 50 ou 60 degrés centigrades. A ce degré de chaleur, il sort, à l'extrémité du serpentin réfrigérant des gaz à odeur forte et quelques gouttes d'un liquide éthéré insupportable au goût. En appliquant modérément la chaleur, avec le soin de ne pas la pousser au point d'une véritable distillation, le liquide mauvais goût suinte goutte à goutte, ou s'écoule en un mince filet de l'épaisseur d'un cheveu. On laisse ainsi couler jusqu'à ce que le liquide arrive exempt de mauvaise odeur. Ce résultat est ordinairement obtenu lorsque sur 100 litres de kirsch ou d'eau-de-vie, mis dans la chaudière, on a recueilli un demi-litre de liquide mauvais goût. Ce demi-litre emporte avec lui la majeure partie des éléments âcres du kirsch. On éteint le feu et on laisse refroidir le kirsch dans la chaudière. Après refroidissement à 15 ou 20 degrés, l'opération est terminée. Le kirsch est retiré de la chaudière pour être logé dans des fûts en bois, dans des touries en grès ou dans des bonbonnes de verre. Peu de jours après, on reconnaît que la liqueur a gagné de la finesse, que son arome est plus net et mieux caractérisé. Un kirsch ainsi traité acquiert le caractère et les qualités d'un kirsch rassis.

Pour rendre la sensation du kirsch plus moelleuse à la bouche, sans rien lui enlever de sa force, on peut y ajouter quelques grammes de sucre candi par litre. Le sucre candi doit être très blanc et dissous dans de l'eau, il faut que cette addition sirupeuse de sucre candi soit imperceptible et qu'elle ne masque ni n'affaiblisse le degré alcoolique du kirsch.

Après ce traitement par la chaleur, qui lui a enlevé les principes éthérés, cause du goût de jeune, et par l'addition d'une très petite quantité de sucre, qui a augmenté sa sapidité, le kirsch possède un arome plus franc, plus développé, un goût plus agréable, qui lui donnent les qualités du vieux kirsch.

Altérations. — Le kirsch est susceptible d'altérations. Elles sont dues, comme toutes celles afférentes aux spiritueux, à une mauvaise distillation, à l'emploi d'appareils défectueux ou à des contacts fâcheux.

Pour les alambics, nous avons vu les conditions qu'ils doivent remplir afin d'éviter l'introduction des sels de cuivre.

Kirschs à odeur putride. — Lorsque le chapeau de moisissures, qui forme ordinairement une espèce de peau membraneuse au-dessus des cerises fermentées, est mis dans l'alambic avec les cerises et leur jus, sa distillation infecte le kirsch d'une odeur de corruption et de putridité. Le kirsch infecté de cette odeur ne peut pas en être débarrassé complètement. On atténue le mal en faisant repasser ce kirsch à l'alambic. La nouvelle distillation le purifie et l'améliore sensiblement.

On conseille quelquefois la distillation avec un sel acide. Pour 100 litres de kirsch par exemple, on ferait fondre 200 grammes d'alun dans un litre d'eau bouillante, qu'on verserait ensuite dans le kirsch, en agitant bien le mélange. Après vingt-quatre heures de contact, on procéderait à une distillation bien ménagée.

Kirschs acides. — Quand la fermentation des cerises a été défectueuse, probablement trop longtemps prolongée ou faite à trop haute température, parallèlement à la fermentation alcoolique, le jus éprouve la fermentation acide. Il se développe de l'aldéhyde et des acides organiques, qui se combinent avec la partie spiritueuse du kirsch et donnent naissance aux éthers composés dont la présence infecte la liqueur. Elle a l'odeur âcre, pénétrante de l'aldéhyde et de ces éthers.

Le remède à cette défectuosité consiste dans le chauffage du kirsch vers 60 à 70° afin de volatiser ces éthers et à les expulser, sinon entièrement, du moins en partie. Cette opération se fera comme pour le vieillissement ou au bain-marie. La chaleur de l'eau se transmettra au kirsch, il sortira de la bouteille d'abondantes vapeurs en partie éthérées, en partie alcooliques ; on surveillera attentivement cette opération, en ayant soin d'empêcher que le feu se communique aux vapeurs. L'aldéhyde et les éthers, étant volatils à une température inférieure au point d'ébullition de l'alcool, s'échapperont les premiers, entraînant toujours des vapeurs alcooliques. On reconnaîtra facilement, à l'odeur des vapeurs dégagées, le moment de mettre un terme à l'opération.

On perdra par cette application du calorique un certain volume de kirsch, mais on le débarrassera de l'odeur et du goût qui le rendent impropre à la consommation.

Kirschs de commerce. — Le kirsch dit de commerce, nous l'avons vu, n'est que de l'alcool mélangé d'eau, d'essence de cerises, d'une combinaison d'éthers, d'acides cyanhydrique et autres.

L'acide cyanhydrique forme des combinaisons diverses avec les corps qu'il rencontre, soit dans la fermentation des jus de fruits à noyau, soit pendant leur distillation. Si, par exemple, comme dans le cas de la fabrication du kirsch de commerce, il se trouve, dans l'alcool employé, des matières étrangères ayant de l'affinité pour lui, ces corps s'uniront et formeront une combinaison nouvelle. C'est cette combinaison qui imprime parfois au kirsch de commerce, sa coloration bleuâtre et son mauvais goût.

Pour prévenir de semblables résultats, il faut tout d'abord changer d'alcool, en employer de plus neutre, entièrement exempt d'odeur ; distiller avec précaution, de manière à ne pas exagérer la pression intérieure, qui réagit sur les matières en distillation ; s'assurer qu'il n'existe nulle part, dans les appareils distillatoires, aucune parcelle de cuivre, capable de communiquer aux produits la teinte bleue.

Kirschs qui jaunissent en fûts. — Quand on n'a pas pris les précautions désirables à l'égard des fûts, le kirsch se colore, il devient jaune et perd toute sa valeur marchande. Pour lui enlever cette teinte ambrée et lui restituer sa blancheur primitive, il faut d'abord le soutirer dans un vaisseau en verre, en grès, ou bien dans un fût en bois de frêne ; ensuite y introduire, par hectolitre, deux cents grammes de farine fine de froment délayée dans un peu d'eau et diluée avec deux litres de kirsch. On incorpore bien cette dilution dans la masse du liquide à décolorer, et aussitôt on colle avec un litre de lait frais. De rechef, on agite, on fouette comme pour le collage ordinaire.

Après quelques jours de repos, les parties solides du lait entraînent la farine, et sont précipitées sous forme de lie. Le kirsch a récupéré alors sa blancheur originelle, sans perte de parfum ni de finesse.

Kirschs à goût de moisi. — Dans des fûts ou dans des bonbonnes, le kirsch contracte quelquefois, lorsque le rinçage a été insuffisant, le goût de moisi. Il est très difficile à enlever ; on a proposé, pour le détruire, plusieurs moyens sans efficacité réelle, tels, par exemple, que l'emploi d'un sachet rempli de seigle grillé, ou de morceaux de carottes torréfiées que l'on introduit dans le liquide infecté, etc. Ces moyens empiriques ont peu de valeur. Il vaudrait mieux, comme nous l'avons souvent recommandé pour le vin ou l'eau-de-vie, employer le traitement à l'huile d'olive pure; pour les vins, le remède est souverain, mais pour les kirsch, selon le degré, il y a à craindre qu'un peu d'huile ne soit dissoute par l'alcool, et que le liquide spiritueux ne se trouble. L'huile sera de première qualité; versée sur le kirsch, on remuera vigoureusement le récipient dans lequel on opérera, on laissera reposer et on retirera l'huile, remontée à la surface, à l'aide d'une pipette. En agissant rapidement et si la force alcoolique du kirsch n'est pas trop élevée, on a des chances de réussir.

Il serait encore possible, pour arriver à enlever ce goût de moisi, de recourir à l'emploi du noir végétal ou braise de boulanger réduit en poudre fine. On transvasera d'abord le kirsch dans une bonbonne bien propre et ensuite, pour chaque litre, on emploiera 50 grammes de charbon. On aura soin, au préalable, de mélanger le charbon dans un litre de kirsch, on obtiendra ainsi un liquide noir comme de l'encre, que l'on introduira dans la bonbonne, en ayant soin d'agiter le mélange afin que le charbon se divise et se répartisse dans toute la masse du liquide. On renouvellera cette agitation plusieurs fois pendant deux ou trois jours et enfin on collera pour précipiter le charbon et clarifier. Au bout de peu de temps, le kirsch aura acquis une grande limpidité et se trouvera débarrassé de l'odeur et du goût de moisi.

Cette suite de traitements a l'inconvénient d'affaiblir le kirsch et de lui enlever un peu son parfum particulier; il faudra le lui restituer par un coupage avec un kirsch sain de bonne qualité et fort en arome.

Eaux-de-vie de prunes (*Quetsch*, *Zwetschenwasser*). — L'eau-de-vie de prunes a beaucoup d'analogie avec le kirsch, sans toutefois en égaler le parfum et le mérite. En Autriche, en Allemagne, en Alsace, en Lorraine, la distillation des prunes ne manque pas d'importance et constitue une source de revenus.

L'eau-de-vie de prunes de mirabelles, la plus estimée, possède un arome très apprécié des consommateurs. Le noyau de la prune de mirabelles représente environ 6 0/0 du poids du fruit. Dans un kilogramme de prunes, il y a : pulpe, 940 gr.; noyaux, 60 gr.

Cette proportion des noyaux à la pulpe varie suivant les espèces de prunes.

Toutes les prunes ne contiennent pas une égale quantité de sucre, et le rendement en eau-de-vie varie beaucoup d'une espèce à l'autre, et suivant que la maturité des fruits s'est accomplie par un temps plus chaud, exempt de pluie.

Le jus de prunes renferme du sucre de fruits, de l'acide citrique, de l'acide malique, de l'acide pectique, sans acide cyanhydrique, des matières colorantes, azotées, des sels organiques et de l'ammoniaque.

Les noyaux de prunes contiennent de l'acide cyanhydrique, comme ceux de cerises, de pêches, d'abricots, comme les amandes amères et le laurier-cerise.

Fermentation des prunes. — Pour que la fermentation s'établisse convenablement il est nécessaire de broyer les prunes bien mûres de la même manière que les cerises. Le contact de l'air, indispensable à l'activité initiale du ferment, doit frapper la pulpe déchirée au moyen d'un pelletage, ou mode d'aération, pendant quelques instants.

La viscosité du mélange, qui résulte du broyage des prunes, peut nécessiter une addition d'eau, afin de ramener le jus ainsi dilué à la densité de 1050 à 1060.

La température de la masse, comprenant le jus, la pulpe, les pellicules et les noyaux de prunes, au moment de la mise en fermentation, ne doit pas être inférieure à 20 degrés centigrades.

La fermentation des prunes est plus lente et dure plus longtemps que celle des cerises. Elle doit s'accomplir de la même manière, dans des vases, cuves, foudres, ou tonneaux fermés.

Il faut avoir soin, chaque jour, de fouler la masse, de la mélanger, afin de ne pas permettre à la partie supérieure du moût d'être trop longtemps en contact avec l'air.

Au lieu de préparer le moût en écrasant les fruits, on peut opérer par macération. Pour cela, on dispose les prunes dans diverses cuves pour que le travail puisse se faire rapidement ; on les arrose avec de l'eau tiède à différentes reprises, puis on réunit les jus sucrés obtenus dans la cuve où ils doivent fermenter.

Quel que soit le mode employé pour préparer le moût, sa fermentation dure environ une douzaine de jours. Le vin qui en résulte est alors envoyé à l'alambic.

Distillation. — Pour éviter les déperditions du principe spiritueux, on doit procéder à la distillation aussitôt que la fermentation est terminée. Néanmoins on peut, sans inconvénient, ajourner la distillation à un ou deux mois comme pour le kirsch, à la condition que la matière sera conservée à l'abri du contact de l'air, dans des fûts pleins, bien fermés. On distille avec les noyaux entiers. On peut cependant en concasser une petite quantité au moment de la mise en chaudière de l'alambic.

Tout ce que nous avons écrit sur la distillation des cerises s'applique exactement à la distillation des prunes. On doit procéder de la même manière et avec les mêmes soins.

Dans l'alcool provenant de la fermentation et de la distillation des prunes sans noyaux, il n'y a pas d'acide cyanhydrique ; dans l'alcool, provenant de la fermentation et de la distillation des prunes avec noyaux entiers, il n'y a pas d'acide cyanhydrique; dans l'alcool, provenant de la distillation des prunes, dont une partie des noyaux a été écrasée, il y a de l'acide cyanhydrique.

Pour parfumer l'eau-de-vie de prunes, on fait aussi intervenir les noyaux de cerises concassés et l'on obtient ainsi une espèce de kirsch, bien inférieur à celui de merises.

Le rendement alcoolique des prunes, variable, comme la quantité des fruits, oscille entre 8, 12 et 15 litres d'eau-de-vie à 50 degrés centésimaux, par 100 kilogrammes de fruits.

L'eau-de-vie de prunes doit être blanche, incolore, comme le kirsch. Pour la conserver en cet état, il est nécessaire de la loger et de lui faire subir les mêmes traitements que lui.

Fausses eaux-de-vie de prunes. — On fait des imitations d'eaux-de-vie de prunes avec des alcools d'industrie dédoublés; pour leur donner le goût de noyaux, il faut y ajouter de l'esprit de noyaux que tous les distillateurs fabriquent pour la confection des liqueurs.

L'esprit de noyaux se fabrique en distillant 250 grammes d'amandes de prunes, de pêches ou d'abricots, triturés à froid dans une faible quantité d'eau dont la présence est nécessaire pour empêcher la pâte d'amandes de devenir huileuse. On laisse macérer cette pâte pendant vingt-quatre heures dans un litre d'alcool, à 90 degrés, étendu d'un litre d'eau. On distille ensuite de manière à retirer toute la quantité d'alcool employé. Le produit distillé constitue l'esprit de noyaux.

Quand on ne peut pas se procurer des amandes de noyaux de pêches ou d'abricots, on se sert d'amandes amères, que l'on traite et soumet à la distillation de la manière qui précède.

Pour les liqueurs à bas prix, et surtout quand on est privé des moyens de distillation, il est des personnes qui se contentent de fabriquer l'esprit de noyaux par simple infusion. Cet esprit n'a pas la même valeur que celui qui a été distillé.

Distillation des prunes sèches. — Les prunes sèches contiennent du glucose, des matières organiques azotées, gommeuses, des acides, des sels et des ferments, dont la réunion et la masse, étendues d'eau, dans des conditions de température nécessaire, constituent un ensemble propre à la fermentation alcoolique.

Les prunes fraîches, mûres, rendent de 8 à 15 litres d'eau-de-vie à 50° par 100 kilog. On peut, sans exagération, estimer au double le rendement alcoolique des prunes sèches.

De même que les raisins secs, les prunes sèches ne peuvent servir à la distillation qu'après avoir éprouvé la fermentation alcoolique. On les verse dans des cuves et on les fait tremper dans deux fois leur poids d'eau chauffée à 50 degrés. Dès qu'elles ont acquis leur volume naturel à l'état vert, on doit les broyer, les déchirer, pour que toute leur pulpe puisse entrer en fermentation, ce qui a lieu en quelques heures. La durée de la fermentation est plus ou moins longue, suivant la richesse saccharine du mélange et la température de la cuve. Pour activer la décomposition du sucre, il est utile d'ajouter un litre de lie de vin, fraîche par hectolitre d'eau.

Aussitôt que la fermentation est terminée, il faut se hâter de soumettre toute la matière fermentée, liquide, pulpe et noyaux, à la distillation. Le moindre retard peut faire aigrir le vin de prunes et rendre le rendement alcoolique illusoire.

La distillation, à feu nu ou à la vapeur, ne peut se faire que par chauffes intermittentes. L'épuisement doit se continuer jusqu'à ce que le liquide, arrivant à l'éprouvette, soit dépourvu d'alcool et marque zéro à l'alcoomètre.

Si l'appareil distillatoire ne produit pas un liquide à 50°, l'eau-de-vie, trop faible, a besoin de repasser à l'alambic pour être remontée à son degré marchand.

Eaux-de-vie de framboises, de fraises, de groseilles, etc. — On s'est toujours préoccupé d'extraire des fruits, quels qu'ils soient, les principes spiritueux qu'ils contiennent; mais c'est surtout dans ces derniers temps que la recherche des meilleurs moyens de les distiller a été active.

On met les fruits à fermenter dans une cuve en ajoutant du sucre et de la levure de vin autant que possible. La fermentation, bientôt très vive, dure dix-huit jours par une température presque constamment voisine de 30°. Le jus alcoolique, tiré, est passé rapidement au travers d'une chausse et mis à déposer dans un fût, il éclaircit en l'espace de quelques jours. Mais ce vin a le défaut d'être acide : la framboise, la groseille contiennent en effet des quantités importantes d'acides qui ne sont pas éliminés par la fermentation à l'état de sel acide, comme l'acide tartrique du raisin, et dont la majeure partie reste alors dans le vin.

C'est ce vin qui est placé dans l'alambic et qu'on distille comme le vin de raisin.

L'eau-de-vie obtenue est fortement aromatisée, bien qu'elle soit diluée par l'alcool résultant de la fermentation du sucre ajouté durant la fermentation du vin. Elle possède, pendant un certain temps, une odeur framboisée, puis devient comme légèrement enfumée, se modifie ensuite sensiblement et finit par acquérir un parfum d'une certaine distinction : il rappelle à la fois la framboise, le noyau et le genièvre.

Le marc étendu d'eau et sucré peut également être distillé ; son produit offre les mêmes goûts.

Les grosses fraises hybrides des variétés américaines possèdent une levure plus complète que celle de la framboise. Mais, pour activer aussi la fermentation de ces fruits, surtout si on les additionne de sucre, on peut leur ajouter aussi de la levure ellipsoïdale. Le vin de fraise, moins acide que celui de la framboise, est plus agréable à boire, il se conserve fort bien lorsqu'on le prépare de manière que sa force alcoolique atteigne environ 16°. L'eau-de-vie qui en provient possède à haute dose le parfum du fruit. Celle qui est fabriquée avec la fraise anglaise, quoique faite avec le double du sucre contenu dans le fruit, est encore tellement aromatisée, qu'elle est à peine buvable. Cependant quand on en met une petite quantité dans un verre d'eau, ou mieux dans une tasse de thé, son parfum de fraise ananas s'y développe dans toute sa pureté.

Eaux-de-vie de dattes. — Pour préparer le jus de dattes en vue de la fermentation, on ouvre les fruits, on enlève les noyaux et la pulpe est mise à macérer dans deux fois son poids d'eau. On peut encore humecter ces fruits lorsqu'ils sont trop secs au moyen d'une petite quantité d'eau tiède qu'on verse dessus. Lorsqu'ils sont suffisamment ramollis par un trempage de 5 à 6 heures, on les écrase ensuite et on verse l'eau dans la proportion indiquée plus haut.

A la température de 25 à 30 degrés, la fermentation ne tarde pas à s'établir ; mais elle est lente, les matières mucilagineuses, que contiennent les dattes, empêchent le développement régulier du ferment. On fera donc bien de recourir à une levure de vin, de grains ou de bière ; l'addition d'une petite dose d'acide tartrique aura de bons effets. Lorsque la fermentation est terminée, on soutire et on peut presser les marcs.

Cette sorte de vin, qui titre 4 ou 6°, est alors soumise à l'alambic. Sa distillation s'opère comme celle du produit de la vigne. L'alcool extrait a une odeur particulière due à une huile essentielle contenue dans les fruits. Par des repasses successives, avec des alambics on obtient une eau-de-vie à 40 ou 60° ; avec des appareils à concentration on obtient ce résultat du premier jet.

Eaux-de-vie de figues. — Pour que les figues sèches éprouvent la fermentation vineuse, indispensable afin de convertir leur matière sucrée en alcool, il faut leur restituer l'eau qu'elles ont perdu par la dessiccation, comme cela se pratique dans la fabrication des vins de raisins secs.

Après avoir déposé 100 kilog. de figues dans une cuve, on y verse deux hectolitres d'eau chauffée à 40° C, en ayant soin de porter ensuite et de maintenir le mélange à la température de + 30°.

La fermentation s'établit rapidement et se termine en deux ou trois jours, surtout si l'on a ajouté à la cuve un litre de bonne lie de vin fraîche, ou cinq cents grammes de levure de bière.

Dès que le liquide est fermenté, on le soutire pour l'envoyer, sans retard, à l'alambic, ou dans un appareil à distillation continue avec rectification simultanée pour en obtenir, en un jet ininterrompu, de l'eau-de-vie de 50 à 60°.

Pour reprendre le liquide retenu dans les figues, on y verse en deux reprises, 100 litres d'eau chaque fois à 30°. Après quelques heures de macération, on retire ce liquide pour le passer à la chaudière.

L'eau du troisième lavage est employée en place d'eau pure dans un nouveau chargement de la cuve avec des figues sèches.

Le marc épuisé est rejeté comme sans valeur.

Si l'on n'a pas à sa disposition d'appareils de distillation, travaillant d'une manière continue, qui ne fonctionnent qu'avec des vins et non avec des matières pâteuses, on traite les figues différemment.

On les fait tremper dans de l'eau comme dans le premier cas. Lorsqu'elles sont gonflées, ramollies, on les broie et on les laisse fermenter, avec ou sans addition de levure. Il est nécessaire d'employer 400 litres d'eau pour 100 kilog. de figues et de maintenir la fermentation dans la cuve à + 30°.

Lorsque la fermentation est terminée, on verse, dans la chaudière de l'alambic, le liquide et les figues qui rendent tout leur alcool. Mais cette distillation par chauffe intermittente ne donne pas de l'eau-de-vie à un degré constant. A mesure que la distillation se produit, la matière s'appauvrit d'alcool et le degré de l'eau-de-vie baisse jusqu'à descendre à 0° de l'alcoomètre. On met de côté les flegmes au-dessous de 30 degrés et on les verse dans la chauffe subséquente qu'ils enrichissent.

La vinasse épuisée peut servir à la macération. Il est nécessaire néanmoins de restreindre l'usage de la vinasse au tiers de la quantité de liquide que réclament les figues. L'emploi successif de la vinasse pure pourrait occasionner des fermentations viciées qu'il importe d'éviter.

Eaux-de-vie de gentiane. — L'eau-de-vie de gentiane a pris, depuis quelque temps, une grande importance en Suisse et dans le sud-est de la France, comme liqueur de table et surtout comme agent thérapeutique.

C'est surtout dans les Alpes de la Suisse, du Tyrol, et dans le Jura qu'on fabrique l'alcool de gentiane. Pendant les mois d'août, de septembre et d'octobre, on arrache la racine, on la met en paquets et on la transporte chez les distallateurs. Ceux-ci hachent la gentiane en rondelles aussi minces que possible au moyen de coupe-racines à main. On loge ensuite ces morceaux dans des tonneaux hermétiquement fermés, placés dans un local où la température est de 15 à 17°. La fermentation dure trois semaines environ, jusqu'à ce que la racine soit complètement fanée : puis on procède à la distillation qui demande certaines précautions.

Distillation. — Les bains-marie ou les alambics à vapeur sont plus avantageux, parce que la distillation s'y opère lentement et doucement. Le produit de cette première opération s'appelle d'abord essence, puis blanchette. La liqueur, qui provient de cette distillation, possède une amertume très intense et un goût de racine prononcé. Afin d'en améliorer la qualité et de lui enlever ce mauvais goût, on lui fait subir une seconde distillation, ce qui l'amène à une perfection véritable, sans lui faire perdre son arome original. Le travail demande beaucoup de soin et d'attention, afin de conserver à ce produit l'arome qui constitue sa principale qualité et qui en fait une liqueur véritablement hygiénique.

Il ne faut pas confondre cet alcool naturel de gentiane avec un produit similaire, très répandu, qui est formé d'essence de gentiane, de trois-six, d'eau ; ce dernier produit n'est autre chose qu'une eau-de-vie aromatisée de gentiane ; il n'a pas les vertus stomachiques et fébrifuges de la liqueur véritable.

Bien d'autres fruits ou racines sont employés pour la préparation d'eaux-de-vie : coings, sorbes, sureaux, nèfles, mures, myrtilles, etc. Les procédés sont toujours les mêmes.

Eaux-de-vie de miel. — Le vin de miel ou hydromel vineux a une force alcoolique qui varie de 4 à 7° environ. Il donne une eau-de-vie qui n'est pas sans mérite. Afin que le goût de miel ne soit pas trop prononcé, on distille à un degré supérieur pour ramener ensuite au degré de consommation (40° par exemple) par une addition d'eau distillée. 70 kilog. de miel par pièce de 220 litres donnent, par la distillation, à peu près 40 litres d'eau-de-vie.

Eaux-de-vie de sucre. — Le sucre ne se transforme en alcool que par la fermentation.

Pour obtenir un liquide fermenté, contenant 6 0/0 d'alcool, on fond le sucre dans quinze fois son poids d'eau chauffée à 35 degrés et on y ajoute, par hectolitre, 200 grammes de tartre brut et de la lie de vin, fraîche, en pâte ferme, ou de la levure de bière, dans la proportion de six pour cent du poids du sucre.

La fermentation terminée, on passe le liquide à la distillation et on obtient de l'eau-de-vie à 50 degrés dont un litre représentera un kilog. de sucre. L'eau-de-vie de sucre est caractérisée par sa sécheresse.

Rhums. Tafias. — Le rhum est du tafia ayant subi l'action bienfaisante du temps au contact du chêne blanc.

Le tafia est le produit hydro-alcoolique aromatique résultant de la distillation de la mélasse de canne à sucre, après addition d'eau et fermentation. La mélasse de canne à sucre contient ordinairement de 60 à 75 0/0 de sucre fermentescible qui, par la fermentation, se transforme en alcool. Cet alcool emprunte à la mélasse plusieurs de ses éléments acides, odorants, sapides, communiquant à la partie spiritueuse l'arome, le goût qui caractérisent le tafia et en font une liqueur précieuse.

Fermentation. — Le plus souvent, dans les colonies, le traitement de la mélasse se fait d'une façon assez primitive; il se réduit à la mise en fermentation du sirop et à la distillation du produit fermenté. On dilue la mélasse avec de l'eau dans la proportion d'une partie de sirop, de quatre volumes d'eau froide et d'un à deux volumes de vinasse d'une opération précédente, sans y ajouter de la levure qu'on ne peut se procurer dans les pays chauds où se cultive la canne à sucre. La vinasse remplit la fonction de levure par le ferment qu'elle contient et, en outre, elle acidifie le liquide; l'acidification des matières fermentescibles, variable de un à deux équivalents sulfuriques, suivant leur nature, est une condition nécessaire.

Sous l'influence de la température élevée du pays, ce mélange entre rapidement en fermentation.

Lorsque le mouvement fermentatif a cessé, on procède à la distillation de cette espèce de vin, à l'aide d'appareils à travail continu, avec rectification simultanée, de manière à produire du premier jet et sans interruption, un liquide spiritueux de 55 à 60 degrés centesimaux.

Ce liquide, sortant incolore de l'alambic, constitue le tafia qu'on améliore ensuite en le laissant vieillir. La richesse saccharine de la mélasse est suffisante pour produire de 60 à 75 litres de tafia par 100 kilog. de sirop. Mais, on est loin d'atteindre ce rendement. En l'absence de bonne levure, la fermentation est incomplète. Une partie de la matière sucrée se dérobe au ferment. Pezeyre écrivait à ce sujet :

Les améliorations les plus importantes à introduire dans la fabrication du rhum et du tafia aux colonies se rapportent essentiellement à la fermentation.

Dans l'impossibilité de se procurer de la levure fraîche, de la lie de vin qui la remplace efficacement, on doit fabriquer un levain artificiel, dont on trouve les éléments dans les pays producteurs de canne à sucre.Ce levain devrait se composer de bagasse de canne et de vinasse.

La vinasse, employée dans la dissolution de la mélasse contient du ferment ; mais ce ferment, altéré par la cuite des sirops, par l'invasion des mycodermes qui pullulent dans l'atmosphère, n'a pas une énergie suffisante pour empêcher des fermentations nuisibles à la pureté du rhum.

La canne à sucre apporte avec elle un ferment alcoolique et des matières albumineuses propres à la nutrition et à la reproduction de ce saccharomycès énergique.

La bagasse, épuisée par la pression du moulin, contient ce ferment qu'il faut en extraire pour le transporter dans la mélasse diluée destinée à la fermentation.

On enlève le ferment et quelques autres principes utiles de la canne. en soumettant la bagasse à la macération avec de la vinasse. Dans une espèce de cuve, dans un fût quelconque, on introduit 100 kilogrammes de bagasse, par exemple, et l'on verse dessus assez de vinasse chaude pour la couvrir entièrement. On laisse macérer pendant une heure. On retire tout le liquide que peut céder la bagasse. On remplace cette espèce de jus de macération par une nouvelle quantité de vinasse, qui, après un contact d'une heure, est soutirée et réunie à celui de la première infusion.

Cette vinasse de macération sur la bagasse s'est enrichie d'une petite quantité de sucre, de matières azotées et de ferment d'une grande utilité pour une bonne fermentation de la mélasse. On obtient ainsi une décomposition plus complète du sucre, une quantité d'alcool plus élevée et du rhum de meilleur qualité.

On peut, pour 100 kilogrammes de mélasse, employer 50 kilogrammes de bagasse, dont le liquide de macération s'ajoute à la masse soumise à la fermentation. La bagasse épuisée par la vinasse est ensuite déversée dans la fosse à fumier.

Pour une fermentation bonne et rapide, il faut que la mélasse diluée avec de la vinasse et de l'eau soit mise en fermentation à basse densité, à 4, 5 degrés centésimaux (1,040 à 1,050), et à la plus basse température possible.

Sur la fermentation de la canne à sucre, M. V. Marcano s'exprimait ainsi dans une communication à l'Académie des sciences :

La canne à sucre est la matière première la plus importante que l'on mette en œuvre dans ces pays pour l'obtention de l'alcool. La fermentation n'a pas, à ma connaissance, été l'objet d'une étude spéciale. Il m'a semblé intéressant de déterminer l'agent de la fermentation alcoolique du vésou de la canne, ainsi que la nature des produits qui accompagnent l'alcool.

On n'a point recours à une levure préparée dans ce but, et l'on se contente d'abandonner le jus à la fermentation spontanée.

En regardant au microscope le dépôt qui tombe au fond d'une cuve de *vésou* fermenté, on le trouve composé de cellules beaucoup plus petites que celles de la levure de bière, rondes, très brillantes, parsemées de granulations et isolées les unes des autres, ne formant pas de grappes ou de chapelets. Après une série de cultures, les levures restent identiques à elles-mêmes, aussi longtemps qu'elles sont cultivées dans le même milieu. Mais, si on les transporte dans des liquides plus riches en sucre, dans des solutions d'amidon ou de dextrine, on voit apparaître, parfois en quarante-huit heures, un mycélium d'apparence feutrée, dont les filaments envahissent bientôt tout le liquide. Il est aisé de revenir de la moisissure aux levures en la reportant dans le vésou.

Dans toutes les fermentations industrielles épuisées, surtout dans celles qui ont marché avec une certaine lenteur, ou dans lesquelles l'accès de l'air a été exagéré, on trouve simultanément le mycélium et la levure.

La morphologie du ferment permet de le différencier de la levure de bière ; les produits qu'il excrète sont également différents.

Cette levure manifeste son intensité maxima entre 30°-35°. Elle est très sensible à une diminution de la température. Vers 18°-20° déjà, la fermentation se ralentit, les liquides tendent à s'acidifier et le rendement en alcool est médiocre.

Le degré de concentration du liquide sucré a une action marquée ; la proportion qui donne le meilleur rendement est celle de 18 à 19 de sucre pour 100 d'eau : c'est à peu près la richesse saccharine moyenne du jus de canne.

Le ferment sécrète, à l'état de levure et à celui de moisissure, une diastase qui intervertit le sucre de canne.

Quand on soumet à la distillation une grande quantité d'alcool brut de canne, on aperçoit, bien avant que toute ébullition ait lieu dans le liquide, un dégagement notable de gaz à odeur désagréable, qui cesse bientôt pour faire place au passage des mauvais goûts de tête formés presque exclusivement par de l'alcool méthylique.

Le produit qui vient après est de l'alcool éthylique pur.

Les mauvais goûts de queue ont une odeur infecte, due à un acide huileux qui distille avec de l'alcool faible.

Même en faisant usage de produits fournis par des appareils industriels de rectification, on n'a pas pu déceler par des distillations fractionnées successives la présence d'alcools supérieurs.

L'acide gras qui infecte l'eau-de-vie de canne se présente sous la forme d'une huile insoluble dans l'eau, soluble dans l'alcool et l'éther et qui forme avec les alcalis des sels solides insolubles dans l'alcool aqueux. On peut ainsi le séparer presque en totalité avant la rectification, qui donne alors un produit d'une plus grande pureté.

Ce qui précède fait voir que l'eau-de-vie de canne brute diffère des autres alcools de l'industrie : 1° par la présence de quantités notables d'alcool méthylique ; 2° par l'absence d'alcools supérieurs : 3° par la présence d'un acide à odeur *sui generis*.

J'ai vérifié que cet acide se forme même dans les fermentations de sucre candi avec du ferment pur.

Les rendements en alcool sont inférieurs à ceux qu'on obtient généralement avec la levure de bière.

La glycérine et l'acide succinique ne se trouvent pas dans les vinasses; mais il y existe de la mannite, environ 1,4 pour 100 de sucre détruit, et dont la présence est constante.

Il y a en outre de grandes quantités de l'acide gras dont il a été question plus haut et qui surnage sous forme de gouttelettes verdâtres.

Autrefois on ne donnait guère le nom de rhum dans nos colonies qu'au produit de la distillation du vesou ou masse cuite. Ce produit, dès sa sortie de l'alambic, prenait le nom de rhum blanc. Aujourd'hui le rhum blanc n'existe point dans le commerce. Nous ne connaissons guère qu'un distillateur de la Martinique qui en ait mis sur le marché européen sous la dénomination d'eau-de-vie de canne à sucre.

Rhums Martinique. — Les distillateurs qui, à la Martinique, veulent préparer du tafia appelé à devenir du rhum, apportent un soin spécial à la distillation de leur mélasse, nous écrit M. Hurard, député de cette colonie, qui s'occupe particulièrement de la question des rhums. Il importe, en effet, de ne pas développer dans le tafia l'odeur empyreumatique au point qu'après plusieurs années de séjour dans le bois, cette odeur puisse se retrouver très forte et nuire à la finesse et au bon arome du rhum.

Pour le tafia destiné à être exporté et à subir des coupages, la préoccupation du distillateur est de le rendre gras en y développant autant que faire se peut les huiles essentielles, l'odeur empyreumatique.

La moyenne du rendement à la distillation est de 80 à 85 litres de tafia à 55° réels par hectolitre de mélasse.

Le tafia destiné au commerce n'est pas expédié tel qu'il est distillé. Il est l'objet d'une coloration artificielle au moyen d'un caramel préparé avec du sucre brut.

Cette opération lui fait perdre de un à deux degrés. Il est logé dans des fûts de 160, 240 ou 300 litres. En France, il est vendu sous le nom de rhum.

L'évaporation en cours de route est généralement de 5 à 7 0/0. Le fret varie en moyenne de 30 à 45 francs; quelquefois il est inférieur, rarement aujourd'hui il est supérieur. Le tonneau de tafia se compte par 900 litres.

A la Martinique, qui est de nos colonies la plus importante au point de vue des rhums, on distingue dans le commerce deux sortes de tafia : le tafia habitant et le tafia d'usine. Entre ces deux sortes, il y a toujours un écart d'au moins 5 centimes par litre.

Le tafia habitant, est en effet, le résultat de la distillation de la mélasse encore riche en sucre. Disons en passant que les établissements de campagne où l'on fabrique du sucre et auxquels sont rattachées des plantations de canne à sucre s'appellent « habitations ».

On comprend facilement que les grandes agglomérations culturales pourvues d'usines dont les appareils pour la cristallisation du sucre de canne sont perfectionnés donnent une mélasse bien moins riche que celle provenant des habitations qui appartiennent généralement à des familles ou à des particuliers.

Les usines et bon nombre d'habitants vendent à l'industrie tout ou partie de leurs mélasses. Il est à prévoir qu'avant bien longtemps le tafia que nous recevons des Antilles, de la Martinique particulièrement, proviendra exclusivement des établissements spéciaux de distillation appelés « rhumeries ».

Aux différences qu'on vient de signaler, on peut en ajouter d'autres qui résultent de la qualité de l'eau, de la quantité d'eau dont on a additionné la mélasse, de la plus ou moins grande proportion de vinasse employée dans la fermentation ; des appareils à distiller, appareils à jet continu, ou bien appareils dits père Labat; bien entendu, du plus ou moins de soin apporté à la distillation, etc., etc.

Rhums Guadeloupe.— Les rhums de cette autre colonie se préparent de la même façon que ceux de la Martinique, mais ils sont de moins bonne qualité et ne sont pas aussi bien appréciés sur les marchés. Toutefois nous devons noter que la Guadeloupe, fort en retard jusqu'ici, quant aux bons procédés de fermentation et de distillation, commence à faire mieux.

Rhums de la Jamaïque. — A la Jamaïque, les procédés de distillation sont les mêmes ou à peu près que dans nos possessions d'outre-mer. L'habitude pourtant à prévalu dans cette colonie anglaise de distiller à 75° réels au minimum.

Ainsi, tandis que nos tafias sont vendus sur la base de 54°, c'est sur celle de 72 que se vendent les tafias de la Jamaïque.

Ces tafias sont destinés au coupage; on y développe autant que possible l'odeur empyreumatique, l'odeur de savate, comme on dit dans le public, caractère autrefois très recherché et qu'on attribuait à la conservation de ce spiritueux dans des outres faites de peaux de bœuf, alors que l'usage des fûts en chêne ne s'était pas encore vulgarisé.

Choix des alambics. — Quel que soit le système d'appareil distillatoire, à feu nu, ou à la vapeur, à marche continue ou intermittente, on doit conduire la distillation avec soin, à feu modéré, pour éviter les entraînements de la vinasse au réfrigérant, et par suite, l'infection du produit. L'alambic à distillation continue (système Egrot) dont nous avons donné la description pour la fabrication des eaux-de-vie de vin est un appareil qui convient parfaitement pour les tafias; comme la plupart de ceux établis aux colonies, il produit du premier jet et sans interruption du tafia à 60 et même à 70 degrés centésimaux.

Une condition essentielle à réaliser, c'est que le produit sortant du serpentin réfrigérant soit blanc, incolore comme l'eau.

Traitement des rhums. — Quand on a du rhum de bonne qualité, le moyen de l'améliorer consiste à le laisser vieillir sans y rien ajouter; si toutefois l'on tient à lui donner un peu de moelleux, on peut y ajouter du sirop de sucre de canne, et mieux de véritable cassonade de canne (dix à quinze grammes par litre.) Ce sirop donne au rhum de la mâche.

Rhums qui se troublent à l'air. — Le rhum, comme tous les spiritueux qui empruntent leur coloration à la matière extractive qu'ils ont dissoute du bois de la futaille, contient de ce chef des matières taniques. Celles-ci s'oxydent quand le liquide subit une exposition prolongée à l'air et se transforment en produits galliques en partie insolubles qui le troublent. On ne saurait induire de ce seul fait la moindre sophistication.

Il suffit ordinairement d'un léger collage pour rendre le rhum brillant et limpide.

Les rhums peuvent noircir, contracter de mauvais, goûts, etc.; les traitements à leur faire subir sont, suivant les circonstances, les mêmes que ceux employés pour les autres spiritueux.

Epuration des spiritueux par l'électricité. — La grande préoccupation depuis quelques années est de produire des alcools d'industrie ou de consommation directe aussi purs que possible. Pour arriver à ce résultat, on a perfectionné les moyens de rectification et on en a recherché de nouveaux. Ce qu'il faut surtout essayer de faire disparaître des spiritueux, ce sont les alcools amyliques.

En dehors des procédés de raffinages par la rectification, par le noir animal, par le charbon de bois, par les oxydants, on a songé à employer l'électricité.

En 1880 des brevets furent pris en France pour la purification des flegmes et des alcools par les courants électriques.

M. de Méritens, ingénieur-électricien, se sert d'une machine magnéto-électrique. On sait que ces sortes de générateurs d'électricité produisent des courants alternatifs qui changent de sens douze à quinze mille fois par minute et modifient, en conséquence, les liquides au travers desquels ils passent autant de fois.

Les essais faits ont démontré que les aldéhydes disparaissaient par cette méthode.

Ces procédés, surtout essayés sur des alcools d'industrie, paraîtraient avoir donné de bons résultats. Mais cette électrisation ne saurait s'étendre aux autres spiritueux. Il ressort des différentes expériences que le courant électrique enlève toute saveur étrangère; vraisemblablement il agit en aveugle et détruit aussi bien le bon que le mauvais goût; aussi ne peut-on croire à l'amélioration par l'électricité des cognacs, des eaux-de-vie, des rhums, et en général de toute liqueur qui n'est bonne qu'à la condition de développer régulièrement les essences qui lui sont propres et qui font sa qualité.

D'ailleurs on ne peut songer à rectifier les eaux-de-vie. Leur valeur dépend à la fois de leur teneur en alcool et du goût des essences qu'elles contiennent. Leur distillation doit donc être faite de manière à conserver aux spiritueux l'essence ou l'arome particulier qui en fait le mérite, contrairement à la rectification qui tend à produire des alcools aussi purs que possible.

Genièvre. — Le genièvre n'est pas autre chose que l'eau-de-vie de grains, dont on a modifié le goût et l'odeur par addition des baies aromatiques du genévrier. Les Anglais sont les premiers inventeurs du genièvre, qui se consomme dans leur pays en quantités considérables, sous le nom de « gin ».

On fabrique le genièvre avec de l'orge maltée, avec de l'orge crue, du seigle, de l'avoine, et, depuis quelques années, avec du maïs. Ces diverses espèces de grains employés en quantités proportionnelles, plus ou moins fortes, sont soumises à la saccharification par la diastase.

Les matières saccharifiées et ensuite refroidies sont soumises à la fermentation. Lorsque celle-ci est terminée, on distille la matière liquide semi-pâteuse, et le produit alcoolique qu'on en retire constitue l'eau-de-vie de grains. Cette eau-de-vie, dans laquelle on introduit des baies de genévrier, est ensuite soumise à une nouvelle distillation, ou rectification, qui en élève le degré alcoolique.

Pour prévenir la coloration bleue du genièvre, il convient de n'employer que des appareils bien étamés et de substituer des serpentins d'étain aux serpentins de cuivre, afin que la blancheur du genièvre ne soit pas altérée, il faut également éviter de le mettre en contact avec du fer.

Lorsque le genièvre a vieilli dans un fût, il peut prendre une teinte jaune ; un moyen de le décolorer consiste à le coller avec du lait. On se servirait de bon lait bouilli au préalable (un litre par hectolitre de spiritueux).

On pourrait encore avoir recours au noir végétal ou braise de boulanger. Dans le cas où il resterait une petite teinte brune légère, on ferait un collage à la gélatine.

Absinthe. — L'absinthe est un spiritueux composé d'alcool, de plantes et de semences aromatiques. Elle contient de 40 à 72 0/0 d'alcool en volume, de 1 à 3 grammes d'essences par litre, dont un dixième environ d'essence d'absinthe. Son acidité, par litre, correspond à un gramme et demi d'acide sulfurique. La quantité d'extrait qu'elle renferme est très variable. L'alcool doit être neutre de goût et d'odeur. Les plantes seront de la dernière récolte, exemptes de toute altération. Celles les plus généralement employées sont : la grande, la petite absinthe, l'hysope, la menthe, la mélisse, la marjolaine, l'anis vert, le fenouil, la badiane, les semences d'angélique, la coriandre.

La badiane contribue avec le fenouil à la douceur, au parfum de la liqueur ; mais elle a une petite odeur peu agréable que l'anis corrige efficacement. L'hysope, la menthe et la mélisse sont réservées pour la coloration, ainsi qu'une partie de la petite absinthe.

Cette fabrication comprend trois opérations : la distillation, la coloration, le vieillissement.

La distillation de l'absinthe se fait généralement avec des appareils chauffés à la vapeur. Dans quelques petites usines, on distille au bain-marie. La distillation à feu nu est presque abandonnée, à cause du goût d'empyreume. Le bain-marie a l'inconvénient de ne pas épuiser complètement les plantes, parce que sa température ne peut pas s'élever au-dessus de celle de l'eau bouillante.

Pour 100 litres d'alcool, 100 litres d'eau, on emploie : de 2 kilogr. 500 à 5 kilogr. de grande absinthe, 5 à 6 d'anis verts, fenouil 2 à 3, et les autres substances dans la mesure de 1 à 2 kilog. La badiane, l'anis vert, le fenouil doivent être pulvérisés grossièrement. On fait infuser les substances aromatiques dans la chaudière, dans l'alcool, pendant 12 heures. On y ajoute ensuite l'eau chauffée de 60 à 80 degrés.

La distillation se conduit avec ménagement, afin d'éviter les soubresauts des matières dans l'appareil. On retire le liquide spiritueux jusqu'à ce qu'il soit descendu à 20 degrés de l'alcoomètre et l'on poursuit la distillation un peu plus loin que le degré 0, jusqu'à ce que le produit blanchâtre et laiteux soit devenu clair comme de l'eau. Cette blanquette, quoique peu alcoolique, est précieuse ; elle renferme beaucoup d'essence et on la verse dans l'opération subséquente avec l'alcool et les plantes.

Le liquide distillé, très parfumé, est blanc, ou incolore comme l'eau. Pour le transformer en absinthe, il faut le colorer et renforcer son parfum. La coloration s'opère à froid, mais mieux et plus rapidement à chaud. Dans ce dernier cas, on se sert d'un appareil, dit « colorateur » en cuivre étamé, chauffé par une circulation d'eau chaude ou de vapeur.

On place dans le colorateur la moitié de la petite absinthe, la menthe, la mélisse, les feuilles d'hysope, la marjolaine qui, sous l'influence de la chaleur, portée jusqu'à 50 degrés seulement, cèdent leur principe colorant naturel, la chlorophylle, et leur parfum. Après douze heures de maintien la couleur est acquise au liquide qu'on refroidit et qu'on loge dans des foudres pour l'y laisser vieillir. C'est le temps qui complète la qualité.

Les plantes infusées, retenant de l'alcool et des essences, s'ajoutent dans la chaudière aux plantes neuves à distiller. On récupère ainsi tout ce qu'elles contiennent d'utile. C'est moins la grande variété des substances employées qui constitue le mérite de la liqueur, que la combinaison bien raisonnée d'un petit nombre possédant des vertus particulières.

La distillation des plantes et des poudres les projette au-dessus du liquide de la chaudière et les porte jusqu'au col de cygne qu'elles obstruent. Il peut en résulter de graves accidents. On doit pourvoir tous les alambics d'un col de cygne de plus fort diamètre et d'appareils de sûreté.

Les appareils à bain-marie, placés dans le fourneau, réclament les plus grands soins dans leur chargement qu'il faut opérer en amenant l'alcool au moyen d'un tuyau de cuivre et non avec des brocs.

Liqueurs. — Les liqueurs sont des boissons spiritueuses obtenues soit par la distillation, soit par l'infusion, soit par d'autres opérations, et auxquelles on donne une saveur plus ou moins douce à l'aide de sirops. Toutes sont composées d'alcool, de sucre, d'eau et d'un parfum extrait de substances diverses : fruits, plantes, etc.

Les proportions de ces éléments varient à l'infini, suivant le désir du distillateur-liquoriste. Deux règles principales seront cependant observées par lui : 1° réunir les différents éléments qui composent la liqueur dans des rapports qui leur permettent de se combiner convenablement le plus vite possible et de la façon la plus intime ; 2° conserver pendant l'opération la propriété de chacune de ces substances.

Ce double résultat ne peut être atteint qu'autant que les matières premières employées seront de premier choix et qu'elles seront mélangées d'une façon heureuse. Tout l'art du fabricant réside dans l'appréciation de ces combinaisons et la parfaite association des principes constituants.

La fabrication des liqueurs exige l'installation d'un laboratoire contenant des alambics, simples, de diverses dimensions et plus spécialement des alambics à vapeur, bien qu'on emploie parfois le bain-marie et même le feu nu, des bassines en cuivre, des bacs en fer étamé des récipients pour le logement des matières premières, des conges, des filtres, etc. Le laboratoire sera bien aéré, bien éclairé et dallé de manière à ce qu'il puisse être lavé facilement et que les eaux s'écoulent rapidement dans les caniveaux ménagés dans le sol. Si on se sert de vapeur, le générateur devra être placé en dehors du laboratoire et la vapeur amenée par un tuyautage dans les différents appareils.

Matières premières. — Nous avons vu que les substances composantes des liqueurs sont l'alcool, le sucre, l'eau et les parfums ou principes aromatiques. Nous allons nous occuper de chacun de ces éléments.

Alcools. — Après l'étude que nous avons faite des divers alcools, trois-six et eaux-de-vie dans notre chapitre de la Distillation, il semble que nous n'avons plus rien à ajouter. Notons simplement que, pour la confection des liqueurs, il convient de n'employer que de bons alcools ou de bonnes eaux-de-vie, exempts de mauvais goûts, parfaitement rectifiés ou distillés.

Sirops. — Le sucre s'emploie plus généralement sous forme de sirop. Il en est fait une grande consommation et sa préparation demande beaucoup de soins, car il est quelquefois difficile à clarifier.

Les sirops sont de deux sortes : celui de sucre brut et celui de sucre blanc. Le premier sert pour la fabrication des liqueurs colorées ordinaires et demi-fines ; le second pour celle des liqueurs fines et surfines.

Pour préparer le sirop de sucre brut, on met dans une bassine 50 kilog. de sucre avec 20 litres d'eau pure et 6 litres d'eau albumineuse, on remue avec une spatule de bois et on chauffe le tout sur un feu vif. Lorsque le sucre bout et commence à se soulever, on verse lentement et de haut 1 litre d'eau albumineuse; le sucre s'abaisse, puis ne tarde pas à remonter; on renouvelle l'opération de l'eau albumineuse et la masse s'affaisse complètement. On écume au fur et à mesure que l'ébullition continue, en versant toujours de l'eau albumineuse à deux ou trois reprises différentes. Lorsque l'écume a presque disparu, que le sirop, ainsi formé, est à peu près transparent, on le passe à travers une chausse. Il faut qu'il marque environ 32° Baumé pour remplir les conditions ordinaires; on le laisse sur le feu jusqu'à ce qu'il atteigne ce titre. S'il marquait plus on le « décuirait » en versant de l'eau.

L'eau albumineuse se prépare d'avance en jetant dans un bassin, contenant 1 litre d'eau, 6 œufs avec leur coquille qu'on bat vigoureusement, puis en ajoutant 7 litres d'eau. Ces proportions sont celles qui sont nécessaires pour la fabrication de la quantité de sirop indiquée.

Le sirop de sucre blanc se prépare comme le premier, mais on emploie moins d'eau albumineuse. Toujours pour 50 kilog. de sucre, celui-ci raffiné et d'un beau blanc, et qu'on met dans une bassine par morceaux de moyenne grosseur, on ajoute 17 litres d'eau pure et 6 litres d'eau albumineuse. On fait fondre, puis on chauffe et on écume. L'ébullition ne doit pas être poussée trop vivement.

Les sirops étant une solution concentrée du sucre dans l'eau simple, on peut les obtenir soit à froid, soit à chaud; mais, dans le second cas, la quantité de sucre dissoute est plus considérable et le produit obtenu par la cuisson, meilleur. Ce sont, du reste, ces derniers, qu'ils soients faits avec de la glucose, du sucre brut ou du sucre raffiné, qui sont les plus usités.

Les sirops préparés à chaud sont susceptibles d'altérations; ceux préparés à froid le sont bien davantage; la plus sérieuse est la fermentation. Elle se manifeste lorsque le sirop n'est pas assez cuit ou contient des matières mucilagineuses en excès par suite d'une clarification défectueuse. Lorsque le sirop est enfermé avant son refroidissement complet, la fermentation peut aussi se déterminer; elle est due à la vapeur d'eau qui se dégage de la surface et qui, comprimée, se liquéfie et décuit la couche supérieure. Pareil inconvénient se produit si le vase dans lequel on verse le sirop est humide.

Les milieux, dont la température est trop élevée, sont nuisibles aux sirops; ceux-ci ne tardent pas à y fermenter; ils deviennent troubles, puis mousseux; enfin ils s'acidifient et se perdent. Le remède, dans ce cas, est le chauffage; on dégage ainsi l'acide carbonique, qui fait écumer le sirop et l'alcool qui a pu se former. Quelquefois, suivant les circonstances, il vaut mieux avoir recours à une nouvelle clarification et à l'évaporation jusqu'à consistance convenable.

On s'opposera à la moisissure si on enferme les sirops dans des bouteilles parfaitement sèches. Le mouillage des bouchons est aussi une opération à éviter.

L'insuffiance de cuisson, de concentration du sirop, laisse dégager de la vapeur d'eau, qui détermine les moisissures. Pour la bonne conservation, les sirops doivent être concentrés à 35 degrés de l'aréomètre de Baumé, après refroidissement.

Exposé au libre contact de l'air pendant son refroidissement, le sirop est envahi par les poussières atmosphériques. On évite le danger de pullulation de ces ferments, en ayant soin de couvrir les vases qui contiennent le sirop.

La conservation des sirops, dans un endroit sec et frais, est plus certaine si l'on tient les bouteilles couchés, de manière que le bouchon soit toujours couvert par le sirop.

Lorsqu'on veut préparer des sirops bon marché, on emploie du glucose ou sucre de fécule de pommes de terre pour remplacer en partie ou entièrement le sucre. Les sirops ainsi faits sont dits « sirops de fantaisie ».

Les sirops composés sont ceux qu'on fait avec du sirop de sucre ou de glucose et des décoctions ou infusions de plantes ou de parties de plantes ou autres substances. Nous allons en noter ici quelques-uns.

Sirop de gomme. — On emploie pour le préparer à peu près 500 gr. de gomme arabique blanche pour un demi-litre d'eau froide et 4 litres de sirop de sucre; on l'aromatise avec un peu de fleur d'oranger. On le clarifie au noir animal.

Le noir animal, pour ne pas souiller le sirop sur lequel on veut le faire passer, doit avoir été lavé préalablement à l'acide chlorhydrique à la dose de 1 kilog. pour 2 kilog. de noir mélangé en quatre lavages successifs. On verse d'abord sur le noir de l'eau et on forme une bouillie que l'on malaxe bien ; on verse cette pâte dans un récipient de grès, on y ajoute un quart de l'acide dont on dispose en agitant. Au bout d'une heure on verse sur le mélange de l'eau bouillante et on laisse reposer : le noir est précipité au fond du vase, on décante l'eau et on recommence ainsi trois lavages. Après le dernier on laisse égoutter le noir dans une poche.

Sirop d'orgeat. — On le fait avec du sucre et des amandes de premier choix. L'émulsion, ou lait d'amandes, contient de l'albumine que la chaleur coagule, de la caséine que les acides précipitent. Il faut donc éviter de soumettre cette émulsion à une température élevée, éviter son contact avec l'alcool et les acides de toute nature, opérer son mélange avec le sucre fondu le plus tôt possible. Le sucre doit être fondu à une température qui ne soit pas supérieure à 40 degrés. Quand le sirop de sucre seul est fait, il faut couvrir le vase dans lequel il a été versé. Avec cette précaution, il ne se forme pas de croûte à la surface du sirop.

Pour maintenir l'homogénéité du sirop d'orgeat, on doit y ajouter une petite quantité de gomme adragante (cinq grammes pour dix litres de sirop). La gomme adragante est dissoute dans une partie de l'eau destinée à la confection du sirop. On incorpore bien cette dissolution de gomme dans le sucre fondu et on ajoute ensuite l'émulsion ou lait d'amandes,à la température qu'il a conservée de 40° environ.

Sirop de café. — Ce sirop, comme tous d'ailleurs, peut se fabriquer de diverses façons, selon que leur base est formée de sucre pur, de glucose ou des deux à la fois ; à cette base on ajoute les sucs de fruits, ou substances aromatiques qui déterminent le nom du sirop.

Pour le sirop de café, on peut préparer une infusion concentrée de café moka ; on la filtre et on mélange à chaud une partie de ce café concentré à deux parties en poids de sucre blanc.

Sirops divers. — On fait ainsi des sirops de coings, de framboises, de groseilles, de menthe, de grenade, etc.; les formules varient suivant les distillateurs, la clientèle à servir et les prix de vente.

Sirops de fantaisie. — Voici dans quelles proportions on emploie ordinairement le glucose dans les sirops de fantaisie.

Sirop de groseille : 35 kilog. de sucre blanc, 25 litres de sirop de fécule à 36°, 10 litres de suc de groseille, 2 litres de vinaigre framboisé et 160 gr. acide tartrique; autre formule : 33 kilog. de sucre blanc, 15 litres de sirop de dextrine à 36 degrés, 9 litres de conserve de groseille, 9 de vin de la Loire, et 1 1/2 de vinaigre framboisé et 100 gr. d'acide tartrique.

Sirop d'orgeat : 40 kilog. de sucre raffiné, 15 litres de sirop de fécule à 36 degrés, 21 litres d'eau pure, 60 centilitres d'eau de fleur d'oranger, 6 kilogr. d'amandes et 30 grammes de gomme.

On emploie aussi le glucose dans d'autres sirops, mais toujours dans la proportion de 2 parties 1/2 de glucose au lieu de 1 de sucre.

Densité des sirops. — Il est nécessaire, lorsqu'on prépare des sirops de se rendre compte de leur densité et aussi de la quantité de sucre qu'ils doivent contenir. C'est à l'aréomètre Baumé, dont nous avons déjà vu l'emploi pour les moûts, qu'on doit avoir recours. Le tableau suivant donne la quantité de sucre correspondant aux différents degrés du pèse-sirop :

DEGRÉS du pèse-sirop.	SUCRE.	DEGRÉS du pèse-sirop.	SUCRE.	DEGRÉS du pèse-sirop.	SUCRE.	DEGRÉS du pèse-sirop.	SUCRE.
	gr.		gr.		gr.		gr.
1	20	11	255	21	525	31	775
2	40	12	281	22	550	32	800
3	60	13	307	23	575	33	825
4	80	14	333	24	600	34	850
5	100	15	359	25	625	35	875
6	125	16	385	26	650	36	900
7	151	17	411	27	675	37	925
8	177	18	436	28	700	38	950
9	203	19	462	29	725	39	975
10	229	20	500	30	750	40	1,000

Les degrés Baumé représentent à peu près, et par rapport à l'eau pure, des densités diverses, que nous indiquons dans le tableau qui suit :

DEGRÉS du pèse-moût.	DENSITÉS.	DEGRÉS du pèse-moût.	DENSITÉS.	DEGRÉS du pèse-moût.	DENSITÉS.	DEGRÉS du pèse-moût.	DENSITÉS.
0	1000	11	1078	22	1169	33	1277
1	1006	12	1084	23	1178	34	1288
2	1013	13	1093	24	1187	35	1299
3	1020	14	1101	25	1197	36	1310
4	1027	15	1109	26	1206	37	1321
5	1034	16	1117	27	1216	38	1333
6	1041	17	1126	28	1226	39	1345
7	1048	18	1134	29	1236	40	1357
8	1055	19	1143	30	1246		
9	1063	20	1151	31	1256		
10	1070	21	1160	32	1267		

Avec ces tableaux, on peut faire tous les calculs sur les sirops, pour savoir la quantité de sucre, étant donné le degré ou la densité, et déterminer la densité qu'on obtiendra avec telle ou telle proportion de sucre.

Eau. — L'eau employée dans la préparation des liqueurs devra être absolument pure et de bonne qualité ; nous avons vu, pour les eaux-de-vie, la façon d'obtenir de l'eau convenable pour le mouillage.

Parfums, principes aromatiques. — Ces principes sont extraits par distillation, par infusion ou autres moyens, des fruits, des plantes, des semences, etc. ; le distillateur n'a que l'embarras du choix ; mais tout son art consiste à discerner les parfums qui conviendront le mieux, qui se combineront et enfin qui permettront d'atteindre le but qu'il se propose, au grand plaisir du consommateur.

Ces parfums se présentent sous forme d'eaux aromatisées et distillées ; d'huiles volatiles, d'essences tirées directement des plantes par distillation ; enfin, d'infusions fournies par les plantes ou les fruits macérés dans l'alcool pendant un certain temps.

Eaux aromatisées. — Les végétaux destinés à parfumer des eaux seront choisis avec soin, on les râpera, on les concassera, afin de les diviser et de leur faire présenter le plus de surface possible ; cependant, certaines plantes aromatiques seront simplement incisées, afin qu'elles ne perdent pas leur principe odorant ; on laissera macérer le tout dans l'eau, puis on distillera, en versant l'eau et les plantes dans la chaudière de l'alambic. On s'arrangera pour que l'eau soit en quantité suffisante pour que les substances solides soient toujours immergées. On repassera plusieurs fois les eaux provenant de plantes peu odorantes. On ajoutera un peu de gros sel (chlorure de sodium 500 gr. à 1.000 gr.), dans l'eau, afin de la rendre plus mordante et capable de pénétrer les végétaux avec lesquels elle est en contact.

L'alambic qui convient est celui à bain-marie, comme pour les marcs de raisins, ou à la vapeur ; ce dernier est préférable.

On prépare ainsi des eaux aromatiques d'absinthe, d'anis, de fenouil, de genièvre, d'hysope, de lavande, de mélisse, de menthe, de fleurs d'oranger, d'angélique, d'amandes amères, de cannelle, de girofle, de framboises, de noix, de citron, de prunes, de coings, d'abricots, etc.

Les eaux aromatisées, distillées deux fois, se conservent parfaitement pendant plusieurs années. Le filtrage est nécessaire pour séparer les dépôts floconneux qui se forment souvent dans leur sein.

Huiles volatiles ou essences. — Ce sont les produits immédiats des plantes. Ils s'obtiennent par distillation par l'intermédiaire de l'eau à 100°. Le liquide se réduisant en vapeurs sert de véhicule à l'huile. Il faut distiller rapidement, diviser les matières le plus possible, agir sur de grandes quantités, ne se servir que d'eau bien épurée et juste ce qui est nécessaire pour que la matière soumise à l'opération ne brûle pas. On ajoute également un peu de sel.

Comme précédemment c'est l'alambic à vapeur qui convient le mieux ; d'ailleurs nous avons posé en principe que c'est à lui que le distillateur-liquoriste doit la préférence. Généralement on emploie les plantes et les fleurs à l'état frais.

On obtient par ce procédé les essences d'absinthes, d'amandes amères, d'angélique, de badiane, de cannelle, de citron, de cumin, de curaçao, de fenouil, de genièvre, d'hysope, de lavande, de mélisse, de menthe, d'orange, de roses, de safran, etc., etc.

On extrait aussi les essences par expression des substances, ainsi du citron, des oranges, et autres fruits semblables. On enlève leur écorce, puis on les soumet à la presse, on recueille le jus qu'on laisse reposer et qu'on décante. Les essences ainsi obtenues se conservent peu. Celles provenant de la distillation sont bien meilleures, elles sont plus fluides, mais elles ont une saveur moins forte et moins agréable. Elles sont plus solubles dans l'alcool, ce qui est très important pour le liquoriste.

On peut rectifier les huiles volatiles par la distillation; comme pour les eaux aromatisées, on ne chauffera pas au-dessus du point d'ébullition de l'eau (100°), afin que le travail se fasse doucement et que les mauvais principes restent dans la chaudière.

Infusions. — On prépare certains parfums, pouvant servir de principes aromatiques pour les liqueurs en faisant macérer des plantes, des fleurs, des semences ou des fruits dans de bon alcool à 85 ou 90°. La macération, selon les substances, peut durer quinze jours, un mois, deux mois et plus.

C'est ainsi qu'on a des infusions d'iris, de vanille, de curaçao, d'écorces d'amandes amères, d'absinthe, d'hysope, de mélisse, de laurier, de cassis, de framboises, de merises, d'airelles, de myrtille, etc., etc. En général on emploie 10 kilog. de la plante ou du fruit pour 40 litres d'alcool.

Pour le cassis on peut avec les mêmes baies faire deux ou même trois infusions successives, en abaissant chaque fois le degré de l'alcool employé jusqu'à 40° environ.

Alcools aromatisés. — Les alcools aromatisés qui servent également de bases à la préparation de certaines liqueurs sont des alcools chargés par la distillation des principes volatils et parfumés des plantes ou des fruits, des semences.

On emploiera généralement, pour la préparation de ces esprits aromatisés de l'alcool à 90° bien rectifié ; les substances aromatiques de bonne qualité seront concassées, pilées, afin de faciliter l'extraction des parfums, puis versées dans l'alcool où elles macéreront pendant vingt-quatre heures avant la distillation. Enfin, au moment de distiller on ajoutera une quantité d'eau suffisante pour abaisser le degré alcoolique de la masse à distiller vers 35 ou 40°.

La chauffe dans l'alambic à feu nu sera surveillée avec grand soin. L'appareil à vapeur vaut beaucoup mieux. On rectifie généralement ces produits après les avoir additionnés de moitié d'eau ; on sépare tête et queue du cœur de la rectification.

Les esprits parfumés, simples ou composés, suivant qu'ils sont préparés avec une ou plusieurs substances, prennent de la qualité en vieillissant. On les conserve dans des récipients en verre bien bouchés et dans un local à température régulière.

Les esprits simples de genièvre, de framboises, de gingembre, de benjoin, de cannelle, de girofle, de muscades, de noyaux d'abricots, etc., sont ainsi obtenus ; les proportions sont généralement de 50 litres d'alcool à 90° pour 3, 6 ou 12 kilog. de la matière odorante. Les esprits de cédrats, de citrons, d'oranges sont préparés simplement avec les zestes ; on emploie les zestes de 500 à 1.000 de ces fruits pour 50 à 60 litres d'alcool.

Parmi les esprits composés, nous noterons ceux de l'anisette ordinaire comprenant de l'anis vert (3 kilog.), de la badiane (3 kilog.), du coriandre (1 kilog.), du fenouil (1 kilog.), le tout dans 50 litres d'alcool ; ceux de l'anisette façon Bordeaux renfermant de la badiane (2 kilog.), de l'anis vert (500 gr.), du coriandre (500 gr.), du fenouil (500 gr.), du bois de sassasfras (500 gr.), de l'ambrette (125 gr.), du thé (125 gr.), le tout pour 50 litres d'alcool ; ceux du curaçao établis avec des écorces de curaçaos (7 kilog.), écorces d'oranges sèches (2 kilog.), alcool 50 à 60 litres ; etc., etc.

Coloration. — Un certain nombre de liqueurs ne sont acceptées par les acheteurs qu'autant qu'elles sont colorées. La loi permet ces colorations.

Quelques-unes sont naturellement données par les infusions mêmes, telles que celles de cassis, de framboise, etc. ; d'autres par des infusions chauffées à 25 ou 30° comme les teintures d'ambre, de benjoin, de cachou, etc., pour lesquelles on fait macérer 500 grammes de ces substances dans 4 litres d'alcool à 90° et qu'on soumet pendant quinze jours à la température voulue ; enfin la plupart des autres sont tirées de matières tinctoriales, comme la cochenille, par décoction dans de l'eau bouillante.

Pour fournir la couleur rouge, on se sert de la cochenille, du cudbéar, de l'orseille, des baies de myrtille, de l'hématine, principe colorant du campêche.

Le bleu est tiré de l'indigo traité à l'acide sulfurique; quand la dissolution est faite, on ajoute de l'eau et on sature l'acide par de la craie; on décante ensuite.

Le bleu violet est produit par la cochenille à laquelle on ajoute de l'alun calciné et un peu d'ammoniaque liquide.

Le violet est obtenu par le mélange du rouge et du bleu.

Le jaune provient du safran, du curcuma, du gingembre.

Le vert est préparé avec du jaune, de safran par exemple, et du bleu d'indigo. On peut aussi extraire la couleur verte des plantes, la chlorophylle, et s'en servir comme teinture.

La chlorophylle, ou matière colorante verte des plantes, est soluble dans l'alcool. Tant que la dissolution de la chlorophylle possède un degré alcoolique élevé, comme dans l'absinthe, la nuance est solide. Mais si le titre alcoolique de la liqueur diminue, la matière colorante se précipite.

Pour obtenir la couleur verte végétale, il suffit de faire infuser dans de l'alcool des feuilles de mélisse, de menthe, d'absinthe, de cassis, de génépi. Au bout de deux ou trois jours d'infusion, les plantes se sont décolorées et l'alcool en a pris toute la couleur. On se sert quelquefois des feuilles d'orties ou d'épinards qui donnent de la couleur sans aucune odeur.

L'infusion alcoolique des plantes vertes étant faite à froid ou à chaud, a besoin d'être filtrée. On conserve cette infusion, ainsi que les liqueurs vertes à l'abri du soleil.

Caramel. — On colore aussi avec le caramel fort employé par les liquoristes. Le caramel est la dernière cuisson du sucre.

Le point de cuite est difficile à saisir : à une température trop basse, la caramélisation est incomplète, et le caramel manque de couleur. Si l'on chauffe trop fort et trop longtemps, le caramel se charbonne.

Les matières premières généralement employées à la fabrication du caramel sont : le sucre blanc raffiné, les sucres bruts ou belles cassonades des colonies ; le glucose, épuré, fin, massé ; les mélasses de canne à sucre, à l'exclusion des mélasses de betterave.

Diverses racines, telles que celles de chicorée, de betterave, torréfiées, fournissent une espèce d'extrait noir qui, amené à un état de grande concentration, est vendu sous le nom de caramel, qu'il ne remplace pas exactement.

Les sucres bruts, ou belles cassonades des colonies, provenant de la canne à sucre, sont préférables au sucre raffiné.

Le glucose fin, blanc, donne de très bons résultats.

Pour une petite quantité de caramel, on verse dans une bassine en cuivre 10 kilog. de sucre blanc, ou 10 kilog. de belle cassonade des Iles, ou 10 kilog. de glucose massé, ou 10 kilog. de mélasse de canne à sucre et 3 litres d'eau. La bassine étant placée sur un feu modéré, on facilite la fusion de la matière sucrée en l'agitant doucement avec une spatule de bois.

Lorsque l'eau est évaporée, la température du sirop s'élève rapidement à 210-220 degrés, et alors la caramélisation commence.

Pour empêcher la matière de s'attacher au fond de la bassine et d'y brûler, on doit la remuer sans cesse avec la spatule.

Il se dégage des vapeurs âcres, suffocantes. Il est donc nécessaire que la caramélisation s'effectue dans un local ouvert.

A mesure que l'action du calorique transforme le sucre, la matière se boursoufle et monte de manière à déborder et à s'épancher hors de la bassine. On calme cette effervescence, en y projetant de petits morceaux de beurre, de la grosseur d'une noisette, ou bien 10 grammes de cire blanche.

On doit remuer sans cesse la matière pour l'empêcher de brûler, jusqu'à ce que l'on reconnaisse que le caramel a acquis le degré de coloration nécessaire. On juge que l'opération est terminée à l'odeur particulière et au peu d'adhérence du caramel au fond de la bassine, dont on doit voir le fond à l'endroit que la spatule y touche. On remarque que la matière a une belle nuance assez foncée, mais qu'elle n'est point brûlée.

Alors, il faut s'empresser de retirer la bassine du fourneau.

En vue de supprimer immédiatement l'effet de la chaleur, on a imaginé des chaudières, dont le foyer peut se retirer immédiatement.

La bassine étant hors d'atteinte du feu, on y verse un peu d'eau bouillante dans laquelle on a fait dissoudre 10 grammes de carbonate de soude (soude du commerce), on agite avec la spatule.

Sous l'influence de la soude, le caramel prend de suite une couleur foncée, sans éprouver aucune altération. On continue à verser, peu à peu, de l'eau chaude, jusqu'à ce que le caramel ait acquis le degré de fluidité et de consistance nécessaire. Lorsque le caramel est refroidi, on y ajoute quelquefois un peu d'alcool bon goût ou d'eau-de-vie.

Fabrication. — C'est en mélangeant les matières premières que nous venons d'énumérer dans des proportions déterminées par la pratique, que se fabriquent les liqueurs. Cette opération est la plus difficile, la plus délicate et la plus importante de toutes celles qui concourent à la préparation des liqueurs. Nos distillateurs liquoristes français savent la conduire avec une habileté, une sûreté qui ont fait leur renommée dans tout l'univers.

Mélange. — Le mélange se fait dans un « conge » ou vase cylindrique en cuivre étamé à l'intérieur ; il se ferme hermétiquement à l'aide d'un couvercle ; sur le côté se trouve ou un tube de verre régnant dans toute la hauteur du récipient et communiquant avec l'intérieur ou une fente, ménagée dans le métal même et munie d'une glace permettant de voir la hauteur des liquides dans l'appareil. Le tube ou les bords de la fente étant divisés en litres, on peut ainsi se rendre compte pendant le travail des quantités de sirop, d'alcool, d'eau versées dans le conge et observer régulièrement des proportions exactes (fig. 32).

L'opération du mélange se fait à froid. On met d'abord dans le conge l'alcool parfumé; on ajoute ensuite, s'il y a lieu, l'alcool sans parfum; on remue avec un agitateur ou spatule; on verse ensuite le sirop et on agite encore; enfin on ajoute la quantité d'eau utile, puis on agite encore la masse pour former un tout très homogène. On procède en dernier lieu à la coloration.

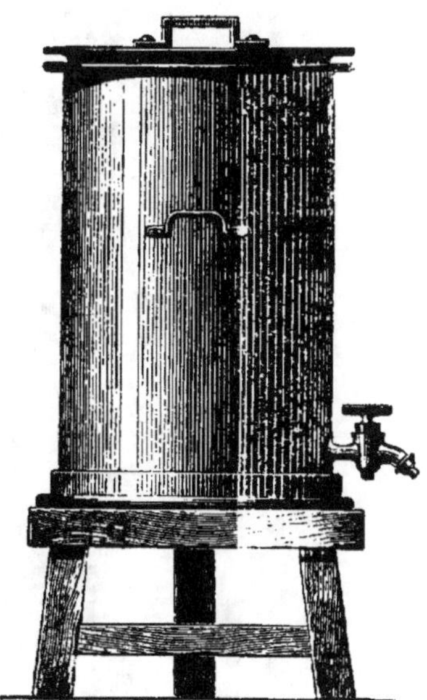

FIG. 32.

Tranchage.— Les liqueurs, au sortir du conge et après quelques jours de repos, sont généralement soumises au « tranchage ». Le tranchage a pour but de les vieillir rapidement et, par conséquent, de leur donner de la finesse, du velouté, de fondre, en un mot, les éléments constitutifs entre eux. Il s'opère, soit au bain-marie, soit à la vapeur.

Dans le premier cas, on verse la liqueur dans le bain-marie, qu'on place dans la cucurbite remplie d'eau, comme pour une distillation ordinaire et on ajuste les autres parties de l'alambic; on chauffe légèrement de manière à ne produire qu'une chaleur de 60° environ. A ce point on éteint le feu, on retire la liqueur qu'on laisse refroidir dans le bain-marie et on dépote. Le refroidissement est très lent.

Dans le second cas, lorsqu'on dispose de la vapeur comme moyen de chauffage, on la fait arriver doucement dans l'alambic pour ne pas dépasser la température voulue; le travail se fait mieux qu'au bain-marie.

Afin d'éviter toutes les manipulations successives que nous venons de décrire entre le mélange et le tranchage, les transvasements, etc., la maison Egrot a construit un conge-trancheur à vapeur des plus ingénieux. Le dessin ci-dessous (fig. 32) en donne une idée très exacte.

Le conge est placé sur le pied d'une bassine pouvant recevoir, à

FIG. 33.

l'aide de tubulure et de robinet, la vapeur du générateur. Il est muni intérieurement d'un agitateur dont le bras articulé à excentrique sort au-dessus du couvercle et peut être actionné par la machine à vapeur; enfin, par un conduit fixé à sa partie supérieure, il est en relation avec un jeu de tuyaux à robinets permettant d'y amener, directement, des récipients où ils sont logés à un plan plus élevé, l'alcool parfumé, l'alcool ordinaire, le sirop, l'eau, etc. Le conge est hermétiquement fermé par un tampon à vis de serrage, un bouchon ménagé sur le dessus laisse échapper la vapeur ; un thermomètre intérieur et visible de l'extérieur permet de régler la température.

On comprend le fonctionnement de l'appareil : on fait le mélange déterminé par la liqueur à fabriquer, en ouvrant successivement les robinets d'arrivée des liquides constituants : alcool aromatisé, alcool, sirop, eau distillée, et en laissant couler les quantités fixées. Pendant ce temps l'agitateur fonctionne ; lorsque le mélange est opéré, on procède au tranchage en faisant arriver la vapeur en dessous. Un dernier raccord placé à la partie inférieure du conge permet, par un tuyautage, de diriger la liqueur terminée là où elle doit être logée et colorée s'il y a lieu, car ce n'est qu'après le tranchage qu'on procède à cette dernière opération.

Clarification. — Les liqueurs, pour être agréables à l'œil, doivent être d'une limpidité parfaite, on obtient cette limpidité par le collage ou par le filtrage, ou enfin par les deux moyens réunis. On ne cherchera à clarifier que quand la liqueur sera complètement refroidie après le tranchage, il vaudrait même mieux attendre quelques jours pour que la liqueur soit bien reposée.

Collage. — Le collage des liqueurs se fait avec des blancs d'œuf, de la colle de poisson, de la gélatine, du lait.

Pour un hectolitre de liqueur, si on colle avec des œufs, on prendra trois blancs qu'on fouettera dans un litre d'eau, on versera ensuite dans la liqueur en agitant, après repos de quarante-huit heures on pourra décanter. Le collage par les blancs d'œuf convient aux liqueurs laiteuses et aux liqueurs obtenues par infusions, résineuses et contenant des huiles volatiles.

La colle de poisson est cependant plus généralement employée, elle convient aux liqueurs fortes en alcool ; sa préparation est assez longue et demande quelques soins. Voici la meilleure méthode à suivre :

La colle de poisson doit être plongée dans dix fois son poids d'eau fraîche et y macérer pendant vingt-quatre heures, en ayant soin de renouveler l'eau deux ou trois fois ; sans le renouvellement de l'eau, la colle contracterait une odeur putride.

La colle, bien détrempée, molle et blanche, est versée dans un mortier et triturée pendant assez longtemps, de manière à séparer, à diviser toutes ses fibres, et à en former une espèce de pâte assez compacte. En cet état, on y ajoute successivement et par petites quantités de l'eau fraîche qu'on y incorpore avec le pilon et, lorsque l'on a ainsi formé un mélange blanc et fluide comme du lait, on passe ce liquide à travers un tamis de soie, ou à travers un linge, bien propre et mouillé. Il reste sur le tamis, ou dans le linge, quelques fragments de colle qui ont résisté à la division. On les triture à nouveau pour les diviser complètement et on les verse ensuite dans la masse blanche qui représente la colle étendue dans beaucoup d'eau.

Dans cet état, la colle n'est que divisée dans l'eau, mais non dissoute. La dissolution s'opère instantanément en y versant de l'acide tartrique, en solution dans l'eau, on agite pour mélanger. Aussitôt que l'acide tartrique touche la gélatine, il la transforme en une gelée transparente, épaisse, dans laquelle on n'aperçoit plus aucune trace de fibre animale.

C'est cette gelée, préparée à froid, qui constitue la bonne solution de colle de poisson.

Pour 5 grammes de colle de poisson, on peut employer un litre, ou un litre et demi d'eau pour étendre la matière à l'état laiteux; un gramme d'acide tartrique dissous dans un demi-litre d'eau est ordinairement plus que suffisante pour 5 grammes de colle.

L'eau ordinaire peut être remplacée par de l'eau vinaigrée ou du petit vin blanc ; dans ce cas, il est inutile d'ajouter de l'acide tartrique.

Afin de conserver la colle en dissolution, on y ajoute un peu de bon alcool qui la préserve de la putréfaction.

Il est utile de laisser agir la colle pendant quarante-huit heures sur la liqueur et quelquefois plus.

La gélatine convient aux liqueurs blanches et faibles en alcool; elle se prépare en faisant fondre 30 grammes de celle-ci dans un litre d'eau, légèrement chauffée; on agite vigoureusement et on laisse reposer quelques jours.

On pourra employer aussi le lait pour les liqueurs contenant peu d'alcool; un litre de lait par hectolitre suffit, on le fait bouillir préalablement, on bat fortement la liqueur ainsi collée et on fait reposer. Les curaçaos se trouvent particulièrement bien de ce collage.

Filtration. — Après le collage, il est presque toujours utile de filtrer. Généralement, on opère dans une chausse en molleton de laine empâtée avec du papier Joseph.

Pour filtrer à la chausse, on dispose celle-ci dans un filtre conique, sorte d'entonnoir en cuivre muni d'un robinet à sa partie inférieure et supporté par un trépied (fig. 34). On verse un peu de la liqueur à filtrer dans cet appareil, le robinet étant fermé, puis on délaie, à part, avec la liqueur, du papier Joseph, et on verse la pâte liquide ainsi formée dans la chausse; on remplit alors le filtre de liqueur et on ouvre le robinet; la liqueur s'écoule dans un récipient disposé sous le filtre. On fait repasser plusieurs fois dans la chausse, en ayant soin de maintenir celle-ci toujours pleine.

FIG. 34.

On place souvent, au-dessus des filtres ainsi organisés, un récipient distributeur, duquel la liqueur, emmagasinée, coule au fur et à mesure dans la chausse. On accouple quelquefois plusieurs filtres recevant la liqueur du même réservoir.

Un autre système de filtre, d'une disposition très heureuse, est celui dont nous donnons la disposition ci-dessous, d'après le modèle de la maison Egrot. Ce filtre se compose (fig. 35) d'une cuvette cylindrique en cuivre étamé, ayant un robinet de vidange à la partie inférieure et hermétiquement fermé par un couvercle. A l'intérieur, est un support en toile métallique, sur lequel vient s'appuyer une chausse en molleton, fixée au moyen d'une coulisse à un anneau en cuivre étamé, placé entre le joint du couvercle et de la cuvette. Le couvercle est muni d'un raccord après lequel s'adapte le conduit de caoutchouc qui doit amener la liqueur à filtrer, d'un robinet avec entonnoir mobile pour amorcer le filtre et de trois tubulures destinées à la sortie de l'air. Ces tubulures sont prolongées au-dessus du niveau du liquide par de petits tubes que l'on visse dessus.

FIG. 35.

Le filtre est placé sur un support mobile entre deux rangées de tonneaux ou autres récipients, selon l'indication ci-après (fig. 36). On amorce le filtre en mélangeant à une trentaine de litres de la liqueur à filtrer, du papier à filtrer, et en versant le mélange dans l'entonnoir de façon à remplir toute la capacité du filtre. On soutire par le robinet de vidange la liqueur que l'on reverse dans l'entonnoir jusqu'à ce qu'elle ait la limpidité désirée. On met alors en communication, au moyen de tubes de caoutchouc, le filtre à pression, d'une part avec le tonneau supérieur contenant le liquide à filtrer, d'autre part avec le tonneau inférieur destiné à recevoir le liquide filtré. Cette filtration se fait ainsi d'une façon continue, sans main-d'œuvre, et à l'abri du contact de l'air.

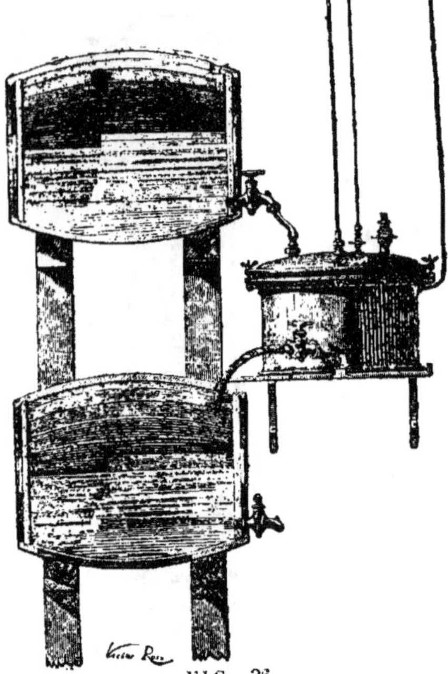

FIG. 36.

On pourrait organiser ainsi plusieurs filtres les uns audessous des autres et obtenir de la sorte une batterie qui permettrait de filtrer une même liqueur successivement deux, trois ou quatre fois, sans autre peine que celle de fermer ou d'ouvrir des robinets.

Cette disposition a le double avantage d'opérer avec une certaine pression et de fournir un travail continu et très régulier, il donne de très bons résultats au point de vue de la clarification. On peut s'en servir avantageusement pour les eaux-de-vie.

Conservation. — La conservation rationnelle des liqueurs joue un grand rôle dans l'affinage des liqueurs. Celles-ci doivent, une fois faites, être placées dans des lieux à température toujours égale entre 15 et 20°C et éloignées des trépidations. Elles doivent être à l'abri du soleil et même hors d'atteinte de la lumière du jour qui affaiblit toujours les couleurs.

Les tonneaux et les vases de grès sont les meilleurs récipients pour le logement des liqueurs ; les bouteilles en verre ne viennent qu'ensuite, parce que les liqueurs s'améliorent lorsqu'elles présentent une masse relativement importante dans les grands vaisseaux et qu'elles n'acquièrent de qualité que très lentement dans les petits flacons.

Classification des liqueurs. — Les liqueurs, qu'elles soient obtenues par distillation, par infusion ou par les essences, se divisent généralement en « liqueurs ordinaires », en « liqueurs demi-fines », en « liqueurs fines » et en « liqueurs surfines » ; on a aussi distingué des produits « secs », « double secs » et « triple secs ». Ce qui les caractérise, ce sont les quantités d'alcool et de sucre, sous forme de sirop, qui entrent dans leur composition.

Liqueurs par distillation. — Dans les liqueurs ordinaires la proportion d'alcool est généralement de 25 litres à 85 ou 90°, déduction faite de la quantité d'esprit parfumé et de 12 kilog. 500 de sucre pour un hectolitre de liqueur. Le sucre est employé à l'état de sirop. On recherchera à l'aide de la table que nous avons donnée plus haut à quoi correspondent ces 12 kilog. 500 de sucre dans un sirop ; on trouvera qu'un litre de sirop pesant, par exemple, à l'aréomètre, 32° contient 800 gr. de sucre ; il faudra donc verser 16 litres 625 de ce sirop. Les doses d'eau et de parfum varient selon l'opérateur.

Les liqueurs « doubles » contiennent moitié plus d'alcool et de sucre que les précédentes : 50 litres d'alcool et 25 kilog. de sucre ; il n'y a que la quantité de parfum qui n'est pas mise en double. Ces liqueurs sont destinées à être mélangées avec moitié d'eau et, si on augmentait la dose de parfum, il se produirait une teinte laiteuse provenant d'un excès d'huile volatile des aromates.

Dans les liqueurs « demi-fines », la dose d'alcool est de 27 litres à 90° et 25 kilog. de sucre, elles doivent marquer 10° à l'aréomètre pèse-sirop.

Les liqueurs « fines » renferment habituellement de 40 à 43 litres d'alcool à 90° et de 40 à 43 kilog. de sucre. Cependant, selon les fabricants et les prix de vente, ces chiffres sont légèrement modifiés en ce qui concerne le sucre. Ces liqueurs doivent marquer de 15 à 17° au pèse-sirop.

Les liqueurs « surfines » doivent marquer de 20 à 25° au pèse-moût, aussi elles contiennent de 50 à 57 kilog. de sucre ; leur force alcoolique varie selon les liqueurs à obtenir, entre 30 et 60 litres d'alcool à 90° par hectol.

Liqueurs par infusion. — Ces liqueurs sont ce qu'on appelle des « ratafias ». Elles sont obtenues par infusion de certains fruits dans l'alcool à 90° ; la dose de sucre qu'elles contiennent les caractérise.

Le cassis appartient à cette catégorie, sa qualité dépend de l'infusion qui sert de matière première.

Toutes les liqueurs par infusion peuvent être préparées en ordinaires, fines, surfines, etc., selon les indications que nous avons fournies quant aux doses de sucre et d'alcool.

Liqueurs par les essences. — Ces liqueurs sont de moins bonne qualité que les précédentes, elles ont une certaine âcreté. Elles contiennent, en général, par hectolitre 25 à 30 litres d'alcool à 90° et de 12 à 15 kilog. de sucre. L'essence varie selon l'intensité du parfum.

Pour préparer ces produits, on remplit d'alcool la moitié d'un litre, on verse ensuite les essences, on agite, on ajoute de l'alcool pour que la bouteille soit pleine, puis on agite encore, enfin on jette la dissolution dans le conge, on verse alors l'alcool nécessaire, le sirop et l'eau voulue. Dans cette catégorie il existe encore des liqueurs ordinaires, demi-fines, fines et surfines, selon les quantités de sucre et d'alcool.

En vieillissant ces sortes de liqueurs perdent leur parfum et quelquefois rancissent même.

Altérations. — Les liqueurs peuvent s'altérer et se troubler. Ainsi l'anisette, qui doit son goût et son arôme à une huile essentielle, se remplit facilement de flocons nuageux.

Cette huile essentielle est très soluble dans l'alcool et peu soluble dans l'eau-de-vie faible et dans l'eau. Exposée au froid, elle se congèle et reste en suspension dans la masse. Ce petit défaut se corrige très facilement d'ailleurs en exposant le liquide à une douce température.

Au-dessus de 15 degrés centigrades, l'anisette peut être louche. Ce défaut tient à deux causes : la première est un manque de degré alcoolique, la seconde un excès de badiane et d'eau.

Dans le cas où l'anis n'aurait qu'un faible degré alcoolique, et que par suite l'huile essentielle de badiane incomplètement dissoute n'existerait qu'en suspension dans le liquide, on devra augmenter la force spiritueuse de la liqueur par une addition de bon alcool. On peut opérer sur un litre, par exemple, et y ajouter successivement un, deux, trois centilitres, ou plus, s'il est besoin, d'alcool. On agitera le mélange après chaque addition. Dès que l'anis aura acquis le degré de force spiritueuse suffisante pour dissoudre l'huile de badiane, le liquide deviendra clair et transparent.

Si l'état trouble de l'anis provenait d'un excès de badiane et d'eau, il faudrait allonger la liqueur avec de bon alcool, réduit au degré marchand de l'eau-de-vie anisée.

Ce même accident arrive à beaucoup de liqueurs contenant des principes résineux, des huiles grasses, etc. Ainsi l'amande des prunelles contient deux sortes d'huiles, l'une grasse, sans odeur et l'autre essentielle et odorante. C'est la partie odorante qui communique à l'eau-de-vie de prunelles son cachet.

Lorsque cette liqueur est blanchâtre, trouble, c'est qu'on n'a pas eu le soin de ménager le feu à la distillation, particulièrement à la fin.

Pour lui rendre la limpidité, il faut d'abord enlever l'huile qui surnage et ajouter à celle-ci de bon alcool ; il ne reste plus qu'à filtrer avec dix grammes par litre de cendres de bois, préalablement bien lavées par une ébullition dans l'eau et ensuite par un second lavage à l'eau fraîche.

Bitters. Amers. — Les bitters ou amers sont des liqueurs amères à base d'écorces de curaçao; les premiers ont été fabriqués en Hollande. On met les substances nécessaires dans la cucurbite, avec l'alcool et l'eau; on fait infuser à chaud pendant vingt-quatre heures; on ajoute parfois, après refroidissement, un peu d'alun, 16 grammes environ; puis, on filtre sans coller.

Certains amers sont préparés par infusion à froid pendant un mois; on filtre ensuite.

Dans quelques-unes de ces liqueurs, on ajoute du vin qui en forme la base. On désigne ces compositions sous le nom de « vins apéritifs » ou simplement « apéritifs ». Les vins employés à la confection de ces produits sont des vins liquoreux, Malaga, ou autres ou des gros vins comme ceux du Roussillon. On en fait aussi avec des raisins secs de Samos. On y ajoute des substances amères : quinquina, écorces d'oranges amères et infusées dans l'alcool au préalable. Ces apéritifs ont 16 ou 18° d'alcool.

Parfois on a vu quelques-unes de ces préparations fermenter légèrement malgré l'alcool qu'elles contiennent, soit au moment du mélange, soit après. Dans le premier cas, il suffirait, pour arrêter le mal, de fouetter le liquide, de faire une sorte de malaxage qui répartirait également l'alcool et empêcherait tout développement de ferment. Dans le second, on aurait recours à la pasteurisation; elle évitera toute fermentation subséquente et enlèvera toute crainte. La qualité, si l'opération est faite avec un bon appareil, ne sera en aucune façon modifiée; le goût, le parfum et la délicatesse du produit resteront intacts.

Vermouth. — Le vermouth, bien que n'étant pas, à proprement parler, une liqueur, est du domaine du liquoriste et du distillateur. C'est une espèce de vin blanc, rendu amer et tonique par une infusion de diverses substances végétales, auxquelles on attribue des propriétés stomachiques.

La base du vermouth, c'est le vin blanc; les plantes amères, toniques, n'en sont que l'accessoire, la broderie et l'ornement.

C'est du choix de la qualité du vin blanc que dépend essentiellement le mérite du vermouth. C'est à l'art du fabricant qu'il appartient de combiner dans de sages proportions les ingrédients qui transforment le vin en vermouth et lui donnent le bouquet, l'arome fin et délicat qu'il doit avoir.

Les vins blancs de la côte du Rhône, du Midi, le Picardan, le Picpoul, certains vins d'Espagne, sont propres à la fabrication du vermouth. On associe quelquefois les vins blancs doux, liquoreux, aux vins secs, pour donner à la liqueur plus de corps, de moelleux.

Tous ces vins n'ayant pas ordinairement la richesse alcoolique nécessaire, on est obligé de les remonter à 15, 16 et même 18 degrés.

Ce vinage ne doit s'effectuer qu'avec de l'alcool fin goût, parfaitement rectifié, pur, de premier choix.

Ces vins ont tous besoin d'un collage ; bien clarifiés, soutirés, ils sont ensuite additionnés des substances toniques, aromatiques.

Le nombre de ces substances est considérable, si l'on examine quelques formules connues.

Ces substances végétales sont : le quinquina, la petite centaurée, l'absinthe, la quassia, le chardon bénit, la camomille romaine, la fleur de sureau, l'écorce d'oranges amères, l'orange fraîche coupée par tranches, la gentiane.

On les fait infuser huit jours dans le vin.

Pour 100 litres de vin blanc, on emploie de 100 à 125 grammes de ces substances. Si l'amertume est trop prononcée, on la corrige par une addition de sirop de raisin.

Après huit jours de macération, les substances végétales ont cédé au vin leurs principes toniques, aromatiques. On les sépare du vin par le soutirage, et le vin amer est soumis une seconde fois au collage pour en extraire tout ce qui pourrait troubler, altérer la transparence du vermouth.

Fraîchement fabriqué, le vermouth possède un goût d'herbe, dont il ne se dépouille que par le vieillissement. Il faut, donc, de toute nécessité, laisser vieillir le vermouth pour développer ses qualités.

C'est ainsi qu'il acquiert l'arome fin et délicat, le bouquet si estimé qui caractérise nos grandes marques, leur assure les faveurs de la consommation et les demandes de l'exportation, toujours grandissantes pour les bons fabricants.

Ces données générales sur la fabrication du vermouh s'appliquent au type italien aussi bien qu'au type français.

Le vermouth d'Italie trouve dans les vins d'Asti une excellente matière première, avec laquelle rivalisent quelques vins de nos départements méridionaux. Le vermouth français ne le cède, en mérite, à aucun concurrent et peut lutter, pour la qualité et la bonne confection, avec les meilleurs similaires étrangers.

Traitement du vermouth. — Le vermouth se traite comme les liqueurs, on le colle à la colle de poisson ; la terre d'Espagne est aussi fort efficace; on pourrait le soumettre au tranchage ou mieux à la pasteurisation.

Quelquefois, si on force trop certaines doses des principes amers, le vermouth est désagréable. Pour remédier à cet inconvénient, on prend une autre quantité de vermouth non amer, plutôt doux et on mélange les deux parties ensemble. On obtient ainsi une liqueur moyenne parfaite pour la consommation. Afin d'établir un vermouth compensateur convenable, on augmente la dose de vin et on diminue les quantités d'écorces d'oranges et de quinquina.

Lorsque, au contraire, le vermouth est trop doux, contient trop de sucre, on pourrait bien détruire la matière sucrée en excès en ayant recours à la fermentation, qui convertirait le sucre en alcool; mais la fermentation, qu'on provoquerait dans ce but, pourrait bien modifier les autres qualités du vermouth d'une manière défavorable; aussi, pour ne pas affronter les risques de la fermentation, on atténuera plus facilement la douceur du vermouth, soit par une addition d'alcool, soit par le coupage avec du vermouth très sec.

Pour un vermouth trop coloré on fera un coupage avec un vermouth qui ne le sera pas, ou, si on n'en a pas à sa disposition, on fera un ou plusieurs collages. Le meilleur collage sera celui au lait bouillant à la dose d'un demi-litre environ par hectolitre. Avant de traiter toute la partie de vermouth, on fera un essai préalable. On pourrait encore filtrer sur du charbon végétal, en poudre ; mais ce système fatigue beaucoup les liquides.

Les vermouths difficiles à clarifier seront soutirés dans des fûts convenablement méchés, puis collés à la terre d'Espagne, et soutirés à nouveau après repos.

VINAIGRES

Autrefois, on ne connaissait guère, ainsi que le nom l'indique (vin aigre), que le vinaigre de vin. C'est lui qui a fait la réputation de la région orléanaise. Aujourd'hui, on en fabrique avec un grand nombre d'autres matières premières. Le cidre, le poiré, la bière, l'alcool, le sucre, l'amidon, le miel, la mélasse, le malt, la betterave, les fruits, les chiffons, le bois, sont mis en œuvre pour concourir à la production nécessaire.

Cependant, les vinaigres de vin, de cidre, de poiré, de bière, sont ceux qu'on rencontre le plus communément dans la consommation. Nous allons examiner les différentes méthodes qui permettent de les fabriquer. Mais d'abord, posons les principes généraux d'une saine acétification.

Vinaigrerie. — Autant que possible, il ne faut pas établir une vinaigrerie à proximité de certaines fabriques de produits chimiques, des abattoirs, des tanneries, des distilleries de goudron et de bitume, des raffineries d'huile, de houille et de pétrole, des usines où se traitent des matières animales, des engrais, et des foyers qui dégagent des gaz délétères et des odeurs avec des ferments putrides.

Une vinaigrerie constitue un voisinage dangereux pour les chais, les celliers et les magasins où l'on conserve les vins. Les effluves qui s'échappent des ateliers d'acétification emportent des germes de ferment acétique, pénètrent avec eux dans les fûts, provoquent l'altération du vin.

Les conditions les plus favorables à l'établissement d'une vinaigrerie étant connues, son orientation n'est pas sans intérêt. L'atelier du vinaigrier doit être établi, autant que possible, dans un endroit sec et bien aéré, à l'exposition du midi.

Le bâtiment consacré à la vinaigrerie, construit avec des matériaux peu conducteurs de la chaleur, aura des ouvertures assez nombreuses et disposées de manière à faciliter, accélérer ou modérer à volonté, la libre circulation de l'air atmosphérique.

Outre l'atelier spécial d'acétification, dans lequel se trouvent les vaisseaux générateurs du vinaigre appelés « montures » ou « mères », une vinaigrerie doit posséder un atelier de filtration et de chauffage du vinaigre, des magasins assez spacieux et convenables pour loger les vins et les liquides à acidifier ainsi que les vinaigres fabriqués. La tonnellerie, avec des halles pour le dépôt des futailles, est presque un accessoire indispensable.

La plus grande propreté devant régner dans une vinaigrerie, sous peine de ruine, il est utile d'avoir à sa disposition beaucoup d'eau pour les lavages de la futaille et de l'usine. A défaut de fontaine, on peut creuser, presque partout, un puits et établir une pompe pour élever la quantité d'eau nécessaire à tous les besoins.

Les vaisseaux destinés à loger les matières premières de la vinaigrerie, sont le plus ordinairement en bois de chêne. Les cuves et tonneaux d'acétification, ainsi que les filtres et les foudres et futailles pour la clarification et la conservation des vinaigres, sont également en bois de chêne, dont l'expérience a reconnu et consacré la supériorité pour cet usage.

Tous les ustensiles nécessaires à la manutention du vinaigre doivent être en bois, ou en gutta-percha, à l'exclusion absolue des matières métalliques. Les robinets et cannelles sont en bois, ou en caoutchouc durci. Les brocs, les seaux, les espèces d'arrosoirs, les tuyaux de conduite du vinaigre et les siphons pour le soutirage et le transvasement des liquides sont en gutta-percha.

La fabrication du vinaigre exigeant une température constante, mais qui peut varier dans les limites comprises entre 15 et 35 degrés centigrades, selon la méthode d'acétification pratiquée, on est presque toujours obligé de chauffer l'atelier d'acétification.

Le plus souvent, les vinaigreries sont chauffées par un simple poêle, dont le foyer est alimenté par du bois et du charbon de terre. Ce chauffage primitif doit être remplacé par un calorifère à air chaud, ou par une circulation d'eau chaude dans des tuyaux métalliques, au moyen de laquelle on règle plus facilement la température dans les limites nécessaires.

Matières premières.—Ainsi qu'on le sait, l'acide acétique est le principe essentiel du vinaigre et l'acide acétique n'est qu'un dérivé de l'alcool. On peut donc dire que sans alcool on ne produit pas d'acide acétique et sans acide acétique pas de vinaigre.

Les matières premières de la vinaigrerie sont de deux sortes : les unes, ayant éprouvé la fermentation vineuse et contenant de l'alcool, comme le vin, le cidre, le poiré et la bière ; les autres, privées d'alcool, parce qu'elles n'ont pas fermenté, mais pouvant en produire, comme le sucre, la mélasse, le glucose, les sirops de fruits et de racines sucrées, les moûts de malt et de grains, etc.

Choix des matières premières. — On a cru pendant longtemps que, pour faire du vinaigre, on pouvait employer des vins altérés, avariés, ou troubles. C'est une erreur. Les vins qui ont subi une altération quelconque, ne produisent jamais de bons et beaux vinaigres; ils ne donnent que des produits fades et plats, d'un aspect louche, d'une couleur incertaine, d'un goût désagréable et d'une conservation difficile.

Pour faire de bon vinaigre, il faut employer de bons vins, d'une richesse alcoolique de 8 à 10 0/0, de bon goût et non soufrés. Les liquides qui ont été méchés au soufre s'acidifient difficilement. Les vins blancs, gras et filants, doivent être préalablement débarrassés de cette fâcheuse propriété au moyen du tanin et d'un collage à la gélatine.

Les vins de raisins secs, ayant une force alcoolique suffisante, peuvent concourir à faire de bon vinaigre, à la condition qu'ils soient clairs et limpides. Il faut alors les traiter comme des vins de vendange, et l'on obtient un résultat satisfaisant.

Il en est de même des vins de vinasse et aussi de la vinasse du vin distillé en ayant soin préalablement de l'additionner de 8 à 10 litres d'alcool à 95° et de clarifier.

Les matières sucrées, ou saccharines et non alcooliques, telles que le sucre, les sirops de mélasse, de glucose, de raisin, de fruits, ont besoin d'être étendues d'un volume d'eau convenable pour que leur titre alcoolique soit de 9 à 11 0/0. Ainsi étendues d'eau, les matières sucrées peuvent s'employer immédiatement, à la seule condition que leur solution soit bien claire et limpide. Si l'on était obligé de conserver quelques jours ces solutions sucrées avant de les passer dans les vaisseaux d'acétification, on y ajouterait une quantité d'alcool suffisante pour empêcher l'altération. Cet alcool peut être impunément rectifié, ou non, à l'état de flegmes de toute nature et même d'eau-de-vie de marc.

Préparation des liquides à acétifier. — Les vins, le cidre, le poiré, la bière, les jus de fruits et de racines, les moûts de malt et de grains fermentés, s'ils sont dans un bon état de conservation et d'une force alcoolique suffisante, n'ont besoin d'aucun traitement particulier. Une bonne clarification leur suffit; mais, si la richesse alcoolique leur fait défaut, on doit les remonter au titre de 9 à 11 0/0 d'alcool. S'ils ont éprouvé une altération quelconque, il faut leur appliquer le calorique, c'est-à-dire les chauffer à 70 ou 80 degrés centigrades et ensuite les fortifier par une légère addition d'alcool.

Le chauffage préalable des vins et de tous les liquides en général qu'on destine à la vinaigrerie est une opération indispensable souvent, mais toujours essentiellement favorable au travail d'une bonne acétification.

Dans aucun cas, on ne doit envoyer dans les vaisseaux d'acétification ni vin, ni liquide d'aucune espèce, dont la limpidité laisse quelque chose à désirer.

La clarification et le dépouillement des vins et des liquides consacrés à la vinaigrerie s'opère, non par le collage, mais au moyen de leur séjour dans des fûts contenant une quantité suffisante de copeaux de hêtre. Cette clarification par les copeaux est une opération nécessaire pour tous les liquides sans exception.

Acétification. — L'acétification est due à une fermentation spéciale provoquée par le mycoderma aceti. On le trouve tantôt sous la forme d'un voile léger, tantôt sous la forme d'une membrane gélatineuse.

Le ferment acétique, à l'état de voile, se tient à la surface du liquide. Il a l'aspect d'une faible toile d'araignée, tantôt plissée, tantôt unie. C'est dans cet état que le mycoderme possède au plus haut degré la faculté de transporter rapidement l'oxygène sur l'alcool et de le convertir en acide acétique. C'est sous cette forme qu'il importe de maintenir ce ferment afin d'en obtenir un bon travail industriel.

La température la plus favorable à l'acétification est comprise entre 15 et 30 degrés centigrades. De 15 à 20 degrés la transformation de l'alcool en vinaigre se fait un peu plus lentement, mais avec moins de perte. Il faut donc éviter une température élevée et un trop grand développement du mycoderme dans les tonneaux d'acétification.

Si le voile mycodermique est submergé dans le liquide, il change d'état. Ses articles, devenus gélatineux, se soudent les uns aux autres et forment une espèce de membrane, ayant l'aspect d'une peau animale, tantôt grise, tantôt jaunâtre, d'une épaisseur variable, qui paraît gonflée et gluante, c'est ce qu'on appelle vulgairement la « mère du vinaigre ».

La mère du vinaigre à l'état membraneux, ou à l'état de simples globules gélatineux, isolés dans le liquide, agit autrement que le mycoderme à l'état de voile: si elle provoque l'acétification, en raison du vinaigre dont elle est gonflée, c'est à un moindre degré ; de préférence elle porte son activité sur l'acide acétique, qu'elle brûle et décompose en acide carbonique et en eau.

C'est donc un ferment dangereux pour le fabricant, puisqu'elle dévore l'acide acétique, et transforme le vinaigre en un liquide sans force qui ne tarde pas à devenir la proie de la fermentation putride.

Pour se procurer la première fois la semence du mycoderma aceti, il suffit de composer un liquide de la manière suivante : vin rouge, ou blanc de préférence, d'une richesse alcoolique ordinaire, un litre ; eau, deux litres ; vinaigre de table de bonne qualité, demi-litre ; jus de malt, de grains, de fruits, ou de racines sucrées, demi-litre, et d'exposer le tout à une température de 30 à 35 degrés centigrades, au libre contact de l'air ; le mycoderma aceti ne tarde pas à paraître ; ce n'est tout d'abord qu'un petit point gris imperceptible, auquel viennent s'ajouter d'autres points ; ces points se développent isolément à plusieurs endroits de la surface du liquide et peu à peu ils s'étendent, se rapprochent et finissent par se confondre et ne former qu'un seul voile léger, transparent d'abord, mais devenant opaque à mesure que les articles du mycoderme s'entrecroisent et s'enchevêtrent, formant ainsi une espèce de tissu léger.

Dès que le mycoderme s'est bien formé à l'état de voile à la surface du mélange liquide que nous avons indiqué, on peut l'enlever et le transporter à la surface du liquide à acétifier ; il suffit d'un seul vaisseau bien couvert de mycoderma aceti pour en propager la semence.

Pour éviter la transformation du voile en mycoderme gélatineux, il faut avoir soin de ne pas répandre la semence dans toute la masse du liquide à acétifier, et de l'étaler avec précaution à la surface, de ne jamais déchirer le voile en chargeant les tonneaux vinaigriers, afin que les liquides de ceux-ci soient constamment protégés par un voile bien uni et homogène, et que l'oxygène de l'air soit absorbé à la surface et ne permette pas au mycoderme de vivre au fond ou dans la masse du liquide.

La fermentation acétique ne peut avoir lieu qu'autant que le liquide à acétifier contient de l'alcool dilué, du sucre ou des principes saccharins, de l'eau, de l'acide acétique, du ferment, qu'il est exposé au libre contact de l'air atmosphérique, enfin que la température est maintenue dans des limites favorables.

Méthode orléanaise. — Les vaisseaux employés à l'acétification, à Orléans, sont des tonneaux en bois, appelés « mères ». Leur capacité est de 230 litres. Le bois de chêne est préféré pour ces tonneaux, en raison de sa solidité et de sa dureté et peut-être aussi parce qu'on suppose que la fermentation acétique s'y accomplit mieux. Ils portent à la partie supérieure du fond antérieur deux trous ; l'un appelé l'œil, de six à sept centimètres de diamètre, sert à introduire le liquide dans le tonneau et à en soutirer le vinaigre lorsqu'il est fait. Le second trou, plus petit, ou fausset, sert à donner issue à l'air atmosphérique pendant qu'on charge le tonneau et que l'entonnoir bouche complètement l'œil.

Ces tonneaux sont placés horizontalement les uns à côté des autres, et quelquefois sur quatre rangs superposés. Chaque rang repose sur des traverses, ou solives, maintenues par des montants en bois, qui forment des espèces de cases où les fûts sont solidement fixés. Les tonneaux ainsi empilés les uns sur les autres sont faciles à desservir et à surveiller. De chaque côté de ce massif de futailles, on ménage un espace suffisant pour le passage des ouvriers, pour les manœuvres de l'atelier, pour le chargement du vin dans les « mères » et pour le soutirage du vinaigre.

Avant de se servir de tonneaux neufs, il est convenable de leur enlever les matières extractives du bois, au moyen de l'eau bouillante, additionnée de sel de cuisine. Un rinçage à l'eau pure complète l'opération. Ce soin n'est pas toujours observé.

Pour que l'acétification s'établisse dans un fût neuf, il faut, avant tout, l'imbiber et le pénétrer de bon vinaigre. C'est pourquoi on a l'habitude de verser, pour la première fois, dans les « mères » un tiers de leur capacité de bon vinaigre bouillant. On ferme hermétiquement et on abandonne le tonneau à lui-même pendant huit jours. Les vapeurs acétiques pénètrent dans le bois et y déposent les principes nécessaires à l'existence du mycoderma aceti.

Les tonneaux d'acétification étant prêts, on enlève les bouchons qui fermaient l'œil et le fausset pendant la pénétration du liquide bouillant et l'on donne ainsi un libre accès à l'air atmosphérique. On verse alors, par l'œil, au moyen d'un entonnoir à douille recourbée, des litres de vin dans chaque mère. Au bout de huit jours on verse encore un broc de dix litres de vin ; puis, après un égal espace de temps, un troisième broc pour continuer ainsi par additions successives de semaine en semaine, jusqu'à ce que la fermentation acétique soit bien établie. Huit jours après la dernière charge, on retire de chaque mère environ quarante litres de vinaigre.

Pendant ces charges successives de vin que l'on continue jusqu'à ce que le tonneau soit rempli aux deux tiers, le mycoderma aceti s'implante de lui-même, sans qu'on le sème, à la surface, s'y développe et transforme les vins en vinaigre ; son installation n'est pas toujours très rapide ; il arrive quelquefois que ce n'est qu'au bout de deux à trois mois qu'un tonneau neuf fonctionne d'une manière satisfaisante.

Lorsqu'une mère est entrée dans la voie du travail normal, que la fermentation s'y accomplit avec l'activité désirable, on lui donne chaque semaine dix litres de vin et l'on en retire dix litres de vinaigre ; on a toujours soin de ne pas surcharger le vaisseau vinaigrier d'une plus forte quantité de vin et de lui demander plus de vinaigre, dans la crainte de paralyser la fermentation ; en forçant le chargement, on n'obtient pas du vinaigre d'une force correspondante au degré alcoolique du vin, parce que l'alcool n'a pas eu le temps de se convertir intégralement en acide acétique. Une mère travaillant bien ne fournit pas au-delà de cinq cents litres de vinaigre par an. C'est en raison de ce faible rendement qu'on est obligé de multiplier les tonneaux d'acétification dans les vinaigreries importantes, où ils se comptent par centaines.

Afin que l'acétification s'effectue régulièrement et dans le temps le moins long, on laisse le tonneau à moitié vide ; dans cet état, le liquide présente la plus large surface à l'action de l'air et au développement du mycoderme et réalise les meilleures conditions d'acétification.

Les vinaigreries d'Orléans n'emploient que du vin blanc qui, ordinairement, provient du pays et qu'on mêle dans des proportions diverses avec des vins blancs de Sologne, de Poitou et de Nantes. Les vins nantais sont très estimés pour la vinaigrerie. Dans les années où la vigne ne réussit pas bien, dans le centre de la France, on se procure des vins blancs à fort degré qu'on ajoute aux vins blancs légers des bords de la Loire. On a reconnu que le mélange de diverses espèces de vin blanc produisait du vinaigre de meilleure qualité que le vin d'un seul cru. Les vins de provenances diverses se complètent ainsi les uns par les autres.

Méthode accélérée. — Le procédé orléanais fournit de très bon vinaigre, mais il le produit lentement.

Cette lenteur des mères tient à la surface restreinte que le liquide présente au contact de l'air, autant qu'au peu de rapidité de renouvellement du fluide chargé de l'oxygène nécessaire à l'acétification.

Pour éviter cet inconvénient, Schutzenbach a imaginé en Allemagne une méthode d'acétification, basée sur le rapide renouvellement de l'air atmosphérique, sur l'amplification des surfaces et la multiplication des points de contact entre l'alcool et l'oxygène de l'air. Le procédé a reçu le nom de méthode accélérée, parce qu'il transforme le vin en vinaigre dans l'espace de quelques heures.

L'application de la méthode accélérée réclame, comme tous les autres procédés de vinaigrerie, des foudres et des tonneaux pour loger les vins et les vinaigres, pour les laisser reposer et se clarifier. Mais, pour la fermentation acétique, il suffit d'un petit nombre de vaisseaux.

Les appareils particuliers dans lesquels s'accomplit la transformation du vin en vinaigre sont appelés « tonneaux de graduation ».

Les tonneaux de graduation sont de petites cuves, ou futailles en bois de chêne, cerclés en fer, de deux mètres de hauteur sur un mètre quinze centimètres de diamètre à la partie supérieure et de un mètre seulement à la partie inférieure; leur capacité est d'environ 14 à 15 hectolitres. Chaque tonneau de graduation est divisé, dans le sens de sa hauteur, en trois compartiments. Pour établir ces trois compartiments, on ajuste à l'intérieur, et à trente centimètres du fond du tonneau, un fort cercle en bois de chêne, ou de hêtre, fixé avec des chevilles de bois et non avec des clous. Sur ce cercle on place un faux-fond, en bois, fait en forme de gril présentant alternativement des espaces vides de deux centimètres environ. L'espace compris entre ce gril et le fond du tonneau constitue le premier compartiment. A la partie supérieure et intérieure du tonneau et à 15 ou 20 centimètres au-dessus du bord, on adapte également un cercle en bois destiné à supporter un diaphragme, ou faux-fond, percé de trous de 3 à 4 millimètres et espacés de 4 centimètres les uns des autres; chacun de ces trous est muni d'une petite ficelle de 15 centimètres de long se terminant par un nœud. L'espace compris entre le gril et le diaphragme supérieur constitue le deuxième compartiment qui est surmonté du troisième. Ce dernier compartiment embrasse l'espace qui sépare le diaphragme du couvercle du tonneau. Le diaphragme, qui ne doit laisser écouler le liquide dont on le couvre que par un léger suintement au moyen des ficelles, a un diamètre moindre que le tonneau, d'environ dix millimètres. Cet espace libre, qui règne tout autour du diaphragme, est tamponné fortement avec du coton, ou de la filasse de chanvre, afin d'éviter le passage du liquide le long des parois du vaisseau de graduation.

Le compartiment du milieu, compris entre le grillage inférieur et le diaphragme supérieur, est destiné à recevoir des copeaux de hêtre ébouillantés et imprégnés de vinaigre.

Le tonneau de graduation est percé de huit trous équidistants, de quinze millimètres de diamètre; ces trous, placés à environ vingt-cinq centimètres de distance du fond inférieur et percés avec une inclinaison de dehors en dedans, afin d'éviter la sortie du vinaigre qui coule le long des parois du tonneau au-dessous du gril, doivent donner passage à l'air extérieur, qui entre ainsi par le bas de l'appareil, traverse la couche des copeaux, dont il lèche toutes les surfaces et s'y dépouille de son oxygène que le liquide alcoolique absorbe. Pour la sortie de l'air épuisé, on a ménagé une issue au moyen des quatre tubes de verre qui, traversant le diaphragme et le liquide dont il est recouvert, débouchent au-dessous du couvercle.

Un couvercle mobile, en bois, recouvre le tonneau de graduation. Ce couvercle est percé au centre d'une ouverture de soixante à soixante-dix millimètres de diamètre, toujours libre. C'est par cette ouverture que l'on charge le tonneau au moyen d'un entonnoir et que l'air épuisé, sortant des tubes de verre, s'écoule au dehors dans l'atelier.

Afin de se rendre compte de la température intérieure du tonneau de graduation, on pratique sur le côté une ouverture oblique de haut en bas, par laquelle on introduit un thermomètre que l'on consulte fréquemment. Cette ouverture est percée immédiatement au-dessous du diaphragme. Son diamètre est subordonné à celui du thermomètre.

Les tonneaux de graduation sont placés debout, sur un chantier solide en maçonnerie, ou en bois, élevé de trente-cinq à quarante centimètres au-dessus du sol de l'atelier, afin de pouvoir placer au-dessous un baril chargé de recevoir le vinaigre qui s'écoule du tonneau d'acétification.

Un atelier d'acétification se compose de plusieurs tonneaux de graduation, dont le nombre varie selon l'importance de la fabrication. Deux tonneaux de graduation au moins sont indispensables pour travailler de concert et arriver à une fabrication économique. Une série de trois tonneaux marchant ensemble est même préférable, pour obtenir des vinaigres d'un titre acétique plus élevé. On verse dans chacun d'eux dix litres de fort vinaigre préalablement chauffé à 40 degrés centigrades.

Ce vinaigre, répandu sur le diaphragme supérieur, traverse le long des ficelles et s'écoule lentement, goutte à goutte, sur les copeaux placés dans le compartiment inférieur. Au bout de deux heures, on verse également dix litres de vinaigre chauffé comme le premier, et l'on continue de verser ainsi toutes les deux heures une égale quantité de vinaigre chaud, jusqu'à ce que le vinaigre commence à s'écouler du tonneau de graduation par un siphon en verre placé à sa partie inférieure.

Le liquide qui s'écoule du siphon est reçu dans un récipient. Lorsque ces vases sont pleins, on les porte sur un fourneau pour en chauffer le liquide à la température de 35 à 40 degrés et le verser de rechef dans le tonneau de graduation. On entretient l'alimentation des tonneaux, en y versant le liquide chaud de la même manière que la première fois, jusqu'à ce que le vinaigre ait pour la deuxième fois traversé les copeaux et le tonneau.

Les tonneaux de graduation étant ainsi imbibés et abreuvés de vinaigre, on abaisse la température de l'atelier à 30 degrés et on procède à l'introduction du liquide à acétifier; on les alimente comme précédemment et on laisse écouler un intervalle de deux heures avant d'y ajouter de nouveau liquide. On continue cette alimentation fractionnée de deux en deux heures, jusqu'à ce que le liquide sorte par le siphon. Enfin on continue le travail pour une série de tonneaux, on l'arrête pour l'autre, puis on fait passer le liquide à acétifier dans la seconde, afin d'augmenter la force du vinaigre, puis même dans une troisième.

Le liquide d'alimentation doit être versé toutes les deux heures et s'écouler à travers les ficelles du diaphragme dans un temps égal à l'intervalle qui sépare chaque addition successive. Si l'écoulement du vinaigre à travers le diaphragme était précipité et trop rapide, l'acétification serait incomplète, l'alcool n'ayant pas le temps d'absorber toute la quantité d'oxygène nécessaire. Il faut donc laisser au liquide qui traverse les copeaux le temps indispensable pour qu'il dépouille de son oxygène l'air atmosphérique, qui monte, tandis que le vinaigre, suivant une route inverse, descend de cascade en cascade, en tombant d'un copeau sur l'autre. Il est donc très important de veiller à l'état des ficelles, pour que l'écoulement du liquide ne soit ni trop rapide ni trop lent.

Le chargement des tonneaux peut se faire automatiquement au moyen d'un réservoir placé au-dessus des tonneaux d'acétification.

La méthode accélérée, qui convient surtout pour les mélanges d'eau et d'alcool, séduit parce qu'elle réalise, dans le temps le plus court, la rapide oxydation de l'alcool, parce que son matériel est peu dispendieux. Mais, la grande affluence de l'air à travers les tonneaux et la température élevée qui y règne constamment, vaporisent sans cesse une quantité d'alcool qui s'échappe par les tubes de verre et constitue une perte considérable.

Méthode Pasteur. — Les vaisseaux particuliers à ce mode d'acétification sont des cuves en bois, rondes ou carrées, de hauteur arbitraire, mais ayant un mètre de diamètre et vingt centimètres de profondeur. Un couvercle en bois les recouvre exactement ; à chaque extrémité de ce couvercle sont percés deux trous de 20 à 25 millimètres pour la libre circulation de l'air.

Pour introduire le liquide à acidifier dans les cuves et les alimenter, on ajuste extérieurement deux tubes de gutta-percha, qui traversent le fond de la cuve et viennent déboucher au niveau de sa surface intérieure. Ces tubes s'étendent à la circonférence de la cuve et y déversent par une multitude de petits trous le liquide à convertir en vinaigre. Par ce moyen d'alimentation, on n'est pas obligé de soulever le couvercle de la cuve, ni de déranger le voile mycodermique. Les liquides, amenés par les tubes en gutta, pénètrent doucement dans la masse au-dessous du voile, se mettent en contact avec lui et en reçoivent l'action qui les convertit en vinaigre.

On peut employer des cuves plus grandes comme diamètre, et le travail est d'autant meilleur que les cuves sont plus larges, peu profondes et l'opération conduite à plus basse température.

Si on emploie du vin, il n'y a aucune préparation à faire, hormis la clarification ; mais, si c'est un mélange d'alcool et d'eau qu'on verse, il ne doit pas titrer plus de 8 à 10 0/0 d'alcool, et il sera additionné de quelques centièmes de jus végétaux provenant de fruits, de racines, ou d'infusions de malt, d'orge, de grains, d'eau de levure de bière, de cidre, de poiré, ou de bière, en l'absence de ces jus, d'extraits des végétaux. Il est indispensable de donner au liquide les aliments azotés et minéraux nécessaires au ferment, en y ajoutant un dix-millième de phosphate d'ammoniaque, de potasse et de magnésie. Avant de les employer, on fait dissoudre les sels dans une petite quantité d'acide acétique.

Méthode Pasteur améliorée. — Tandis que Pasteur recommande de porter le titre acétique du mélange à 1 0/0, des savants allemands ont proposé 2 0/0, la faible quantité de vinaigre favorisant le développement d'un ferment parasite (saccharomycès mycoderma), qui gêne la reproduction du mycoderma aceti.

Cette moisissure nuit à la formation du vinaigre, en brûlant l'alcool, en le changeant en acide carbonique et en eau.

Les cuves étant préparées et chargées, comme dans le procédé Pasteur, d'un mélange formé d'alcool, de vinaigre et d'eau, ainsi que de sels minéraux, on sème à la surface du liquide du mycoderme acétique, âgé de deux à quatre jours seulement, alors très actif. Il se propage rapidement et couvre bientôt toute la surface de la cuve. Le liquide s'échauffe à 34 degrés et la cuve dégage une forte odeur d'acide acétique.

Lorsque le vinaigre a atteint le degré voulu, on le soutire dans des tonneaux de clarification, afin de l'affranchir du trouble produit par les particules de ferment. La cuve est ensuite nettoyée avec des brosses et remplie à nouveau.

Méthode luxembourgeoise (*cuves tournantes*). — Le procédé Schutzenbach se prête mieux à la fabrication du vinaigre d'alcool qu'à celle du vinaigre de vin. Pour ce dernier, on préfère, jusqu'ici, la méthode orléanaise, parfaite, mais trop lente. Les inconvénients de ces méthodes ont provoqué des recherches qui ont abouti à une autre méthode d'acétification, dite « méthode luxembourgeoise », qui participe des systèmes que nous avons décrits jusqu'ici.

Le matériel, nécessaire à la fabrication du vinaigre par les cuves tournantes, est des plus simples. Quelques tonneaux, grands ou petits, en nombre proportionné à la quantité de vinaigre à produire, suffisent. Un trou de bonde pour le chargement du liquide, une cannelle en bois pour le déchargement du vinaigre, un trou pour l'entrée de l'air et un trou pour sa sortie, avec une cheville de bois pour fermer à volonté, voilà tout l'accessoire que réclame une cuve tournante. Un petit thermomètre, qui plonge à l'intérieur et indique extérieurement la température de l'acétification dans le vaisseau, avec un petit tube de niveau d'eau pour faire connaître la hauteur du liquide dans le tonneau, complètent les accessoires des cuves tournantes.

Ces vaisseaux sont placés horizontalement sur un chantier en bois, à quarante centimètres au-dessus du niveau du sol, et se touchent pour ainsi dire; ils sont montés sur des galets, qui, à l'aide d'une simple manivelle, permettent de les faire tourner sur eux-mêmes avec facilité et sans effort. La force d'un homme est plus que suffisante pour opérer le mouvement de rotation.

La disposition particulière des cuves tournantes, et leur fonctionnement, permettent de modérer la vitesse du courant d'air dans l'atelier et de réduire considérablement l'évaporation qui se produit dans les tonneaux d'acétification.

Les cuves tournantes, chargées de copeaux, comme celles de la méthode allemande, ne sont pas arrosées par une pluie de liquide à acétifier; elles n'ont besoin d'aucune espèce de mécanisme à cet effet. Au lieu de jeter le liquide sur les copeaux, ce sont ces derniers qui vont, par intermittence et en temps utile, se plonger dans le liquide à acétifier, sans autre secours que le mouvement de rotation imprimé aux cuves. Les cuves tournantes, mises en mouvement plusieurs fois par jour, ramènent les copeaux dans le liquide, imprègnent ces derniers de matière à acétifier, et la présentent au contact de l'oxygène de l'air, qui traverse l'appareil. Ce mouvement, souvent répété, dispense des rechargements et détermine la prompte oxydation de l'alcool. Tous ces mouvements, ayant lieu dans le même vaisseau, s'effectuent, pour ainsi dire, en vase clos, conséquemment, avec très peu d'évaporation et de perte d'alcool et de vinaigre.

Méthode usuelle pour petites quantités. — Les vins des fonds de cuves, de foudres, les résidus des soutirages, les fonds de bouteilles peuvent être employés chez le vigneron ou chez le négociant à la fabrication du vinaigre de ménage très bon et très vendable.

La méthode à mettre en pratique ne réclame qu'une installation rudimentaire; si elle n'est point parfaite, elle se recommande néanmoins par sa simplicité; elle remplit le but qu'on se propose.

L'installation se compose seulement d'un tonneau en bois de chêne, solide, fortement cerclé en fer; la capacité varie suivant l'importance du travail qu'on lui demande, de 50 à 100 litres. S'il s'agit d'opérer sur quelques hectolitres, on emploie des futailles de plus grande dimension, des barriques bordelaises, par exemple.

Outre l'ouverture de la bonde qui doit recevoir un entonnoir et donner passage au liquide pour le chargement, le vaisseau vinaigrier est percé de deux trous de six centimètres de diamètre chacun. L'un, pratiqué au milieu d'un des fonds, est destiné à l'entrée de l'air; l'autre se trouve au sommet du fond opposé, et doit servir à la sortie de l'air usé. A la partie inféreure de l'un des fonds, est fixée une cannelle en bois, de fort calibre, pour le soutirage du vinaigre.

Le tonneau, ainsi disposé, est placé dans un lieu suffisamment chaud, sur un chantier assez élevé pour permettre le soutirage du liquide dans des seaux.

La mise en train consiste à verser dans le vaisseau d'acétification la moitié de sa contenance de bon vinaigre chauffé à 50 degrés, qu'on y laisse séjourner vingt-quatre heures. On soutire le vinaigre, que l'on remplace par une égale quantité de vin; on abandonne l'opération à elle-même. Le temps et la nature font le reste, la chaleur aidant. Au bout de 15 à 20 jours, on soutire un cinquième de vinaigre, et l'on verse dans le vaisseau une égale quantité de vin. On continue ainsi, en soutirant tous les quinze jours la même quantité de vinaigre remplacée par autant de vin.

Vinaigre à fort degré. — Il est impossible d'obtenir, par un moyen quelconque, du vinaigre à plus de 12 pour 100 d'acide, et cette fabrication ne présente aucun avantage au point de vue économique. Cependant, pour répondre à quelques besoins spéciaux, le fabricant peut être amené à donner à son vinaigre un degré de force supérieur à celui des vinaigres ordinaires.

On parvient à ce résultat : 1° en employant un liquide à un degré supérieur à 14 ou 15 degrés centésimaux ; 2° en opérant plus lentement, à plus basse température. La chaleur intérieure des tonneaux doit être abaissée au-dessous de 30 degrés centigrades (entre 25 et 26 degrés) ; 3° en modérant l'alimentation, ou le versement du liquide alcoolique sur les copeaux ; 4° en faisant intervenir de l'air pur, autant que possible, sans trop activer sa circulation, afin de lui donner le temps suffisant pour que l'oxygène s'unisse à l'alcool dans la proportion nécessaire ; 5° en ajoutant au liquide à acétifier une petite quantité de matière à ferment.

Traitements du vinaigre. — Le vinaigre est un liquide qui réclame certaines manipulations pour sa couleur et sa bonne conservation. Parfois on le décolore lorsqu'il est fait avec du vin rouge, parfois on le colore lorsqu'il provient de l'acétification de mélanges d'eau et d'alcool.

Décoloration du vinaigre. — En général, la consommation désire avoir des vinaigres ambrés, alors même qu'ils seraient faits avec des vins rouges. La décoloration de ces derniers est effectuée, dans le plus grand nombre des fabriques, avant que le vinaigre ne soit obtenu ; elle est, au contraire, pratiquée après la transformation du vin, dans les autres usines. Le produit final que l'on obtient dans chaque cas, n'est pas identique, en admettant, bien entendu, que l'on soumette le même vin rouge aux deux modes de préparation.

La substance employée le plus communément dans les fabriques de vinaigre, pour l'obtention de jus peu colorés, est le noir animal. Ce noir animal, avant d'être mis en œuvre, est lavé, aussi bien que possible, à l'acide chlorhydrique, puis à grande eau. Les lavages à l'acide ont pour but d'enlever au noir la plus grande partie des carbonates et phosphates de chaux, que celui-ci contient toujours au sortir des fours. L'eau sert ensuite à entraîner les combinaisons nouvelles, formées par l'acide chlorhydrique et l'excès de cet acide. En dépit de ces précautions, le noir lavé renferme encore une proportion, plus ou moins grande, de phosphate de chaux, qui modifie la composition du produit.

Si on traite un petit vin rouge par le noir animal lavé, outre la décoloration, d'autres transformations s'effectueront dans le liquide, et celui-ci présentera à l'analyse des caractères différents de celui qu'offrirait le même vin, décoloré avec du noir parfaitement lavé. Si le liquide mis en expérience est plâtré, on obtiendra dans le produit, à la place du sulfate de potasse existant, une proportion correspondante de phosphate de potasse ; s'il y a un commencement de piqûre, une petite quantité de phosphate de chaux se dissoudra à la faveur de l'acidité et formera un élément important de plus dans le vinaigre fini.

Si, au lieu d'opérer la décoloration du vin, on agit sur le vinaigre tout formé, les changements seront encore plus profonds, car le sulfate de potasse du vin primitif, en cas de plâtrage, sera bien transformé aussi en phosphate de potasse ; mais il se dissoudra dans le vinaigre, grâce à la plus forte proportion d'acide acétique qu'il renferme, une dose relativement considérable de phosphate de chaux.

La conséquence de ces considérations c'est que, malgré le pouvoir décolorant du noir animal, il vaut mieux recourir au noir végétal ou braise de boulanger, bien brûlée, et, par suite, ne contenant que peu ou point de substances empyreumatiques. On débarrasse la braise de ses cendres au moyen du criblage à l'aide d'un tamis. La braise, ainsi criblée, est pilée dans un mortier; on tamise la poudre, la partie la plus fine est mise d'un côté, et la partie grosse, comme un grain d'orge, est également mise en réserve.

Pour un hectolitre de vinaigre rougeâtre, noir et trouble, en emploie 500 grammes de noir végétal en poudre fine. On mêle bien par l'agitation, et on remue la masse plusieurs fois par jour, pendant trois jours, pour donner au charbon le temps d'absorber la couleur et les matières impures. Ce premier traitement suffit quelquefois à compléter la décoloration, et à donner la limpidité du vinaigre, s'il est suivi d'un collage et d'un soutirage.

Si le vinaigre résiste à cette première action du noir végétal en poudre fine, il convient de recourir au filtrage sur du charbon et du sable comme pour la clarification des eaux dans la fabrication des eaux-de-vie communes.

L'opération fait perdre au liquide un peu de sa force, on le remonte à l'aide de quelques litres de bon vinaigre blanc : dix litres, par exemple, pour un hectolitre.

Coloration. — Le vinaigre d'alcool est blanc; les consommateurs sont habitués à voir le vinaigre coloré et le veulent d'un blanc légèrement jaune, verdâtre, quelques-uns rouge.

Pour répondre au goût de la clientèle, le fabricant du vinaigre d'alcool est obligé de perfectionner son produit. C'est ainsi qu'on ajoute au vinaigre, terminé, de la couleur et quelques-uns des principes du vin.

Ces additions, inoffensives pour la santé des consommateurs, sont : de la crème de tartre (bitartrate de potasse); de l'éther acétique; de la couleur.

La crème de tartre, dans la proportion de 1 à 2 grammes par litre, lui communique le goût du vinaigre de vin, et l'éther acétique, sans ajouter à sa force, lui donne beaucoup de montant aromatique et d'agrément. En vieillissant, le vinaigre, qui contient un peu d'alcool, gagne de l'éther acétique, qui s'y forme naturellement.

La couleur jaune paille, ambrée, est communiquée au vinaigre par une légère addition de bon caramel.

La couleur rouge s'obtient par un mélange de vins noirs du Midi, d'Espagne ou par une décoction de 1 kilogramme de baies sèches de myrtille, ou airelle, dans trois ou quatre litres de vinaigre chaud. La rose trémière, infusée de la même manière, donne également une belle couleur rouge, inoffensive.

Conservation. — Le vinaigre, au contact de l'air, de la chaleur et du ferment qu'il renferme, se suroxyde; il se brûle et disparaît sous forme d'acide carbonique et d'eau. C'est ainsi que beaucoup de vinaigres, mal soignés, en vidange, perdent peu à peu de leur force, et finissent par tomber sans valeur.

La conservation du vinaigre exige qu'il soit à l'abri de l'air, dans des tonneaux bien propres, bien fermés, dans un endroit tempéré, hors d'atteinte des brusques variations de l'atmosphère; on peut le soumettre au chauffage comme le vin. Dans ces conditions, le vinaigre conserve son titre acide, acquiert de l'arome et beaucoup de qualité.

Clarification. — Le meilleur vinaigre se trouble et s'altère spontanément au contact de l'air. Pour l'obtenir limpide, il faut le loger dans des fûts sains, bien bouchés, contenant des copeaux de hêtre. Là il acquerra la limpidité nécessaire. On peut aussi coller le vinaigre à la gélatine.

Un autre excellent moyen de clarification, lorsqu'on possède des vinaigres troubles, c'est d'y verser soixante-quinze centilitres de lait bouillant par hectolitre, de bien remuer et de laisser précipiter. On soutire ensuite. On ne forcera pas la dose de lait, parce que ce genre de collage, très efficace, forme un dépôt assez volumineux qui constitue une perte.

Altérations du vinaigre. — Les altérations du vinaigre sont nombreuses; l'oxydation, les ferments, le contact avec des objets malsains, certains insectes, etc., altèrent sa couleur, lui retirent de sa force, le souillent et enfin le rendent impropre à la consommation.

Vinaigre qui noircit. — Le noircissement du vinaigre n'est pas toujours dû à l'effet accidentel du fer tombé dans le liquide. Il est bien certain que la rouille unie à la matière extractive du bois du tonneau, formant de l'encre, peut noircir le vinaigre. Mais, dans certains cas il faut rejeter cette interprétation.

La cause réelle du noircissement du vinaigre réside dans une matière organique naturellement contenue dans le vin qui a été employé dans la vinaigrerie. Cette matière, très oxydable, vire au contact de l'air atmosphérique, noircit et rend le vin et le vinaigre noirâtres. Cet accident est extrêmement fréquent.

La filtration du vinaigre sur une couche de noir végétal et un collage ont généralement raison de la coloration noire anormale.

Vinaigre trop faible. — Le remontage du degré des vinaigres trop faibles peut s'opérer : par un mélange, en proportion convenable, de vinaigre très fort avec celui qui manque de degré, ou par un repassage dans les mères, ou tonneaux d'acétification, générateurs de vinaigre. On ajoute au vinaigre faible, par hectolitre, autant de litres d'alcool (calculé à 100°) qu'on veut lui donner de degrés acétiques. Ainsi, à un vinaigre de 6° à remonter à 8°, on ajouterait, par hecto, deux litres d'alcool absolu. On fait repasser, par petite quantité à la fois, le vinaigre alcoolisé dans les mères à vinaigre, qui transforment l'alcool en acide acétique. Après une fermentation de quinze à vingt jours suivant la température du local, le vinaigre a acquis le degré acétique cherché.

Anguillules. — Les anguillules du vinaigre sont de petits êtres, qui, vus au microscope, présentent l'aspect de vers dont le corps transparent permet de distinguer tous les organes internes. Elles se reproduisent avec une extrême rapidité et ne tardent pas à pulluler dans les tonneaux où se prépare le vinaigre. Ce sont de véritables parasites qui absorbent l'oxygène des vaisseaux au détriment de l'acétification.

On doit donc employer tous les moyens de les détruire. On a essayé le méchage des tonneaux, mais l'acide sulfureux, qui tue les anguillules, a l'inconvénient d'altérer les ferments acétiques ; on doit donc agir avec prudence à son égard. Il est parfois préférable de choisir le moment où tous ces petits vers tapissent les parois des tonneaux, pour les asphyxier en fermant le trou d'air pendant un temps suffisant. Le mycoderma aceti serait un peu arrêté dans son développement, durant l'opération, mais une fois les anguillules détruites et l'ouverture rétablie, le ferment ne tarderait pas à reprendre son activité et sa vigueur primitives.

Quand on ne réussit pas par ces moyens, on est obligé de vider les tonneaux, de les rincer à la chaîne, de les ébouillanter à l'eau chaude, ou d'y introduire un jet de vapeur et de les soufrer en y brûlant un bout de mèche ; on les rince encore après le méchage.

La présence des anguillules souille également le vinaigre fait.

Le chauffage, au degré de l'ébullition, tue les anguillules ; la filtration du vinaigre, non chauffé, sur une couche épaisse de matière filtrante, rend le vinaigre parfaitement limpide ; enfin le froid au-dessous de glace, produit le même effet.

FUTAILLES

Grande et petite futaille. — Depuis le moment où la vendange est apportée à la cuverie jusqu'à celui où son produit est vendu, c'est de la cuve, des foudres, des fûts, que dépend l'existence même du vin.

La conservation, la parfaite propreté des récipients sont indispensables.

Mais cela ne suffit pas, il faut encore faire un emploi judicieux de la vaisselle vinaire et se rendre compte des dimensions qu'on doit lui accorder suivant la nature des vins.

Deux cas se présentent : ou on a des vins fins, des vins de cru, qu'il est nécessaire de conserver et d'améliorer, ou on a des vins ordinaires dont on cherche à se débarrasser le plus rapidement possible et qu'il paraît inutile de soigner minutieusement.

Ces derniers sont généralement entonnés dans de grands foudres ; nous n'y voyons pas d'inconvénients. Pour une vendange commune et importante, il y a bénéfice d'emplacement, de vaisselle vinaire, de main-d'œuvre, à l'emmagasiner dans des récipients de vastes dimensions.

Mais il n'en est pas de même si on prétend conserver un bon vin ; les grosses masses de liquide ne sont pas aussi bien traitables que les petites ; l'amélioration d'un vin ainsi disposé est difficile.

On ne connait guère, parmi les bons vins, que ceux très riches en alcool qui puissent, sans crainte, être conservés dans de grands vaisseaux ; les vins fins, légers, s'y transforment trop rapidement pour pouvoir y séjourner sans danger. En effet, plus un vin présente de masse, c'est-à-dire plus les vaisseaux qu'il remplit sont grands, plus la marche des périodes de son existence est rapide ; plus les vaisseaux vinaires sont petits, plus le vin se conserve stationnaire dans l'état où il a été enfermé.

Outre le désavantage de l'invasion rapide des maladies dans les grandes masses, il y en a un autre qui est sa conséquence directe. Que par suite de circonstances défavorables un vin se transforme en vinaigre, c'est une perte considérable. Elle est singulièrement diminuée si cette même maladie de l'acétification ne se déclare que dans une futaille de 200 litres.

En résumé, on devra employer autant de petites futailles qu'il sera nécessaire, lorsqu'on voudra se livrer à la culture d'un produit de prix.

L'emmagasinage dans les foudres ne devra être alors que transitoire.

Déperdition des spiritueux dans les fûts de bois. — Il est utile de se rendre compte de la déperdition qui se produit pour les spiritueux conservés dans des fûts de bois. Voici les chiffres maxima qui ont été notés (on sait que cette déperdition peut varier beaucoup, suivant la qualité des bois et la construction de la futaille) :

MOIS	PERTE %	MOIS	PERTE %
2	2.50	34 à 36	18.75
3 à 4	3.75	37 40	20
5 6	5	40 44	21.25
7 8	6.25	44 48	22.50
9 10	7.50	48 52	23.75
11 12	8.75	52 56	25
13 15	10	56 60	26.25
16 18	11.25	60 66	27.50
19 21	12.50	66 72	28.75
21 24	13.75	72 78	30
25 27	15	78 84	31.25
28 30	16.25	84 90	32.50
31 33	17.50	90 96	33.75

D'après ce qui précède, voici les déperditions par année :

1re	année.	8.75 %	moyenne mensuelle.	0.73 %
2e	—	5.00	—	0.42
3e	—	5.00	—	0.42
4e	—	3.75	—	0.31
5e	—	3.75	—	0.31
6e	—	2.50	—	0.28
7e	—	2.50	—	0.28
8e	—	2.50	—	0.28

On voit, d'après ce tableau, que la déperdition suit une progression décroissante d'une régularité presque mathématique.

Jaugeage. — Pour trouver la contenance des fûts, on peut employer trois procédés différents : le dépotage, ou mesurage au litre, qui est le plus juste ; le pesage à la bascule ; le jaugeage proprement dit, pour lequel on se sert de la « jauge », et qui donne des contenances plus ou moins approximatives.

Dépotage. — Pour le mesurage de la contenance des futailles par dépotage, nous reproduisons ci-dessous (fig. 37), un dépotoir mesureur qui, comme son nom l'indique, établit d'une manière exacte la contenance des fûts.

Le jaugeage se fait très rapidement au moyen de cet appareil ; on introduit de l'eau dans le dépotoir jusqu'à ce qu'on la voie déborder par le trop-plein. Le niveau est alors indiqué à l'échelle par le zéro. On vide le dépotoir dans le récipient à jauger, et, lorsque celui-ci est

FIG. 37.

plein, l'échelle en indique exactement la capacité. Le dépotoir mesureur, construit en tôle galvanisée, est établi suivant les prescriptions du service des Poids et Mesures, au contrôle duquel il peut être soumis.

Pour les alcools, il existe un modèle en cuivre étamé intérieurement, dont l'aspect est sensiblement le même que celui de l'appareil précédent ; mais il est muni de deux échelles graduées, l'une de bas en haut, l'autre de haut en bas.

Pesage. — La pratique du pesage dans le commerce des vins se répand de plus en plus; il y a quelques années encore ce n'était guère que dans les départements méridionaux qu'on enregistrait des ventes de vins au poids, aujourd'hui dans beaucoup d'autres régions nombre de transactions s'opèrent sur la bascule.

On pourrait, comme cela arrive souvent, considérer qu'un litre de vin pèse 1.000 gr. ou 1 kilog., de même qu'un litre d'eau. Dans ce cas, un hectol. de vin serait compté pour 100 kilog., 10 hectol. pour 1.000 kilog.

Ces chiffres ne sont pas tout à faits exacts, la densité du vin étant un peu inférieure à celle de l'eau. Ainsi le poids spécifique de l'eau étant 1.000 à 4° centigrades, celui du vin ordinaire varie à peu près entre 0.993 et 0.999. Par suite, un hectol. de ce vin pèsera de 99 kilog. 3 à 99 kilog. 9, 10 hectol. feront de 993 à 999 kilog., soit une différence de 7 à 1 kilog. Si on met le poids correspondant à 1.000 kilog. sur une bascule on devra verser cette différence en plus dans les récipients : de 7 à 1 litre et même un peu plus.

Ici l'écart n'est pas très considérable ; mais, lorsqu'on opère sur de fortes parties, il peut constituer des hectolitres et on a intérêt à peser plus exactement. Dans ce but on a recours à un aréomètre spécialement lesté pour les vins et sur lequel sont marquées des divisions indiquant les densités. On fait plonger la tige de l'appareil dans le liquide à peser et on a le poids du litre de ce liquide ; en multipliant le poids du litre par le nombre de litres, on obtient le poids que devra peser la quantité de vin à mesurer.

Quand on veut connaître la quantité de vin qu'il faut pour atteindre un poids déterminé, on arrive à ce résultat par le même procédé. On veut 1.000 kilog. de vin, si on a la densité de 0.997 pour ce vin, on sait déjà que 1.000 litres ne feront que 997 kilog.; il convient alors d'ajouter 3 kilog. de vin, ces 3 kilog. équivalent à 3 : 0.997 ou 3 litres 009, etc.; c'est donc 1,003 litres 009... de vin qu'il faudra pour faire les 1.000 kilog.

Afin de supprimer ces calculs, M. Salleron a établi un aréomètre particulier, ou « densi-volumètre », sur lequel se trouvent deux sortes de divisions, deux échelles. L'une étiquettée « volumètre » fait connaître le volume occupé par 100 kilog. du liquide pesé. Ainsi la division 101 veut dire que 100 kilog. de vin occupent 101 litres. La seconde échelle, colorée en rose et marquée « densimètre », fait connaître le poids que pèsent 100 litres de vin. Ainsi 99 indique que 100 litres de vin pèsent 99 kilog.

Une légère cause d'erreur provient de la différence de température à laquelle on opère. Les instruments : aréomètres, densi-volumètres, etc., ont été construits à une température déterminée,

15° centigrades, par exemple, il faudrait en conséquence se tenir toujours dans les mêmes conditions pour avoir un résultat plus rapproché de la vérité, on ne s'y trouve pas souvent; enfin les échelles sont aussi causes de quelques erreurs.

On voit que si, au point de vue des transactions, on peut se contenter de l'aréomètre qui nécessite encore quelques calculs, au point de vue de la scrupuleuse exactitude on ne saurait être entièrement satisfait. Il existe cependant un appareil qui remplit toutes les conditions voulues pour le pesage des liquides. C'est la bascule densi-volumétrique inventée par M. T. Sourbé. Avec cette bascule qui pèse les liquides par les liquides eux-mêmes, on n'a plus à rechercher la densité : elle se donne automatiquement; on peut opérer sans crainte d'erreur à toutes les températures, puisque le poids spécifique est établi au moment où on pèse. On est assuré d'avoir le poids et la mesure absolument exacts. Cet appareil avait été adopté autrefois pour les dépotoirs officiels ; il est regrettable que le gouvernement n'ait pas cru devoir persister dans les engagements qu'il avait pris alors, car il eût doté le commerce des boissons d'un véritable instrument de précision. Il est à espérer qu'on reviendra à cette bascule qui permettrait d'une façon définitive de substituer complètement le pesage au jaugeage si imparfait et si compliqué avec les futailles de formes diverses.

Emploi de la jauge. — La jauge est une longue règle carrée qui porte des divisions sur le côté. Les unes indiquent la longueur du fût et les autres la hauteur des bouges et jâbles.

Quand on veut jauger un fût, on prend exactement la hauteur des deux fonds avec la jauge tournée sur le côté, on fait la moyenne de ces deux mesures et on l'ajoute à celle du bouge, que l'on établit également. De ce total, on prend la moitié que l'on multiplie par la longueur du fût, prise au préalable. Le produit donne la contenance totale du fût. Il existe des tables qui indiquent cette contenance une fois les dimensions déterminées.

Il y a aussi des calculs tout faits donnant la quantité de liquide qui reste dans les fûts en vidange.

Bois à futaille. — Les futailles peuvent exercer une action remarquable sur les vins et spiritueux au point de vue de la couleur, de la saveur et du velouté. M. Fauré, de Bordeaux, a pulvérisé isolément des échantillons de merrains et a traité chacun d'eux par l'éther, l'alcool et l'eau distillée. Ces expériences ont démontré que le bois merrain contient : de la cerine, matière insoluble dans l'alcool froid, de couleur blanche, sans saveur, ni odeur, se fondant au feu, tachant le papier comme les corps gras; de la quercine, substance essentiellement résineuse ; du tanin ; de l'acide gallique; du quercitrin ; du mucilage; de l'albumine; de la matière entractive amère.

C'est à la quercine, qu'est due la saveur particulière du bois de chêne et l'odeur balsamique qu'il communique aux liquides.

Le merrain d'Angoulême colore fortement les vins blancs, n'exerce aucun changement sur les rouges et donne aux eaux-de-vie une coloration très marquée ; il communique en outre aux vins et aux eaux-de-vie une saveur âpre ; il donne aux vins une odeur de merrain assez agréable et aux eaux-de-vie une odeur légèrement balsamique.

Le merrain de Dordogne donne aux vins et aux eaux-de-vie la même coloration que le merrain d'Angoulême, une âpreté très prononcée aux vins et même aux eaux-de-vie, ainsi qu'une légère odeur de bois.

Le merrain de Bayonne, donne aux vins et aux eaux-de-vie une couleur foncée, noirâtre, une âpreté très forte et une odeur de bois peu agréable.

Le merrain de Dantzig n'altère pas la couleur des vins ; il colore légèrement l'eau-de-vie, il donne au vin blanc et à l'eau-de-vie une saveur agréable, et au vin rouge un peu d'âpreté. Il ne communique aucune odeur aux vins et donne à l'eau-de-vie une senteur balsamique.

Le merrain de Stettin colore très légèrement les vins blancs et l'eau-de-vie, et n'a aucune influence sur la couleur des vins rouges ; il donne aux vins un peu d'âpreté, et à l'eau-de-vie une saveur agréable; aux vins blancs une bonne odeur, aux vins rouges une légère senteur de bois et à l'eau-de-vie une odeur légèrement balsamique.

Le merrain de Lubeck donne aux vins blancs et à l'eau-de-vie une coloration assez prononcée et n'a aucune action sur le vin rouge ; il communique un peu d'âpreté aux vins ainsi qu'à l'eau-de-vie; il donne aux vins une légère odeur de bois, tandis qu'il n'a aucune action sur l'odeur des eaux-de-vie ni des alcools.

Le merrain de Riga colore assez fortement les vins et les eaux-de-vie; il leur donne une saveur âpre; une odeur de bois aux vins et aucune odeur aux eaux-de-vie.

Le merrain de Memel colore fortement les vins et les eaux-de-vie et leur donne une saveur âpre; il communique aux vins une odeur désagréable de bois, mais l'eau-de-vie ne contracte dans ce merrain aucune odeur.

Le merrain de Bosnie donne aux vins et même à l'eau-de-vie une couleur foncée, noirâtre; une saveur âpre et même amère, aux vins ainsi qu'aux eaux-de-vie; et une odeur de bois très désagréable, surtout aux vins blancs.

Le merrain d'Amérique n'a aucune influence sur la couleur, la saveur et l'odeur des vins; il donne aux eaux-de-vie une nuance ambrée.

Pour déterminer les influences que nous venons d'énumérer, on a agi sur des bois merrains en poudre, qu'on a fait simultanément macérer dans des vins blancs, des vins rouges, des alcools et des eaux-de-vie; l'état de ténuité de ces différents merrains a permis aux liquides de réagir avec beaucoup plus de force que s'ils eussent été en morceaux. Dans la pratique, lorsque le vin et l'eau-de-vie sont en contact avec des douelles d'une provenance quelconque, celles-ci ne donnent certes pas instantanément les couleurs, saveurs et odeurs signalées, mais finissent cependant par les communiquer, après une conservation plus ou moins prolongée.

Dégorgement des futailles. — Comme il n'est pas toujours possible de se procurer des bois appropriés à la nature des vins qu'on veut y loger, il est bon de donner des moyens de mettre les vins à l'abri des dangers que leur ferait courir un long contact avec la matière extractive et le tanin contenus dans le bois.

Il existe comme moyens de dégorger les futailles : l'étuvage, l'ébouillantage, le lavage à l'eau acidulée.

Étuvage. — Si l'on possède un générateur, l'opération de l'étuvage est des plus simples. On conduit la vapeur par un tube introduit par la bonde et plongeant jusqu'au fond de la futaille vide. Le tube doit laisser à la bonde un large passage pour la sortie des vapeurs qui traversent le tonneau. Les choses ainsi disposées, on ouvre le robinet d'émission et on laisse souffler jusqu'à ce que la futaille ait été portée dans toute sa masse à une température de 100 pendant au moins une demi-heure. Les vapeurs pénètrent les bois et en dissolvent les résines. On laisse égoutter et sécher.

Nous ne saurions trop recommander l'étuvage qui est utile non seulement pour le dégorgement, mais aussi pour tous les nettoyages. L'emploi de l'eau chaude est en effet souvent insuffisant, d'autant plus qu'elle est parfois employée à une température trop basse. La vapeur projetée à l'intérieur des futailles avec une pression de six atmosphères (pression à laquelle la vapeur dépasse une température de 150 degrés) donne des résultats certains. Cette vapeur, se condensant, mouille les parois et opère ainsi un rinçage. Nous donnons ci-contre le dessin de l'appareil à étuver, établi par la maison Egrot (fig. 38).

A défaut de générateur qui donne de la vapeur sous pression, et qui est de beaucoup préférable, on pourrait se servir à la rigueur du corps (cucurbite et chapiteau) d'un alambic. On adapterait l'extrémité du chapiteau au tube de la futaille, et l'on pousserait vivement le feu sous la chaudière. Mais il est essentiel de proportionner la grandeur de l'appareil producteur de vapeur avec celle du fût à désinfecter. On n'arriverait pas à dégorger, nettoyer ou purger d'odeur un grand foudre avec un petit alambic. Le tonneau, dans ce cas disproportionné, servirait tout simplement de condensateur; on

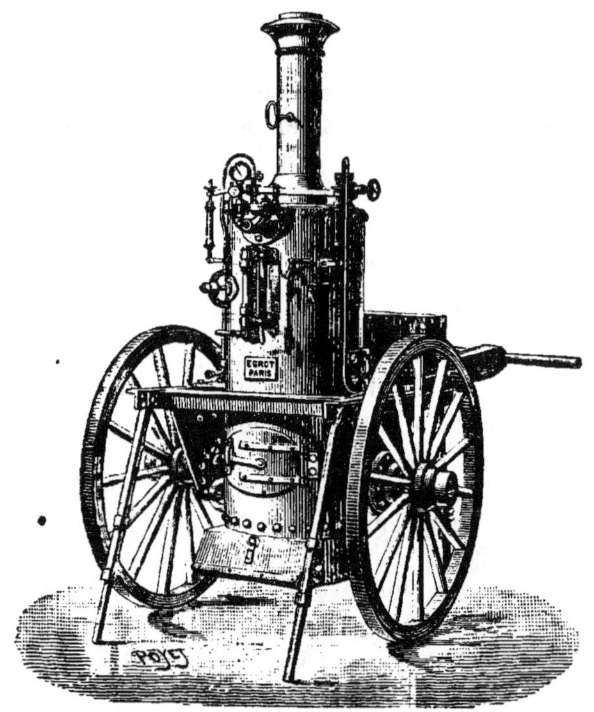

FIG. 38.

ne porterait jamais à 100° les parois et enfin on ne pourrait obtenir ainsi la sortie, par la bonde, de l'énergique courant de vapeurs d'eau nécessaire.

L'échaudage ou ébouillantage remplace avantageusement les lavages à l'eau froide, mais nous l'avons dit, il est très inférieur à l'étuvage. On trouve dans le commerce de petites chaudières spécialement construites pour l'ébouillantage.

Lavages à l'eau acidulée. — Avec de l'eau chaude ou froide et une pompe à vin ordinaire, on peut encore mettre en état les futailles lorsqu'elles ne réclament pas de dégorgement trop énergique. Mais il est, dans presque tous les cas, préférable de se servir aussi de certains produits chimiques.

Au lieu de laver, comme on le fait souvent, les barriques neuves avec des eaux alcalines, telles que lessive de cendres, lait de chaux, solution de potasse, qui produisent souvent un effet opposé à celui que l'on désire, il faut les laver avec de l'eau acidulée ; pour cela, on versera dans les barriques neuves 20 litres d'eau à laquelle on aura ajouté 500 grammes d'acide sulfurique.

On laissera séjourner vingt-quatre heures, on agitera de temps à autre, de manière que l'acide puisse agir sur toutes les parois, puis on versera cette eau acidulée dans une autre barrique neuve, on rincera la première avec de l'eau fraîche afin de lui enlever l'acidité que le bois aurait pu retenir, on lavera ensuite à l'eau bouillante, puis on laissera égoutter vingt-quatre heures.

Certains bois, ceux d'Autriche, par exemple, sont très riches en tanin, en quercine, et relativement tendres, leur densité étant moindre que celle des bois du Nord ou de pays ; en conséquence, le tissu ligneux, moins serré, contient dans ses pores plus de résine. Afin de ne pas communiquer aux liquides qu'on logerait dans des foudres construits avec ces bois un goût résineux, il sera nécessaire de les dégorger très énergiquement. Pour cela, on appliquera le traitement au jet de vapeur d'eau, puis on effectuera le lavage à l'eau acidulée.

On a remarqué les avantages que présente, sur l'emploi des barriques neuves, celui de barriques ayant déjà contenu de bon vin. En effet, la barrique neuve peut agir sur les vins de deux manières, soit en leur fournissant des éléments nuisibles, soit en les privant en partie des principes qui sont indispensables à leurs propriétés physiques, tels que le tanin et la matière colorante.

Les barriques qui ont déjà servi ne peuvent plus agir de la sorte, attendu qu'il s'est formé à l'intérieur, sur toute la surface des douves, une croûte imperméable de matière colorante, de matière muqueuse et de tartre. Mais il y a de nouveaux dangers à courir ; ces barriques peuvent avoir contracté de l'acidité, un goût vicieux, et elles le communiqueraient aux vins, si elles n'avaient pas été convenablement lavées. Pour celles-ci, comme nous le verrons, les lavages à l'eau alcaline sont très utiles, d'abord parce que l'alcali sature l'acide acétique, qui peut s'être formé dans la barrique, puis parce qu'il aide à la solution d'une partie du tartre adhérent aux parois et rend ainsi leur nettoiement plus facile et plus complet.

Il faut donc laver à l'eau acidulée les barriques neuves et à l'eau alcaline les barriques de vidange ; les barriques récemment vidées n'ont pas besoin de lavages alcalins.

Imperméabilisation des futailles. — Les procédés varient selon qu'il s'agit d'imperméabiliser des futailles destinées à loger des vins ou des spiritueux.

Futailles vinaires. — Les cuves et futailles en bois léger, ou résineux, en sapin, par exemple, ne vaudront jamais celles construites en chêne ; mais, comme ce logement coûte moins cher et qu'on peut y conserver des vins ordinaires en bon état après avoir fait subir une préparation particulière, il offre quelque avantage dans les vignobles qui ne produisent pas des qualités de choix.

La préparation spéciale consiste dans le badigeonnage de toutes les parois intérieures, avec un liquide composé de chaux vive pulvérisée et d'alcool. On forme ainsi sur le bois une sorte d'enduit auquel les chimistes donnent le nom de « savon résineux », qui s'infiltre dans les pores et intercepte toute communication extérieure. Le récipient devient imperméable, et de plus, le sapin ne dégage plus les odeurs essentielles qui peuvent nuire au vin.

La chaux et l'alcool atteignent parfaitement le but. L'alcool dissout la résine et permet ainsi la combinaison intime de cette dernière avec la chaux qui, agissant comme base alcaline, fait perdre à cette même résine les odeurs qu'elle dégage.

Il convient de n'employer qu'une petite quantité d'alcool pour préparer le mélange, lequel doit avoir l'apparence d'une forte peinture. En effet, si on abusait du dissolvant, les proportions nécessaires à la combinaison de la chaux et de la résine seraient rompues et le savon protecteur se produirait dans des conditions défavorables. Une partie des matières gommeuses resterait sans emploi et rendrait la préparation illusoire.

Donc, sur la chaux vive, on versera une quantité d'alcool suffisante pour former un mélange liquide ayant la consistance de la peinture servant pour les murs de nos appartements. Avec un pinceau on étendra soigneusement cette composition sur toutes les parties internes des douves et on laissera sécher. Cette couche ne tarde d'ailleurs pas à se solidifier.

En Espagne, où ce procédé est fort employé, le sapin se vendant très bon marché et les droits sur les bois étrangers étant très élevés, on a l'habitude, une fois le premier badigeonnage sec, de verser du vin dans la cuve, de l'y laisser deux ou trois jours, de le retirer, de rincer le vaisseau et de procéder à l'application d'une seconde couche.

Cette deuxième opération paraît pourtant superflue. Lorsque l'enduit a été étendu avec soin sur toute la cuve, qu'il a bien séché, il suffit de rincer convenablement le récipient avec de l'eau ordinaire, en frottant légèrement les parois avec un linge, de manière à enlever la chaux non combinée qui peut rester à la surface. Après ce lavage, toutes les odeurs résineuses ont cessé de se dégager et le fût est en état de conserver parfaitement le vin. En tout cas, avant de procéder à un second badigeonnage, il faudrait bien laisser sécher le premier.

Fûts à alcool. — Il existe un enduit excellent pour disposer les fûts en bois à recevoir de l'alcool; inattaquable par le liquide spiritueux, il est depuis longtemps en usage dans les distilleries. C'est en Allemagne qu'il paraît avoir été imaginé. A Berlin, bien avant 1870, on avait soin d'enduire l'intérieur des fûts à alcool d'une couche de gélatine fondue.

La gélatine ou colle-forte employée doit être de belle qualité, blanche, transparente et exempte de mauvaise odeur. On la fait gonfler une journée dans de l'eau froide, puis on la met fondre dans un bain à raison de 1 kilogramme de gélatine pour 6 litres d'eau. Une fois fondue, elle doit avoir la consistance d'un sirop; elle peut, dans cet état, être facilement étendue sur le bois à l'aide d'un pinceau. Ce procédé, d'une application commode, permet d'obtenir une surface protectrice imperméable d'une longue durée.

Avant de gélatiner le tonneau, il faut le sécher convenablement à l'intérieur, de manière que l'enduit adhère bien. Pour cela, suivant la pratique allemande, on enlève un des fonds de la futaille et on place celle-ci, comme un éteignoir, au-dessus de charbons incandescents; on laisse même la surface interne des parois se charbonner un peu. Ce n'est que lorsque le bois est complètement sec qu'on peut effectuer le badigeonnage à la gélatine. L'opération terminée, on refonce la futaille en prenant naturellement la précaution de gélatiner aussi le fond démonté au début du travail.

La gélatine est insoluble dans l'alcool concentré; c'est grâce à cette propriété qu'elle est d'un grand secours dans le cas présent.

On ne se servira du fût ainsi préparé qu'autant que l'enduit sera complètement sec.

La gélatine à employer n'est autre que la substance extraite des os et qui, par une longue ébullition, est devenue « colle-forte ». Cette colle est vendue à l'état solide. Observons que lorsque la gélatine est bien fondue, on y ajoute, s'il en est besoin, assez d'eau chaude pour que sa solution coule comme de la peinture. Dans cet état, on applique la solution de gélatine avec une brosse.

Un kilog. de gélatine doit suffire pour un fût de 10 à 15 hectol.

Décoloration des fûts. — On peut avoir à décolorer soit des fûts neufs, soit des fûts usagés.

S'il s'agit de fûts neufs, en chêne par exemple, dans lesquels on veut loger un vin blanc, une eau-de-vie blanche, un kirsch, une liqueur qu'on tienne à conserver exempte de toute coloration, le mieux est de soumettre ces fûts au jet de vapeur, puis à des lavages copieux et énergiques, afin d'extraire du bois tous les principes résineux qu'il contient, lesquels contribuent à donner de la couleur aux spiritueux. Ces lavages doivent se faire dans l'ordre suivant :

1° Avec une dissolution bouillante, étendue de soude caustique; 2° avec de l'acide chlorhydrique dilué; 3° avec de l'eau bouillante; 4° avec de l'eau fraîche; 5° avec de l'alcool.

Pour un hectolitre on prend 500 grammes de lessive de soude caustique à 35°, sur laquelle on verse 10 litres d'eau bouillante.

Le lavage à l'acide se fait avec 500 grammes d'acide chlorhydrique du commerce et 10 litres d'eau.

Pour les lavages à l'eau chaude et à l'eau froide, on emploie une vingtaine de litres. Le dernier lavage se fait avec 8 à 10 litres d'alcool bon goût, qu'on a soin de bien recueillir.

A chaque lavage on roule, on agite le fût dans tous les sens, afin que les agents de dissolution des matières extractives puissent les atteindre partout.

Les premiers lavages doivent durer plusieurs heures, afin que la pénétration du bois ait le temps de s'opérer. On ne négligera pas le soin d'égoutter le fût avant de procéder au lavage qui devra suivre.

Une première opération peut n'être pas suffisante; il ne faut pas se décourager, et l'on doit recommencer tous les lavages avec mêmes précautions.

Ces soins sont dispendieux, mais ce n'est qu'à ce prix qu'on parvient à se procurer de la futaille qui ne colore pas le liquide contenu.

Ce sont ces moyens qui sont spécialement employé pour les kirschs. Dans les pays à kirschs, on se sert de bois de frêne pour la confection des fûts après lui avoir fait subir une étuve. La plupart des fabricants complètent ces soins en étendant une couche de cire dans l'intérieur des fûts.

On pourrait encore employer du lait de chaux.

Les mêmes procédés conviennent quand on veut dérougir les futailles essayées; il est facile de les employer pour les vaisseaux vinaires de petites dimensions, commodes à mouvoir ; mais, pour les foudres qu'on ne peut rouler afin de permettre à la matière décolorante d'agir efficacement sur les parois intérieures, l'opération est plus difficile. Il faut agir avec plus de méthode et le travail demande plus de temps. On devra procéder au détartrage à sec, au détartrage humide, à la destruction de la matière colorante attachée au bois, au lavage à la brosse, au rinçage et au lavage à l'eau fraîche.

Pour le détartrage à sec, on entre dans le foudre et, avec un racloir, on détache tout le tartre adhérent au bois.

Malgré un raclage énergique, il reste encore du tartre dans les joints des douelles du foudre et sur sa surface. On le fait tomber en y répandant soit de l'eau contenant 5 0/0 d'acide chlorhydrique, soit un litre d'acide dans 20 litres d'eau. Avec une pompe on projette, sous forme d'un jet de lance, l'eau acidulée sur toutes les parties du bois rougi. On opère cette manœuvre à plusieurs reprises. L'eau acidulée dissout les tartrates et complète le détartrage humide. On évacue ensuite l'eau chargée d'acide.

Pour détruire la matière colorante qui couvre le bois, on fait dissoudre 2 kilog. de soude dans 20 litres d'eau. Pour un foudre de 100 hectolitres, il faudrait employer 100 litres d'eau et 10 kilog. de soude. Avec le secours de la pompe, on envoie sur la surface du bois rougi un jet d'eau sodée. On répète cette aspersion de manière à toucher plusieurs fois les mêmes parties avec l'eau. Ensuite, avec une brosse dure de chiendent ou avec un balai, on frotte tout l'intérieur du vaisseau pour en détacher les matières qui y adhèrent.

Après ce rude brossage, on écoule l'eau de soude et on procède à un lavage copieux, à des rinçages à l'eau fraîche jusqu'à ce que celle-ci sorte du foudre parfaitement propre et sans couleur.

Pour peu qu'il soit resté de la matière colorante dans les joints du bois, on est exposé à rougir le liquide qu'on logerait dans ce foudre.

Pour plus de sûreté, il serait bon de l'emplir d'eau fraîche qu'on y laisserait séjourner deux ou trois jours. Si l'eau ne contractait aucune teinte, on pourrait, après avoir égoutté le foudre, le mécher et y loger ensuite du vin blanc. Il serait toujours imprudent d'y mettre de l'alcool ou un spiritueux dont on tiendrait à conserver la blancheur.

Mastics pour futailles.—Pour boucher les fissures, crevasses et nodosités des futailles, on peut employer un des mastics dont nous donnons la formule :

Mastic au soufre : On fond du soufre auquel ou ajoute une petite quantité de cire et on verse cette composition liquide et chaude dans les cavités du bois, on peut aussi l'appliquer au pinceau. Par le refroidissement ce ciment durcit et résiste à l'action de l'eau et du vin.

Mastic au fromage blanc : La caséine, ou matière du fromage, forme un excellent mastic avec la chaux.

On prend : chaux vive, 5 parties; fromage blanc, 6 parties; eau, 1 partie. On incorpore bien la chaux en poudre dans la caséine étendue d'eau et on applique ce mastic sur le bois, préalablement un peu humecté avec de l'eau. On comprime le mastic dans la cavité et, après durcissement, on peut verser du vin dans le foudre. Le ciment, durci, est impénétrable à l'eau et au vin et n'exerce aucune action sur les liquides.

Mastic au sang : On mêle, et on pétrit fortement de la chaux vive réduite en poudre et du sang frais. Il en résulte un mastic excellent pour boucher les fissures des récipients vinaires en bois.

Conservation des futailles. — Un foudre de vin qu'on vient de vider contient ordinairement de la lie et ses parois intérieures sont imbibées de vin. En y pénétrant, l'air y dépose des ferments malsains qui déterminent l'aigreur, la moisissure, la pourriture. Le vin qui mouille les parois du foudre passe à l'état de vinaigre; la lie s'acétifie et finit par entrer en putréfaction; le vaisseau s'altère.

Pour prévenir ces accidents, on emploie divers moyens ayant tous pour but de soustraire le fût à l'action de l'air et de détruire les germes d'altération qu'il y aurait introduits.

Si le fût contient sur ses parois des matières déposées par le séjour du vin et de la lie, il est nécessaire de les enlever. De là nécessité d'un bon lavage. Dans les grands foudres, où on peut pénétrer par la porte établie sur l'un de ses fonds, on lave à la brosse et on rince copieusement. On établit ensuite un courant d'air entre la porte ouverte et la bonde du foudre, afin de le sécher. Après avoir remis la porte en place, on brûle dans le vaisseau une quantité de soufre suffisante pour le remplir de gaz acide sulfureux. Dès que la mèche soufrée s'éteint, on ferme hermétiquement. En cet état, le foudre se conserve sans altération quelques mois.

S'il devait rester longtemps en vidange, il serait necessaire de renouveler le soufrage.

Peut-on se dispenser de laver le foudre et se contenter de le fermer hermétiquement après soufrage? Si le foudre n'est pas resté plusieurs jours en vidange, si le vin tiré était en parfait état, sans fleurs, ni aucune altération, on peut se contenter de l'égouttage et d'un méchage au soufre. On ferme alors solidement la bonde afin d'empêcher l'introduction de l'air.

Ainsi le foudre conserve son bon goût et une bonne odeur franchement vineuse et ne s'altère pas.

Lorsqu'on reçoit des fûts vides, non encore altérés, on peut les préserver de moisissure et de mauvais goût au moyen du méchage.

Avant d'emplir les tonneaux soufrés, il est nécessaire de les bien rincer à l'eau fraîche.

Faut-il mécher les fûts immédiatement après rinçage, puis les laisser sécher dans les rangs, ou les égoutter complètement et ne les soufrer que lorsqu'ils sont parfaitement secs? Il est préférable d'employer le méchage sur le fût mouillé. Il a été reconnu que l'action antiseptique de l'acide sulfureux est très exaltée par la présence de l'humidité, à tel point qu'on a presque douté de l'action destructive de l'acide sulfureux sec sur les germes de ferments et moisissures. Nous conseillons donc de mécher les fûts humides.

On aura soin de placer les fûts dans des celliers à l'abri de l'humidité, en évitant de les appuyer contre la muraille afin qu'ils ne se moisissent pas.

Altérations des futailles. — Malgré le méchage et tous les soins apportés à préserver les tonneaux des mauvais goûts, s'ils sont restés vides quelque temps, il est souvent nécessaire de les nettoyer avant de leur confier la garde de produits nouveaux. A plus forte raison est-il urgent de recourir aux moyens les plus énergiques, dans le cas où ces fûts auraient été sans emploi de longs mois.

Les maladies de la futaille vinaire, tantôt proviennent de la qualité des vins; tantôt sont particulières au bois; tantôt prennent naissance par suite de la situation peu favorable des lieux où les tonneaux ont été remisés; enfin, dans d'autres cas, ils ont servi au transport de boissons différentes qui leur ont communiqué des odeurs dont il faut les affranchir.

Le rinçage, le méchage et l'aération ne suffisent pas pour remédier aux vices que nous venons d'énumérer. Aussi, recommanderons-nous des procédés divers pour les différentes altérations.

Mais, en principe, pour tous les récipients ,nous plaçons au premier rang, parmi les moyens d'affranchir le bois des fûts de toute mauvaise odeur, la vapeur. Les parasites, les essences ne résistent pas à ce traitement ; dans le cas où les douves seraient recouvertes d'un dépôt, il faut défoncer le tonneau, gratter les parois, avant de procéder à la vaporisation.

Dans certains cas, il convient aussi d'user de produits chimiques.

Une futaille ne doit jamais rester ouverte que pendant le temps qu'on opère sur elle, et avant de la fermer, on doit toujours la soufrer.

Fûts à désacidifier. — Il faut emplir les fûts acidifiés avec de l'eau fraîche que l'on y laissera séjourner vingt-quatre heures ; après ce temps on les videra et y versera, par hectolitre, 100 grammes de soude ordinaire du commerce (sel de soude et non cristaux de soude) dissous dans cinq litres d'eau bouillante. On agitera dans tous les sens et on laissera la soude en contact avec le bois pendant six heures, on fera évacuer l'eau de soude et on rincera bien les fûts à l'eau fraîche.

On peut employer un lait de chaux vive en remplacement de la soude, quoique cette dernière nous paraisse mériter la préférence.

La solution de soude attaque l'acide acétique imprégné dans le bois et forme avec lui une combinaison soluble que les lavages à l'eau fraîche emportent.

Quand un fût a le goût d'aigre, on peut aussi y verser cinq litres d'eau bouillante et ajouter ensuite à cette eau 500 grammes de chaux vive et 100 grammes de potasse. On roule le fût deux fois par jour, pendant quatre jours et on jette cette eau saturée de chaux et de potasse. On rince ensuite à l'eau froide qu'on laisse encore séjourner quelques heures, puis on fait égoutter.

Fûts moisis. — De tous les accidents qui arrivent à la vaisselle vinaire, celui-ci est un des plus graves, parce qu'il est difficile de se rendre compte du moment où l'infection a commencé et de l'importance des dégâts déjà causés dans le bois par la moisissure. C'est que celle-ci, non seulement recouvre les parties sur lesquelles on l'aperçoit, mais encore pénètre peu à peu dans le tissu ligneux, détruit une à une les cellules et occasionne une altération qui devient de plus en plus sérieuse. La moisissure facile à reconnaître par sa teinte verdâtre, se propage rapidement. Le mycélium du champignon, qui la forme, rampe sur la surface des douves des tonneaux, pénètre dans le cœur même par les jointures et les pores et s'y établit avec d'autant plus de facilité que le lieu de l'infection est humide. C'est le cas pour les fûts qu'on n'a pas pris la précaution de bien sécher et de soufrer suffisamment après les avoir rincés à l'eau ordinaire.

Il importe donc de surveiller avec soin les futailles qui dégagent une odeur de moisi, lorsqu'on les débonde et, avant de faire aucun traitement, de déterminer la gravité du mal.

Le meilleur procédé dans ce cas est de défoncer le tonneau par un bout et d'examiner attentivement toute la surface intérieure. Si la maladie débute à peine, il suffira de prendre une brosse de chiendent très dure et de frotter énergiquement le bois en se servant d'eau chaude ; après cette opération, un bon rinçage doit avoir raison de l'infection.

Mais si celle-ci a pénétré plus avant, si la moisissure se montre de place en place, il devient nécessaire de racler toutes les parties atteintes, de les raboter jusqu'à ce que tout le bois attaqué disparaisse ; autrement on ne pourrait que masquer le mauvais goût sans l'enlever d'une façon complète. Un lavage est obligatoire, on peut le faire avec de l'eau chaude légèrement acidulée (150 grammes d'acide sulfurique pour 10 litres d'eau), puis on rince soigneusement à l'eau pure et on fait égoutter.

Il est inutile de recommander plusieurs rinçages copieux ; il faut faire disparaître les dernières traces d'acide avant de verser le vin dans toute futaille ainsi traitée. Nous ne sommes d'ailleurs pas partisan de l'emploi d'agents chimiques violents quand on peut s'en dispenser.

Un excellent moyen pour nettoyer et guérir les fûts atteints de moisissure, consiste dans l'emploi du jet de vapeur.

Après avoir brossé le tonneau moisi, on dirige la vapeur le plus violemment possible contre les parois intérieures. Cette vapeur dissout les germes infectieux et vaut tous les traitements ; on rince et on refonce la barrique.

Pas plus le sel que le vinaigre ne seraient suffisants pour affranchir les fûts moisis de la mauvaise odeur qu'ils ont contractée ; le vinaigre aurait, en outre, le grave inconvénient de laisser des germes des mycoderma aceti qui pourraient compromettre le vin logé dans le vaisseau.

L'assainissement, par un badigeonnage interne avec un lait de chaux à consistance claire, préparé d'avance dans la proportion de 300 grammes de chaux vive par hectolitre de capacité donnerait aussi de bons résultats. Au préalable on nettoierait les parois du foudre. On laisse la chaux séjourner quarante-huit heures, puis on rince à plusieurs eaux.

A la suite de l'une ou de l'autre de ces opérations on doit laisser sécher le foudre, le mécher assez fortement et le fermer hermétiquement. Quelques jours après, si on veut y verser du vin, il faudra l'ouvrir en haut et en bas, afin d'établir un courant d'air, lequel chasse l'odeur du soufre.

Pour les petits fûts ayant un fort goût de moisi, on verse dans chacun un quart de litre d'acide sulfurique avec un demi-litre d'eau, on roule, on laisse reposer quelques jours, puis on roule de nouveau et on ajoute 300 grammes de chaux et 100 grammes de potasse. On rince ensuite à l'eau froide qu'on laisse séjourner quelques heures. Enfin on passe encore de l'eau bouillante, puis de l'eau froide et on fait égoutter vingt-quatre heures.

Fûts corrompus. — Quand on a mis de l'eau dans des fûts et qu'on l'y a laissée séjourner trop longtemps, l'eau corrompue infecte la futaille. Les lavages ne peuvent réussir à faire disparaître cette odeur de corruption.

Pour chaque hectolitre de capacité des fûts infectés, il faut employer 30 grammes de chlorure de chaux, que l'on y introduira, et on versera par dessus 10 litres d'eau bouillante ; on assujettira la bonde fortement, on roulera, on agitera la futaille et on la laissera en cet état pendant douze heures ; après ce temps, on videra l'eau et le chlorure, on rincera bien deux ou trois fois à l'eau froide, et la futaille débarrassée de mauvaise odeur, pourra recevoir du vin sans danger de l'altérer.

Fûts à vin ayant contenu du cidre. — Des barriques ayant renfermé du cidre ne conviennent plus pour le vin. Celui-ci est un liquide délicat qui se détériore au contact de quelques-uns des principes constitutifs du cidre, l'acide malique, par exemple, que des lavages successifs ne sauraient entraîner complètement. Le jus de la pomme a une odeur spéciale qui pénètre le bois et n'en sort pas facilement ; elle peut communiquer un goût âcre, qui se caractérise davantage encore si le cidre contient un peu de poiré.

Nous pensons donc qu'après avoir choisi parmi les fûts à vin, ceux dont on veut se servir pour le transport du cidre, le mieux est de ne plus les employer qu'à cet usage. Si on voulait y loger de nouveau du vin, il faudrait de toute nécessité les nettoyer à la vapeur d'eau.

Fûts à cidre ayant contenu du vin. — Les tonneaux qui ont servi pour le vin, s'ils ne sont pas trop usagés, peuvent évidemment recevoir des cidres ; mais, avant de leur confier la garde de cette boisson, il est nécessaire de procéder à un nettoyage très énergique. Il faut défoncer la futaille par l'une des extrémités, gratter fortement tous les tartrates qui tapissent généralement les parois, en s'assurant que les douves sont saines ; puis on lave à l'eau salée ou acidulée à l'acide sulfurique ; enfin on rince à plusieurs reprises, on replace le fond, on laisse sécher et on soufre. Il est important de faire disparaître les traces des matières tartriques provenant du vin. Celles-ci ont une couleur particulière qui peut donner au cidre une teinte désagréable, le noircir. On recommande souvent aussi, lorsqu'on procède au raclage interne des fûts, de carboniser légèrement la surface des douelles, puis on rogne à blanc. En prenant ces précautions, le cidre est assuré d'un bon logement et se conserve bien, sans danger pour l'avenir. Enfin, si on avait encore quelques craintes, après les lavages, on pourrait laisser séjourner dans le tonneau du marc de pommes pendant une quinzaine.

Fûts ayant contenu du vinaigre. — Les fûts qui ont contenu du vinaigre sont imprégnés d'acide acétique qui pénètre parfois jusqu'au cœur du bois. Mais l'acide acétique ayant beaucoup d'affinité pour les bases salifiables, il est facile de le saturer à peu de frais.

Il faut, d'abord, bien rincer les fûts à l'eau chaude avant toute préparation, afin d'enlever le vinaigre adhérent aux parois intérieures. Ensuite, pour un fût de 220 litres, on prendra environ 1 kilog. de sous-carbonate de soude, on fera dissoudre les cristaux dans quatre litres d'eau bouillante, et, après dissolution opérée, on versera ce liquide dans le tonneau. On agitera et roulera celui-ci dans tous les sens, afin d'imprégner toutes les surfaces intérieures de la solution de soude. On renouvellera plusieurs fois cette manœuvre, pendant vingt-quatre heures.

En raison de son affinité pour l'acide acétique, la soude, obéissant aux lois de l'endosmose, passera dans le bois du fût et saturera l'acide du vinaigre qu'elle rencontrera. Il y aura formation d'acétate de soude.

L'acétate de soude est très soluble dans l'eau, mais plus facilement à chaud qu'à froid. C'est pourquoi il faudra verser ensuite quelques litres d'eau bouillante dans le tonneau pour le débarrasser de l'acétate de soude. Pour que cette opération soit complète, il est préférable de faire deux lavages à l'eau chaude, en ayant soin de bien rouler le fût, et d'y laisser séjourner l'eau pendant quelques heures ; un dernier rinçage à l'eau froide terminera l'assainissement.

On pourrait, si on dispose d'un jet de vapeur, remplacer les lavages à l'eau chaude par un étuvage prolongé. On rincerait ensuite. Lorsque l'opération est bien conduite, les tonneaux ainsi traités peuvent recevoir sans danger du vin ou de l'eau-de-vie.

Fûts ayant contenu du rhum, du vermouth, de l'absinthe, etc. — Les futailles dans lesquelles on a transporté et conservé des rhums, des absinthes, etc., sont particulièrement difficiles à affranchir de l'odeur caractéristique de ces spiritueux. Les huiles essentielles pénètrent le bois et résistent le plus souvent aux rinçages répétés. On a reconnu, en effet, qu'un premier lavage emporte 50/100 de l'odeur dont on veut se débarrasser, un deuxième 25/100, un troisième 12,5/100, un quatrième 6,25/100, un cinquième 3,125/100, etc., de sorte qu'après une sixième ou une septième ablution, il reste encore dans le bois une partie du parfum qu'on a voulu enlever ; bien qu'elle soit faible comparativement à la quantité qui existait au début, elle est encore assez importante pour impressionner les vins qu'on aurait l'imprudence de mettre en sa présence.

A propos des tonneaux à goût de moisi ou parfumés, nous recommandons l'usage d'un jet de vapeur pour les désinfecter.

C'est encore ce même procédé que nous préconisons dans le cas présent. Il faut prolonger la circulation de la vapeur pendant une quarantaine de minutes pour enlever les dernières parcelles odorantes. Après un bon rinçage à l'eau fraîche, on peut considérer la désinfection comme complète.

Si on n'avait pas le moyen de se procurer la vapeur, il faudrait avoir recours à des agents chimiques énergiques pour y suppléer. Le chlore étant le désinfectant par excellence, on a songé à le produire dans l'intérieur des fûts, afin de les affranchir des mauvais goûts persistants. Pour préparer le chlore, on décompose l'acide chlorhydrique par le bioxyde de manganèse ; mais l'acide chlorhydrique étant lui-même obtenu en faisant agir l'acide sulfurique sur le chlorure de sodium, ou sel marin, il suffit de verser dans le tonneau : 20 grammes de sel, 20 grammes de bioxyde de manganèse et 20 grammes d'acide sulfurique par hectolitre de contenance.

Le dégagement de chlore ne se déterminant que sous l'action de la chaleur, il faut jeter sur le tout, pour les quantités que nous venons d'indiquer, un demi-litre d'eau bouillante. On bonde alors solidement, on agite le tonneau pour opérer le mélange des agents chimiques et les mettre en contact les uns avec les autres. Le chlore ne tarde pas à se produire et à s'emparer de toutes les odeurs du bois. Après douze heures, on aère le fût, on fait écouler le liquide qu'il contient et on rince plusieurs fois très copieusement à l'eau chaude, puis encore à l'eau froide. Dans le cas où l'odeur du chlore persisterait, on s'en débarrasserait au moyen de l'eau acidulée avec 50 gr. d'acide sulfurique par litre. Cette dernière opération doit être suivie de rinçages répétés à l'eau fraîche.

Nous ne sommes pas très favorables, nous l'avons dit, à l'emploi de tous ces produits chimiques, parce qu'ils sont d'une manipulation délicate et qu'ils peuvent laisser des traces dangereuses dans les barriques si on ne prend pas les précautions voulues, mais en suivant nos indications et en lavant à grande eau, plusieurs fois, on n'aura plus aucune crainte.

Fûts ayant contenu du miel. — Il est assez facile de débarrasser les fûts ayant contenu du miel du goût et de l'odeur qu'ils ont pu contracter. On opère d'abord un lavage copieux à l'eau bouillante pour dissoudre le miel adhérent aux parois des futailles ; on rejette cette eau et on procède à un second lavage, toujours à l'eau bouillante en roulant le tonneau dans tous les sens. Si ce deuxième lavage était insuffisant on en ferait un troisième avec de la soude caustique étendue d'eau bouillante, dans la proportion de un kilogramme de soude caustique pour vingt litres d'eau. Avec dix litres de ce mélange dans le fût, on rince vivement et on laisse agir la solution de soude pendant quelques heures ; après refroidissement, on laisse écouler, et on lave encore le fût à l'eau chaude pour lui enlever toute trace de soude.

Si, après lavage, on lance quinze minutes un jet de vapeur dans le fût, celui-ci ne tarde pas à être débarrassé de tout goût de miel.

Fûts ayant contenu de l'alcool mauvais goût. — Les fûts infectés par l'alcool amylique, cause de mauvais goût, devront être emplis d'eau fraîche qu'on y laissera séjourner deux jours au plus.

Après avoir évacué cette eau, chargée d'une petite quantité de la matière infectante, on versera dans chacun de ces vaisseaux, pipes ou demi-muids, 30 grammes de chlorure de chaux et 30 grammes d'acide sulfurique du commerce, par hectolitre de capacité.

On dissoudra le chlorure de chaux dans vingt fois son poids d'eau et on introduira cette dissolution dans le fût.

L'acide sulfurique, mélangé avec dix fois son poids d'eau, sera ensuite ajouté au chlorure. On aura soin d'assujettir bien solidement la bonde du vaisseau.

L'acide sulfurique, décomposant le chlorure de chaux, mettra en liberté du chlore et engendrera de l'oxygène dont l'action combinée détruira la mauvaise odeur de la futaille.

Le lendemain, on procédera à de copieux lavages à l'eau fraîche pour enlever toute trace de chaux. On complétera le traitement en brûlant dans chacun des fûts un bon boût de mèche soufrée dont le gaz acide sulfureux détruira toute trace de chlore. Avant de loger de l'alcool, du vin, dans la futaille ainsi désinfectée, on aura soin de la rincer à l'eau fraîche.

Fûts ayant contenu de l'huile. — En général l'huile d'olive, même vierge, sent son fruit.

Mais indépendamment de son goût de fruit, l'huile d'olive s'altère à l'air, devient rance, acquiert une saveur âcre qui se communique rapidement aux substances avec lesquelles elle se trouve en contact. Il est donc prudent de prendre certaines précautions, avant de mettre, dans un fût ayant contenu de l'huile, un vin, quelle que soit sa qualité.

Il est vrai que nous avons indiqué, comme moyen de désinfecter un vin entaché de goût de fût, de moisi, etc., l'emploi de l'huile d'olive surfine. Seulement, dans ce cas, l'huile n'est qu'un auxiliaire momentané, elle ne saurait pénétrer ni dans le bois du vase vinaire, ni dans le liquide; elle surnage et a seulement la propriété de s'assimiler au passage les causes du mauvais goût du vin. Disons plus, dans le cas d'un vin à bouquet, ayant un goût de fût, ce vin traité par l'huile, pourrait parfaitement perdre et son goût de fût et un peu de son bouquet, absolument comme cela a lieu en parfumerie, lors de l'opération de l'effleurage. Lorsqu'on met des fleurs odorantes dans des tiroirs clos, en contact avec des huiles fines, ces huiles ne tardent pas à dissoudre les parfums de ces fleurs et à se les assimiler.

Ce que nous venons de dire au sujet de l'huile d'olive, s'applique également aux huiles de graine comestibles.

Si les fûts ont contenu des huiles vierges, de premier choix, n'ayant aucun goût *sui generis*, et que le fût, entre la vidange de l'huile et le remplissage du vin, n'ait pas été soumis au contact de l'air, on peut à la rigueur, y loger (en faisant bien le plein) des vins communs ou de consommation courante, qui doivent être soutirés avec soin, avant d'être livrés au commerce ou à la consommation, car le négociant, ainsi que le consommateur s'accommoderaient fort mal d'un vin sur lequel surnageraient des pellicules huileuses.

Le cas où le vase vinaire n'a pas subi l'influence de l'air est l'exception ; l'air, entre la vidange et l'emplissage, a presque toujours pénétré dans l'intérieur du fût ; un tonneau ayant contenu de l'huile, même fine, est donc, en principe, un vase vinaire qui doit être soumis à un traitement préalable avant d'en faire usage, sous peine de communiquer au vin un goût désagréable.

La chaux, et plus encore la potasse ou la soude, forment, en se combinant avec les corps gras, huile ou graisse, une émulsion, espèce de savon, qu'il devient alors facile d'expulser au moyen de lavages énergiques.

Pour assainir les fûts qui ont contenu de l'huile, il faut y introduire, par hectolitre de capacité, 500 grammes de cristaux de soude en dissolution dans cinq litres d'eau bouillante; on promène cette lessive sur toutes les parties de la futaille en la roulant à plusieurs reprises. On place le fût alternativement debout sur chacun de ses fonds pour les pénétrer du liquide sodé.

Le sel de soude forme avec l'huile un savon soluble que l'on évacue après que le liquide a séjourné quelques heures dans la futaille. On rince ensuite avec de l'eau fraîche plusieurs fois et, le tonneau ainsi dépouillé de la matière huileuse, assaini de mauvais goût et d'odeur désagréable, peut contenir du vin, du cidre, sans leur communiquer aucun caractère défectueux.

On peut aussi faire dissoudre dans 5 à 6 litres d'eau, 500 grammes à un kilogramme de chaux et opérer comme avec la soude ; on termine le rinçage avec un ou deux litres d'eau légèrement alcoolisée.

Malgré ce traitement on ne devra faire usage des fûts qu'après s'être assuré qu'ils n'ont conservé aucune odeur ; à cet effet, après le dernier rinçage, on les bondera et, douze heures après, on les examinera. Ceux qui auraient conservé la moindre odeur devraient sans hésitation être rejetés.

Les fûts ayant contenu de l'huite d'olive sont recherchés dans certaines contrées de Normandie pour y loger du cidre. On prétend qu'il s'y conserve mieux que dans les tonneaux ordinaires, parce que l'huile, qui a pénétré dans l'épaisseur du bois, en a obstrué les pores et fermé tout accès à l'air atmosphérique. Il est important, en tout cas, nous l'avons dit, de n'employer que des fûts récemment vidés d'huiles fraîches et pures. L'huile devenue rance communiquerait un très mauvais goût au cidre.

L'huile est légèrement soluble dans l'alcool, auquel elle transmet son goût particulier et son odeur. Quand on verse de l'huile dans un fût contenant de l'eau-de-vie, celle-ci ne tarde pas à y contracter un goût graisseux, de graillon, très répugnant. Il est donc très important de ne pas loger de l'alcool ni de l'eau-de-vie dans des fûts à huile. Si l'huile ne communique pas de goût sensible au cidre, cela tient au peu de richesse alcoolique de cette boisson. Il n'en est pas de même du vin, plus spiritueux, qu'un seul gramme d'huile rance par litre peut infecter du goût nauséabond.

Fûts ayant contenu du pétrole. — Il n'y a aucun système, aucun lavage, aucun grattage, permettant de faire disparaître à coup sûr des tonneaux les traces du pétrole ou de l'essence qui y ont été contenus.

En général, ces huiles minérales ont une odeur très pénétrante et le pétrole, qui dissout les résines, imprègne le bois de matières hydro-carburées. Celles-ci, au contact de l'alcool du vin, se dissolvent et infectent tout le liquide.

On avait pensé que des jets de vapeur pourraient avoir raison de ces fortes odeurs, que les pores du bois, sous les efforts de l'eau chaude pulvérisée, abandonneraient ces substances grasses. Il n'en est rien, le pétrole ou les essences pénètrent profondément le tissu ligneux et rien ne peut l'affranchir des mauvais goûts qu'ils engendrent.

Connaissant le pouvoir dissolvant de l'alcool sur le pétrole, on avait pensé avoir recours à cet agent pour en faire disparaître les derniers vestiges après grattages et lavages préalables, mais l'expérience n'a jamais réussi. Le cœur du bois même est attaqué, et comme toutes ces huiles minérales sont très volatiles, elles se répandent facilement dans les moindres cavités.

On peut donc poser en principe que les fûts ayant contenu de l'huile de pétrole brute ou rectifiée sont impropres à servir pour loger des boissons, qu'on ne connaît aucun moyen de les désinfecter complètement.

Nous pouvons ajouter qu'il en est de même des fûts dans lesquels auront séjourné des matières grasses, sauf ce que nous avons indiqué pour l'huile.

On peut nettoyer les bouteilles ayant contenu du pétrole et voici comment on opère :

On prépare un lait de chaux avec lequel on lave les bouteilles. Le lait de chaux et le pétrole forment une émulsion, c'est-à-dire se combinent en une sorte de savon. Si l'on veut obtenir une plus grande netteté et enlever jusqu'à la moindre trace d'odeur, on lave une seconde fois avec du lait de chaux dans lequel on a mélangé une petite quantité de chlorure de chaux. Le chauffage du lait de chaux rend l'opération plus rapide. Des bouteilles ayant contenu du pétrole ont pu, par ce moyen, être remplies de vin, de bière, sans communiquer à ces boissons aucune espèce de goût.

Fûts ayant contenu du goudron. — Le goudron, quelle que soit son origine, végétale ou minérale, contient des matières extrêmement fluides, telles que la créosote, la benzine, des huiles lourdes et divers carbures d'hydrogène, à odeur forte et pénétrante. Ces matières pénètrent profondément dans le bois, le rendent imputrescible et l'infectent du goût âcre, brûlant et corrosif, qui les caractérise, et de leur odeur extrêmement forte et désagréable.

C'est en vain qu'on enlève les parties du bois souillées par le goudron. Les essences goudronneuses se sont introduites dans toute la profondeur des douves et les en ont imprégnées de manière à infecter le vin qu'on y logerait, ne fût-ce que quelques heures. Le fût ayant contenu du goudron est, quoi qu'on fasse, pour toujours impropre à recevoir des boissons.

Fûts parfumés. — Certains liquides aromatiques, spécialement dans les distilleries, laissent aux fûts dans lesquels ils ont passé, même fort peu de temps, une odeur qui se communique à tous les autres liquides placés dans les mêmes récipients.

Ces vases se trouvent par cela impropres à une foule d'usages : comment les assainir ? Les lavages simples sont impuissants : le liquide aromatique pénètre, en effet, dans le bois à une certaine profondeur, et les parfums sont, en général, des substances insolubles dans l'eau, et que ce véhicule ne peut extraire de la paroi poreuse qu'ils imprègnent.

Comme, d'autre part, ces corps sont volatils, c'est à cette dernière propriété que l'on fait appel pour s'en débarrasser. Le moyen le plus pratique consiste à faire traverser la futaille par un courant de vapeur d'eau (étuvage) jusqu'à évaporation du parfum, ce qui demande parfois un temps assez considérable.

Si une première opération n'est pas suffisante, on répète encore une ou deux fois, jusqu'à complète disparition de toute trace d'odeur.

Pour être bien certain du résultat, on doit bonder la futaille séchée et sentir après vingt-quatre heures de fermeture l'air intérieur aspiré par un tube plongeant jusqu'au milieu du fût.

Si on n'a pas de générateur, on peut se servir d'un alambic en suivant les indications que nous avons données en parlant de l'étuvage. Les parfumeurs, qui font successivement passer dans leurs alambics les produits aromatiques les plus divers et dont les essences ne doivent pas se souiller mutuellement, emploient ce procédé, mais avec une modification que nous conseillons pour les futailles, quand le parfum qui les imprègne est tenace : ils ajoutent à l'eau qui produit la vapeur une certaine quantité de la plante connue sous le nom de pariétaire, laquelle croît spontanément, surtout dans les interstices des murs en pierre sèche.

Le résultat est excellent. Ce procédé est très pratiqué dans les parfumeries de Grasse. Le bon effet indiscutable, et prouvé par l'expérience, de l'addition de pariétaire à l'eau qui produit la vapeur, doit être dû, selon Tony-Garcin, au dégagement de la plante, par distillation, d'une essence neutre d'odeur qui communique à la vapeur d'eau qui l'entraîne un pouvoir dissolvant pour l'essence qu'il s'agit de chasser et facilite l'extraction de celle-ci des pores du bois.

Quel que soit le bien ou le mal fondé de cette théorie, il nous suffit pratiquement de retenir le fait qui est certain.

Il est des parfums, tels que l'absinthe, l'anis, etc., qui ont une ténacité telle qu'il faut un temps très long et plusieurs opérations répétées pour arriver à en débarrasser les fûts ; il est prudent, en pareil cas, de ne pratiquer le procédé que si la futaille vaut le coût de la vapeur et de la main-d'œuvre.

Récipients en fer. — Les récipients en fer, très employés pour l'alcool, présentent par leur imperméabilité l'avantage de conserver le liquide sans perte de volume ni de degré.

Pour le vin, ils ne sont pas exempts de graves défauts. Le vin contient divers acides qui ont la propriété d'attaquer le fer, de l'oxyder, de former avec lui des sels incompatibles avec les bonnes qualités du liquide. L'acide tartrique produit, aux dépens du fer et du vin, du tartrate de potasse et de fer, brun foncé, qui altère la couleur du vin et lui communique un goût d'encre. Il se produit en même temps de l'hydrogène dont la combinaison avec quelques matières impures du fer donne au vin un mauvais goût et une odeur désagréable.

Peut-on isoler le vin du contact de fer au moyen d'un vernis, d'un enduit quelconque ?

L'enduit le plus fluide, le mieux appliqué, ne couvre jamais d'une manière absolue toute la surface sur laquelle on le dépose. Il y a toujours de petits intervalles que ne protège pas l'enduit et sur lesquels le vin exercera son action oxydante du métal. Peu à peu ces intervalles s'agrandissent et, au bout de quelque temps, toute la surface métallique est envahie et couverte de rouille.

L'enduit dont on recouvre habituellement le fer est composé de minium et d'huile siccative. L'alcool dissout l'huile et met à nu l'oxyde de plomb, attaquable par les acides du vin ; il en résulte des sels de plomb vénéneux qu'il faut se garder d'introduire dans les boissons.

Les vernis résineux à l'alcool, à la gélatine, se dissolvent dans le vin et ne protègent pas longtemps la surface du métal. A la rouille du fer ils ajoutent l'odeur et le goût des résines qui altèrent le liquide.

La silicatisation ne donne pas des résultats meilleurs. Les silicates alcalins enlèvent au vin une partie de sa fraîcheur, et troublent sa couleur.

Les nombreux inconvénients des bacs en fer, pour le logement du vin, doivent en faire proscrire l'usage.

Si on possède un récipient en fer et qu'on désire en tirer parti absolument, il n'y a qu'un moyen pour le rendre à peu près convenable, c'est de le faire étamer d'une façon complète et très finement.

Il y aura lieu de surveiller cet étamage et par la suite le récipient, de manière à le réparer toutes les fois que l'étamure semblera disparaître. Autrement, le vin noircirait.

L'usage des bacs en fer pour le logement des alcools, bien qu'il présente parfois certains inconvénients, s'est au contraire généralisé, mais il est de toute nécessité pour que la qualité de ces alcools ne soit pas atteinte, que ces bacs soient en parfait état ; on ne saurait, dans le but de mettre l'alcool à l'abri de toute altération, badigeonner les parois de peinture, il y a lieu de recourir à un étamage fin à l'étain pur.

Récipients en zinc. — En raison de la lenteur avec laquelle le vin agit sur le zinc et de l'insolubilité du carbonate et du tannate de zinc, il y a peu d'inconvénients à placer le liquide dans des vases en zinc, à condition toutefois qu'il n'y séjournera que peu de temps et qu'il pourra ensuite se clarifier à loisir ; par contre, l'usage continuel de récipients et de tubes en zinc pour contenir et transvaser le vin, peut arriver à attaquer le métal et surtout les résidus qui en imprègnent les parois, parce qu'ils sont plus facilement oxydables. Les sels de zinc qui se sont alors formés risquent d'être entraînés par le passage des vins qu'on transvase; ce fait peut devenir assez grave pour occasionner des accidents.

En résumé, le mieux est de proscrire le zinc pour les vases vinaires, comme on le réprouve pour les laiteries.

Récipients en maçonnerie. — Les cuves en maçonnerie, bien construites avec des matériaux solides et du mortier hydraulique, revêtues d'une bonne couche de ciment romain, sont étanches et peuvent servir utilement, nous l'avons dit, à loger du vin.

On leur reproche, toutefois, de faire noircir le vin, d'en changer le goût, d'empêcher le depôt du tartre qui n'adhère pas au ciment.

Tous ces reproches peuvent être mérités, si l'on se sert de ces cuves lorsque le mortier et le ciment sont encore frais.

On peut facilement conjurer ces accidents : en donnant à la maçonnerie le temps de durcir, en faisant séjourner de l'eau dans la cuve, entièrement pleine, pendant quelques jours, avec le soin de la renouveler deux ou trois fois. Le ciment hydraulique durcit dans l'eau et celle-ci emporte à chaque lavage la partie de la chaux qui peut se dissoudre. Ainsi dégorgé, le ciment n'a presque plus d'action sur le vin. Le tartre n'adhère pas au ciment, mais il se fixe sur un fagot de sarment qu'on laisse séjourner dans le vin de la cuve.

Pour les récipients en maçonnerie, la meilleure pierre est la moins poreuse ; toutes les pierres, mêmes les plus compactes, absorbent de l'eau, mais cela est en raison inverse de leur densité. Il y a un moyen très simple de se rendre compte exactement de la puissance d'absorption des pierres, devant servir à une construction de ce genre. On fait tailler un morceau cubique, ayant comme dimension 1 décimètre de longueur, 1 décimètre de largeur et 5 décimètres d'épaisseur ; on le fait sécher au four et on en prend le poids; puis, après l'avoir fait chauffer à nouveau, on le plonge tout chaud dans l'eau froide, où on le laisse deux jours. Au bout de ce temps, on essuie les surfaces et on pèse immédiatement. La différence des deux points donne l'eau absorbée. Ce système, fort pratique, permet de connaître assez rapidement la valeur de la pierre.

La brique peut également servir, on en prépare même spécialement avec des tenons, pour cet usage, mais nous préférons la pierre de taille bien cimentée. Les briques, malgré une bonne cuisson, restent poreuses et leurs petites dimensions nécessitent une quantité considérable de ciment; enfin, elles présentent moins de résistance aux poussées.

Un bon ciment romain est nécessaire, c'est une sorte de chaux hydraulique jouissant de la propriété d'acquérir une grande dureté; les murs doivent être épais; le fond sera établi sur un premier béton servant d'assise et tous les joints seront hermétiquement fermés par le ciment. Quels que soient le ciment et la pierre employés, l'imperméabilité n'est pas encore absolue; il faut, pour l'atteindre, recouvrir les parois intérieures d'une couche de silicate de potasse. Ce sel doit être dissous dans deux fois son poids d'eau. Cette dissolution marque 35° à l'aréomètre Baumé.

Il suffit de l'étendre de deux fois son volume d'eau pour obtenir le degré le plus convenable au durcissement de la pierre. On badigeonne les parois de la cuve, comme on ferait pour un mur qu'on blanchirait à la chaux, et on obtient ainsi une cuve étanche. On peut faire deux ou trois applications successives. Toutefois, ce n'est qu'après que la construction sera complètement séchée que le revêtement de silicate devra être fait.

Le traitement des cuves en maçonnerie, que nous avons indiqué, s'applique également aux citernes destinées à loger des alcools, des flegmes et des genièvres.

LIES, TARTRES ET VERDETS

Lies. — Il y a deux sortes de lie, qu'elle provienne du vin rouge ou du vin blanc.

La grosse lie, ou lie de débourbage, est celle qui se forme naturellement par le repos du vin nouveau et tombe au fond des foudres;

La lie de collage résulte de la précipitation des matières denses du vin, déjà soutiré et collé.

Les lies de collage, aussi riches en alcool que les lies de débourbage du même vin, sont plus légères, contiennent moins d'essence, de tartre, de matières minérales, colorantes; par contre, on y trouve des matières étrangères que le collage y a introduites, la plupart d'origine animale: albumine des œufs, du sang, gélatine, qui rendent ces lies visqueuses putrescibles.

Les lies de vin blanc ne diffèrent de celles de vin rouge que par l'absence d'œnocyanine, ou matière colorante du raisin noir, et par une moindre proportion de matières astringentes, taniques. Les vins blancs ayant fermenté hors la présence des pellicules dans lesquelles réside la couleur, sont naturellement dépourvus d'œnocyanine.

L'espèce des cépages, la nature du sol, l'état de maturité du raisin déterminent de grandes différences dans la composition des lies. Cette composition est très inconstante dans le même vignoble, suivant que l'année a été plus ou moins favorable. Tous les ans, la lie d'une même provenance ne contient pas les mêmes quantités d'essence, d'huile essentielle, de tartre, de matière colorante, dont les proportions peuvent varier du simple au double.

Ce qui est constant dans la teneur des lies, c'est la présence de l'huile essentielle et de la levure; rare ou abondante, l'essence a toujours les mêmes qualités. Il en est de même de la levure.

Si les lies de collage peuvent se prêter aux mêmes opérations que les lies de débourbage, pour l'extraction du vin, de l'alcool, des essences, du tartre, de la couleur, c'est généralement aux grosses lies qu'on donne la préférence, à cause de leur plus grande abondance et de leur plus fort rendement en matières utiles.

C'est donc des grosses lies que nous nous occuperons particulièrement.

Nous avons dit que les produits distillés des lies ont des qualités qui les rapprochent des eaux-de-vie de vin, et que, dans des mains habiles, elles se prêtent à une amélioration judicieuse des eaux-de-vie d'industrie.

A la fin de la distillation des lies, on recueille à l'éprouvette, si on pousse le feu vigoureusement lorsque tout l'alcool est distillé, un liquide peu ou point alcoolisé sur lequel surnage une matière noire, ayant l'aspect du goudron, poisseuse, grasse, s'attachant à la tige de l'alcoomètre, insoluble dans l'eau et soluble dans l'alcool, dans l'éther.

Cette matière, d'une nature très complexe, possède une odeur forte, un goût âcre. C'est elle qui contient l'huile essentielle de vin.

Le point d'ébullition de cette matière paraît très élevé.

La lie contient aussi le ferment vineux, celui qui fait le vin droit, le saccharomyces ellipsoïdeus.

Si, dans un moût sucré, la levure est absente, ou manque d'énergie, les mauvais ferments font leur apparition.

Il faut alors demander à la lie le saccharomyces ellipsoïdeus qu'elle contient.

Nous avons expliqué, au traitement des vins, qu'on pouvait extraire la couleur des lies, mais que l'emploi de cette couleur n'avait pas d'intérêt.

Conservation des lies. — La conservation des lies se pratique de deux manières, suivant l'usage auquel on les destine.

S'il s'agit de conserver la lie, à l'état humide, pour la soumettre à la distillation, ou pour l'employer comme ferment dans la fabrication des vins de marc ou de raisins secs, la préparation est simple.

La lie verte, telle qu'elle sort des foudres au moment du soutirage des vins nouveaux, contient 40 p. 100 de levure et 60 p. 100 de vin. On y ajoute de bon alcool, ou de l'eau-de-vie, fût-elle de marc, en quantité suffisante pour que le mélange ait de 15 à 16 degrés. L'alcool empêche la fermentation putride de la lie qui, dans son liquide alcoolisé à 15 et 16 degrés, se conserve sans altération d'une année à l'autre.

Veut-on utiliser la lie comme matière tartrique, il faut la séparer de son liquide, la soumettre à une forte pression et à la dessiccation aussi rapide que possible.

Dans quelques centres vinicoles, on opère le pressurage des lies au moyen de filtres-presses.

La dessiccation des tourteaux de lie ainsi obtenus se fait tantôt au soleil, tantôt dans des séchoirs ou étuves, dans lesquels la lie, étalée en couches minces sur des toiles et des claies, est soumise à l'action de l'air chaud.

Pour éviter l'altération des tartrates de potasse et de chaux contenus dans la lie, il faut en opérer la dessiccation sans retard.

Ce qui constitue la valeur essentielle des lies, c'est leur matière tartrique, dont on extrait la crème le tartre et l'acide tartrique.

Le plâtrage a pour effet de diminuer la valeur des lies en transformant une partie de leur bitartrate de potasse en sulfate de potassium.

Tartre brut. — Le tartre brut est une croûte mince, cristalline, qui se dépose sur les parois intérieures des cuves, foudres et tonneaux, ayant contenu du vin. Elle y adhère fortement et, pour l'en détacher, on est obligé d'avoir recours à des instruments en fer, à des racloirs.

Ces cristallisations sont plus ou moins épaisses, suivant la nature du vin et la durée de son séjour dans le vaisseau. On rencontre aussi du tartre en plaquettes épaisses dans toutes les parties du tonneau.

Le commerce n'achète des lies et des tartres que suivant leur degré de bitartrate de potasse.

La vinification emploie aujourd'hui de grandes quantités d'acide tartrique et de tartrate neutre de potasse, qu'elle achète à l'industrie. D'autre part, le vinificateur possède la matière première : tartres bruts et lie de vin, d'où il lui serait possible d'extraire lui-même les produits dont il se sert. C'est en vue de cette préparation en petit que nous donnerons les procédés pratiques à employer avec les notions théoriques nécessaires pour les comprendre, afin de les bien exécuter.

Le tartre brut est composé en majeure partie de bitartrate de potasse (crème de tartre), de tartrate de chaux, et des impuretés, des matières colorantes qui se sont précipitées.

Avec l'emploi de ces cristaux de tartre on est assuré d'avoir de véritable acide tartrique.

De plus, il en résulte une grande économie ; ces tartres bruts que l'on retire des vases vinaires ne coûtent guère aux propriétaires, que la main-d'œuvre de raclage et la mouture. M. Gaillot, de Beaune, a construit un moulin à tartre destiné à faciliter cette dernière opération.

Rappelons qu'en employant plusieurs fois la vinasse, en place d'eau, pour la distillation du marc en nature, on peut en extraire une partie des sels de potasse que l'ébullition a dissous. La vinasse, ayant servi plusieurs fois, qu'on répand bouillante directement de l'alambic dans une fosse étanche dans laquelle on a jeté des fagots de sarment, abandonne par le refroidissement, les matières tartriques qui s'attachent en paillettes sur les sarments. On en détache ensuite ce tartre, soit en raclant le bois, soit en faisant dissoudre dans une petite quantité d'eau bouillante, de laquelle il se sépare ensuite par le refroidissement, et le repos. Ce sel impur est vendu aux fabricants de crème de tartre et d'acide nitrique.

Essai du tartre brut. — Avant de procéder à la fabrication de l'acide tartrique ou de la crème de tartre avec un tartre brut, il est bon de se rendre compte de la richesse de la matière première.

La matière principale est le bitartrate de potasse. La proportion en est très variable selon la provenance ; elle varie de 65 à 95 0/0 dans les tartres provenant de vins non plâtrés ; dans ceux des vins plâtrés elle peut descendre jusqu'à 25 0/0.

Le tartrate de calcium existe en petite quantité dans les tartres de vin non plâtrés, mais peut aller jusqu'à 46 0/0 dans les autres.

Avec ces matières utiles on trouve comme impuretés : de la matière colorante, de la lie, des fragments de bois provenant du dépiquage des tonneaux, du plâtre, du sable, de l'argile, du carbonate de chaux, des fragments de soufre provenant du soufrage des futailles, du sulfate de potassium provenant des méchages, etc.

Essai à la casserole. — L'essai à la casserole est un ancien procédé qui serait à abandonner. On en parle pourtant assez souvent et de vieux praticiens y sont tellement attachés qu'il est bon de le connaître.

Voici comment on le pratique. On fait bouillir avec un litre d'eau de 7 à 10 grammes de tartre brut pulvérisé suivant sa richesse présumée en bitartrate, richesse dont l'aspect plus ou moins cristallin du tartre donne une grossière idée.

Après dix minutes d'ébullition, on retire la casserole du feu et on laisse reposer deux minutes ou trois pour donner aux impuretés non dissoutes le temps de se déposer.

On décante alors le liquide clair dans un vase de faïence, grès ou porcelaine, et on l'abandonne six à douze heures au refroidissement. La crème de tartre cristallise ; on décante l'eau mère, puis on lave les cristaux avec un litre d'eau, on dessèche et on pèse. Au poids trouvé on ajoute 0 gr. 94 si l'on a employé 2 litres d'eau pour la dissolution et le lavage ; de ce poids total on déduit par une simple proportion la richesse centésimale du produit brut.

Un chimiste pourrait rendre cet essai très exact avec certaines précautions qu'il serait difficile d'expliquer et surtout de faire observer à d'autres qu'à un technicien.

Essai acidimétrique. — L'essai acidimétrique ne donne, comme le précédent, que la crème de tartre. Il serait mis en défaut si on avait frauduleusement arrosé le tartre brut d'un acide quelconque. Dans le cas contraire, il donne très exactement la proportion de bitartrate.

Pour y procéder on fait bouillir 1 gramme de tartre brut très finement pulvérisé, avec deux litres d'eau distillée; on verse dans une fiole jaugée 2 litres, on laisse refroidir, on complète le volume à l'eau distillée, on homogénéise par agitation et on laisse reposer quelque temps de façon à pouvoir décanter un litre de liqueur claire exactement mesuré.

Cette quantité de liquide correspond à 5 décigrammes de tartre brut. On la verse dans un grand vase à saturation de 1 litre et demi à 2 litres, on la colore avec quelques gouttes de tournesol et on procède à l'essai acidimétrique, en employant une liqueur de soude décime normale, c'est-à-dire dont le litre équivaut à 4 grammes 9 d'acide sulfurique monohydraté, et par conséquent à 18 grammes 8 de crème de tartre pure.

La teneur centésimale se calcule comme suit :

Supposons par exemple que l'on ait employé 17 c. 3 de liqueur acidimétrique, cette quantité équivaut à $17{,}3 \times \frac{18{,}8}{1000}$ gr. de crème de tartre, soit à 0 gr. 32,524; c'est la quantité contenue dans 0 gr. 5 de tartre brut; on aura donc la quantité pour 100 en multipliant par 200.

$$0{,}32.524 \times 200 = 65{,}048$$

La teneur d'un pareil tartre serait donc 65 0/0 très approximativement.

En résumé, en opérant strictement comme nous l'indiquons, on obtiendra la teneur 0/0 par la formule suivante où n représente le nombre de centimètres cubes de liqueur de soude décime normale employée :

$$n \times \frac{18{,}8}{1000} \times 200 = \frac{n. \times 18{,}8}{5} = n.\ 3{,}76$$

En langage ordinaire multiplier par 3,76 le nombre de centimètres cubes employés.

Les deux essais qui précèdent ne traitent que de la teneur en crème de tartre, ils sont insuffisants pour se rendre compte de la valeur industrielle, surtout pour fabrication d'acide tartrique. Aussi donnerons-nous l'essai complet du tartre brut.

Essai complet. — Pour l'essai complet du tartre brut, on prépare un échantillon moyen bien homogène. Résidu : une prise exactement pesée de cet échantillon est bouillie avec de l'eau acidulée au 1/10e par l'acide chlorhydrique. Le tout jeté sur un filtre taré et lavé à épuisement avec de l'eau bouillante aiguisée du même acide.

On dessèche et on pèse, d'où on déduit le poids du résidu 0/0.

L'examen à la loupe permet de reconnaître les fragments de bois, les morceaux de lie, etc.

On incinère le tout, il reste le sable et l'argile. Si, pendant la calcination, on perçoit l'odeur piquante de l'acide sulfureux, c'est que du soufre nature se trouvait dans les impuretés du tartre. Tony-Garcin préconise les méthodes suivantes pour la recherche des éléments du tartre brut :

Carbonate de calcium : Dans un appareil spécial, dont il existe plusieurs modèles parmi lesquels nous préférons celui de Gessler à robinets, on place une quantité exactement pesée de l'échantillon moyen. Cette quantité variera de 5 à 20 grammes, selon la teneur en carbonate.

On additionne d'un peu d'eau distillée, on ferme l'appareil et on le pèse. On laisse alors couler lentement par petites portions l'acide contenu dans l'allonge supérieure, jusqu'à ce qu'une nouvelle addition d'acide ne produise plus d'effervescence ; on chauffe alors doucement le ballon pour chasser le gaz dissous par le liquide, on laisse refroidir, et enfin on vide l'appareil des dernières traces d'acide carbonique en le faisant traverser par aspiration, par un courant d'air *sec*.

On pèse et la perte de poids constatée multipliée par 2,2727 donne la quantité de carbonate de chaux de la prise d'essai, de laquelle on déduit le pour cent.

Tartrate de calcium : On incinère huit à dix grammes exactement pesés de l'échantillon moyen, et les cendres sont épuisées à l'eau distillée, sur un petit filtre.

Le résidu est arrosé avec une quantité déterminée d'acide azotique titré et versé en plusieurs fois : on termine en lavant à l'eau pure. Les liquides réunis sont titrés alcalimétriquement, et de la diminution du titre de l'acide azotique on déduit la quantité de carbonate de chaux. Celle-ci se compose du carbonate primitif et du tartre et de celui qui provient de l'incinération du tartrate de calcium.

Comme la première est déterminée par l'opération précédente on obtient la seconde que nous désignerons par K, en opérant une soustraction.

Le tartrate de calcium x de la prise d'essai est donné alors par la formule $x = 13 : 5$ K.

On ramène au pour cent comme d'habitude.

Bitartrate de potasse : Les eaux de lavage des cendres de l'opération précédente, contiennent tout le carbonate de potasse qui provient de la crème de tartre.

On titre ce sel dans ces eaux par une opération alcalimétrique : soit C le poids trouvé de carbonate, le poids x de crème de tartre qui y correspond sera : $x = 60 : 63$ C, que l'on ramène à 0/0.

Acide tartrique total : On déduit enfin la teneur en acide tartrique total de celles déterminées pour le tartrate de calcium et pour le bitratrate de potassium, d'après les données suivantes :

100 parties de tartrate de calcium contiennent 57,67 d'acide tartrique et 100 parties de bitartrate de potassium (crème de tartre) contiennent 74,9 d'acide.

Sulfate de chaux : On peut avoir intérêt, pour la fabrication, à se rendre compte de la teneur en sulfate de chaux.

Pour y arriver, on dissout à l'acide chlorhydrique faible une prise exactement pure de l'échantillon moyen, préalablement incinéré de préférence et dans la dissolution filtrée; on précipite la chaux par une addition d'oxalate d'ammoniaque et d'ammoniaque.

On recueille le précipité, on le lave, on le calcine avec les précautions habituelles et on le pèse. Du poids constaté on déduit le carbonate de calcium naturel et celui du tartrate de calcium dont on a obtenu le poids dans le dosage du tartrate de calcium; le tout, bien entendu, ramené par proportion au poids de la prise d'essai. Le reste représente le carbonate de chaux correspondant au sulfate existant dans le tartre brut. On déduit le poids de ce sulfate en multipliant par 19/10 le poids du carbonate.

Préparation de la crème de tartre. — Le tartre brut sert par une opération très simple de raffinage, à la préparation de la crème de tartre (bitartrate de potasse). Ce sel, à l'état pur, se présente en cristaux blancs durs, de saveur acide.

Sa solubilité dans l'eau est faible, mais augmente assez fortement avec la température, ainsi que l'indique le tableau suivant qui servira de guide, on va le voir, pour le raffinage :

1 litre d'eau dissout à la température de :	0°	3 gr. 2
—	—	10°	4 » 0
—	—	20°	5 » 7
—	—	30°	9 » 0
—	—	40°	13 » 0
—	—	50°	18 » 0
—	—	60°	24 » 0
—	—	70°	32 » 0
—	—	80°	45 » 0
—	—	90°	57 » 0
—	—	100°	69 » 0

C'est en profitant de cette inégale solubilité selon les températures que du tartre brut on extrait le tartre pur.

Voici comment, en petit, on devra diriger l'opération :

Le tartre pulvérisé est mis dans une bassine émaillée et on y verse de l'eau à raison de 1 litre par 25 grammes de tartre brut.

L'eau employée doit être le plus possible exempte de sels calcaires. A ce point de vue, après l'eau distillée, les meilleures sont l'eau de pluie, des citernes et celle des torrents (gaves) des Pyrénées qui coulent sur un sol granitique.

On porte à l'ébullition, et on ajoute, dès qu'elle se produit, du noir animal lavé à l'acide, le dixième en poids du tartre brut traité.

On maintient bouillant une demi-heure.

La bassine est alors retirée du feu et entourée de chiffons de façon à rendre le refroidissement aussi lent que possible. On laisse reposer alors près du fourneau et dans la plus grande tranquillité.

Le noir animal et les impuretés se déposent par le repos.

On doit opérer de telle façon que le dépôt se soit complètement effectué avant que la température soit descendue à 60°.

Ces conditions remplies, ce dont on s'assure en ayant un thermomètre plongé dans la bassine, on décante avec précaution le liquide clair dans des terrines de grès que l'on couvre d'un linge ou d'un papier de façon à préserver des poussières.

On place dans un lieu frais, le plus froid possible. Le tartre cristallise.

Après quarante-huit heures, on décante les eaux mères, et on étend à l'air libre les cristaux bien essuyés de façon à terminer leur dessiccation.

On fait rentrer dans la fabrication les eaux mères égouttées des cristaux.

Le dépôt de la bassine, sur lequel on a décanté le liquide clair, est levigé à plusieurs reprises avec de l'eau chaude; les liqueurs clarifiées par repos sont décantées et servent à partir de ce moment à la dissolution du tartre brut dans les opérations subséquentes.

A côté de ce procédé, nous mentionnerons un système breveté de M. Gladysz et exploité dans une usine, à Montredon, près de Marseille.

Il s'applique aussi bien aux tartres bruts qu'aux lies.

En voici le principe : la matière brute est traitée à froid par une solution d'acide sulfureux qui dissout le tartrate de calcium et le bitartrate de potassium ; la liqueur incolore est décantée, puis chauffée à l'ébullition.

L'acide sulfureux se dégage, les tartrates qu'il maintenait en dissolution se précipitent. Par le refroidissement, la précipitation est à peu près complète.

La masse obtenue est un mélange de tartrate de calcium et de bitartrate de potassium. On les sépare par des lévigations à l'eau bouillante.

Il serait facile d'appliquer ce procédé en petit.

Préparation de l'acide tartrique. — On peut extraire l'acide tartrique du tartre brut par le procédé industriel classique, en proportionnant les appareils à l'importance de l'opération.

Voici comment on procédera :

Le tartre brut pulvérisé est mis avec de l'eau dans une grande bassine en fonte émaillée, et la liqueur portée à l'ébullition. On ajoute alors par petites portions du carbonate de chaux (craie) pulvérisé.

Chaque addition provoque une effervescence qu'il faut laisser calmer avant d'en faire une nouvelle.

Comme cette effervescence fait enfler le liquide, celui-ci déborderait si l'on n'avait soin de laisser la bassine seulement à demi remplie.

On cesse d'ajouter de la craie dès que cette substance ne produit plus d'effervescence dans le liquide, et on laisse reposer.

D'autre part, on a fait dissoudre, dans de l'acide chlorhydrique ordinaire, de la craie en excès et laissé reposer la solution qui contient alors du chlorure de calcium.

Au liquide de la bassine on ajoute de cette solution, tant qu'elle y produit un précipité, on laisse reposer, on décante et on lave avec de l'eau ordinaire le précipité total qui est du tartrate de calcium impur.

Celui-ci est alors traité à chaud dans la bassine même, par de l'acide sulfurique étendu de 10 parties d'eau, en employant une quantité d'acide un peu plus faible que celle qui serait nécessaire pour décomposer tout le tartrate.

La liqueur reposée et décantée est évaporée à une douce chaleur et on la laisse cristalliser par le repos et le refroidissement.

L'acide tartrique, ainsi produit, est légèrement coloré par les impuretés du tartre brut, mais cette coloration n'a aucun inconvénient dans le traitement des vins rouges.

Le précipité de tartrate de chaux, traité par une quantité insuffisante d'acide sulfurique étendu, est bouilli avec une nouvelle quantité de ce dernier acide, et c'est la liqueur ainsi obtenue qui sera employée à une seconde opération avec une nouvelle quantité de tartrate de chaux.

Les eaux mères, où se sont déposés les cristaux d'acide tartrique, sont ajoutées à la même solution sulfurique de façon à rentrer dans la fabrication.

S'il s'agissait d'extraire l'acide des lies, après les avoir distillées pour enlever l'alcool, on les délaierait dans de l'eau, et on additionnerait la liqueur d'acide chlorhydrique. La liqueur filtrée, on la neutralise par un lait de chaux qui précipite du tartrate de calcium. Celui-ci est alors traité comme le tartrate de chaux fabriqué avec le tartre brut dans l'opération ci-dessus décrite.

Préparation du tartrate neutre de potasse. — Si on a à traiter de fortes parties de vins piqués, il importe de fabriquer soi-même le tartrate neutre de potasse (sel végétal) nécessaire; car, pris dans le commerce, il reviendrait beaucoup plus cher.

On prendra à cet effet de la crème de tartre ordinaire, on la pulvérisera, on la passera au tamis de crin ; on mettra cette poudre dans un chaudron de cuivre étamé ou non ; on y ajoutera cinq fois environ son poids d'eau, et on la placera sur le feu, de manière à porter le liquide à 60 degrés centigrades de température, et alors on ajoutera peu à peu et avec précaution du sous-carbonate de potasse (potasse du commerce) jusqu'à ce qu'il n'y ait plus d'effervescence produite, c'est-à-dire dégagement d'acide carbonique, et que le tartrate, d'acide qu'il était, soit devenu neutre. On jettera le liquide encore chaud sur un linge, on passera et procédera à son évaporation ménagée, en agitant continuellement avec une spatule de bois jusqu'à ce que, d'épais qu'il était, il passe à l'état de cristallisation confuse.

Nous avons dit que le dépôt formé dans les tonneaux par suite du traitement du vin par le tartrate neutre, était du tartrate acide ou crème de tartre. Il n'y a donc nul besoin d'acheter ce sel pour la nouvelle opération, puisqu'il suffira de le traiter de la même façon que nous venons d'indiquer pour le transformer en tartrate neutre.

Verdets. — Le cuivre, ou ses alliages, soumis à l'influence des acides, des corps gras, de l'air humide, se recouvrent d'une efflorescence bleuâtre, vulgairement nommée vert-de-gris.

Dans la droguerie, on donne souvent le même nom à nombre de sels de cuivre impurs, aux résidus de décapage de bronze, d'affinage des métaux précieux, etc. Il ne faut pas confondre ces produits avec le vrai verdet obtenu en attaquant le cuivre par le marc de raisin aigri.

La fabrication du verdet est spéciale au midi de la France, où elle existe depuis plusieurs siècles.

Jadis, en Languedoc, le verdet se faisait dans les caves; il y a cinquante ans, les « caves » de l'Hérault étaient célèbres et, dans la contrée, la préparation du verdet était l'occupation des femmes pendant les veillées d'hiver.

L'appellation elle-même de verdet est tirée du patois local.

Le vinaigre porte en chimie le nom d'acide acétique. Le verdet, produit de l'attaque du cuivre par le vinaigre, est donc de l'acétate de cuivre.

On distingue plusieurs sortes d'acétates de cuivre, suivant les proportions de cuivre et d'acide acétique qu'ils contiennent. Les deux principaux sont :

L'acétate de cuivre neutre, formé d'une partie (équivalente) d'acide acétique et d'une partie de cuivre;

L'acétate de cuivre bibasique, formé d'une partie d'acide acétique et de deux parties de cuivre.

Ce dernier est formé par la réunion d'une molécule du précédent avec une molécule d'oxyde de cuivre.

Les chimistes réservent le nom de verdet au premier de ces acétates. Ils appellent le deuxième vert-de-gris. Le peuple languedocien a toujours désigné du nom générique de verdet tous les acétates de cuivre. Pour les distinguer entre eux, il appelle le premier, acétate neutre : verdet cristallisé, et le deuxième, acétate bibasique : verdet gris.

Le verdet cristallisé (acétate neutre) ou cristaux de Vénus, se présente sous forme de cristaux vert bleu foncé, presque noirs. Quand il cristallise au-dessous de 6 degrés centigrades, ces cristaux sont bleu saphir. Dans ce dernier cas, ils contiennent un peu plus d'eau de cristallisation. En la leur faisant perdre par une élevation de température, on a des cristaux vert foncé, qui se dissolvent entièrement dans 7 à 10 fois leur poids d'eau à la température ordinaire. Leur dissolution est d'un vert bleu, limpide et très légèrement visqueuse.

Le verdet gris (acétate bibasique), vert-de-gris basique ou verdet de Montpellier, se présente, quand il est arrivé au dernier terme de sa fabrication, sous forme de masse grenue, non cristallisée (amorphe), très dure, compacte comme de la pierre et d'une couleur bleu pâle. En écrasant cette matière, on la réduit en poudre, dont le bleu devient de plus en plus sale à mesure que la poudre est plus ténue. Elle finit même par devenir d'un bleu gris. C'est pour cela que le peuple l'a appelée verdet gris.

Si on mélange cette poudre avec une petite quantité d'eau et qu'on attende quelques heures, on voit le verdet se gonfler en pâte visqueuse qui, en séchant, reprend sa dureté.

On connaît enfin une autre sorte commerciale de verdet basique verdet de Grenoble) ou verdet basique vert. Ce sel existe en petite quantité dans le verdet de Montpellier et se forme quand on fait bouillir une solution d'acétate neutre. Il se précipite sous forme de poudre amorphe gris bleuâtre. Pour préparer le verdet de Grenoble on humecte des lames de cuivre de vinaigre et on les expose dans un lieu chaud ou bien on dispose, par couche, des plaques de cuivre et des morceaux de flanelle trempés dans le vinaigre.

Fabrication du verdet gris. — Les viticulteurs désireux de préparer eux-mêmes du verdet gris l'obtiendraient environ pour 1 fr. le kilog.

L'ancien procédé de fabrication du verdet gris est le plus à portée des viticulteurs, car ils ont sous la main une des matières premières nécessaires : le marc de raisin.

Le procédé consiste, nous l'avons dit, à attaquer des plaques de cuivre par du marc de raisin acétifié.

Après les vendanges, on fait provision du marc nécessaire pour la fabrication de l'année. On le choisit aussi peu pressé que possible, venant de vignes ayant donné un vin d'un degré élevé, et surtout n'ayant pas servi à faire des piquettes. On comprime fortement ce marc à l'abri de l'air, dans des cuves ou des tonneaux.

Le cuivre est livré par le commerce sous forme de plaquettes rectangulaires de 6 centimètres de large sur 16 de long, et d'une épaisseur de 1 millimètre environ. Chaque plaquette pèse, en général, 100 grammes.

C'est sur ces plaquettes que se forme la couche de verdet. Pour l'en détacher on la racle avec un couteau. Le cuivre doit être suffisamment dur et lisse pour résister au frottement et pour que des parcelles de métal ne s'en aillent pas avec le verdet. Pour durcir les plaquettes on les martelle sur une enclume.

Il faut d'abord oxyder l'alcool du marc pour le transformer en vinaigre. Des récipients où on a comprimé le marc on retire la quantité nécessaire pour une opération. On l'émiette et on l'aère. Il entre bientôt en fermentation ; la température s'élève à 40 degrés environ et de la masse s'échappe une vapeur acide. Si la fermentation tarde, on asperge le marc avec un peu de vinaigre. La fermentation, selon la richesse en alcool et la température, peut être plus ou moins longue ; elle dure, en général, deux ou trois jours. Pour juger le moment où le marc s'est suffisamment acétifié, on place au sein de la masse qui fermente une plaquette ; on l'y laisse vingt-quatre heures. Si au bout de ce temps elle est recouverte d'une couche verte unie, le marc est prêt. Si la couche présente des lacunes et si la plaquette est mouillée, on attend le lendemain.

Le cuivre neuf a une surface lisse qu'il faut amorcer pour faciliter l'attaque. Pour cela on frotte les plaquettes avec un tampon de toile trempé dans de la bouillie de verdet, additionnée d'un peu de vinaigre. On laisse sécher ces plaquettes au soleil, puis on les porte dans un local spécial qui sert d'étuve et contient un petit fourneau. On les pose sur ce fourneau jusqu'à ce qu'elles soient à une température d'environ 60 à 70 degrés. Les plaquettes sont alors portées toutes chaudes dans le local où doit se faire l'attaque. La chaleur est destinée à en faciliter le début.

Sur le sol de ce dernier local, on émiette le marc, préparé comme il a été dit, sur 80 centimètres de large et sur 1 mètre 50 à 2 mètres de long. On en forme une couche continue. Au-dessus de cette première couche, on dispose une couche de plaquettes, on met de nouveau du marc, comme à la première couche; puis une rangée de plaquettes, une couche de marc, et ainsi de suite jusqu'à une hauteur de 1 mètre environ. Sous l'influence de la chaleur développée dans la masse, l'acide acétique du marc se dégage et attaque les plaques de cuivre. On laisse six à huit jours. Quand le marc commence à blanchir, il a épuisé son action. On démolit alors le tas formé, en enlevant les plaquettes une à une. Elles sont recouvertes d'une couche verte, adhérente; ce n'est pas encore le verdet gris. C'est un verdet intermédiaire entre le verdet cristallisé et le verdet gris. Pour achever la préparation, on place côte à côte les plaquettes sur de petits supports (chevalets), qui peuvent chacun en contenir 150. Au moyen de ces chevalets on les porte dans l'étuve, dont nous avons parlé, où à partir de ce moment on entretient une température humide de 30 degrés.

Au bout de vingt-quatre heures on plonge un instant chaque chevalet, chargé de ses plaquettes, dans un baquet plein d'eau, qui se trouve dans l'étuve et à la même température. On laisse les chevalets au repos quatre ou cinq jours. Au bout de ce temps, nouvelle immersion et nouveau repos, on renouvelle cette opération cinq ou six fois. Cependant, sous l'influence de la chaleur humide, la croûte verte des plaques, qui ne contenait pas au début tout à fait deux parties de cuivre, a fini d'absorder tout le cuivre dont elle était susceptible. Elle est alors devenue bleue, et est à peu près uniquement formée de verdet bibasique. C'est le verdet gris.

On porte les chevalets garnis de leurs plaquettes dans un dernier local où se fait le raclage de la croûte bleue. Des femmes assises autour d'une table munie d'un rebord, au moyen d'un couteau émoussé, raclent chaque plaque. On obtient ainsi le verdet gris à l'état frais ou humide. Il contient 50 à 60 pour 100 d'eau.

On le livre dans le commerce sous deux états : ne contenant plus du tout d'humidité, c'est l'état extra-sec; contenant encore une certaine humidité variant de 25 à 42 pour 100, c'est l'état sec marchand.

Le verdet, aussi bien sec marchand qu'extra-sec, se vend sous plusieurs formes : en boules, en pains, en grains.

Il est facile de s'assurer à première vue de la parfaite siccité du verdet en grains, tandis qu'il peut y avoir de l'humidité au centre des pains et des boules.

Le verdet s'obtient extra-sec en grains en faisant dessécher à l'air la croûte bleue tombée des plaques au raclage. Par un temps sec il suffit de deux ou trois jours d'exposition pour arriver à la dessiccation absolue, pourvu qu'on ait disposé la matière en couche suffisamment mince, un centimètre environ. On a pour cela des caisses plates d'un mètre carré de surface. On ne doit pas dessécher le verdet au soleil, car il pourrait se décomposer en partie ; à plus forte raison ne doit-on pas le chauffer. De même, pour sa dilution on emploiera toujours l'eau à la température ordinaire.

Le verdet gris se fabrique dans toute la région du bas Languedoc et peut se fabriquer dans tous les vignobles jouissant d'une température modérée.

A Paris et à Lyon, on fabrique du verdet cristallisé, plus cher que le verdet gris.

A l'étranger, notamment en Allemagne, on prépare des verdets gris impurs.

La fabrication durant de un mois à trente-cinq jours (en opérations espacées) le viticulteur fait ce travail à temps perdu, en hiver, petit à petit, pendant quatre ou cinq mois.

A chaque raclage chaque plaquette produit environ 20 grammes de verdet humide, soit 10 grammes de verdet sec. Il y a 10 plaquettes par kilog. de cuivre. A chaque opération le kilog. de cuivre donnera donc 100 grammes de verdet sec, et, si le propriétaire fait 4 opérations, 400 grammes.

D'après Wagner, voici comment on devrait procéder à la fabrication du verdet gris :

On abandonne du marc de raisin dans des tonneaux ou dans des pots de terre. La fermentation alcoolique se termine, puis succède une fermentation acétique et la température s'élève. Si, au bout de trois ou quatre jours, il se dégage une odeur acétique bien évidente, on dispose par couches, dans des pots de terre, le marc et les lames de cuivre, que l'on a auparavant enduites avec une solution de vert-de-gris et que l'on a ensuite fait sécher. Les pots recouverts avec des paillassons sont placés dans une cave dont la température s'élève à 10 ou 12°; lorsqu'il s'est formé à la surface des lames une couche suffisamment épaisse de vert-de-gris, on la racle, on délaie le vert-de-gris avec de l'eau dans un tonneau, on introduit la bouillie dans un sac de cuir, et on lui donne par compression la forme quadrangulaire. Les lames dépouillées de vert-de-gris sont de nouveau employées jusqu'à ce qu'elles soient complètement dissoutes. Ce vert-de-gris est bleu.

D'après les observations faites par Tony-Garcin à Narbonne, où il a vu d'importantes fabriques de verdet gris, on procéderait dans l'Aude d'une façon un peu différente. Les plaques sont d'abord préparées, c'est-à-dire plongées dans une eau qui a servi à tremper des plaques vert-de-grisées et qui contient par conséquent de l'acétate de cuivre dissous. Elles sont ensuite mises à sécher dans un four aéré, c'est-à-dire à atmosphère oxydante, pour former un oxyde à la surface, ce qu'indique la couleur des plaques retirées du four.

Les plaques neuves ont surtout besoin de cette oxydation et leur rendement est moins bon que celui de plaques ayant déjà passé à une opération. Le cuivre neuf, nous l'avons dit, a une surface polie peu favorable à l'attaque, tandis que les plaques usagées ont une surface rugueuse presque poreuse, éminemment favorable à l'oxydation.

Les plaques préparées sont empilées à plat avec des couches alternatives de marc non acétifié et les piles abandonnées ainsi un temps plus ou moins long. L'alcool du marc s'acétifie, la température s'élève en raison de cette fermentation, et l'acide produit se porte sur la surface des plaques oxydées, où il forme un sel basique.

L'élévation de la température extérieure, les temps d'orage activent la marche ; il doit y avoir là un phénomène électrique. En effet, si la chaleur ou l'orage sont trop intenses, l'opération manque ; au lieu d'un acétate, les plaques se couvrent d'un corps noir qui doit être du bioxyde de cuivre produit par la décomposition électrolytique de l'acétate.

La fabrication elle-même, telle qu'elle est pratiquée, dépend d'une action électrique.

Un fait caractéristique, en effet, est que, lorsque la pile de marc et de cuivre marche avec trop d'intensité, ce que les praticiens reconnaissent à des signes connus d'eux, ils peuvent éviter la production du corps noir et par suite l'échec de l'opération, en dédoublant les piles, en se hâtant de les diminuer de hauteur.

Autres faits : un marc provenant d'un vin trop alcoolique ne fait pas de verdet (le courant doit être trop intense) ; d'autre part, un marc trop faible n'en produit pas non plus, pour la raison opposée.

Là se trouverait l'explication de l'anomalie souvent constatée, qu'on n'a pu fructueusement fabriquer de verdet avec le marc de raisin, ni dans le Roussillon (vins forts) ni dans l'ouest ou le centre (vins faibles).

Le marc acétifié (piqué) ne peut plus servir, selon Tony-Garcin; l'acétification doit donc accompagner et non précéder l'empilage. N'est-ce pas là l'origine de l'action électrique?

Autre preuve : Avec le vinaigre, à moins d'un tour de main particulier, on ne peut fabriquer de verdet.

Mais revenons à la pratique :

Les plaques, dit Tony-Garcin, dépilées en temps voulu, sont couvertes d'une couche vert pâle, peu épaisse, uniforme. On leur fait subir le trempage dans un baquet d'eau et on les dispose dans une atmosphère humide, debout, les deux faces à l'air, soit en les appuyant contre un mur, soit en accotant l'une contre l'autre à la façon de deux versants d'un toit. Cette opération se nomme le couvrage; pendant son action la couche vert-de-grisée s'enfle, se tuméfie. Quand elle ne bouge plus, les plaques sont raclées dans un récipient: la matière recueillie constitue le verdet gris.

Le marc, après épuisement, est utilisable comme engrais ou nourriture pour les bestiaux.

Il sert à engraisser la volaille. Il renferme des quantités notables de verdet, qu'on retrouve dans le foie des animaux ; on peut consommer leur chair sans inconvénient.

Emploi du verdet gris. — Le verdet gris est un article important d'exportation, surtout en Russie et en Amérique.

On s'en sert pour la préparation de couleurs à l'huile et à l'aquarelle, des verts de Schweinfurt, la teinture et l'impression des tissus, la dorure, la préparation de l'acide acétique, etc. Les verts de Schweinfurt, sont heureusement de plus en plus abandonnés. Ce sont des composés arsenicaux très toxiques. Ils servent encore, mais rarement, pour l'impression de tapisseries.

Des échalas et treillages peints au verdet ne sont pas attaqués par les insectes.

Un des emplois les plus curieux du verdet, lequel pourrait trouver son application dans nos pays agricoles, est le mode de teinture que les Russes emploient pour leurs maisons. Cette teinture est préparée par le procédé suivant : On broie le vert-de-gris avec du blanc de plomb ; il se produit une double décomposition, dans laquelle du carbonate de cuivre et de l'acétate basique de plomb prennent naissance ; le premier donne au blanc de plomb non encore décomposé une couleur bleu clair, qui, après le mélange avec l'huile, prend peu à peu la belle couleur verte qu'offrent généralement les toits russes.

Mais, pour nous, l'emploi le plus intéressant du verdet concerne le traitement du mildew. Les expériences faites à Montpellier par M. Georges Beucker ont démontré que les solutions de verdet gris extra-sec en grains étaient très efficaces contre la terrible maladie cryptogamique.

Observons, en terminant, que les ouvriers et ouvrières employés pour le raclage des plaques et le façonnage du produit, sont soumis à une absorption continue de sel cuivrique ; or, non seulement ils jouissent, en général, d'une excellente santé, mais encore il a été constaté dans les épidémies cholériques qu'ils avaient une immunité spéciale.

Les docteurs Pécholier et Saint-Pierre ont prouvé que l'absorption du verdet à très petites doses, loin de nuire à l'économie, était hygiénique.

Fabrication du verdet cristallisé. — Le vert-de-gris neutre (cristaux de Vénus, verdet cristallisé) se prépare par différentes méthodes.

Première méthode. — On dissout une partie de verdet basique dans quatre parties de vinaigre distillé (acide acétique) ou d'acide pyroligneux ; on chauffe, on décante et on évapore à croûte cristalline.

On verse alors dans un vase de bois contenant des baguettes croisées transversales, sur lesquelles le verdet se dépose en grappes.

Seconde méthode. — On peut le préparer par double décomposition entre l'acétate de plomb et le sulfate de cuivre.

On peut employer au lieu d'acétate de plomb les acétates de calcium ou de baryum.

Troisième méthode. — Enfin, en mêlant des solutions chaudes et concentrées d'acétate de sodium et de sulfate de cuivre, on obtient par le refroidissement de beaux cristaux d'acétate de cuivre neutre.

ANALYSE DES BOISSONS

La nécessité des analyses dans le commerce des boissons n'est plus à démontrer.

Beaucoup de vins sont vendus sur analyse ou avec telle ou telle garantie qui nécessite un essai plus ou moins sommaire, essai qui, le plus souvent, peut être effectué rapidement par le négociant lui-même. L'analyse des produits œnologiques a été singulièrement facilitée par les recherches des inventeurs et des constructeurs, qui ont étudié les moyens pratiques de la simplifier, et aujourd'hui on trouve dans le commerce quantité d'appareils qui permettent à tout le monde de faire rapidement un essai déterminé avec une précision suffisante, pourvu qu'on y apporte le soin nécessaire.

C'est ainsi que les dosages de l'alcool, de l'extrait, du plâtre, etc., peuvent être effectués actuellement par la personne la moins initiée à la science théorique.

Pour certaines recherches délicates, l'intéressé devra, il est vrai, demander le concours d'un chimiste expérimenté ; mais, même dans ce cas, il est bon de connaître les méthodes employées, pour les discuter et les réfuter au besoin si elles ne sont pas sanctionnées par la pratique ou si elles sont sérieusement controversées. Il n'est pas admissible qu'un producteur ou un commerçant soit absolument étranger aux moyens scientifiques qui permettent de juger le produit qu'il met en circulation.

Dans un autre ordre d'idées, certaines opérations qui sont absolument licites, nécessitent des essais plus ou moins sommaires, et tel négociant court le risque de passer pour falsificateur, s'il n'est pas quelque peu chimiste.

Le coupage, qui rend de si grands services à notre production nationale, le chauffage des vins préconisé par l'illustre Pasteur, le sucrage des vendanges encouragé par l'abaissement des droits sur le sucre, le plâtrage dans les limites de la tolérance et une foule de manipulations dont l'utilité est incontestable, sont des opérations qui transforment le produit de la fermentation du raisin frais, produit qui seul devrait porter le nom de vin naturel, si l'on voulait entendre le mot naturel dans le sens le plus restreint.

Les nécessités de la consommation ont cependant rendu indispensables plusieurs de ces opérations qui, conduites sans le secours de l'essai pratique industriel, pourraient donner naissance à des produits considérés souvent à tort comme frauduleux.

Notre but est d'exposer aux intéressés les diverses méthodes d'analyses en indiquant celles qui sont à la portée de tous par leur simplicité et leur rapidité.

Composition du vin. — Le vin est un mélange complexe de diverses matières dont les proportions respectives varient avec le climat, la nature du sol, le cépage, l'exposition, le mode de culture et les changements atmosphériques.

Parmi ces substances, les unes sont volatilisables sans décomposition, les autres sont fixes à une température plus ou moins élevée.

La réunion de ces dernières substances, séparées par volatisation de celles que la chaleur peut éliminer, se nomme *extrait sec.*

Les matières volatiles du vin sont : l'alcool et l'eau, puis quelques acides (acétique, œnanthique, butyrique), l'aldéhyde, les éthers et les bouquets ;

La glycérine qui peut être volatilisée au moins partiellement ou rester dans l'extrait suivant la température à laquelle on a produit cet extrait.

Les matériaux fixes du vin sont : le sucre réducteur, le tartre, un peu de tartrate de chaux, les acides tartrique, malique, phosphorique (soit libres, soit combinés à la potasse, à la chaux, à des traces de soude, d'alumine, de magnésie, d'oxyde de fer et d'oxyde de manganèse) ;

L'acide succinique ;

Les sels minéraux comprenant un peu de sulfates alcalins et alcalino-terreux, de petites quantités de chlorures, mais surtout du phosphate de chaux ;

Des traces de matières grasses et pectiques ;

Du tanin ;

Des matières colorantes.

Quelles sont, parmi ces substances, celles sur lesquelles doit se porter spécialement l'attention?

L'alcool d'abord, dont la plus ou moins grande quantité est l'indice de la force des vins ;

Puis l'extrait sec, soit à 100°, soit à la température ordinaire ;

Les cendres qui donnent la somme des matières minérales préexistantes ou formées pendant l'incinération de l'extrait sec ;

L'eau enfin qui sera déterminée par différence.

Ainsi l'alcool, l'extrait, les cendres et l'eau, voilà les premiers dosages qui devront être effectués. Il est bien évident que chacun de ces dosages devra être discuté ; car, comme il arrive toujours lorsqu'on fait les grandes divisions scientifiques, chacune de ces divisions n'est pas mathématiquement délimitée. Tel corps pourra rester partiellement dans l'extrait ou être entraîné avec les matières volatiles, suivant les circonstances de l'évaporation ; c'est le cas cité plus haut de la glycérine. Telles substances minérales facilement volatiles, comme les chlorures, pourront être éliminées avec les matières organiques et ne pas se retrouver intégralement dans les cendres.

Le poids de l'eau, déterminé par différence, comprendra celui des matières organiques volatiles autres que l'alcool. Enfin, l'alcool pourra entraîner certains principes volatiles qui distilleront avec lui, et qui auront une influence plus ou moins sensible sur le degré alcoolique trouvé.

Toutes ces confusions, toutes ces causes d'erreur seront indiquées successivement avec chacun des corps qui peut les produire, car il faut étudier toutes les quantités, même celles qui sont négligeables, afin de s'assurer qu'on peut les négliger sans altérer sensiblement les résultats que l'on doit obtenir.

Dosage de l'alcool. — L'alcool, au moins pour les vins ordinaires, est l'élément le plus important au point de vue commercial; aussi est-il nécessaire d'en opérer le dosage avec une grande précision.

Nous avons vu que le vin est composé d'alcool, d'eau et d'extrait ou matières fixes. Les autres éléments volatils ne sont pas toujours négligeables, et il y a parfois lieu d'en tenir compte dans l'analyse, ainsi que nous le verrons par la suite.

Le poids spécifique de l'alcool pur, ou l'alcool absolu, est notablement inférieur à celui de l'eau. En prenant pour unité la densité de l'eau à 15°, celle de l'alcool peut être exprimée par 0,79 à la même température.

On voit que la densité d'un mélange d'eau et d'alcool à la température moyenne de 15°, varie de 1 à 0,79. Cette densité sera d'autant plus faible que l'alcool sera en plus forte proportion et, pour une densité donnée, on peut, soit par le calcul, soit plus commodément au moyen de tables, établir la richesse correspondante.

La densité des matières extractives du vin est supérieure à celle de l'eau. Par conséquent, plus il y aura d'extrait, plus la densité sera élevée, et, d'un autre côté, plus il y aura d'alcool, plus cette densité sera faible ; il y a donc là deux facteurs qui font varier le poids spécifique des vins, en sens inverse, et si l'on veut s'appuyer sur ce poids spécifique pour déterminer l'un d'eux, il faut ou connaître le deuxième, ou l'éliminer.

Alambics d'essai. — Pour le dosage de l'alcool, on élimine les matières fixes par une opération préalable, et, au moyen de la densité du liquide composé exclusivement d'eau et d'alcool, on détermine la force alcoolique correspondante.

L'opération se divise ainsi en deux phases :

1° Élimination des matières autres que l'eau et l'alcool ;

2° Dosage de l'alcool dans un mélange d'alcool et d'eau.

Les matières autres que l'eau et l'alcool se composent d'extraits ou matières fixes à 100° et de matières volatiles. Pour éliminer l'extrait, il faut faire bouillir dans un appareil de distillation quelconque un volume déterminé de vin, condenser les vapeurs dans un réfrigérant et, après avoir distillé tout l'alcool, ramener le volume condensé au volume primitif en y ajoutant la quantité d'eau distillée nécessaire.

Cette opération sera exacte :

1° Si tout l'alcool a été entraîné à l'état de vapeur par la distillation ;

2° Si la totalité des vapeurs alcooliques a été condensée par le réfrigérant.

A la pression ordinaire de 760 millimètres de mercure, l'eau bout à 100° par définition, car on sait que le thermomètre centigrade est gradué en marquant 100 au point où le liquide indicateur s'arrête dans l'eau bouillante.

L'alcool pur bout entre 78 et 79°, il est dès lors certain que dans un mélange hydro-alcoolique, l'ébullition chassera d'abord l'alcool plus volatile, et que le liquide s'appauvrira au fur et à mesure de l'évaporation. On a reconnu que, dans un liquide ayant, comme les vins, une force alcoolique comprise entre 10 et 15 pour 100 en volume, tout l'alcool est entraîné lorsqu'on a distillé un tiers à la moitié du volume primitif. On a reconnu également que le réfrigérant étant simplement alimenté par l'eau froide avec une surface de condensation qui n'est pas excessive, on arrive à recueillir exactement tout l'alcool distillé.

Les deux conditions d'évaporation et de condensation étant remplies, il est clair qu'avec un appareil distillatoire bien étanche et un réfrigérant suffisant, on peut recueillir tout l'alcool contenu dans un vin.

L'alambic Salleron (fig. 39) est à peu près universellement adopté. Il se compose d'une petite chaudière B en verre ou en métal, fermée par un bouchon de caoutchouc E percé d'un trou dans lequel passe un tube coudé D. Le tube est relié avec un serpentin en étain C et le serpentin est contenu dans un vase métallique E dans lequel au moyen de l'entonnoir J, on met de l'eau qui opère le refroidissement. Le serpentin débouche verticalement au centre du récipient qui le contient et le liquide condensé peut être recueilli dans une éprouvette L. Cette éprouvette, d'une contenance de 40 à 50 centimètres cubes porte un trait de jauge à la partie supérieure et un autre trait indiquant exactement la moitié de son volume.

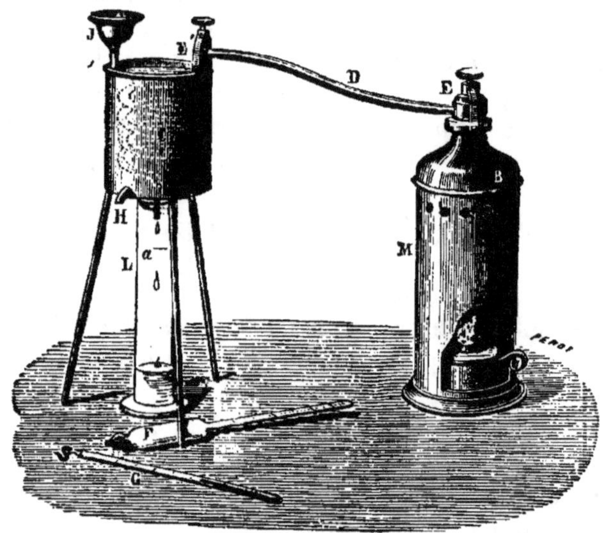

FIG. 39.

On mesure le vin dans l'éprouvette, on le verse dans la chaudière et, avec très peu d'eau distillée, on fait passer dans celle-ci le vin qui reste adhérent. On distille, on recueille dans la même éprouvette le liquide jusqu'à ce qu'il arrive environ au trait représentant la moitié du volume, et l'on complète le volume total avec de l'eau distillée.

En distillant la moitié du volume d'un vin quelconque, on recueille tout l'alcool contenu dans le vin, et les matières constituant l'extrait sec sont laissées dans la vinasse. Il ne passerait donc qu'un mélange d'alcool et d'eau, s'il n'y avait pas d'autres matières volatiles.

L'influence des acides contenus normalement dans le vin sain est souvent négligeable, mais elle devient importante quand on opère sur des vins piqués ou soumis à la fermentation acétique. Pour obvier à cette cause d'erreur, Pasteur a proposé d'ajouter au liquide distillé un peu d'eau de chaux et assez d'eau pour parfaire le volume primitif, puis de soumettre à une nouvelle distillation.

Les acides volatils formant avec les bases (chaux, potasse, magnésie) des sels fixes, on n'a plus à craindre leur présence lorsqu'on les aura retenus avec un excès de chaux.

Pour éviter une seconde distillation, il est plus simple d'ajouter au vin, immédiatement avant de le faire bouillir, un léger excès de magnésie calcinée. Cet alcali a l'avantage d'agir exclusivement sur les acides libres et de ne pas s'emparer de ceux qui sont à l'état d'éther.

Au lieu d'ajouter au liquide distillé assez d'eau pour le ramener au volume primitif, il est, dans la plupart des cas, préférable, après avoir distillé un peu moins de la moitié, de compléter seulement jusqu'à ce qu'on atteigne cette moitié. Le degré alcoolique trouvé sera divisé par deux, et, comme l'erreur possible est la même, quelle que soit la richesse, cette erreur se trouvera également divisée par deux. Il faudra seulement avoir un appareil qui puisse distiller une quantité suffisante de vin pour que la moitié du liquide traité suffise à l'essai alcoométrique.

Degré alcoométrique. — Après cette distillation on recherchera le degré alcoométrique du liquide obtenu. Le degré alcoométrique d'une liqueur quelconque est le nombre de centimètres cubes, mesurés à 15°, d'alcool absolu qu'elle contient dans 100 centimètres cubes mesurés à la même température.

Si nous disons qu'un mélange d'eau et d'alcool est à 40°, cela veut dire que 100 centimètres cubes de ce mélange contiennent, à 15°, 40 centimètres cubes d'alcool ; mais il ne faudrait pas en conclure qu'il y a 60 centimètres cubes d'eau ; car, en réalité, il y a environ 63 centimètres cubes et demi d'eau, qui, avec les 40 centimètres cubes d'alcool, donnent, en se contractant, 100 centimètres cubes. C'est le phénomène que nous avons déjà expliqué à la Distillation.

Le liquide distillé par l'alambic d'essai peut être considéré comme composé d'alcool et d'eau. Si l'on en prend la densité, il est facile, au moyen des tables que nous avons données à l'Alcoométrie, de déduire la richesse alcoolique correspondante.

La détermination de la densité s'effectue généralement avec l'alcoomètre centésimal qui s'enfoncera d'autant plus dans le liquide que celui-ci sera plus riche en alcool ; le point d'affleurement correspondra au degré alcoolique inscrit sur l'échelle, en supposant que la température se maintienne à 15° centigrades.

Il importe, pour pouvoir faire la lecture, de bien déterminer ce qu'on appelle *point d'affleurement*. Tout liquide, contenu dans un vase qu'il mouille, s'élève le long des parois à cause de l'attraction capillaire, et, si le vase est peu large, la surface du liquide est fortement concave. Le même phénomène se produit sur la tige A de l'aréomètre : il se forme autour de cette tige un petit anneau liquide appelé ménisque (fig. 40) qui s'élève au-dessus de la surface. Ce qu'on appelle le point d'affleurement est le niveau même DE, du liquide dans l'éprouvette BC, abstraction faite du ménisque.

Il faut que l'instrument soit très propre et ne soit pas souillé de graisse par le contact des doigts de l'opérateur. Il importe de le nettoyer parfaitement chaque fois qu'on s'en sert avec de l'eau rendue faiblement alcaline par un peu de potasse caustique, puis avec de l'alcool, et de le frotter avec un linge fin et très propre. L'essai alcoolique, fait avec soin dans un alambic bien étanche, avec une surface de réfrigération suffisante et en employant un alcoomètre dont la tige est bien propre, peut donner le titre réel avec une approximation de deux dixièmes de degré, si on ramène le liquide au volume primitif, et de un dixième de degré si l'on pèse le liquide ramené à la moitié du volume du vin essayé.

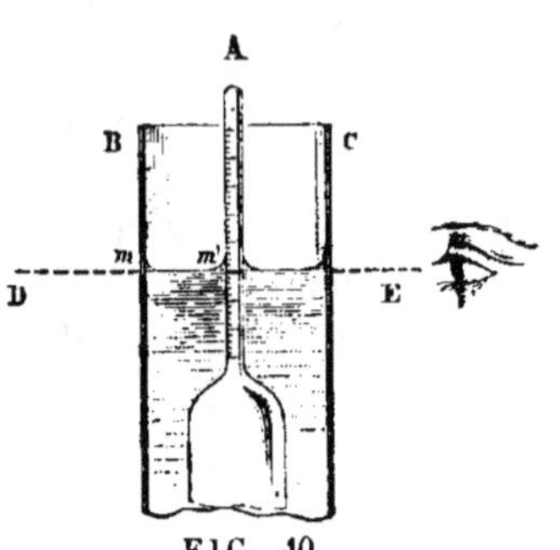

FIG. 40.

Correction thermométrique. — Nous avons supposé que la pesée alcoométrique a été faite à la température de 15°. Il n'en est rien le plus souvent, et l'alcoomètre est employé à des températures variables.

L'alcool étant un des liquides les plus dilatables par la chaleur, plus le mélange sera alcoolique, plus la différence entre le degré réel et le degré trouvé sera considérable quand le thermomètre s'écartera de la température de 15°.

Il est nécessaire de faire subir au nombre observé une correction qui se trouve indiquée dans les tableaux que nous avons donnés au chapitre de la distillation ; nous en avons expliqué l'emploi.

Ebullioscopes. — Le dosage de l'alcool repose sur ce principe, que l'eau à la pression normale de 760 millimètres entrant en ébullition à 100°, et l'alcool pur bouillant à 783 à la même pression, un mélange d'eau et d'alcool bouillira à une température intermédiaire d'autant plus basse que le mélange sera plus alcoolique. Il suffira donc de déterminer le point d'ébullition du vin à essayer pour évaluer sa richesse alcoolique.

Les principaux ébullioscopes sont :

L'ébullioscope Malligand ; l'ébulliomètre Salleron ; l'alcoomètre du Dr Périer ; l'ébullioscope différentiel Amagat ; l'œnormète Rey.

Ébullioscope Malligand. — L'ébullioscope Malligand (fig. 41) se compose d'une bouillotte F, ayant la forme d'un cône tronqué, mise en communication à la partie inférieure avec un thermosyphon ou anneau creux traversant une cheminée S ; d'un couvercle se vissant à la partie supérieure du cône et percé de deux ouvertures, la plus étroite pour livrer passage au thermomètre coudé horizontalement, et la plus large pour fixer le réfrigérant ; d'un réfrigérant R, qui reçoit dans l'espace compris entre les deux cylindres l'eau nécessaire pour refroidir et condenser constamment la vapeur alcoolique ; d'un thermomètre fixe T, appuyé le long d'une large plaque posée de champ sur le couverele ; contre cette plaque, peut se mouvoir, le long du thermomètre, une règle plus étroite E, sur laquelle se trouvent gravés les degrés alcooliques de 0° à 20 ou 25 degrés de richesse; et un curseur *c*, glissant sur la plaque pour faciliter la lecture des degrés ; d'une lampe à alcool L, à mèche de combustion uniforme, et enfin d'une pipette jaugée par un trait circulaire sur la tige.

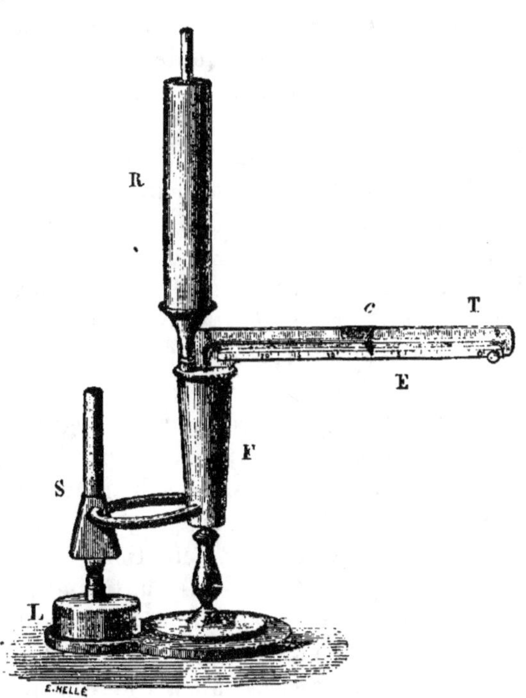

FIG. 41.

Voici comment on opère : on verse de l'eau dans la bouillotte, jusqu'au niveau de la bague la plus rapprochée du fond, environ trois centilitres, la quantité n'est donc pas rigoureuse : il suffit simplement que le réservoir du thermomètre ne touche pas à l'eau; visser le couvercle sans le serrer, puis chauffer ; lorsque l'eau est en pleine ébullition, observer la marche de la colonne de mercure jusqu'à ce qu'elle se fixe ; après 3 ou 4 minutes d'immobilité, dévisser le bouton qui permet à la petite règle alcoométrique de se déplacer, amener le trait du 0 de celle-ci en juste coïncidence avec l'extrémité de la colonne de mercure, que l'on observe au moyen de la pointe du petit curseur mobile; revisser le bouton en s'assurant, avant d'éteindre la lampe, que le zéro est bien à sa place. Cela une fois fait, on peut se servir de l'appareil pendant deux ou trois heures, mais les titrages rigoureux doivent toujours être précédés du point d'eau qui se prend sans mettre le réfrigérant. On procède ensuite à la détermination du degré alcoolique du vin à examiner. On dévisse le couvercle, en le saisissant toujours à la tête de la bouillotte et jamais par la branche horizontale, afin de ne pas casser le thermomètre; on vide l'eau chaude, on égoutte, on rince ensuite soigneusement avec un peu du liquide dont on cherche le titre, et on remplit de ce même liquide la bouillotte jusqu'au niveau de la bague supérieure, puis on revisse entièrement le couvercle, sans toutefois serrer le pas de vis. Enfin, on remplit d'eau froide le réfrigérant et on le visse sur le couvercle; alors, on recommence le chauffage comme précédemment, en ayant soin de tenir la lampe toujours pleine d'alcool, et sans déranger la petite règle; on amène en dernier lieu le curseur à l'extrémité de la colonne mercurielle bien arrêtée, et on lit sur l'échelle le degré alcoolique indiqué par la pointe du curseur. Cette observation ne doit pas être prolongée au-delà de deux ou trois minutes pour avoir une appréciation rigoureuse.

Les vins chargés en couleur, où légèrement liquoreux, les vins en moût doivent être coupés d'eau par moitié. Les vins liquoreux et de liqueur, tels que ceux de Banyuls, Malaga, Madère, muscat, doivent être coupés par quart. Pour les vermouths et autres produits similaires, on coupera aux deux tiers.

Ébulliomètre Salleron. — L'ébulliomètre Salleron (fig. 42) se compose d'une chaudière métallique contenant le liquide soumis à l'expérience, et enfermée dans l'enveloppe AB. Un réfrigérant D, fixé sur le sommet de la chaudière, condense les vapeurs alcooliques qui s'élèvent dans un serpentin intérieur, en maintenant l'uniformité de la température du liquide en ébullition. Un thermomètre T, divisé sur verre par dixièmes de degré centigrade, est fixé au moyen d'un bouchon de caoutchouc dans la tubulure *t* de la chaudière; son réservoir plonge au sein du liquide chauffé. Une lampe à alcool L, à flamme constante, chauffe le liquide contenu dans la chaudière.

Une échelle ébulliométrique à coulisse a pour objet de transformer, en richesses alcooliques, les températures accusées en degrés centigrades par le thermomètre T.

Un tube de verre gradué en 100 parties sert à mesurer le volume du liquide sur lequel on doit opérer; il peut aussi être employé pour effectuer le coupage des différents liquides soumis à l'analyse.

Les changements de la pression barométrique modifiant la température d'ébullition des liquides, il faut, chaque jour, avant de procéder aux expériences, déterminer la température de l'ébullition de l'eau.

On verse dans la chaudière 15 centimètres cubes d'eau pure, que l'on mesure au moyen du tube de verre gradué, on introduit le thermomètre dans la tubulure *t* de la chaudière; on allume la lampe L, préalablement remplie d'alcool, et l'on pose le fourneau AB par-dessus la lampe. Après quelques minutes, la colonne de mercure s'élève et s'arrête bientôt en mesurant la température de l'ébullition de l'eau. Supposons que cette température, lue sur l'échelle du thermomètre, soit 100 degrés et 1 dixième.

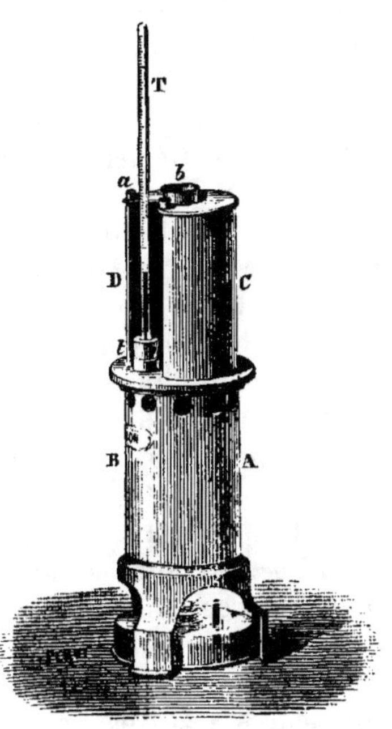

FIG. 42.

Le thermomètre de l'ébulliomètre n'indique pas directement la richesse alcoolique du liquide soumis à l'analyse, mais sa température d'ébullition exprimée en degrés centigrades. Pour traduire en degrés alcooliques l'indication du thermomètre, on emploie l'échellé à coulisse, laquelle porte trois graduations différentes : celle du milieu, tracée sur une réglette mobile, correspond aux degrés centigrades du thermomètre, elle porte l'indication « centigrade »; celle de gauche répond aux richesses alcooliques si le liquide essayé est un mélange d'eau et d'alcool, c'est pourquoi elle est désignée sous le nom de « eau et alcool », enfin, celle de droite représente les richesses alcooliques des vins ordinaires, aussi est-elle nommée « vins ordinaires ». Ces deux échelles sont donc divisées en degrés alcooliques et chaque degré est subdivisé en 10 parties ou dixièmes.

L'usage de cette règle est fort simple : on desserre le petit écrou qui se trouve derrière l'échelle et qui maintient la réglette immobile; puis, faisant mouvoir cette réglette, on amène la division 100.1, température que le thermomètre marquait dans l'eau bouillante, devant la division 0 des échelles fixes; enfin, on serre l'écrou. L'échelle est maintenant prête aux expériences.

Supposons qu'on veuille essayer un vin ordinaire; on vide soigneusement la chaudière de l'eau qu'elle pouvait contenir, on la rince avec une petite quantité du vin à essayer et qu'on expulse à son tour, puis on y introduit 50 centimètres cubes de vin, on remplit d'eau froide le réfrigérant et on introduit le thermomètre T dans sa tubulure; enfin, la lampe L est allumée et placée sous le fourneau. Après trois ou quatre minutes, la colonne de mercure du thermomètre commence à apparaître, elle s'élève rapidement d'abord, ensuite plus lentement et, enfin, s'arrête tout à fait. On attend une ou deux minutes pour être certain de l'immobilité de la colonne, puis on lit la division qui se trouve en face le sommet du mercure, on éteint la lampe et l'opération est terminée. Il faut alors transformer la température en richesse alcoolique : on se reporte à l'échelle ébulliométrique décrite plus haut, on lit sur l'échelle de droite portant l'inscription « vins ordinaires », la division qui se trouve en face de la température et on a le degré alcoolique.

Si le liquide essayé, au lieu de contenir, comme le vin, des sels, des gommes et autres matières solides dissoutes, n'est composé que d'eau et d'alcool, il faut chercher sur la graduation gauche de l'échelle à coulisse, marquée « eau et alcool », celle des divisions qui se trouve en regard de la température centigrade.

Le thermomètre de l'ébulliomètre et l'échelle alcoométrique qui le complète ne permettent pas de mesurer des richesses alcooliques supérieures à 25 degrés; si l'on voulait essayer des liquides plus spiritueux comme, par exemple, des eaux-de-vie sirupées, il faudrait, au préalable, les couper avec de l'eau et multiplier par le même rapport le degré indiqué par l'ébulliomètre. Il va sans dire que la lecture de la richesse alcoolique doit alors être faite sur l'échelle « eau et alcool ».

Alcoomètre Périer. — Dans l'alcoomètre du Dr Périer, le thermomètre est remplacé par un manomètre à mercure, et c'est la tension de vapeur qui mesure la richesse alcoolique.

On règle la mèche de telle sorte qu'elle s'applique bien contre le tube intérieur, sans dépasser son niveau; on introduit dans la chaudière 25 centimètres cubes d'eau, et l'on fait le point d'eau en élevant ou abaissant, au moyen de la vis, le tube extérieur portant la graduation; on fait la lecture au moment précis où l'on voit une légère buée se former sur le miroir; on rince avec du vin, puis on remplit la chaudière de ce liquide, et on recommence l'opération en observant avec soin la formation de la buée et lisant à ce moment précis le degré alcoolique sur l'échelle.

Ebullioscope Amagat. — L'ébullioscope différentiel Amagat donne, à tout moment, le point d'eau. Le vin est placé dans la chaudière de droite et l'eau dans la chaudière de gauche. Le réfrigérant étant plein d'eau, on allume la lampe ; à l'aide d'une vis, on règle le zéro, en face du niveau du mercure du thermomètre de gauche, en prenant le grand trait pour les alcools dilués et le petit trait pour les vins, et sur l'échelle de droite, on lit le degré alcoolique.

Œnomètre Rey. — L'œnomètre Rey réunit en un seul instrument le dosage de l'alcool, par la distillation, et le dosage de l'alcool au moyen de la méthode thermométrique des ébullioscopes, c'est un instrument propre à peser tous les liquides alcooliques, quelle que soit leur richesse.

De plus, par une disposition spéciale, il indique le temps probable, en donnant la pression mercurielle atmosphérique au moment où l'on fait le point d'eau.

Dosage par capillarité. — L'ascension des liquides dans les tubes capillaires se manifeste de façons très inégales avec les divers liquides. On a constaté, par exemple, que dans un même tube capillaire, la colonne d'eau pure est beaucoup plus haute que celle d'alcool également pur, et qu'entre ces deux points extrêmes, les mélanges d'eau et d'alcool atteignent des hauteurs de plus en plus grandes à mesure que la proportion d'eau est plus considérable ; MM. Musculus, Valson, Garcerie et d'autres inventeurs ont construit, à leur tour, des instruments basés sur cette particularité (fig. 43). On met dans un verre le liquide à essayer ; on pose sur ce verre une petite planchette P que traverse à frottement un tube capillaire gradué T. On affleure l'extrémité effilée de ce tube sur la surface du liquide ; on aspire le liquide par le sommet du tube, puis on le laisse redescendre, et la division où il s'arrête indique le degré alcoolique cherché.

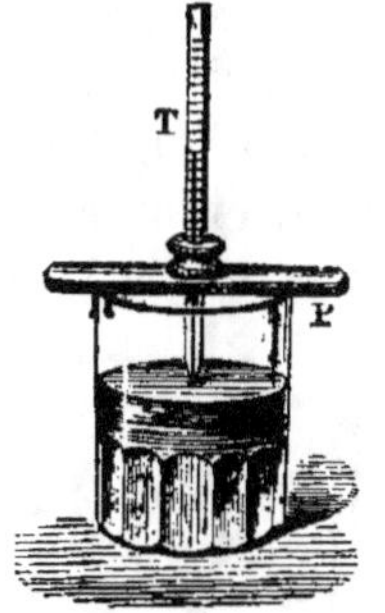

FIG. 43.

L'emploi de cet instrument, si simple qu'il soit en apparence, exige cependant certaines précautions assez minutieuses ; ainsi, MM. Musculus, Valson et Garcerie recommandent de plonger préalablement le tube pendant deux ou trois minutes dans de l'eau à la température de 15 degrés. Ils recommandent aussi de ne pas souffler dans le tube, tout devant se faire par aspiration ; d'éviter avec soin d'y introduire de la salive, des matières grasses, des liquides visqueux, tels que la bière et, en général, tout liquide autre que l'eau, le vin et l'alcool. Ils ajoutent que si, pendant l'opération, des bulles d'air divisaient la colonne, il faudrait recommencer. Ces recommandations mêmes révèlent déjà les inconvénients assez graves inhérents à l'emploi d'un appareil qui n'est exact que pour les mélanges d'eau et d'alcool purs.

Ce système très simple n'est pas d'une grande précision, il suffit d'une très minime quantité de savon dissoute dans le liquide qui traverse un tube de verre pour que l'action capillaire soit complètement modifiée ; une trace d'huile ou la dissolution d'un corps gras supprime l'action capillaire en empêchant le verre d'être mouillé, etc.

Vino-alcoomètre. — Lorsqu'en 1888, l'administration pensa taxer les vins au degré, un grand nombre d'appareils lui furent présentés pour permettre l'application pratique du système. Parmi ces appareils on a cité le vino-alcoomètre Andrieu, basé sur la solubilité de certains sels dans le vin, laquelle varie avec les proportions d'eau et d'alcool qu'ils renferment.

Prenons un tube en verre gradué, dans lequel nous verserons 4 centilitres de vin, et une petite quantité d'un sel ; agitons ce tube, prenons la température de dissolution, et constatons la hauteur du sel non dissous. Nous aurons alors à résoudre un problème où, avec deux valeurs connues (la hauteur du sel non dissous, et la température), nous devrons déduire l'inconnue, qui est le degré alcoolique.

La solution est donnée au moyen d'un graphique où les lignes d'insolubilité du sel sont simplement indiquées par des lignes alcooliques.

Dans la construction de ce graphique, il est tenu compte de l'action des matières extractives ou sucrées, que renferment les vins. Mais, si l'on doit essayer des vins dont la composition ou plutôt la teneur en extrait s'éloigne des normales, il suffira, après avoir pris la densité du liquide, de consulter un second graphique, pour connaître, non seulement le degré alcoolique réel du vin, mais encore le poids de son extrait sec par litre.

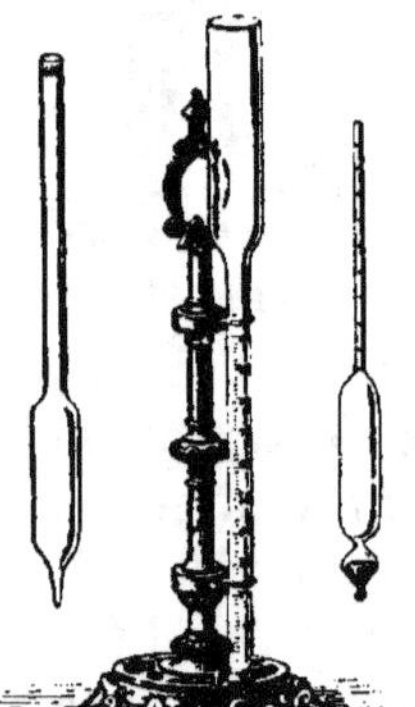

FIG. 44.

L'opération se fait donc sans avoir à recourir à l'ébullition. Les résultats sont les mêmes pour les vins de liqueur, et pour les liqueurs. En augmentant un peu la dose de sel, le vino-alcoomètre s'applique tout aussi bien aux cidres et aux bières.

Le vino-alcoomètre (fig. 44) se compose essentiellement d'une éprouvette graduée, d'un thermomètre, d'un densimètre et des deux graphiques. — Le sel employé est le sulfate d'ammoniaque qui ne s'altère pas, et par conséquent conserve un degré de dissolubilité toujours constant. On en emploie 28 grammes pour chaque opération.

Extrait sec. — Nous avons dit que l'extrait sec était la somme des éléments fixes que contenait le vin. Il faut donc, pour déterminer cet extrait, enlever les substances volatiles par évaporation et peser le résidu.

On opère d'habitude sur un volume de 10 centimètres cubes qu'on prélève au moyen d'une pipette et qu'on introduit dans une capsule tarée de porcelaine ou de platine. L'évaporation étant proportionnelle à la surface, il est bon d'employer des capsules à fond plat dans lesquelles la profondeur du liquide est très faible et partout égale. On doit préférer les capsules de platine qui présentent les avantages suivants sur celles en porcelaine ou en verre : le métal étant bon conducteur de la chaleur, l'évaporation est plus rapide, l'humidité asmosphérique se condense moins à la surface du platine.

Enfin ce métal n'est altéré ni à froid par les acides du vin, ni au rouge par l'oxygène de l'air, ce qui permet de faire l'incinération de l'extrait. Lorsqu'on n'a pas à sa disposition des capsules de platine, on peut employer celles en porcelaine, en prenant plus de soin pour la tare.

Il y a deux manières de tarer une capsule. On peut ou en prendre le poids, ou préparer pour chaque capsule une tare qui sert indéfiniment. Cette tare est soit une capsule de même matière, soit un petit col droit en verre dans lequel on introduit des grenailles de plomb jusqu'à ce que l'équilibre soit établi.

Que l'on procède par l'une ou l'autre de ces deux méthodes, il faut, avant de porter une capsule sur le plateau de la balance, la chauffer suffisamment pour chasser l'humidité condensée à sa surface et la laisser refroidir soit dans l'atmosphère du laboratoire, soit dans un exsiccateur.

Les capsules, dans lesquelles on a introduit les 10 centimètres cubes du vin dont on veut déterminer l'extrait, sont placées dans une étuve à eau bouillante où elles sont six ou sept heures laissées à la température constante de 100°.

Avant d'être portés à la balance, les extraits doivent être mis à refroidir dans l'exsiccateur. On a remarqué que l'on pouvait abréger au moins d'une heure l'évaporation, en effectuant celle-ci non dans une étuve, mais au bain-marie.

La température à laquelle le liquide se trouve chauffé est toujours la température de l'eau bouillante, mais la surface du vin étant en contact avec une atmosphère relativement froide et toujours renouvelée, la réduction du liquide en vapeur se fait plus rapidement. Les matières volatiles et une partie de la glycérine sont chassées par cette opération qu'il est important de faire toujours dans les mêmes conditions de température, de chauffe et de surface.

On détermine l'extrait dans le vide en introduisant 10 centimètres cubes de vin dans des vases cylindriques en verre à fonds plats de 55 millimètres de diamètre et de 15 millimètres de hauteur. Ces vases sont placés quatre jours dans les récipients spéciaux où l'on fait le vide, en présence d'acide sulfurique à 66° Baumé. On termine l'opération en laissant un cinquième jour en présence d'acide phosphorique neigeux ou anhydre, corps excessivement avide d'eau. Pour les vins riches en extrait, les vins sucrés par exemple, on ne doit opérer que sur 5 centimètres cubes. Lorsqu'on n'a à effectuer que peu d'extraits dans le vide, l'appareil le plus simple est une cloche à douille qui a la forme d'un flacon sans fond. On ferme la douille par un bouchon de caoutchouc percé d'un trou dans lequel on introduit le tube par où l'air est aspiré, la cloche repose sur une couronne plate de caoutchouc placée sur une plaque en verre. On met dans l'appareil un petit cristallisoir contenant l'acide sulfurique et sur ce cristallisoir une toile métallique ou une tôle perforée destinée à recevoir la capsule. On trouve dans le commerce des étuves vitrées avec joints de caoutchouc où l'on peut renfermer un très grand nombre de capsules.

Les appareils destinés à produire le vide sont : la machine pneumatique ; la trompe à eau ; la pompe à mercure.

La différence entre l'extrait à 100° et l'extrait dans le vide donne des indications utiles sur la quantité de glycérine contenue dans un vin.

Malgré sa constance et sa rigueur, la détermination de l'extrait dans le vide est rarement faite dans les analyses commerciales, qui doivent, dans presque tous les cas, être achevées promptement, et on se contente de prendre l'extrait à 100° ou de le calculer en quelques minutes d'après les indications de l'œnobaromètre Houdart.

La détermination de l'extrait sec des vins par l'œnobaromètre Houdart a l'avantage de pouvoir être effectuée rapidement avec une approximation qui est le plus souvent suffisante.

L'instrument (fig. 45) est un simple aréomètre gradué d'une façon particulière que l'on plonge dans le vin. On prend en même temps la température et, connaissant le degré alcoolique, on en déduit, soit par une formule, soit plus commodément par une table, l'extrait sec du vin essayé.

Voici en quelques mots le principe sur lequel a été fondée cette méthode expéditive :

Lorsqu'on dissout dans l'eau pure une substance bien déterminée, plus dense que l'eau, du sucre, du sel marin, de la glycérine par exemple, la densité de la solution est d'autant plus élevée que celle-ci est plus chargée, et, pour chacun des corps dissous, on peut déterminer à une température donnée, à quelle densité correspond une richesse connue ou réciproquement quelle richesse correspond à une densité donnée.

FIG. 45.

D'autre part, on connaît exactement par les tables de Gay-Lussac à quel degré alcoolique correspond une densité quelconque d'un liquide exclusivement composé d'eau et d'alcool.

Prenons un mélange d'eau, d'alcool et de sucre par exemple.

La densité du mélange sera d'autant plus faible que celui-ci contiendra plus d'alcool, d'autant plus forte qu'il contiendra plus de sucre. Si l'on connaît la force alcoolique du liquide on peut, par le calcul, faire abstraction de l'alcool contenu, c'est-à-dire savoir quelle densité aurait le liquide privé d'alcool et ramené au même volume. En se rapportant à la table des densités des solutions de sucre dans l'eau pure, on connaîtrait exactement la richesse saccharine du mélange que nous avons pris pour exemple.

Le vin est un mélange de ce genre avec cette différence que le sucre est remplacé par un grand nombre de matériaux fixes; les matières volatiles autres que l'eau et l'alcool peuvent être négligées, vu leur faible proportion. La détermination par la densité de la richesse en matière dissoute est exacte pour un corps déterminé, mais ne l'est plus pour un mélange.

Cependant, M. Houdart, après un grand nombre d'expériences, a été amené à conclure que la densité moyenne des matières composant l'extrait, variait dans de très faibles limites (de 1,83 à 2,05) et qu'on pouvait admettre pour cette densité une valeur constante de 1,94. Le principe de l'instrument était dès lors trouvé.

Le vin à essayer est versé dans une éprouvette ayant un diamètre suffisant pour que l'œnobaromètre ne touche pas les parois et en soit distant de plusieurs millimètres. On maintient avec les deux doigts bien secs l'instrument jusqu'à ce qu'il soit à une hauteur moyenne, sensiblement celle que l'on veut obtenir, et on le laisse prendre son équilibre, puis on l'enfonce légèrement jusqu'à deux ou trois divisions au-dessus de son affleurement et on le laisse remonter. On lit l'indication en faisant la lecture au sommet du ménisque. C'est là une exception, attendu que les autres instruments aréométriques sont généralement gradués pour que la lecture soit faite à la partie inférieure du ménisque, c'est-à-dire à la surface du liquide de l'éprouvette, mais le constructeur a pensé qu'avec un liquide coloré la lecture serait plus facile autrement; une petite note enfermée dans l'appareil rappelle du reste à l'opérateur cette méthode à suivre contraire aux habitudes ordinaires. Avant de plonger l'instrument dans le vin, il est nécessaire de le laver avec un peu de ce vin et de l'essuyer avec un linge fin très propre. On doit faire plusieurs lectures et s'assurer qu'elles sont concordantes; car l'opération, quoique facile, doit être exécutée avec le plus grand soin en raison du faible volume de la tige par rapport au volume de l'instrument.

Après avoir noté le degré de l'œnobaromètre, on plonge dans le vin un thermomètre bien exact avant de déterminer sa température.

Cela fait, on corrige avec une des deux tables, suivant que la température est supérieure ou inférieure à 15°. Enfin, connaissant le degré alcoolique, on recherche dans la troisième table à quelle quantité d'extrait correspond le degré œnobarométrique trouvé.

Ces tables sont données avec l'instrument; leur maniement est des plus faciles, et il est inutile de donner des détails sur leur emploi qui est d'une simplicité remarquable.

Disons toutefois que l'instrument perd de son exactitude lorsqu'on a à essayer des vins sucrés; car la méthode basée sur la densité moyenne des matières contenues dans les vins français n'est plus exacte quand une grande quantité de sucre, de densité inférieure à la moyenne admise, fait varier la densité de l'extrait au-delà des limites ordinaires.

Dosage des cendres. — Le dosage des cendres s'effectue généralement sur les 10 centimètres cubes évaporés à l'état d'extrait dans la capsule même où a été faite cette évaporation. Cette capsule est chauffée légèrement jusqu'à ce que l'extrait se soit carbonisé et ne dégage plus ni gaz, ni fumée.

Il est bon d'opérer cette calcination préalable dès que l'extrait a été pesé, car il n'a pas eu alors le temps de réabsorber l'humidité de l'air. Cette humidité serait par elle-même sans influence sur le résultat, puisqu'elle serait chassée par la chaleur, mais elle pourrait causer des projections dont les conséquences seraient des pertes plus ou moins considérables Quand tous les principes organiques ou volatils ont été décomposés ou expulsés, il ne reste plus que du charbon et des cendres.

L'incinération parfaite consiste à brûler tout le charbon sans entraîner ni décomposer aucune parcelle de cendres. Cette condition est impossible à réaliser dans l'air, attendu que les chlorures alcalins sont volatils à une température élevée et que, d'autre part, certains sels, comme les sulfates et les phosphates, sont au moins partiellement décomposés par leur contact avec le charbon.

L'incinération se fait soit sur une lampe à double courant d'air, soit mieux dans un moufle chauffé au gaz ou au coke. Il est bon de ne pas dépasser trop le rouge sombre.

La combustion dans l'oxygène pur est préférable, parce qu'elle peut être effectuée à une plus basse température, mais elle nécessite un appareil compliqué et on n'y a presque jamais recours.

Les cendres sont formées, soit par les sels préexistant dans le vin comme le sulfate de potasse, le chlorure de potassium, etc., soit par ceux qui proviennent de la décomposition des sels minéraux à acides organiques.

Ces sels brûlent et se transforment en carbonates. Le bitartrate de potasse, par exemple, fournit du carbonate de potasse ; le tartrate de chaux donne du carbonate de chaux. Or ces deux sels, le carbonate de potasse et celui de chaux, ne se comportent pas de la même façon lorsqu'ils sont portés à une température élevée. Le carbonate de potasse est indécomposable par la chaleur, tandis que le carbonate de chaux devient chaux vive, c'est-à-dire perd son acide carbonique représentant presque la moitié de son poids.

Comme on cherche à chauffer le moins possible, cette décomposition n'est jamais totale, de sorte que la pesée des cendres aussitôt après incinération peut donner lieu à des incertitudes. Il faut reconstituer les carbonates décomposés, et pour ce faire, lorsque les cendres sont refroidies, on les imbibe avec une solution concentrée de carbonate d'ammoniaque bien pur. On dessèche à une basse température, on calcine au-dessous du rouge sombre, et on pèse la capsule après refroidissement sous l'exsiccateur.

Recherche du plâtrage. — Nous avons énuméré les matières salines contenues dans les vins. L'une des plus importantes à doser est le sulfate de potasse, qui provient du plâtrage et qui a été produit par la décomposition du tartre ou bitartrate de potasse au contact du plâtre ou sulfate de chaux ajouté dans la vendange.

Il est du plus haut intérêt pour le commerce de déterminer exactement la quantité de sulfate de potasse contenu dans un vin, afin de ne pas s'exposer à livrer une marchandise qui, telle quelle, serait considérée comme nuisible, mais qui peut, par un simple coupage, être ramenée aux conditions légales.

Le plâtre étant ajouté à la vendange, il est impossible au producteur de savoir d'avance quelle quantité exacte restera dans le vin fabriqué. La tolérance est de 2 grammes de sulfate de potasse par litre. Mais il ne faut pas oublier que les vins naturels contiennent une certaine quantité de ce sel, au maximum 6 décigrammes par litre. On a l'habitude de considérer comme non plâtré un vin contenant, par litre, moins de 1 gramme de sulfate de potasse.

On voit qu'un négociant, lorsqu'il achète du vin pour le revendre tel quel, n'a besoin que de savoir si le plâtrage est au-dessous de 2 grammes.

Quand, au contraire, le vin à essayer est destiné à des coupages, il faut connaître exactement la quantité de sulfate de potasse contenue, afin de pouvoir faire le mélange d'une façon rationnelle. De là deux moyens d'analyses, l'un rapide et réduit à l'état de simple essai, l'autre forcément plus délicat, puisqu'on veut en déduire un dosage rigoureux.

Pour l'évaluation approximative du plâtrage, on pèse 5 gr. 608 de chlorure de baryum cristallisé, sel que l'on trouve facilement à l'état de pureté dans le commerce. On introduit la quantité pesée dans une carafe jaugée de 1 litre et on ajoute 200 à 300 centimètres cubes d'eau distillée ; la carafe a été, bien entendu, soigneusement rincée au préalable avec de l'eau distillée. On agite jusqu'à dissolution complète; le chlorure étant très soluble, les cristaux disparaissent rapidement ; on ajoute alors 10 centimètres cubes d'acide chlorhydrique, on agite et l'on complète au litre avec de l'eau distillée, on ferme avec la paume de la main et, retournant plusieurs fois la carafe verticalement, on obtient un mélange parfait. Il faut opérer à une température voisine de 15°. La liqueur qui se conserve indéfiniment est introduite dans un flocon bouché à l'émeri que l'on rince préalablement avec un peu de liquide.

On verse dans deux tubes à essai 20 centimètres cubes de vin ; dans le premier on ajoute 5 centimètres cubes de la liqueur, dans le second 10 centimètres cubes ; on agite, on chauffe légèrement et on laisse déposer trois ou quatre heures. On filtre le liquide du premier tube et on ajoute, à 5 ou 6 centimètres cubes de liqueur claire, quelques gouttes de réactif. S'il ne se produit pas de trouble, c'est que tout l'acide sulfurique a été précipité par le chlorure de baryum. Le vin est alors plâtré à moins de 1 gramme de sulfate de potasse par litre ou n'est pas plâtré. Il est bon, comme contrôle, d'ajouter à une autre partie de liquide filtré une goutte d'acide sulfurique pour s'assurer qu'il y a un précipité. En effet, s'il n'y avait de précipité ni par le chlorure de baryum, ni par l'acide sulfurique, c'est que le vin contiendrait exactement 1 gramme de sulfate. Mais le vin contenant bien rarement 1 gramme juste de ce sel, en général, l'un des deux réactifs précipitera. Si donc le premier tube ne donne aucun louche avec le chlorure de baryum, et précipite par l'acide sulfurique, il est inutile de s'occuper du deuxième. Si, au contraire, le liquide clair filtré du premier donne un précipité, on répète le même essai sur le deuxième tube et suivant que le liquide filtré ne précipite pas ou précipite par le chlorure de baryum, on reconnaît que le vin est plâtré en-deçà ou au-delà des limites de la tolérance.

Cette méthode, due à M. Marty, rend de très grands services lorsqu'on veut simplement reconnaître que le vin est ou n'est pas plâtré et que le plâtrage est dans les limites légales. Elle peut aussi donner, au moyen d'une modification apportée par M. Houdart, un véritable dosage à 1 décigramme près par litre.

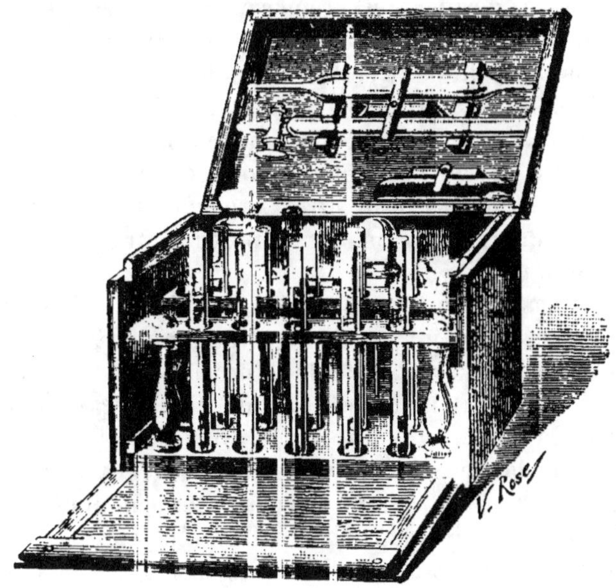

FIG. 46.

La méthode Houdart nécessite : (fig. 46) dix tubes à essais ; une pipette de 25 cc. divisée en cinq parties de chacune 5 cc; un flacon de solution barytique titrée, selon la formule Marty; divers accessoires, tels que : entonnoirs, filtres, pince en bois, lampe à alcool, etc. une pipette à robinet graduée d'une manière croissante en cinq divisions.

La 1re	corr. à	0 cc.	1/2	précipitant	1 gr	de sulf. de potasse par	litre de vin.
La 2e	—	1	0	—	2 gr	—	—
La 3e	—	1	1/2	—	3 gr	—	—
La 4e	—	2	0	—	4 gr	—	—
La 5e	—	2	1/2	—	5 gr	—	—

Etant donné que 10 cc. de la liqueur titrée de Marty précipitent 0 gr. 1 de sulfate de potasse par litre, on commence par verser dans chacun des tubes de la première rangée 5 cc, du vin à essayer, puis on ajoute dans chacun des mêmes tubes, au moyen de la pipette graduée en volumes progressivement croissants, la liqueur barytique de façon à ce qu'il soit versé dans le premier tube, qui contient le vin, le volume correspondant à la première division de la burette ; dans le second tube, le volume de la deuxième division, et ainsi de suite ; on chauffe à l'ébullition, puis on filtre le contenu des cinq tubes de la première rangée dans les cinq autres de la seconde; il ne reste plus alors qu'à ajouter quelques gouttes, 3 ou 4, de la liqueur titrée dans chacun de ces derniers, et à remarquer celui dans lequel cette nouvelle addition produit un léger trouble ; si le trouble se manifeste par exemple, dans le tube n° 2, et non dans le tube n° 3, cela veut dire que le vin contient plus de 2 grammes de sulfate de potasse par litre, et moins de 3 grammes, puisque le tube n° 3 n'a montré aucune réaction, d'où l'on peut conclure que ce vin contient environ 2 gr. 5 de sulfate de potasse par litre. Avec un peu d'habitude, et d'après l'opacité du liquide, on peut apprécier très nettement le quart de gramme par litre.

Si on n'était pas pressé de connaître les résultats de l'expérience, on pourrait éviter l'opération du filtrage, toujours fort délicate dans l'analyse du plâtre, vu la difficulté de se procurer de bon papier à filtrer et surtout ne contenant pas de chaux. Dans ce cas, l'opération se trouve fort simplifiée : il suffit, après avoir soumis les tubes à l'ébullition, de les laisser reposer et se clarifier d'eux-mêmes pendant quelques heures ; on reprend l'expérience en ajoutant quelques gouttes de la liqueur titrée dans chacun des tube, etc.

On peut aussi doser le plâtre à l'aide du gypsomètre, de Salleron.

Cet instrument (fig. 47) se compose d'un récipient cylindrique R fermé à sa partie inférieure par un filtre mobile. Le filtre, retenu par un entonnoir E, est serré sur le récipient au moyen de trois écrous *e*, ce qui facilite le remplacement du papier qui le constitue. Un petit verre V placé sous la douille de l'entonnoir permet de recueillir le liquide qui s'en écoule. Au-dessus du récipient se trouve une burette B graduée en dixièmes de centimètres cubes destinée à recevoir une solution titrée de chlorure de baryum, solution qui peut être versée dans le cylindre lorsqu'on ouvre le robinet.

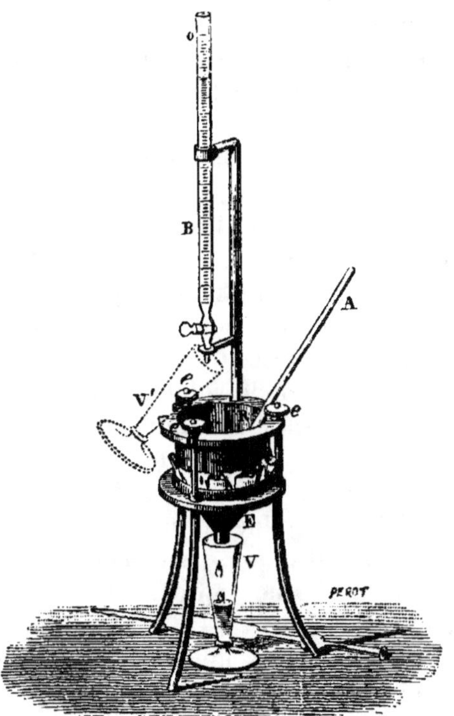

FIG. 47.

La liqueur de chlorure de baryum est faite pour correspondre, par centimètre cube versé, à 1 gr. de sulfate de potasse, la quantité de vin sur laquelle on opère étant de 20 centimètres cubes.

On voit que la liqueur sera cinq fois plus faible que celle de Marty dont cinq centimètres cubes correspondent, pour la même quantité de vin, à 1 gr. de sulfate de potasse.

Voici comment on doit conduire l'essai au gypsomètre. On prélève, au moyen d'une pipette, 20 centimètres cubes de vin et on les verse dans le gypsomètre muni de son filtre, après avoir placé sous la douille de l'entonnoir un verre rincé à l'eau distillée. On ajoute immédiatement 20 centimètres cubes d'eau distillée; et on laisse filtrer.

La burette étant alors remplie, jusqu'au zéro, de chlorure de baryum titré, on tourne le robinet et on fait couler quelques dixièmes de centimètre cube dans le gypsomètre (chaque dixième de centimètre cube correspond à 1 décigramme de sulfate de potasse par litre). On agite le mélange avec une baguette de verre A, on reverse dans le récipient le liquide qui s'est écoulé par le filtre, en mettant à la place du verre qui le contenait un autre verre vide semblable, afin que la totalité de la nouvelle eau rougie soit soumise à l'action du chlorure de baryum. Au moyen de ces deux verres servant tour à tour, on n'interrompt pas la filtration, et on ne perd aucune portion du liquide.

Quand on a recueilli dans le second verre quelques centimètres cubes de liquide, on lui substitue le premier et on laisse tomber en tournant le robinet quelques gouttes de chlorure de baryum dans le vin filtré. Si au bout de quelques instants celui-ci se trouble, on le reverse dans le récipient, on le lave avec un peu d'eau distillée qu'on jette également dans le récipient, on substitue ce verre vide à l'autre et on fait un nouvel essai sur le liquide filtré. On continue jusqu'à ce que le produit de la filtration ne se trouble plus par l'addition de chlorure de baryum.

Il faut chaque fois lire et même noter la division de la burette correspondant au niveau de la liqueur. On ne doit pas tenir compte des quelques gouttes de liqueur que l'on a versées dans le liquide filtré et qui n'ont donné lieu à aucun trouble.

Le titrage réel se trouve compris entre les deux avant-dernières lectures, puisque le volume accusé par la première n'était pas suffisant, tandis que celui indiqué par la deuxième était excessif. Si ces divisions sont suffisamment rapprochées, on prend la moyenne. Dans le cas contraire on recommence l'essai en versant immédiatement la quantité de liquide reconnue insuffisante et continuant ensuite, division par division, jusqu'à ce que le résultat soit obtenu.

On a ainsi une approximation à une demi-division près, soit à 0,05 par litre.

Pour les liquides aqueux, 2 gouttes correspondent sensiblement à une division.

Il faut que le robinet soit bien étanche et en même temps très doux à manœuvrer. On obtient ce double résultat en graissant légèrement le boisseau avec un peu de vaseline.

La hauteur du robinet au-dessus du cylindre doit être juste suffisante pour qu'on puisse verser le liquide dans le verre en inclinant légèrement celui-ci.

Comme contrôle le liquide, qui ne s'est pas troublé par le chlorure de baryum à la fin de l'opération, doit loucher par l'acide sulfurique. Plus on approche de la fin, plus le trouble met de temps à se produire, il ne faut donc pas se hâter trop de reverser le liquide dans le récipient.

Il est nécessaire, pour que le vin filtré soit bien limpide, que le papier employé soit d'un grain très fin, et sa pâte doit être exempte de sulfate de chaux. En lavant un filtre à part avec de l'eau acidulée d'acide chlorhydrique, on ne doit obtenir aucun louche avec une ou deux gouttes de chlorure de baryum versées dans le liquide.

Dosage de l'acidité. — Le procédé que nous avons décrit pour le dosage de l'acidité des moûts convient très bien à l'essai du vin blanc; l'appréciation du changement de teinte de la phtaléine du phénol n'étant pas gênée par la matière colorante du vin.

Nous croyons devoir ajouter cependant que la liqueur alcalimétrique destinée à contrôler de temps en temps la liqueur acidimétrique de soude ou de potasse sera plus facile à obtenir exacte en dissolvant et étendant au litre 12 grammes 857 d'acide oxalique pur que l'on trouve facilement dans le commerce. L'acide sulfurique monohydraté est très difficile à obtenir et surtout à conserver à cause de la rapidité avec laquelle il absorbe l'humidité atmosphérique.

Pour l'acidité des vins rouges :

Dans un vase à fond plat on verse 10 cc. de vin et on y ajoute 20 cc. d'eau environ. Il n'est pas nécessaire de mettre de réactif indicateur, la matière colorante du vin étant modifiée d'une façon assez sensible par les alcalis pour que le point de saturation puisse être facilement saisi par l'opérateur; le vase est placé devant une fenêtre sur une feuille de papier bien blanc, on verse goutte à goutte la liqueur alcaline titrée, le vin s'assombrit et la couleur passe au violet, puis au noir : c'est le point de saturation. Si l'on continuait à ajouter la liqueur alcaline, le vin naturel tournerait au vert; mais ce passage à la teinte verte n'a lieu que lorsqu'il est déjà fortement alcalin. Les personnes qui n'ont pas l'œil habitué à ces observations feront bien de suivre la marche de la saturation en plaçant de temps en temps une goutte du liquide, au moyen d'une baguette effilée en verre ou d'un fil de platine un peu fort, sur du papier de tournesol sensible ayant une couleur violette, c'est-à-dire pouvant être également impressionné soit par un léger excès d'acide, soit par un léger excès d'alcali.

L'emploi du papier de tournesol est nécessaire pour des vins additionnés de certains colorants dérivés des goudrons de houille, colorants qui restent rouges en liqueur alcaline; le virage des vins ordinaires est tellement sensible, qu'un chimiste expérimenté soupçonne déjà la présence de ces colorants, lorsque le changement de teinte ne se produit pas d'une façon régulière.

Si l'on veut doser l'acidité d'un vin, contenant de l'acide carbonique, extraction faite de cet acide, il faut le chasser préalablement par l'ébullition dans un ballon relié par un bouchon percé avec un long tube de verre. Les vapeurs se condensent dans le tube qui reste toujours froid à son extrémité et elles retrogradent dans le ballon, de sorte que l'acide carbonique seul est éliminé. On opère ensuite le dosage par la méthode ordinaire.

Un autre procédé plus rapide, quoiqu'un peu moins exact consiste à agiter dans un assez grand flacon bouché à l'émeri un petit volume de vin. On ouvre de temps en temps le flacon et on secoue jusqu'à ce qu'il ne se produise plus de mousse.

La liqueur alcalimétrique correspondant à 10 grammes d'acide sulfurique monohydraté, chaque dixième de centimètre cube correspond à 1 milligramme de cet acide, et, si l'on a opéré sur 10 cc., à 1 décigramme par litre. C'est ainsi généralement que l'on exprime l'acidité des vins; quelques auteurs préfèrent cependant l'évaluer en acide acétique ou en acide tartrique. Il faut multiplier le poids de l'acide sulfurique obtenu à l'analyse par 1,224 pour l'acide acétique et par 1,510 pour l'acide tartrique.

Nous préférons exprimer l'acidité en acide sulfurique, parce que, comme dans les vins il n'y a pas ou il y a peu d'acide sulfurique libre, cette évaluation est la moins vraisemblable et indique bien qu'elle donne une équivalence et non une réalité.

Dosage du sucre. — Dans la fermentation du moût le sucre n'est pas entièrement transformé en alcool et il en reste une certaine quantité dans le vin fait. Le sucre de raisin a la propriété de réduire à l'ébullition le tartrate cupropotassique, sel qui colore en bleu intense l'eau dans laquelle il est dissous. Il se forme au contact du sucre réducteur un précipité rouge d'oxydule de cuivre et si le sucre est en quantité suffisante, la liqueur est entièrement décolorée.

Dans une grande capsule on met 200 grammes de sel de seignette, 200 grammes de soude ordinaire à la chaux, 500 cc. d'eau environ et l'on chauffe. Lorsque tout est dissous et le liquide en ébullition, on y ajoute, par petites portions, une solution de 35 grammes de sulfate de cuivre dans 100 centimètres cubes d'eau. On laisse bouillir pendant quelques minutes la liqueur bleue, et on la filtre sur un tampon d'amiante placé dans la douille d'un grand entonnoir. La liqueur filtrée et refroidie est étendue au litre et conservée en flacon bouché pour l'usage; elle correspond environ à 5 centigrammes de glucose ou sucre de raisin par 10 cc.; mais il est nécessaire de la titrer à cause de l'impureté des produits employés et aussi parce que, s'altérant avec le temps, elle doit être quelquefois soumise à la vérification.

Titrage de la liqueur cupropotassique. — On se procure du sucre raffiné bien blanc que l'on écrase doucement en fragments gros comme des petits pois; on en laisse 2 grammes environ dans le dessiccateur pendant deux jours, puis on en pèse 950 milligrammes que l'on introduit dans un petit ballon avec 5 cc. d'eau distillée. Quand la dissolution est complète, on ajoute 10 gouttes d'acide chlorhydrique pur, et l'on chauffe dans un bain-marie jusqu'à ce qu'on aperçoive une couleur jaune paille sensible à l'œil, mais aussi peu intense que possible. On refroidit alors en trempant le ballon dans l'eau froide.

Le sucre cristallisé est sans action sur la liqueur cupropotassique; mais, sous l'influence des acides, il se transforme en sucre interverti qui la réduit; ce sucre interverti, une fois produit, est altéré à chaud par les acides et cette altération se manifeste par la couleur brune que prend le liquide. Aussi, l'apparition de la couleur jaune faible est-elle l'indice que l'inversion est complète.

Dans le ballon refroidi, on fait tomber un tout petit fragment de papier de tournesol et on verse goutte à goutte dans la liqueur une solution étendue de carbonate de soude destiné à saturer partiellement l'acide. Il ne faut pas que la liqueur devienne alcaline, car le sucre interverti serait altéré. Avec un peu d'habitude, on arrive à ne laisser qu'une faible acidité. Si le tournesol virait au bleu, il faudrait recommencer tout l'essai.

Cette saturation partielle a pour objet de rendre l'essai plus facile, si on emploie une liqueur trop acide, l'oxydule de cuivre se dépose mal et on saisit difficilement la fin de l'opération.

La liqueur est versée dans un ballon jaugé de 100 cc., on complète le volume avec l'eau de lavage d'abord, de l'eau distillée ensuite, et on agite, puis on emplit une burette de cette liqueur. Les 950 milligrammes de sucre cristallisable se sont transformés en 1 gramme de sucre interverti, par conséquent chaque dixième de centimètre cube contiendra 1 milligramme de ce dernier sucre. On prélève avec une pipette 10 cc. de la liqueur cupropotassique à essayer, on la fait tomber dans un ballon et on y ajoute 15 à 20 cc. d'eau, puis on fait bouillir, on verse goutte à goutte le contenu de la burette dans le liquide en ébullition. On aperçoit un précipité rouge qui se forme et qui reste en suspension tant qu'on n'approche pas de la fin de l'opération. A ce moment, l'oxydule de cuivre se dépose facilement au fond du ballon dès qu'on retire celui-ci du feu, et il est facile de voir si la liqueur surnageante est encore colorée en bleu, surtout lorsqu'on regarde horizontalement en dirigeant la vue vers un mur blanc. Quand la liqueur n'a plus qu'une légère teinte bleue, on verse 4 gouttes, 2 gouttes ou 1 seule goutte à la fois, on fait bouillir, on retire un moment du feu et on examine. On fait chaque fois la lecture. Lorsque la liqueur est incolore et que l'on a constaté qu'avant d'ajouter les 2 dernières gouttes, elle était encore sensiblement bleue, l'essai est terminé; il faut avoir bien soin de ne pas aller au delà, car le liquide prendrait une teinte jaune verdâtre, qui pourrait faire croire que le point de virage n'est pas atteint alors qu'il est fortement dépassé.

Si nous avons versé, par exemple, 52 divisions de la burette, nous savons que 10 cc. de liqueur cupropotassique correspondent à 0 gr.052 de sucre interverti ; il est nécessaire de faire plusieurs essais et de s'assurer que ceux-ci sont concordants à 1 division près.

Essai du vin blanc. — On opère avec 5 cc. ou 2 cc. de liqueur cupropotassique et en mettant le vin blanc tel quel dans la burette. Supposons que pour décolorer nous ayons employé, pour 5 cc. de liqueur, 42 divisions de la burette, ces 5 cc. sont décolorés d'après le titrage par 0 gr. 026 de glucose, et, comme il a fallu verser 42 divisions pour obtenir la décoloration, ces 42 divisions contiennent exactement 0 gr. 026, 1 division ou 1 dixième de centimètre cube de vin contiendra donc 0,026 : 42 et un litre de ce vin, soit 1000 cc. ou 10.000 divisions contiendront 10.000 × 0.026 : 52, soit 260 : 52 ou 5 grammes de sucre réducteur par litre.

Essai du vin rouge. — Il est nécessaire de décolorer le vin et cette décoloration est faite au moyen de noir animal fin et lavé, mais comme le noir animal absorbe, outre la matière colorante, une certaine quantité de sucre, il faut ajouter une petite portion de vin au noir, filtrer la masse boueuse et laisser bien égoutter le filtre ; le noir a alors absorbé tout le sucre qu'il peut contenir ; on jette le vin filtré et on délaie, avec une nouvelle quantité de vin, le noir humide ; l'introduction de quelques fragments de papier ne nuit pas à l'opération ; on filtre, et le vin décoloré est employé comme le vin blanc. Il est facile de se rendre compte, avec un peu de pratique, de la quantité de noir nécessaire pour décolorer un certain volume de vin ; cette quantité est variable suivant la qualité du noir et suivant la couleur du vin.

Dosage du sucre cristallisable. — Le sucre cristallisable est souvent ajouté à la vendange et plus rarement au vin fait. Pour le rechercher, on dose d'abord le sucre réducteur, puis on opère l'inversion afin de transformer le sucre cristallisable en sucre réducteur et on recommence le titrage. Si la quantité de sucre, donnée par cette seconde opération, est supérieure à celle trouvée avant l'action de l'acide, c'est qu'il y a présence de sucre cristallisable.

On obtient la quantité de ce dernier sucre en multipliant la différence par 0,95.

Pour faire l'inversion, on traite 50 cc. environ de vin blanc ou décoloré par un demi-centimètre cube d'acide chlorhydrique fumant, on fait bouillir 3 minutes, on laisse refroidir, on ajoute quelques gouttes d'une solution concentrée de carbonate de potasse pour diminuer, mais non supprimer, l'acidité et on fait passer dans un ballon de 55 cc., on complète au trait 55 avec l'eau de lavage du premier ballon, puis de l'eau distillée, on agite. On opère avec ce liquide dilué étendu et on augmente le résultat trouvé d'un dixième pour compenser la dilution des 50 cc. portés à 55.

La liqueur cupropotassique ne décèle pas l'addition au vin de glucose commercial. L'emploi de l'instrument nommé polarimètre est absolument nécessaire pour reconnaître la présence de cet élément, et encore faut-il que cette évaluation soit justifiée par d'autres considérations analytiques.

Dosage du tartre. — La meilleure méthode est celle de MM. Berthelot et Fleurieu.

On prend avec une pipette 20 cc. de vin qu'on laisse tomber dans un ballon préalablement rincé avec de l'alcool à 90°, on ajoute 40 cc. d'alcool absolu, 40 cc. cube d'éther, on agite, on bouche et on laisse reposer quarante-huit heures dans un endroit frais. On décante sur un petit filtre, on lave avec un mélange à volumes égaux d'alcool absolu et d'éther le ballon et le filtre, sans s'inquiéter de ce qui reste attaché aux parois du ballon (il ne faut pas employer pour ce lavage plus de 40 cc. de liquide).

Le filtre égoutté est introduit dans le ballon, puis on ajoute de l'eau chaude qui dissout le bitartrate de potasse.

De toutes les matières précipitées par le mélange éthéro-alcoolique, le tartre seul a une réaction acide. Toutes les autres sont neutres aux réactifs.

On dose avec une liqueur titrée alcaline, la quantité d'acide contenu dans les 20 cc. en se rappelant que 49 d'acide sulfurique correspondent à 188 de bitartrate de potasse. On multiplie donc l'acidité après l'avoir rapportée au litre par $\frac{188}{49}$ et comme le tartre n'est pas tout à fait insoluble dans la liqueur éthérée alcoolique, on ajoute au nombre trouvé 2 décigrammes, qui représentent à peu près la correction à faire pour cette solubilité.

Pour l'acide tartrique libre, on fait le même essai sur vingt autres centimètres cubes du vin en ajoutant 3 centigrammes d'acétate de potasse en cristaux.

La différence entre les deux titrages donne le bitartrate de potasse formé par l'acide tartrique libre.

En multipliant le chiffre trouvé par $\frac{133}{188}$ on a l'acide tartrique ibre.

Dosage de la glycérine. — Les travaux de Pasteur, sur la fermentation alcoolique, ont démontré que la glycérine était, avec l'acide succinique, un produit constant de ce phénomène. Ils ont prouvé, en outre, qu'une certaine relation existait entre le poids de l'alcool et le poids de glycérine.

Pour les vins, la proportion de la glycérine semble varier du 11° au 14°.

Cette relation approchée qui existe entre le poids de l'alcool et celui de la glycérine produits par une même fermentation, rend importante la détermination de cet élément dans la question de mouillage et de vinage. Il n'existe point, malheureusement, de procédé rapide et complètement sûr pour opérer ce dosage ; l'écueil est dans la volatilité de la glycérine, volatilité sensible, surtout à chaud, qui rend les pertes faciles et les pesées incertaines.

Le procédé Pasteur pour les vins non plâtrés, et celui de Raynaud pour les vins plâtrés, sont les plus recommandables.

Procédé Pasteur. — On prend 250 cc. de vin et on ajoute 20 gr. de noir animal lavé à l'acide ; le tout, placé dans une fiole fermée, est mis en digestion pendant deux heures et agité, pendant cette durée, à dix ou quinze reprises différentes, à intervalles de temps à peu près égaux : soit toutes les dix ou douze minutes.

On jette sur un filtre, on lave la fiole et le filtre à l'eau distillée à trois reprises ; les liqueurs réunies sont alors mises à évaporer dans une capsule à une température comprise entre 60 et 70°, sans dépasser cette dernière. Quand le liquide est réduit à 100 cc. environ, on y délaie 2 à 3 grammes de chaux éteinte et on place la capsule dans le vide sec jusqu'à complète dessiccation.

Le résidu est épuisé par 100 cc. d'un mélange de deux parties d'alcool à 92° avec trois parties d'éther à 62°.

La liqueur éthéro-alcoolique est versée dans un filtre au fur et à mesure de l'épuisement et recueillie dans une capsule tarée. On évapore à froid dans le vide sec et on pèse. L'augmentation de poids de la capsule, multiplié par 4, donne le poids de glycérine au litre.

Une bonne modification du procédé consiste à délayer de suite les 2 ou 3 grammes de chaux éteinte dans les 250 cc. de vin et à employer le vide à froid pour évaporer le tout sans commencer l'opération à chaud.

Quand les vins ne sont pas plâtrés, la glycérine que l'on pèse ainsi, ne contient que 1 à 2 0/0 d'impuretés, et le dosage est satisfaisant ; mais, en cas de plâtrage, les impuretés augmentent et peuvent même monter à 40 ou 50 0/0, d'après Magnier de la Source.

Procédé Raynaud. — Cette méthode a pour objet d'éliminer préalablement les sels alcalins qui se dissolvent dans le mélange éthéro-alcoolique et augmentent son poids d'une proportion qui peut atteindre 50 0/0 dans les vins plâtrés.

250 cc. de vin sont réduits au cinquième de leur volume par évaporation lente (le mieux dans le vide sec et à froid) ; on additionne alors d'acide hydrofluosilicique, puis d'alcool (1 volume).

Les sels alcalins se précipitent en fluosilicates.

On filtre et on ajoute un léger excès d'hydrate de baryte qui précipite l'excès d'acide hydrofluosilicique.

On jette dans la capsule quelques pincées de sable de quartz bien pur qui divise la masse et favorise sa dessiccation. Celle-ci est opérée dans le vide.

Le résidu est épuisé par 300 cc. d'un mélange à volumes égaux d'éther et d'alcool purs et anhydres.

Les liqueurs réunies sont évaporées dans une capsule tarée, d'abord à froid, sur l'acide sulfurique, puis, après départ de l'éther et de l'alcool, maintenues à froid vingt-quatre heures dans le vide sur l'anhydride phosphorique. On pèse enfin.

La glycérine est très pure.

Dosage de l'acide succinique. — L'acide succinique est un produit constant de la fermentation alcoolique, comme la glycérine.

Voici des chiffres d'expériences donnés par Pasteur :

Degré alcoolique	Glycérine	Acide succinique
11	4,980	0,924
12	5,430	1,086
13	4,882	1,176
14	6,425	1,250

par litre de vin.

De tous les procédés de recherche nous préférons celui qu'emploie le Laboratoire municipal de Paris : 250 cc. de vin sont évaporés dans le vide sec et le résidu épuisé en plusieurs fois par de l'éther anhydre. On emploiera de ce dernier environ 250 cc., sans toutefois arrêter l'épuisement tant que l'éther s'acidifie.

Les liqueurs éthérées réunies sont filtrées, le filtre lavé à l'éther et les lavages réunis au filtratum principal.

Le liquide est livré à l'évaporation spontanée à l'abri de la poussière.

Le résidu est alors titré acidimétriquement à la potasse ou à la soude normale décime.

Le calcul détermine la proportion d'acide en partant de ce fait que 1 cent. cube de liqueur alcaline normale décime correspond à 5 m. gr. 9 d'acide succinique.

Dosage du tanin. — Le vin renferme un certain nombre de principes astringents que l'on désigne sous le nom générique de tanins.

Le tanin étant un agent de conservation des vins, ceux qui en contiennent trop peu sont atteints de la maladie de la graisse et deviennent filants, les vins de Bordeaux, au contraire, doivent, à leur richesse en tanin, la propriété qu'ils ont de se conserver longtemps sans altération.

Pour doser le tanin dans les vins, il est nécessaire de préparer plusieurs liqueurs titrées :

1° Liqueur de permanganate de potasse. On dissout dans l'eau 0 gr. 558 de permanganate cristallisé et on fait un volume d'un litre, chaque centimètre cube correspondra exactement à un milligramme de tanin, si le permanganate employé est bien pur.

2° Liqueur d'indigo : on pèse un gramme d'indigotine pure sublimée, on ajoute 40 grammes d'acide sulfurique pur et on laisse quelques jours en contact en agitant de temps en temps, quand la dissolution est complète, on ajoute de l'eau en quantité suffisante pour faire un litre et on conserve en flacon bouché.

3° Acétate de zinc : on dissout 22 gr. 500 d'acétate de zinc cristallisé dans l'eau et on y ajoute assez d'ammoniaque pour redissoudre le précipité qui se forme, tant que l'ammoniaque n'est pas en léger excès ; on complète au litre.

Titrage des liqueurs. — Dans un vase à saturation on verse 10 cc. de liqueur d'indigo, 10 cc. d'acide sulfurique concentré et un litre et demi d'eau environ, on agite au moyen d'une baguette et on verse à l'aide d'une burette le permanganate jusqu'à ce que la teinte qui a passé du bleu au vert devienne franchement jaune, mais en s'arrangeant pour qu'une seule goutte ait fait disparaître la teinte verte.

D'autre part, avec la même quantité d'eau, la même quantité de sulfate d'indigo et 10 cc. d'une solution contenant par litre 1 gramme de tanin pur, on recommence l'essai ; enfin on fait un troisième essai avec le tanin extrait par précipitation du vin à essayer.

Précipitation du tanin. — On mesure 10 cc. de vin au moyen d'une pipette et on les verse dans une capsule de porcelaine contenant 10 cc. environ de la solution d'acétate de zinc. On chauffe au bain-marie et l'on agite de temps en temps jusqu'à ce que le liquide soit réduit au tiers du volume primitif, on verse 10 à 15 cc. d'eau chaude et on fait bouillir une ou deux minutes, puis on filtre et on lave la capsule et le filtre avec de l'eau bouillante sans s'inquiéter de la matière qui reste adhérente à la capsule.

Quand le filtre est bien lavé, on ajoute dans la capsule quelques gouttes d'acide sulfurique pour dissoudre la matière qui y est restée attachée, puis on verse le liquide sur le filtre qu'on lave avec de l'eau acidulée d'acide sulfurique. Le liquide filtré est recueilli dans un vase à saturation analogue à ceux qui ont servi à faire les premiers dosages. Le filtre ne doit plus contenir aucune trace de précipité, on le lave à l'eau chaude jusqu'à ce que le liquide qui s'écoule ne soit plus acide ; le volume étant ramené à un litre et demi, on ajoute le sulfate d'indigo et on titre au permanganate.

Pour calculer la quantité de tanin contenu dans le vin, on diminue d'abord le nombre de divisions nécessaires à la décoloration du sulfate d'indigo seul et l'on a le nombre de divisions que l'on a dû employer pour le tanin contenu dans le vin.

On sait, par le titrage du tanin pur (en déduisant toujours la quantité nécessaire au sulfate d'indigo) à combien de milligrammes de tanin correspond une division de permanganate et l'on a ainsi le tanin contenu dans les 10 cc. essayés et par suite dans un litre de vin.

L'acétate de zinc, outre le tanin précipite la matière colorante du vin, qui se trouve comptée comme tanin, mais cela ne constitue pas, à proprement parler, une erreur, puisque le colorant par ses propriétés se rapproche des tanins et n'en peut être séparé par les réactifs.

La transformation du tanin en tanate de zinc n'est pas tout à fait complète, et d'autre part ce dernier sel n'est pas absolument insoluble dans l'eau chaude. On perd de la sorte une petite quantité de tanin et, pour compenser les pertes, il est bon de multiplier le résultat trouvé par 1,07 c'est-à-dire de l'augmenter de 7 0/0, ainsi que l'a proposé Tony-Garcin, qui a fait un grand nombre d'expériences et qui, en opérant de la même façon, a établi la perte moyenne qui se produisait sur un poids préalablement connu de tanin pur analysé par le procédé que nous venons de décrire.

Dosage du chlore. — Les vins naturels contiennent tous une certaine quantité de chlorures, surtout lorsque la vigne qui les a produits a végété dans un terrain sur lequel on a répandu des engrais salés.

Le chlore est introduit aussi dans les vins faits : 1° par addition de sel ou d'eau de mer, addition destinée à augmenter frauduleusement l'extrait ; 2° par le collage, si la colle contient du sel marin ;

3° enfin, par le déplâtrage au moyen du chlorure de baryum, opération qui a pour but de précipiter l'acide sulfurique des sulfates et de diminuer, par suite, la quantité de ces derniers sels.

Le dosage du chlore présente un certain intérêt, puisqu'une trop forte proportion de cet élément dans le vin peut faire considérer celui-ci comme mauvais à l'analyse. Le meilleur procédé est celui que nous allons résumer en quelques mots : Au moyen d'une pipette on fait tomber dans une capsule de platine 20 cc. de vin, auquel on ajoute une solution de carbonate de soude pur, en quantité plus que suffisante pour le neutraliser ; on évapore au bain-marie d'abord, puis on chauffe très légèrement au moyen d'un bec de gaz ou d'une lampe à alcool. On surveille l'opération pour qu'il ne se produise pas de pertes par projections. La masse se boursoufle et charbonne. On chauffe alors un peu plus, mais sans dépasser le rouge à peine sombre, afin d'éviter la volatilisation des chlorures ; puis, lorsqu'il ne se dégage plus aucun gaz, on écrase avec un pilon la masse refroidie, on verse dans la capsule 25 à 30 cc. d'eau chaude et on fait passer dans un verre la masse boueuse ainsi que l'eau avec laquelle on a rincé la capsule. On verse goutte à goutte de l'acide nitrique pur, qui détermine une effervescence par le dégagement de l'acide carbonique. Lorsqu'on a constaté avec un papier de tournesol que le liquide est légèrement acide, cinq à six minutes après l'addition d'acide nitrique, on ajoute un peu de marbre blanc pulvérisé. Il se produit une nouvelle effervescence, et le marbre non décomposé reste au fond du verre. On agite et, quand il ne se dégage plus de bulles gazeuses, on verse deux gouttes d'une solution de chromate neutre de potasse. La liqueur est jaune et le charbon qui s'y trouve n'empêche pas de bien voir la coloration. On remplit une burette graduée en dixièmes de centimètres cubes avec une liqueur titrée contenant par litre 5 gr. 812 de nitrate d'argent fondu ; cette quantité équivaut à 2 grammes de chlorure de sodium. On verse peu à peu, jusqu'à ce que le liquide passe de la couleur jaune à la couleur rouge orangée. Les premières gouttes de liqueur d'argent tombant dans le liquide produisent un précipité rouge qui disparaît par l'agitation. On doit arrêter le dosage lorsqu'une seule goutte fait virer la couleur dans la totalité du liquide. Chaque dixième de centimètre cube de liqueur versée correspond à deux dixièmes de milligramme de chlorure de sodium ou de sel marin pour la quantité de vin essayé ; et, si l'on a opéré sur 20 cc., chaque division correspond à un milligramme par litre. Il est bon de s'assurer du titre de la liqueur d'argent en opérant l'essai avec 10 cc. d'une liqueur obtenue en dissolvant et étendant au litre 2 grammes de chlorure de sodium pur, préalablement chauffé au rouge, *mais non fondu.*

Le titrage se fait en versant au moyen de la burette, le nitrate d'argent dans les 10 centimètres cubes de chlorure de sodium titré colorés par une goutte ou deux de chromate bien neutre.

On doit s'assurer que deux essais consécutifs donnent le même résultat à une division près.

La liqueur titrée de chlorure de sodium se conserve indéfiniment en flacon bien bouché. Elle peut servir à sauver un essai qu'on aurait manqué en versant trop de nitrate d'argent. Il suffit dans ce cas d'ajouter 1 centimètre cube de la liqueur, ce qui fait disparaître la coloration rouge. On continue ensuite à verser le nitrate d'argent goutte à goutte jusqu'à ce que cette coloration apparaisse de nouveau et l'on déduit 10 divisions correspondant au centimètre cube de chlorure de sodium ajouté.

Le dosage du chlore n'aurait, suivant nous, aucun intérêt pratique, si les laboratoires n'y avaient attaché une importance que nous croyons très exagérée.

L'addition de sel ou d'eau de mer est une de ces falsifications barbares qui ne se font plus aujourd'hui.

Le collage au sel, au contraire, est encore employé couramment, et l'addition même un peu exagérée de sel marin ne peut ni avoir aucune influence néfaste sur la santé du consommateur, ni masquer une fraude quelconque.

Quant au déplâtrage si on le pratique encore, ce n'est plus au moyen du chlorure de baryum. On emploie à cet effet l'acétate ou le tartrate de baryte.

C'est donc la baryte et non le chlore qu'il faut rechercher dans les vins suspects.

Dosage de l'alumine. — Le vin ne contient que peu d'alumine, 3 centigrammes par litre au maximum. Une plus grande proportion est l'indice d'une addition d'alun.

Le dosage de cette substance a donc souvent une importance considérable.

On calcine le résidu d'évaporation de 500 centimètres cubes de vin. La masse charbonneuse est pulvérisée dans la capsule et traitée par l'acide chlorhydrique concentré dans lequel on le laisse digérer longtemps à chaud. On étend d'eau bouillante et on filtre ; le liquide filtré est saturé par de l'ammoniaque, puis additionné d'acide acétique et d'acétate neutre de plomb qui précipite l'acide phosphorique à l'état de phosphate insoluble. On filtre, on fait passer de l'hydrogène sulfuré dans le liquide pour se débarrasser de l'excès de plomb, et on chauffe jusqu'à ce qu'on ait chassé tout l'hydrogène sulfuré. On précipite ensuite par l'ammoniaque en faible excès, on filtre et le précipité lavé est dissous sur le filtre même par un peu d'acide chlorhydrique, on sature presque complètement au moyen de soude pure obtenue en jetant dans l'eau un petit morceau de sodium et le liquide chauffé est versé dans une solution également chaude de soude préparée de la même façon. On sépare par filtration l'oxyde de fer qui s'est précipité et le liquide filtré est additionné d'acide chlorhydrique, puis d'ammoniaque en léger excès qui précipite l'alumine que l'on recueille sur un filtre et qu'on pèse après lavage et incinération.

Recherche de l'acide azotique. — MM. Berland et Roos ont indiqué un moyen rapide pour rechercher cet acide.

Voici comment ils opèrent :

Le vin suspect est traité par un excès de sous-acétate de plomb suffisant pour sa complète décoloration, et filtré. Quelques centimètres cubes du filtratum sont additionnés d'une ou deux gouttes d'une solution de sulfate de diphénylamine dans l'acide sulfurique concentré au 5/100 environ. Puis, sans se préoccuper du précipité de sulfate de plomb formé, on fait couler avec précaution sur les parois du vase contenant l'essai, un volume d'acide sulfurique pur, concentré, égal ou supérieur au volume du liquide mis en œuvre. S'il y a de l'acide azotique, il se développe une belle coloration bleue dans la zone de séparation des deux liquides.

Dans les vins, la sensibilité de cette réaction est beaucoup plus faible que pour l'eau. Cependant elle est encore assez grande pour permettre de retrouver une addition de 1/20.000 d'acide azotique.

MM. Berland et Roos se sont assurés que les vins naturels ne donnent aucune trace de coloration bleue.

Recherche de l'acide salicylique. — L'acide salicylique est soluble dans l'éther et il a la propriété de donner avec le perchlorure de fer une coloration violette excessivement intense. C'est sur ces deux propriétés qu'est fondée la recherche de cet acide.

Un vin additionné d'un peu d'acide chlorhydrique pour mettre en liberté l'acide salicylique du salicylate de soude et agité avec de l'éther, abandonnera à ce véhicule l'acide salicylique qu'il contient.

En décantant l'éther et l'évaporant, on aura l'acide salicylique et il suffira d'ajouter une goutte de perchlorure de fer pour obtenir une coloration violette s'il y a la moindre trace de cet acide.

Malheureusement, l'éther, outre l'acide recherché, dissout certains principes astringents qui, avec le sel ferrique, donnent une coloration verte pouvant masquer la teinte violette qui indique le salicylate. Cet inconvénient peut être évité de diverses manières : 1° en ajoutant au vin, légèrement acidifié, une petite quantité de perchlorure de fer qui fixe le tanin et l'empêche de passer dans l'éther.

2° En précipitant au préalable par l'albumine et filtrant;

3° En dissolvant le résidu laissé par l'évaporation de l'éther au moyen de la benzine, évaporant celle-ci et traitant ce deuxième résidu d'évaporation par le perchlorure.

Aucun de ces moyens n'est aussi expéditif que celui indiqué par M. Verhœven et qui est fondé sur l'emploi du sous-acétate de plomb.

Dans un verre contenant du vin à essayer, on ajoute un excès de sous-acétate de plomb, on agite et on filtre. Le liquide, qui ne doit plus précipiter par le sous-acétate, est additionné d'acide sulfurique qui donne un abondant dépôt de sulfate de plomb, on agite, on laisse déposer et on s'assure que le liquide surnageant ne précipite plus par l'acide sulfurique; le liquide filtré est introduit dans un digesteur à robinet et agité avec un peu d'éther, on laisse déposer pour que la couche d'éther se sépare bien. Si la séparation est trop longue, on ajoute quelques gouttes d'alcool à 90° qui la déterminent immédiatement. On enlève le bouchon de l'agitateur, on ouvre le robinet pour décanter le liquide aqueux et on ferme le robinet quand l'éther est arrivé dans le boisseau, on remet le bouchon, on agite et on laisse déposer. Au bout d'un certain temps, il se forme sous l'éther une petite couche que l'on décante en ouvrant légèrement le robinet, puis on verse par la partie supérieure l'éther sur un filtre sec destiné à absorber les dernières traces d'humidité. L'éther filtré est recueilli dans une capsule en porcelaine ou en verre, on l'évapore soit sur un bain-marie chauffé dont on a éteint la lampe, soit, ce qui est préférable,en l'abandonnant à la température ordinaire; on verse sur le résidu une seule goutte de chlorure ferrique en solution assez étendue pour que celle-ci soit à peine jaune paille et la moindre trace d'acide salicylique est nettement décelée par la coloration violette qui se manifeste. S'il y a beaucoup d'acide salicylique, la coloration augmente par l'addition de quelques gouttes de perchlorure, elle s'affaiblit et se salit s'il n'y a que des traces d'acide salicylique.

Coloration artificielle. — Les colorants introduits dans le vin sont de deux sortes :

1° Ceux dérivés des goudrons de houille ;

2° Les colorants végétaux dans lesquels on comprend la cochenille qui est plutôt un colorant animal.

Recherche des colorants dérivés des goudrons de houille. — Ces colorants sont excessivement nombreux, mais comme ils sont tous proscrits comme nuisibles à la santé, il importe peu, en général, d'en reconnaître la nature, il est seulement essentiel d'en constater l'absence ou la présence, et cette constatation peut se faire au moyen de deux réactions fondées, la première sur la solubilité de certains colorants dans l'alcool amylique, la deuxième sur la propriété qu'ont certains autres de ne pas être retenus par la laque d'oxyde de mercure.

1° *Emploi de l'alcool amylique.* — Le vin est rendu préalablement alcalin au moyen d'eau de baryte, de soude ou d'ammoniaque, puis on l'agite avec de l'alcool amylique qui, si le vin est naturel, reste incolore avant et après addition d'acide.

Voici comment on doit conduire l'essai :

On ajoute à 150 cc. de vin environ, de l'ammoniaque étendue jusqu'à ce que le mélange ait une réaction nettement alcaline au papier de tournesol ; on introduit le tout dans un digesteur dans lequel on verse ensuite 20 à 25 cc. d'alcool amylique exactement neutre et bien blanc (on reconnaît la neutralité de l'alcool amylique à ce qu'un papier de tournesol mouillé préalablement, ne doit pas rougir lorsqu'on l'y plonge), on agite plusieurs fois en renversant le digesteur verticalement et on laisse déposer. Quand la surface de séparation est bien nette, on observe la teinte de l'alcool amylique qui doit être resté incolore ou à peine jaunâtre. Si l'alcool amylique était coloré en rouge, c'est qu'il y aurait un colorant étranger, mais il ne faudrait pas se hâter de conclure, et il serait nécessaire, en recommençant l'essai, de s'assurer :

1° Que le vin était bien alcalin ;

2° Que l'alcool amylique était bien neutre.

Si l'alcool amylique est incolore, on décante au moyen du robinet le liquide sous-jacent, on verse de l'eau distillée et on agite, puis on laisse déposer et on décante, on lave ainsi jusqu'à ce que le liquide aqueux décanté ne rougisse plus par l'action de l'acide acétique et sans prolonger les lavages au-delà de ce qui est nécessaire.

On verse alors dans le digesteur quelques gouttes d'acide acétique ; si l'alcool amylique se colore en rouge, c'est qu'il y a de la fuchsine ou des composés analogues.

Ce procédé est la plupart du temps suffisant; cependant, pour déceler des traces de matière colorante, il pourrait être en défaut.

Dans ce cas, on a recours à la méthode suivante qui est la plus sensible :

On ajoute au vin quelques cristaux d'hydrate de baryte et on agite avec une baguette jusqu'à ce que la teinte verte indique l'alcalinité contrôlée par l'emploi du papier de tournesol; on filtre, on introduit le liquide filtré dans le digesteur, on agite avec l'alcool amylique, on décante le liquide aqueux, on agite une fois avec un peu d'eau et l'alcool amylique, débarrassé autant que possible, par agitation et décantation, des matières aqueuses qu'il tient en suspension, est filtré et recueilli dans un tube à essai, ou mieux, dans un matras d'essayeur contenant un mouchet de soie de Chine; on chauffe le matras en l'inclinant à 45° et l'on fait bouillir pendant une minute, on laisse refroidir et on renverse verticalement le matras dans une capsule de porcelaine pour y faire tomber, avec l'alcool amylique restant, le mouchet que l'on retire ensuite au moyen d'une pince et que l'on presse entre quelques fragments de papier à filtrer.

Si l'on a opéré sur un vin absolument pur, la soie est complètement incolore; toute teinte rose, violette ou rouge, si faible qu'elle soit, est l'indice certain d'une coloration artificielle.

La réaction de l'alcool amylique est spéciale aux dérivés de la houille, cependant on obtiendra une coloration violette avec l'orseille, colorant inoffensif qui sera décelé par ce procédé.

Certains colorants dérivés acides des goudrons de houille, tels que les sulfoconjugués échappent à l'action de l'alcool amylique.

Pour les reconnaître, on ajoute à une dizaine de centimètres cubes de vin, 4 à 5 cc. d'une solution d'acétate mercurique à 10 0/0, puis une pincée de magnésie calcinée, on introduit le tout dans un petit matras d'essayeur, on fait bouillir et l'on filtre.

Les vins naturels passent incolores et le liquide additionné d'acide sulfurique étendu ne se colore pas en rouge.

Il est clair que si l'on a obtenu dans le liquide alcalin ou acide une petite coloration rose, il est bon de recommencer et de s'assurer :

1° Que le liquide filtré est légèrement alcalin.

2° Qu'il ne précipite plus par une nouvelle addition d'acétate mercurique.

Quoiqu'il soit sans intéret pour le commerçant, qui a la preuve qu'un vin est coloré avec un dérivé de la houille, de savoir quelle est exactement la matière qui a été employée à la falsification, nous citerons pour guider les recherches, les différentes couleurs que l'on peut rencontrer.

Nous avons déjà dit que l'alcool amylique pouvait se colorer en violet par l'orseille, la coloration rose en liqueur alcaline indique le rouge de Biebrich, le rouge de Bordeaux ou la roccelline.

La coloration verte est l'indice de l'amido-azobenzol.

En liqueur acidulée primitivement, la coloration rose ou rouge indique : la fuchsine, la safranine, la tropéoline et plusieurs ponceaux.

La coloration jaune peut faire soupçonner la chrysoïdine, la chrysaniline, l'éosine, etc.

La coloration violette, outre l'orseille, décèle le violet de méthyle et la mauvéïne.

La recherche spéciale de chacun de ces colorants ne doit être entreprise que par un chimiste expérimenté.

Recherche des colorants végétaux. — La recherche des matières colorantes végétales est presque toujours infructueuse, surtout lorsqu'elle est faite par des personnes peu habituées à ces sortes d'analyse.

Les essais sont excessivement longs et souvent ne permettent pas de donner une affirmation précise.

M. Armand Gautier, dans son remarquable Traité sur la sophistication des vins, a indiqué une série de réactions qui, pratiquées avec soin, donnent souvent de sérieux résultats. Il est nécessaire de faire subir aux vins à analyser un premier traitement destiné à lui enlever le plus possible de la matière colorante naturelle du vin, afin de laisser presque seule la matière étrangère recherchée.

Certains vins naturels comme le Jacquez donneraient, s'ils n'avaient pas subi le traitement préalable, des réactions qui pourraient les faire considérer comme colorés artificiellement.

Le vin à examiner doit être additionné d'une solution aqueuse très faible de tanin, puis on l'agite avec le dixième de son volume d'un mélange de une partie de blanc d'œuf battu et de une partie d'eau. On laisse déposer une demi-heure et on filtre.

Si le précipité resté sur le filtre avait une couleur bleue ou violette intense, on pourrait supposer qu'il y a de l'indigo ; pour s'en assurer, on laverait ce précipité avec un peu d'eau alcoolisée, puis on le ferait bouillir avec de l'alcool à 85° qui se teindrait en bleu dans le cas de l'indigo. Cette couleur ne se présente presque jamais dans les vins fraudés.

Le vin collé par le blanc d'œuf est additionné de bicarbonate de soude jusqu'à ce qu'il ait une teinte vineuse violacée assez foncée.

Ce vin ainsi traité est additionné pour 4 cc. de 2 cc. d'une solution d'alun à 10 0/0 et de 2 cc. d'une solution de carbonate de soude à 10 0/0, puis on examine la couleur, on filtre, la couleur du précipité et celle du liquide filtré sont examinées avec soin.

La laque doit être verte ou bleuâtre, la liqueur filtrée légèrement verte.

Avec le bicarbonate de soude, le vin collé et en partie neutralisé doit prendre un ton verdâtre.

Le borax doit donner une teinte gris bleuâtre ou fleur de lin et non une teinte vineuse. L'acétate d'alumine, au contraire, ne doit pas faire virer au violet, la couleur doit rester vineuse.

Il est bon de faire encore l'essai de Balard, Pasteur et Wurtz.

Si dans du vin étendu on place un fragment, gros comme un pois, de protosulfate de fer, les vins colorés à la mauve deviennent violet foncé. Ceux colorés au sureau prennent une teinte bleue très sensible.

Si l'on ajoute ensuite quelques gouttes d'eau de brome, la teinte violette s'exalte sans devenir bleue et celle du sureau devient bleu foncé.

L'hyèble et le myrtille, qui donnent une coloration violacée avec le sulfate de fer, donnent avec l'eau bromée une coloration verte.

Dans ces conditions, le vin naturel s'assombrit, mais garde une teinte vineuse sans passer au violet.

Nous citerons parmi les colorants végétaux : la cochenille, le campêche, les bois de Brésil, le maqui, l'hyèble, le sureau, la mauve, le phytolacca, l'orseille, la betterave, le myrtille, le troëne, etc.

Discussion des analyses. — Parmi ces matières, les unes, comme l'acide salicylique et les colorants dérivés de la houille, ne doivent pas entrer dans le vin même en proportion infime ; il n'y a donc qu'à rechercher ces matières pour décéler la fraude.

Les autres, au contraire, comme l'alcool, l'eau, le sulfate de potasse, la glycérine, etc., existent dans le vin normal ; il faut donc doser, rechercher s'il n'y a pas un excès et comparer leurs proportions respectives.

Mouillage et vinage. — Nous avons défini l'extrait sec : la somme des matériaux fixés à 100° ou à la température ordinaire.

Lorsque dans le vin on aura trouvé un excès de sucre réducteur ou de plâtre, on aura ce qu'on appelle l'extrait réduit en diminuant le nombre de grammes moins 1, donné par le sulfate de potasse et le nombre de grammes moins 1 donné par le sucre réducteur :

Si par exemple on avait trouvé :

Extrait sec	28,50
Sulfate de potasse.	3,30
Sucre réducteur.	4,40

l'extrait réduit serait :

28,50 — 2,30 — 3,40, soit : 22, 8.

Calcul du vinage. — L'expérience a démontré que dans les vins rouges de vendanges naturels il existe un rapport déterminé entre le poids de l'extrait sec et celui de l'alcool. Le poids de l'alcool est au maximum quatre fois et demi celui de l'extrait. Lorsque ce rapport est dépassé (avec une tolérance de 1/10 en plus, soit 4,6) on doit conclure au vinage. Pour déterminer le rapport, on divisera le poids de l'alcool (obtenu en multipliant la richesse exprimée en volume par 0 gr. 8) par le poids de l'extrait réduit, déterminé comme on l'a dit plus haut.

Pour les vins blancs le rapport maximum est fixé à 6,5. A titre de renseignement on pourra se servir des indications fournies par la densité ; l'expérience a, en effet, montré que, dans la grande majorité des cas, la densité est voisine de celle de l'eau et jamais inférieure à 0,985. Lors donc qu'un vin aura une densité inférieure à 0,985 on pourra être certain que le vin a été viné. Cette densité pourra être déterminée soit par la balance, soit par le densimètre, soit par l'alcoomètre qui n'est qu'un densimètre spécial.

Calcul du vinage accompagné de mouillage. — Dans certains cas il peut être intéressant de rechercher si un vin a été viné et mouillé, c'est-à-dire additionné d'eau ; la règle suivante pourra être appliquée :

Dans tous les vins normaux la somme de l'alcool pour cent en volume, et de l'acidité par litre, en poids, n'est presque jamais inférieure à 12,5. L'addition d'eau affaiblit ce nombre, l'addition d'alcool, au contraire, l'augmente.

Lorsqu'on soupçonnera un vin d'avoir été mouillé et alcoolisé, on déterminera d'abord le rapport de l'alcool à l'extrait ; si le nombre obtenu est supérieur à 4,5 on ramènera par le calcul le rapport à 4,5 et on aura ainsi le poids réel de l'alcool, et par suite la richesse alcoolique du vin naturel, la différence avec la richesse trouvée directement représentera la surforce alcoolique ; puis on fera la somme acide-alcool telle qu'elle a été précédemment définie ; si le vin a été mouillé, le nombre deviendra inférieur à 12,5, c'est-à-dire normal, et le mouillage sera manifeste. Soit, par exemple, un vin donnant :

Extrait sec par litre.	14,200
Acide par litre.	3,100
Alcool volume pour 100.	16,000

Le rapport en poids, alcool extrait = 9,01.
La somme alcool-acide = 19,100.
En ramenant le rapport à 4,5 on a :
Poids de l'alcool naturel 14,200 × 4,5 = 63,900.
Richesse alcoolique correspondante 63,900 : 0,8 = 7,99.

Surforce alcoolique 16 — 7,99 = 8,01 :

La somme alcool-acide devient 7,99 + 3, 100 = 11,090.

On se trouve donc en présence d'un vin dont le rapport alcool-extrait, déterminé directement, est supérieur à 4,5 et dont la somme alcool-acide, corrigée du vinage, est inférieure à 12,5 et l'on doit conclure à une double addition d'eau et d'alcool.

En règle générale, lorsque la somme alcool-acide directe est comprise entre 18 et 19 ou supérieure à ce chiffre, il y a une grande présomption de vinage.

Plâtrage. — Les vins naturels ne contiennent pas par litre plus de 6 centigrammes de sulfates exprimés en sulfate de potasse, mais il est d'usage de ne considérer un vin comme plâtré qu'à partir de 1 gramme de ce sel par litre.

La tolérance du plâtrage est de 2 grammes de sulfate de potasse par litre. Nous avons indiqué en détail les méthodes qui permettaient de doser exactement le plâtre.

Déplâtrage. — On avait espéré reconnaître un vin déplâtré au moyen du chlorure de baryum par la recherche des chlorures qui devaient s'y trouver en proportion anormale, mais la pratique constante de l'addition de sel à l'albumine employée à la clarification du vin, rend ce procédé absolument illusoire, d'autant plus que les négociants qui ont intérêt à déplâtrer emploient de préférence l'acétate, le tartrate ou le carbonate de baryte. La présence de la baryte dans les vins est le seul indice du déplâtrage.

Alunage. — L'alun est employé pour aviver les couleurs, soit seul, soit mélangé à des matières colorantes étrangères. C'est un composé d'acide sulfurique, d'alumine et de potasse.

Si le dosage de l'albumine donne plus de 3 centigrammes de cette matière par litre, on peut soupçonner l'addition d'alun.

Sucrage. — Nous avons dit que le vin naturel ne contenait jamais de sucre cristallisable, quant au glucose, sa recherche est très difficile et nécessite l'emploi du polarimètre.

En général, si le vin donne une déviation à droite anormale et s'il ne contient pas de sucre cristallisable; il peut être présumé qu'on y a ajouté du glucose. Le procédé de Neubauer vient confirmer la présomption.

Addition de vin de raisins secs. — Cette fraude est l'une des plus difficiles à doser chimiquement et jusqu'à présent la dégustation a encore été le meilleur moyen pour la reconnaître.

On doit cependant signaler la déviation gauche anormale que présentent quelquefois au polarimètre les vins de raisins secs plus ou moins mélangés.

Le traitement de Neubauer peut indiquer la présence de ces vins qui se manifeste souvent par une forte déviation à gauche après fermentation et dialyse.

On avait fait grand bruit d'un réactif nouveau qui décelait, disait-on, très rapidement cette fraude.

Voici, en quelques mots, la méthode employée:

On fait fermenter avec de la levure de bière à 35°, pendant 24 heures, 200 cc. de vin, on décolore par le noir animal, on réduit au bain-marie le volume à 20 cc. et on neutralise par un léger excès d'ammoniaque, on filtre et on y ajoute quelques gouttes de la solution préparée selon la formule suivante :

Phosphomolybdate de soude	485 grammes
Acide nitrique.	600 —
Eau	4 litres

On chauffe au bain-marie, s'il y a du raisin sec, le mélange bleuit..... quelquefois.

En résumé, il est impossible dans l'état actuel de la science de prouver chimiquement la présence du vin de raisins secs dans un vin.

Cidre. — La composition des cidres est excessivement variable suivant l'année, les crus et le mode de fabrication. Il est très rare que l'on vende le cidre dit pur jus de pomme, c'est-à-dire ne contenant pas d'eau ajoutée, le mouillage ne constitue pas pour les cidres une falsification proprement dite.

On considère comme limite inférieure des éléments principaux du cidre :

Alcool pour 100 en volume.	3 degrès
Extrait par litre.	18 gr.
Cendres —	1 gr. 7

Il est bien entendu que cette limite s'applique au cidre fermenté, car beaucoup de cidres nouveaux ne pèsent pas 3° d'alcool.

L'analyse des cidres comprend :

Le dosage de l'alcool, de l'extrait à 100° ou dans le vide, de l'acidité, des cendres, du sucre réducteur.

On recherche également dans les cidres :

L'alcool d'industrie, le sucre cristallisable, l'acide salicylique, le glucose des colorants étrangers et quelquefois, pour les cidres importés, la saccharine.

Enfin, on ajoute parfois au cidre du bisulfite de chaux, de la chaux et du carbonate de soude; dans le but d'enlever une partie de l'acidité, on a été même jusqu'à y introduire de la céruse.

Le dosage de l'alcool se fait toujours par distillation en pesant au moyen de l'alcoomètre le liquide distillé ramené à la moitié du volume primitif.

L'extrait est déterminé sur 5 ou 10 centimètres cubes.

L'acidité sur 10 centimètres cubes.

Le sucre réducteur est dosé au moyen de la liqueur cupropotassique après décoloration au noir.

Les bons cidres contenant quelquefois 80 grammes et même plus de sucre réducteur par litre, il est nécessaire pour ce dosage de les étendre fortement et alors la décoloration n'est pas nécessaire.

Le sucre cristallisable est recherché après inversion du liquide décoloré ou étendu.

Pour le glucose, on fait fermenter complètement le cidre au moyen de la levure de bière à une température de 30 degrés environ, on sature par la craie, on évapore, on reprend par l'alcool, on évapore l'alcool et on reprend le résidu par l'eau, on décolore, et on observe au polarimètre. Une forte déviation à droite indique le glucose.

On a signalé aussi l'examen microscopique qui permettrait de déceler les grains de fécule non saccharifiée, mais cette recherche est devenue illusoire depuis que les glucoses commerciaux sont mieux saccharifiés.

L'acide salicylique est décélé par la même méthode que dans les vins.

La recherche des sulfites s'opère en faisant barbotter dans le cidre, additionné d'acide sulfurique, un courant d'acide carbonique qui entraîne l'acide sulfureux, que l'on arrête ensuite par une solution de chlorure de baryum et d'eau iodée.

Le sulfate de baryte produit est recueilli et pesé. Il faut avoir bien soin, dans cette méthode, de relier par un long tube vertical le ballon contenant le cidre avec le récipient contenant l'iode et le chlorure de baryum, afin d'éviter l'entraînement sous forme de gouttelettes de l'acide sulfurique qui amènerait un précipité dont la présence pourrait faire conclure à l'addition de sulfite.

La chaux et la soude se recherchent dans les cendres par les procédés ordinaires. On ne conclut à l'addition de ces substances que si l'on en a trouvé une proportion normale. Les cendres traitées par l'acide chorhydrique et étendues d'eau ne doivent donner aucun précipité par l'hydrogène sulfuré qui précipiterait en noir le cuivre et le plomb.

Pour la recherche de la saccharine, on verse dans un digesteur une certaine quantité de cidre avec 2 ou 3 gouttes d'acide sulfurique et on agite doucement avec de l'éther.

La saccharine. comme l'acide salicylique, passe dans ce dissolvant, on décante l'eau,on évapore l'éther filtré, on frotte avec le doigt bien lavé les parois intérieures du godet, et on reconnaît facilement à la langue la présence de la saccharine dont la saveur sucrée est excessivement intense.

Les matières colorantes ajoutées le plus souvent au cidre sont : le caramel et la cochenille.

Quelquefois aussi on y introduit du coquelicot et de la nitrorhubarbe.

Pour rechercher le caramel, on ajoute successivement de la gélatine et du tanin; si la liqueur qui surnage garde une teinte ambrée, il y a présomption d'addition de caramel.

Le passage de la cochenille en dissolution acide dans l'alcool amylique et la coloration violette qu'elle prend au contact de l'ammoniaque fournit le meilleur mode de recherche de cette substance.

La nitro-rhubarbe qui est soluble dans l'éther passe au rouge par addition d'ammoniaque, tandis que la cochenille prend une teinte violacée.

La recherche de ces colorants n'a pas la même importance dans les cidres que dans les vins à cause de leur innocuité absolue et de la quantité relativement faible introduite.

Dans les vins rouges en effet, l'addition de couleur, même inoffensive, a pour but de masquer un mélange frauduleux dont les propriétés toniques et nutritives ne sont pas comparables à celles du vin naturel.

Dans les cidres, au contraire, on ne cherche qu'à donner un chatoiement plus ou moins agréable à l'œil du consommateur et nous ne croyons pas qu'il soit juste de condamner un négociant qui aurait ajouté des traces de cochenille à une marchandise reconnue bonne d'ailleurs, quand il est loisible aux confiseurs d'en mettre autant qu'ils le veulent dans les sirops qu'ils débitent.

Vinaigres. — Le vinaigre de vin est jaune ou rouge ; il a une saveur franche, même lorsqu'il a été étendu d'eau, il ne doit donner aucun précipité par le mélange avec l'alcool absolu; un précipité indiquerait qu'il y a de la dextrine.

Il doit se troubler peu par le chlorure de baryum, l'oxalate d'ammoniaque et le nitrate d'argent. 100 parties d'alcool se transforment pratiquement en 110 parties d'acide acétique cristallisable, un vin à 6° donnera 53 grammes et demi d'acide acétique et un vin à 12°, 107 grammes.

La quantité par litre d'acide acétique d'un vinaigre de vin varie dans ces limites.

Le rapport de l'alcool à l'extrait étant de 4 à 5 pour les vins rouges et 5 à 6 pour les vins blancs, comme pendant l'acétification, l'extrait subit une perte d'environ 10 0/0 ; il est facile de se rendre compte par le calcul du rapport qui doit exister entre l'acide et l'extrait dans les vinaigres rouges et les vinaigres blancs.

L'analyse du vinaigre comprend :

La détermination de la densité, le titrage de l'acidité que l'on doit évaluer en acide acétique, ce que l'on fait en multipliant, si l'on a employé la liqueur servant à l'essai des vins, le chiffre trouvé en acide sulfurique par 1,224.

L'extrait se prend sur 10 cc. de vinaigre dans l'étuve à 100 degrés ; on s'assure par deux pesées nécessaires que le poids reste constant.

Les cendres se font comme celles du vin.

On dose également le tartre d'après le procédé de Berthelot et Fleurien, et le sucre réducteur au moyen de la liqueur cupropotassique. Les vinaigres sont plus souvent falsifiés avec l'acide pyroligneux ou l'acide acétique produit soit par la glucose, soit par l'alcool.

Ces matières sont décélées par les comparaisons de l'acidité avec l'extrait sec, la présence d'excès de glucose, ou une déviation dextrogyre anormale du résidu de dialyse.

Le vinaigre de glucose mêlé avec le double de son volume d'alcool à 90° laisse souvent déposer des flocons de dextrine.

Les vinaigres de bière, de cidre, de poiré ne contiennent pas de tartre, ils donnent avec le sous-acétate de plomb des précipités gris jaunâtre au lieu du précipité blanc que donne le vinaigre de vin.

Les extraits des vinaigres de cidre et de bière ont une saveur qui peut servir, parfois, à indiquer son origine. On retrouve également dans ces extraits, à la dégustation, le poivre, le pyrèthre et les autres substances âcres.

On a souvent introduit dans les vinaigres des acides minéraux pour masquer le mouillage.

Pour rechercher l'acide sulfurique, on évapore au bain-marie 50 cc. de vinaigre jusqu'à consistance sirupeuse, on reprend l'extrait par de l'alcool absolu, on filtre, on étend l'alcool de son volume d'eau, on évapore au bain-marie jusqu'à un quart de son volume, on filtre, et le liquide filtré est additionné de chlorure de baryum, qui produit un précipité s'il y a eu addition d'acide sulfurique.

Nous avons vu que le vinaigre ne devait donner qu'un louche sensible avec le nitrate d'argent.

Un abondant précipité indiquerait la présence d'acide chlorhydrique ou de chlorure de sodium. L'acide azotique se reconnaît en reprenant par l'acide sulfurique le résidu d'évaporation du vinaigre préalablement saturé par du carbonate de soude.

Le liquide ne doit pas décolorer le sulfate d'indigo à l'ébullition, ni noircir une solution de sulfate ferreux.

Alcools et eaux-de-vie. — Depuis quelques années, la rectification des alcools a fait des progrès sensibles et les qualités moyennes livrées au commerce contiennent en général moins d'alcools supérieurs et d'impuretés, que la bonne eau-de-vie fabriquée avec du vin pur.

L'alcool éthylique complètement pur n'a pas d'arome et si l'on rectifiait parfaitement de l'eau-de-vie de vin, on obtiendrait un liquide insipide.

Les eaux-de-vie ont un degré en général voisin de 50, leur bouquet provient de certaines huiles possédant un arome suave qui flatte le palais.

Chaque vin produit un arome particulier et certains bouquets ne se produisent que pendant le vieillissement.

Dans le commerce, on a intérêt non seulement à connaître le degré alcoolique, mais encore à rechercher si les eaux-de-vie ne contiennent pas de bouquet artificiel et d'alcool d'industrie.

La recherche de l'alcool méthylique, ou esprit de bois, se fait au moyen du procédé imaginé par MM. Riche et Bardy. On mélange dans un matras 10 cc. de l'alcool à essayer avec 15 gr. d'iode et 2 gr. de phosphore rouge et l'on distille en recueillant le produit dans 40 centimètres cubes d'eau distillée. On décante au moyen d'un entonnoir à robinet l'iodure auquel on mélange 6 centimètres cubes d'aniline. Il se fait une réaction vive avec dégagement de chaleur.

Au bout d'une heure on ajoute de l'eau chaude et l'on fait bouillir jusqu'à ce que le liquide soit bien limpide, puis on ajoute de la soude et on prélève 1 centimètre cube du liquide huileux qui surnage.

On fait couler sur 10 gr. d'un mélange formé de 100 parties de sable, 2 parties de sel marin et 3 parties de nitrate de cuivre.

On introduit le magma bien mélangé dans un très petit ballon que l'on chauffe à 70° pendant quelques heures.

On épuise alors la matière à l'alcool tiède et l'on filtre ; la coloration est rougeâtre avec l'alcool pur, mais présente une teinte violacée, s'il y a seulement 1 ou 2 0/0 d'alcool méthylique.

L'eau-de-vie soupçonnée de contenir des alcools d'industrie doit être distillée et l'on recherche dans le liquide distillé : les produits de tête (aldéhydes, etc.) et les produits de queue (alcool amylique, etc.), le furfurol et autres impuretés, au moyen des réactifs spéciaux qui sont principalement : l'acide sulfurique et le bisulfite de rosaniline, l'acétate d'aniline, l'iodomercurate de potasse et le chloroforme.

L'acide sulfurique monohydraté pur donnera une indication générale sur la pureté de l'alcool. Pour faire cet essai (Savalle), on mesure 10 centimètres cubes de l'alcool à essayer qu'on place dans un petit ballon propre et sec. On mesure ensuite 10 centimètres cubes d'acide sulfurique qu'on verse sur l'alcool; on agite et on chauffe sur la flamme d'une lampe à alcool ou d'un bec Bunsen, en ayant soin de remuer constamment jusqu'à ce que l'ébullition commence à se produire. Dans ces conditions, l'alcool éthylique pur reste absolument incolore, tandis que les impuretés se charbonnent et colorent le mélange en brun plus ou moins intense.

Le bisulfite de rosaniline se prépare de la manière suivante :

Solution de fuchsine au 1/1000°. . . .	125 cent. cubes.
Bisulfite de soude à 28° B.	75 —
Acide sulfurique à 66° B.	25 —
Eau q. s.	1 litre.

Il est incolore ou légèrement coloré en jaune; on en ajoute 2 c. c. à 10 c. c. cubes d'alcool étendu à environ 50°; s'il se produit une coloration rouge violacée, il y a présence d'aldéhyde.

Pour l'acétate d'aniline : à 10 c. c. cubes environ d'alcool, on ajoute 5 gouttes d'aniline et 10 gouttes d'acide acétique; on agite, et si, au bout de quelques instants, il se produit une coloration rouge ou rose, il y a du furfurol. On évapore une petite quantité d'alcool en présence de 2 à 3 gouttes d'acide sulfurique étendu. Le résidu, repris par un peu d'eau, est additionné d'une goutte d'iodomercurate de potassium; s'il se produit un trouble ou un précipité, on en conclut à la présence de bases.

Enfin, on traite une petite quantité d'alcool étendu d'eau par quelques centimètres cubes de chloroforme. Ce dissolvant s'empare de l'alcool amylique. On l'évapore doucement sur une petite capsule placée au bain-marie. Quand l'odeur de chloroforme a disparu, on ajoute au résidu un petit cristal de bichromate de potasse, quelques gouttes d'acide sulfurique concentré, et on chauffe doucement. A l'odeur caractéristique et pénétrante d'acide valérianique, on reconnaît la présence de l'alcool amylique.

Pour doser cet alcool on peut recourir à l'appareil de Röse (fig. 48).

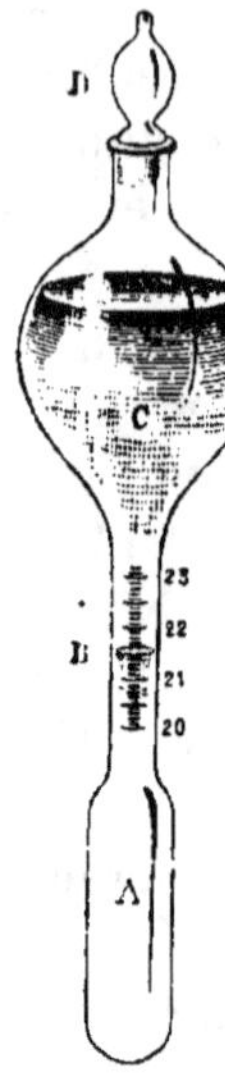

FIG. 48.

La méthode est basée sur l'emploi du chloroforme seul. Dans un tube A, fermé à la partie inférieure, gradué dans sa portion moyenne B, et qui s'évase à la partie supérieure en une boule C, que l'on peut boucher hermétiquement, on introduit 20 c. c. de chloroforme pur et 180 c. c. du liquide à examiner, lequel doit marquer exactement 50° à l'alcoomètre. On ferme la boule au moyen d'un bouchon à l'emeri D, et on plonge l'instrument dans un vase profond renfermant de l'eau à 15°. Après quelque temps, on agite fortement, puis on plonge de nouveau l'instrument dans l'eau à 15°. Le chloroforme se sépare et occupe alors un volume d'autant plus considérable que le liquide essayé est plus riche en huile de fusel. L'augmentation de volume est en moyenne de 2 c. c. par centième d'alcool amylique.

MM. Ch. Girard et Rocques ont trouvé un procédé qui permet d'évaluer, d'une part, les aldéhydes, formant la majeure partie des produits de tête; d'autre part, l'alcool amylique, constituant principal des produits de queue.

Cette méthode est basée sur l'action des amines sur les aldéhydes. L'alcool à essayer est chauffé avec du chlorhydrate de métaphénylène diamine, qui forme, avec l'aldéhyde, une combinaison stable et colorée en rouge orange, avec une belle fluorescence verte. L'intensité colorimétrique permet d'évaluer l'aldéhyde. En distillant, on recueille l'alcool exempt d'aldéhydes, dans lequel on évalue, à de l'essai Savalle, la quantité d'alcools supérieurs.

La coloration des eaux-de-vie vieilles peut être reproduite artificiellement par le caramel, le cachou, le suc de réglisse, le brou de noix, etc.

L'eau-de-vie colorée naturellement par son séjour dans les tonneaux de chêne est décolorée, d'après Carles, lorsqu'on l'agite avec une solution d'albumine qui précipite tout le tanin.

Le suc de réglisse se reconnaît par la dégustation de l'extrait.

Quant aux bouquets artificiels, le mieux est d'étendre l'eau-de-vie de deux fois son volume d'eau et d'agiter avec un peu d'éther de pétrole, qui, évaporé, laissera un résidu à l'odeur souvent caractéristique.

OBLIGATIONS DU VENDEUR,

DU TRANSPORTEUR ET DE L'ACHETEUR

La vente et le transport des boissons comportent des obligations réciproques pour le vendeur, le transporteur et l'acheteur ou destinataire.

Obligations du vendeur. Délivrance. — La règle générale en matière de vente est que ce contrat est parfait par l'accord des parties sur la chose et sur le prix. Le vendeur envoie un échantillon au destinataire ou celui-ci se rend soit par lui-même, soit par son représentant à la propriété ; ils tombent d'accord verbalement ou par correspondance. Quels qu'en soient les modes et les termes, dès lors que l'accord existe, il suffit, la vente est consommée, le vendeur est tenu de livrer, l'acheteur de recevoir et de payer le prix.

Mais, en ce qui concerne le commerce des boissons, la règle que nous venons de citer reçoit une grave exception. Elle résulte de l'article 1587 du Code civil, ainsi conçu :

A l'égard du vin, de l'huile et des autres choses que l'on est dans l'usage de goûter avant d'en faire l'achat, il n'y a point de vente tant que l'acheteur ne les a pas *goûtées et agréées*.

Ainsi la rédaction de cet article subordonne, d'une facon rigoureuse, à la dégustation de l'acheteur la validité ou la non-validité de la vente.

Examinons les cas d'application :

Il a été décidé qu'un acheteur peut valablement se réserver le droit de refuser toute marchandise non conforme à un échantillon donné ou aux conditions précisées dans le contrat de vente, et il est fondé à exiger le remplacement, par des livraisons ultérieures, de celles qu'il a refusées comme n'étant pas conformes au type convenu ou aux déterminations du contrat. (Paris 12 décembre 1874, Dalloz 77. 2. 219.)

L'arrêt que nous citons n'avait qu'à apprécier si la clause de réserve insérée par l'acheteur n'excédait pas la limite de ses droits et il n'a pas statué, par conséquent, sur le point de savoir si l'acheteur aurait encore le droit de refuser une marchandise comme non conforme à l'échantillon, même s'il n'avait fait à cet égard aucune réserve dans le contrat.

Mais cependant la Cour se réfère à ce droit et elle dit, en effet, dans son arrêt, que c'est en vertu d'une règle de droit commun que l'acheteur peut vérifier, avant de prendre livraison, si la marchandise dont la qualité est convenue d'avance répond aux conditions énumérées et précisées au contrat.

C'est là une jurisprudence formelle et consacrée par de nombreux arrêts, tous conçus dans le sens de la défense des intérêts de l'acheteur. Tel, par exemple, un arrêt de Bordeaux, en date du 24 juillet 1878 (Dalloz 79. 2. 214), qui décide que le fait, par un acheteur, d'avoir dégusté les vins dans les chais du vendeur, *de les avoir fait transvaser dans ses fûts et expédier*, lui enlève bien le droit de se plaindre de leur couleur ou de leur goût, mais ne lui fait pas perdre le droit d'agir en garantie pour défaut de degré alcoolique promis dans le contrat de vente.

Cependant, le défaut de conformité de la marchandise à l'échantillon n'entraîne pas toujours et nécessairement la résiliation du marché. Les juges peuvent, en vertu d'usages commerciaux, ne pas prononcer la résolution, même demandée par l'acheteur, et le forcer à prendre la marchandise moyennant une certaine réduction sur le prix. (Cass. 20 nov. 1871. Dalloz 73. 1. 201.)

Il n'en serait pas ainsi, cependant, dans le cas où le marché aurait eu précisément pour raison d'être une qualité particulière et déterminée de marchandise destinée à une clientèle spéciale. (Cass. 20 janv. 1883. Dalloz 73. 1. 359.)

D'un autre côté, cependant, et en sens inverse des prétentions exagérées des acheteurs, la jurisprudence a limité, en faveur des vendeurs, la portée qu'on prétendait attribuer à l'article 1587.

Il a été ainsi décidé qu'il n'y a pas lieu d'appliquer cet article, lorsqu'il peut résulter soit des termes du contrat, soit même de la nature du marché ou des circonstances, que l'acheteur renonce implicitement à la dégustation. (Bien entendu cette règle s'appliquera *a fortiori* lorsque la renonciation aura été explicite.)

C'est ce qui a lieu ordinairement pour tous les achats de vins, destinés, non à la consommation personnelle de l'acheteur, mais au commerce.

Un jugement du tribunal de la Seine en date du 9 juin 1873 explique bien cette hypothèse si fréquente :

Attendu que l'achat de vins que fait par correspondance un commerçant à un vendeur d'une autre localité que la siennne constitue une vente parfaite dès que l'expédition a individualisé les marchandises vendues;

Qu'en effet, le vendeur ne s'exposerait pas à des frais considérables s'il dépendait du caprice de l'acheteur de les lui laisser pour compte en déclarant que les marchandises ne sont pas à sa convenance ;

Attendu que l'article 1587 n'est lui-même qu'une règle d'interprétation de la volonté des parties ;

Que par suite, il n'y a pas lieu de l'appliquer quand la nature et les circonstances du contrat y répugnent.....

De même, dans le cas où l'acheteur a demandé à un négociant une pièce de vin de tel cru et telle qualité, il ne peut pas refuser de recevoir le vin qui lui est envoyé, sous prétexte qu'il n'est pas de son goût, si ce vin est du cru et de la qualité désignés.

Ainsi encore, l'acheteur qui a refusé de recevoir des vins et liqueurs sous le prétexte (d'ailleurs fondé) qu'ils n'étaient pas conformes à ceux qu'il avait demandés, ne peut exiger que le vendeur lui fournisse d'autres vins ni liqueurs à la place de ceux qu'il a justement refusés (Metz 20 août 1827). Mais cet arrêt est ancien, et la doctrine en a été très combattue par d'éminents commentateurs du Code civil.

Dans le même ordre d'idées que l'arrêt de Metz, la Cour de Bordeaux a rendu en 1854, un arrêt relevé dans Sirey 55. 2. 25, pour décider que celui qui a acheté des vins sous la condition qu'ils seraient dégustés et agréés par lui, n'a droit à aucuns dommages-intérêts pour défaut de livraison de la chose vendue, lorsqu'après avoir dégusté les vins, il refuse de les agréer, lors même que les vins soumis à la dégustation ne seraient pas du cru stipulé dans le contrat.

D'autres difficultés se sont élevées sur la manière de vérifier la conformité de la marchandise, soit à l'échantillon, soit aux conventions des parties. Ici encore, en principe, elles ont été tranchées en faveur de l'acheteur.

Ainsi, un jugement du tribunal de commerce de Caen, du 4 juin 1870 (Dalloz 74. 5.535) décide que le vendeur qui a remis un échantillon non cacheté à l'acheteur ne peut prétendre, après coup, que cet échantillon a pu être changé par l'acheteur.

Et enfin il résulte d'un arrêt de la Cour de Bordeaux du 4 juin 1874 (Dalloz 75, 2, 99) que *même après réception des marchandises*, si elles sont défectueuses ou impropres à l'usage auquel elles sont destinées, l'acheteur est recevable à demander la résolution du marché si la vérification de ces marchandises n'est pas devenue impossible par le fait du destinataire et si l'identité de celles-ci est incontestable. Par contre, et cela s'explique très bien par de simples raisons de sens commun, l'acheteur de marchandises qui les a reçues sans protestation ne serait plus recevable à demander la nullité de la vente pour défaut de qualité s'il a laissé écouler entre la réception de la marchandise et la réclamation un délai tel que toute vérification légale soit devenue impossible. (Cass. 15 avril 1846, Sirey 46. 1. 69.)

Résumons cette jurisprudence : d'une part, en faveur de l'acheteur elle étend jusqu'à la dernière limite son droit d'apprécier la convenance de la marchandise et de s'en référer à l'échantillon qu'il en a reçu; d'autre part, si elle permet à l'acheteur de refuser la marchandise, elle lui refuse le droit de contraindre le vendeur à lui en fournir d'autres ou à lui payer des dommages-intérêts pour le défaut de livraison; enfin, en faveur du dernier, elle édicte contre l'acheteur une déchéance du bénéfice de dégustation, déchéance qui peut résulter non seulement d'une convention explicite, mais même de la nature et des circonstances du marché.

Si la condition essentielle du contrat de vente est la conformité de l'objet vendu aux conditions stipulées par l'acheteur, d'autres éléments peuvent cependant amener la nullité ou la modification de ce contrat. Ainsi, le vendeur qui se refuserait à livrer, sous prétexte d'une hausse survenue depuis le marché, de droits de douane établis depuis la même date, s'exposerait, soit à la résiliation, soit à l'obligation d'exécuter le marché dans ses termes primitifs, avec des dommages-intérêts dans les deux cas. (Dalloz, tables de 77-87, v° Vente.)

Il arrive souvent que la vente est conclue par intermédiaire; dans ce cas, si l'intermédiaire est un courtier, la vente n'est ferme qu'après que les deux parties, vendeur et acheteur, se sont accordées à la confirmer ; si l'intermédiaire est commissionnaire responsable, il s'engage seul vis-à-vis de l'acheteur et réciproquement ; si enfin il est représentant, il engage sa maison et reçoit l'engagement de l'acheteur vis-à-vis d'elle.

Obligations du transporteur. — Nous parlons ici du rôle de celui qui se charge de faire parvenir la marchandise du vendeur à l'acheteur, de l'expéditeur au destinataire, et qui, en général, est un voiturier, plus généralement encore une compagnie de chemins de fer ou de bateaux à vapeur. Il va de soi, et ce sont des principes de sens commun plus encore que de droit, que le transporteur s'engage à la fois vis-à-vis de l'expéditeur et du destinataire à faire parvenir les objets remis à destination dans le délai fixé et en leur donnant les soins convenables.

Le contrat entre l'expéditeur et le transporteur était, en général, avant les chemins de fer, ce qu'on nommait : la lettre de voiture ; aujourd'hui, c'est, pour les voies ferrées le récépissé de chemin de fer ou le bulletin de transport; pour les transports par mer: le connaissement. Les mêmes règles de responsabilité s'appliquent d'ailleurs aux uns et aux autres, d'après l'article 107 du Code de commerce.

Les récépissés doivent être délivrés *d'office*, même si l'expéditeur n'en réclame pas, dès que les objets à transporter sont aux mains de la compagnie.

Il est important d'énoncer les mentions qu'ils doivent contenir et qui sont énumérées par l'article 10 de la loi du 13 mai 1865 :

1° La nature, le poids et la désignation du colis ;

2° Les nom et adresse du destinataire ;

3° Le prix *total* du transport ;

4° Le délai dans lequel il doit être effectué.

A ces mentions réglementaires, les compagnies ajoutent, en général, celles du nom de l'expéditeur et de sa demeure en même temps que de la gare expéditrice.

Les récépissés en cette forme obligent les compagnies vis-à-vis soit de l'expéditeur, soit du destinataire ; l'omission d'une des formalités qui viennent d'être indiquées ne détruirait pas, par elle-même, l'obligation, mais les tribunaux auraient à apprécier d'après des renseignements supplémentaires, si elle subsiste ou si elle n'a pas existé.

Dans tous les cas et quelle que soit la pièce, elle est suffisante à engager le transporteur, si elle émane de lui et si elle fait connaître les principaux éléments du contrat, tels que sa date, les noms des expéditeurs et destinataires, la nature et le poids des marchandises, quand même il n'y aurait pas de signature. De nombreux arrêts ont décidé qu'il y avait encore lettre de voiture, même lorsque le prix du transport, ou le nombre et la nature des choses transportées, ou le nom du voiturier, étaient omis. On a encore considéré comme l'équivalent d'une lettre de voiture un congé de boissons au dos duquel l'expéditeur avait porté toutes les mentions complémentaires du transport. En un mot, pour décider s'il y a eu ou non un contrat de cette nature, le juge doit s'attacher, non à une forme rigoureusement précise, mais aux circonstances qui marquent clairement l'intention des parties.

En sens inverse des décisions précédentes, mais toujours par application du même principe, le caractère de lettre de voiture n'a pas été reconnu, soit à une feuille d'expédition remise par une compagnie à un chef de train, soit à un bon de bascule rédigé par un préposé, parce que se sont des pièces de comptabilité intérieure des compagnies. Ajoutons enfin, sur ce point, que les compagnies ne sauraient se refuser à la délivrance d'une lettre de voiture si elle leur était réclamée.

Le contrat de transport ainsi formé, quelles en sont les conséquences? Nous les avons indiquées en tête de ces observations, c'est de rendre le transporteur responsable de l'arrivée des objets en bon état et dans le délai.

Voici l'art. 103 du Code de commerce :

Le voiturier est garant de la perte des objets à transporter, hors les cas de force majeure. Il est garant des avaries autres que celles qui proviennent du vice propre de la chose ou de la force majeure.

Commentons rapidement cette obligation.

On s'est demandé si, dans le cas d'application de tarifs spéciaux moins élevés que les tarifs généraux, l'obligation de veiller aux objets transportés était aussi étroite pour les compagnies. La solution de cette question ne paraît pas douteuse. En effet, l'article 103 qui met, sauf le vice propre et la force majeure, toute avarie à la charge du voiturier, d'autre part l'obligation de fournir non seulement le mode, mais aussi et surtout la sûreté du transport, rendent les obligations égales pour les deux systèmes de tarifs.

La perte de la chose transportée engage évidemment à plus forte raison le transporteur, et il ne lui suffirait pas d'établir que l'indication du destinataire, par exemple, était inexacte ou insuffisante, il faudrait encore qu'il pût justifier de diligences faites auprès de l'expéditeur pour combler ces lacunes. (Cass. 17 mai 1882. Dalloz 83. 1.475.)

Insuffisance de matériel ou de personnel, fausse destination par suite d'erreur, mauvaise manutention ou mauvais arrimage des colis, tous ces faits rentrent avec trop d'évidence dans la catégorie des fautes imputables pour qu'il y ait lieu d'y insister.

Par contre, il est clair qu'il y a vice propre de la chose et que le transporteur n'est pas responsable du coulage par exemple, s'il résulte, soit du mauvais état ou du cerclage insuffisant d'un fût, soit du bouchage défectueux de bouteilles transportées. Tout cela, c'est précisément le vice propre de la chose prévu par l'article 103.

Cependant, même dans ce cas, il a été jugé que la responsabilité du transporteur n'était pas dégagée si, bien que les marchandises eussent un vice propre, les avaries eussent pu être arrêtées ou amoindries par un examen attentif et des soins assidus. (Douai, 11 août 1855, Dalloz 56. 2. 89.)

De même et à plus forte raison, si la marchandise n'est pas livrée dans les délais impartis.

Dans tous les cas, c'est au transporteur à prouver à la fois le vice des objets et l'absence de toute faute de sa part.

Il y a une classe d'avaries qui ne résulte, à proprement parler, ni du vice de la chose, ni de la force majeure, et qui néanmoins a été de tout temps admise par l'usage : nous voulons parler du coulage ou creux de route.

Aujourd'hui, le creux de route reconnu par la loi de 1816, en matière de contributions indirectes, est également accordé d'après le même principe légal aux compagnies de chemin de fer. Aucune fixation n'est obligatoire à cet égard, et ni le public, ni les compagnies ne sont liés par des chiffres. Cependant voici, d'après les auteurs les plus récents et les plus autorisés (Sarrut, *Des chemins de fer*, 1874, Pallaa, *Des chemins de fer* 1887), le point de départ des calculs généraux du coulage de route :

Pour les vins et vinaigres, eaux-de-vie et spiritueux, bières, cidres et boissons en fûts, pour un parcours de 200 kilomètres ou moins 2 0[0 ;

Pour un parcours au-delà de 200 kil. 1 0[0 par kil. avec un maximum de 5 0[0 en été, de 4 0[0 en hiver ;

En ce qui concerne le transport des vins de liqueur, le chiffre est le même, 2 0[0, pour les parcours de moins de 200 kil., mais il est réduit à 3 0[0 en hiver, 4 0[0 en été pour les distances supérieures à 200 kil.

Mais, nous le répétons, ce ne sont là que des présomptions qui cèdent devant les faits. Par exemple il n'y aurait pas lieu de les appliquer dans le cas d'une grave avarie survenue à un seul fût et n'ayant aucun rapport avec ce qu'on nomme le creux ordinaire de route. Il n'y aurait pas lieu de recourir à la simple présomption d'après laquelle on calcule sur l'ensemble, puisqu'on se trouverait en face de l'évidence du fait, qui ne s'applique qu'à un seul fût.

Quant au point très délicat de savoir qui doit être responsable des avaries en cas de garantie, de l'expéditeur ou de la Compagnie, c'est purement une question de fait qui dépend des conditions du contrat et du transport. Elle demande à être examinée avec grand soin, pour qu'on puisse mettre en cause la responsabilité véritable et ne pas intenter une action frustratoire.

Par exemple, si la marchandise a été achetée livrable à destination, pas de doute, l'acheteur ne peut être engagé que s'il l'a reçue.

Si, au contraire, elle est livrable en gare de départ, la situation, moins favorable pour lui en principe, peut cependant lui rester avantageuse si le vendeur a garanti telle ou telle cause de perte, ou si le transporteur est en faute.

L'envoi des lettres d'avis n'est pas obligatoire pour les Compagnies et ne sert que de point de départ pour la perception des droits de magasinage. (Cass. 2 décembre 1873, 7 août 1878, 8 juin 1886. Dalloz, v° Commissionnaire, 166.)

Mais on peut stipuler qu'aux termes des dispositions sur la lettre de voiture, elles porteront sur l'expédition le délai dans lequel la marchandise doit arriver et, à ce point de vue, on peut utilement appliquer sur la lettre de voiture une griffe avec cette mention : « Avis d'arrivée au destinataire » et nous croyons que dans ce cas, la Compagnie serait tenue de s'y conformer sous peine d'indemnité.

Les prescriptions qui éteignent les actions en matière de transports, c'est-à-dire les prescriptions des actions à exercer contre les entrepreneurs de transports, sont soumises à des règles spéciales modifiées par la loi du 11 avril 1888.

Voici la règle nouvelle : La réception des objets transportés et le paiement du prix de la voiture, éteignent toute action contre le voiturier pour avarie ou perte partielle, si, dans les trois jours, non compris les jours fériés, qui suivent celui de cette réception et de ce paiement, le destinataire n'a pas notifié au voiturier, par acte extrajudiciaire ou par lettre recommandée, sa protestation motivée. Toutes stipulations contraires sont nulles et de nul effet. Toutefois cette dernière disposition n'est pas applicable aux transports internationaux.

Ainsi l'action, pour avarie intérieure ou extérieure, ou pour perte partielle de la marchandise, peut être intentée contre les transporteurs, même après réception du colis et paiement du transport, pendant trois jours.

Les actions pour avaries, pertes ou retard, auxquelles peut donner lieu contre le voiturier le contrat de transport, sont prescrites dans le délai d'un an, sans préjudice des cas de fraude ou d'infidélité. C'est-à-dire que, après refus de la marchandise, ou la protestation faite dans la forme indiquée plus haut, le négociant a un an pour intenter le procès au transporteur. Naturellement tout acte de procédure interrompt cette prescription annale, alors même que la procédure ne serait pas continuée. Dans le cas de fraude ou détournement, l'action civile est soumise à la prescription triennale comme l'action correctionnelle.

Les actions autres que celles que nous venons d'énumérer, et qui peuvent naître du contrat de transport, tant contre le voiturier que contre le commissionnaire se prescrivent par cinq ans. Il s'agit là, entre autres réclamations, de la revision, entre transporteurs et négociants, de comptes argués d'erreurs, omissions, faux ou doubles emplois. Toute réclamation contre ces comptes est éteinte par la prescripiion quinquennale. Il en est de même pour la perte totale de la marchandise. Cette dernière prescription est comptée à partir du jour où la remise de la marchandise aurait dû être effectuée. Dans tous les autres cas ce délai part du jour où la marchandise a été remise ou offerte au destinataire. Lorsqu'il s'agit de revision de compte, le délai court à partir du jour de la remise du compte à l'intéressé.

L'action récursoire est celle qu'exercent vis-à-vis les uns des autres les différents transporteurs. Le délai de cette prescription est d'un mois et ne court que du jour de l'exercice de l'action contre le transporteur. Autrement dit, chaque transporteur a un mois pour se retourner contre son garant, à partir du jour où il est lui-même mis en cause.

Le commerce a besoin de pénétrer dans les gares dans deux occasions : 1° lorsqu'il veut vérifier les avaries *extérieures* ou *intérieures* des colis ; 2° lorsqu'avant de prendre livraison d'une marchandise il en veut vérifier la qualité.

Dans l'un et l'autre cas la jurisprudence des cours d'appel et de la Cour de cassation oblige les compagnies à laisser vérifier dans leurs gares l'état des colis au point de vue de la responsabilité du transporteur, et la qualité de la marchandise au point de vue de la responsabilité de l'expéditeur.

En ce qui concerne la responsabilité du transporteur sur la suite des procès-verbaux, nous renvoyons à la procédure criminelle aux passages relatifs aux transactions et à la responsabilité.

Obligations de l'acheteur. Enlèvement et paiement du prix. — La première obligation de l'acheteur, c'est de prendre livraison dans le délai.

E. s'il n'a pas stipulé de délai, il est tenu de prendre immédiatement livraison (Paris, 5 février 1874, Dalloz 77.2.11-12), ou tout au moins s'il neprend pas livraison, d'une part les risques de la chose tombent à sa charge, et d'autre part il est d'ores et déjà débiteur du prix.

Néanmoins, d'un autre côté, le vendeur n'aurait pas le droit de considérer la vente comme résiliée à son profit par ce seul fait, et il pourrait seulement en réclamer la résiliation ou résister à une demande d'exécution du marché formée par l'acheteur devant la justice. (Paris, 1er déc. 1874, Dalloz 77. 2. 11).

Dans ce cas, le vendeur devra justifier d'une mise en demeure de l'acheteur; mais ses justifications de ce chef seront suffisamment prouvées par des correspondances. En matière commerciale, en effet, d'après deux arrêts des 6 novembre et 5 février 1874, les réclamations par correspondance, les lettres, peuvent être considérées comme des mises en demeure ayant la force d'un acte extrajudiciaire.

Cependant un autre arrêt du 1er décembre, même année, a contesté cette valeur à une seule lettre adressée par le vendeur à l'acheteur.

Nous croyons qu'il sera prudent d'ajouter à l'envoi de la lettre une recommandation à la poste, qui permettra tout au moins d'établir authentiquement cet envoi.

Au contraire, lorsqu'un délai a été stipulé, la vente est résolue de plein droit, si dans le délai l'acheteur n'a pas retiré la marchandise et, sous ce rapport, l'article 1657 du Code civil est aujourd'hui appliqué aux ventes commerciales comme aux ventes civiles (Cass. 11 juillet 1882. Dalloz 83. 1,304).

Par suite, les objets primitivement vendus redeviennent disponibles aux mains du vendeur (même arrêt).

Dans un cas cependant, et en dehors de l'article 1657, l'acheteur est dispensé vis-à-vis du vendeur de prendre livraison, c'est lorsque des vins achetés à l'étranger se trouvent à leur entrée en France grevés de droits et amendes, à raison de la déclaration inexacte faite par l'expéditeur sur le degré d'alcool qu'ils contiennent. Mais il faut encore pour cela que l'acheteur n'ait reçu du vendeur aucune indication lui permettant de faire les déclarations exigées par les contributions indirectes.

Le paiement du prix est la conséquence naturelle de l'acceptation de la marchandise. Dans ce chiffre sont compris les frais de transport et même les droits à l'arrivée, à moins qu'il n'y ait stipulation contraire, aux termes de l'article 1608 du Code civil, qui met les frais de délivrance à la charge du vendeur, et les frais d'enlèvement à la charge de l'acheteur. Si donc ce dernier fait venir des boissons de l'étranger et veut n'en pas payer le fret ni les droits de douane, il doit stipuler dans son traité : Franco à quai et franco de droits de douane.

Autrefois et sous l'empire du code civil, l'acheteur lésé par les résultats d'un marché à terme, pouvait se retrancher derrière l'article 1965 de ce code et refuser de payer le prix, en prétextant qu'il s'agissait d'une dette de jeu. Depuis la loi du 28 mars 1885, il [illegible] ment. Cette loi dispose en effet que :

Tous marchés à terme sur effets publics et autres, tous marchés à livrer sur denrées et marchandises, sont reconnus légaux. Nul ne peut, pour se soustraire aux obligations qui en résultent se prévaloir de l'article 1965 du Code civil, lors même qu'elles se résoudraient par le paiement d'une simple différence.

Une commission des alcools, qui siège à Paris, règle pour cette ville les conditions des marchés à terme, d'après un règlement en vigueur depuis le 1er mai 1888.

La loi Griffe.— La loi Griffe, promulguée par le *Journal officiel* du jeudi 15 août 1889, et qui a pour objet d'indiquer au consommateur la nature du produit livré à la consommation sous le nom de vin, contient les dispositions suivantes :

Art. 1er. — Nul ne pourra expédier, vendre ou mettre en vente, sous la dénomination de vin, un produit autre que celui de la fermentation des raisins frais.

Art. 2 —Le produit de la fermentation des marcs de raisins frais avec addition de sucre et d'eau, le mélange de ce produit avec le vin, dans quelque proportion que ce soit, ne pourra être expédié, vendu ou mis en vente que sous le nom de vin de sucre.

Art. 3. — Le produit de la fermentation des raisins secs avec de l'eau ne pourra être expédié, vendu ou mis en vente que sous la dénomination de vin de raisins secs ; il en sera de même du mélange de ce produit, quelles qu'en soient les proportions, avec du vin.

Art. 4 — Les fûts ou récipients, contenant des vins de sucre ou des vins de raisins secs, devront porter en gros caractères : « Vin de sucre, vin de raisins secs. »

Les livres, factures, lettres de voitures, connaissements devront contenir les mêmes indications, suivant la nature du produit livré.

Art. 5. — Les titres de mouvement accompagnant les expéditions de vins, vins de sucre, vins de raisins sec, devront être de couleurs spéciales.

Un arrêté ministériel règlera les détails d'application de cette disposition.

Art. 6. — En cas de contravention aux articles ci-dessus, les délinquants seront punis d'une amende de 25 à 500 fr. et d'un emprisonnement de dix jours à trois mois.

L'article 463 du code pénal sera applicable.

En cas de récidive, la peine de l'emprisonnement sera toujours prononcée.

Les tribunaux pourront ordonner, suivant la gravité des cas, l'impression dans les journaux et l'affichage aux lieux qu'ils indiqueront, des jugements de condamnation, aux frais du condamné.

Art. 7. — Toute addition au vin, au vin de sucre, au vin de raisins secs, soit au moment de la fermentation, soit après, du produit de la fermentation ou de la distillation des figues, caroubes, fleurs de mowra, clochettes, riz, orge et autres matières sucrées, constitue la falsification de denrées alimentaires prévue par la loi du 27 mars 1851.

Les dispositions de cette loi sont applicables à ceux qui falsifient, détiennent, vendent ou mettent en vente la denrée alimentaire, sachant qu'elle est falsifiée.

La denrée alimentaire falsifiée sera confisquée par application de l'article 5 de ladite loi.

En exécution de l'article 5 de la loi Griffe, un arrêté ministériel du 19 août 1889 dispose que les déclarations d'enlèvement de vins, de vins de sucre, de vins de raisins secs devront porter l'indication des substances avec lesquelles ont été fabriqués ces produits; les acquits-à-caution et congés délivrés pour accompagner les dites boissons sont libellés :

1° Sur papier blanc pour les vins de raisins frais ;

2° Sur papier orange pour les vins de sucre (ou mélanges de vins de sucre et de vins de raisins frais);

3° Sur papier vert d'eau pour les vins de raisins secs (ou mélanges de vins de raisins secs avec du vin de sucre ou du vin de raisins frais).

Une circulaire n° 572 des contributions indirectes, publiée en vue de l'application de la loi Griffe, dispose qu'au moment où les déclarations d'enlèvement lui sont faites, le receveur buraliste doit rappeler à l'expéditeur qu'il est tenu tant par l'article 10 de la loi du 28 avril 1816, que par la loi du 14 août 1889, de déclarer la nature exacte des boissons expédiées, et notamment de spécifier s'il s'agit de vins de raisins frais, de vins de sucre, de vins de raisins secs, ou bien encore de mélanges de ces différents vins.

Si après cette observation, l'expéditeur se borne à déclarer la boisson comme « vin », le receveur buraliste lui fera remarquer qu'en l'absence de toute indication complémentaire, le mot « vin » sera considéré, suivant la loi, comme s'appliquant exclusivement au produit de la fermentation de jus de raisins frais.

Ces remarques faites, le receveur buraliste transcrit la déclaration telle qu'elle lui a été faite, en laissant la responsabilité à l'expéditeur.

Lorsque les employés reconnaissent à la circulation un défaut d'identité, quant à la nature du vin, entre la boisson transportée et celle indiquée au titre de mouvement, ils constatent le fait par procès-verbal judiciaire visant l'article 10 de la loi du 28 avril 1816, ainsi que la loi du 14 août 1889, et prélèvent un triple échantillon.

FORMALITÉS DE RÉGIE

Les obligations des commerçants vis-à-vis de la Régie concernent, quant aux boissons, les négociants, débitants, distillateurs, bouilleurs, fabricants de vinaigre. Elles s'étendent en outre dans un grand nombre de cas aux simples particuliers.

Déclaration, licence et patente. — Avant de commencer eurs opérations, les commerçants doivent tout d'abord faire une déclaration et se soumettre au paiement de la licence, qui est une sorte de second impôt des patentes imposé spécialement au commerce de boissons. Toutes les branches de ce commerce sans exception y sont soumises.

A la licence se joint l'impôt des patentes fixe et proportionnel, suivant la population, l'importance du loyer ou de la maison d'habitation enfin celle du commerce du négociant.

Pour chaque établissement distinct, il faut une licence comme une patente spéciales.

Le montant de la licence est payable par trimestre; celui de la patente par douzièmes, comme pour les autres contributions directes (1).

Enlèvement des boissons et droit de circulation. — Tant qu'un producteur de vins, cidres, poirés, hydromels, garde chez lui ses fruits, sa vendange ou les boissons qu'il en a extraites, il est indemne de l'action de la Régie.

Il en est de même du producteur de spiritueux, s'il est bouilleur de cru et qu'il distille exclusivement les produits de sa récolte, vins, marcs, cidres, poirés, prunes et cerises.

Au contraire, le distillateur de profession est soumis, avant même qu'il ait commencé à produire, aux déclarations vis-à-vis de la Régie et à la surveillance.

Pour toutes les autres classes de producteurs de boissons, nous venons de dire que l'immunité est la règle pendant toute la période de la fabrication. Elle cesse et l'action de la Régie commence au déplacement des boissons.

---

(1) Nous ne portons pas ici le montant des taxes de licence qui peuvent être modifiées.

Enlèvement des boissons. — Lorsqu'un possesseur de boissons, commerçant ou propriétaire, veut les déplacer, il est tenu avant tout, de faire une déclaration à la Régie et d'obtenir d'elle une pièce qui permette le transport de ces boissons et l'accompagne durant le trajet.

Ces pièces sont différentes suivant la condition des expéditeurs.

Passavant. — Ainsi 1° le propriétaire qui fait transporter sa boisson, soit de son pressoir, soit d'un pressoir public à ses caves ;

2° Le fermier ou colon qui remet les boissons à son propriétaire ou en reçoit de lui,

A condition que ce soit dans le même canton ou dans une commune limitrophe de ce canton,

Peuvent demander un passavant.

Il y a encore lieu à délivrance de passavant, sans distinction entre propriétaire et commerçant, pour toute personne qui change la destination de boissons d'un département à un autre compris dans la même classe du tarif, enfin dans le cas de refus de boissons par un destinataire, et direction de ces boissons chez un autre, à condition : 1° que ce soit dans le même département ou dans un département de même classe; 2° que le droit de circulation ait déjà été payé par congé.

Le coût du passavant est de 10 centimes ; dans tous les cas où cette expédition peut être délivrée, elle dispense du paiement du droit de circulation.

Congé. — Dans le cas où un négociant expédie à un consommateur qui n'habite pas Paris, Lyon, ni une ville rédimée, il doit faire sa déclaration pour obtenir un congé. Il y a encore lieu à congé pour l'envoi de boissons à un débitant rédimé.

Le congé suppose toujours le paiement du droit de circulation par l'expéditeur ; de plus, si les boissons sont expédiées dans la même localité, on doit payer encore le droit d'entrée et le droit d'octroi, s'il y a lieu ; ces droits seront payés plus tard, c'est-à-dire lors de l'introduction, si la boisson est à destination d'une ville différente du lieu d'expédition.

Le coût du congé est de 50 centimes.

Acquit-à-caution. — Enfin, il y a lieu à la délivrance d'un acquit-à-caution lorsque les boissons sont expédiées soit à un marchand en gros, soit à un débitant pourvu d'une licence, c'est-à-dire non rédimé.

Il en est de même si l'expédition est faite par un propriétaire hors du rayon où il a droit au passavant ou pour celui qui, ayant déjà payé le droit d'entrée dans une ville, transporte ses boissons dans un autre domicile.

Enfin, des acquits-à-caution sont également destinés à accompagner les boissons expédiées :

1° A destination de Paris, Lyon, ou d'une ville rédimée;

2° Aux colonies ou en pays étranger ;

3° A destination de concours régionaux ou expositions industrielles.

L'acquit-à-caution doit être déchargé au lieu de destination, sous peine, par l'expéditeur, du paiement du double droit, s'il s'agit de spiritueux, du sextuple droit, s'il s'agit de vin.

L'action de la Régie, à l'effet d'obtenir ce paiement, s'exerce par contrainte, qui peut être décernée immédiatement à l'expiration du délai dans lequel le certificat d'arrivée ou de sortie doit être rapporté.

Quatre mois après ce délai, les réclamations de la Régie sont prescrites.

Déclarations. — Les déclarations qui doivent être faites à l'effet d'obtenir une expédition doivent énoncer :

Les quantités, qualités, espèces, degré des boissons si ce sont des spiritueux, la contenance des fûts et leur nombre et leurs numéros;

Les lieux d'enlèvement et de destination;

Les noms, prénoms, demeures et professions des expéditeurs, voituriers et acheteurs.

L'indication, s'il y a lieu, des principaux lieux de passage et des divers modes de transport.

Tolérance. — Une tolérance de 1 0/0 soit sur la quantité, soit sur le degré, est accordée aux expéditeurs sur leurs déclarations d'alcools, spiritueux, vins, cidres, poirés et hydromels ; mais les quantités reconnues en excédent sont prises en charge au compte du destinataire.

Quant aux déchets réclamés pour coulage ou creux de route, la Régie doit les accorder, c'est-à-dire en déduire les droits, en se conformant aux usages du commerce. D'après l'usage, la déduction est en général de 1 à 5 0/0.

Au cas d'accident, l'accident doit être constaté, soit par les employés du bureau le plus voisin, soit par le maire ou l'adjoint de la localité.

L'administration rend toujours l'expéditeur responsable de l'exactitude des expéditions, même si la faute provient du buraliste. Il faut donc vérifier avec soin. De même l'expéditeur est rendu responsable du déchargement de l'acquit à destination. Il doit donc également s'en enquérir à l'expiration du délai de transport, et mentionner sur ses factures ou lettres de voiture l'avis à donner du déchargement par le destinataire, ou le transporteur.

Buralistes. — La Régie doit établir un bureau dans toutes les communes où il sera présenté un habitant solvable pouvant remplir les fonctions de buraliste.

Les buralistes sont tenus d'être à leur bureau pendant les jours ouvrables depuis le lever jusqu'au coucher du soleil.

Ils ont, de plus, pour instructions, de délivrer des expéditions en cas d'urgence même les jours fériés.

Il leur est interdit de faire le commerce de boissons ; dans le cas où ils s'allieraient par mariage à un commerçant de la localité, il y a lieu pour les autres commerçants de déférer la situation au directeur du département.

Le buraliste n'est pas tenu de rectifier une déclaration incomplète ou inexacte. D'un autre côté, l'administration rend les expéditeurs responsables même des erreurs du buraliste, sauf leur recours contre lui.

Le refus, de la part d'un receveur buraliste, de délivrer une expédition pour enlever des boissons ne peut être établi par la preuve testimoniale à l'effet de motiver une demande en dommages-intérêts contre ledit receveur; il doit, comme le refus de décharge d'un acquit-à-caution, être établi par un procès-verbal rédigé par le maire et signifié au préposé. (C. de Montpellier arrêt du 1er juil. 1868).

Echantillons, Tolérance. — Si la loi de 1816 est muette sur les tolérances relatives au transport des échantillons, la Régie a voulu suppléer à ce silence par des dispositions qui n'ont pas, il est vrai, de valeur légale, mais qui constituent du moins de sa part une pratique qu'elle aurait mauvaise grâce à méconnaître.

Le dernier document publié sur ce point est la circulaire qui a paru le 23 août 1888 au *Journal officiel* et contient les énonciations suivantes :

L'administration admet jusqu'à concurrence de trois litres pour les vins ordinaires, de un litre pour les vins de liqueur et un litre d'alcool pur pour les spiritueux, la libre circulation des échantillons de commerce renfermés dans des flacons dont la contenance ne dépasse pas 25 centilitres pour les vins et 10 centilitres pour les spiritueux.

De plus, avec un registre dit n° 5 D, les commerçants peuvent se délivrer à eux-mêmes des laissez-passer, soit pour les livraisons isolées supérieures à la tolérance locale, soit pour les livraisons qui viendraient à dépasser cette tolérance, par suite de leur groupage en un même chargement.

Mais l'emploi des laissez-passer n° 5 D, est limité à 12 litres par destinataire pour les vins et à 3 litres par destinataire pour les spiritueux.

Les quantités ainsi expédiées devront ressortir en manquant et seront frappées des droits applicables aux autres manquants, avec obligation de payer tous les droits, même de circulation.

En résumé, tolérance jusqu'à trois litres pour les vins, un litre d'alcool pur pour les spiritueux. en flacons de 25 et 10 centilitres sans laissez-passer ; jusqu'à 12 litres pour les vins et 3 litres pour les alcools avec un laissez-passer du registre 5 D.

Caution. — Tout marchand en gros, tout signataire d'acquit-à-caution doit présenter une caution solvable qui s'engage à son défaut, à payer les droits dus.

La caution doit être présentée au receveur buraliste, qui l'accepte ou la refuse, sous sa responsabilité ; dans le cas de refus, il peut en être référé à la direction de département, qui prononce.

Pénalités. — Les formalités à la circulation sont aujourd'hui sous l'empire des lois répressives du 25 février 1872 et du 21 juin 1873, qui punissent d'une amende de 500 à 5,000 francs les transports de spiritueux sans expédition ou avec expédition inapplicable, d'une amende de 200 à 1.000 francs les mêmes contraventions en matière de transport de vin et autres boissons que les spiritueux.

Droits d'entrée. — Tout conducteur de boissons est tenu, avant d'introduire des boissons dans un lieu sujet, d'en faire la déclaration au bureau, de présenter les expéditions dont elles doivent être accompagnées, et d'acquitter les droits, si les boissons sont destinées de suite à être livrées à la consommation (1).

Le rayon du droit d'entrée correspond en général au rayon de l'octroi ; cependant il est perçu dans les faubourgs, mais les propriétaires en sont affranchis dans les habitations éparses.

L'obligation d'acquitter de suite les droits cesse dans trois cas :

1° Les boissons sont conduites à un entrepôt réel ou fictif ;

2° Elles sont introduites en passe-debout ;

3° Elles sont placées en transit.

Inutile d'insister sur les deux derniers, on sait que les boissons en cours de route ou destinées à être vendues au marché, sont en passe-debout à condition de décharge du passe-debout dans les vingt-quatre heures ou un peu plus, s'il s'agit du marché, et repré-

(1) Les vendanges, les fruits secs à cidre, à poiré et à vin, sont taxés dans la roportion de la boisson qu'ils peuvent fournir.

sentation du passe-debout déchargé dans les trois jours. On sait aussi que le transit s'applique aux boissons qui ont à faire un plus long séjour et qu'il entraîne consignation ou cautionnement du droit d'entrée.

Donnons quelques explications de plus sur l'entrepôt.

Il est réel ou fictif, suivant qu'il est dans un magasin sous la clé de l'administration, ou simplement chez le négociant, les différences entre l'un et l'autre tendent d'ailleurs, sous la pression de la régie, à s'effacer de plus en plus.

Droit à l'entrepôt. — Ont droit à l'entrepôt :

1° Quiconque (propriétaire ou négociant) fait conduire dans un lieu sujet au droit d'entrée, au moins 9 hectol. de vin, 18 hectol. de cidre ou poiré, ou 4 d'eau-de-vie ou esprits ;

2° Les récoltants, pour leur récolte, même au dessus des quantités qui viennent d'être ndiquées;

3° Les bouilleurs et les distillateurs, pour les matières premières sur lesquels ils doivent opérer ;

4° Les introducteurs de vendanges, pommes et poires, qui veulent convertir ces fruits en boissons pour les transporter ensuite hors de la commune ;

5° Enfin, les particuliers qui reçoivent des boissons destinées à être conduites, peu après leur arrivée, soit à la campagne, soit dans une autre résidence.

Obligations de l'entrepositaire. — La première obligation de l'entrepositaire est de fournir une caution solvable, qui s'engage solidairement avec lui à payer les manquants sur les boissons pour lesquelles la sortie du lieu sujet ou le paiement des droits ne seraient pas justifiés.

Il doit, de plus, faire une déclaration d'entrepôt avant l'introduction des chargements, et indiquer les magasins, celliers et caves où ils sont déposés.

Enfin, il doit se soumettre à toutes les obligations des marchands en gros de boissons.

Ainsi, ses magasins doivent être ouverts à l'exercice des commis.

Il doit leur produire des certificats de sortie des boissons qu'il a expédiées au dehors et des quittances de droit d'entrée pour celles qu'il a livrées à l'intérieur.

Sinon, il est tenu au paiement du droit sur tous les manquants à ses charges.

Mais il a droit, pour ouillage et coulage, aux mêmes déductions que les marchands en gros.

Livraison à l'intérieur. — Lorsque les boissons sont livrées dans l'intérieur des villes, on doit, excepté le cas de tolérance dont nous avons parlé, en faire la déclaration au moins deux heures avant l'enlèvement.

Le transport doit avoir lieu dans un délai déterminé par l'expédition.

Si les boissons sont transportées d'un entrepôt à un autre, on doit en même temps que l'expédition, se faire délivrer un double de la déclaration d'entrepôt au nom du nouveau détenteur.

Manquants. — On ne verbalise pas pour les manquants qui sont soumis aux droits, dans le cas où ils n'ont été l'objet d'aucune fraude constatée.

Excédents. — Au contraire, la Régie verbalise toujours pour les excédents, qui sont toujours présumés être le résultat d'une introduction frauduleuse.

Toute récolte, préparation ou fabrication de boissons à l'intérieur d'un lieu sujet doit être précédée d'une déclaration faite au moins douze heures d'avance et donne lieu au paiement des droits si on ne réclame pas la faculté d'entrepôt.

Pénalités. — Lorsqu'il s'agit de boissons autres que des spiritueux, les fraudes à l'introduction restent sous le régime de la loi de 1816 et sont punies des amendes de 100 à 200 fr. et de la confiscation, édictées par les articles 27 et 46 de cette loi.

L'amende est élevée à 1.000 francs, d'après le même article 46, pour la fraude en voiture suspendue et enfin le même article ajoute six mois de prison pour l'introduction par escalade, par souterrain ou à main armée.

Lorsqu'il s'agit de spiritueux, outre les amendes dont il vient d'être parlé, l'article 1er de la loi du 28 février 1872 élève l'amende de 500 à 5.000 francs.

Pour les eaux-de-vie et esprits dénaturés à l'aide d'un mélange l'amende est de 100 à 600 fr. (Loi de 1824, art. 4.)

A défaut de consignation des amendes, les chevaux et moyens de transport sont saisissables, mais pour la valeur de l'amende seulement.

Enfin la fraude à l'aide d'engins ou d'ustensiles préparés donne lieu, tant à l'égard de l'auteur qu'à l'égard de ses complices, à une peine correctionnelle de six jours à six mois de prison.

Droits de détail et de consommation. — *Le droit de détail* est celui que la Régie perçoit sur toutes les boissons, autres que les bières et spiritueux, vendues par des débitants.

La loi du 19 juillet 1880, dans son article 4, a fixé ce droit à

12 50 0/0 du prix de vente. Ce prix doit être affiché en apparence.

Le droit de consommation est aujourd'hui uniformément fixé par toute la France à 156 fr. 25 par hectolitre d'alcool pur, décimes compris. Il est perçu sur tous les spiritueux, liqueurs et fruits à l'eau-de-vie. Mais, à la différence des marchands en gros, les débitants n'ont droit qu'à la déduction de 3 0/0 sur toutes ces boissons, de quelque nature qu'elles soient, vins ou spiritueux.

Taxe unique. — La taxe unique est celle qui remplace les droits d'entrée et de détail sur les boissons autres que les spiritueux et les bières.

Elle est perçue à l'entrée sur toutes les boissons introduites, qu'elles soient à destination de marchands ou de particuliers.

Dans les villes sujettes à la taxe unique, le droit de consommation sur les spiritueux est également perçu à l'entrée, en même temps que le droit d'entrée.

Les villes placées sous le régime de la taxe unique sont appelées villes rédimées.

Ces villes sont : 1° de droit, les villes dont la population atteint ou dépasse 10.000 âmes ; 2° sur la demande des conseils municipaux, avec adhésion des débitants ou marchands, les villes dont la population est comprise entre 4.000 et 10.000 âmes, à condition que la délibération de ces assemblées ait été approuvée par le ministre des finances.

La taxe unique dispense les débitants de l'exercice dans la ville et dans les faubourgs, mais elle n'en dispense pas les marchands en gros qui sont en même temps débitants.

Mais, pour personne, la taxe unique ne supprime les droits de circulation. Par conséquent, dans les villes soumises à cette taxe, aucune boisson (sauf les petites quantités ou les échantillons transportés dans la ville) ne peut circuler sans acquit-à-caution, congé ou passavant.

A plus forte raison, des expéditions doivent accompagner les envois faits à l'extérieur.

Crédit des droits. — De même que pour le droit d'entrée, la dispense du paiement immédiat de la taxe unique est accordée avec la faculté d'entrepôt : 1° aux récoltants qui introduisent leur vendange ; 2° aux marchands en gros ; 3° aux distillateurs. Mais chacune de ces catégories d'assujettis est tenue d'introduire ses produits sous le lien d'acquits-à-caution et de la prise en charge. De plus, ils doivent fournir à la Régie des cautions solvables.

Pénalités. — Si les débitants de villes rédimées sont affranchis des exercices, les employés peuvent néanmoins pénétrer chez eux pour rechercher la fraude en remplissant les formalités prévues par l'article 237.

Les peines, en ce qui concerne la taxe unique, sont les mêmes que pour le droit d'entrée.

Taxe de remplacement. — A Paris et à Lyon, une seule taxe comprend à la fois les droits de circulation, de détail, de consommation et d'entrée.

Les boissons expédiées à destination de ces deux villes doivent être accompagnées d'acquits-à-caution. Le destinataire est tenu de produire ces pièces et d'acquitter toutes les taxes avant l'introduction.

Tous les commerçants qui ne fabriquent pas de boissons dans Paris, sont dispensés de l'exercice.

Mais les destinataires de récoltes qui fabriquent du vin à l'intérieur;

Les fabricants de cidres et poirés ;

Les commercants des entrepôts Saint-Bernard et de Bercy sont soumis aux visites et exercices des employés.

De plus les deux premières classes de ces assujettis sont tenues : 1° de déclarer leur industrie ; 2° de déclarer chaque introduction de fruits ; 3° de déclarer chaque fabrication dans des délais déterminés, antérieurs à toute opération.

Il n'y a pas d'entrepôt à domicile. La fabrication et la distillation des spiritueux sont interdites par les lois de 1822 et 1824.

Pénalités. — Les introductions frauduleuses de boissons sont passibles des peines fixées par l'art. 46 de la loi de 1816 et par les art. 6 et 7 de la loi du 21 juin 1873, sans préjudice des peines applicables à l'octroi et aux cas de fraude par escalade, souterrain ou à main armée, d'après l'article 11 de la loi du 21 juin 1873.

La fabrication ou distillation frauduleuse d'alcool dans Paris est punie d'une amende de 1.000 à 3.000 francs, outre la confiscation, par l'article 10 de la loi du 1er mai 1822.

Octrois. — Les limites des octrois doivent être déterminées par des poteaux portant l'inscription : Octroi de... Leur détermination doit être fixée d'une manière très précise par les délibérations des conseils municipaux.

Les tarifs d'octroi ne peuvent dépasser, en matière de boissons, les maxima fixés, pour les vins, par l'art. 7 de la loi du 19 juillet 1880;

Pour les alcools, par les articles 5 de la loi du 26 mars 1872 et 4 de la loi du 2 août 1872.

Pour les vinaigres, par le tarif annexé au décret du 12 février 1870.

Tous objets soumis à l'octroi doivent être déclarés au bureau le plus voisin avant l'introduction, comme pour le droit d'entrée; d'autre part, les objets compris au tarif et fabriqués à l'intérieur de la commune doivent aussi le paiement des droits d'octroi.

Lorsque, d'après les conventions des parties, la marchandise, livrée au domicile du vendeur, doit voyager aux risques et périls de l'acheteur, ce n'est pas au vendeur, mais au transporteur ou à l'acheteur, s'il a pris livraison de la marchandise, qu'incombe l'obligation de faire au bureau de l'octroi, au lieu d'arrivée, les déclarations nécessaires. (Cass. arrêt du 10 juin 1882.)

De même que pour les droits d'entrée, le paiement des droits d'octroi est suspendu pour les entrepositaires, les porteurs de passe-debout, les transitaires, les fabricants, moyennant la garantie d'une caution solvable.

Mais les entrepositaires sont tenus de déclarer les objets qu'ils introduisent et ceux qu'ils expédient; de payer les droits sur ceux qu'ils livrent à l'intérieur du lieu sujet et de subir l'exercice.

Comme pour le droit d'entrée, l'entrepôt est réel ou fictif.

Les mêmes déductions accordées pour le droit d'entrée le sont également pour les droits d'octroi.

Les droits sont recouvrés, s'il y a lieu par voie de contrainte, mais à la différence des droits en matière de régie, ils ne sont prescrits qu'au bout de trente ans.

Les préposés d'octroi peuvent concourir au service des contributions indirectes et réciproquement.

Pénalités. — Toute infraction aux règlements d'octroi, toute fausse déclaration est punie d'une amende de 100 à 200 francs, et de la confiscation (art. 8 de la loi du 29 mars 1832).

L'article 42 de la loi de finances du 30 mars 1888 qui introduit le bénéfice des circonstances atténuantes dans les pénalités édictées en matière de contributions indirectes, n'est pas applicable aux contraventions en matière d'octroi. (Cass., arrêt du 22 déc. 1888).

Marchands en gros. — D'après l'article 98 de la loi du 28 avril 1816, est considéré comme marchand en gros : tout particulier qui *recevra ou expédiera*, soit pour son compte, soit pour le compte d'autrui, des *boissons*, soit en *futailles d'un hectolitre au moins*, ou en *plusieurs futailles* qui, réunies, atteindront plus d'un hectolitre, soit en caisses et paniers de vingt-cinq bouteilles et au-dessus.

L'administration considère encore comme marchand en gros :

D'après l'art. 16 du décret du 17 mars 1852 :

A. Celui qui expédie à des consommateurs des quantités de vins, cidres, poirés et hydromels de 25 litres et au-dessus;

D'après l'art. 17 de la loi du 21 juin 1873 dernier paragraphe :

B. Les expéditeurs de vins en bouteilles, en quelque quantité que ce soit;

C. Par extension, les expéditeurs d'eau-de-vie et liqueurs en bouteilles, en quelque quantité que ce soit;

D. Enfin les expéditeurs d'eau-de-vie en cercles, en quelque quantité que ce soit.

Telles sont les définitions de la loi, il faut convenir qu'elles eussent gagné en clarté si, au lieu de dire : « Est marchand en gros *tout particulier* », on avait mis : « tout commerçant », car avec le texte de l'art. 98, pris à la lettre : tout particulier (propriétaire récoltant) qui expédie ; tout autre particulier (consommateur) qui reçoit un hectolitre de vin, serait marchand en gros.

Heureusement, la jurisprudence a remédié à cette ambiguïté par un arrêt de cassation de 1820 :

Un *particulier* (*entrepositaire récoltant*), qui vend le vin de son cru et qui en achète d'autre pour sa consommation, *ne fait pas un acte de commerce* et ne peut être considéré comme marchand en gros, tant qu'il n'est pas prouvé qu'il a revendu le même vin qu'il a acheté. (Cass. 14 janvier 1820.)

Par commerçant, dit le même arrêt, on entend l'homme faisant sa *profession habituelle d'exercer des actes de commerce. La raison et la loi*, notamment l'article 1er du Code de commerce, s'accordent là-dessus. L'art. 632 du même Code répute acte de commerce tout achat de denrées et marchandises pour les revendre, soit en nature, soit après les avoir travaillées et mises en œuvre.

Obligations. — La première obligation des marchands en gros est de déclarer leur commerce.

La seconde est de fournir une caution solvable.

La troisième, de se soumettre aux visites et exercices des employés de la Régie.

La quatrième, de déclarer, au début de leurs opérations, toutes les boissons qu'ils possèdent en magasin.

La cinquième, dans les villes sujettes au droit d'entrée, de déclarer leurs expéditions deux heures au moins avant l'heure fixée pour l'enlèvement.

La sixième, de laisser les boissons, dites de nouvelle venue, hors de leurs entrepôts pendant vingt-quatre heures, au lieu de résidence des employés, soixante-douze heures dans les localités où il n'y en a pas, après avoir fait leur déclaration au registre 8.

La septième, de représenter, comme les débitants, toutes les expéditions applicables aux boissons qu'ils introduisent.

Les marchands en gros ne pouvaient autrefois vendre de boissons en pièces de moins d'un hectolitre ; en bouteilles à moins d'un panier de 25 bouteilles.

Aujourd'hui la loi du 17 juillet 1880 leur permet d'envoyer en toute quantité à toute destination.

Mais ils ne peuvent exercer leur commerce de détail dans le même établissement que le commerce de gros. Les magasins de gros et de détail doivent être absolument séparés, sous peine de poursuite.

Il en est de même de tous les locaux où le marchand en gros serait en outre fabricant de vin de raisin sec, de liqueurs ou distillateur.

Ils peuvent transvaser et mélanger leurs vins hors la présence des employés; mais seulement quand ceux-ci ont déchargé les acquits-à-caution applicables aux introductions de ces vins.

Les vins ne peuvent être vinés en franchise, sauf ceux destinés à l'exportation et ce, en présence des employés, et au port d'embarquement ou au point de sortie.

Ils peuvent couper les alcools avec de l'eau hors la présence des employés ; mais aux mêmes conditions de relèvement antérieur des acquits et de prise en charge des boissons.

Recensements. — Tous les trimestres au moins, plus souvent s'ils le veulent, les employés font chez les marchands en gros des vérifications et des recensements à la suite desquels ils perçoivent les droits sur les manquants constatés, moins les déductions de 7 0/0 pour les spiritueux, de 8 à 6 0/0 pour les vins, dont nous avons déjà parlé.

Les bouteilles sont comptées pour un litre, les demi-bouteilles pour un demi-litre dans le calcul des quantités imposables.

Mais les boissons destinées exclusivement à la consommation de famille du commerçant ne doivent pas être prises en charge, à condition d'être emmagasinées dans un local absolument séparé.

Pénalités. — Toute personne qui fait le commerce de marchand en gros sans déclaration préalable ou après déclaration de cesser, sera punie d'une amende de 500 à 2.000 fr. sans préjudice de la confiscation. Moyennant une somme de 2.000 francs la main-levée de cette dernière confiscation peut être prononcée. (Art. 97 et 106 de la loi du 28 avril 1816).

Pour les spiritueux, l'amende est de 500 à 5.000 fr. (art. 7 de la loi du 2 avril 1872).

Mais la Régie ne peut réclamer, d'après les déclarations de son propre conseil judiciaire, rien au delà de la somme de 2.000 fr. à titre de confiscation.

La vente au détail par un marchand en gros sans déclaration donne lieu à la même application de l'article 106 de la loi de 1816 déjà visé;

Et pour les spiritueux de l'article 7 de la loi du 2 août 1872.

Mais, bien entendu, ces pénalités ne peuvent s'appliquer aux boissons qui sont expédiées en quantités au-dessous du commerce de gros, aux termes de la loi de 1880.

Seulement, ces boissons doivent être accompagnées d'expéditions.

La prohibition de la vente au détail ne porte aujourd'hui que sur les ventes dites à pot renversé, c'est-à-dire de boissons consommées immédiatement chez le vendeur, ou des ventes de boissons soutirées au moment de l'achat même, pour être emportées par l'acheteur.

Distilleries. — Les distillateurs sont régis aujourd'hui par les deux règlements des 18, 21 septembre 1879 pour les distilleries industrielles, et 15 avril, 26 juin 1881 pour les distilleries agricoles.

Les bouilleurs de cru sont dispensés de la déclaration préalable et de l'exercice, lorsqu'ils distillent uniquement les produits de leur récolte, consistant en vins, marcs, cidres, poirés, prunes et cerises, et cela sans limite de quantité. Les fabricants de liqueurs sont soumis par la loi de 1824 aux obligations des marchands en gros et des débitants. Leurs ateliers de fabrication doivent être séparés complètement de leurs magasins de vente.

Vinaigreries. — La loi du 17 juillet 1875 a établi un droit de consommation intérieure sur les vinaigres de toute nature et sur les acides acétiques fabriqués en France. Les vinaigriers sont tenus de faire une déclaration à la Régie, avant de commencer leurs opérations.

Ils ne peuvent distiller d'eau-de-vie dans les mêmes magasins où sont fabriqués les vinaigres. Ces magasins doivent également être séparés de tout local dans lequel ils exerceraient le commerce des boissons.

Ils sont soumis aux visites et exercices des employés. Leur industrie est régie par le règlement du 11 avril 1884.

Les fabricants de vinaigre doivent payer les frais de surveillance de leurs fabriques.

Les bières, cidres, alcools, pris en charge et transformés en vinaigre dans les fabriques, sont affranchis des droits dont ils pourraient être grevés au profit du Trésor.

Les vinaigres employés à la parfumerie, ceux qui sont consacrés à la préparation des moutardes, conserves et produits alimentaires de toute nature, sont dispensés des droits.

Pénalités. Toute contravention aux obligations de la loi de 1875 et à celles qui résultent du règlement du 11 août 1884, sont punies, outre la confiscation, d'une amende de 200 à 1.000 francs. (Loi du 17 juillet 1875, art. 9.)

Privilège de la Régie. — La Régie a prétendu que là où il y avait prise en charge, il y avait propriété à son égard. Les tribunaux ont fait la distinction nécessaire entre *la responsabilité* qui résultait, à l'égard de la Régie, de la prise en charge et le droit de propriété, qui peut être absolument différent du fait de la détention.

La Régie a privilège et préférence sur les meubles et effets mobiliers des redevables pour les droits, à l'exception des frais de justice, de ce qui sera dû pour six mois de loyer seulement et sauf aussi la revendication dûment formée par les propriétaires des marchandises qui seraient encore sous balle et sous corde. (Décr. du 1er germinal an XIII. art. 47.)

Mais ce privilège ne s'étend pas aux sommes provenant de la vente des immeubles, sur lesquelles la Régie n'a que le droit de venir en concours avec les autres créanciers. (Arrêt de Douai, 22 juillet 1851, Poitier 11 janvier 1887.)

Mais, en revanche, ce privilège s'applique aux créances et le prix encore dû d'une vente immobilière tomberait sous son application. (Cass. 12 juillet 1854.)

C'est le tribunal civil qui est seul compétent pour apprécier la nature et l'étendue de ce privilège et non le tribunal de commerce.

Si les marchandises que la Régie prétend atteindre sont la propriété d'un tiers, il en doit justifier par acte ayant date certaine. (Limoges, 15 mars 1873.)

Mais si le juge du fait établit l'individualité distincte des marchandises, même dans les magasins où la Régie a saisi, elles doivent être rendues à leur propriétaire.

Visites et exercices. — Les visites et exercices des employés chez les redevables qui y sont assujettis ne peuvent avoir lieu que pendant le jour et aux intervalles de temps suivants : janvier, février, novembre, décembre, sept heures du matin à six heures du soir ; mars, avril, septembre, octobre, six heures du matin à sept heures du soir ; mai, juin, juillet, août, cinq heures du matin à huit heures du soir.

Mais elles peuvent aussi avoir lieu la nuit dans les brasseries et distilleries, lorsqu'il résultera des déclarations que ces établissements sont en activité, et chez les débitants tant que leurs locaux seront ouverts au public. (Loi de 1816, art. 26, 235 et 236.)

Chez les particuliers, les visites ne peuvent avoir lieu que dans le cas de soupçon de fraude, en plein jour, avec l'assistance du juge de paix, du maire ou du commissaire de police, sur réquisition écrite et sur l'ordre d'un employé supérieur du grade de contrôleur au moins. (Art. 237 de la loi du 28 avril 1816.)

Et c'est là une formalité d'ordre public, dont l'absence entraîne nullité absolue des opérations des employés.

Pour pénétrer chez un débitant rédimé, les employés sont obligés d'accomplir toutes ces formalités comme pour un particulier, à même peine de nullité, même s'il y avait consentement du débitant. (Cass. 20 juillet 1878.)

Le refus de subir les visites, le fait de refuser d'ouvrir les caves et celliers, le fait même d'être absent, en ne laissant qu'une personne hors d'état de répondre aux questions des employés, constitueraient autant de contraventions.

Pénalités. — En cas de refus d'exercice, les débitants de boissons autres que la bière et les spiritueux sont soumis à une amende de 200 à 1.000 francs et 500 francs au minimum en cas de récidive. (Art. 7 de la loi du 21 juin 1873.)

Les marchands en gros, les débitants de spiritueux, les distillateurs et bouilleurs de profession sont passibles d'une amende de 500 à 5.000 francs. (Lois du 28 février 1872 et 2 août 1872, art. 1 et 7.)

Les propriétaires récoltants et les bouilleurs de cru ne peuvent être condamnés qu'à une amende de 100 à 200 francs. (Loi du 28 avril 1816, art. 40, 41 et 46.)

Procédure. — Nous examinerons, sous ce titre, la procédure civile et la procédure criminelle, c'est-à-dire le mode de recouvrement des droits, d'abord, et ensuite les poursuites exercées pour contraventions.

Procédure civile. — La procédure civile vise le recouvrement des droits.

Contrainte. — A défaut de paiement des droits, il sera décerné contre les redevables des contraintes qui seront exécutoires, nonobstant opposition et sans y préjudicier. (Loi du 28 avril 1816, art. 239.)

Nullités. — La contrainte doit être décernée par le receveur, visée par le juge de paix du bureau de perception, enregistrée dans les quatre jours de la date et signifiée par un huissier à personne ou à domicile.

Mais les sommes réclamées et même les frais doivent être versés non à l'huissier, mais au bureau du receveur, qui seul a qualité pour donner quittance.

Dans le cas de faillite, la signification de contrainte peut être suivie d'une saisie-arrêt aux mains du syndic, et s'il y a lieu, d'une saisie-exécution.

La contrainte est exécutoire nonobstant opposition, c'est-à-dire que le redevable peut être contraint à payer nonobstant opposition et même assignation devant le tribunal ; mais la Régie use rarement de ce moyen.

Cependant, lorsqu'une contrainte a été décernée en matière d'acquits-à-caution, l'opposition n'est reçue par les tribunaux qu'autant que l'opposant a consigné le montant du simple droit.

Seulement si la somme n'est pas due, il a droit de réclamer des dommages-intérêts.

Hypothèques. — L'administration se croyait autrefois autorisée à prendre hypothèque sur les biens des redevables en vertu d'une simple contrainte ; depuis un arrêt de cassation du 9 novembre 1880 qui lui refuse ce droit, elle a renoncé à son ancien usage.

A peine de nullité l'opposition du redevable doit être motivée et contenir assignation à jour fixe devant le tribunal civil de l'arrondissement avec élection de domicile dans la commune où siège le tribunal. (Décr. du 1er germinal an XIII, art. 45.)

Oppositions. — Les oppositions à contrainte et, d'une façon générale, toutes contestations sur le fond des droits, doivent être portées devant les tribunaux de première instance, qui prononcent dans la Chambre du conseil, avec les mêmes formalités qu'en matière d'enregistrement. (Loi du 5 ventôse an XII, art. 88.) Ainsi le juge des référés ne pourrait être saisi d'une contestation de cette nature. (C. de Lyon, 11 février 1881.)

Instances. — Ces formalités sont les suivantes, à peine de nullité :

L'instruction se fait par simples mémoires respectivement signifiés (Loi des 22 frimaire an VII et 27 ventôse an IX, art. 17) ;

Sans plaidoiries, sans explications, même des parties, sous peine de nullité (Cass. 13 janv. 1807, 31 janv. et 26 fév., 1816, 28 juin 1830, 15 avril 1845, 29 novembre 1854). Mais le ministère public doit être entendu dans ses conclusions, à peine de nullité avant le jugement.

Le délai pour produire les défenses ne peut dépasser trente jours (Loi du 22 frimaire an VII, art. 65.)

Jugements. — Les jugements sont rendus sur le rapport d'un juge fait à l'audience publique (même article). Ils doivent être prononcés dans la Chambre du conseil. (Loi de 5 ventôse an XII, art. 88.)

La jurisprudence admet et paraît même exiger aujourd'hui qu'ils soient prononcés publiquement.

Les jugements doivent être rendus dans les trois mois du jour de l'introduction des instances. (Art. 65 de la loi du 22 frimaire an VII.)

Les jugements par défaut peuvent être frappés d'opposition. Ils peuvent également être attaqués par la voie de la requête civile.

Pourvoi. — Il n'y a pas d'appel en matière de contributions indirectes au civil.

Les jugements ne peuvent être déférés qu'à la Cour de cassation. (Loi du 22 frimaire an VII, art. 65.)

Le délai pour se pourvoir en cassation est de deux mois (Cass. arrêt du 10 mai 1875.)

La partie qui succombe n'a d'autres frais à payer que ceux des papiers timbrés, des significations et de l'enregistrement des jugements. (Loi du 27 frimaire an VII, art. 65.)

Prescription. — La prescription est acquise à la Régie contre toutes demandes en restitution des droits et marchandises, après un délai révolu de six mois. (Loi du 28 avril 1816, art. 247.)

Elle est acquise aux redevables *contre la Régie* pour les droits que les préposés n'auraient pas réclamés dans l'*espace d'un an* à compter de l'époque où ils étaient exigibles. La Régie est déchargée de la garde des registres des recettes antérieures de trois années à l'année courante. (Décr. du 1er germinal an XIII, art. 50.)

Deux arrêts de cassation du 12 avril 1865 et du 11 décembre 1877 admettent que, lorsqu'une contrainte a été lancée par l'administration, cet acte interrompt le cours de la prescription annale, parce qu'il y a réclamation et que la réclamation établit le droit de l'administration avec prescription trentenaire.

En effet, disent les arrêts en substance, même si une année s'est écoulée sans poursuites nouvelles depuis que la contrainte a été lancée, la prescription annale étant interrompue, on retombe dans le droit commun et l'Etat a trente ans pour réclamer ce qui est dû.

Quelle que soit l'autorité de la Cour suprême, nous ne saurions suivre sa doctrine actuelle, à laquelle on peut opposer d'ailleurs celle d'un arrêt du 10 avril 1822.

La loi a voulu limiter le délai de réclamation et de poursuites. Pour l'administration, la durée de la réclamation ne peut excéder six mois. Il était juste, par contre, de fixer pour les redevables à une période également courte, le délai pendant lequel ils seraient sous le coup d'une réclamation qui pèserait sur les affaires. Les transactions, entravées déjà par les nécessités fiscales, deviendraient par trop difficiles, si pendant trente ans elles pouvaient donner lieu à des inquisitions dans les pièces ou les magasins des redevables. La loi voulait, au contraire, limiter à un court délai contre les redevables l'action administrative; c'est, selon nous, aller contre son but que d'accorder la durée exorbitante de trente ans, sous prétexte de contrainte interrompant la prescription.

Mais il est un autre point constant et incontesté, c'est que la prescription n'a son point de départ que du moment où les droits sont établis. Par conséquent, si par fraude ils ont échappé à la constatation, c'est non la date à laquelle ils étaient dus en fait, mais celle à laquelle ils ont été constatés, d'où part le droit à la perception, et dans ce cas, l'action de la Régie pour le paiement de ces droits ne se prescrit que par trente ans.

Procédure criminelle. — Les contraventions doivent être constatées par des procès-verbaux.

Procès-verbaux. — Ce sont les seuls actes sur lesquels la Régie puisse exercer des poursuites. (Cass. arrêt du 28 avril 1853.)

Les employés de la Régie, pour verbaliser, doivent être deux, dont l'un, au moins, doit être âgé de vingt et un ans et avoir prêté serment. A ces conditions, les procès-verbaux rédigés par eux font foi jusqu'à inscription de faux, à condition d'être conformes à toutes les formalités prescrites par la loi. Les agents des douanes et des octrois ont les mêmes pouvoirs.

Les procès-verbaux doivent énoncer, à peine de nullité (décr. du 1er germinal an XIII, art. 21) :

1° La date de la saisie.

En matière de contributions indirectes, le procès-verbal de contravention, qui contient une indication de l'heure de la clôture inconciliable avec la date de la signification, ne permet pas de connaître l'heure exacte à laquelle il a été réellement dressé, et doit conséquemment être annulé. (Décr. 1er germinal an XIII, art. 21 et 26.)

2° La cause de la saisie.

Nous ne croyons pas que ce soit se conformer à la loi que de déclarer procès-verbal simplement et pour contravention aux lois et règlements sur les contributions indirectes.

Ce sont, d'ailleurs, les termes d'une ancienne instruction de la Régie, du 27 prairial an XIII, qui exige des employés la citation exacte des articles de loi qui donnent lieu à la saisie.

3° La déclaration qui en aura été faite au prévenu.

4° Les noms, qualités, demeure des saisissants et de celui qui a été chargé des poursuites.

Le lieu de la résidence des employés répond suffisamment à la prescription de la loi ; il suffit qu'ils soient deux dénommés, quand même un plus grand nombre auraient pris part aux opérations.

La désignation de celui qui est chargé des poursuites se réfère au directeur du département (art. 19 de la loi de germinal an XIII). Le directeur (de département) instruira et défendra sur les instances portées devant les tribunaux.

C'est donc lui seul qui poursuit, qui peut aller en appel et en cassation sur les poursuites qu'il a commencées.

Nous croyons qu'à cet égard, la Cour suprême reviendra sur la jurisprudence de deux arrêts, l'un de 1888, l'autre de 1889, qui ont reconnu à des représentants de l'administration, autres que le directeur, mentionné au procès-verbal, le droit de se pourvoir en cassation, sur des poursuites entamées par ce directeur, en se référant à l'article 417 du Code d'instruction criminelle inapplicable, suivant nous, dans l'espèce.

5° La désignation par poids, espèce et mesure des objets saisis.

6° La présence de la partie à la description des objets saisis, ou la sommation qui lui a été faite d'y assister.

La sommation d'assister à la rédaction et à la lecture du procès-verbal contient implicitement sommation d'assister à la description des objets saisis (Cass. arrêt du 3 janv. 1880).

Il peut cependant arriver, et il arrive en fait assez souvent, que la reconnaissance de boissons saisies, par le jaugeage et la dégustation, précède la rédaction du procès-verbal.

Dans ce cas, à notre avis du moins, il n'y aurait pas, à proprement parler, description, et l'arrêt que nous venons de citer ne s'y appliquerait pas, puisqu'il n'y aurait qu'une simple relation de la description.

La sommation qui, d'après l'art. 21 du décret du 1er germinal an XIII, doit être faite au contrevenant d'assister à la description des boissons saisies, n'est pas exigée à l'égard de l'expéditeur qui n'est pas présent dans la localité où la saisie est effectuée; il suffit, en pareil cas, que le procès-verbal de saisie soit affiché, conformément à l'art. 24 du même décret (Cass. arrêt du 9 mars 1877.)

Il résulte encore de la jurisprudence que la sommation faite au transporteur vaut pour l'expéditeur, dont le transporteur est le représentant légal.

7° Si la saisie porte sur des expéditions faussées ou altérées, l'indication du genre de faux, les altérations ou surcharges. Les expéditions devront être signées et paraphées par les saisissants et jointes en cet état au procès-verbal. (Décr. de germinal an XIII, art. 22.)

8° L'offre et la mention de cette offre de main-levée sous caution solvable des moyens de transport et la réponse de la partie à cette offre. (Décr. du 1er germinal an XIII, art. 23.)

Dans la pratique l'usage est aujourd'hui établi d'offrir, en outre, main-levée des objets saisis entre leur valeur ou sous la solvabilité de la partie saisie. Les objets saisis doivent être estimés modérément (Instr. du 18 Prairial an XIII.)

9° Si le prévenu est présent, le procès-verbal énoncera qu'il lui en a été donné lecture et copie.

Cette copie doit, à peine de nullité, être conforme à l'original et signée de deux employés au moins. (Cass. arrêt du 16 nov. 1880.)

Mais la copie d'un procès-verbal, pas plus qu'une copie d'assignation, ne pourraient être remis à un serviteur ou parent du prévenu qui ne serait pas visé dans l'acte et qui serait, par exemple, rencontré par les proposés hors du domicile du prévenu. (Trib. de la Seine, jug. du 8 fév. 1890.)

Si elle ne portait pas la même date, le procès-verbal serait nul.

10° Enfin le procès-verbal devra contenir la mention du lieu de la rédaction et de l'heure de sa clôture. (Décr. de germinal an XIII, art. 21.)

En outre :

11° Les procès-verbaux devront être affirmés dans les trois jours de la clôture de l'acte devant le juge de paix ou l'un des juges de paix établis dans le ressort du tribunal qui doit connaître du procès-verbal ou devant l'un des suppléants de ce juge. L'affirmation énoncera qu'il en a été donné lecture aux affirmants (Loi du 21 juin 1873, art. 3). Cette mention n'est pas portée sur la copie.

12° Ils doivent être enregistrés dans les quatre jours de leur date.

Toutes les formalités que nous venons d'énoncer sont prescrites, à peine de nullité. Les tribunaux ne peuvent, disent le décret de germinal et la loi du 21 juin 1873, art. 4, admettre d'autres nullités contre ces actes.

Les prévenus ont le droit d'exiger l'insertion de leur réponse dans le procès-verbal.

Transactions. — Les procès-verbaux peuvent être terminés par transaction, c'est-à-dire par entente amiable entre le prévenu et l'administration.

Les sous-directeurs ont le droit de transiger sur les condamnations peu importantes. Mais les transactions doivent être approuvées par le directeur. Elles sont définitives lorsque le chiffre ne s'élève pas au-dessus de 500 francs.

Au-dessus de ce chiffre, elles doivent être soumises, soit au conseil d'administration à Paris, soit au ministre, et ne sont définitives qu'après ces approbations (1000 fr., directeur général; 3000 fr., ministre). Les transactions définitives ont la force de la chose jugée, mais il n'en est ainsi que lorsqu'elles sont définitives.

La Régie transige, non seulement pour son compte personnel, mais aussi pour le compte de l'octroi, dans le cas de contraventions communes.

L'obligation du commissionnaire de transport se limite à ce qui est nécessaire pour l'exécution de son contrat. Ainsi on ne saurait lui reconnaître le droit de transiger en cas de saisie motivée par une déclaration inexacte, l'expéditeur ne lui ayant pas donné mandat de reconnaître une fraude. (Dalloz, v° Commissionnaire, supp. n° 129; Cour de Douai, 6 déc. 1880.)

Abandon. — Les procès-verbaux peuvent encore être terminés par abandon. Dans ce cas, le prévenu n'a aucuns frais à payer.

Poursuites. — Lorsqu'il n'y a ni transaction, ni abandon de la part de la Régie, les procès-verbaux donnent lieu à des poursuites par voie d'assignation. La Régie est seule à pouvoir les exercer, sauf le cas où il s'agit, en outre, de l'amende et de la confiscation, d'une peine d'emprisonnement.

Et il en est de même à tous les degrés, soit en première instance, soit en appel.

Donc, sauf le cas d'emprisonnement, le ministère public n'y peut intervenir.

En matière de contributions indirectes et d'octroi, la Régie et les maires ont seuls le droit de poursuivre les contraventions qui sont punies de simples peines d'amende.

Par suite, est non recevable l'appel du ministère public contre les jugements qui ont statué sur des contraventions de cette nature. (Cass. arrêt du 10 juin 1882.)

Et c'est là une jurisprudence conforme à de nombreux arrêts rendus antérieurement et tous identiques.

Mais elle ne fait pas échec à ce que l'administration puise dans une information judiciaire les éléments de preuve qui lui permettront d'établir une contravention que ses agents n'avaient pas découverte.

La Régie est recevable à puiser dans une information requise par le ministère public tous les éléments de preuve de nature à établir les contraventions qu'elle est chargée de poursuivre, lorsqu'il y a connexité entre des infractions fiscales et des délits de droit commun. (Cass. 5 juin 1880.)

Assignation. — L'assignation doit être donnée dans les trois mois de la date du procès-verbal, à peine de déchéance. Elle pourra être donnée par les commis.

Nous avons déjà dit que c'est la Régie seule qui peut assigner, et dans la Régie, le seul directeur de département.

Directeur poursuivant. — Depuis longtemps, l'usage s'est introduit de rédiger les assignations, requête du directeur général, poursuites et diligences de tel directeur de département. Nous croyons que cette formule est vicieuse, en ce sens qu'elle permet une confusion d'attributions interdite par la loi.

L'article 19 de la loi du 5 germinal an XII est ainsi conçu : « Le directeur de département instruira et défendra sur les instances qui seront portées devant ces tribunaux. »

L'article 21 du décret de germinal an XIII dispose en ces termes : « Les procès-verbaux devront énoncer les noms, qualités et demeure de celui qui est chargé des poursuites. »

« A peine de nullité » (art. 29 du même décret).

Nous en concluons que les poursuites devraient avoir lieu à la requête du directeur du département, contrairement à ce qui se passe pour l'administration forestière, à laquelle on a voulu, à tort, assimiler la Régie des contributions indirectes.

Lorsque les prévenus seront en état d'arrestation, le délai sera d'un mois, à peine de déchéance. (Loi du 15 juin 1835, article unique.)

Et cette disposition s'applique à ceux qui n'ont pas été désignés, comme à ceux qui ont été désignés au procès-verbal. (Cass., arrêt du 7 décembre 1843.)

Mais une citation en justice, même devant un tribunal incompétent, interrompt la prescription. (Cass., arrêt du 13 juin 1837.)

Inscription de faux. — Les procès-verbaux réguliers dans les conditions que nous avons énoncées peuvent être combattus par l'inscription de faux. (Loi du 21 juin 1873, art. 4.)

Tout, en cette matière, est de rigueur. (Cass. 10 mai 1878.)

Le contrevenant, qui veut s'inscrire en faux contre un procès-verbal, en matière de contributions indirectes, doit faire sa déclaration au plus tard à l'audience indiquée par l'assignation à fin de condamnation. (Décr. 1er germinal an XIII, art. 40.)

Peu importe : 1° que l'assignation soit également donnée pour les audiences suivantes jusqu'au jugement définitif; 2° que la partie poursuivante n'ait pas fait coucher la cause sur le rôle de l'audience indiquée par l'assignation; 3° enfin qu'une nouvelle citation, visant la première assignation, ait été donnée au prévenu, avec indication d'une audience pour plaider. (C. de Paris, 9 juillet 1881.)

L'arrêt que nous reproduisons ne fait que rajeunir une ancienne décision de la Cour de cassation rendue dans une espèce semblable. (Cass. 20 mai 1813.)

La déclaration d'inscription de faux contre un procès-verbal en matière de contributions indirectes par un individu qui sait écrire et signer, doit être formulée par écrit; elle ne peut être faite par déclaration verbale au greffe. (Décr. 1er germinal an XIII, art. 40 et arrêt de Cass. du 10 mars 1878.)

Elle doit être faite en personne ou par un fondé de pouvoirs désigné par acte devant notaire. (Décr. du 1er germinal an VIII, art. 40.)

Elle doit être signée par le déclarant et, s'il ne sait signer, par le président du tribunal et le greffier.

Dans les trois jours, l'inscrivant doit faire au greffe le dépôt de ses moyens de faux et des noms et qualités de ses témoins.

Toutes ces formalités sont à peine de déchéance.

Le demandeur qui succombe peut être condamné à une amende de trois cents francs.

Preuve. — En principe, les procès-verbaux doivent constater des faits matériels personnellement constatés par les employés et établissant l'existence de la contravention.

Mais s'ils relatent d'autres faits matériels tendant à la prouver et que ces faits soient appuyés de documents réguliers produits et discutés à l'audience, les juges, en admettant que la preuve en résulte pour eux, ne font qu'appliquer la loi et notamment l'article 154 du Code d'instruction criminelle (Cass. 30 juillet 1880.)

La nullité d'un procès-verbal ne fait pas nécessairement échec à la poursuite, ainsi le juge correctionnel peut, en matière de fraude, baser sa conviction sur toute espèce d'éléments de preuve, en dehors même des procès-verbaux.

Les tribunaux correctionnels ne sont point tenus de baser leur conviction sur les seuls moyens de preuve réunis aux articles 154 et 189 C. instr. crim., ils peuvent s'appuyer sur tous autres moyens soumis au débat de l'audience et notamment sur la déposition écrite d'un témoin qui, assigné à comparaître, ne s'est point présenté (Cass. 11 déc. 1875, 12 juill. 1878, 5 juin 1880);

Ou encore sur d'autres preuves de droit commun, notamment sur une enquête et sur une vérification de livres.

Les procès-verbaux en matière correctionnelle faisant foi jusqu'à inscription de faux, les employés de la Régie ne peuvent, par des déclarations postérieures à la rédaction et à l'affirmation de ces actes, démentir le fait qu'ils ont constaté ou modifier les circonstances qu'ils ont relevées. (Décr. 1er germinal an XIII, art. 26.)

Alors surtout qu'ils n'ont pas été appelés à déposer sur la foi du serment. (Cass. 13 fév. 1880).

Mais si les procès-verbaux font foi des constatations matérielles des employés, ils ne font pas foi également pour les procédés de jaugeage ou de dégustation mis en œuvre, ni pour l'exactitude des calculs des agents. Ces points peuvent faire l'objet d'une contestation sans inscription de faux.

Déjà la Cour de cassation avait décidé par arrêts du 11 mars 1876 et du 5 avril 1879, que la foi jusqu'à inscription de faux ne s'étendait pas aux opinions des employés, émises à la suite d'opérations scientifiques plus ou moins exactes ;

Que la vérification du degré d'alcool participait également de la nature des opérations scientifiques.

Les procès-verbaux dressés par les employés de la Régie font foi jusqu'à inscription de faux des constatations matérielles qu'ils renferment, mais non de l'efficacité des procédés de jaugeage employés ni de l'exactitude des calculs auxquels ont pu se livrer les agents de l'administration.

Le jaugeage par la bonde à l'aide d'une tige graduée et le jaugeage purement extérieur à l'aide d'un ruban ne constituent pas des moyens d'appréciation légaux de la contenance de barriques ou d'outres dans lesquelles sont renfermés des liquides, les lois et ordonnances n'admettant pour l'évaluation des quantités de liquides que le mesurage au moyen de récipients de formes et de dimensions soigneusement déterminées. (Arrêt de cassation.)

Lorsqu'un procès-verbal relate des faits qui se contredisent, les tribunaux peuvent, sans porter atteinte à la foi due à cet acte, se refuser à reconnaître les faits qu'il avait pour but de constater. (Cass., arrêt du 13 janv. 1817.)

Cette doctrine n'est pas douteuse, et aujourd'hui encore elle est de jurisprudence.

Mais les juges donneraient un motif insuffisant de leur jugement, s'ils se bornaient à déclarer que les faits que relèvent le procès-verbal sont invraisemblables. (Cass., arrêt du 1er février 1822.)

Responsabilité des tiers. — La règle d'après laquelle la responsabilité à laquelle sont soumis des tiers, étrangers aux contraventions qui donnent lieu à des condamnations, est une responsabilité purement civile et, par suite, ne peut être étendue aux peines prononcées contre les contrevenants, reçoit exception en matière de douanes, aux termes de l'art. 20, tit. 13, de la loi du 22 août 1791, et en matière de contributions indirectes aux termes de l'art. 35 du décret du 1er germinal an XIII. D'après ce dernier article, les propriétaires des marchandises sont responsables du fait de leurs facteurs, agents ou domestiques, en ce qui concerne les droits, confiscations, *amendes* et dépens. Il a été décidé, par application des dispositions de cet article, que le père est responsable de l'amende prononcée en cette matière contre son fils mineur demeurant avec lui (Cass. crim. 11 octobre 1834). Cette dérogation aux principes généraux est fondée sur ce qu'en ces matières, l'amende doit être considérée moins comme une peine proprement dite que comme une réparation du préjudice causé à l'Etat.

Les expéditeurs qui ont délivré des acquits-à-caution sont responsables de l'inapplicabilité de ces pièces jusqu'au moment où les boissons ont été prises en charge chez les destinataires ou les acquits déchargés régulièrement.

A cet égard, l'administration peut, à son gré, mettre en cause l'expéditeur seul ou le destinataire, ou l'un et l'autre, de manière à laisser aux juges du fait l'appréciation de la responsabilité éventuelle de l'un ou de l'autre.

La confiscation des objets saisis pourra être poursuivie et prononcée contre les conducteurs, sauf à statuer s'il y a lieu sur les réclamations des propriétaires, à moins que les transporteurs ne mettent l'administration en mesure d'agir par une désignation exacte et régulière de leurs commettants. (Loi du 21 juin 1873, art. 13.)

Mais cette indemnité ne saurait s'étendre aux destinataires des boissons. (C. d'Agen, arrêt du 20 nov. 1878.)

La loi du 21 juin 1873 a permis au transporteur de bonne foi de s'exonérer de sa responsabilité en désignant l'expéditeur.

Et l'article 14 de la loi de 1816 astreint le transporteur à une déclaration avec remise et visa des expéditions. Faute de l'avoir fait, il est passible des poursuites comme personnellement responsable.

La simple exhibition d'un acquit-à-caution ne suffirait pas. (Cass deux arrêts du 6 août et du 12 nov. 1875.)

Mais la remise de l'acquit-à-caution et d'un certificat de garantie délivré par une autre compagnie libèrent le transporteur. (Cass. arrêt. du 27 mai 1876.)

Une compagnie ne pourrait dégager sa responsabilité en prétextant qu'elle n'a pu vérifier les bagages ou exiger une déclaration du voyageur; les compagnies ont, au contraire, le droit de faire l'un et l'autre, et faute de l'avoir fait, elles ne peuvent invoquer l'immunité de l'article 13 de la loi de 1873. (Cass. arrêt du 1er juillet 1876.)

Le voiturier transportant en fraude des boissons, dont il est propriétaire, ne saurait invoquer l'immunité créée par l'art. 13 de la loi du 21 juin 1873.

Procès-verbaux irréguliers. — Les procès-verbaux qui n'ont été rédigés que par un seul préposé, ou des agents étrangers à la perception, mais autorisés à verbaliser, ne valent que jusqu'à preuve contraire. (Loi du 21 juin 1873, art. 5.)

Et cette preuve doit être fournie soit par écrit, soit par témoins ; il ne suffirait pas d'une simple dénégation. (Cass. 25 sept. 1834 et 9 mars 1878.)

Bien plus, des arrêts anciens ont décidé que l'admission par le juge de la preuve offerte était facultative. Quelle que soit la valeur en droit de cette affirmation, nous croyons qu'en fait elle ne saurait aujourd'hui servir de règle de conduite au juge.

Procès-verbaux nuls. — Lorque les procès-verbaux n'ont pas observé les formalités prescrites à peine de nullité que nous avons indiquées au commencement de la procédure criminelle, ils sont nuls. Cependant l'administration n'est pas encore désarmée.

Un texte formel, l'art. 34 du décret du 1er germinal an XIII, permet de prononcer la confiscation des objets saisis, en cas de nullité du procès-verbal.

Mais la confiscation des objets saisis doit être ordonnée, si les énonciations du procès-verbal ne laissent aucun doute sur la réalité de la contravention. (Cass. 16 janv. 1869, 4 juin 1875 et 27 mai 1876.)

Cette solution ne doit pas s'étendre au cas où la poursuite est frappée de déchéance et où, par conséquent, les juges ne peuvent tenir compte des éléments d'une instruction annulée. (Note de Dalloz sur un arrêt de la Cour de Bordeaux du 17 décembre 1877 qui avait prononcé la confiscation dans le cas d'une déchéance de poursuite exercées sans qu'il y ait eût procès-verbal au point de départ.

Solidarité. — Les condamnations pécuniaires contre plusieurs personnes pour un même fait de fraude sont solidaires (Décr. du 1er germinal an XIII, art. 34). Il en résulte qu'on ne peut, lorsque le fait est le même, infliger à chacun des contrevenants une amende distincte. (Cass., arrêt du 5 mai 1838 et jurisp. constante.)

Peines cumulées. — En matière de contributions indirectes, on n'applique pas le principe de l'article 365 du Code d'instruction criminelle, qui veut qu'au cas de connexité de plusieurs crimes ou délits, on applique une seule peine, la plus forte.

En matière de contributions indirectes, les amendes doivent être cumulées, et chaque contravention donne lieu à une amende spéciale. (C. instr. crim. 365, Cass. arrêt du 22 déc. 1876.)

Le motif qu'en donnent les juges est que les amendes constituent une véritable réparation civile. Nous croyons que ce principe se concilie difficilement avec la disposition de la nouvelle loi. qui accorde des circonstances atténuantes en matière de contributions indirectes, considérant ainsi les amendes et confiscations comme de véritables peines, et avec les différents textes qui ne qualifient jamais les amendes et confiscations que du nom de « peines » et nulle part de « réparations civiles ». Or les textes qui se réfèrent aux pénalités d'une part, et les textes fiscaux, d'autre part, devraient plus que tous autres être de droit étroit.

Saisie mal fondée. — En cas de saisie mal fondée l'administration peut être tenue : 1° à une indemnité de 1 0/0 de la valeur de la marchandise, si elle ne l'a pas remise immédiatement ; 2° à des dommages-intérêts, s'il y a dépréciation des objets résultant de leur remise tardive. Mais elle ne doit de dommages-intérêts ni pour les déboursés, ni pour les démarches inutiles. (Décr. du 1er germinal an XIII, art. 29 ; Cass. 26 avril 1880.)

Le propriétaire de marchandises indûment saisies sur un tiers ne saurait invoquer le bénéfice de l'article cité.

L'art. 29 du décret du 1er germinal an XIII ne sanctionne qu'à l'égard des saisies les conséquences des saisies illégalement pratiquées; il n'est pas applicable au propriétaire de marchandises indûment saisies sur des tiers. (Cass., arrêt du 14 août 1877.)

Seulement il pourrait actionner la Régie pour saisie illégale, aux termes des articles 1382, 1383 et 1384 du Code civil (même arrêt).

Circonstances atténuantes. — L'article 42 de la loi de finances du 30 mars 1888 est conçu en ces termes :

« L'article 463 du Code pénal est applicable aux délits et contra-
« ventions prévus par les lois sur les contributions indirectes. »

Nous ne doutons pas que le texte de cet article ne s'applique aux confiscations comme aux amendes, les unes et les autres étant sans contredit des peines ; cependant nous ne connaissons pas jusqu'ici d'exemple de modération de la confiscation par les tribunaux. Mais nous persistons, jusqu'à ce que le contraire ait été établi par des décisions de droit, à croire que le pouvoir des juges comprend la confiscation comme l'amende.

Appel. — Les jugements rendus au criminel en matière de contributions indirectes peuvent, à la différence des jugements civils, être attaqués par la voie de l'appel.

Formalités. — L'appel d'un jugement prononçant une condamnation en matière de contributions indirectes ne peut être formé valablement par voie de déclaration au greffe; il doit nécessairement être notifié à la Régie dans les huit jours à partir de la signification du jugement (Décr. du 1er germinal an XIII, art. 32.)

L'appel doit être interjeté dans ce délai, alors même que le jugement a été rendu par défaut (Cour de Dijon, 31 janvier 1877.)

L'appel doit être notifié par exploit à la Régie à peine de nullité. (Décret du 1er germinal an XIII, art. 35; Cour de Dijon, 31 janvier 1879.)

Et cette nullité, étant d'ordre public, ne peut être couverte même par l'acquiescement de la Régie (Cour d'Aix, 1er septembre 1879.)

C'est là un point formellement établi; rien ne peut faire échec à une nullité d'appel, ni au civil, ni au criminel.

Mais, de son côté, la Régie est tenue aux mêmes formalités, également sous peine de nullité, lorsque c'est elle qui fait appel.

L'acte d'appel d'un jugement rendu en matière de contributions indirectes doit être notifié soit à la personne, soit au domicile réel de l'intimé.

Est nulle, en conséquence, la notification de l'acte d'appel faite par la Régie au domicile élu par le prévenu dans la signification du jugement de première instance.

Il importe peu que la personne (un avoué, dans l'espèce), chez qui domicile avait été élu et à qui a été remise la copie de l'acte d'appel, ait déclaré avoir mission de le recevoir, s'il n'est pas établi que cette mission lui ait été donnée;

La comparution du prévenu à l'audience ne le rend pas non recevable à exciper de la nullité de l'appel, s'il n'a pas eu connaissance de ce recours en temps utile.

En principe, l'appel est individuel et ne profite qu'à celui qui l'a fait.

En cas de condamnation prononcée contre plusieurs codélinquants pour contravention aux lois sur les contributions indirectes, l'appel interjeté par l'un des condamnés ne profite pas aux autres, et ne les relève pas de la déchéance qu'ils ont encourue pour n'avoir pas appelé dans le délai légal. (Décr. du 1er germinal an XIII, art. 32; Cour de Paris, 8 février 1877.)

Mais il est un cas où, plusieurs parties étant en cause, l'appel de l'une, quoique individuel en principe, relève la nullité de l'appel des autres, et le protège contre la déchéance encourue. C'est ce qu'a justement décidé l'arrêt suivant :

En matière correctionnelle et notamment en matière de contributions indirectes, l'appel est individuel et ne profite qu'à celui des condamnés qui l'a interjeté sans s'étendre aux autres.

Mais l'appel régulièrement interjeté par un des appelés en garantie devant le tribunal correctionnel dans une instance où il s'agit exclusivement pour lui de régler des intérêts civils, profite à ses codébiteurs solidaires et les relève de la déchéance qu'ils ont encourue pour n'avoir pas appelé dans le délai légal (C. instr. crim. 203; Décr. du 1er germinal, an XIII, art. 32; Cour de Lyon, arrêt du 14 août 1884.)

Pourvoi en cassation. — Le délai du pourvoi en cassation est de trois jours à partir du prononcé du jugement en matière correctionnelle comme en droit commun.

L'administration des Contributions indirectes, représentée par des agents locaux, n'est point astreinte à envoyer des pouvoirs spéciaux à ces agents pour le recours en cassation; en conséquence, le pourvoi formé par un commis principal chargé du service du contentieux est recevable encore qu'aucun pouvoir ne soit joint au pourvoi, (Cass., arrêt de 1888.)

L'arrêt que nous reproduisons se référait à l'article 417 du Code de procédure criminelle, invoqué par le demandeur en cassation. Nous croyons que c'était à tort que le demandeur avait visé cet article, lorsqu'il existait une procédure spéciale dont nous avons parlé, celle du décret de germinal an XIII; mais nous croyons aussi que les juges de cassation auraient dû se référer à ce décret au lieu d'interpréter purement et simplement l'article 417 du Code de procédure criminelle, inapplicable dans l'espèce.

Cependant, par un arrêt de novembre 1889, rendu dans une espèce où on invoquait le décret de germinal, la chambre criminelle de la Cour suprême a persisté dans sa jurisprudence. L'affaire est actuellement au renvoi.

On ne peut, en cassation, invoquer des moyens nouveaux, même de droit, à moins qu'ils ne soient d'ordre public.

Quand l'administration a saisi pour un excédent et poursuivi de ce chef que la vérification, ultérieurement effectuée, établit un manquant, et que le redevable poursuit à son tour la récl amation d'une indemnité devant le tribunal civil, l'administration ne peut se pourvoir en cassation contre la décision du tribunal, en soutenant que la contravention existe à raison du manquant. C'est là un moyen de fait nouveau, qui ne saurait être invoqué en cassation. (Cass., 26 avril 1880.)

Prescription. — La prescription annale, établie pour les réclamations de droits par l'art. 50 du décret du 1er germinal an XIII, ne concerne que les droits et non les confiscations ou amendes.

Dans ce cas, l'action n'est prescrite que par trois ans à compter du jour du délit ou du dernier acte de poursuite. (Cass., 5 juin, 14 juin 1880, deux arrêts.)

S'il y a prescription pour les poursuites à partir de la rédaction du procès-verbal, il n'y a pas de prescription spéciale pour cet acte même.

En conséquence, il peut être rédigé tant que la prescription de trois ans, édictée par l'article 638 du Code d'instruction criminelle, n'a pas été acquise. (Cass., 30 juill. 1880; C. de Riom, 17 févr. 1881.)

Octroi. — En matière d'octroi, la seule formalité exigée à peine de nullité est l'affirmation. (Art. 8 de la loi du 27 frimaire an VIII.)

Procès-verbaux. — Les procès-verbaux peuvent être rédigés pendant trois ans à partir du jour de la contravention constatée, et les assignations données pendant trois ans du jour de la date des procès-verbaux.

L'inscription de faux est soumise aux formalités de droit commun.

Appel. — L'appel doit être interjeté dans les dix jours du prononcé du jugement, s'il est contradictoire.

Le délai du pourvoi en cassation est de trois jours.

Procès-verbaux communs. — Dans le cas où une contravention de régie est jointe à celle d'octroi, la Régie a qualité pour suivre au nom des deux administrations.

Electorat consulaire. — Les procès-verbaux, en matière d'impôts indirects, entraînent une conséquence trop peu connue, la déchéance de l'électorat consulaire.

Ne peuvent participer à l'élection... ceux qui ont été condamnés à un emprisonnement de six jours au moins ou à une amende de plus de 1.000 francs pour infraction aux lois sur les douanes, les octrois et les contributions indirectes. (Loi du 20 décembre 1883, art. 3.)

FIN.

TABLE DES MATIÈRES

FIN DE LA TABLE DES MATIÈRES

RENSEIGNEMENTS UTILES

à la Production et au Commerce

des Boissons.

PREMIERES RECOMPENSES A TOUTES LES EXPOSITIONS

RHUM HURARD

Eau-de-vie de canne à sucre. — Vin d'orange
Liqueurs de la Martinique. — Ananas.

Le **RHUM HURARD** est le produit de la distillation de la *Mélasse supérieure d'habitant*. Il n'est mis en bouteille qu'après trois ans de fûts au minimum.

L'eau-de-vie de canne à sucre est le résultat de la distillation du *Vesou*, c'est-à dire du jus même de la canne après cuisson et fermentation.

Le vin d'orange est un délicieux tonique fait avec l'écorce d'oranges de la Martinique. Il se prend avant ou entre les repas.

DÉPOT CENTRAL

des Rhummeries HURARD de Saint-Pierre (Martinique)

17, *boulevard Montmartre*, 17, *Paris*.

DIPLOME D'HONNEUR ET HORS CONCOURS

à l' Exposition de PORT-DE-FRANCE (Martinique) 1883.

Les Produits de la Maison HURARD ont obtenu

LE DIPLOME D'HONNEUR

Sur tous les autres produits similaires de la Martinique.

MÉDAILLE D'OR: Amsterdam, 1883. — Anvers, 1884. — Amsterdam, 1887.
Le Havre, 1887. — Barcelone, 1888.
DIPLOME D'HONNEUR : Bruxelles, 1888.

HORS CONCOURS

à l'Exposition de 1889 de PARIS

PRÉSIDENT DE SECTION DU JURY

BIBLIOTHÈQUE VITICOLE ET VINICOLE

	En librairie	Franco poste recom.
L'ALGÉRIE ET SES VINS, par L. BERNIARD, 1e partie Oran, 1 vol. in-12.	3 »	
APERÇUS SUR L'ESPAGNE VINICOLE, par KERIGH	3 »	3 55
BORDEAUX ET SES VINS, classés par ordre de mérite, par Ch. COCKS. 5e édition refondue et augmentée par M. E. FÉRET. 1 vol. in-18 orné de 225 vues de châteaux dessinées par Eug. VERGEZ, avec 8 cartes....	8 »	8 95
CARNET DE DÉDUCTIONS, par F. BÉGOU	2 »	2 35
CARNET DES DROITS DE DÉTAIL ET DES ABONNEMENTS à l'usage des employés des contributions indirectes et des débitants de boissons, par F. BÉGOU	2 »	2 35
CARNET DES QUANTITÉS D'ALCOOL PUR contenu par les spiritueux à tous les degrés et pour toutes quantités, à l'usage des employés des contributions indirectes, des marchands en gros bouilleurs, distillateurs et débitants de boisson, par F. BÉGOU	1 »	1 35
CARTE VINICOLE DE LA GIRONDE	6 »	6 50
COLORATION DES VINS par les couleurs de la houille, par PAUL CAZENEUVE	3 50	4 25
COURS COMPLET DE VITICULTURE, par G. FOEX, directeur de l'Ecole nationale d'agriculture de Montpellier, 2e édition, revue et considérablement augmentée. 1 vol. in 8° de 942 pages, avec 4 cartes en chromo et 501 figures dans le texte	16 »	17 50
CULTURE DE LA VIGNE ET VINIFICATION, par JULES GUYOT 2e édit..	3 50	4 20
CULTURE DU POMMIER A CIDRE, FABRICATION DU CIDRE, etc., etc., par JULES NANOT, 2e édition	3 50	4 10
ÉTUDE CHIMIQUE ET HYGIÉNIQUE DU VIN EN GÉNÉRAL ET DU VIN DE BORDEAUX EN PARTICULIER, par M. le Dr CARLES. In-8....	3 »	
ÉTUDE SUR LE VIN MOUSSEUX, par J. SALLERON	6 »	6 65
HISTOIRE DES PRINCIPALES VARIÉTÉS ET ESPÈCES DE VIGNES D'ORIGINE AMÉRICAINE QUI RÉSISTENT AU PHYLLOXÉRA, par A. MILLARDET, professeur à la Faculté des sciences de Bordeaux. Paris, 1 vol. in-4° avec 24 planches	25 »	
LES INSECTES DE LA VIGNE et les moyens de les combattre, par VALÉRY MAYET, professeur à l'Ecole d'agriculture de Montpellier 1 vol. in-8, avec 4 planches et nombreuses figures dans le texte	10 »	
MANUEL GÉNÉRAL DES VINS par ÉDOUARD ROBINET, d'Epernay. Vins mousseux, vins rouges, vins blancs, vins de raisins secs, vins artificiels, vendanges, vinification, sucrage, coupages, etc. 3e édition, refondue, corrigée et accompagnées de planches, 1 vol. in 12		4 40
MANUEL PRATIQUE DE LA CULTURE DE LA VIGNE dans la Gironde, 2e édition. 1 vol. in-12, avec 112 figures, par CAZENEUVE	3 »	3 65
MANUEL DU VIGNERON EN ALGÉRIE ET EN TUNISIE, par B. GAILLARDON	2 50	3 10
LE MÉDOC ET SES VINS, par TH. MALVEZIN et FÉRET	2 50	3 »
NOTICE SUR LES INSTRUMENTS DE PRÉCISION APPLIQUÉS A L'ŒNOLOGIE, par SALLERON	3 »	3 65
TABLES COMPARATIVES entre le poids métrique et le volume, à toutes les températures des liquides spiritueux, par T. SOURBÉ	4 »	4 50
TRAITÉ DE DISTILLATION DES PRODUITS AGRICOLES ET INDUS- par MM. J. FRITSCH et E. GUILLEMIN, 1 volume in 8° avec 90 figures dans le texte	8 »	9 05
TRAITÉ DE LA FABRICATION DE L'ALCOOL, par le Dr MAX MAERCKER, traduit de l'allemand, par *MM. Bosker et Warnery*. Deux forts vol. brochés	30 »	32 »
TRAITÉ DE LA FABRICATION DES LIQUEURS ET DE LA DISTILLATION DES ALCOOLS, par DUPLAIS, 2 volumes	16 »	17 75
TRAITÉ GÉNÉRAL DES VINS ET DE LEUR FALSIFICATIONS, par EMILE VIARD, 2e édition, 1 vol. in-8°	10 »	11 »
VADE-MECUM DU NÉGOCIANT EN VINS dans les rapports avec la Régie des contributions indirectes, par P. LANEYRIE	2 25	2 75
LA VITICULTURE FRANCO-AMÉRICAINE. Les congrès viticoles. Excursions viticoles en France et en Algérie. La viticulture au point de vue financier. La bouture à un œil. 1 vol. in-8o, par la duchesse de FITZ-JAMES	6 »	7 »

Aux bureaux du Moniteur vinicole, 6, rue de Beaune, à Paris

ÉBULLIOSCOPE

Principe VIDAL perfectionné

Par E. MALLIGAND Fils

BREVETÉ S. G. D. G.

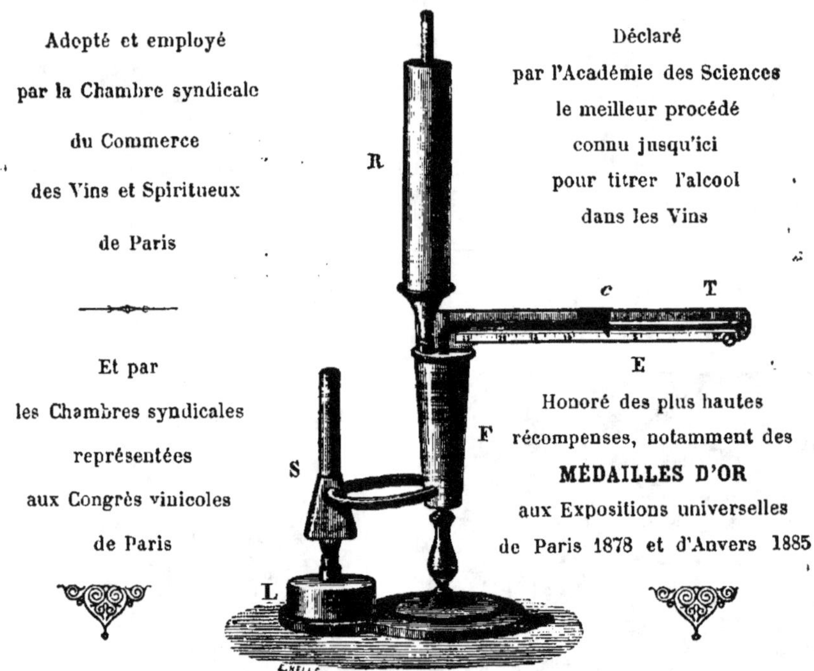

Le prix de l'**ÉBULLIOSCOPE** perfectionné grand modèle est de **150 fr.**

Le prix de l'**ÉBULLIOSCOPE** perfectionné petit modèle est de **80 fr.**

S'adresser :

Chez MALLIGAND, négociant en Vins

Rue de la Côte-d'Or, 31, à l'Entrepôt général des Vins, quai St-Bernard

PARIS

LE

CONSERVATEUR DES VINS

DE

MARTIN-PAGIS

Ce Conservateur *ne contient ni acide borique, ni acide salicylique, ni matière colorante ni aucune substance nuisible ou prohibée.*

Pour éviter toute contrefaçon, exiger sur chaque boîte le nom : **Conservateur des vins de Martin-Pagis**, *et la marque de fabrique ci-contre.*

La conservation des vins est une des questions les plus importantes, et c'est rendre un service considérable à l'intérêt public que d'indiquer un moyen simple, facile, peu coûteux et certain de conserver les vins à l'abri de toute altération et de toute maladie. Ce moyen réside dans l'emploi du *Conservateur de Martin-Pagis*.

L'efficacité du *Conservateur de Martin-Pagis*, constante sur les vins de toute espèce, de tous pays, ne s'est jamais démentie ; elle est attestée par des témoignages nombreux, authentiques et indiscutables. Son emploi, très répandu en France, se propage à l'étranger, même dans les parages les plus éloignés.

Le *Conservateur de Martin-Pagis* est une poudre qui contient les principes élémentaires les plus essentiels du raisin et de la vigne. Leur mélange, dans des proportions utiles, en fait un agent énergique indispensable à la conservation et à la bonification des vins de tous pays.

Pour répondre aux diverses nécessités qui peuvent se présenter, deux types de *Conservateur* ont été établis, ayant chacun, outre des qualités communes, un caractère spécialement approprié à l'emploi qui doit en être fait :

Ces deux types sont :

Le *Conservateur* n° 1 — donnant toute solidité aux vins, tant à la vendange que pour les vins faits ;

Le *Conservateur* n° 2 — outre les qualités de solidité, s'oppose aux fermentations nuisibles et maintient la douceur des vins.

Le *Conservateur* mélangé à la vendange dispense absolument de l'emploi du plâtre ; seul, en effet, et sans le secours de cet agent, il donne au vin vivacité de couleur, beau brillant et goût parfait.

Le dosage est de 30 grammes par hectolitre de vin dans la vendange ; on retrouve largement dans la qualité des piquettes et de l'eau-de-vie de marc le supplément de dépense de ce mode de traitement, comparé à celui des vins faits, qui ne nécessitent que 20 grammes par hectolitre.

Sur la vendange, le *Conservateur* à employer est le n° 1.

On peut administrer le *Conservateur* deux fois et en donner ainsi 15 grammes à la cuve de vendange et les autres 15 grammes au vin au moment où, s'écoulant de la cuve, il est logé dans les foudres ou tonneaux.

Conservation des vins et préservation de toute altération. — Les vins blancs ou rouges, légers, mal vinifiés, pauvres en alcool, ou trop riches en sucre, de même que les vins bien faits, mais logés dans de mauvaises caves, dans des celliers et dans des magasins mal situés, s'altèrent facilement. Tous ces vins résistent parfaitement aux germes de toutes les maladies s'ils ont reçu une dose de *Conservateur*, qui les empêche de *tourner*, de *piquer*, de *rebouillir*, de *pousser*, de *passer à l'amer*, de *s'absinther*, de *filer*, *de graisser*, de *noircir* et de *perdre leur couleur*.

La dose à employer sur des vins *encore sains*, et quelle que soit leur tendance ordinaire à s'altérer, est de 20 grammes de *Conservateur* n° 1 par hectolitre ; sauf pour les vins très épais et très mal vinifiés, comme certains vins d'Espagne, très sujets à fermenter. Dans ce cas, c'est le *Conservateur* n° 2 qui doit être employé à la dose de 40 grammes par hectolitre.

Pour les vins qui sont, d'ordinaire, solides, 20 grammes du *Conservateur* n° 1 suffisent largement pour assurer leur conservation.

Clarification des vins, collage rapide. — Appliqué aux vins faits, le *Conservateur* n° 1 leur donne, non seulement, toute la solidité désirable, le ton, le brillant et les qualités ci-dessus énoncées, mais il les clarifie et les rend plus limpides, son action clarifiante est lente, et l'on doit, si l'on a besoin d'une clarification rapide, coller avec 10 grammes de gélatine. C'est une dépense de 20 centimes par hectolitre.

Clarification et amélioration des eaux-de-vie. — Il n'est pas rare de voir des eaux-de-vie, en nature, se troubler et noircir au contact de l'air. Cet effet se produit également quand on les mélange avec des eaux-de-vie d'industrie, avec de l'eau.

Pour clarifier les eaux-de-vie, il suffit de leur administrer 30 grammes de *Conservateur* no 1, d'en bien mêler la dissolution à toute la masse liquide et de coller ensuite avec 40 grammes de gélatine par hectolitre.

Il est toujours plus avantageux d'ajouter la dose de 30 grammes de *Conservateur* au moment du redoublage de l'alcool et de coller ensuite.

Sous l'influence de ce traitement, les eaux-de-vie, rebelles à la clarification, acquièrent rapidement une limpidité brillante et durable qui dispense de les filtrer. Elles sont plus mœlleuses et plus agréables.

Coupage des vins. — 20 grammes de *Conservateur* par hectolitre de vin, suivis d'un collage avec 10 grammes de gélatine par hectolitre, donnent à tous les coupages, en dehors de la garantie contre toute altération, du brillant, de la limpidité, de la finesse, un mœlleux et un fondu remarquables. Cette addition combine intimement les éléments divers du coupage et en fait un tout homogène et d'un goût parfait. Le *Conservateur* est indispensable au coupage des vins d'Espagne, d'Italie et de Turquie avec ceux de France, pour éviter la fermentation.

Préparation. — Si l'on emploie le *Conservateur* no 1 sur des vins faits, on procédera de la manière suivante : on délaye la poudre dans un peu de vin, en agitant pendant quelques minutes, pour bien préparer la dissolution du produit. Pour faire cette opération, qui nécessite 10 minutes au plus, il faut environ quinze parties de vin pour une de *Conservateur*.

Il ne faut pas préparer d'avance de dissolution de *Conservateur*. La dissolution doit être employée de suite, dans la même journée, ou le lendemain au plus tard.

Vins rouges restés doux. — Le *Conservateur* no2 s'adresse exclusivement aux vins faits.

Le *Conservateur* no 2 est une poudre qui renferme, indépendamment de la quantité nécessaire de tanin et des éléments les plus essentiels du raisin, un principe spécial d'une innocuité parfaite et d'une grande énergie comme agent de conservation.

Les vins rouges du Roussillon, d'Espagne, restés doux, sont toujours disposés à fermenter malgré 15 degrés d'alcool. En y ajoutant quarante grammes de *Conservateur* no 2 par hectolitre, on empêche la fermentation, et le vin se conserve en bon état.

Les vins qui se cassent. — Pour empêcher les vins de *casser*, il faut y ajouter 30 grammes de *Conservateur* no 1 par hectolitre, et les coller ensuite avec 10 grammes de gélatine. *Collage indispensable.*

On rétablit les vins *cassés*, au moyen du même traitement: *Conservateur* no 1,30 grammes et collage avec 10 grammes de gélatine.

Conservation et clarification des vins blancs. — Les vins blancs légers, mal vinifiés, pauvres en alcool ou trop riches en sucre, de même que les vins bien faits, mais logés dans de mauvaises caves, dans des celliers et dans des magasins mal situés, s'altèrent facilement. Tous ces vins résistent parfaitement aux germes de toutes les maladies s'ils ont reçu une dose de *Conservateur* no 2, qui les empêche de *tourner*, de *piquer*, de *passer à l'amer*, de *s'absinther*, de *filer*, de *graisser*, de *noircir*.

Mode d'emploi. — Après avoir délayé le *Conservateur* no 2 dans environ vingt fois son poids de vin blanc, en agitant constamment, afin que la dissolution soit complète, on verse le tout dans le vin et l'on agite vivement pour bien opérer le mélange.

On colle un ou deux jours après ; si on est pressé d'avoir du vin bien limpide, on colle le même jour.

Vins d'expédition et d'exportation. — Avant d'expédier, en France, des vins devant rester quelque temps en route, il est très avantageux de leur donner une dose de 20 grammes de *Conservateur* no 1.

Conservation des vins de raisins secs, des vins d'eau sucrée et des piquettes. — Avec une dose de 30 grammes de *Conservateur* no 1, on assure la limpidité, la franchise de goût et le bon comportement des vins de raisins secs, des vins d'eau sucrée et des piquettes.

Conservation et clarification des vinaigres. — La plupart des vinaigres, même de vin, sont rebelles à une clarification rapide ; ceux de grains, de jus de fruits et tous les vinaigres d'industrie, en général, ont besoin de repos sur des copeaux pendant un temps plus ou moins long.

On obtient une conservation et une clarification parfaite en employant 30 grammes de *Conservateur* no 1 par hectolitre. Un collage avec 10 grammes de gélatine par hectolitre complète le traitement.

Fabrication du vermouth. — Le *Conservateur* a reçu une grande application dans l'industrie des vermouths.

Une dose de 25 grammes de *Conservateur* no 1 par hectolitre de vin blanc destiné à la fabrication du vermouth, puis un collage avec 10 grammes de gélatine, donnent la certitude de n'avoir aucune crainte à concevoir sur l'avenir de ce vin.

Par l'emploi du *Conservateur* no 2, le vermouth à 15 degrés d'alcool se conservera et ne fermentera pas.

PRIX : *Conservateur des vins de Martin-Pagis*, no **1** le kilog. **10** francs.
— — — no **2** — **12** —

Dépôt central, à L'OFFICE VINICOLE, 6, rue de Beaune, PARIS.

USINE A VAPEUR ET BUREAUX 121, Rue Oberkampf, PARIS

120 Médailles Or et Argent — 6 Diplômes d'Honneur

EXPOSITION UNIV^lle de 1889

6 RÉCOMPENSES :

1 Médaille d'Or.
2 Médailles d'Argent.
2 Médailles de Bronze.
1 Mention honorable.

ARROSAGE, INCENDIE

ARROSAGE, PURIN, VIDANGES, EPUISEMENT.

SOUTIRAGE DES VINS, ALCOOLS, HUILES, BIÈRES, ESSENCES, ETC.

ÉLÉVATION DES EAUX.

ARROSAGE SUR TONNEAU

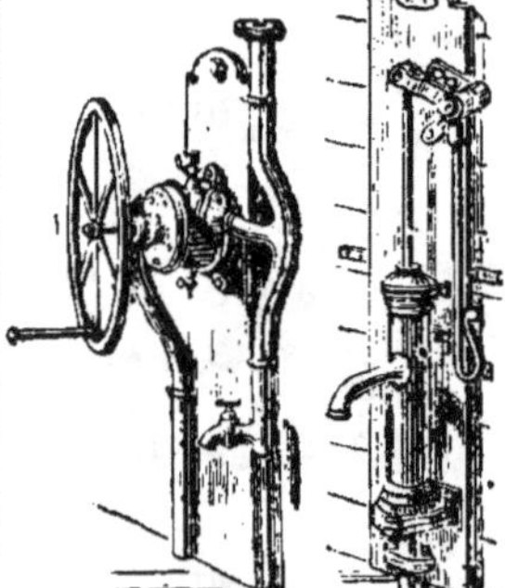
POUR PUITS ET CITERNES

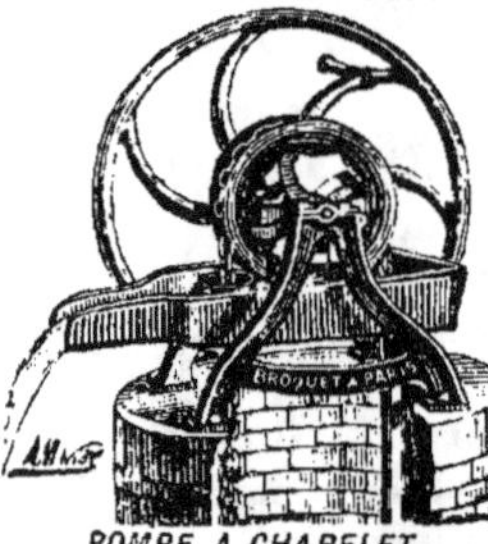

POMPE A CHAPELET

ASPIRANTE ET REFOULANTE

POMPE ROTATIVE A PIGNONS

POMPE A DOUBLE EFFET, débit depuis 3.000 à 30.000 litres.

POMPES A MANÈGE, pour grande profondeur, **DEVIS, PLANS** p^r toutes installations

Paris. — Typ. A. DAVY, 52, rue Madame.

Paris. — Typ. A. DAVY, 52, rue Madame.